ISBN 978-0-243-46525-5
PIBN 10459384

G. Loria, spezielle algebraische und transzendente ebene Kurven. Theorie und Geschichte. Deutsch von Fr. Schütte. Mit 174 Fig. auf 17 lithogr. Tafeln. XXI, 744 S. 1902. n. *M.* 28.—. [Bd. V.]

—— Vorlesungen über darstellende Geometrie. Deutsch von Fr. Schütte. In 2 Teilen. I. Teil: Die Darstellungsmethoden. Mit 163 Figuren. XI, 219 S. 1906. n. *M.* 6.80. [Bd. XXV, 1.]

A. E. H. Love, Lehrbuch der Elastizität. Deutsch unter Mitwirkung des Verfassers von A. Timpe. Mit 75 Abbildungen. XVI, 664 S.] 1907. n. *M.* 16.—. [Bd. XXIV.]

E. Netto, Lehrbuch der Kombinatorik. VIII, 260 S. 1901. n. *M.* 9.—. [Bd. VII.]

W. F. Osgood, Lehrbuch der Funktionentheorie. 2 Bände. I. Band. Mit 150 Figuren. XII, 642 S. 1907. n. *M.* 15.60. [Bd. XX, 1.]

E. Pascal, die Determinanten. Eine Darstellung ihrer Theorie und Anwendungen mit Rücksicht auf die neueren Forschungen. Berechtigte deutsche Ausgabe von H. Leitzmann. XVI, 266 S. 1900. *M.* 10.—. [Bd. III.]

Fr. Pockels, Lehrbuch der Kristalloptik. Mit 168 Figuren und 6 Doppeltafeln. [X, 519 S. 1906. n. *M.* 16.—. [Bd. XIX.]

D. Seliwanoff, Lehrbuch der Differenzenrechnung. VI, 92 S. 1904. n. *M.* 4.—. [Bd. XIII.]

O. Staude, analytische Geometrie des Punktes, der geraden Linie und der Ebene. Ein Handbuch zu den Vorlesungen und Übungen über analytische Geometrie. Mit 387 Figuren. VIII, 447 S. 1905. n. *M.* 14.—. [Bd. XVI.]

O. Stolz und **J. A. Gmeiner,** theoretische Arithmetik. 2., umgearbeitete Aufl. ausgewählter Abschnitte der „Vorlesungen über allgemeine Arithmetik" von O. Stolz. XI, 402 S. 1902. n. *M.* 10.60. [Bd. IV.]

—— Einleitung in die Funktionentheorie. 2., umgearbeitete und vermehrte Auflage der von den Verfassern in der „Theoretischen Arithmetik" nicht berücksichtigten Abschnitte der „Vorlesungen über allgemeine Arithmetik" von O. Stolz. Mit 21 Fig. X, 598 S. 1905. n. *M.* 15.—. [Bd. XIV.]

R. Sturm, die Lehre von den geometrischen Verwandtschaften. 4 Bände. I. Band: Die Verwandtschaften zwischen Gebilden erster Stufe. XII, 415 S. 1908. n. *M.* 16.—. [Bd. XXVII, 1.]

H. E. Timerding, Geometrie der Kräfte. X, 380 S. 1908. n. *M.* 16.—. [Bd. I.]

J. G. Wallentin, Einleitung in die theoretische Elektrizitätslehre. Mit 81 Fig. X, 444 S. 1904. n. *M.* 12.—. [Bd. XV.]

E. von Weber, Vorlesungen über das Pfaffsche Problem und die Theorie der partiellen Differentialgleichungen erster Ordnung. XI, 622 S. 1900. n. *M.* 24.—. [Bd. II.]

A. G. Webster, the Dynamics of Particles and of rigid, elastic, and fluid Bodies, being Lectures on mathematical Physics. Mit 172 Fig. XII, 588 S. 1904. n. *M.* 14.—. (Englisch.) [Bd. XI.]

E. J. Wilczynski, projective differential Geometry of Curves and ruled Surfaces. VIII, 298 S. 1906. n. *M.* 10.—. (Englisch.) [Bd. XVIII].

Unter der Presse:

E. Czuber, Wahrscheinlichkeitsrechnung. 2. Aufl. 2 Bände. II. Band.

H. A. Lorentz, on the Theory of Electrons and its Application to the Phenomena of Light and Radiant Heat. [In englischer Sprache.]

G. Loria, Vorlesungen über darstellende Geometrie. 2 Teile. II. Teil.

R. Sturm, die Lehre von den geometrischen Verwandtschaften. 4 Bände. II. Band.

Vorrede.

Dem Schlußbande meines Werkes glaube ich wiederum eine Vorrede mitgeben zu müssen.

Vor allem möchte ich das nun vollendete Werk mit dem Wunsche hinausschicken, daß es ihm gelinge, insbesondere bei uns in Deutschland der reinen Geometrie mehr Bearbeiter zuzuführen, und wiederhole damit fast genau die Worte, welche kürzlich in einem Briefe an mich geschrieben wurden.

Von der Gefahr, daß die reine Geometrie in den Hintergrund gedrängt werden könnte, hat Schröter schon 1866 in der Vorrede der ersten Auflage der Steinerschen Vorlesungen gesprochen. Damals schien es noch nicht notwendig, denn jene Zeit rechnen wir heute noch zur Blüteperiode der Geometrie. Aber Schröter hat doch richtig vorausgesehen. Das Steiner-Schrötersche Buch, Schröters eigene Bücher, ja selbst Reyes ausgezeichnetes Buch, trotz der wachsenden Auflagenzahl, und die Gesammelten Werke Steiners haben es nicht verhindern können, daß wir uns heute „in einer der reinen Geometrie wenig geneigten Zeit“ befinden. Auch Darboux, der selbst nicht reiner Geometer ist, hat 1904 in einer Rede auf dem Kongreß in St. Louis, welche nachher als Étude sur le développement des méthodes géométriques erschienen ist, bedauernd darauf hingewiesen, daß die Zahl derjenigen, welche die reine Geometrie fördern, sich merkwürdig verringert hat und daß darin eine Gefahr liege, gegen welche man sich vorsehen müsse. Man solle nicht vergessen, fügt er hinzu, daß, wenn die Analysis heute Untersuchungsmittel besitzt, die ihr früher fehlten, sie dieselben zum großen Teile den durch die Geometrie eingeführten Vorstellungen verdanke.

Sollte es auch der Ungunst der Zeit zuzuschreiben sein, daß, wie es scheint, Cremonas gesammelte Schriften nicht erscheinen können?

Großen Hoffnungen kann ich mich nicht hingeben; ich habe wenigstens durch meine Lehrtätigkeit und dieses Buch das meinige getan.

Probleme, welche noch der Erledigung harren, gibt es genug.

Die Geometrie auf der allgemeinen Fläche 4. Ordnung z. B. ist so gut wie unbekannt. Man fängt etwas mehr an, sich wiederum mit metrischen Eigenschaften, welche die projektive Geometrie beiseite geschoben, zu beschäftigen. Seit langer Zeit sind die transzendenten Gebilde vernachlässigt, die vielleicht in der Praxis wichtiger sind als die algebraischen.

Eine eigentümliche Gruppe von Problemen ist die, welche Hirst gelegentlich porismatische Probleme genannt hat: an verschiedenen Stellen meines Buches werden sie berührt; es sind Probleme, welche, obwohl die richtige Anzahl von Bedingungen vorliegt, doch keine Lösung haben, solange diese Bedingungen voneinander unabhängig sind. Ein tieferes Eingehen in sie und eine zusammenfassende Theorie ist wohl erforderlich.

Und das „Gespenst“ des Imaginären ist im Grunde immer noch da.

Im Anhang dieses Buches werden zwei noch zu verbessernde Beweise besprochen für Sätze, auf welche eine ausgedehnte Theorie aufgebaut worden ist. Usw.

Eine Arbeit ferner anderer Art, die freilich weniger verlockend sein mag, zu der ich in diesem Werke und auch an andern Stellen manche Beiträge geliefert habe, muß vorgenommen werden: die sorgfältige Durchsicht wenigstens der wichtigeren Schriften des letzten Jahrhunderts in bezug auf ihre Richtigkeit und Entfernung der Fehler. Sie sind ziemlich zahlreich und entsprechen nicht unserer als „unfehlbar" angesehenen Wissenschaft. Wie diese Arbeit zu organisieren sei, ist mir auch noch unklar; aber man muß diese Aufgabe ins Auge fassen und hätte es vielleicht tun müssen vor den Zusammenstellungen, die man in der letzten Zeit ins Werk gesetzt hat und bei denen zu befürchten ist, daß die Fehler in sie vielfach übergegangen sind. —

Ich habe, vor allem im letzten Bande, vorgezogen, zahlreiche Beispiele und Anwendungen zu geben, und bin mit Absicht weniger auf allgemeine und schwer übersehbare Fälle, so wie andererseits auf subtile Spezialitäten eingegangen. Das ist, denke ich, wohl auch am richtigsten für ein Lehrbuch, wie es mein Werk der Hauptsache nach sein soll, wenn es auch manche monographischen Abschnitte enthält.

Der Standpunkt der Selbständigkeit ließ sich, je weiter fortgeschritten wurde, nicht ganz festhalten. Z. B. in dem Abschnitte dieses Bandes über die Cremonaschen Verwandtschaften im Raume mußte ich, um doch die interessanten Verwandtschaften, bei denen das eine Gebüsche aus allgemeinen Flächen 3. Ordnung besteht, vorführen zu können, eine gewisse Kenntnis der Eigenschaften dieser Flächen voraussetzen, deren Beweis unmöglich noch in dies Buch aufgenommen werden konnte. Ich habe auf mein eigenes Buch über die kubischen Flächen verwiesen, freilich auf meine 1867 erschienene Jugendarbeit, in welcher ich manches besser wünschte. Auch auf meine Liniengeometrie mußte ich vielfach verweisen, wenn auch da mehr zur Bestätigung erhaltener Resultate.

Sollte diesem Werke eine neue Auflage beschieden sein, so wird die Sorge für sie wohl einem andern zufallen; diesen bitte ich, meine Vorrede zur dritten Auflage der Steiner-Schröterschen Vorlesungen (1898) zu lesen.

Auf die Ausarbeitung des von mir in den Mitteilungen der Verlagsbuchhandlung angekündigten Buches über die kubische Raumkurve muß ich wohl verzichten. Dieselbe ist in diesem Werke reichlich, aber doch nicht vollständig vorgenommen. Diese interessanteste aller algebraischen Raumkurven verdient eine zusammenhängende und möglichst erschöpfende Darstellung.

Am Schlusse zweijährigen Zusammenarbeitens spreche ich dem Teubnerschen Verlage herzlichen Dank aus für vielfaches Entgegenkommen, vor allem aber dafür, daß mir in dieser Publikation ermöglicht worden ist, eine das Werk durchziehende Zusammenstellung eines beträchtlichen Teils meiner Lebensarbeit, in der meine Arbeiten mit denen anderer verwoben sind, zu veröffentlichen.

Breslau, Juli 1909. **R. Sturm.**

Inhaltsverzeichnis des vierten Bandes.

Band II.

Dritter Teil.

Eindeutige lineare Verwandtschaften zwischen zweistufigen Gebilden.

Vierter Teil.

Ausartungen der Korrelation und Kollineation, Abzählungen, lineare Systeme.

Band III.

Fünfter Teil.

Eindeutige lineare Verwandtschaften zwischen Gebilden dritter Stufe.

Sechster Teil.

Lineare Systeme von Kurven und Flächen, ihre kollineare Beziehung, Polarentheorie. Ausartungen und Abzählungen. Lineare Systeme von linearen Verwandtschaften und von Gebilden, die in solchen sich befinden.

Technische Ausdrücke.

(Die Zahl bezeichnet die Seite.)

Siebenter Teil.

Eindeutige (Cremonasche) Verwandtschaften höheren Grades zwischen zweistufigen Gebilden.

§ 109. Hauptelemente und Relationen für ihre Anzahlen.

Wir haben schon wiederholt Beispiele von solchen eindeutigen, 780 aber nicht mehr linearen Verwandtschaften kennen gelernt, insbesondere vom 2. Grade. Bei der ebenen Korrelation ergab sich eine quadratische (überdies involutorische) Verwandtschaft solcher Punkte, welche doppelt konjugiert sind, und die duale der doppelt konjugierten Geraden (Nr. 307); ferner führten die Büschel oder Scharen von Korrelationen zwischen zwei Feldern zu einer quadratischen Verwandtschaft zwischen Punkten, bzw. Geraden, welche in allen Korrelationen eines Büschels, einer Schar konjugiert sind (Nr. 430). Beim tetraedralen Komplexe tritt, jedem Paare von Gegenelementen des Tetraeders zugeordnet, eine quadratische Verwandtschaft auf zwischen den Punkten eines Feldes und den Ebenen eines Bündels (Nr. 239), die man, weil ungleichartige Elemente in Beziehung stehen, eine reziproke Verwandtschaft nennen kann (Nr. 262). Sie hat überdies die Eigenschaft, daß durchweg entsprechende Elemente inzidieren; wegen dieser Analogie zum Nullraume hat man derartige Verwandtschaften Nullverwandtschaften (Nullsysteme) genannt (§ 144). Schneidet man den Bündel mit der Ebene des Feldes, so ergibt sich die ebene quadratische Nullverwandtschaft, welche aus einem Dreiecke $ABC \equiv abc$ sich so ergibt, daß ein Punkt X und eine durch ihn gehende Gerade x' einander zugeordnet werden, für welche gilt:

$$X(A, B, C, x') \barwedge x'(a, b, c, X).$$

Bei zwei kollinearen Flächen ergeben sich quadratisch verwandte Bündel, wenn ihre entsprechenden Punkte aus zwei beliebigen Punkten auf ihnen projiziert werden (Nr. 503, 506).

Zu einer Verwandtschaft 5. Grades hat uns das Problem der ebenen Projektivität geführt (Nr. 228).

Die quadratische Verwandtschaft geht wohl zurück bis auf Abhandlungen von Plücker und Magnus im Journal f. Mathem. Bd. 5 und 8 und auf Steiners Systematische Entwickelung (1832) Nr. 59. Man hielt sie eine Zeitlang für die einzige eindeutige nicht lineare

Verwandtschaft. Cremona erkannte, daß man durch Wiederholung quadratischer Verwandtschaften zu höheren gelangt, und hat die Grundlagen der Theorie dieser höheren eindeutigen Verwandtschaften geschaffen[1]), welche deshalb auch nach ihm benannt werden; wenn auch Jonquières einen wichtigen Spezialfall schon vorher in einer Schrift erkannt hat, die erst später bekannt wurde.

Die Beispiele haben uns schon verschiedene Fälle zugeordneter Elemente vorgeführt. Erwähnen wir gleich, daß bei den nicht linearen Verwandtschaften mit den primären Elementen nicht zugleich auch die sekundären in Verwandtschaft kommen; sind z. B. die Punkte eines Feldes und die Geraden eines andern in Verwandtschaft gesetzt, so stehen nicht auch die Geraden des ersten und die Punkte des zweiten in Verwandtschaft, vielmehr entsprechen jenen von Geraden erzeugte Kurven höherer Klasse, diesen (ihren Strahlenbüscheln) durch Punkte erzeugte Kurven höherer Ordnung, die gleich jener Klasse ist, wie wir bald erkennen werden[2]).

781 Wir wenden unsere Aufmerksamkeit zunächst den Verwandtschaften zwischen zwei Punktfeldern, als den anschaulichsten und auch von Cremona zu Grunde gelegten, zu. Wertvoll wird der fundamentale Satz über das Geschlecht (Nr. 163), nach welchem zwei Kurven, zwischen deren Elementen, seien es die Punkte oder die Tangenten, eine (in beiderlei Sinne) eindeutige Beziehung besteht, von gleichem Geschlechte sind. Daher entsprechen in einer Cremonaschen Verwandtschaft den Geraden des einen Feldes Kurven vom Geschlecht 0, unikursale Kurven im andern. Wir brauchen aber noch einige andere Sätze aus der Theorie der höheren ebenen algebraischen Kurven, die hier nicht bewiesen werden können:

1. In der Formel für das Geschlecht ist ein r-facher Punkt mit $\frac{1}{2}r(r-1)$ Doppelpunkten äquivalent anzusehen. Die Kurve zerfällt, wenn das Geschlecht negativ wird (vgl. Nr. 163).

2. Eine Kurve n^{ter} Ordnung ist durch $\frac{1}{2}n(n+3)$ gegebene Punkte eindeutig bestimmt; dabei zählt ein gegebener r-facher Punkt für $\frac{1}{2}r(r+1)$ einfache Punkte.

3. Unter den nn' Schnittpunkten zweier Kurven der n^{ten} und der n'^{ten} Ordnung (Nr. 161) zählt ein Punkt, welcher der einen r-fach, der andern r'-fach angehört, für rr' gemeinsame Punkte.

Eine Cremonasche Verwandtschaft heißt n^{ten} Grades, wenn n-mal entsprechende Punkte X und X' auf gegebene Geraden l und l' des einen und andern Feldes zu liegen

1) Cremona, Memorie dell'Accademia di Bologna Ser. II, Bd. 2, S. 621, Bd. 5, S. 3 (1863, 1865); Giornale di Matematiche Bd. 1, S. 305, Bd. 3, S. 269, 363.

2) Das ist in der ersten Zeit der Betrachtung nicht linearer Verwandtschaften nicht immer klar erkannt worden.

kommen. Das bedeutet dann sowohl, daß die einer Gerade l des ersten Feldes, als daß die einer Gerade l' des zweiten korrespondierende Kurve n^{ter} Ordnung ist. Die Verwandtschaft ist also in beiderlei Sinne vom nämlichen Grade, im Raume wird es anders sein.

Betrachten wir zunächst nur die Geraden l' des zweiten Feldes Σ' und die ihnen entsprechenden Kurven n^{ter} Ordnung C_n im ersten Σ, die ein doppeltes unendliches System bilden. Die Eindeutigkeit des Entsprechens der Punkte fordert, daß zwei Kurven des Systems nicht n^2 bewegliche Schnittpunkte haben, weil diese sonst alle dem einen Schnittpunkte der beiden korrespondierenden Geraden entsprechen würden; es darf nur ein beweglicher Schnittpunkt bleiben; die übrigen sind allen Kurven des Systems gemeinsam und heißen die Haupt- oder Fundamentalpunkte. Nur wenn dies angenommen wird, ist Eindeutigkeit zu erzielen.

Die Vielfachheit dieser Hauptpunkte kann sich nicht von Kurve zu Kurve ändern; denn sie müssen für jede zwei Kurven für $n^2 - 1$ gemeinsame Punkte zählen.

Diese Kurven C_n zerfallen natürlich im allgemeinen nicht. Wäre dies nämlich der Fall, so würde der letzte gemeinsame Punkt von irgend zwei Kurven je dem einen Bestandteile angehören, und diese Bestandteile, Kurven niedrigerer Ordnung, würden stetig von dem Punkte durchlaufen, der einem beweglichen Punkte auf der einen oder andern korrespondierenden Gerade entspricht, also diesen Geraden, d. h. beliebigen Geraden entsprechen. Es handelte sich dann um eine Verwandtschaft niedrigeren Grades. Aber in dem doppelt unendlichen Systeme kommen, wie wir sehen werden, ∞^1 zerfallende Kurven vor.

Ein n-facher Punkt bringt eine Kurve n^{ter} Ordnung zum Zerfallen in n durch ihn gehende Geraden; also ist $n - 1$ die höchste Vielfachheit eines Hauptpunktes. Besitzt eine Kurve n^{ter} Ordnung einen r-fachen und einen r'-fachen Punkt, bei denen $r + r' > n$, so gehört die Verbindungslinie ganz zu ihr; daher kann es, sobald $r > \frac{n}{2}$ ist, höchstens einen r-fachen Hauptpunkt geben, insbesondere höchstens einen $(n-1)$-fachen, wofern $n > 2$.

Wenn also unter den Hauptpunkten sich x_1 einfache, x_2 doppelte, $\ldots x_r$ r-fache, x_{n-1} $(n-1)$-fache befinden, so muß sein:

$$x_1 + 4x_2 + \cdots + r^2 x_r + \cdots + (n-1)^2 x_{n-1} = n^2 - 1$$

oder kürzer:

$$1) \qquad \sum r^2 x_r = n^2 - 1.$$

Das Geschlecht 0 der nicht zerfallenden Kurven muß ferner schon durch die gemeinsamen vielfachen Punkte zu stande kommen; denn einem weiteren vielfachen Punkte einer Kurve müßte ein ebenso vielfacher auf der Gerade entsprechen, was nicht möglich ist. Wir werden sehen, wie durch zerfallende Kurven weitere Doppelpunkte ermöglicht werden, die dann umgekehrt, weil durch die Hauptpunkte das Geschlecht 0 schon erreicht wird, das Zerfallen bewirken.

Die allein durch die Hauptpunkte hervorgebrachte Unikursalität der Kurven fordert:

$$2) \qquad \sum \tfrac{1}{2} r(r-1) x_r = \tfrac{1}{2}(n-1)(n-2).$$

Wird die verdoppelte 2) von 1) abgezogen, so ergibt sich:

$$3) \qquad \sum r x_r = 3(n-1),$$

und die Addition von 2) und 3) liefert:

$$4) \qquad \sum \tfrac{1}{2} r(r+1) x_r = \tfrac{1}{2} n(n+3) - 2.$$

Daraus folgt, daß die Hauptpunkte schon das doppelt unendliche System der Kurven C_n bestimmen, und daß etwa andere gemeinsame Eigenschaften, als gemeinsame Punkte, die an sich denkbar wären, zur Festlegung dieses Systems nicht notwendig sind; bei mehrdeutigen Verwandtschaften kommen solche vor, z. B. doppelte Berührung mit einer gegebenen Kurve (Nr. 890). Aus dieser Betrachtung erhellt aber, daß man von der Formel 4) nicht ausgehen kann.

Weil die das System bestimmenden Bedingungen sämtlich linear sind, ist es ein Netz; jeder weitere Punkt A scheidet einen Büschel aus (die bestimmenden Punkte sind mit $\frac{1}{2}n(n+3)-1$ Punkten äquivalent), der dann dem Strahlenbüschel um den korrespondierenden Punkt A' entspricht. Zwei Punkte A, B scheiden eine Kurve aus, die der Gerade $A'B'$ entsprechende, sie ist die den Büscheln (A) und (B) gemeinsame; und daraus, daß zwei Büschel des Netzes eine Kurve gemeinsam haben, folgt wiederum seine fächerförmige Erzeugung aus drei von seinen Kurven.

Ein Netz von der vorliegenden Eigenschaft, daß jeder von seinen Büscheln nur einen veränderlichen Grundpunkt hat, nennt Cremona ein homaloidisches[1]).

Heben wir hervor, daß die vier obigen Relationen 1), .. 4) mit zweien äquivalent sind.

Aus der Geschlechtsformel 2):

$$0x_1 + 1x_2 + 3x_3 + \cdots + \tfrac{1}{2}r(r-1)x_r + \cdots + \tfrac{1}{2}n(n-1)(n-2)x_{n-1}$$
$$= \tfrac{1}{2}(n-1)(n-2)$$

1) Bei den räumlichen Cremonaschen Verwandtschaften werden wir mit Gebüschen aus solchen Flächen zu tun haben, die eindeutig auf eine Ebene abbildbar sind. Für eine derartige Fläche hat Sylvester die Bezeichnung: Homaloid eingeführt.

entnehmen wir, daß, wenn $n > 2$, nicht alle x_r, deren $r > 1$ ist, Null sein können, ferner, daß $x_{n-1} > 1$ negative Werte für andere x_r erfordern würde, die unzulässig sind, und daß $x_{n-1} = 1$ fordert:

$$x_2 = x_3 = \cdots = x_{n-2} = 0;$$

für x_1 ergibt sich dann aus 3): $x_1 = 2(n-1)$.

Dies führt zu einem homaloidischen Netze, dessen Kurven alle einen $(n-1)$-fachen und $2(n-1)$ einfache Punkte gemeinsam haben. Die entsprechenden Verwandtschaften sind die oben erwähnten Jonquièresschen[1]) und werden auch nach ihm benannt; er selbst nennt sie isographische. Die Formel 1) lehrt, daß, wenn $n > 1$ (was wir ja im folgenden voraussetzen, da $n = 1$ die Kollineation ist), nicht alle x_r Null sein können, also Hauptpunkte vorhanden sein müssen, darunter, wie oben gefunden, vielfache, wenn $n > 2$.

Für die Formel 3) werden wir später auch eine geometrische Bedeutung und Bestätigung erhalten.

Es liege eine unikursale Kurve n^{ter} Ordnung vor, für welche gilt: 782

$$\sum_2^{n-1} \tfrac{1}{2} r(r+1) x_r \leqq \tfrac{1}{2} n(n+3) - 2,$$

so wähle man auf ihr noch $x_1 = \frac{1}{2} n(n+3) - 2 - \sum_2^{n-1} \frac{1}{2} r(r+1) x_r$ einfache Punkte und hat dann die Grundpunkte eines homaloidischen Netzes, zu dem die Kurve gehört; denn 2) und 4) werden erfüllt, also auch 1) und 3).

Die Erfüllung der obigen Bedingung durch bloße Doppelpunkte, von der Anzahl $\frac{1}{2}(n-1)(n-2)$ wegen der Unikursalität, ist nur bei den unteren Ordnungen bis zur fünften möglich; denn sie lautet dann:

$$3 \cdot \tfrac{1}{2}(n-1)(n-2) \leqq \tfrac{1}{2} n(n+3) - 2;$$

es ist aber $\frac{1}{2} n(n+3) - 2 - 3 \cdot \frac{1}{2}(n-1)(n-2) = -(n-1)(n-5)$, also negativ, sobald $n > 5$ ist.

Auch bei einem Kurvenbüschel kann man nur in den unteren Ordnungen erreichen, daß das Geschlecht aller Kurven 0 ist allein durch Doppelpunkte, die sich unter den Grundpunkten befinden; denn es ist:

$$4 \cdot \tfrac{1}{2}(n-1)(n-2) - n^2 = n(n-6) + 4,$$

was > 0, wenn $n \geqq 6$ ist.

Wir wollen jetzt eine wertvolle Eigenschaft beweisen, die für die drei höchsten Vielfachheiten gilt, welche bei den Hauptpunkten vorkommen.

---

1) de Jonquières, Nouv. Annales de Math. Ser. II, Bd. 3 S. 97 (schon 1859, 1860 wurden Mitteilungen der Pariser Akademie gemacht); Giornale di Matematiche Bd. 23, S. 48.

Betrachten wir zunächst einen Büschel von Kurven n^{ter} Ordnung, in welchem diese alle vom Geschlechte 0 sind, und zwar so, daß dies Geschlecht schon durch die gemeinsamen Punkte zu stande kommt. Sei dann wiederum x_r die Anzahl der gemeinsamen r-fachen Punkte, so haben wir:

$$\sum x_r r^2 = n^2, \qquad \tfrac{1}{2}\sum x_r r(r-1) = \tfrac{1}{2}(n-1)(n-2),$$

daraus folgt:

$$\sum x_r r = 3n - 2, \qquad \tfrac{1}{2}\sum x_r r(r+1) = \tfrac{1}{2}n(n+3) - 1.^{1)}$$

Wenn nun s, t, u die drei höchsten Vielfachheiten unter den gemeinsamen Punkten sind, so gilt:

$$s + t + u > n.$$

Nach diesen Vielfachheiten kommen x_v v-fache Punkte usw. Es ist also:

$$s \geqq t \geqq u \geqq v.$$

Die erste und dritte Formel sind, ausführlich geschrieben:

$$n^2 = x_1 + 4x_2 + \cdots + v^2 x_v + u^2 + t^2 + s^2,$$
$$3n - 2 = x_1 + 2x_2 + \cdots + v x_v + u + t + s,$$

oder:

$$n^2 - (s+t)^2 + 2st = x_1 + 4x_2 + \cdots + v^2 x_v + u^2,$$
$$3n - 2 - (s+t) = x_1 + 2x_2 + \cdots + v x_v + u.$$

Wir multiplizieren die zweite mit u und ziehen die erste ab; die links sich ergebende Differenz sei D. Dann ist:

$$D = u[3n - 2 - (s+t)] - [n^2 - (s+t)^2 + 2st]$$
$$= (u-1)x_1 + 2(u-2)x_2 + \cdots + v(u-v)x_v = \sum_{r=1}^{r=v} r(u-r)x_r;$$

da $u \geqq r$, so ist diese Summe $\geqq 0$; also auch:

$$D \geqq 0.$$

Nehmen wir an, die Behauptung sei nicht richtig, vielmehr sei:

$$s + t + u = n - y, \qquad y \geqq 0;$$

so daß: $s + t = n - u - y$. Ferner ist: $st = u^2 + z$, wo $z \geqq 0$, $= 0$ nur, wenn $s = t = u$.

---

1) Nach Cremonas Satz (Einleitung in eine geom. Theorie der ebenen Kurven, Zusatz zu Nr. 88 im Anhang), daß jeder gemeinsame r-fache Punkt eines Kurvenbüschels n^{ter} Ordnung $(r-1)(3r-1)$ von den $3(n-1)^2$ Doppelpunkten (Nr. 685) absorbiert, bleiben bei unserm Büschel noch übrig:

$$3(n-1)^2 - \Sigma x_r (r-1)(3r-1) = 3(n-1)^2 - 3\Sigma x_r r^2 + 2\Sigma x_r r + \Sigma x_r$$
$$= 3(n-1)^2 - 3n^2 + 2(3n-2) + \Sigma x_r = \Sigma x_r - 1$$

Doppelpunkte, also einer weniger als die Anzahl der gemeinsamen Punkte. Die zugehörigen Kurven zerfallen.

Setzt man diese Werte von $s+t$ und st in D ein, so ergibt sich:

$$D = u[3n-2-(n-u-y)] - [n^2-(n-u-y)^2+2u^2+2z]$$
$$= -[2u+y(2n-3u-y)+2z] = -D_1.$$

Nun ist $s+t+u+y=n$, also $3u+y \leqq n$, umsomehr $< 2n$; ferner $y \geqq 0$, daher ist der zweite Summand von $D_1 \geqq 0$, also:

$$D_1 \geqq 2(u+z);$$

das kann nur 0 sein, wenn $u=z=0$, also $s=t=u=0$.

Das würde bedeuten, daß keine gemeinsamen Punkte vorhanden sind. Also führt die Annahme zu: $D_1 > 0$, $D < 0$, was dem obigen Ergebnisse $D \geqq 0$ widerspricht. Und die Behauptung ist richtig.

Aus: $s+t+u \geqq n+1$, $s \geqq t \geqq u$ folgt:

$$s \geqq \frac{n+1}{3}.$$

Die höchste Vielfachheit eines Grundpunktes unseres Büschels ist daher $\geqq \frac{n+1}{3}$.

Jeder Büschel, der aus einem homaloidischen Netze herausgenommen wird, ist von dieser Art. Da der neu hinzugekommene Grundpunkt einfach ist, so müssen wir uns überzeugen, daß von den drei höchsten Vielfachheiten s, t, u der Hauptpunkte eines solchen Netzes die kleinste u nicht 0, nicht kleiner als die des hinzugekommenen Punktes ist. Wenn $u=0$, so hätte das Netz nur einen s-fachen und einen t-fachen Hauptpunkt, und es wäre: $s^2+t^2=n^2-1$.

Aber $s+t \leqq n$, daher $s^2+t^2 \leqq s^2+(n-s)^2$,
$\leqq n^2-2s(n-s)$;

da nun $s \geqq 1$, $n > s$, so ist $2s(n-s) \geqq 2$, also $s^2+t^2 \leqq n^2-2$, was dem Obigen widerspricht. Demnach $u > 0$. Und die drei höchsten Vielfachheiten der Grundpunkte jedes Büschels des Netzes befinden sich schon bei den gemeinsamen Punkten des Netzes.

Folglich gilt auch für die drei höchsten Vielfachheiten der Hauptpunkte eines homaloidischen Netzes:

$$s+t+u > n.$$

Auch hieraus folgt, daß für $n > 5$ das Netz nicht nur doppelte Hauptpunkte haben kann.

Den Geraden des ersten Feldes entsprechen ebenfalls im zweiten Kurven n^{ter} Ordnung, und es besteht auch in diesem ein homaloidisches Kurvennetz. Es seien in demselben y_s die den x_r entsprechenden Zahlen; so liegt die Möglichkeit von zwei verschiedenartigen Verwandtschaften vor; entweder sind die einen Zahlen den andern gleich und die beiden Netze gleichartig, oder in der einen Ebene haben wir andere Zahlen als in der andern, die Netze sind un- 783 gleichartig. Beide Fälle werden sich als möglich herausstellen, der letztere tritt aber erst bei $n = 6$ auf. Für die zweite Ebene gelten also:

$$1') \sum s^2 y_s = n^2 - 1, \quad 2') \sum \tfrac{1}{2} s(s-1) y_s = \tfrac{1}{2}(n-1)(n-2),$$

aus denen folgen:

$$3') \sum s y_s = 3(n-1), \quad 4') \sum \tfrac{1}{2} s(s+1) y_s = \tfrac{1}{2} n(n+3) - 2.$$

Es sind daher die linksstehenden Summen in 1) und 1'), 2) und 2'), ... einander gleich.

Suchen wir die Lösungen für die einfacheren Werte von n und benutzen dazu die einfachsten Gleichungen 2) und 3).

Wenn $n = 2$, wird 2) eine Identität, und 3) reduziert sich, da $n - 1 = 1$, auf:

$$x_1 = 3,$$

die einzige Lösung, so daß auch $y_1 = 3$.

Die Kegelschnitt-Netze der quadratischen Verwandtschaft haben in jedem Felde drei einfache Hauptpunkte. Man kann den einen auch als $(n-1)$-fachen Punkt auffassen und sieht, daß eine Jonquièressche Verwandtschaft vorliegt.

Bei $n = 3$ führen 3) und 2) zu: $x_1 + 2x_2 = 6$, $x_2 = 1$; also mit der einzigen Lösung: $x_2 = 1$, $x_1 = 4$; daher auch $y_2 = 1$, $y_1 = 4$. Die kubische Verwandtschaft hat in jedem der beiden Felder ein Netz mit einem doppelten und vier einfachen Hauptpunkten und ist ebenfalls eine Jonquièressche Verwandtschaft.

Bei $n = 4$ sind die beiden Gleichungen:

$$x_1 + 2x_2 + 3x_3 = 9, \quad x_2 + 3x_3 = 3.$$

Die beiden Fälle $x_3 = 1, 0$ führen zu:

$$\text{I.} \quad x_3 = 1, \ x_2 = 0, \ x_1 = 6,$$

bzw.

$$\text{II.} \quad x_3 = 0, \ x_2 = 3, \ x_1 = 3.$$

Hier werden wir vor die Frage gestellt, ob es sich um zwei verschiedene Verwandtschaften mit je gleichartigen Netzen handelt, oder nur um eine, bei welcher die eine Lösung dem einen, die andere dem andern Netze zugehört. Das erstere wird als das richtige sich herausstellen, und die erstere Verwandtschaft ist dann wieder eine Jonquièressche. Beachten wir, daß die erste Lösung zu sieben, die zweite zu sechs Hauptpunkten führt.

Wir gehen noch einige Schritte weiter.

Bei $n = 5$ haben wir:

$$x_1 + 2x_2 + 3x_3 + 4x_4 = 12, \quad x_2 + 3x_3 + 6x_4 = 6.$$

Wir wissen schon: $x_4 = 1$ gibt $x_1 = 8$, die übrigen 0.[1])

1) Die 0 werdenden sollen weiterhin nicht mehr genannt werden.

Also:

$$\text{I)}\quad x_4 = 1,\quad x_1 = 8.$$

Bei $x_4 = 0$ kann $x_3 = 1, 0$ sein; dies führt zu:

$$\text{II)}\quad x_3 = 1,\quad x_2 = 3,\quad x_1 = 3,$$

bzw.

$$\text{III)}\quad x_2 = 6.$$

Die Zahl sämtlicher Hauptpunkte in den drei Lösungen ist 9, 7, 6.

Bei $n = 6$ sind die Gleichungen:

$$x_1 + 2x_2 + 3x_3 + 4x_4 + 5x_5 = 15,$$
$$x_2 + 3x_3 + 6x_4 + 10x_5 = 10.$$

Wir haben:

$$\text{I)}\quad x_5 = 1,\quad x_1 = 10.$$

Wenn $x_5 = 0$, kann $x_4 = 1$ sein, aber x_3 muß dann 0 sein; daher:

$$\text{II)}\quad x_4 = 1,\quad x_2 = 4,\quad x_1 = 3.$$

Wenn $x_5 = x_4 = 0$, so darf x_3 nicht > 3 sein, weil die zweite Gleichung ein negatives x_2 bewirken würde; ferner $x_3 = 1, 0$ führen zu negativen Werten von x_1; also ist nur möglich: $x_3 = 3, 2$, und wir erhalten:

$$\text{III)}\quad x_3 = 3,\quad x_2 = 1,\quad x_1 = 4,$$
$$\text{IV)}\quad x_3 = 2,\quad x_2 = 4,\quad x_1 = 1.$$

Wir haben daher vier Lösungen und in ihnen bzw. 11, 8, 8, 7 Hauptpunkte. —

Wir bestätigen:

$n = 2,$	$s = t = u = 1,$	Summe	3,
$n = 3,$	$s = 2,\ t = u = 1,$	„	4,
$n = 4,$	$s = 3,\ t = u = 1,$	„	5,
	$s = t = u = 2,$	„	6,
$n = 5,$	$s = 4,\ t = u = 1,$	„	6,
	$s = 3,\ t = u = 2,$	„	7,
	$s = t = u = 2,$	„	6,
$n = 6,$	$s = 5,\ t = u = 1,$	„	7,
	$s = 4,\ t = u = 2,$	„	8,
	$s = t = u = 3,$	„	9,
	$s = t = 3,\ u = 2,$	„	8,

Jonquières' Transformationen vom Grade n:

$$s = n - 1,\quad t = u = 1,\quad \text{Summe } n + 1.$$

784 In unseren Figuren haben wir es, bei anderer Auffassung, doch mit linearen Verwandtschaften zu tun; die Verwandtschaften zwischen den Geraden des einen Feldes und den ihnen entsprechenden Kurven n^{ter} Ordnung im andern ist Kollineation. Denn Eindeutigkeit der Beziehung liegt vor; und bewegt sich die Gerade linear: in einem Büschel, so tut es auch die Kurve, weil zu den festen in den Hauptpunkten liegenden Schnittpunkten, welche für $n^2 - 1$ zählen, der dem Scheitel des Strahlenbüschels korrespondierende noch hinzugekommen ist; wir haben einen Kurvenbüschel n^{ter} Ordnung, der offenbar projektiv zum Strahlenbüschel ist. Wir würden diese Verwandtschaft Korrelation nennen, wenn den Punkten des einen Feldes Geraden im andern, den Punktreihen jenes also Tangentenkurven in diesem, den Strahlenbüscheln dieses aber Punktkurven in jenem zugeordnet wären.

Von der Eindeutigkeit der Punktbeziehung machen die Hauptpunkte eine Ausnahme, indem jedem Hauptpunkte im andern Felde nicht bloß ein Punkt, sondern alle Punkte einer Kurve entsprechen. In der Tat, wenn ein Punkt eine Kurve des einen Netzes durchläuft, so durchläuft der entsprechende die korrespondierende Gerade, und da jener r-mal durch einen r-fachen Hauptpunkt geht, sind r Punkte der Gerade ihm entsprechend; weil der Hauptpunkt auf allen Kurven des Netzes r-fach ist, enthält jede Gerade des andern Feldes r ihm entsprechende Punkte; es entsteht eine Kurve r^{ter} Ordnung, welche die dem r-fachen Hauptpunkte entsprechende Hauptkurve heißt.

Wir führen folgende Bezeichnungen ein. Die Geraden der beiden Felder seien l, l', die entsprechenden Kurven C_n', C_n. Ein r-facher Hauptpunkt im ersten Felde Σ sei H_r; die ihm entsprechende Hauptkurve r^{ter} Ordnung h_r', ebenso H_s' ein s-facher Hauptpunkt in Σ' und h_s die ihm korrespondierende Hauptkurve in Σ. Wir haben x_r Punkte H_r und Kurven h_r', y_s Punkte H_s' und Kurven h_s; so daß die Zahlen x_r und y_s nunmehr in beiden Feldern ihre Bedeutung haben. Deshalb ist die Unterscheidung durch Akzentuierung vermieden.

Wenn l durch einen H_r geht, zerfällt die entsprechende Netzkurve C_n' in die Hauptkurve h_r', die dem H_r korrespondiert, und in eine Kurve $C'_{n-r}(n-r)^{\text{ter}}$ Ordnung, welche die eigentliche korrespondierende Kurve von l ist; denn sie wird von dem entsprechenden Punkte eines auf l sich bewegenden Punktes durchlaufen. Und da bei dieser Bewegung auf l auch H_r überschritten wird, so muß es, im Kontinuum, auf C'_{n-r} auch einen diesem Punkte entsprechenden Punkt geben, der aber andererseits auf h_r' liegt. Dieser Punkt ist für die Gesamtkurve $C_n' = (h_r', C'_{n-r})$ ein Doppelpunkt, der zu den gemeinsamen vielfachen Punkten hinzugekommen ist. Jene in den Hauptpunkten befindlichen vielfachen Punkte repräsentieren so viele

Doppelpunkte, daß das Geschlecht 0 sich ergibt; ein weiterer muß Zerfallen bewirken, wie es ja auch hier eintritt. Dreht sich l um H_r, so durchwandert dieser Punkt die Kurve h_r'; es ist ja zu vermuten, daß auch diesem Strahlenbüschel ein Kurvenbüschel entspricht; geht ja durch jeden Punkt von Σ' nur eine dieser Kurven, weil durch den korrespondierenden nur ein Strahl l. Wir werden dies aber noch ordentlich beweisen.

Es werde die Bezeichnung etwas geändert. Die Hauptpunkte in 785 Σ, deren Anzahl ρ sei, mögen mit

$$H_1, H_2, \ldots H_\varrho$$

bezeichnet werden, so daß nun die Zeiger nicht die Vielfachheiten angeben, sondern nur unterscheidende Zeiger sind. Vielmehr seien die Vielfachheiten, unter denen sich x_1 mit 1, x_2 mit 2 gleiche, ... befinden:

$$r_1, r_2, \ldots r_\varrho;$$

dies sind zugleich die Ordnungen der entsprechenden Hauptkurven in Σ':

$$h_1', h_2', \ldots h_\varrho'.$$

H_i ist jetzt Name nur eines Hauptpunktes, h_i' nur einer Hauptkurve, der ihm zugehörigen.

Die Hauptpunkte in Σ', deren Zahl σ sei, seien:

$$H_1', H_2', \ldots H_\sigma';$$

ihre Vielfachheiten und die Ordnungen der entsprechenden Hauptkurven:

$$h_1, h_2, \ldots h_\sigma$$

seien:

$$s_1, s_2, \ldots s_\sigma.$$

Infolgedessen sind die Formeln 1) bis 4), 1') bis 4') in Nr. 781, 783 etwas anders zu schreiben:

$$1_1)\quad \sum_i r_i^2 = \sum_k s_k^2 = n^2 - 1,$$

$$2_1)\quad \sum_i \tfrac{1}{2} r_i(r_i - 1) = \sum_k \tfrac{1}{2} s_k(s_k - 1) = \tfrac{1}{2}(n-1)(n-2),$$

$$3_1)\quad \sum_i r_i = \sum_k s_k = 3(n-1),$$

$$4_1)\quad \sum_i \tfrac{1}{2} r_i(r_i + 1) = \sum_k \tfrac{1}{2} s_k(s_k + 1) = \tfrac{1}{2} n(n+3) - 2,$$

$\sum\limits_i$ geht von $i = 1$ bis $i = \rho$, $\sum\limits_k$ von $k = 1$ bis $k = \sigma$.

Ferner bedeute α_{ik} die Vielfachheit von H_i auf h_k (die auch 0 sein kann), also α_{ki}, was im allgemeinen von α_{ik} verschieden ist, die Vielfachheit von H_k auf h_i, α_{ik}' diejenige von H_i' auf h_k'. Legt man wieder durch H_k, der auf h_i α_{ki}-fach ist, eine Gerade l, so trifft diese die h_i noch in $s_i - \alpha_{ki}$ Punkten. Der l entspricht in Σ' eine Kurve C_n', welche in die Hauptkurve h_k' von der Ordnung r_k und eine Kurve C'_{n-r_k} zerfällt; unter den Punkten der l, welche von H_k verschieden sind, befinden sich die eben erwähnten $s_i - \alpha_{ki}$; ihre entsprechenden müssen auf C'_{n-r_k} liegen; aber weil sie auf h_i liegen, so entspricht allen der Punkt H_i', daher ist derselbe ein $(s_i - \alpha_{ki})$-facher Punkt auf C'_{n-r_k}; auf der vollen Kurve n^{ter} Ordnung ist er ein s_i-facher; folglich ist er auf dem andern Bestandteil h_k' von der Vielfachheit $s_i - (s_i - \alpha_{ki}) = \alpha_{ki}$. Nach der obigen Definition ist seine Vielfachheit auf h_k' gleich α'_{ik}; daher ist:

$$\alpha'_{ik} = \alpha_{ki}.$$

Die Vielfachheit eines Hauptpunktes des einen Feldes auf einer Hauptkurve desselben ist gleich der des Hauptpunktes des andern Feldes, welchem diese entspricht, auf der Hauptkurve, die jenem entspricht.

Zwei Hauptkurven desselben Feldes können nur Hauptpunkte gemein haben; denn jeder entspricht nur ihr Hauptpunkt, ein gemeinsamer Punkt ist also nicht vorhanden; einen solchen würde aber ein weiterer Schnitt fordern. Also gilt in Σ, bzw. Σ':

$$5)\quad s_k s_l = \sum_i \alpha_{ik}\alpha_{il}, \quad k \gtrless l;$$

$$5')\quad r_h r_i = \sum_k \alpha'_{kh}\alpha'_{ki} = \sum_k \alpha_{hk}\alpha_{ik}, \quad h \gtrless i.$$

Ebenso kann eine Hauptkurve mit einer Netzkurve keinen Punkt, außerhalb der Hauptpunkte, gemein haben. Folglich:

$$6)\quad n s_k = \sum_i r_i \alpha_{ik},$$

$$6')\quad n r_i = \sum_k s_k \alpha'_{ki} = \sum_k s_k \alpha_{ik}.$$

Die C_{n-s_k}, welche einer durch H_k' gehenden Gerade l' korrespondiert, hat mit der h_k, außer Hauptpunkten, noch den oben besprochenen Punkt gemeinsam, der ein Doppelpunkt der vollen $C_n = (h_k, C_{n-s_k})$ ist. Ein H_i, auf C_n r_i-fach, auf h_k α_{ik}-fach, ist auf C_{n-s_k} $(r_i - \alpha_{ik})$-fach. Daher:

$$7)\quad s_k(n - s_k) = \sum_i \alpha_{ik}(r_i - \alpha_{ik}) + 1,$$

$$7')\quad r_i(n - r_i) = \sum_k \alpha'_{ki}(s_k - \alpha'_{ki}) + 1$$

$$= \sum_k \alpha_{ik}(s_k - \alpha_{ik}) + 1.$$

Aus 6) und 7), bzw. 6') und 7') folgt:

$$8)\quad s_k^2 + 1 = \sum_i \alpha_{ik}^2,$$

$$8')\quad r_i^2 + 1 = \sum_k \alpha_{ki}'^2 = \sum_k \alpha_{ik}^2.$$

Aus 1_1), 6), 8) folgt:

$$(n - s_k)^2 = \sum_i (r_i - \alpha_{ik})^2,$$

d. h. zwei Kurven C_{n-s_k}, welche zwei durch denselben Hauptpunkt H_k' gehenden Geraden l' korrespondieren, haben in den Hauptpunkten, durch die sie gehen, ihr volles Schnittpunkte-System, und alle diese Kurven bilden einen Büschel. Nun zeigt sich, daß jener weitere Schnittpunkt (h_k, C_{n-s_k}) die Kurve h_k einfach durchwandert: durch einen beliebigen Punkt von h_k geht eine und nur eine C_{n-s_k}. Dadurch kommt die Punktreihe auf h_k in eindeutige Beziehung zum Büschel der l' um H_k', und die Kurve erweist sich vom Geschlecht 0.

Alle Hauptkurven haben das Geschlecht 0.

Dies Geschlecht 0 führt zu:

$$\tfrac{1}{2}(s_k - 1)(s_k - 2) = \sum_i \tfrac{1}{2}\alpha_{ik}(\alpha_{ik} - 1),$$

was in Verbindung mit 8) gibt:

$$9)\quad 3s_k - 1 = \sum_i \alpha_{ik},$$

ebenso:

$$9')\quad 3r_i - 1 = \sum_k \alpha_{ki}' = \sum_k \alpha_{ik}.$$

Aus 3_1), 9) und der obigen Formel für $(n - s_k)^2$ folgt:

$$\tfrac{1}{2}(n - s_k)(n - s_k + 3) - 1 = \sum_i \tfrac{1}{2}(r_i - \alpha_{ik})(r_i - \alpha_{ik} + 1),$$

womit ebenfalls ausgedrückt ist, daß die den Geraden l' durch H_k' entsprechenden Kurven C_{n-s_k} einen Büschel bilden.

Sodann ergibt sich aus 8) und 9):

$$10)\quad \tfrac{1}{2}s_k(s_k + 3) = \sum_i \tfrac{1}{2}\alpha_{ik}(\alpha_{ik} + 1),$$

$$10')\quad \tfrac{1}{2}r_i(r_i + 3) = \sum_k \tfrac{1}{2}\alpha_{ki}'(\alpha_{ki}' + 1) = \sum_k \tfrac{1}{2}\alpha_{ik}(\alpha_{ik} + 1).$$ [1]

Diese Formeln sagen aus, daß die Hauptkurven durch die

---

1) Zu diesen Formeln vgl. Bertini, Annali di Matematica Ser. II Bd. 8, S. 244 § 2; auch G. Jung, Sulle transformazioni birazionali, Rendiconti dell'Istituto Lombardo 1886; Döhlemann, Math. Annalen Bd. 39 S. 567.

auf ihnen gelegenen Hauptpunkte und ihre Vielfachheiten gerade bestimmt sind.

Ferner, sie sind erfüllt mit weiteren Doppelpunkten von Kurven des betreffenden Netzes; daher gehören sie zu der Jacobischen Kurve des Netzes. Weil aber, wegen Formel 3_1), ihre Gesamtordnung gleich der Ordnung $3(n-1)$ der Jacobischen Kurve ist (Nr. 686), so bilden sie diese Kurve vollständig.

Die Hauptkurven eines jeden der beiden Felder setzen die Jacobische Kurve des betreffenden homaloidischen Netzes, den Ort der weiteren Doppelpunkte von Kurven desselben, zusammen.

Durch die Hauptpunkte und ihre Vielfachheiten ist das Netz festgelegt, also auch die Jacobische Kurve und jeder ihrer Bestandteile.

Formel 9) sagt: Die Summe der Vielfachheiten der auf der Hauptkurve h_k gelegenen Hauptpunkte H_i ist $3s_k - 1$, die dreifache Ordnung von h_k, vermindert um 1. Oder wegen des obigen Satzes: $\alpha'_{ik} = \alpha_{ki}$: Der s_k-fache Hauptpunkt H'_k hat auf allen durchgehenden Hauptkurven h'_i die Gesamt-Vielfachheit $3s_k - 1$, d. h. er hat auf der Jacobischen Kurve des Netzes in Σ' die Vielfachheit $3s_k - 1$. Dies entspricht dem allgemeinen Satze, daß ein Punkt, der für alle Kurven eines Netzes t-fach ist, auf der Jacobischen Kurve $(3t-1)$-fach ist. Die vorangehende Betrachtung wurde ohne Benutzung dieses (schon in Nr. 686 erwähnten) Satzes geführt.

Wir summieren 9) über alle σ Hauptkurven h_k von Σ und 9') über alle ρ Hauptkurven von Σ' und erhalten:

$$3\sum_k s_k - \sigma = \sum_k\sum_i \alpha_{ik},$$

$$3\sum_i r_i - \rho = \sum_i\sum_k \alpha_{ik} = \sum_k\sum_i \alpha_{ik}.$$

Nun ist, wegen 3_1):

$$\sum s_k = \sum r_i,$$

daher:

$$\sigma = \rho.$$

Die Anzahl der Hauptpunkte (oder Hauptkurven) ist in beiden Feldern dieselbe[1]); was bei gleichartigen Netzen selbstverständlich, gilt auch für ungleichartige.

786 Aus diesem wichtigen Ergebnisse schließen wir, daß bei $n = 4, 5$, wo keine zwei der ermittelten Lösungen dieselbe $\sum x_r$ gegeben haben, es sich um zwei, bzw. drei Verwandtschaften mit gleichartigen Netzen handelt. Also:

1) In bezug auf einen weitergehenden Satz vgl. Clebsch, Math. Annalen Bd. 4 S. 490.

$$n = 4 \quad \begin{cases} x_3 = 1, \; x_1 = 6, \\ y_3 = 1, \; y_1 = 6, \end{cases} \quad \begin{cases} x_2 = 3, \; x_1 = 3, \\ y_2 = 3, \; y_1 = 3; \end{cases}$$

$$n = 5 \quad \begin{cases} x_4 = 1, \; x_1 = 8, \\ y_4 = 1, \; y_1 = 8, \end{cases} \quad \begin{cases} x_3 = 1, \; x_2 = 3, \; x_1 = 3, \\ y_3 = 1, \; y_2 = 3, \; y_1 = 1, \end{cases} \quad \begin{cases} x_2 = 6, \\ y_2 = 6. \end{cases}$$

Die Verwandtschaft 5. Grades, zu der das Problem der ebenen Projektivität geführt hat, ist von der dritten Art.

Bei $n = 6$ müssen die Lösungen I, IV, welche $\sum x_r$ nicht mit einander gemeinsam haben, ebenfalls zu zwei Verwandtschaften mit gleichartigen Netzen führen.

$$n = 6 \quad \begin{cases} x_5 = 1, \; x_1 = 10, \\ y_5 = 1, \; y_1 = 10, \end{cases} \quad \begin{cases} x_3 = 2, \; x_2 = 4, \; x_1 = 1, \\ y_3 = 2, \; y_2 = 4, \; y_1 = 1. \end{cases}$$

Hinsichtlich der Lösungen II, III, denen beiden $\sum x_r = 8$ zukommt, muß nun entschieden werden, ob sie zu derselben Verwandtschaft mit ungleichartigen Netzen oder zu verschiedenen mit je gleichartigen gehören.

Die Entscheidung muß dadurch getroffen werden, daß man das einer solchen zweifelhaften Lösung entsprechende Kurvennetz vornimmt und durch die Hauptpunkte Hauptkurven so führt, daß sie durch dieselben das Geschlecht 0 erhalten und vollständig bestimmt werden, daß ihre Gesamtordnung $3(n-1)$ ist und ein t-facher Hauptpunkt auf allen zusammen $(3t-1)$-fach ist. Zur Bestätigung dient, daß zwei dieser Hauptkurven oder eine Hauptkurve und eine Netzkurve, außerhalb der Hauptpunkte, keine Punkte gemeinsam haben. Gehen wir also bei $n = 6$ von der Lösung

$$\text{II} \quad x_4 = 1, \; x_2 = 4, \; x_1 = 3$$

aus, welche die Hauptpunkte des Feldes Σ charakterisiere, so daß vorhanden sind: ein vierfacher Hauptpunkt Q, vier doppelte D_1, D_2, D_3, D_4, drei einfache S_1, S_2, S_3. Die Ordnung der Jacobischen Kurve ist 15, und die drei Arten von Punkten sind auf ihr elffach, fünffach, zweifach. Die obigen Bedingungen werden erfüllt (und nur erfüllt) durch:

drei Kurven 3. Ordnung $Q^2 D_1 D_2 D_3 D_4 (S_2 S_3, \; S_3 S_1, \; S_1 S_2)$,

d. h. welche sämtlich zweimal durch Q — was der Exponent ausdrückt —, einmal durch D_1, D_2, D_3, D_4 und bzw. durch S_2, S_3; S_3, S_1; S_1, S_2 gehen,

einen Kegelschnitt $Q D_1 D_2 D_3 D_4$,

vier Geraden $Q(D_1, \; D_2, \; D_3, \; D_4)$.

Damit ist gesagt, daß das Feld Σ' drei dreifache Hauptpunkte T_1', T_2', T_3', einen doppelten D', vier einfache S_1', S_2', S_3', S_4' enthält, also der Lösung

$$\text{III} \quad y_3 = 3, \quad y_2 = 1, \quad y_1 = 4$$

entspricht; so daß diese beiden Lösungen zu einer Verwandtschaft mit ungleichartigen Netzen zusammengehören, und wir bei $n = 6$ nur drei Verwandtschaften haben, zwei mit gleichartigen und eine mit ungleichartigen Netzen:

$$\text{I, I;} \quad \text{IV, IV;} \quad \text{II, III.}$$

Zu D' gehört ersichtlich der Kegelschnitt $QD_1D_2D_3D_4$ als Hauptkurve; wenn wir weiter den T_1', T_2', T_3' die drei Hauptkurven 3. Ordnung in der obigen Reihenfolge zuordnen und ebenso den $S_1', \ldots S_4'$ die vier Hauptgeraden, so ist das nur Sache der Bezeichnung.

Durch diese Hauptpunkte in Σ' haben wir die Jacobische Kurve des zweiten Netzes, über deren Bestandteile uns die Hauptpunkte von Σ unterrichten, so hindurchzulegen, daß sie den obigen Bedingungen genügen, insbesondere, daß die Gesamtvielfachheit der drei Arten Punkte acht, fünf, zwei ist; sie sind:

die Kurve 4. Ordnung $T_1'^2T_2'^2T_3'^2D'S_1'S_2'S_3'S_4'$,
die vier Kegelschnitte $T_1'T_2'T_3'D'(S_1', S_2', S_3', S_4')$,
die drei Geraden $T_2'T_3'$, $T_3'T_1'$, $T_1'T_2'$.

Die Kurve 4. Ordnung gehört zu Q, der erste Kegelschnitt, der durch S_1' geht, gehört zu D_1, weil dieser sich auf der S_1' zugehörigen Gerade befindet (Nr. 785), und $T_2'T_3'$ zu S_1, weil S_1 auf den beiden zu T_2', T_3' gehörigen Kurven sich befindet; usw.

Die Jonquièressche Verwandtschaft n^{ten} Grades mit einem $(n-1)$-fachen Hauptpunkte O und $2n-2$ einfachen $S_1, \ldots S_{2n-2}$ führt zu einer Hauptkurve $(n-1)^{\text{ter}}$ Ordnung $O^{n-2}S_1 S_2 \ldots S_{2n-2}$ und $2n-2$ Hauptgeraden $O(S_1, S_2, \ldots S_{2n-2})$, so daß die Netze gleichartig sind. Sind die zugeordneten Hauptpunkte O', $S_1', \ldots S_{2n-2}'$, so ist ersichtlich, daß zu S_i die Hauptgerade $O'S_i'$ gehört.

Bei der zweiten Verwandtschaft $n = 4$ sind die Hauptfiguren in einem Felde:

drei doppelte Hauptpunkte D_1, D_2, D_3, drei einfache S_1, S_2, S_3,
drei Haupt-Kegelschnitte $D_1D_2D_3(S_2S_3, S_3S_1, S_1S_2)$,
drei Hauptgeraden D_2D_3, D_3D_1, D_1D_2,

in den beiden andern Fällen von $n = 5$:

1) ein dreifacher Hauptpunkt T, drei doppelte D_1, D_2, D_3, drei einfache S_1, S_2, S_3,
   eine Hauptkurve 3. Ordnung $T^2D_1D_2D_3S_1S_2S_3$,
   drei Haupt-Kegelschnitte $TD_1D_2D_3(S_1, S_2, S_3)$,
   drei Hauptgeraden $T(D_1, D_2, D_3)$,

2) sechs doppelte Hauptpunkte $D_1, \ldots D_6'$, sechs Haupt-Kegelschnitte, durch je fünf gehend;

endlich bei $n = 6$ zweiter Fall (IV):

zwei dreifache Hauptpunkte T_1, T_2, vier doppelte $D_1, \ldots D_4$, ein einfacher S,

zwei Hauptkurven 3. Ordnung $D_1 D_2 D_3 D_4 S(T_1^2 T_2,\ T_1 T_2^2)$,

vier Haupt-Kegelschnitte $T_1 T_2 (D_2 D_3 D_4,\ D_3 D_4 D_1, \ldots)$,

eine Hauptgerade $T_1 T_2$.

Die Zuordnung ist leicht, wie oben, festzustellen.

Wir wollen noch die Verwandtschaften betrachten, bei denen im einen Felde $x_{n-1} = 0$ und $x_{n-2} = 1$ ist. Wenn $n = 3$ oder 4, so sind mehrere $(n-2)$-fache Hauptpunkte möglich, wenn $n > 4$, nur einer, und neben ihm nur doppelte und einfache. Unsere Formeln liefern dann:

$$x_{n-2} = 1,\ x_2 = n - 2,\ x_1 = 3.$$

Nennen wir diese Punkte O, $D_1, \ldots, D_{n-2}$, S_1, S_2, S_3.

Die Jacobische Kurve setzt sich zusammen, wenn n gerade ist, aus:

drei Kurven $\frac{n}{2}^{\text{ter}}$ Ordnung $O^{\frac{n}{2}-1} D_1 \ldots D_{n-2}(S_2 S_3,\ S_3 S_1,\ S_1 S_2)$,

einer Kurve $\left(\frac{n}{2} - 1\right)^{\text{ter}}$ Ordnung $O^{\frac{n}{2}-2} D_1 \ldots D_{n-2}$,

$n - 2$ Geraden $O(D_1,\ D_2, \ldots D_{n-2})$;

jedesmal ist es möglich, durch einen beliebigen Punkt einer dieser Kurven eine zweite Kurve zu legen, die sie zu einer Kurve des Netzes vervollständigt, für welche dann der Punkt Doppelpunkt ist. Im zweiten Felde haben wir dann:

$$y_{\frac{n}{2}} = 3,\ y_{\frac{n}{2}-1} = 1,\ y_1 = n - 2;$$

bezeichnen wir diese Hauptpunkte mit A_1', A_2', A_3'; B'; $S_1', \ldots S_{n-2}'$, so besteht die Jacobische Kurve aus:

einer Kurve $(n-2)^{\text{ter}}$ Ordnung $A_1'^{\frac{n}{2}-1} A_2'^{\frac{n}{2}-1} A_3'^{\frac{n}{2}-1} B' S_1' \ldots S_{n-2}'$,

$n - 2$ Kegelschnitten $A_1' A_2' A_3' B'(S_1', \ldots, S_{n-2}')$,

drei Geraden $A_2' A_3'$, $A_3' A_1'$, $A_1' A_2'$,

entsprechend den Werten $x_{n-2} = 1$, $x_2 = n - 2$, $x_1 = 3$ im ersten Felde.

Ist aber n ungerade, so besteht die Jacobische Kurve des ersten Feldes aus:

der Kurve $O^{\frac{n-1}{2}} D_1 \ldots D_{n-2} S_1 S_2 S_3$ von der Ordnung $\frac{n+1}{2}$,

drei Kurven $O^{\frac{n-3}{2}} D_1 \ldots D_{n-2}(S_1, S_2, S_3)$ von der Ordnung $\frac{n-1}{2}$,
$n-2$ Geraden $O(D_1, \ldots D_{n-2})$;

so daß im zweiten Felde:

$$y_{\frac{n+1}{2}} = 1,\ y_{\frac{n-1}{2}} = 3,\ y_1 = n-2.$$

Wenn nun A'; B_1', B_2', B_3'; $S_1' \ldots S_{n-2}'$ die Hauptpunkte sind, so zerfällt die Jacobische Kurve in:

die Kurve $A'^{\frac{n-1}{2}} B_1'^{\frac{n-3}{2}} B_2'^{\frac{n-3}{2}} B_3'^{\frac{n-3}{2}} S_1' \ldots S_{n-2}'$ von der Ordnung $n-2$,
$n-2$ Kegelschnitte $A'B_1'B_2'B_3'(S_1', \ldots, S_{n-2}')$,
drei Geraden $A'(B_1', B_2', B_3')$.

Bei $n = 4$, 5 erhalten wir, wie notwendig, gleichartige Netze:

$$x_2 = y_2 = 1 + 2 = 3,\ x_1 = y_1 = 3 = 1 + 2;$$

bzw.

$$x_3 = y_3 = 1,\ x_2 = y_2 = 3,\ x_1 = y_1 = 3;$$

für $n > 5$ aber werden sie ungleichartig.

787 Wir stellen die Anzahlen der Hauptpunkte der möglichen Verwandtschaften bis zum 9. Grade zusammen, weil sie für die räumlichen Cremonaschen Verwandtschaften notwendig sein werden; wo die y fehlen, sind die beiden Netze gleichartig.

$n = 2$: $x_1 = 3$.

$n = 3$: $x_2 = 1$, $x_1 = 4$.

$n = 4$: 1) $x_3 = 1$, $x_1 = 6$; 2) $x_2 = 3$, $x_1 = 3$.

$n = 5$: 1) $x_4 = 1$, $x_1 = 8$; 2) $x_3 = 1$, $x_2 = 3$, $x_1 = 3$; 3) $x_2 = 6$.

$n = 6$: 1) $x_5 = 1$, $x_1 = 10$; 2) $x_3 = 2$, $x_2 = 4$, $x_1 = 1$;
3) $x_4 = 1$, $x_2 = 4$, $x_1 = 3$; $y_3 = 3$, $y_2 = 1$, $y_1 = 4$.

$n = 7$: 1) $x_6 = 1$, $x_1 = 12$; 2) $x_4 = 1$, $x_3 = 2$, $x_2 = 3$, $x_1 = 2$;
3) $x_3 = 4$, $x_2 = 3$;
4) $x_4 = 1$, $x_3 = 3$, $x_1 = 5$; $y_5 = 1$, $y_2 = 5$, $y_1 = 3$.

$n = 8$: 1) $x_7 = 1$, $x_1 = 14$; 2) $x_5 = 1$, $x_3 = 3$, $x_2 = 2$, $x_1 = 3$;
3) $x_4 = 2$, $x_3 = 2$, $x_2 = 3$, $x_1 = 1$; 4) $x_3 = 7$;
5) $x_4 = 3$, $x_2 = 3$, $x_1 = 3$;
6) $x_6 = 1$, $x_2 = 6$; $x_1 = 3$; $y_4 = 3$, $y_3 = 1$, $y_1 = 6$;
7) $x_5 = 1$, $x_3 = 2$, $x_2 = 5$; $y_4 = 1$, $y_3 = 5$, $y_1 = 2$.

$n = 9$: 1) $x_8 = 1$, $x_1 = 16$; 2) $x_6 = 1$, $x_3 = 4$, $x_2 = 1$, $x_1 = 4$;
3) $x_5 = 1$, $x_4 = 2$, $x_3 = 1$, $x_2 = 3$, $x_1 = 2$; 4) $x_4 = 4$, $x_2 = 4$;

5) $x_7 = 1,\ x_2 = 7,\ x_1 = 3;\ y_5 = 1,\ y_4 = 3,\ y_1 = 7;$

6) $x_6 = 1,\ x_3 = 3,\ x_2 = 4,\ x_1 = 1;\ y_5 = 1,\ y_4 = 1,\ y_3 = 4,\ y_1 = 3;$

7) $x_5 = 1,\ x_4 = 1,\ x_3 = 3,\ x_2 = 3;\ y_4 = 3,\ y_3 = 3,\ y_2 = 1,\ y_1 = 1.$[1])

Weil $\sigma = \rho$, so läßt sich aus den Zahlen α_{ik} eine Determinante bilden, deren Vorzeichen freilich unbestimmt ist, weil die Reihenfolge doch nicht ganz bestimmt ist:

$$\triangle = \begin{vmatrix} \alpha_{11}, & \alpha_{12}, & \dots & \alpha_{1\varrho} \\ \alpha_{21}, & \alpha_{22}, & \dots & \alpha_{2\varrho} \\ \cdot & \cdot & \cdot & \cdot \\ \alpha_{\varrho 1}, & \alpha_{\varrho 2}, & \dots & \alpha_{\varrho\varrho} \end{vmatrix};$$

wir erheben sie ins Quadrat, mit den Zeilen operierend, so daß die Elemente von $\triangle^2$ werden $\sum \alpha_{hk}\alpha_{ik}$; wegen 5') und 8') ist:

$$\triangle^2 = \begin{vmatrix} r_1^2+1, & r_1 r_2, & \dots & r_1 r_\varrho \\ r_2 r_1, & r_2^2+1, & \dots & r_2 r_\varrho \\ \cdot & \cdot & \cdot & \cdot \\ r_\varrho r_1, & r_\varrho r_2, & \dots & r_\varrho^2+1 \end{vmatrix}.$$

Diese Determinante hat die Eigenschaft, daß, wenn die Summanden 1 entfernt werden, eine Determinante entsteht, welche selbst nebst allen Unterdeterminanten bis zum 2. Grade verschwindet. Sie hat dann[2]) den Wert $1 + \sum r_i^2$; also n^2 wegen 1_1). Der absolute Wert von $\triangle$ ist demnach n.[3])

Einer Kurve m^{ter} Ordnung, in Σ, entspricht in Σ' eine Kurve von der Ordnung nm, weil die Zahl ihrer Begegnungspunkte mit einer Gerade so groß ist als die der Schnittpunkte jener Kurve mit der der Gerade korrespondierenden Kurve n^{ter} Ordnung. Diese Ordnung erniedrigt sich, wenn die gegebene Kurve durch Hauptpunkte geht, durch Ablösung der zugehörigen Hauptkurven in entsprechender Vielfachheit.

Durch den Hauptpunkt H_l von der Vielfachheit r_l gehe die Hauptkurve h_m von der Ordnung s_m, so daß $\alpha_{lm} > 0$. Nun sei $\mathfrak{C}$ eine Kurve von derselben Ordnung s_m, die sich zu den Hauptpunkten ebenso verhält wie h_m, außer daß sie durch H_l nur $(\alpha_{lm} - 1)$-mal geht; ihr entspricht daher eine Kurve $\mathfrak{C}'$ von der Ordnung

$$ns_m - r_1\alpha_{1m} - r_2\alpha_{2m} - \dots - r_l(\alpha_{lm} - 1) - \dots - r_\varrho\alpha_{\varrho m}$$
$$= ns_m - \sum r_i\alpha_{im} + r_l = r_l$$

1) Cremona a. a. O.; Cayley, Proc. London Math. Soc. Bd. 3 S. 143; S. Roberts, ebenda Bd. 4 S. 130; Dewulf, Bulletin des Sciences mathém. Bd. 5 (1873) S. 206. Vgl. auch die in Nr. 803 erwähnte Abhandlung von Montesano über homaloidische Kurvennetze.

2) Baltzer, Theorie und Anwendung der Determinanten § 5.

3) Clebsch, Math. Annalen Bd. 4 S. 490.

wegen 6). Auf der vollen korrespondierenden Kurve von der Ordnung ns_m ist H_m', zu dem die h_m gehört, s_m^2-fach, auf der α_{im}-mal sich absondernden h_i' $\alpha_{im}\alpha'_{mi} = \alpha_{im}^2$-fach, auf h_l' nur $(\alpha_{lm} - 1)\alpha_{lm}$-fach; also ist die Vielfachheit von H_m' auf $\mathfrak{C}'$

$$s_m^2 - \sum_i \alpha_{im}^2 + \alpha_{lm} = \alpha_{lm} - 1$$

wegen 8); hingegen hat H_t' die Vielfachheit:

$$s_m s_t - \sum_i \alpha_{im}\alpha_{it} + \alpha_{lt} = \alpha_{lt}$$

wegen 5).

Wenn also $\mathfrak{C}$ in Σ in der Ordnung und in der Vielfachheit der Durchgänge durch die Hauptpunkte mit der Hauptkurve h_m übereinstimmt, mit der Ausnahme, daß sie durch H_l einmal weniger geht als h_m, so entspricht ihr eine Kurve $\mathfrak{C}'$, welche mit der Hauptkurve h_l', die diesem H_l zugehört, in der Ordnung und der Vielfachheit der Durchgänge durch die Hauptpunkte übereinstimmt, mit der Ausnahme, daß sie den zu h_m gehörigen Hauptpunkt H_m' einmal weniger passiert.

Diese Kurven $\mathfrak{C}$ haben den Grad der Mannigfaltigkeit:

$$\tfrac{1}{2}\alpha_{lm}(\alpha_{lm} + 1) - \tfrac{1}{2}(\alpha_{lm} - 1)\alpha_{lm} = \alpha_{lm},$$

weil die h_m vollständig durch ihre Durchgänge bestimmt ist.

Für die Hauptpunkte H_k, H_l gelte $r_k > r_l$; beide seien auf h_m gelegen; so ist $\alpha_{km} \geqq \alpha_{lm}$. Wäre nämlich $\alpha_{km} < \alpha_{lm}$, so könnte man unter den $\infty^{\alpha_{lm}}$ Kurven $\mathfrak{C}$ noch eine bestimmen, welche durch H_k nicht bloß α_{km}-mal, sondern $(\alpha_{km} + 1)$-mal geht; denn das bedeutet $\alpha_{km} + 1$ weitere Bedingungen; dann würde sich von der entsprechenden $\mathfrak{C}'$ r_l^{ter} Ordnung nochmals die Kurve h_k' r_k^{ter} Ordnung ablösen, was nicht möglich ist.

Von zwei Hauptpunkten ungleicher Vielfachheit in der Verwandtschaft oder als Grundpunkte des Netzes, welche beide auf der nämlichen Hauptkurve liegen, kann derjenige von größerer Vielfachheit nicht eine kleinere Vielfachheit auf dieser Hauptkurve haben[1]).

Die Beispiele in Nr. 786 bestätigen dies.

§ 110. Beispiele von Cremonaschen Verwandtschaften.

788 Die Verwandtschaft 5. Grades beim Probleme der ebenen Projektivität (§ 35) ist schon erwähnt worden (Nr. 780, 786).

Die kubische Raumkurve R^3 muß wegen ihrer Eigenschaft, aus jedem außerhalb gelegenen Punkte nur eine Doppelsekante zu erhalten, die ihr allein von den Raumkurven zukommt, zwei Felder

1) Bertini, Rendiconti dell'Istituto Lombardo. Juni 1880.

Σ, Σ' in Cremonasche Verwandtschaft bringen, wenn die Spuren der nämlichen Doppelsekante einander zugeordnet werden. Es liegt die Verwandtschaft 4. Grades mit je 3 doppelten und 3 einfachen Punkten vor; der 4. Grad folgt daraus, daß die von den Punkten einer Gerade (von Σ oder Σ') kommenden Doppelsekanten eine Regelfläche von diesem Grade erzeugen (Nr. 203). Auf ihr ist R^3 doppelt, und es ergeben sich die Spuren dieser Kurve in Σ und Σ' als doppelte Hauptpunkte; in der Tat von jeder geht ein Kegel 2. Grades von Doppelsekanten aus, der in die andere Ebene den zugehörigen Hauptkegelschnitt einschneidet. Hauptgeraden sind in jedem der Felder die ganz ihm angehörigen Doppelsekanten; ihre Spuren in der andern Ebene sind die einfachen Hauptpunkte, zu denen sie gehören.

Es seien gegeben eine Fläche 2. Grades F^2, zwei Punkte O, O' auf ihr, ein Strahlennetz $[u, v]$ und zwei Ebenen Σ, Σ'. Von den Schnitten eines Strahls von $[u, v]$ mit F^2 wird der eine aus O auf Σ, der andere aus O' auf Σ' projiziert; diese Projektionen als zugeordnete Punkte führen zu einer Verwandtschaft 6. Grades und zwar der zweiten in der Aufzählung von Nr. 787. Das Liegen von O, O' auf F^2 ist für die Eindeutigkeit notwendig. Eine Gerade in Σ wird aus O auf F^2 in einen Kegelschnitt projiziert; die Strahlen des Netzes, welche ihn treffen, erzeugen eine Regelfläche 4. Grades, denn 4 Geraden einer Regelschar schneiden den Kegelschnitt. Die Projektion, aus O' auf Σ', des ferneren Schnittes 6. Ordnung dieser Fläche mit F^2 gibt die der Gerade entsprechende Kurve.

Die beiden in O sich schneidenden Geraden g, l von F^2 treffen Σ in den dreifachen Hauptpunkten; denn die Regelschar der Strahlen des Netzes, welche g oder l treffen, schneidet F^2 noch in einer kubischen Raumkurve, deren Projektion auf O' auf Σ' die dem $g\Sigma$ oder $l\Sigma$ entsprechende Hauptkurve 3. Ordnung ist. Die Leitgeraden haben 4 Schnitte mit F^2; es sei U einer von ihnen, auf u, so liefert OU in Σ einen der 4 doppelten Hauptpunkte; die Ebene Uv schneidet F^2 in einem Kegelschnitt, der aus O' in den entsprechenden Hauptkegelschnitt projiziert wird.

Der zweite Schnitt des aus O' kommenden Strahls von $[u, v]$ mit F^2 gibt, aus O projiziert, den einfachen Hauptpunkt in Σ; die entsprechende Hauptgerade in Σ' ist die Spur der Tangentialebene von F^2 in O'. Man bestimme die Hauptpunkte in Σ' und bestätige, daß die Hauptkurven in der in Nr. 786 beschriebenen Weise durch sie gehen.

Läßt man die Ebenen Σ, Σ', sowie die beiden Projektionszentren O, O' zusammenfallen, so wird die Verwandtschaft involutorisch; es decken sich dann auch die einen Hauptpunkte und Hauptkurven mit den anderen.

Das ist bei durchweg involutorischem Entsprechen notwendig; denn jeder Punkt hat ja in beiderlei Sinne denselben entsprechenden Punkt, also, wenn er Hauptpunkt in dem einen Sinne ist, ist er es auch im andern Sinne und hat beidemal dieselbe entsprechende Hauptkurve.

Die Berührungspunkte der F^2 mit Strahlen des Netzes bilden eine Raumkurve 4. Ordnung; die Projektion derselben aus O auf Σ ist eine Koinzidenzkurve der involutorischen Verwandtschaft.

Zu einer Verwandtschaft 6. Grades mit zwei ungleichartigen Netzen kann man auf folgende Weise gelangen. Es seien u, v zwei windschiefe Geraden und R^3 eine kubische Raumkurve, welche auf einer kubischen Fläche liegen, und zwar so, daß u von R^3 einmal getroffen wird, v aber nicht; dann seien in zwei Feldern Σ, Σ' entsprechend die Schnitte X, X' des Strahles des Netzes $[u, v]$ und der Doppelsekante von R^3, welche je von demselben Punkte der kubischen Fläche ausgehen.[1] Bewegt sich X in Σ auf einer Gerade, so beschreibt der Strahl von $[u, v]$ eine Regelschar, welche F^3 in einer Raumkurve 4. Ordnung 2. Art schneidet; die an einer Gerade von Σ' hingleitende Doppelsekante von R^3 beschreibt eine Regelfläche 4. Grades, auf welcher R^3 doppelt liegt. R^3 begegnet der Regelschar einmal auf u und fünfmal auf der Raumkurve 4. Ordnung; folglich wird diese von der Regelfläche 4. Grades außerhalb R^3 noch $(4 \cdot 4 - 2 \cdot 5)$-mal getroffen. Daher liegen 6 mal entsprechende Punkte auf einer Gerade in Σ und einer Gerade in Σ'.

Hinsichtlich der Hauptpunkte gilt Folgendes. In Σ ist die Spur V von v ein vierfacher Hauptpunkt, die Spur U von u und die Spuren derjenigen drei auf F^3 gelegenen Strahlen von $[u, v]$, welche R^3 einmal treffen, sind doppelte, endlich die Spuren der drei Strahlen von $[u, v]$, welche von den dritten Schnitten, mit F^3, der in Σ' gelegenen Doppelsekanten von R^3 kommen, sind einfache Hauptpunkte.

In Σ' sind die drei Punkte von R^3 dreifache, die Spur derjenigen auf F^3 gelegenen Doppelsekante von R^3, welche weder u noch v trifft, ist ein doppelter; ferner gibt es drei auf F^3 gelegene Doppelsekanten von R^3, welche bloß v treffen, nicht u; deren Spuren und die Spur der vom dritten Schnitt der UV kommenden Doppelsekante von R^3 sind einfache Hauptpunkte.

Andere Voraussetzungen über die Zahl der Schnittpunkte von

---

1) Durch das Strahlennetz $[u, v]$ wird die kubische Fläche eindeutig auf Σ, durch die Doppelsekanten-Kongruenz von R^3 eindeutig auf Σ' abgebildet: Der dritte Schnitt jedes Strahls der einen oder andern Kongruenz mit der Fläche, bzw. der Schnitt mit Σ oder Σ' sind entsprechende Punkte. Wir kommen darauf zurück.

u, v mit R^3 (im ganzen 6 Fälle) führen zu andern Verwandtschaften.[1])

Man ersetze R^3 durch ein anderes auf F^3 gelegenes Dupel $u'v'$ von windschiefen Geraden oder uv durch eine andere R^3.

Wenn ein Flächennetz 2. Ordnung vorliegt, so bestimmt jede durch einen Grundpunkt A gezogene Gerade eindeutig eine Fläche des Netzes, auf der sie liegt, und a) eindeutig die zweite Gerade auf dieser Fläche durch A, b) die Gerade auf ihr durch einen zweiten Grundpunkt B aus derselben Schar, c) die Gerade durch B aus der andern Schar. Dadurch ergeben sich drei Cremonasche Verwandtschaften, von denen die bei a) involutorisch ist.

Die erste können wir in ein anderes Problem umwandeln. Die ∞^2 Grundkurven des Netzes führen, aus A projiziert, zu einem Netze von Kurven 3. Ordnung mit den Projektionen der 7 andern Grundpunkte als festen gemeinsamen Punkten; die Projektionen der auf einer Fläche des Netzes gelegenen Grundkurven haben noch die Spuren der beiden auf ihr gelegenen Geraden durch A gemein; es entsteht im Kurvennetze ein Büschel mit diesen beiden Punkten als achtem und neuntem Grundpunkt, von denen jeder den andern (als neunten assoziierten) eindeutig bestimmt. Diese ebene involutorische Verwandtschaft, von Geiser zuerst untersucht,[2]) soll später (Nr. 824) bei den involutorischen Verwandtschaften besprochen werden; sie ist 8. Grades und hat 7 dreifache Hauptpunkte.

Weil im Falle b) aus den beiden Geraden derselben Schar die Fläche des Netzes durch projektive Büschel erzeugt wird, in denen nach den übrigen Grundpunkten entsprechende Ebenen gehen, der achte Grundpunkt aber durch die sieben übrigen bestimmt ist, so haben wir das Problem der ebenen Projektivität, von zwei Ebenen in zwei Bündel übertragen, für fünf Paare Strahlen und die sechsten abhängigen; und die Verwandtschaft ist 5. Grades mit je sechs doppelten Hauptstrahlen (Nr. 228).

Der Fall c) führt zu einer Jonquièresschen Verwandtschaft 4. Grades.[3]) Für einen Strahl a von A bekommen wir den zugeordneten b aus B folgendermaßen. Er liegt in der Ebene (BA, a) und ist die dritte Schnittkante derselben mit dem Kegel 3. Ordnung, welcher aus B die den a in A tangierende Grundkurve r^4 des Netzes projiziert und deshalb von jener Ebene längs BA berührt wird. Denn die durch a gehende Fläche des Netzes nimmt, wegen der Berührung, die genannte Grundkurve in sich auf und infolgedessen die Gerade b

1) Math. Annalen Bd. 26 S. 304.
2) Journal f. Mathem. Bd. 67 S. 78.
3) W. Stahl, ebenda Bd. 95 S. 297; Liniengeometrie Bd. II Nr. 464.

welche von der Fläche zweimal auf r^4 und einmal auf a getroffen wird. Durchläuft a einen Büschel (A, α), so liegen alle zugehörigen r^4 auf derjenigen Fläche des Netzes, welche α in A berührt; und die Kegel 3. Ordnung haben außer den Kanten aus B nach den sieben übrigen Grundpunkten gemeinsam noch die beiden durch B gehenden Geraden jener Fläche, bilden also einen Büschel. Derselbe steht in projektiver Beziehung zum Ebenenbüschel von BA; entsprechende Elemente tangieren sich längs BA; dadurch wird (Nr. 171) diese Gerade dreifache Kante auf dem erzeugten Kegel 4. Ordnung der Strahlen b, die den a von (A, α) korrespondieren. So ist der vierte Grad der Verwandtschaft erkannt, sowie die Gerade AB als gemeinsamer dreifacher Hauptstrahl beider Bündel. Zugehöriger Hauptkegel 3. Ordnung ist der Kegel je aus dem andern Punkte, welcher die kubische Raumkurve projiziert, die von AB zu einer Grundkurve ergänzt wird.

Die einfachen Hauptstrahlen gehen nach den sechs übrigen Grundpunkten des Netzes. Ist C einer von ihnen, so ist dem Hauptstrahle AC die Ebene von B nach ihm als Hauptebene zugeordnet.

Ein weiteres Beispiel liefert das Problem der Kollineation für zwei sechspunktige Gruppen:

$$G^6 \quad \begin{vmatrix} A_1 & A_2 & A_3 & A_4 & A_5 & A_6 \\ B_1 & B_2 & B_3 & B_4 & B_5 & B_6 \end{vmatrix};$$

wir fanden in Nr. 457, daß die korrespondierenden Punkte A, B, welche nach ihnen kollineare Bündel senden, zwei Flächen 2. Grades $\mathfrak{A}_0^2, \mathfrak{B}_0^2$ erfüllen und sie in eindeutige Beziehung bringen. Projizieren wir daher diese Flächen aus je auf ihnen gelegenen (nicht entsprechenden) Punkten $\mathfrak{A}, \mathfrak{B}_1$ auf beliebige Ebenen A, B, so müssen sich Felder in Cremonascher Verwandtschaft ergeben. Einer Gerade in A entspricht auf $\mathfrak{A}_0^2$ ein durch $\mathfrak{A}$ gehender Kegelschnitt $\mathfrak{a}^2$ und diesem eine Kurve 11. Ordnung $\mathfrak{b}^{11}$ auf $\mathfrak{B}_0^2$, welche aus $\mathfrak{B}_1$ ebenfalls in eine Kurve 11. Ordnung projiziert wird. Also ist die Verwandtschaft 11. Grades. Die Hauptpunkte in B sind folgende: Wir haben erstens einen einfachen, die Projektion des Punktes $\mathfrak{B}$, der dem $\mathfrak{A}$ korrespondiert; die ihm entsprechende Hauptgerade in A ist die Spur der Tangentialebene von $\mathfrak{A}_0^2$ in $\mathfrak{A}$. Ferner, jede der Raumkurven $\mathfrak{b}^{11}$ auf $\mathfrak{B}_0^2$ trifft von den beiden Geraden b', b'' dieser Fläche, welche in $\mathfrak{B}_1$ sich schneiden, die erstere in vier, die andere in sieben Punkten, sodaß die Spuren von b', b'' in B ein vierfacher und ein siebenfacher Hauptpunkt werden. Den b', b'' entsprechen auf $\mathfrak{A}_0^2$ eine Raumkurve 4. bzw. 7. Ordnung, deren Projektionen sind die diesen Hauptpunkten zugehörigen Hauptkurven. Endlich geht jede von den Kurven $\mathfrak{b}^{11}$ durch jeden der Punkte $B_1, \ldots B_6$ dreimal, sodaß deren Projektionen dreifache Hauptpunkte in $\mathfrak{B}$ werden; zugehörige Hauptkurven sind die Projektionen der a_i^3 aus $\mathfrak{A}$. Wir haben also:

$$x_1 = y_1 = 1,\ x_3 = y_3 = 6,\ x_4 = y_4 = 1,\ x_7 = y_7 = 1.$$[1]

789 Zu Beispielen von reziproken Cremonaschen Verwandtschaften zwischen den Punkten und den Strahlen eines Feldes führen einige der Bündel von kubischen Raumkurven, welche durch λ Punkte und $5-\lambda$ Doppelsekanten bestimmt werden.[2] In Nr. 206, 372, 462 ist festgestellt worden, daß durch λ gegebene Punkte und $6-\lambda$ gegebene Doppelsekanten eindeutig eine kubische Raumkurve bestimmt wird, außer wenn $\lambda = 4$ oder $\lambda = 0$ ist.[3] Im ersteren dieser beiden Ausnahmefälle gibt es, bei beliebiger Lage der gegebenen Elemente, keine, in andern sechs Kurven. Von den sechs Bündeln sind daher drei, nämlich:

$$(A_1\ A_2\ A_3\ A_4\ A_5),\quad (A_1\ A_2\ a_3\ a_4\ a_5),\quad (A_1\ a_2\ a_3\ a_4\ a_5)$$

so beschaffen, daß jeder Punkt sowohl als jede Gerade, als Doppelsekante, eindeutig eine Kurve im Bündel bestimmt.[4] Bei $(a_1\ a_2\ a_3\ a_4\ a_5)$ sind die beiden Zahlen 1 und 6. Dagegen sind die beiden übrigen Bündel:

$$(A_1\ A_2\ A_3\ A_4\ a_5),\quad (A_1\ A_2\ A_3\ a_4\ a_5)$$

von anderer Art. Beim ersteren bestimmt wohl jeder Punkt eine Kurve, dagegen ist nicht jede Gerade Doppelsekante einer Bündelkurve; vielmehr erzeugen die Doppelsekanten aller Bündelkurven den tetraedralen Komplex, der zu $A_1\ A_2\ A_3\ A_4$ gehört und in dem sich a_5 befindet, infolge der bekannten auf die Ebenenbüschel ihrer Doppelsekanten bezüglichen Eigenschaft der kubischen Raumkurve; und jede Gerade dieses Komplexes ist für ∞^1 Kurven des Bündels Doppelsekante.[5]

Beim zweiten ist wohl jede Gerade Doppelsekante für eine Kurve des Bündels, dagegen nur durch Punkte der Fläche 2. Grades durch A_1, A_2, A_3, a_4, a_5, auf welcher alle Bündelkurven liegen, gehen und zwar je ∞^1 Kurven des Bündels.

Wir wissen (Nr. 324, 453), der zuerst genannte Reye'sche

---

1) Ein Beispiel einer Verwandtschaft 10. Grades, bei welcher:

$$x_1 = y_1 = 5,\ x_3 = y_3 = 5,\ x_7 = y_7 = 1,$$

findet sich in meiner Liniengeometrie Bd. III S. 508 Anm. erwähnt.

2) Über diese „Kongruenzen" von kubischen Raumkurven vgl. Stuyvaert, Etude de quelques surfaces algébriques etc. Dissertation Gent 1902; Journal für Mathematik Bd. 132 S. 216; Bulletin de l'Académie de Belgique Nr. 5 1907 S. 490; sowie Godeaux, ebenda Nr. 4, 1908 S. 331.

3) Interessant ist auch ein Brief Schläflis im Briefwechsel zwischen Steiner und Schläfli S. 85.

4) Sie sind, nach der Terminologie von Veneroni (Rendiconti del Circolo matematico di Palermo Bd. 16 S. 209), 1. Ordnung und 1. Klasse.

5) Journal f. Math. Bd. 79 S. 106.

Bündel $(A_1 A_2 A_3 A_4 A_5)$ ruft in jeder Ebene Polardreiecke eines Polarfeldes durch die Schnittpunkte seiner Kurven hervor; in welchem Polarfelde also ein Punkt der Ebene und die Verbindungslinie der andern Schnittpunkte der durch ihn gehenden Bündelkurve zugeordnet sind. Solche eindeutigen reziproken Verwandtschaften ergeben sich auch bei den andern Bündeln der ersten Gruppe: $(A_1 A_2 a_3 a_4 a_5)$ und $(A_1 a_2 a_3 a_4 a_5)$.

Die Kurven des ersten dieser Bündel entstehen auf drei Weisen folgendermaßen. Zwei der drei Geraden, etwa a_3, a_4, bestimmen mit A_1, A_2 einen Büschel $\mathfrak{B}_{34}$ von Flächen 2. Grades, dessen Basis durch die Geraden c_{34}^1, c_{34}^2, welche von A_1, A_2 nach a_3, a_4 gehen, vervollständigt wird. Durch die Punkte, in denen eine Fläche dieses Büschels von a_5 getroffen wird, und durch A_1, A_2 geht auf ihr ein Büschel von kubischen Raumkurven, welche den Geraden der Regelschar (a_3, a_4) zweimal begegnen. Diese Büschel von Kurven, auf allen Flächen von $\mathfrak{B}_{34}$ hergestellt, liefern den Bündel. Vertauschen wir a_4 und a_5, so wollen wir, wenn nun die beiden Geraden b, b' gegeben sind, die Flächen der beiden Büschel $\mathfrak{B}_{34}$, $\mathfrak{B}_{35}$ so zuordnen, daß auf b sich schneidende einander entsprechen: Schnitt ist, außer a_3, eine Bündelkurve, welche b trifft. Auf b' rufen entsprechende Flächen eine Korrespondenz [4,4] hervor; von den acht Koinzidenzen rühren zwei von den beiden Ebenen $A_1 a_3$, $A_2 a_3$ her, welche zwei entsprechenden Ebenenpaaren der Büschel gemeinsam sind Aus den andern Koinzidenzen schließen wir:

Die Kurven des Bündels $(A_1 A_2 a_3 a_4 a_5)$, welche eine gegebene Gerade b treffen, erzeugen eine Fläche 6. Ordnung.

Auf einer Gerade b' durch A_1 entsteht, wenn von diesem Punkte abgesehen wird, eine Korrespondenz [2,2], von deren vier Koinzidenzen nur die von $A_2 a_3$ herrührende abzuziehen ist; b' hat also, außer A_1, drei Schnitte mit der Fläche. Die beiden Punkte A_1, A_2 sind auf der Fläche dreifach. Wenn A_3 auf a_3 gelegt wird, so haben wir den Bündel $(A_1 A_2 A_3 a_4 a_5)$, der, wie oben gesagt, ganz auf der durch diese Elemente gehenden Fläche 2. Grades liegt; auf ihr gehen durch den zweiten Schnitt von a_3 und den einen oder andern Schnitt von b zwei Bündelkurven. Daraus folgt, daß die Geraden a_3, a_4, a_5 auf der Fläche 6. Ordnung doppelt sind. Die zu zwei Geraden b und b' gehörigen Flächen (b), (b') schneiden sich in diesen doppelten Geraden, in den sechs Geraden $c_{34}^1, \ldots$, welche durch Kegelschnitte, die b bzw. b' treffen, zu erzeugenden Kurven der Flächen ergänzt werden, und den sechs Kurven des Bündels, welche b und b' treffen: $6^2 = 3 \cdot 2^2 + 6 + 6 \cdot 3$. Das gemeinsame Paar der beiden Involutionen, die von den Flächenbüscheln $\mathfrak{B}_{34}$, $\mathfrak{B}_{35}$ in b eingeschnitten werden, liefert die einzige Kurve $(A_1 A_2 a_3 a_4 a_5 b)$, d. h. welche auch b zweimal trifft; weshalb sie auf der Fläche 6. Ordnung doppelt ist.

Ist eine Ebene β gegeben und b in sie gelegt, so wird die Fläche 6. Ordnung (b) von β außer in b in einer Kurve 5. Ordnung geschnitten, erzeugt durch die beiden andern Schnittpunkte der b treffenden Bündelkurven. Zwei Begegnungspunkte derselben mit b rühren von der eben genannten Doppelkurve her. Die drei andern lehren:

Die Berührungspunkte einer Ebene β mit Bündelkurven erzeugen eine Kurve 3. Ordnung.

Nun haben wir eine zweite Fläche zu untersuchen, die der Kurven des Bündels, welche je die Strahlen eines Büschels (B, β) zu Doppelsekanten haben. Die Ebene β schneidet jene Flächenbüschel $\mathfrak{B}_{34}$, $\mathfrak{B}_{35}$ in zwei Kegelschnitt-Büscheln mit dem gemeinsamen Grundpunkte $a_3\beta$. Wir ordnen zwei Flächen der Büschel einander zu, welche einen Strahl von (B, β) in denselben Punkten treffen, und untersuchen die Korrespondenz, die auf der Gerade b' entsteht. Durch X auf b' geht eine Fläche des ersten Büschels; auf dem Kegelschnitt K in β, den sie einschneidet, rufen die veränderlichen Schnittpunkte der Kegelschnitte des andern Büschels eine Involution 3. Grades hervor, von deren Direktionskurve 2. Klasse (Nr. 190, 194) zwei Tangenten durch B gehen; die Flächen von $\mathfrak{B}_{35}$, deren Kegelschnitte in β die zugehörigen Schnittpunkte mit K haben, schneiden b' in vier Punkten; es entsteht also ebenfalls eine Korrespondenz [4,4]. Zu den acht Koinzidenzen gehören die beiden Punkte $(b', A_1 a_3)$ und $(b', A_2 a_3)$. Denn die beiden Ebenenpaare $(A_1 a_3, A_2 a_4)$ und $(A_1 a_3, A_2 a_5)$ schneiden sich zweimal auf dem Strahle, der vom Spurpunkte der Schnittlinie $(A_2 a_4, A_2 a_5)$ in β nach B geht; also sind sie in jener Zuordnung entsprechend. Die sechs andern Koinzidenzen lassen erkennen, daß die Kurven des Bündels $(A_1 A_2 a_3 a_4 a_5)$, welche die Strahlen von (B, β) bzw. zu Doppelsekanten haben, eine Fläche ebenfalls 6. Ordnung erzeugen; was auch dahin ausgesprochen werden kann, daß die Doppelsekanten der b treffenden Bündelkurven einen Komplex 6. Grades bilden.[1])

Liegt b wiederum in β, so entsteht im Büschel (B, β) eine Korrespondenz [5,2], in der zwei Strahlen einander zugeordnet sind, von denen der eine nach einem Punkte von b geht, der andere nach einem der weiteren Schnitte der durch diesen Punkt gehenden Bündelkurve mit β; die Zahl 5 rührt von der Ordnung der Rest-Schnittkurve der (b) mit β her. Von den sieben Koinzidenzen gehen drei nach den auf b gelegenen Berührungspunkten von Bündelkurven mit β; die vier übrigen zeigen, daß die Paare der Begegnungspunkte der erzeugenden Kurven der jetzigen Fläche mit den Strahlen von (B, β) eine Kurve 4. Ordnung erzeugen, ersichtlich mit B als Doppelpunkt wegen der durch ihn gehenden dieser Fläche doppelt angehörigen Bündelkurve.

1) Stuyvaert, Etude de quelques surfaces etc.

Die 4. Ordnung der Kurve bedeutet anderseits, daß diejenigen Doppelsekanten, in β, der b betreffenden Bündelkurven, welche je von diesem Treffpunkte ausgehen, eine Kurve 4. Klasse umhüllen, mit b als Doppeltangente.

Der Kegelschnitt, der jene Kurve 4. Ordnung zum vollen Schnitte der jetzigen Fläche mit β ergänzt, der Ort der dritten Schnittpunkte der erzeugenden Kurven, ist die Kurve, die im Punktfelde durch unsere in der Ebene β entstehende Verwandtschaft dem Strahlenbüschel (B, β) entspricht. Und der Kegelschnitt, der die Kurve 4. Klasse zur vollen Komplexkurve des Komplexes 6. Grades ergänzt, die Enveloppe der Verbindungslinien des zweiten und des dritten Schnittes, mit β, der b treffenden Kurven, entspricht im Strahlenfelde der Punktreihe der b.

Beim Bündel $(A_1 A_2 a_3 a_4 a_5)$ ist also die reziproke Verwandtschaft quadratisch[1]).

Hauptpunkte im Punktfelde sind die drei Spuren von a_3, a_4, a_5. Die Bündelkurven, welche durch die Spur A_3 von a_3 gehen, liegen auf der Fläche 2. Grades $(A_1 A_2 A_3 a_4 a_5)$, gehen durch deren zweiten Schnitt mit a_3, bilden also einen Büschel auf dieser Fläche und ihre zweiten und dritten Schnitte mit β eine Involution auf einem Kegelschnitte, die Verbindungslinien also einen Strahlenbüschel, der dem Hauptpunkte A_3 entspricht. Die drei Hauptgeraden im Strahlenfelde β ergeben sich durch die drei Kombinationen $a_3 a_4$, $a_3 a_5$, $a_4 a_5$.

Jede Gerade nämlich, welche z. B. c^1_{34}, c^2_{34} trifft, gehört zur Regelschar (a_3, a_4) einer Fläche von $\mathfrak{B}_{34}$ und wird von allen auf dieser Fläche gelegenen Bündelkurven zweimal getroffen, ist also Doppelsekante für ∞^1 Kurven des Bündels. Die drei in β fallenden Strahlen dieser Netze $[c^1_{34}, c^2_{34}]$, $[c^1_{35}, c^2_{35}]$, $[c^1_{45}, c^2_{45}]$ sind die drei gesuchten Hauptgeraden. Die dritten Schnittpunkte erfüllen je die zweite von β aus der betreffenden Fläche geschnittene Gerade, deren Punktreihe also der Hauptgerade zugeordnet ist.

Die Kurven des zweiten Bündels $(A_1 a_2 a_3 a_4 a_5)$ sind die veränderlichen Bestandteile der Büschel-Grundkurven des Netzes der Flächen 3. Ordnung, welche durch A_1, a_2, a_3, a_4 a_5 gehen und daher noch die beiden Treffgeraden c', c'' von $a_2, \ldots a_5$ gemeinsam haben[2]). Nehmen wir zwei Büschel $\mathfrak{B}$, $\mathfrak{B}'$ aus diesem Netze, so seien, wie oben, zwei Flächen derselben einander zugeordnet, welche sich auf der Gerade b schneiden; auf b' rufen sie eine Korre-

1) Stuyvaert, Journ. f. Math. Bd. 132, S. 232.

2) Flächen 3. Ordnung Nr. 66ϑ). Die obige Entstehungsweise des Bündels findet sich bei Godeaux a. a. O.

spondenz [9, 9] hervor. Zu den Koinzidenzen gehören die drei Schnitte der den Büscheln gemeinsamen Fläche mit b', und zwar dreifach wegen der drei Schnitte mit b. Es bleiben 9 Koinzidenzen.

Die Kurven dieses Bündels, welche eine Gerade b treffen, erzeugen eine Fläche (b) 9. Ordnung.

Die Geraden $a_2, \dots a_5$ und der Punkt A_1 sind auf ihr dreifach.

Das gilt auch für c', c''; sie werden durch je drei Kegelschnitte zu erzeugenden Kurven vervollständigt. Und zwei derartige Flächen 9. Ordnung (b); (b') haben außer den auf beiden dreifachen Geraden $a_2, \dots a_5$, c', c'' noch die neun kubischen Raumkurven des Bündels gemeinsam, welche b und b' treffen: $81 = 6 \cdot 3^2 + 9 \cdot 3$[1].

Die beiden Involutionen 3. Grades, welche von den Büscheln in b eingeschnitten werden, haben, als involutorische Korrespondenzen [2], $2 \cdot 2$ Paare von Punkten, die zugleich zu einer Gruppe der einen und einer der anderen gehören, darunter die drei Paare der Gruppe, die von der gemeinsamen Fläche der Büschel herrührt. Das vierte Paar weist auf die einzige Raumkurve des Bündels hin, welche b zweimal trifft und daher der Fläche 9. Ordnung (b) doppelt angehört.

Wir folgern wie oben: Die Berührungspunkte von Bündelkurven mit einer Ebene β bilden eine Kurve 6. Ordnung.

Wenn nun wiederum die Ordnung der Fläche derjenigen Bündelkurven festgestellt werden soll, welche die Strahlen eines Büschels (B, β) zu Doppelsekanten haben, so sei zunächst in β das Netz der eingeschnittenen Kurven 3. Ordnung ins Auge gefaßt und darin eine einzelne Kurve C^3 und ein Büschel $\mathfrak{B}$; dies Netz hat sechs Grundpunkte, die dann auf der Jacobischen Kurve 6. Ordnung des Netzes doppelt sind (Nr. 686); in den sechs ferneren Punkten, welche diese mit der C^3 gemeinsam hat, wird (Nr. 690) C^3 (außerhalb jener Grundpunkte) von Kurven des $\mathfrak{B}$ berührt. Jede Kurve von $\mathfrak{B}$ schneidet in C^3 ein Punktetripel ein; diese Punktetripel bilden eine kubische Involution (jedoch auf nicht unikursalem Träger); wenn in einem Strahlenbüschel zwei Strahlen einander zugeordnet werden, die nach zwei Punkten eines Tripels gehen, so entsteht eine Korrespondenz [6,6]; von den Koinzidenzen gehen sechs nach den eben besprochenen Berührungspunkten; wegen der sechs übrigen ist die Direktionskurve dieser Involution, eingehüllt von den Verbindungslinien,

---

1) Damit benutze ich hier, sowie im vorhergehenden Falle, die Erörterungen, die ich im Journal für Mathem. Bd. 80 S. 128 als Beweise gegeben habe, nur als Bestätigung, während ich nun bessere Beweise darbiete. Deshalb habe ich mich mit diesen Bündeln etwas eingehender beschäftigt, als die Untersuchung der Cremonaschen Verwandtschaft erfordern würde.

3. Klasse; die Halbierung ergibt sich, wie schon wiederholt, durch das involutorische Entsprechen.

Nunmehr sei wieder die Gerade b gegeben, ein Punkt X auf ihr bedingt eine Fläche aus $\mathfrak{B}$; dem Büschel (B, β) gehören drei Strahlen an, auf denen zwei Schnitte der C^3 mit einer Kurve des von $\mathfrak{B}'$ eingeschnittenen Kurvenbüschels liegen, die zugehörigen Flächen schneiden die Gerade b in 9 dem X zugeordneten Punkten X'. Von den 18 Koinzidenzen der entstehenden Korrespondenz [9,9] sind wiederum neun durch die drei Schnitte der gemeinsamen Fläche der beiden Büschel vertreten; die übrigen neun lehren, daß die Fläche, mit der wir es nun zu tun haben, 9. Ordnung ist. Ihr Schnitt mit der Ebene β besteht wiederum aus der Kurve 4. Ordnung[1]) der Begegnungspunkte der erzeugenden Kurven je mit ihren zu (B, β) gehörigen Doppelsekanten und einer Kurve 5. Ordnung: dem Orte der dritten Schnitte. Die Verwandtschaft ist also in diesem Falle 5. Grades. Und einer Gerade im Punktfelde korrespondiert eine Kurve 5. Klasse im Strahlenfelde. Jedes der beiden Felder enthält sechs doppelte Hauptelemente. Diejenigen im Punktfelde sind die Spuren der sechs Geraden $a_2, a_3, a_4, a_5, c', c''$. Die ∞^1 Kurven des Bündels, welche durch den Punkt βa_2 gehen, erfüllen die kubische Fläche, welche durch A_1, a_2, a_3, a_4, a_5 so geht, daß βa_2 auf ihr Doppelpunkt ist. Auf dem unikursalen Schnitte 3. Ordnung mit β entsteht durch die beiden ferneren Schnitte eine Involution, deren Direktionskurve eine Kurve 2. Klasse ist (Nr. 194). Sie entspricht dem Hauptpunkte βa_2.

Die Gerade c' wird durch ∞^1 Kegelschnitte, die durch A_1 gehen und a_2, a_3, a_4, a_5 und c' selbst treffen, zu Bündelkurven ergänzt; der Träger dieser Kegelschnitte ist die Regelfläche 3. Grades, die c' zur doppelten, c'' zur einfachen Leitgerade und die Geraden $a_2, .. a_5, (A_1, c', c'')$ zu Erzeugenden hat; denn dadurch ist die notwendige Korrespondenz [1,2] der Punktreihen c', c'' festgelegt (Nr. 156). Für den Punkt $\beta c'$ sind diese zerfallenden Kurven die durchgehenden Bündelkurven; auf dem unikursalen Schnitte 3. Ordnung in β entsteht wie oben eine Involution usw.

Auf jeder Fläche des Netzes 3. Ordnung $(A_1, a_2, a_3, a_4, a_5, c', c'')$, welche je ∞^1 Bündelkurven trägt, gibt es[2]) zwei Geraden, welche das Quadrupel $a_2 a_3 a_4 a_5$ zum Sextupel der von den Raumkurven zweimal getroffenen Geraden vervollständigen; die eine trifft c', die andere c''; und es entstehen durch sie zwei Kongruenzen mit c', bzw. c'' als Leitgerade. Jede Ebene durch c' schneidet aus dem Flächennetze einen

1) $4 = 8 + 2 - 6$ wegen einer Korrespondenz [8,2] im Büschel (B, β) und der Ordnung 6 der Jacobischen Kurve der Berührungspunkte.

2) Flächen 3. Ordnung Nr. 22.

Kegelschnitt-Netz: die Tangenten der Cayleyschen Kurve desselben sind die fraglichen Geraden in dieser Ebene. Die Tangenten aus $\beta\, c'$ an die Cayleyschen Kurven in den Ebenen durch c' erzeugen einen Kegel 3. Ordnung. So erweisen sich die beiden Kongruenzen $[c']$, $[c'']$ von der 3. Ordnung und der 3. Klasse. Ihre in β fallenden Strahlen sind die sechs Hauptgeraden der Verwandtschaft. Der Kegelschnitt, in dem je die betreffende Fläche des Netzes außerdem von β geschnitten wird, entsteht durch die dritten Schnittpunkte, ist also in der Verwandtschaft der Hauptgerade zugeordnet.

Schon aus dieser Anzahl der Hauptelemente und ihrer Vielfachheit könnte auf den Grad 5 geschlossen werden (Formel 3)).

Es handelt sich demnach um diejenige Cremonasche Verwandtschaft 5. Grades, der wir im Problem der ebenen Projektivität (§ 35) begegnet sind, mit dualisiertem einen Felde.

Die Verwandtschaft, die sich beim Bündel $(a_1 a_2 a_3 a_4 a_5)$[1] ergibt, ist nicht in beiderlei Sinne eindeutig, sondern ein-sechsdeutig.

§ 111. Erzeugnisse, Koinzidenzen, Produkte und Zykeln.

Es liegen zwei Bündel O, O' vor, deren Strahlen sich in einer Cremonaschen Verwandtschaft n^{ten} Grades befinden; nur ∞^1 Paare entsprechender Strahlen besitzen einen Schnittpunkt; durch diese Schnittpunkte entsteht eine Kurve, welche, ebenso wie die durch kollineare Bündel erzeugte kubische Raumkurve, durch die Scheitel einfach O, O' geht. In dem Ebenenbüschel um $O\,O'$ bewirken entsprechende Strahlen eines Büschels aus O und des korrespondierenden Kegels n^{ter} Ordnung in O' eine Korrespondenz $[n, 1]$, in der Ebenen zugeordnet sind, welche entsprechende Strahlen enthalten. Die $n+1$ Koinzidenzen geben zu erkennen, daß $(n+1)$-mal sich schneidende unter diesen entsprechenden Strahlen vorhanden sind. Jede Ebene durch einen der Scheitel enthält daher, außer diesem, $n+1$ Punkte der erzeugten Kurve. 790

Das Erzeugnis der Schnittpunkte entsprechender Strahlen zweier Bündel, welche in einer Cremonaschen Verwandtschaft n^{ten} Grades sich befinden, ist eine Raumkurve $(n+2)^{\text{ter}}$ Ordnung. Sie geht durch die Scheitel und wird in ihnen durch die dem gemeinsamen Strahle entsprechenden Strahlen berührt. Jeder r-fache Hauptstrahl eines der Bündel trifft sie in $r+1$ Punkten, dem Scheitel und den Begegnungspunkten mit dem zugeordneten Hauptkegel r^{ter} Ordnung. Dadurch werden die Scheitel, wenn auch einfache Punkte, immerhin singuläre Punkte

1) Mit diesem Kurvensysteme beschäftigt sich Stuyvaert, Journ. für Mathem. Bd. 132, S. 233.

der Kurve, indem — abgesehen von den niedrigsten Werten von n — eine Anzahl von vielfachen Sekanten der Kurve durch sie gehen; daher kann man die erzeugte Kurve nicht als eine allgemeine bezeichnen, wie es Jonquières getan hat[1]).

Dual entsteht, wenn zwei Strahlenfelder in Cremonascher Verwandtschaft n^{ten} Grades vorliegen, durch die Verbindungsebenen sich schneidender entsprechender Strahlen ein Torsus $(n+2)^{ter}$ Klasse.

Befinden sich zwei Punktfelder, die in Cremonascher Verwandtschaft n^{ten} Grades stehen, in derselben Ebene, so seien sie aus zwei Punkten O, O' projiziert; die entstehenden Bündel, in einer eben solchen Verwandtschaft stehend, erzeugen eine Kurve $(n+2)^{ter}$ Ordnung. Deren Schnitte mit der Ebene jener Felder liefern die Koinzidenzpunkte derselben.

Zwei ineinander liegende Punktfelder, welche sich in einer Cremonaschen Verwandtschaft n^{ten} Grades befinden, haben $n+2$ Koinzidenzpunkte[2].)

Für die Verwandtschaft 5. Grades, welche beim Problem der ebenen Projektivität sich ergibt, wenn zwei fünfpunktige Gruppen derselben Ebene vorliegen, haben wir die sieben Koinzidenzpunkte gefunden (Nr. 230).

In speziellen Fällen kann, ähnlich wie bei der Homologie als Spezialfall der ebenen Kollineation, welche eine Gerade von Koinzidenzpunkte besitzt, statt der endlichen Anzahl von Koinzidenzpunkten eine Koinzidenzkurve vorhanden sein.

Zu diesen Koinzidenzen wollen wir durch eine Verallgemeinerung der Betrachtung gelangen, die zu den Koinzidenzpunkten ineinanderliegender kollinearer Felder geführt hat.

Einem Strahlenbüschel A des einen Feldes entspricht ein Kurvenbüschel n^{ter} Ordnung $\mathfrak{A}'$ aus dem homaloidischen Netze des anderen, der zu ihm projektiv ist. Erzeugnis ist daher eine Kurve $(n+1)^{ter}$ Ordnung — von Jonquières isologische Kurve genannt —, welche jeden s-fachen Hauptpunkt des Netzes in Σ', weil er für alle Kurven von $\mathfrak{A}'$ s-fach ist, ebenfalls zum s-fachen Punkte hat (Nr. 171). Sie ist Ort der Punkte des zweiten Feldes, die mit ihren entsprechenden im ersten auf einer Gerade durch A liegen. Daß ihr ein s-facher Hauptpunkt H'_s s-fach angehört, folgt

---

1) Wenn bei einer Jonquièresschen Verwandtschaft n^{ten} Grades zwischen zwei Bündeln in die Verbindungslinie der Scheitel die beiden $(n-1)$-fachen Hauptgeraden fallen und die Projektivität der Ebenenbüschel um sie Identität wird, so wird eine Fläche erzeugt, und zwar n^{ter} Ordnung mit jener Gerade als $(n-2)$-fachen Gerade. Vgl. Döhlemann, Über Flächen, welche sich durch eindeutig aufeinander bezogene Strahlenbündel erzeugen lassen. Diss. von München 1889.

2) Cremonas zweite Abhandlung Nr. 29 und 30.

auch daraus, daß die Verbindungslinie $H'_s A$ die korrespondierende Hauptkurve h_s s^{ter} Ordnung in s Punkten trifft, also H'_s s-mal mit einem entsprechenden Punkte in einer Gerade durch A liegt. Ein zweiter Punkt B im ersten Felde und der ihm korrespondierende Büschel $\mathfrak{B}'$ liefern eine zweite derartige Kurve. Unter den $(n+1)^2$ gemeinsamen Punkten zählen die Hauptpunkte des zweiten Feldes für $\Sigma y_s s^2 = n^2 - 1$ (Formel 1'); ferner gehören zu ihnen die Punkte, in denen die Gerade AB die ihr entsprechende den Büscheln $\mathfrak{A}'$, $\mathfrak{B}'$ gemeinsame Kurve des Netzes in Σ' schneidet; es bleiben $(n+1)^2 - (n^2-1) - n = n+2$ gemeinsame Punkte. Jeder von ihnen liegt mit seinem (einzigen) entsprechenden sowohl auf einer Gerade durch A, als auf einer durch B, ohne daß diese Geraden identisch sind; also vereinigt er sich mit ihm.

Nun ist auch ersichtlich, daß die zu den Punkten einer Gerade gehörigen isologischen Kurven einen Büschel bilden: wir haben die $(n+1)^2$ gemeinsamen Punkte. Und sämtliche isologischen Kurven bilden ein Netz: aus dem zur Punktreihe AB gehörigen Büschel geht diejenige durch X', welche zu dem Punkte (AB, XX') gehört, und aus dem Netze geht durch X', Y' diejenige, welche zu (XX', YY') gehört.

Dies Netz $(n+1)^{\text{ter}}$ Ordnung ist durch die mit $\frac{1}{2}n(n+3)-2$ Punkten äquivalenten Punkte H'_s und durch die $n+2$ Koinzidenzpunkte gerade bestimmt.

Nachdem in dieser Weise die Anzahl $n+2$ der Koinzindenzen erkannt ist, ist nun, allgemeiner als oben, die Ordnung $n+2$ der Kurve bewiesen, die durch zwei in Cremonascher Verwandtschaft n^{ten} Grades befindliche Bündel erzeugt wird.

Wenn freilich eine Kurve von Koinzidenzpunkten vorhanden ist,[1]) etwa h^{ter} Ordnung, so nimmt diese an jeder isologischen Kurve des einen oder andern Feldes teil und die reduzierten isologischen Kurven sind nur $(n+1-h)^{\text{ter}}$ Ordnung. Geht jene Kurve durch keinen der Hauptpunkte, so bewirkt dies Abtrennen, da von den n Punkten auf AB h auf ihr liegen, eine Verminderung der einzelnen Koinzidenzpunkte um $(n+1)^2 - n - \{(n+1-h)^2 - (n-h)\} = h\,\{2(n+1)h - 1\}$. Aber diese Voraussetzung tritt nur in den einfachsten Fällen ein; diese Verminderung führt meistens zu einer negativen Zahl. Man wird besser nicht nach einer allgemeinen Formel für die Anzahl der einzelnen Koinzidenzpunkte suchen, sondern sie von Fall zu Fall ermitteln.

Wir wollen ein Beispiel vorführen und, an Nr. 788 anschließend, annehmen, daß zwischen zwei Feldern Σ, Σ' durch zwei kubische

1) Über Cremonasche Verwandtschaften mit Koinzidenzkurven vgl. Döhlemann, Math. Annalen Bd. 39 S. 367. — Richtiger ist: „Kurve von Koinzidenzpunkten" als „Koinzidenzkurve"; doch möge der Kürze halber auch dieses Wort benutzt werden.

Raumkurven r^3, r_1^3 zwei Verwandtschaften $(r^3), (r_1^3)$ 4. Grades hergestellt seien. Die Hauptpunkte der (r^3) seien $(3A), (3A')$, die Spuren der r^3 in Σ und Σ', und $(3B)$, die Spuren der Verbindungslinien der $(3A')$ in Σ, $(3B')$, die Spuren derjenigen der $(3A)$ in Σ'; jene doppelt, diese einfach. Die zweite führe zu $(3A_1), (3A_1'), (3B_1), (3B_1')$. In beiden Verwandtschaften sind alle Punkte von $s = \Sigma\Sigma'$ sich selbst entsprechend.

Dadurch kommen in Σ zwei Felder $\mathfrak{S}, \mathfrak{S}_1$ in eine Verwandtschaft 16. Grades, in der zwei Punkte einander entsprechen, welche dem nämlichen Punkte von Σ' in jenen Verwandtschaften korrespondieren. Denn die einer Gerade von Σ in der ersten Verwandtschaft entsprechende Kurve 4. Ordnung geht durch die andere in eine 16. Ordnung über.

Einem der Punkte $(3B')$ von $\mathfrak{S}_1$ korrespondiert in $\mathfrak{S}$ die Doppelsekante von r^3, deren Spur er ist; wir erhalten dadurch drei einfache Hauptpunkte in $\mathfrak{S}_1$. Wenn $(3\mathfrak{A}_1)$ den $(3A')$ durch die Verwandtschaft (r_1^3) korrespondieren, so sind dies doppelte Hauptpunkte in $\mathfrak{S}_1$. Jedem der $(3B_1)$ entsprechen durch (r_1^3) Geraden und diesen durch (r^3) Kurven 4. Ordnung, und endlich jedem der $(3A_1)$ Kurven 8. Ordnung.

Wir erhalten so in $\mathfrak{S}_1$ je drei einfache, doppelte, vierfache, achtfache Hauptpunkte; von ihnen liegen die ersten und dritten auf der Gerade s der Koinzidenzpunkte. Die reduzierten isologischen Kurven in $\mathfrak{S}_1$ sind 16. Ordnung und haben noch drei doppelte, drei dreifache, drei achtfache Punkte in Hauptpunkten. Also sind den zu A, B gehörigen, außer diesen Punkten und $16 - 1$ auf AB gelegenen, noch gemein: $16^2 - 3(2^2 + 3^2 + 8^2) - 15 = 10$ Punkte. Das sind die einzelnen Koinzidenzpunkte der $(\mathfrak{S}, \mathfrak{S}_1)$. Sie führen zu der Zahl der gemeinsamen Doppelsekanten der beiden kubischen Raumkurven.

Zwei kubische Raumkurven (ohne gemeinsamen Punkt) haben zehn gemeinsame Doppelsekanten.[1])

Daraus lassen sich, für die Fälle gemeinsamer Punkte, die Anzahlen der in vier getrennten Punkten treffenden Geraden leicht ableiten; vgl. Nr. 378 und 382.

Die reduzierten isologischen Kurven müssen, in jedem Felde, ein Netz bilden, aus demselben Grunde, wie im allgemeinen Falle; aber die ihnen gemeinsamen Hauptpunkte und Koinzidenzpunkte reichen diesmal nicht zur Festlegung hin, was ja auch nicht notwendig ist; es ist eine besondere Eigenschaft des allgemeinen Falles, daß sie es tun. Im obigen Beispiel sind sie nur mit 145, statt mit 150, Punkten äquivalent.

Zu jedem Punkte $A \equiv B'$ zweier ineinander liegender Felder in Cremonascher Verwandtschaft n^{ten} Grades gehören zwei iso-

1) In den Annali di Matematica Ser. II Bd. 3 S. 28 in etwas anderer Art bewiesen. — Dazu führt auch Halphens Satz über die Anzahl der gemeinsamen Geraden zweier Kongruenzen: Liniengeometrie Bd. I Nr. 34.

logische Kurven, je eine im andern Felde. Beide gehen durch ihn und sind mit entsprechenden Punkten erfüllt, welche mit ihm in gerader Linie liegen; auf jedem Strahle durch ihn n Paare bzw. $n - h$ Paare, die aus getrennten Punkten bestehen.

Fällt A in einen Hauptpunkt seines Feldes, der etwa r-fach sei, so löst sich von der isologischen Kurve im andern die zugehörige Hauptkurve r^{ter} Ordnung ab; die restierende Kurve $(n + 1 - r)^{\text{ter}}$ Ordnung entsteht durch den Büschel um den Hauptpunkt und den projektiven Büschel der Kurven $(n - r)^{\text{ter}}$ Ordnung, die seinen Strahlen entsprechen.

Bei einer Jonquièresschen Verwandtschaft ist dies, wenn A der $(n - 1)$-fache Hauptpunkt ist, der Büschel der Strahlen um den andern $(n - 1)$-fachen Hauptpunkt. So entsteht ein Kegelschnitt, welcher als isologische Kurve zu beiden $(n-1)$-fachen Hauptpunkten gehört und diese Punkte mit den $n + 2$ Koinzidenzen, die ja jeder isologischen Kurve angehören, verbindet.

Deckt sich wiederum B' im zweiten Felde mit dem Hauptpunkte A, so ist die ihm zugehörige isologische Kurve, deren Punkte denen des Kegelschnitts so entsprechen, daß sie je mit ihnen auf einer Gerade durch $A \equiv B'$ liegen, $(n+1)^{\text{ter}}$ Ordnung und hat diesen Punkt zum n-fachen, weil er für den einen erzeugenden Büschel einfacher, für den andern $(n - 1)$-facher Grundpunkt ist (Nr. 171).

Die Ordnung $n + 1$ der isologischen Kurven bedeutet, daß die Geraden, welche die Punkte einer Gerade l des einen Feldes mit den entsprechenden des andern verbinden, eine Kurve $(n + 1)^{\text{ter}}$ Klasse umhüllen, für welche jene Gerade, wegen der n Paare entsprechender Punkte auf ihr, n-fache Tangente ist, sendet doch jeder Punkt von ihr nur noch eine Tangente aus. Die beiden Kurven, die zu der nämlichen Gerade in beiderlei Sinne gehören, haben daher $(n + 1)^2 - n^2 = 2n + 1$ andere gemeinsamen Tangenten; für jede ist der Punkt, in dem sie die Gerade l trifft, mit beiden entsprechenden Punkten in gerader Linie gelegen. Demnach ist der Ort der Punkte, welche mit den in beiderlei Sinne entsprechenden Punkten in gerader Linie liegen, eine Kurve von der Ordnung $2n + 1$. Sie geht im allgemeinen durch einen Hauptpunkt in seiner Vielfachheit.

Zur Ordnung $2n + 1$ gelangt man auch dadurch, daß die beiden isologischen Kurven, welche zu den verschiedenen Punkten einer Gerade l gehören, zwei projektive Büschel $(n + 1)^{\text{ter}}$ Ordnung bilden. Zum Erzeugnisse gehört die Gerade, weil durch jeden Punkt die beiden zugehörigen Kurven gehen. Es bleibt eine Kurve von der Ordnung $2n + 1$; jeder Punkt derselben liegt mit den beiden entsprechenden Punkten auf der Gerade, die nach dem Punkte auf l geht, zu welchem die beiden in jenem sich schneidenden Kurven gehören.

Besteht wiederum eine Kurve von Koinzidenzpunkten, so sind

diese Büschel von der Ordnung $(n-h+1)^{\text{ter}}$ Ordnung; zum Erzeugnisse von der Ordnung $2(n-h+1)-1$ gehört aber die Koinzidenzkurve; denn es sei X ein Punkt, in dem sie von einer Kurve des Büschels im ersten Felde getroffen wird, so fällt in ihn der entsprechende X' und die Gerade nach dem zugehörigen Punkte auf l ist als Verbindungslinie anzusehen; derselbe Punkt als X' gehört dann der entsprechenden Kurve des Büschels im zweiten Felde an, weil eben $X'X$ nach jenem Punkte geht. Folglich bleibt als Ort der Punkte, die mit den beiden entsprechenden Punkten in gerader Linie liegen, eine Kurve von der Ordnung $2n+1-3h$.

An Stelle der beiden obigen Kurven $(n+1)^{\text{ter}}$ Klasse sind solche von der Klasse $n+1-h$ getreten, für welche l $(n-h)$-fach ist; gemeinsam sind ihnen auch die bestimmten Verbindungslinien, welche den sich selbst entsprechenden Punkten der Koinzidenzkurve auf l zugehören. Es bleiben $(n+1-h)^2-(n-h)^2-h=2n+1-3h$ gemeinsame Tangenten.

791 Nehmen wir nunmehr Ebenenbündel an, welche in einer Cremonaschen Verwandtschaft stehen. Das Erzeugnis ist eine Kongruenz, gebildet durch die Schnittlinien zugeordneter Ebenen. Die Klasse ist $n+2$, da in eine Ebene eindeutig verwandte Strahlenfelder eingeschnitten werden, welche $n+2$ Koinzidenzgeraden besitzen. Ein Punkt bestimmt in dem einen Bündel einen Büschel, und von dem Kegel n^{ter} Klasse, der diesem entspricht, gehen n Ebenen durch ihn, also n Schnittlinien entsprechender Ebenen.

Jeder Bündelscheitel sendet einen Kegel $(n+1)^{\text{ter}}$ Ordnung zur Kongruenz: er ist das Erzeugnis des gemeinsamen Büschels, als dem andern Bündel angehörig, und des ihm entsprechenden Kegels n^{ter} Klasse.

Das Erzeugnis der Schnittlinien entsprechender Ebenen zweier Ebenenbündel, welche in einer Cremonaschen Verwandtschaft n^{ten} Grades sich befinden, ist eine Kongruenz n^{ter} Ordnung $(n+2)^{\text{ter}}$ Klasse mit den Scheiteln als singulären Punkten $(n+1)^{\text{ten}}$ Grades.

Und die Kongruenz der Verbindungslinien zweier Punktfelder in solcher Verwandtschaft hat die Ordnung $n+2$, die Klasse n, und die Trägerebenen sind singulär vom $(n+1)^{\text{ten}}$ Grade. Solche Kongruenzen hat man Cremonasche genannt. Bevorzugen wir die durch Punktfelder erzeugten, als die zuerst behandelten und anschaulicheren. Ein r-facher Hauptpunkt der Verwandtschaft wird singulär vom Grade r; weil er an die Kongruenz den Kegel r^{ter} Ordnung sendet, der die entsprechende Hauptkurve projiziert. Indem man auf die Schnittlinie der Ebenen sich selbst entsprechende Punkte bringt, spaltet man die Bündel um solche Punkte von der Kongruenz ab und vermindert die Ordnung.

Besonderes Interesse haben die Erzeugungen von Kongruenzen 1. und 2. Ordnung gehabt. Für sie sind solche Spezialisierungen notwendig.

Wenn eine Cremonasche Verwandtschaft n^{ten} Grades mit der speziellen Eigenschaft vorliegt, daß jeder Punkt der Schnittlinie $s = \Sigma\Sigma'$ der beiden Ebenen sich selbst entspricht, und überdies in einem der beiden Felder auf dieser Gerade einen doppelten und $n-3$ einfache Hauptpunkte hat, so entsteht eine Kongruenz 2. Ordnung $(n-1)^{\text{ter}}$ Klasse.

Der Schnittlinie von Σ mit einer Ebene π entspricht in Σ' eine Kurve n^{ter} Ordnung, welche der π, außer in dem sich selbst entsprechenden Punkte πs, noch in $n-1$ Punkten begegnet; von diesen gehen nach den entsprechenden Punkten von Σ auf $\pi\Sigma$ die in π fallenden Strahlen der Kongruenz aus.

Aus P werde Σ' in das Feld Σ projiziert als Σ_1, so daß zwischen Σ und Σ_1 auch Cremonasche Verwandtschaft n^{ten} Grades besteht, wobei die speziellen Voraussetzungen erhalten bleiben. Von der zu einem Punkte A von $\Sigma \equiv \Sigma_1$ gehörigen isologischen Kurve $(n+1)^{\text{ter}}$ Ordnung in Σ löst sich die Gerade s, als Koinzidenzkurve, ab; die restierende Kurve n^{ter} Ordnung geht daher von den auf s gelegenen Hauptpunkten von Σ nur noch durch den doppelten einfach, durch die $n-3$ einfachen nicht. Die zu A und B gehörigen isologischen Kurven n^{ter} Ordnung haben daher in den Hauptpunkten von Σ

$$\Sigma x_r r^2 - (2^2 + n - 3) + 1^2 = n^2 - 1 - (n+1) + 1 = n^2 - n - 1$$

Punkte gemein, ferner die $n-1$ weiteren Schnitte mit AB (außer A bzw. B). Folglich bleiben $n^2 - (n^2 - n - 1) - (n-1) = 2$ Punkte. Das sind Koinzidenzpunkte von Σ und Σ_1, also Punkte von Σ, die mit den entsprechenden von Σ' auf einer Gerade durch P liegen; so daß zwei Strahlen der erzeugten Kongruenz durch diesen Punkt gehen.

Auch das andere Feld muß auf der Schnittlinie einen doppelten und $n-3$ einfache Hauptpunkte haben. Denn die Vertauschung der beiden Felder würde sonst nicht zur Ordnung 2 führen. Durch jeden Punkt von Σ oder Σ' geht in dieser Ebene ein Strahl der Kongruenz, der zweite neben dem, der den Punkt mit dem entsprechenden in der andern Ebene verbindet. Folglich enthalten beide Ebenen einen Büschel von Kongruenzstrahlen und sind daher für die Kongruenz singulär vom 1. Grade. Jeder Punkt auf s entspricht sich selbst; also gilt dies auch für die auf ihr gelegenen Hauptpunkte, so daß sie der zugehörigen Hauptkurve angehören. Das bedeutet für einen doppelten Hauptpunkt, z. B. den von Σ auf s, daß der Strahlenbüschel, der ihn mit den Punkten seines Hauptkegelschnitts verbindet, in Σ' liegt; also ist jeder der beiden doppelten Hauptpunkte der Scheitel des in der andern Ebene befindlichen Strahlenbüschels, zu dem dann auch s gehört.

Die einem einfachen Hauptpunkte auf s entsprechende Hauptgerade geht durch ihn, und alle verbindenden Strahlen fallen in sie zusammen; so ergeben sich in jeder der beiden Ebenen Σ, Σ' noch $n-3$ dem Strahlenbüschel nicht angehörige Kongruenzstrahlen, welche je die $n-3$ einfachen Hauptpunkte des andern Feldes in s einschneiden.

Nicht bei jeder Verwandtschaft sind die Voraussetzungen erfüllbar; in der beschriebenen Weise sind nur die Kongruenzen 2. Ordnung 2. bis 5. Klasse zu erzeugen; und zwar die der 5. Klasse durch die Verwandtschaft 6. Grades mit zwei ungleichartigen Netzen.[1])

792 Eine Kurve m^{ter} Ordnung des einen Feldes geht (Nr. 787) in eine Kurve von der Ordnung nm im andern über. Diese geht ms_k-fach durch den Hauptpunkt H_k', weil jene so oft der zugeordneten h_k begegnet. Das Geschlecht der neuen Kurve ist daher:

$$\tfrac{1}{2}(mn-1)(mn-2)-\sum_k \tfrac{1}{2} m s_k (m s_k - 1)$$

$$= \tfrac{1}{2} m^2 (n^2 - \sum_k s_k^2) + \tfrac{1}{2} m (3n - \sum_k s_k) + 1 = \tfrac{1}{2}(m-1)(m-2)$$

wegen 1_1) und 3_1), also, wie notwendig, gleich dem der gegebenen Kurve.

Hat diese außerhalb der Hauptpunkte gelegene vielfache Punkte, so gehen diese in ebenso vielfache der transformierten Kurve über.

Geht C_m durch einen r_i-fachen Hauptpunkt ρ_i-mal, so reduziert sich die Ordnung der transformierten Kurve auf $nm - \sum_i r_i \rho_i$.

Eine Hauptkurve h_k von der Ordnung s_k hat, im Grunde, zum entsprechenden Gebilde nicht bloß den H_k', sondern den Inbegriff der Hauptkurven h_i', durch deren Hauptpunkte H_i sie geht, und zwar je α_{ik}-fach; wodurch die Formel 6):

$$n s_k = \sum_i r_i \alpha_{ik}$$

sich von neuem ergibt.

Ebenso setzt sich die volle entsprechende Kurve $n^{2\,\text{ter}}$ Ordnung welche der Kurve C^n zugehört, die einer Gerade l' aus Σ' korrespondiert, aus dieser und den Hauptkurven $h_i\, r_i^{\text{ter}}$ Ordnung, je r_i-fach gerechnet zusammen; so daß:

$$\sum r_i^2 + 1 = n^2,$$

d. i. die Formel 1_1). Dieselbe ergibt sich auch, wenn man zu einer isologischen Kurve die volle entsprechende aufsucht.

---

1) Vgl. Liniengeometrie II. Nr. 350, und hinsichtlich der Kongruenzen 1. Ordnung Nr. 308. Hirsts erste Untersuchung On Cremonian Congruences findet sich: Proc. London Math. Soc. Bd. 14 S. 251.

Bei ineinander liegenden Feldern geht die Kurve n^{ter} Ordnung in Σ', welche einer Gerade l entspricht, wohl durch die Hauptpunkte des zweiten Feldes, aber nicht durch die des ersten; wird sie daher diesem zugerechnet und die Transformation wiederholt, so findet keine Abzweigung statt; es entsteht eine Kurve von der Ordnung n^2, welche der Gerade l von Σ in derjenigen Transformation T^2 entspricht, welche das Ergebnis der zweimal vorgenommenen gegebenen Transformation T ist. In dieser T^2 sind entsprechend solche Punkte, welche in T in beiderlei Sinne dem nämlichen Punkte oder welche ihm in T^{-1} und T entsprechen. Man hat sie auch die abgeleitete Transformation der T genannt[1]). 793

Der Grad der p^{ten} Potenz T^p ist also n^p.

Die $n+2$ Koinzidenzpunkte von T bleiben fortwährend Koinzidenzpunkte. Aber T^p hat n^p+2, und folglich n^p-n weitere. Damit ist gesagt, daß es so viele Punkte gibt, die, in T je vom entsprechenden Punkt verschieden, bei p-maliger Wiederholung in sich zurückkehren. Es ergibt sich ein Zyklus von p Punkten. Ist p Primzahl, so kann ein solcher Zyklus nicht aus einem mehrmals durchlaufenen Zyklus von weniger Elementen bestehen. Da ein Zyklus bei jedem seiner p Punkte begonnen werden kann, so ist die Anzahl der Zykeln

$$\frac{n^p-n}{p}=\frac{n(n^{p-1}-1)}{p}.$$

Das muß also eine ganze Zahl sein, was selbstverständlich ist, wenn n durch p teilbar ist; ist aber n zur Primzahl p teilerfremd, so muß $n^{p-1}-1$ durch p teilbar sein, oder

$$n^{p-1}\equiv 1 \pmod{p}.$$

Das ist der Fermatsche Satz für einen Primzahl-Modul, für den wir so einen geometrischen Beweis erhalten haben.

Ist aber p nicht Primzahl, und d ein Teiler von p, so ist jeder Zyklus, zu dem die d^{te} Potenz der Transformation führt, $\frac{p}{d}$-mal durchlaufen, ein „uneigentlicher" Zyklus vom p^{ten} Grade; und diese uneigentlichen Zyklen müssen erst ausgeschieden werden, wenn wir die Anzahl der eigentlichen Zyklen, bei denen wirklich p Punkte durchlaufen werden, ehe Rückkehr stattfindet, haben wollen.

Diese Anzahl läßt sich mit Hilfe eines allgemeinen Satzes der Zahlentheorie[2]) gewinnen:

Wenn zwei zahlentheoretische Funktionen $f(p)$, $\psi(p)$ in der Beziehung stehen, daß:

1) Döhlemann, Zeitschr. f. Math. u. Phys. Bd. 36 S. 356.

2) Bachmann, Elemente der Zahlentheorie (Bd. I) S. 41, 42; oder auch: Grundlehren der neueren Zahlentheorie (Sammlung Schubert Bd. LIII) S. 26.

$$f(p) = \psi(1) + \psi(d) + \psi(d') + \cdots + \psi(p)$$

ist, wo $1, d, d', \cdots p$ die sämtlichen Teiler von p sind, so ist umgekehrt:

$$\psi(p) = f(p) - \Sigma_1 f\left(\frac{p}{p'}\right) + \Sigma_2 f\left(\frac{p}{p'p''}\right) - \Sigma_3 f\left(\frac{p}{p'p''p'''}\right) + \cdots$$

worin $p', p'', p''', \cdots$ alle Primteiler von p sind — deren Anzahl α sei — und die Summe Σ_i sich über alle Produkte von je i Primteilern erstreckt. In unserem Falle ist $f(p) = n^p + 2$ und $\psi(p)$ ist die p-fache Anzahl der eigentlichen Zykeln von p Punkten. Es ist $n^p + 2$ gleich der Summe der Anzahlen $\psi(1), \psi(d), \cdots$; $\psi(1)$ ist $n + 2$, die Zahl der Koinzidenzpunkte von T.

Folglich ist:

$$\psi(p) = n^p + 2 - \sum\nolimits_1 \left(n^{\frac{p}{p'}} + 2\right) + \sum\nolimits_2 \left(n^{\frac{p}{p'p''}} + 2\right) - \cdots$$

Sind $\alpha_0 = 1$, $\alpha_1 = \alpha$, $\alpha_2 = \frac{1}{2}\alpha(\alpha - 1)$, $\cdots$ die Binomialkoeffizienten von α, so haben die Summen bzw. $\alpha_1, \alpha_2, \alpha_3, \cdots$ Glieder und die Summanden 2 führen zur Summe:

$$2(\alpha_0 - \alpha_1 + \alpha_2 - \alpha_3 + \cdots) = 0$$

nach dem bekannten Satze über die Binomialkoeffizienten.

Somit ist:

$$\frac{1}{p}\psi(p) = \frac{1}{p}\left(n^p - \sum\nolimits_1 n^{\frac{p}{p'}} + \sum\nolimits_2 n^{\frac{p}{p'p''}} - \sum\nolimits_3 n^{\frac{p}{p'p''p'''}} + \cdots\right)$$

die Anzahl der eigentlichen Zykeln von p Elementen einer Cremonaschen Transformation n^{ten} Grades zwischen Feldern derselben Ebene[1]).

Wenn z. B. $n = 2$, $p = 10$, so ergibt sich:

$$\psi(10) = 2^{10} - (2^5 + 2^2) + 2 = 990;$$

die Anzahl der Zykeln ist 99; bei $p = 5$ gibt es 6, bei $p = 2$ einen Zyklus.

Die $2^{10} + 2 = 1026$ Koinzidenzpunkte der 10ten Potenz setzen sich zusammen aus den vier Koinzidenzpunkten der quadratischen Transformation und den 2, 30, 990 Punkten der 1, 6, 99 Zykeln von je 2, 5, 10 Elementen.

Heben wir noch das Ergebnis für $p = 2$ hervor.

Ein Zyklus von zwei Punkten ist ein Paar sich involutorisch entsprechender Punkte der gegebenen Verwandtschaft. Eine Cremonasche Verwandtschaft n^{ten} Grades zwischen Feldern der nämlichen Ebene hat

$$\tfrac{1}{2}(n^2 - n) = \tfrac{1}{2}n(n - 1)$$

---

1) Hirst, Quarterly Journal of Mathematics, Bd. 17 S. 301 (für die quadratische Verwandtschaft); S. Kantor, Annali di Matematica Ser. II Bd. 10 S. 64, 71.

Paare involutorisch sich entsprechender Punkte, die quadratische Verwandtschaft ein Paar.

794 Es liegt eine Kurve m^{ter} Ordnung vor; ihre vielfachen Punkte seien nur Doppelpunkte (einschl. Rückkehrpunkte), aber so zahlreich, daß alle Hauptpunkte eines homaloidischen Netzes n^{ter} Ordnung in sie gelegt werden können. Dann geht die Kurve durch die zugehörige Verwandtschaft über in eine von der Ordnung:

$$mn - 2\Sigma r x_r = mn - 6(n-1)$$

wegen Formel 3). Der Überschuß über m ist:

$$(m-6)(n-1),$$

was $\gtreqless 0$, wenn $m \gtreqless 6$ ist.

Ist die Anzahl der Doppelpunkte kleiner als die der Hauptpunkte, so bekommen einige Glieder von $\Sigma r x_r$ den Faktor 1 oder 0 statt 2, die Reduktion ist kleiner, die Ordnung höher.

Kurven von höherer als 5. Ordnung, welche keine höheren vielfachen Punkte besitzen als doppelte, können durch eine Cremonasche Transformation nicht in Kurven niedrigerer Ordnung übergeführt werden.

Die niedrigste zu erzielende Ordnung ist $(m-6)n+6$, so daß eine Kurve 6. Ordnung von solcher Beschaffenheit durch eine derartige Transformation immer wieder in eine der 6. Ordnung übergeht. Bei den Kurven 3., 4., 5. Ordnung sind Erniedrigungen möglich (wofern das Geschlecht dies zuläßt). So kann man jede Kurve 4. oder 5. Ordnung vom Geschlecht 0 oder 1 überführen (und dadurch zu ihr in eindeutige Beziehung bringen) in eine Kurve 3. Ordnung, eine Kurve 5. Ordnung vom Geschlecht 2 oder 3 in eine Kurve 4. Ordnung.

Besitzt aber die zu transformierende Kurve Punkte höherer Vielfachheit, so kann auch bei höherer Ordnung Erniedrigung eintreten. Eine Kurve m^{ter} Ordnung sei z. B. dadurch vom Geschlecht p, daß sie einen $(m-2)$-fachen Punkt O und $m-2-p$ Doppelpunkte besitzt, sodaß $m \geqq p+2$; so geht sie durch eine Jonquièressche Transformation $(m-1)^{ten}$ Grades, von welcher O der $(m-2)$-fache Hauptpunkt in ihrem Felde ist und die $2(m-2)$ einfachen Hauptpunkte in die $m-2-p$ Doppelpunkte und $m-2+p$ einfache Punkte gelegt sind, über in eine Kurve von der Ordnung

$$m(m-1)-(m-2)^2-2(m-2-p)-(m-2+p)=p+2,$$

welche wenigstens nicht $>m$ ist[1]).

In einem Büschel von Kurven m^{ter} Ordnung vom Geschlecht 0, bei denen dies Geschlecht durch die gemeinsamen Punkte bewirkt wird, ist (Nr. 782):

$$s+t+u>m,$$

1) Cremona, Rendiconti dell' Istituto Lombardo Ser. II Bd. 2 S. 566.

wo s, t, u die drei höchsten Vielfachheiten bei diesen Punkten sind. Werden in die drei Punkte die Hauptpunkte einer quadratischen Verwandtschaft gelegt, so gehen die Kurven über in Kurven von der Ordnung $2m - (s + t + u)$, die $< m$ ist; und der Büschel kann allmählich in einen Strahlenbüschel transformiert werden[1]).

Sobald die Ordnung > 5 ist, müssen sich unter den Grundpunkten solche von höherer Vielfachheit als 2 befinden (Nr. 782).

Solche Ordnungserniedrigungen ermöglichen, Probleme zu vereinfachen.

795 Wenn zwei Transformationen n^{ten} und n_1^{ter} Grades, die eine zwischen Σ und Σ', die andere zwischen $\mathfrak{S} \equiv \Sigma_1 \equiv \Sigma'$ und Σ_1' ausgeführt werden, so daß die beiden Figuren in der mittleren Ebene $\mathfrak{S}$ ganz unabhängig von einander sind, so entsteht eine Transformation vom Grade nn_1 zwischen Σ und Σ_1'. Einem r-fachen Hauptpunkt von Σ entspricht in Σ' eine Kurve r^{ter} Ordnung, also in Σ_1' eine Kurve $n_1 r^{\text{ter}}$ Ordnung, und er ist $n_1 r$-facher Hauptpunkt geworden; ein r_1-facher Hauptpunkt von Σ_1 geht durch die erste Transformation in einen Punkt von Σ über, der nun für das Produkt r_1-fach geworden ist. Ebenso wird ein s_1-facher Hauptpunkt in Σ_1' ns_1-fach, und ein s-facher in Σ' liefert, nach Σ_1' transformiert, einen s-fachen für das Produkt.

Z. B., wenn für die erste Transformation gilt:

$$n = 2,\ x_1 \overset{\Sigma}{=} 3;\ y_1 \overset{\Sigma'}{=} 3$$

und für die zweite:

$$n = 4,\ x_1 \overset{\Sigma_1}{=} 6,\ x_3 = 1;\ y_1 \overset{\Sigma_1'}{=} 6,\ y_3 = 1,$$

so erhalten wir eine Transformation:

$$n = 8 \quad \begin{matrix} x_4 = 3, & y_2 = 6,\ y_6 = 1, \\ x_1 = 6,\ x_3 = 1; & y_1 = 3. \end{matrix}$$

Oder wenn multipliziert werden:

$$n = 2,\ x_1 = 3;\ y_1 = 3 \quad \text{und}$$
$$n = 5,\ x_1 = 3,\ x_2 = 3,\ x_3 = 1;\ y_1 = 3,\ y_2 = 3,\ y_3 = 1,$$

so ergibt sich:

$$n = 10, \quad \begin{matrix} x_5 = 3, & y_2 = 3,\ y_4 = 3,\ y_6 = 1, \\ x_1 = 3,\ x_2 = 3,\ x_3 = 1; & y_1 = 3. \end{matrix}$$

Durch Multiplikation zweier Jonquièresschen Transformationen von den Graden n und n_1 ergibt sich eine Transformation vom Grade nn_1, für welche:

$$x_{n_1} = 2(n-1),\ x_{n_1(n-1)} = 1,\ y_n = 2(n_1 - 1),\ y_{n(n_1-1)} = 1,$$
$$x_1 = 2(n_1 - 1),\ x_{n_1-1} = 1;\quad y_1 = 2(n-1),\ y_{n-1} = 1\ ^2).$$

1) Nöther, Math. Annalen Bd. 3 S. 165.
2) Jonquières, Comptes rendus Bd. 101 S. 720.

§ 112. Die quadratische Verwandtschaft.

796 Bei ihr enthält jedes der beiden Felder 3 Hauptpunkte, denen im andern Hauptgeraden zugeordnet sind. Diese müssen durch die Hauptpunkte ihres Feldes bestimmt, also ihre Verbindungslinien sein. Wenn nun A, B, C; A_1', B_1', C_1' die Hauptpunkte und den ersteren die Hauptgeraden $B_1'C_1'$, $C_1'A_1'$, $A_1'B_1'$ zugeordnet sind, so ist das nur Sache der Bezeichnung. Es folgt daraus, daß BC, CA, AB zu A_1', B_1', C_1' als Hauptgeraden gehören; denn weil A_1' auf $C_1'A_1'$ und $A_1'B_1'$ liegt, so befinden sich B, C unter den ihm entsprechenden Punkten. Wenn diese Zuordnung statt hat, so werden A und A_1', B und B_1', C und C_1' homologe Hauptpunkte genannt, es gilt dann, daß jedem von zwei homologen Hauptpunkten die Gegenseite des andern zugeordnet ist.

Jeder Gerade entspricht ein Kegelschnitt, der dem Hauptdreiecke der andern Ebene umgeschrieben ist; geht sie durch einen Hauptpunkt, etwa A, so zerfällt er in die dem A korrespondierende Hauptgerade $B_1'C_1'$ und eine Gerade durch A_1', welche die eigentliche entsprechende Gerade ist. So bekommen wir um zwei homologe Hauptpunkte, wie A und A_1', zwei projektive Büschel entsprechender Geraden a und a'; in dieser Projektivität sind AB und $A_1'C_1'$, AC und $A_1'B_1'$ zugeordnet; denn z. B. der AB entspricht wegen ihrer Punkte A, B das Paar der Geraden $B_1'C_1'$, A_1C_1'; letztere ist die a', wenn wir AB als Strahl a durch A auffassen.

Dieses Entsprechen der Büschel A und $A_1', \ldots$ fordert, daß homologe Hauptpunkte zugleich reell sind. Daher sind die Hauptdreiecke entweder beide vollständig, oder nur zwei homologe Hauptpunkte und ihre Gegenseiten, die zugeordneten Hauptgeraden, sind es.

Auf zwei entsprechenden Geraden a, a' sind, wegen der Eindeutigkeit der Verwandtschaft, die Punktreihen projektiv, wobei den Punkten A und (a, BC) die $(a', B_1'C_1')$ und A_1' entsprechen; auf AB und $A_1'C_1'$, AC und $A_1'B_1'$ ist diese Projektivität ausgeartet, wobei für jene B und C_1' die singulären Elemente sind, für diese C und B_1'.

Es sind aber auch die Punktreihen auf einer Gerade g und auf dem entsprechenden Kegelschnitte g'^2 projektiv, also das Doppelverhältnis von vier Punkten auf jener gleich dem der vier entsprechenden auf diesem; in der Tat, die Strahlenwürfe der a und a', welche diese und jene aus A bzw. A_1' welcher auf g'^2 liegt, projizieren, sind projektiv. Daraus folgt, daß zwei projektive Punktreihen auf g oder g'^2 in ebensolche auf dem andern Gebilde übergehen, eine Involution in eine Involution.

Jeder Strahlenbüschel X und der entsprechende Kegelschnitt-Büschel $(A_1'B_1'C_1'X')$ sind projektiv (Nr. 784). Dies zeigt sich in vorliegendem Falle in folgender Weise; wir schneiden den letzteren Büschel mit einer durch X' gehenden Gerade g', wodurch er zu deren Punktreihe projektiv wird, mit inzidierenden Elementen als homologen, den ersteren mit dem entsprechenden Kegelschnitte g^2, der durch X geht, und dessen Punktreihe zu der auf g' projektiv ist. Daraus folgt, daß der Strahlenbüschel X auch dem Büschel der Tangenten in X' an die Kegelschnitte projektiv ist.

Einer Kurve m^{ter} Ordnung C^m korrespondiert eine Kurve $2m^{\text{ter}}$ Ordnung, welche die Hauptpunkte zu m-fachen Punkten hat, weil jene die Hauptgeraden so oft trifft. Wenn X ein Schnittpunkt der Kurve C^m etwa mit BC ist, so berührt die entsprechende Kurve in A_1' den Strahl, welcher dem AX in der obigen Projektivität korrespondiert; wie der Nachbarpunkt von X auf der Kurve und sein entsprechender dem A_1' unendlich nahe beweist. Geht C^m aber α-mal durch A, β-mal durch B, γ-mal durch C, so bleibt als eigentliche entsprechende Kurve eine von der Ordnung $2m - \alpha - \beta - \gamma$, welche durch A_1' $(m - \beta - \gamma)$-mal geht, weil er $(\beta + \gamma)$-fach auf den sich absondernden Hauptgeraden liegt, durch B_1' $(m - \gamma - \alpha)$-mal, durch C_1' $(m - \alpha - \beta)$-mal.

So entspricht einem Kegelschnitte, der durch A, B geht, ein durch A_1', B_1' gehender Kegelschnitt. Lassen wir also beispielsweise die beiden Paare Hauptpunkte die absoluten Punkte der Ebenen sein, so erhalten wir eine Transformation, welche jeden Kreis wiederum in einen Kreis überführt: die Kreisverwandtschaft, der wir einen besondern Abschnitt widmen wollen.

Berührt eine Kurve eine Hauptgerade, so erhält die entsprechende den zugeordneten Hauptpunkt zum Rückkehrpunkt.

797 Steiner[1]) hat in sehr einfacher Weise vermittelst zweier Geraden eine quadratische Verwandtschaft hergestellt. Er läßt in zwei Ebenen Σ, Σ' zwei Punkte einander entsprechen, in denen je derselbe Strahl eines Strahlennetzes $[u, v]$ sie trifft; was man als windschiefe Projektion bezeichnet hat. Eine Gerade l in Σ führt zu einer Regelschar $[uvl]$, welche die Σ' im entsprechenden Kegelschnitte schneidet. Hauptpunkte sind in Σ die Spuren U, V von u, v und des in Σ' gelegenen Netzstrahls, welche letztere auf $\Sigma\Sigma'$ liegt; für sie ist dieser Netzstrahl die zugehörige Hauptgerade, für U die Spur der Ebene Uv in Σ'. Jeder Punkt der $\Sigma\Sigma'$ entspricht sich selbst.

Da die Leitgeraden u, v auch imaginär sein können, so sind beide Fälle hinsichtlich der Realität der Hauptdreiecke möglich; Steiner hat a. a. O. reelle Geraden vorausgesetzt.

Wenn in den Büscheln A und A_1', B und B_1' je a und a', b und b'

1) Gesammelte Werke, Bd. 1, Systematische Entwickelung (1832) Nr. 59.

homolog sind, so sind die Punkte ab und $a'b'$ entsprechend. Dies führt zu der Herstellung der quadratischen Verwandtschaft nach Seydewitz.[1])

Zwei Büschel A und B in Σ werden bzw. zu A_1', B_1' in Σ' projektiv gemacht; wenn in diesen Projektivitäten $\mathfrak{A}, \mathfrak{B}$ den Strahlen AX, BX die Strahlen A'_1X', B'_1X' entsprechen, so sind X und X' in der Verwandtschaft zugeordnet. In Nr. 264 waren $\mathfrak{A}, \mathfrak{B}$ so beschaffen, daß in beiden AB und A_1B_1' homolog sind; da entsteht Kollineation. Dies nehmen wir jetzt nicht an.

Durchläuft X eine Gerade, so werden, wie früher, die Büschel A, B perspektiv, aber nicht mehr die A_1', B_1'; das Erzeugnis, der Ort der X', ist ein Kegelschnitt, der durch A_1', B_1' geht, die damit Hauptpunkte werden. Der dritte in Σ' ist der Schnittpunkt C_1' der beiden jetzt sich nicht vereinigenden Strahlen von A_1', B_1', welche in $\mathfrak{A}, \mathfrak{B}$ dem AB entsprechen. Wie auch die Gerade in Σ gezogen wird, immer ist in der Perspektivität zwischen A und B die AB sich selbst entsprechend, also werden in der Projektivität zwischen A_1', B_1' die Strahlen $A_1'C_1', B_1'C_1'$ einander entsprechend; der erzeugte Kegelschnitt geht durch C_1'.

In Σ sind Hauptpunkte A, B, C, von denen der letzte ebenso erhalten wird wie C_1', als Schnittpunkt der Strahlen, die in $\mathfrak{A}$ und $\mathfrak{B}$ dem $A_1'B_1'$ entsprechen. Daraus erhellt, daß, wenn X in C zu liegen kommt, X' sich über die ganze Gerade $A_1'B_1'$ ausbreitet, diese Gerade $A_1'B_1'$ also die dem C zugehörige Hauptgerade ist. Fällt X in A, so wird AX unbestimmt, während BX in BA fällt; daher ist X' jeder Punkt von $B_1'C_1'$, die in $\mathfrak{B}$ der BA entspricht; mithin sind $B_1'C_1'$, $A_1'C_1'$ die zu A, B gehörigen Hauptgeraden.

Das Zerfallen der Kegelschnitte, welche den durch einen Hauptpunkt gehenden Geraden entsprechen, kommt auf verschiedene Weise zustande. Geht a durch A, so wird die Perspektivität zwischen den Büscheln A und B ausgeartet, mit a und BA als singulären Strahlen; folglich wird es auch die Projektivität zwischen A_1' und B_1', wobei a', welche der a in $\mathfrak{A}$ entspricht, und $B_1'C_1'$ singulär sind; Erzeugnis ist das Geradenpaar $(a', B_1'C_1')$. Geht c durch C, so werden AC, BC in der Perspektivität entsprechend, also in der Projektivität von A_1', B_1' der gemeinsame Strahl sich selbst entsprechend, so daß auch hier perspektive Lage eintritt; das Erzeugnis besteht aus $A_1'B_1'$ und der Perspektivitätsaxe c', die durch C_1' geht.

Die Seydewitzsche Konstruktion setzt vollständig reelle Hauptdreiecke voraus.

Und umgekehrt, jede quadratische Verwandtschaft mit solchen Hauptdreiecken kann so hergestellt werden, weil sie ja drei reelle Paare projektiver Büschel enthält.

---

1) Archiv f. Mathem. und Phys. 1. Reihe Bd. 7 S. 113.

Aus ihr ergiebt sich, daß die quadratische Verwandtschaft eindeutig bestimmt ist durch zwei Paare homologer Hauptpunkte und drei Paare entsprechender Punkte X, X'; Y, Y'; Z, Z'; oder durch alle drei Paare homologer Hauptpunkte und ein Paar entsprechender Punkte X, X'. Die Projektivitäten $\mathfrak{A}, \mathfrak{B}$ sind im zweiten Falle, den es genügt zu behandeln:

$$A(B, C, X) \barwedge A_1'(C_1', B_1', X'), B(A, C, X) \barwedge B_1'(C_1', A_1', X').$$

Die sogenannte projektive Drehung von Steiner[1]) ist von der Seydewitzschen Konstruktion nur ein Spezialfall; sie besteht darin, daß zwei Büschel A, B derselben Ebene durch beliebige Winkel um ihre Scheitel gedreht werden: dem X entspricht der Schnittpunkt der Strahlen AX, BX in ihrer Lage nach der Drehung.

Wir erinnern an die quadratischen Verwandtschaften, welche in Nr. 503 und 506 bei zwei kollinearen Flächen 2. Grades bzw. bei einer in sich kollinearen Fläche 2. Grades sich ergeben haben. Ist im letztern Falle die Kollineation Identität, so hat man die quadratische Verwandtschaft der Strahlen, welche aus zwei Punkten einer Fläche 2. Grades die übrigen Punkte derselben projizieren.

798 Wir wissen schon (Nr. 430), daß zwei Korrelationen Γ_1, Γ_2 und ihr Büschel eine quadratische Verwandtschaft hervorrufen. Jedem Punkt X von Σ wird in Σ' der Schnittpunkt X' seiner beiden Polaren x_1', x_2' in Γ_1, Γ_2 zugeordnet, also der dem X gemeinsam konjugierte Punkt X' in diesen Korrelationen und allen ihres Büschels; die Polaren x_1, x_2 von X' schneiden sich in X. Diese Herstellungsweise der quadratischen Verwandtschaft wurde zuerst von Reye erörtert.[2])

Ein Spezialfall davon ist die involutorische quadratische Verwandtschaft der doppelt konjugierten Punkte einer ebenen Korrelation (Nr. 307).

Begnügen wir uns zunächst mit den beiden Korrelationen Γ_1, Γ_2, so gelangen wir zum 2. Grade und zu den Hauptpunkten folgendermaßen. Durchläuft X eine Gerade l, so beschreiben x_1', x_2' projektive Büschel und X' einen Kegelschnitt l'^2, der also der l entspricht; einer zweiten Gerade m entspreche m'^2. Gemeinsam ist ihnen der Punkt, welcher dem Punkte lm korrespondiert. Jeder von den drei andern Schnittpunkten hat zwei verschiedene entsprechende Punkte auf l und m; also haben seine Polaren diese Punkte gemeinsam und fallen zusammen. Wir haben die Hauptpunkte A_1', B_1', C_1', welche in Γ_1, Γ_2 je dieselbe Polare und alle Punkte auf ihr zu gemeinsam konjugierten Punkten haben; so daß diese Polaren die zugeordneten Hauptgeraden

1) Steiner-Schröters Vorlesungen 3. Aufl. S. 214.

2) Reye, Zeitschr. f. Mathem. Bd. 11 S. 280; Geometrie der Lage 3. Aufl. 2. Abt. 25. Vortrag.

in Σ sind. Ist A der Schnitt der zu B_1', C_1' gehörigen, so müssen seine Polaren in Σ' diese beiden Punkte enthalten, also sich vereinigen, so daß $B_1' C_1'$ zu A gehörige Hauptgerade wird.

Erweitern wir Γ_1, Γ_2 zum Büschel, so sind die Zentren der drei zentralen Korrelationen desselben die Hauptpunkte; jedem ist gemeinsam polar die Verbindungslinie der beiden nicht zugehörigen Zentren im andern Felde. Zwei zusammengehörige Zentren sind homologe Hauptpunkte.

Der Ort der Pole einer Gerade l in den verschiedenen Korrelationen des Büschels (Nr. 409) ist identisch mit dem Orte der Punkte, welche den Punkten von l in bezug auf den Büschel gemeinsam konjugiert sind; also ist er der der Gerade l in der quadratischen Verwandtschaft entsprechende Kegelschnitt. Er geht durch die Hauptpunkte, welche, als Zentren, die Pole der l in bezug auf die zugehörigen zentralen Korrelationen sind.

Man kann Γ_1, Γ_2 durch zwei beliebige Korrelationen des Büschels ersetzen; ersetzt man sie durch zwei von den zentralen, deren Korrelation ja auf eine Projektivität der Strahlenbüschel um die Zentren hinausläuft, so hat man die Seydewitzsche Erzeugung als Spezialfall der Reyeschen. Nimmt man eine allgemeine und eine zentrale Korrelation des Büschels, so ergibt sich folgende Herstellungsweise quadratisch verwandter Felder. In den Ebenen zweier korrelativer Felder liegen zwei projektive Büschel; es werden Punkte einander zugeordnet, die in der Korrelation konjugiert sind und zugleich auf entsprechenden Strahlen dieser Büschel liegen.

Die Korrelation zweier Bündel O, O', zusammengestellt mit der Identität im Ebenenbüschel um OO', führt zu der oben erwähnten quadratischen Verwandtschaft der Bündel, in welcher entsprechende Strahlen die Punkte der durch die Bündel erzeugten Fläche 2. Grades projizieren.

Liegen die Felder ineinander, so sind die vier sich selbst entsprechenden Punkte der quadratischen Verwandtschaft (Nr. 790) die gemeinsamen Punkte der Punkt-Kernkurven von Γ_1, Γ_2, durch welche diejenigen aller Korrelationen des Büschels gehen. Die Punkt-Kernkurven der zentralen Korrelationen entstehen durch die betreffenden projektiven Strahlenbüschel; und je zwei homologe Hauptpunkte liegen mit den vier Koinzidenzpunkten auf einem Kegelschnitte, die Eigenschaft der Jonquièresschen Verwandtschaft wird dreimal erfüllt (Nr. 790).

Die Verwandtschaft besitzt ein involutorisches Paar (Nr. 793); wir haben es schon in Nr. 432 gefunden: es liegt auf der Gerade (W), welche die Punkte W der verschiedenen Korrelationen des Büschels enthält und ist den Involutionen doppelt konjugierter Punkte gemeinsam.

Die Schnittpunkte $X, \overline{X}$ einer Gerade von Σ und des entsprechenden Kegelschnitts in Σ' sind der achte und neunte Grundpunkt eines C^3-Büschels, dessen sieben andere die Hauptpunkte in Σ' und die Koinzidenzpunkte sind. In der Tat, der Büschel X in Σ und der korrespondierende Kegelschnitt-Büschel in Σ' erzeugen eine Kurve 3. Ordnung, welche durch die neun Punkte geht. In X berührt sie die Gerade $X\overline{X}$, weil diese dem durch X gehenden Kegelschnitte des Büschels entspricht. Der Punkt $\overline{X}$ führt zu einer zweiten Kurve, welche die $X\overline{X}$ in $\overline{X}$ berührt, also von der vorherigen verschieden ist.

799 Der Grad der Mannigfaltigkeit quadratischer Verwandtschaften zwischen denselben zwei Feldern ist 14. Wir benutzen dazu die Kollineation zwischen dem Strahlenfelde in der einen Ebene Σ' und dem Kegelschnitt-Netze mit drei Grundpunkten A, B, C im andern Σ. Die drei Grundpunkte bestimmen ein solches Netz, und die Ebene Σ enthält ∞^6 solcher Netze im Systeme sämtlicher ∞^9 Netze, und zwischen jedem und dem Strahlenfelde in Σ' sind ∞^8 Kollineationen möglich. Man kann, behufs der Herstellung der kollinearen Beziehung, das Kegelschnitt-Netz ersetzen durch das Netz oder Feld der Polaren eines festen Pols; jede Gerade als Polare bestimmt einen Kegelschnitt im Netze.

Auch die Seydewitzsche Erzeugung führt zu diesem Grade 14 der Mannigfaltigkeit. Die Büschelscheitel A, B; A_1', B_1' sind in $\infty^{4\cdot 2}$ Weisen zu wählen, und zwischen A und A_1', B und B_1' sind je ∞^3 Projektivitäten möglich.

Oder man wählt alle sechs Hauptpunkte beliebig, was in $\infty^{6\cdot 2}$ Weisen möglich ist, und dann zu einem festen Punkte des einen Feldes, in ∞^2 Weisen, den entsprechenden im andern.

Zwei Korrelationen Γ_1, Γ_2 führen zunächst zum Grade 2.8 der Mannigfaltigkeit; da sie aber durch jede zwei aus ihrem Büschel ersetzt werden können, so kommt man wieder von 16 auf 14 herab.

Zwei gegebene Punkte, als entsprechend zugeordnet, bilden, wie bei den linearen Verwandtschaften, eine doppelte Bedingung; demnach muß zu sieben Paaren entsprechender Punkte eine endliche Anzahl von quadratischen Verwandtschaften gehören. Es gibt, wie uns das Problem der ebenen Projektivität gelehrt hat (Nr. 233), drei Paare von Punkten, aus denen die sieben einen und sieben andern Punkte durch projektive Büschel projiziert werden. Das sind die drei Paare homologer Hauptpunkte der einzigen quadratischen Verwandtschaft, die zu jenen sieben Paaren gehört. Andererseits bestimmen die Punkte der sieben Paare, als konjugierte Punkte, eindeutig den Büschel (0070) von Korrelationen, welcher oder von dem irgend zwei Korrelationen die quadratische Verwandtschaft erzeugen.

Da die Ermittelung der einen und der andern drei Punkte auf ein kubisches Problem hinausläuft: Konstruktion der drei weiteren Schnitte von zwei Kurven 3. Ordnung neben sechs bekannten, so sind diese Punkte nicht mit Zirkel und Lineal zu konstruieren.

Die projektiven Büschel um zwei Paare homologer Punkte, als zentrale Korrelationen aufgefaßt, führen zu einem Korrelationenbüschel, der die quadratische Verwandtschaft erzeugt, und können durch zwei allgemeine Korrelationen desselben ersetzt werden; wir können jede von ihnen auch durch ein achtes Paar konjugierter Punkte, neben den sieben gegebenen, bestimmen.

Für den Fall reeller Hauptdreiecke ABC, $A_1'B_1'C_1'$ einer gegebenen quadratischen Verwandtschaft kann man sich zwei Korrelationen, die sie erzeugen, in folgender Weise verschaffen. Es seien P und P' in ihr entsprechend und p_1', p_2' durch P' gezogen. Wir legen Γ_1 fest durch:

$$\begin{vmatrix} A, & B, & C, & P \\ B_1'C_1', & C_1'A_1', & A_1'B_1', & p_1' \end{vmatrix}$$

und ersetzen p_1' durch p_2', um Γ_2 zu erhalten. Für die zu Γ_1, Γ_2 gehörige quadratische Verwandtschaft sind dann A und A_1', ... homologe Hauptpunkte und P und P' entsprechend. Folglich ist sie mit der gegebenen identisch. Die Projektivitäten um A und A_1', B und B_1' stimmen überein, daher auch die weiteren entsprechenden Punkte X und X'.[1])

Die Aufgabe: Wenn sieben Paare entsprechender Punkte einer quadratischen Verwandtschaft gegeben sind, zu einem achten den entsprechenden zu konstruieren, ist mit den in Nr. 444 behandelten Aufgaben erledigt, wie dort schon bemerkt wurde.

800 Bei der oben durch eine Fläche 2. Grades hervorgerufenen quadratischen Verwandtschaft zwischen den Bündeln um zwei ihr angehörige Punkte schneiden jede zwei entsprechende Strahlen einander; aber im allgemeinen enthalten zwei quadratisch verwandte Bündel nur ∞^1 Paare entsprechender Strahlen, die sich schneiden, und wir haben (Nr. 790):

Zwei Strahlenbündel, welche in quadratischer Verwandtschaft stehen, erzeugen durch sich schneidende entsprechende Strahlen eine Raumkurve 4. Ordnung, welche durch die Scheitel geht.

Jeder von zwei sich schneidenden entsprechenden Strahlen trifft

1) Wenn bloß A und A_1' und die zugehörigen Hauptgeraden a_1', a reell sind, so seien noch P, P'; Q, Q'; R, R' entsprechende Punkte; dann ist der Korrelationenbüschel:

$$(1130) \qquad \begin{vmatrix} A & a & P & Q & R \\ a_1' & A_1' & P' & Q' & R' \end{vmatrix}.$$

im andern den gemeinsam konjugierten im Korrelationenbüschel, also im Schnittpunkte seine sämtlichen Polarebenen. Die Korrelationen des Büschels erzeugen daher die Flächen 2. Grades, welche durch die Raumkurve 4. Ordnung gehen. Sie ist also eine Raumkurve 4. Ordnung 1. Art; wie das auch daraus hervorgeht, daß durch die Scheitel keine dreifachen Sekanten gehen; denn auch ein Hauptstrahl trifft von den ∞^1 entsprechenden Strahlen, die einen Büschel bilden, nur einen Strahl; kein Strahl schneidet zwei entsprechende Strahlen.

Ein Flächenbüschel 2. Ordnung ist durch acht Punkte bestimmt und daher auch seine Grundkurve 4. Ordnung. Werden nun neun beliebige Punkte angenommen, welche also nicht auf einer solchen Raumkurve 4. Ordnung liegen, und wird eine quadratische Verwandtschaft hergestellt zwischen den Bündeln um zwei von ihnen, in der die Strahlen nach den sieben andern als entsprechend zugeordnet sind, so kann das Erzeugnis nicht eine Raumkurve 4. Ordnung sein, sondern die ganze Fläche 2. Grades, welche durch die neun Punkte bestimmt wird, ist Erzeugnis. Denn die quadratische Verwandtschaft, welche sie in den beiden Bündeln hervorruft, stimmt mit der gegebenen in sieben Paaren entsprechender Strahlen überein, ist daher mit ihr identisch. Also:

Wenn in einer quadratischen Verwandtschaft zwischen zwei Bündeln sieben in allgemeiner Lage befindliche Paare von entsprechenden Strahlen einen Schnittpunkt haben, derartig also, daß diese sieben Punkte mit den Bündelscheiteln nicht auf einer Raumkurve 4. Ordnung 1. Art liegen, so schneiden sich jede zwei entsprechenden Strahlen, und das Erzeugnis ist die Fläche 2. Grades, welche durch die neun Punkte geht.

801 Sechs Paare entsprechender Strahlen von zwei Bündeln bestimmen sowohl ∞^2 Korrelationen, ein Netz von Korrelationen (0060), als auch ∞^2 quadratische Verwandtschaften, weil zur endgültigen Bestimmung noch eine Doppelbedingung fehlt. Jeder von den ∞^2 Büscheln des Netzes gibt, in den gemeinsamen konjugierten Strahlen, eine quadratische Verwandtschaft, und jede einzelne Korrelation, an ∞^1 Büscheln teilnehmend, hat ihre ∞^3 Paare konjugierter Strahlen in ∞^1 quadratischen Verwandtschaften verteilt. Die Korrelationen geben die Flächen eines Netzes 2. Ordnung (Nr. 436), und die quadratischen Verwandtschaften die zugehörigen Büschel-Grundkurven. Sechs Paare gemeinsamer entsprechender Strahlen schneiden sich: in den von den Scheiteln verschiedenen Grundpunkten des Flächennetzes. Sie sind sechs Paare linear-abhängiger Strahlen und mit 5 Paaren, für die Bestimmung, äquivalent.

Besitzen die sechs gegebenen Paare entsprechender Strahlen sämtlich einen Schnittpunkt und sind sie nicht linearabhängig, d. h. bilden die sechs Schnittpunkte mit den Bündelscheiteln nicht eine Gruppe von acht assoziierten Punkten (Grundpunkten eines Flächennetzes 2. Ordnung); dann erzeugen alle ∞^2 quadratischen Verwandtschaften dieselbe Raumkurve 4. Ordnung 1. Art, diejenige, welche durch die acht Punkte eindeutig bestimmt wird; unter ihnen gibt es ∞^1, welche je eine der Flächen des Büschels durch dieselbe erzeugen. Im Korrelationennetze befinden sich dann die ganzen Korrelationenbüschel, welche jede dieser Flächen erzeugen (Nr. 424); während vorhin im allgemeinen Falle von jedem dieser Büschel sich nur eine Korrelation im Netze befindet.

Es seien nun fünf Paare von Strahlen aus O, O' gegeben, so erhalten wir ein Gebüsche von ∞^3 Korrelationen (0050) mit ∞^4 Büscheln, deren jedem eine quadratische Verwandtschaft entspricht, in welcher die Strahlen der Paare entsprechend sind; die Korrelationen haben ein sechstes Paar konjugierter Strahlen gemeinsam, welche in allen quadratischen Verwandtschaften entsprechend sind (Nr. 434). Es erzeugt jede der Korrelationen eine besondere Fläche, so daß ein Gebüsche von Flächen 2. Grades entsteht (Nr. 436), von den je die nämliche Fläche desselben erzeugenden Korrelationenbüscheln gehört immer nur eine Korrelation in unser Gebüsche.

Sind aber die gegebenen Paare sämtlich mit einem Schnittpunkte versehen, dann hat auch das sechste Paar einen Schnittpunkt; denn im Korrelationengebüsche befindet sich die ausgeartete Korrelation mit vereinigten singulären Ebenenbüscheln um die Verbindungslinie OO', deren charakteristische Projektivität die Identität ist, so daß in ihr jede zwei konjugierte Strahlen sich schneiden, mithin auch die Strahlen des sechsten gemeinsamen Paars (Nr. 436). Der sechste Schnittpunkt ist der achte assoziierte Punkt zu den fünf Schnittpunkten und den Bündelscheiteln. Alle ∞^3 Korrelationen erzeugen Flächen 2. Grades durch diese acht Punkte, also nur ein Flächennetz. Diesmal gehört dem Gebüsche von Korrelationen immer der ganze Korrelationenbüschel an, der eine von den Flächen erzeugt. Nehmen wir zwei dieser Büschel und verbinden jede Korrelation des einen mit jeder des anderen, so erhalten wir ∞^2 Korrelationenbüschel: die zugehörigen quadratischen Verwandtschaften eines jeden erzeugen alle dieselbe Raumkurve 4. Ordnung, den Schnitt der beiden Flächen, die durch jene Büschel entstehen; und so sieht man, wie durch ∞^4 quadratische Verwandtschaften nur ∞^2 Raumkurven zustande kommen[1]).

1) Vgl. Math. Annalen Bd. 19 S. 469.

Geht man, dual, von korrelativen und quadratisch verwandten Feldern aus, so wird man zu Sätzen über schar-lineare Systeme von Flächen 2. Grades und die Torsen 4. Klasse gelangen, welche je den Flächen einer Schar gemeinsam umgeschrieben sind.

Die Bündelbetrachtung ist vorgezogen worden, weil die Punkterzeugung die geläufigere ist, und im Anschluß an die ausführlicher besprochene Punkterzeugung der Fläche 2. Grades durch korrelativen Bündel (§ 59).

802 Hinsichtlich eines zweiten Erzeugnisses quadratisch verwandter Gebilde ziehen wir die Felder vor. Wir haben wegen Nr. 791 den Satz: Zwei quadratisch verwandte Punktfelder erzeugen durch die Verbindungslinien entsprechender Punkte eine Kongruenz 4. Ordnung 2. Klasse.

Der Büschel von Korrelationen zwischen den beiden Punktfeldern, mit welchem die quadratische Verwandtschaft verbunden ist: als die Verwandtschaft der gemeinsamen konjugierten Punkte, erzeugt einen Büschel von Hirstschen Komplexen 2. Grades (Nr. 393), denen allen die Kongruenz 4. Ordnung 2. Klasse, außer den beiden Strahlenfeldern in den Ebenen der Punktfelder, gemeinsam ist; aus jedem Punkt bilden die Komplexkegel einen Büschel, dessen Grundkanten die vier Strahlen der Kongruenz sind, und in jeder Ebene die Komplexkurven eine Schar, welche die beiden Strahlen der Kongruenz und die Schnittlinien mit den Trägerebenen zu Grundtangenten hat.

Aus den Eigenschaften der quadratischen Verwandtschaft ergeben sich sehr einfach sämtliche singulären Ebenen und Punkte der Kongruenz (mit welchen ∞^1 Strahlen der Kongruenz inzidieren).

Zunächst sind die Trägerebenen solche Ebenen und zwar dritten Grades. Denn in Σ fallen die Verbindungslinien der Punkte der Schnittlinie, insofern sie zu Σ' gehören, mit den entsprechenden Punkten in Σ, welche eine projektive Punktreihe auf einem Kegelschnitt bilden; also umhüllen diese Verbindungslinien eine Kurve 3. Klasse, welche die Schnittlinie s zur Doppeltangente hat (Nr. 166). Auch müssen ja, wegen der 4. Ordnung, von jedem Punkte von Σ drei in Σ befindliche Kongruenzstrahlen ausgehen, weil nur einer, derjenige, der nach dem entsprechenden Punkt geht, außerhalb der Ebene liegt. Liegt der Punkt auf s, so fallen zwei von den Tangenten der Kurve 3. Klasse in die Doppeltangente, mit der dritten vereinigt sich der sonst außerhalb der Ebene befindliche Kongruenzstrahl. Wenn man erwägt, wie in einer beliebigen Ebene die beiden Kongruenzstrahlen zustandekommen, so wird man leicht erkennen, daß in einer Ebene durch s sie sich in dieser Gerade vereinigen. Diese gemeinsame Doppeltangente s der beiden Kurven 3. Klasse in den singulären Ebenen Σ, Σ', für zwei Kongruenzstrahlen zählend in jeder Ebene durch sie und bei jedem Punkte auf ihr, heißt deshalb Doppelstrahl der Kongruenz.

Von jedem der sechs Hauptpunkte der Verwandtschaft geht nach der entsprechenden Hauptgerade ein Büschel von Kongruenzstrahlen; in den Ebenen derselben erhalten wir singuläre Ebenen 1. Grades der Kongruenz und in den Scheiteln singuläre Punkte 1. Grades.

Seien A, A'_1 zwei homologe Hauptpunkte, so haben wir projektive Büschel entsprechender Geraden a, a' um sie und auf je zwei solchen Geraden projektive Punktreihen, also jedesmal eine zur Kongruenz gehörige Regelschar; und es ergeben sich so drei Reihen von Regelscharen.

In den projektiven Büscheln der a, a' kommt es zweimal vor, daß entsprechende Strahlen sich schneiden. Die Punktreihen a, a', nunmehr in derselben Ebene gelegen, erzeugen eine in einen Kegelschnitt ausgeartete Regelschar. Jede der drei Reihen enthält zwei solche Ausartungen, und in den Ebenen dieser Kegelschnitte haben wir sechs weitere singuläre Ebenen, und zwar 2. Grades[1]).

Ein oder zwei sich selbst entsprechende Punkte (auf s) reduzieren die Ordnung der Kongruenz auf 3, bzw. 2.

803 Wenn eine Cremonasche Verwandtschaft n^{ten} Grades $(n > 2)$ zwischen zwei Feldern Σ, Σ' vorliegt und in Σ' die Hauptpunkte S', T', U' diejenigen von den größten Vielfachheiten s, t, u sind, so mache man diese zu den Hauptpunkten einer quadratischen Verwandtschaft zwischen Σ' und Σ''. Eine Gerade in Σ geht durch die gegebene Transformation in eine C'^n in Σ' über, diese durch die quadratische Transformation in eine C'' von der Ordnung $2n - (s + t + u) = n_1$, weil C'^n durch S', T', U' bzw. s-, t-, u-fach geht; es ist aber, nach dem Satze von Nr. 782, $n_1 < n$; folglich ist die Verwandtschaft zwischen Σ und Σ'' von niedrigerem Grade als die zwischen Σ und Σ'. Nennen wir die drei Verwandtschaften als Transformationen:

$$(\Sigma\Sigma'),\ (\Sigma'\Sigma''),\ (\Sigma\Sigma''),$$

also ihre Umkehrungen:

$$(\Sigma'\Sigma),\ (\Sigma''\Sigma'),\ (\Sigma''\Sigma),$$

so ist:

$$(\Sigma\Sigma'') = (\Sigma\Sigma') \cdot (\Sigma'\Sigma''),$$

folglich durch Nachmultiplikation mit $(\Sigma''\Sigma')$:

$$(\Sigma\Sigma') = (\Sigma\Sigma'') \cdot (\Sigma''\Sigma').$$

Die gegebene Transformation n^{ten} Grades ist das Produkt einer Transformation niedrigeren Grades n_1 und einer quadratischen Transformation. Diesen Prozeß kann man mit der Transformation n_1^{ten} Grades

1) Liniengeometrie Bd. II Nr. 434, 440.

fortsetzen, so lange man über 2 bleibt. Zum Grade 1, den Grad 2 überspringend, kann man nicht gelangen, weil das Produkt einer quadratischen Transformation und einer linearen, also einer Kollineation, welche die Kurvenordnungen nicht ändert, eine quadratische Transformation ist, also eine Transformation von höherem Grade als 2 nicht Produkt einer quadratischen und einer linearen sein kann. Man muß daher zum Grade 2 und demnach einem Produkt von lauter Transformationen 2. Grades gelangen.

Jede Cremonasche Transformation von höherem Grade läßt sich als Produkt von Transformationen 2. Grades darstellen[1]).

Zerlegen wir z. B. die Transformation 5. Grades, bei der:

$$x_3 = y_3 = 1,\; x_2 = y_2 = 3,\; x_1 = y_1 = 3.$$

S' ist der dreifache, T', U' sind zwei doppelte Hauptpunkte in Σ'; weil $s = 3$, $t = u = 2$, so ist $n_1 = 3$. Die Verwandtschaft ($\Sigma\,\Sigma''$) ist 3. Grades. Die vier weiteren Hauptpunkte der gegebenen Transformation in Σ', ein doppelter und drei einfache, werden durch die quadratische Transformation in ebensolche in Σ'' übergeführt; es entsprechen diesen in Σ durch ($\Sigma''\Sigma$) dieselben Hauptkurven, wie den in Σ' gelegenen durch ($\Sigma'\Sigma$). Die drei Hauptpunkte der quadratischen Transformation in Σ'' seien S_1'', T_1'', U_1'', den gleichnamigen S', T', U' homolog; dem S_1'' entspricht die Gerade $T'U'$, und deren in ($\Sigma'\Sigma$) entsprechende Kurve von Σ ist, nach Ablösung von zwei Hauptkegelschnitten, eine Gerade, welche nun in ($\Sigma''\Sigma$) die dem S_1'' entsprechende Hauptgerade wird, so daß S_1'' einfacher Hauptpunkt ist. Dagegen dem T_1'' entspricht in ($\Sigma''\Sigma'$) die $S'U'$ und dieser entspricht in ($\Sigma'\Sigma$) eine Kurve 5. Ordnung, welche durch die zu S', U' gehörigen Hauptkurven 3., 2. Ordnung gebildet wird; also wird T_1'' und ebenso U_1'' nicht Hauptpunkt für ($\Sigma''\Sigma$). $S'U'$ ist Hauptgerade der gegebenen Transformation, und ihr entspricht in Σ ein einfacher Hauptpunkt; das wird der korrespondierende zu T_1'' in ($\Sigma''\Sigma$).

Wir haben nun schon die notwendigen Hauptpunkte in Σ'' für (Σ, Σ''), einen doppelten und vier einfache; ermitteln wir diejenigen in Σ. Die dem dreifachen Hauptpunkte von ($\Sigma\Sigma'$) in Σ zugehörige Hauptkurve 3. Ordnung in Σ' geht durch S' zweimal, durch die sechs andern einmal, so auch durch T', U'; daher entspricht ihr durch die quadratische Transformation (Σ', Σ'') in Σ'' eine Kurve von der Ordnung $2 \cdot 3 - 2 - 2 \cdot 1 = 2$; also ist jener Punkt doppelter Haupt-

1) Rosanes, Journ. f. Math. 73 S. 97; Nöther, Math. Ann. Bd. 3 S. 167, Bd. 5 S. 635; Clifford (ohne Beweis) in Cayleys Abhandlung Proc. London Math. Soc. Bd. 3 S. 161. — Vorausgesetzt ist der allgemeine Fall. Auf die Frage, ob der Satz bestehen bleibt, wenn durch Vereinigung von Hauptpunkten höchster Vielfachheit schwierigere Singularitäten entstehen, gehen wir nicht ein; mit ihr haben sich Nöther, Segre und Castelnuovo beschäftigt.

punkt in Σ für $(\Sigma\Sigma'')$. Alle drei Hauptkurven 2. Ordnung von $(\Sigma\Sigma')$ in Σ' gehen durch S', T', U', ferner durch den dritten doppelten und je einen einfachen Hauptpunkt. Wegen ihres Verhaltens zu S', T', U' werden sie durch die quadratische Transformation in Geraden verwandelt; die drei doppelten Hauptpunkte der $(\Sigma\Sigma')$ in Σ gehen also in einfache für $(\Sigma\Sigma'')$ über. Von den drei Hauptgeraden in Σ' verbinden zwei S' mit T', U'; die dritte geht durch S' und den dritten für die quadratische Verwandtschaft nicht benutzten doppelten Hauptpunkt. Bloß dieser entspricht in $(\Sigma'\Sigma'')$ eine Gerade, den andern als Hauptgeraden nur Punkte. Daher ist nur einer von den drei einfachen Hauptpunkten der $(\Sigma\Sigma')$ in Σ auch Hauptpunkt für $(\Sigma\Sigma'')$ geworden und zwar einfacher: wir haben nun alle.

Zerlegen wir nun die Transformation 3. Grades $(\Sigma\Sigma'')$; wir nehmen ihren doppelten Hauptpunkt und zwei einfache in Σ'' und machen sie zu Hauptpunkten einer quadratischen Transformation zwischen Σ'' und Σ'''; dann ist das Produkt von $(\Sigma\Sigma'')$ und $(\Sigma''\Sigma''')$ eine Transformation $(\Sigma\Sigma''')$ 2. Grades, deren Hauptpunkte ähnlich wie vorhin gefunden werden können. Also ist $(\Sigma\Sigma'') = (\Sigma\Sigma''')(\Sigma'''\Sigma'')$ und:

$$(\Sigma\Sigma') = (\Sigma\Sigma''') \cdot (\Sigma'''\Sigma'') \cdot (\Sigma''\Sigma'),$$

worin alle drei Faktoren vom 2. Grade sind.

Die Ermittelung der Cremonaschen Verwandtschaften für die niedrigeren Grade in Nr. 783 hat gezeigt, daß neben der arithmetischen Auflösung der Relationen 2), 3) noch geometrische Überlegungen gehen müssen. Nicht jede rein arithmetische Auflösung führt zu einer geometrisch brauchbaren, einem wirklich bestehenden homaloidischen Kurvennetze. Um da vor Irrtümern zu schützen, ist der vorliegende Satz geeignet. Es liege eine arithmetische Lösung der Relationen 2), 3) vor; wobei natürlich negative Werte schon ausgeschlossen sind. Man wende, die drei höchsten Vielfachheiten benutzend, eine quadratische Transformation an und bekommt eine „Lösung" für einen niedrigeren Grad. Enthält sie schon negative Werte, so erweist sie und die erstere sich als unbrauchbar. Im anderen Falle setzt man das Verfahren fort, und gelingt es, ohne daß man auf negative Werte stößt, bis zum Grade 1 und zu Werten 0 der Vielfachheiten vorzudringen, also zu einem Netze von Geraden: im zweiten Felde der letzten quadratischen Transformation, so entspricht jene arithmetische Lösung einem bestehenden homaloidischen Netze, da es ja nun umgekehrt aus dem Geradennetze durch eine Reihe quadratischer Transformationen abgeleitet werden kann. Das Produkt derselben ist eine Cremonasche Verwandtschaft, welche das Geradennetz in das fragliche Kurvennetz überführt[1]).

1) D. Montesano. Su le reti omaloidiche di curve. Rendiconti dell' Accademia di Napoli Juli 1905. Diese Abhandlung bringt eingehende Unter-

804 Besonders interessant sind die Verwandtschaften vom Grade 2^n, die durch n aufeinanderfolgende quadratische Verwandtschaften entstehen, welche voneinander unabhängig sind, d. h. von denen zwei aufeinanderfolgende im gemeinsamen Felde, dem zweiten für die erste, dem ersten für die zweite, verschiedene Hauptpunkte haben. Es liegen also zunächst vor zwei quadratische Transformationen $(\Sigma\Sigma')$ mit den Hauptpunkten A, B, C; A_1', B_1', C_1', $(\Sigma'\Sigma'')$ mit A_2', B_2', C_2'; $A_3'', B_3'' C_3''$. Den A_1', B_1', C_1' mögen durch $(\Sigma'\Sigma'')$ die A_1'', B_1'', C_1'', den A_2', B_2', C_2' durch $(\Sigma'\Sigma)$ die A_2, B_2, C_2 korrespondieren.

Einer Gerade in Σ entspricht durch $(\Sigma\Sigma')$ ein Kegelschnitt in Σ', der durch A_1', B_1', C_1' geht, und diesem durch $(\Sigma'\Sigma'')$ eine Kurve 4. Ordnung, welche durch A_1'', B_1'', C_1'' einmal und durch A_3'', B_3'', C_3'' zweimal geht. Wir haben also zwischen Σ und Σ'' eine Verwandtschaft 4. Grades mit drei doppelten Hauptpunkten A, B, C in Σ, A_3'', B_3'', C_3'' in Σ'' und drei einfachen A_2, B_2, C_2 in Σ, A_1'', B_1'', C_1'' in Σ''.

Setzt man dies fort, so ergibt sich eine Verwandtschaft vom Grade 2^n, welche in jedem Felde drei einfache, drei doppelte, drei vierfache, $\cdots$ drei 2^{n-1}-fache Hauptpunkte hat[1]).

Man bestätige die Formeln 1) bis 4).

805 Wir geben ein Beispiel, wie vermittelst einer quadratischen Transformation Aufgaben umgestaltet und vereinfacht werden können.

Eine Korrespondenz [2, 2] ist durch acht Paare entsprechender Elemente eindeutig bestimmt (Nr. 156); es handelt sich darum, zu jedem Elemente des einen Gebildes die beiden korrespondierenden im andern zu konstruieren.

Die Gebilde seien Strahlenbüschel U, U_1 derselben Ebene Σ, und entsprechend die Strahlen nach den acht Punkten $A, B, \ldots H$. Erzeugt wird eine Kurve 4. Ordnung, welche durch diese acht Punkte geht, und die U, U_1 zu Doppelpunkten hat. Wir wollen sie durch zwei projektive Büschel von Kegelschnitten erzeugen, für welche U, U_1 gemeinsame Grundpunkte sind. Wir transformieren aus Σ nach Σ' durch eine quadratische Transformation, für welche U, U_1, H die Hauptpunkte sind; homolog in Σ' seien U', U_1', H'. Die Kurve 4. Ordnung geht über in eine Kurve 3. Ordnung, welche durch U', U_1' und $A', \ldots G'$ geht, wenn diese den $A, \ldots G$ entsprechen; sie ist durch diese neun Punkte bestimmt. Für sie sei I' der Gegenpunkt zu U', U_1', F', G', den wir nach Nr. 227 konstruieren können. Der Strahlenbüschel I' und der Kegelschnitt-Büschel (U', U_1', F', G') erzeugen in projektiver Beziehung, bei welcher die durch $A', \ldots E'$

suchungen über Herstellung und Einteilung homaloidischer Kurvennetze, au welche einzugehen ich verzichten muß.

1) Von ihnen fehlt die vom Grade 8 in Cremonas Tabellen.

gehenden Elemente entsprechend sind, die Kurve 3. Ordnung. In Σ entsprechen die Kegelschnitt-Büschel (U, U_1, H, I) und (U, U_1, F, G); sie sind projektiv, wie jene, und durch $A, \ldots E$ gehen entsprechende Elemente; Erzeugnis ist die Kurve 4. Ordnung. Auf einem Strahle x durch U entstehen durch die zweiten Schnitte entsprechender Kegelschnitte projektive Punktreihen; deren Koinzidenzen sind die beiden weiteren Schnitte von x mit der Kurve 4. Ordnung; nach ihnen gehen von U_1 die beiden dem x in [2, 2] korrespondierenden Strahlen x_1, $\bar{x}_1$.[1])

Konstruiert man in Σ' zu den acht Punkten U', U_1', $A', \ldots F'$ den neunten assoziierten K', so entspricht diesem in Σ der achte assoziierte K zu $A, B, \ldots F, H$, durch welchen alle Kurven 4. Ordnung gehen, für die U, U_1 doppelt und jene sieben Punkte einfach sind. Nach ihm geht das achte assoziierte Paar UK, U_1K zu den sieben Paaren UA, U_1A; ... UF, U_1F; UH, U_1H, auch gemeinsam allen Korrespondenzen [2, 2], denen diese sieben Paare entsprechender Strahlen gemeinsam sind (Nr. 164).

806 Zwei kollineare Flächen 2. Grades φ^2 und φ'^2 werden aus zwei Punkten O, P', die auf ihnen gelegen sind, durch quadratisch verwandte Bündel projiziert, welche dann auf Σ, Σ' quadratisch verwandte Felder hervorrufen. Wenn, wie in Nr. 503, die g- und g'-Scharen einander entsprechen und die l- und l'-Scharen, und g_1, l_1 die durch O auf φ^2, g_2', l_2' die durch P' auf φ'^2 gehenden Geraden sind, so sind, wie a. a. O. erkannt wurde, g_1 und g_2', l_1 und l_2' homologe Hauptstrahlen; in Σ und Σ' schneiden sie also homologe Hauptpunkte ein.

Gehen wir von zwei quadratisch verwandten Feldern Σ, Σ' aus, so wollen wir nun von ihnen zu kollinearen Flächen gelangen. Diese müssen gleichartig sein, beide hyperbolisch oder beide elliptisch (Nr. 500); wir haben dann gleichartige homologe Hauptpunkte zu benutzen, durchweg reelle A_1, B_1; A_2', B_2' oder durchweg imaginäre. Wir wollen den anschaulicheren Fall ins Auge fassen, wo diese reell und die Flächen hyperbolisch sind. Durch A_1 und B_1 haben wir die Fläche φ^2, durch A_2', B_2' die φ'^2 zu legen. O sei dann der Schnitt durch A_1, B_1 gehender Geraden g_1, l_1 aus verschiedenen Scharen auf φ^2, und P' solcher g_2', l_2' auf φ'^2, welche durch A_2', B_2' gehen. Sie sind die Projektionszentren. Ist dann g eine beliebige Gerade aus der g-Regelschar, so nimmt die Ebene Og die l_1 in sich auf, ihr Schnitt mit Σ geht durch B_1, ihm entspricht daher eine durch B_2' gehende Gerade; in der Ebene von P' nach ihr liegt, außer l_2', noch eine g', welche daher der g entspricht. Die g_1 trifft Σ in A_1, diesem

1) Thomä, Untersuchungen über zwei-zweideutige Verwandtschaften. Abhandlungen der math. phys. Klasse der sächs. Ges. der Wissensch. Bd. 21, S. 439.

Hauptpunkte entspricht $B_2'C_2'$, wo C_2' der dritte Hauptpunkt in Σ' ist, die Ebene aus P' nach ihr enthält, außer l_2', noch eine Gerade g', die also die der g_1 entsprechende ist und deshalb g_1' heiße. Also ist g_1 in der Verwandtschaft der Regelscharen der g und g' nicht singulär. Ebenso ist die der l_1 korrespondierende l_1' in der Ebene von P' nach $A_2'C_2'$ enthalten. Der Schnitt beider Ebenen ist $P'C_2'$, welche φ'^2, außer in P', noch in $g_1'l_1'$ begegnet, welcher der entsprechende Punkt O' zu $O = g_1 l_1$ wird. Ähnlich erhält man g_2, l_2, P.

Ein Kegelschnitt auf φ^2 wird aus O, weil er g_1, l_1 trifft, in einen durch A_1, B_1 gehenden Kegelschnitt projiziert, dem dann ein durch A_2', B_2' gehender entspricht. Der diesen aus P' projizierende Kegel hat mit φ'^2, außer dem Geradenpaare $g_2'l_2'$ (Nr. 504), noch einen Kegelschnitt gemein; er entspricht dem Kegelschnitte auf φ^2. Diese Eigenschaften deuten schon auf Kollineation hin.

Es seien X und X' zwei entsprechende Punkte auf φ^2, φ'^2, d. h. aus entsprechenden Punkten Y, Y' der quadratischen Verwandtschaft durch Projektion aus O, bzw. P' erhalten. Wir fassen sie auf als Schnitte $g_3 l_3$, $g_3'l_3'$, und legen wie in Nr. 501 eine Kollineation zwischen φ^2 und φ'^2 durch:

$$\left|\begin{matrix} g_1 l_1, & g_1 l_2, & g_2 l_1, & g_2 l_2, & g_3 l_3 \\ g_1'l_1', & g_1'l_2', & g_2'l_1', & g_2'l_2', & g_3'l_3' \end{matrix}\right|$$

fest. Sie bewirkt, aus $O = g_1 l_1$, $P' = g_2'l_2'$ auf Σ, Σ' projiziert, eine quadratische Verwandtschaft, in welcher die Spuren von g_1, l_1, OP und g_2', l_2', $P'O'$ oder A_1, B_1, C_1; A_2', B_2', C_2' Hauptpunkte sind in derselben Zuordnung als homologe, wie in der gegebenen, und Y, Y' entsprechend. Daher ist sie mit der gegebenen identisch (Nr. 797). Die Flächen φ^2, φ'^2 sind also in der Tat durch Projektion der quadratischen Verwandtschaft kollinear geworden.

Hinsichtlich des Falls, daß die benutzten homologen Hauptpunkte imaginär und die Flächen elliptisch sind, wollen wir uns mit der interessanten Figur kreisverwandter Kugeln begnügen, die Erörterung jedoch erst vornehmen, nachdem die Kreisverwandtschaft zwischen zwei Ebenen besprochen worden ist.

807. Zu einer zentralen quadratischen Verwandtschaft ineinander liegender Felder, d. h. einer solchen, bei welcher entsprechende Punkte mit einem festen Zentrum $O \equiv P'$ in gerader Linie liegen, gelangt man durch folgende Konstruktion[1]).

Außer dem Zentrum sind noch ein Kegelschnitt K^2 und eine Gerade o' gegeben. Auf jedem Strahle durch O wird, wenn M, N; O' die Schnitte mit K^2, o' sind, die Projektivität:

$$MNO \barwedge MNO'$$

---

1) W. Vogt, Korrelative Räume mit gegebener Punkt-Kernfläche. Diss. Breslau 1906.

hergestellt; X und X', in ihr entsprechend, sollen auch in der Verwandtschaft zugeordnet sein. Verbindet man die Schnittpunkte S', T' von o' und K^2 mit O und die zweiten Schnitte Q, R dieser Geraden mit K^2 durch p, welche von dem Strahle durch das Zentrum in P getroffen werde, so ist, weil drei Kegelschnitte eines Büschels vorliegen, eine Involution entstanden: MN, PO', OO; daher:

$$MNOP \barwedge NMOO' \barwedge MNO'O;$$

d. h. in der obigen Projektivität ist dem Punkte $P' \equiv O$, als Punkt der zweiten Reihe, der Punkt P in der ersten Reihe zugeordnet.

Also sind dem Zentrum $O \equiv P'$ die beiden Geraden o', p in der Verwandtschaft zugeordnet; es ist Hauptpunkt beider Felder.

Auf den Strahlen QS' und RT' durch das Zentrum artet die Projektivität aus, so daß Q und S', bzw. R und T' singuläre Punkte sind, denen je alle Punkte derselben Gerade zugeordnet werden. Diese Geraden werden gemeinsame Hauptgeraden beider Felder, zugehörig den Hauptpunkten Q, R des ersten und S', T' des zweiten Feldes.

Andere Hauptpunkte sind ersichtlich nicht vorhanden, woraus schon der zweite Grad der Verwandtschaft folgt. Läuft X auf einer Gerade g, so enthält von der entsprechenden Kurve jeder Strahl durch das Zentrum den dem Schnitt mit g entsprechenden Punkt und das Zentrum selbst, das sich bei dem Strahle nach dem Schnitt pg ergibt.

Alle Punkte von K^2 entsprechen sich selbst.

Umgekehrt, jede quadratische Verwandtschaft, welche zentral ist, ist so beschaffen; denn jeder Strahl durch das Zentrum ist sich selbst entsprechend, trägt also eine Projektivität, zwei Koinzidenzen und zwei dem Zentrum in dem einen und andern Sinne entsprechende Punkte, wodurch dies Hauptpunkt in beiden Feldern wird.

Wenn o' die Polare von O in bezug auf K^2 ist, so vereinigt sie sich mit p, alle Projektivitäten werden involutorisch, also auch die Verwandtschaft. Entsprechende Punkte sind dann konjugiert in bezug auf K^2. Wir kommen bald auf diese involutorische Verwandtschaft zurück.

808 Der allgemeine Korrelationenbüschel besitzt drei zentrale Korrelationen und keine axiale. Definieren wir aber einen Büschel durch eine zentrale und eine axiale Korrelation (Nr. 400), so ergibt sich eine ausgeartete quadratische Verwandtschaft. Die Zentren seien S, S', die Axen s, s', und die charakteristischen Projektivitäten $\Pi(S, S')$, $\Pi(s, s')$. Wir schneiden den Büschel S' mit s' und erhalten die Projektivität $\overline{\Pi}(S, s')$ und eine zugehörige ausgeartete Kollineation mit den singulären Elementen S, s', welche (S, s') heiße. Schneiden wir zweitens

den Büschel S mit s, so ergibt sich die ausgeartete Kollineation (s, S') mit der Projektivität $\overline{\Pi}(s, S')$.

Konstruieren wir die zu diesen Korrelationen gehörige quadratische Verwandtschaft.

Einem Punkte X korrespondiert in (S, S') der Strahl x' von S', der dem SX in $\Pi(S, S')$ entspricht, in (s, s') aber die singuläre Gerade s', also in der quadratischen Verwandtschaft der Punkt $x's'$, d. i. derjenige, der dem SX in $\overline{\Pi}(S, s')$ entspricht, oder der dem X in der Kollineation (S, s') korrespondiert.

Einem auf s gelegenen Punkte X entspricht in (S, S') der Strahl von S', der ihm in $\overline{\Pi}(s, S')$ korrespondiert, in (s, s') aber jeder beliebige Strahl durch denjenigen Punkt von s', der jenem in $\Pi(s, s')$ entspricht, folglich in der quadratischen Verwandtschaft jeder Punkt des vorhinigen Strahls durch S'. Dieselben Punkte korrespondieren dem Punkte X in der Kollineation (s, S').

Endlich dem Punkt S korrespondiert in (S, S') jede Gerade von Σ', in (s, s') die s', also in der quadratischen Verwandtschaft jeder Punkt von s'.

Wir können dies so aussprechen: Einem beliebigen Punkt von Σ ist derjenige Punkt auf s' zugeordnet, der ihm in der ausgearteten Kollineation (S, s') entspricht, und einem beliebigen Punkte von Σ' derjenige Punkt auf s, der ihm in (s, S') entspricht. Daraus folgt schon, was hinsichtlich der Punkte von s und s' gilt.

Läuft nun X in Σ auf einer Gerade g, so entsprechen im allgemeinen Punkte von s', so daß diese Gerade das entsprechende Gebilde wird; sie entspricht der g in (S, s'). Aber dem Punkte gs entspricht allein eine Gerade, diejenige, die ihr (sowie allen Geraden durch diesen Punkt) in (s, S') korrespondiert.

Die einer Gerade entsprechende Kurve zerfällt daher durchweg und zwar in die beiden Geraden, welche ihr in den beiden Kollineationen (S, s') und (s, S') korrespondieren, die quadratische Verwandtschaft also in diese beiden Kollineationen.

Von der gegebenen axialen Korrelation sind nur die beiden Axen von Wert, die Projektivität $\Pi(s, s')$ ist ganz irrelevant.

Formieren wir, dual, aus den beiden ausgearteten Korrelationen eine Schar, um zu einer Geradenverwandtschaft zu gelangen, so wird $\Pi(s, s')$ von Wert, und wir haben die Punktreihen s, s' in die Büschel S, S' zu projizieren, was zu andern ausgearteten Kollineationen führt.

Ersetzt man vorhin die zentrale Korrelation durch eine allgemeine aus dem Büschel, so ist S der Pol von s' in dieser und $\overline{\Pi}(S, s')$ die Projektivität der Punktreihe auf s' und des zugehörigen Polarenbüschels; und ähnlich ergeben sich S' und $\overline{\Pi}(s, S')$.

Handelt es sich um Polarfelder, so hat man: Ein Kegelschnitt und ein Punktepaar bestimmen einen Büschel sich doppelt berührender Kegelschnitte; die Punkte des Paars sind dabei ganz irrelevant.

Die in Nr. 420 behandelte Signatur:

$$(2110) \quad \left| \begin{matrix} P & Q & r & A \\ p' & q' & R' & A' \end{matrix} \right|$$

führt zu einem Korrelationenbüschel von dieser Art, jedoch mit der Spezialität, daß die charakteristischen Projektivitäten $\Pi(S, S')$ und $\Pi(s, s')$ zueinander perspektiv sind.

809 Wir erwähnen kurz noch einige interessanten quadratischen Verwandtschaften.

1. Die Beziehung zwischen dem harmonischen Pole S und der harmonischen Polare s in bezug auf ein Dreieck (Nr. 52) ist quadratisch. Das Dreieck ist Hauptdreieck in beiden Feldern, wobei Gegenelemente homolog sind. Jeder Ecke ist der Büschel um sie selbst, jeder Seite die Punktreihe auf ihr selbst entsprechend.

2. Die Geraden, welche in einer ebenen Korrelation gleichzeitig konjugiert und rechtwinklig sind, bilden eine quadratische Verwandtschaft. Ist R der Mittelpunkt des ersten Feldes, so enthält sein Strahlenbüschel zwei Geraden, deren Pole in senkrechter Richtung zu ihnen unendlich fern sind. Sie und die unendlich ferne Gerade bilden das Hauptdreiseit des ersten Feldes.

3. Drei kollineare Felder $\Sigma, \Sigma', \Sigma''$, von denen die beiden letzteren in derselben Ebene liegen, führen zu einer quadratischen Verwandtschaft, wenn einem Punkte von Σ die Verbindungslinie der entsprechenden Punkte von Σ' und Σ'' zugeordnet wird. Das Koinzidenzdreieck von Σ' und Σ'' und das entsprechende Dreieck in Σ sind Hauptdreiseit und Hauptdreieck. Eine Gerade der zweiten Ebene hat, je nachdem sie zu Σ' oder Σ'' gehört, zwei entsprechende Geraden, die im korrespondierenden Punkte sich schneiden; so erhalten wir in ihr ein Feld und in der ersten Ebene zwei. Sind Σ', Σ'' zu Σ korrelativ, so ergibt sich eine Punktverwandtschaft.

4. Bei einer ebenen Kollineation zwischen Σ, Σ' kann man einem Punkt von Σ die ihn mit dem entsprechenden Punkte von Σ' verbindende Gerade zuordnen und erhält eine quadratische Nullverwandtschaft (Nr. 780 und § 144).

5. Ebenfalls eine Nullverwandtschaft 2. Grades ergibt sich, wenn bei einem Büschel von sich doppelt berührenden Kegelschnitten ein Punkt und die Tangente des durchgehenden Kegelschnitts des Büschels zugeordnet werden. Hauptdreieck ist das der Berührungspunkte U, V und des Berührungspols W, Hauptdreiseit das damit identische der gemeinsamen Tangenten u, v und der Berührungssehne w. Jedem von jenen Punkten ist jeder durchgehende Strahl zugeordnet, her-

rührend als Tangente vom Punktepaar (U, V), bzw. vom Geradenpaar (u, v), jeder Seite jeder auf ihr gelegene Punkt.

6. Wenn die Gerade l und drei Punkte A, A', B gegeben sind, so ordne man einem Punkte X den Punkt X' zu, in welchem BX von der Gerade getroffen wird, die A' mit (l, AX) verbindet. Wenn C und C' die Schnitte von l mit $A'B$ und AB sind, so bilden A, B, C das eine, A', B, C' das andere Hauptdreieck; jeder Punkt von l entspricht sich selbst.

§ 113. Involutorische quadratische Verwandtschaften.

810 Wir besprechen zunächst teilweise oder halb involutorische Verwandtschaften. Jede quadratische Verwandtschaft ineinander liegender Felder hat (Nr. 798) ein Paar involutorisch entsprechender Punkte; es liegt auf der Gerade (W), welche die Punkte W der Korrelationen des Büschels trägt.

Gehen wir aber von zwei Korrelationen aus, welche denselben Punkt W haben, so trägt jeder Strahl durch ihn zwei Involutionen doppelt konjugierter Punkte, welche zu der einen und der andern Korrelation gehören und den Büschel von Involutionen konstituieren, die ebenso zu den übrigen Korrelationen des Büschels gehören (Nr. 85). Das gemeinsame Paar dieser Involutionen, gebildet durch die Doppelpunkte der sich auf sie alle stützenden Involution, in welcher der Büschel der Kernkurven geschnitten wird, besteht aus Punkten, welche für alle Korrelationen doppelt konjugiert sind, also einander involutorisch in der quadratischen Verwandtschaft entsprechen. Sie erhält auf diese Weise ∞^1 involutorische Paare; ihre Punkte erzeugen, als jene Doppelpunkte oder Berührungspunkte mit Kernkurven, die Kurve 3. Ordnung der Berührungspunkte der Tangenten aus W an die Punkt-Kernkurven des Korrelationenbüschels, das Erzeugnis des Büschels der Kernkurven mit dem projektiven Büschel der Polaren von W. Die zusammengehörigen Berührungspunkte sind die Punkte U, V der betreffenden Korrelation. Auf ihr liegen die vier Koinzidenzpunkte der quadratischen Verwandtschaft, die Grundpunkte des Kernkurven-Büschels und Berührungspunkte der Tangenten aus W an die Kurve 3. Ordnung.

Weil sie sich selbst entspricht, so muß sie, damit die Ordnung 3 der entsprechenden Kurve zustande kommt, durch die sechs Hauptpunkte gehen; jedem von ihnen ist im Systeme der involutorischen Paare auf ihr der dritte Schnitt seiner Hauptgerade gepaart. In ihr vereinigen sich die beiden isologischen Kurven des Punktes W.

Sie kann in zwei Weisen zerfallen, nämlich wenn W auf einer gemeinsamen Sekante des Büschels der Kernkurven liegt, oder wenn dieser aus sich doppelt berührenden Kegelschnitten besteht. Der gerade Bestandteil ist dort die genannte Sekante, hier die Berührungssehne und W liegt auf dem Kegelschnitte. Im ersten Falle bestehen zwei Systeme von involutorischen Paaren, auf jedem Bestandteile eins, wobei für die Involution auf dem Kegelschnitt W das Zentrum ist, im andern nur eins, wobei die beiden Punkte der Paare — die auf den Strahlen durch W liegen — sich auf die beiden Teile verteilen.

Diese beiden interessanten Fälle lassen sich leicht vermittelst der Seydewitzschen Konstruktion herstellen.

Auf einem Kegelschnitte K sei eine Involution I gegeben mit dem Zentrum W, sowie vier beliebige Punkte A, A_1, B, B_1, denen in I gepaart seien: A', A_1', B', B_1'. Wir machen die Büschel A und A_1 so projektiv, daß entsprechende Strahlen nach gepaarten Punkten von I gehen, und in gleicher Weise die Büschel B und B_1. In der durch diese Projektivitäten hergestellten quadratischen Verwandtschaft, die im allgemeinen nicht involutorisch ist, sind die Paare von I involutorische Paare, ferner A und A_1, B und B_1 homologe Hauptpunkte; die dritten sind $C = (AB_1', BA_1')$, $C_1 = (A_1B', B_1A')$.

Dem Punkte W entspricht $\overline{W} = (AA_1, BB_1)$ involutorisch; diese vier Punkte werden auf dem geraden Bestandteile der Kurve 3. Ordnung liegen; in der Tat, die beiden Pascalschen Sechsecke $AA_1A_1'BB_1B_1'$ und $A_1AA'B_1BB'$ zeigen, daß C und C_1 mit W und $\overline{W}$ in gerader Linie liegen. Diese Gerade, welche durch zwei homologe Hauptpunkte geht und das involutorische Paar $W\overline{W}$ trägt, entspricht sich selbst und trägt, wegen dieses Paars, eine Involution.

Die Punktreihen auf einem Kegelschnitte K und einer Gerade k seien perspektiv gemacht mit dem Zentrum W auf K. Wenn A beliebig auf K liegt, so seien X, Y' die Schnitte eines Strahls durch A mit K und k und X', Y ihnen in jener Perspektivität entsprechend; ist dann A_1 der zweite Schnitt einer der Verbindungslinien $X'Y$ mit K, so gehen alle durch ihn; denn die Projektivität der X', Y, in welcher die Schnittpunkte Kk sich selbst entsprechend sind, hat mit der durch den Büschel A_1 bewirkten drei Paare entsprechender Elemente gemeinsam. Die beiden Büschel A und A_1 sind projektiv; gehört wiederum ebenso B_1 zu B, so sind in der quadratischen Verwandtschaft, die aus diesen projektiven Büscheln sich ergibt, die X, X' involutorisch entsprechend; denn auch dem Strahle $AX'Z$ muß der Strahl A_1XZ' korrespondieren, wenn Z und Z' in der Perspektivität W zu einander gehören. Die dritten Hauptpunkte C und C_1 sind die Schnitte von A_1B_1 und AB mit k[1]).

811 Für eine ganz involutorische Verwandtschaft wurde in Nr. 788 erkannt, daß die einen Hauptpunkte mit den andern

1) Vgl. hierzu Döhlemann, Zeitschrift für Mathem. und Physik Bd. 36, S. 356.

sich decken und jedem in beiderlei Sinne dieselbe Hauptkurve zukommt. In Nr. 807 lernten wir schon eine involutorische Verwandtschaft 2. Grades kennen, diejenige zentrale, bei welcher $o' \equiv p$ die Polare des Zentrums $O \equiv P'$ in bezug auf K^2 ist; in ihr sind entsprechend Punkte auf einem Strahle durch das Zentrum, welche in bezug auf diesen Kegelschnitt konjugiert sind; sie zeigt, wie auch S' mit Q, T' mit R sich vereinigen; es bleibt das einzige Hauptdreieck OQR. Dem Q liegt die zugehörige Hauptgerade QR gegenüber, durch Q, R gehen die ihrigen QO, RO. Man nennt diese Verwandtschaft quadratische Inversion[1]).

Läßt man die beiden Korrelationen, mit denen eine quadratische Verwandtschaft hergestellt wird, involutorisch, also Polarfelder werden, so wird die quadratische Verwandtschaft selbst involutorisch. Sie ist die Verwandtschaft der gemeinsam konjugierten Punkte für zwei Kegelschnitte und alle ihres Büschels. Hauptdreieck ist das gemeinsame Polardreieck, wobei für jede Ecke die Gegenseite, die gemeinsame Polare, die zugehörige Hauptgerade, also jede zu sich homolog ist. Sich selbst entsprechend sind die vier Grundpunkte des Büschels. Der einer Gerade l entsprechende Kegelschnitt ist sowohl der Ort der Punkte, die den Punkten der Gerade l gemeinsam konjugiert sind, als auch der Ort der Pole von l in bezug auf die einzelnen Kegelschnitte des Büschels (Nr. 691). Durch die Hauptpunkte geht er, weil sie den Schnittpunkten der l mit den Hauptgeraden konjugiert sind, oder weil sie Pole dieser Gerade in bezug auf die drei Geradenpaare sind. Die beiden Schnittpunkte der l und des korrespondierenden Kegelschnitts sind einander entsprechend; also trägt jede Gerade ein Paar entsprechender Punkte: das Paar der Doppelpunkte der Schnittinvolution mit dem Kegelschnitt-Büschel, allen Involutionen konjugierter Punkte gemeinsam, die sich ja auf jene stützen. Auf den Strahlen irgendeines Büschels O bilden, wie in Nr. 810 bei einem bestimmten Büschel, diese Paare eine durch O gehende Kurve 3. Ordnung: die Tangenten aus O berühren in den Grundpunkten oder Koinzidenzpunkten der Verwandtschaft.

Einem Punkte auf einer Verbindungsgerade zweier Grundpunkte ist entsprechend der zu ihm in bezug auf diese harmonische Punkt; die Involution konjugierter Punkte auf ihr ist für alle Kegelschnitte des Büschels dieselbe. Wir erkennen jetzt, daß die in Nr. 112 gefundene Involution auf einem Kegelschnitte des Netzes durch die drei Diagonalpunkte des Vierecks der Grundpunkte, in denen er von den

1) Schon 1838 von Bellavitis gefunden: Nuovi Saggi dell'Accademia di Padova Bd. 4; ausführlicher behandelt von Hirst, Proc. Royal Society 1865 S. 92; Annali di Matematica Ser. I Bd. 7 S. 49; Geiser, Mitteil. der Berner Naturforsch. Ges. 1865.

Gegenseiten getroffen wird, durch diese quadratische Verwandtschaft der Involution korrespondiert, in welcher die entsprechende Gerade von ihnen geschnitten wird.

Benutzt man zwei Geradenpaare des gegebenen Büschels, so sind entsprechend zwei Punkte xy und $x'y'$, wenn x und x' zu den Geraden des einen, y und y' zu denen des andern Paares harmonisch sind oder gepaart in den Involutionen, welche diese Paare darstellen.

Überzeugen wir uns, daß diese beiden im vorangehenden besprochenen Verwandtschaften die einzigen involutorischen quadratischen sind.

Hinsichtlich des Hauptdreiecks sind zwei Fälle möglich: Entweder deckt sich jeder Hauptpunkt mit dem homologen und hat die Gegenseite zur Hauptgerade; oder nicht..

Im ersten Falle ist für jeden in der einen und der andern Korrelation, durch die wir die Verwandtschaft hergestellt denken, die Gegenseite Polare, das Dreieck also ein Polardreieck für beide; sie sind Polarfelder; und wir haben die Verwandtschaft der gemeinsam konjugierten Punkte in bezug auf zwei Kegelschnitte.

Im zweiten Falle decke sich B_1' mit dem nicht homologen Hauptpunkte A, also die Hauptgerade b mit a_1'. Fiele weiter C_1' auf B und dann A_1' auf C, so würde, wenn $X \equiv Y'$, $X' \equiv Y$ irgend zwei entsprechende Punkte sind in allgemeiner Lage, von denen also keiner auf eine Seite des Hauptdreiecks fällt, den identischen Geraden AX, $B_1'Y'$ die nicht identischen Geraden $A_1'X'$, BY entsprechen; was gegen die Voraussetzung des involutorischen Entsprechens ist. Also fällt A_1' auf B, C_1' auf C und demnach a auf b_1', c auf c_1'.

Im zweiten Falle decken sich einmal zwei homologe Hauptpunkte C und C_1' und in der Gegenseite die zugehörigen Hauptgeraden c_1', c; während die andern Ecken $A \equiv B_1'$, $A_1' \equiv B$ zueinander homolog sind und je auf der zugeordneten Hauptgerade $a_1' \equiv b$, $a \equiv b_1'$ liegen; oder mit einfacherer Bezeichnung: zu den Hauptpunkten A, B, C gehören die Hauptgeraden AC, BC, AB.

Einem Strahl $x \equiv y'$ durch A entspricht ein Strahl $x' \equiv y$ durch B; der Schnittpunkt ist sowohl xy als $x'y'$, entspricht sich also selbst. Diese Strahlen x, x' (oder y', y) bewegen sich projektiv um A, B, und den AB, AC korrespondieren (Nr. 796) die $A_1'C_1'$, $A_1'B_1'$ oder BC, BA, also dem gemeinsamen Strahle $AB \equiv BA$ die BC, AC; das Erzeugnis oder der Ort der sich selbst entsprechenden Punkte $xy \equiv x'y'$ ist ein Kegelschnitt durch A, B, welcher AC, BC tangiert. Der Punkt C ist das involutorische Zentrum der projektiven Büschel (Nr. 90); d. h. wenn in X sich x und z aus A und B treffen und im entsprechenden X' die entsprechenden x' und z' aus B und A, so werden durch dies involutorische Paar auf der Verbindungslinie XX' die eingeschnittenen Punktreihen involutorisch, sie muß durch C gehen.

Die Doppelpunkte dieser Involution, in denen sich entsprechende Geraden schneiden, liegen auf dem obigen Kegelschnitte, und X und X' sind konjugiert in bezug auf ihn.

Wir haben die quadratische Inversion mit dieser Kurve als Basis und dem zu sich homologen Hauptpunkt C als Zentrum.

Wir wollen die beiden involutorischen Verwandtschaften, die quadratische Inversion und die der konjugierten Punkte eines Kegelschnitt-Büschels als erster und zweiter Art: I_{I}, I_{II} unterscheiden.

Aus der vorangehenden Erörterung über die I_{I} folgt, daß diejenige I_{I}, deren Hauptpunkte alle reell sind, aus zwei projektiven Strahlenbüscheln durch die Punktepaare der Involutionen entsteht, in denen sie von den Strahlen durch ihr involutorisches Zentrum geschnitten werden. Der zugehörige Basis-Kegelschnitt ist der, welcher durch die Büschel erzeugt wird.

Bei einer ebenen Korrelation (Nr. 307) liegen doppelt konjugierte Punkte stets auf einer Gerade durch den ausgezeichneten Punkt W und sind konjugiert in bezug auf die Punkt-Kernkurve; also handelt es sich um quadratische Inversion.

Projiziert man die Schnittpunkte der Strahlen eines Bündels P mit einer Fläche 2. Grades aus einem Punkte O derselben auf eine Ebene Σ, so ergibt sich ebenfalls quadratische Inversion.

812 Die Koinzidenzen, von denen I_{II} vier einzelne hat, die Grundpunkte des Kegelschnitt-Büschels, I_{I} aber ∞^1, die Punkte der Basis K^2, sind in folgender Weise in den beiden Fällen verschiedenartig. Es sei $\mathfrak{C}$ ein Koinzidenzpunkt; den Strahlen durch ihn entsprechen die Kegelschnitte durch die Hauptpunkte und $\mathfrak{C}$; ist X der Nachbarpunkt von $\mathfrak{C}$ auf einem von jenen Strahlen, so ist der entsprechende X' der Nachbarpunkt des $\mathfrak{C}$ auf dem korrespondierenden Kegelschnitt und seiner Tangente in $\mathfrak{C}$; also entspricht dem Strahle $\mathfrak{C}X'$ der Kegelschnitt, welcher $\mathfrak{C}X$ berührt. Es entsteht damit involutorisches Entsprechen im Strahlenbüschel um $\mathfrak{C}$. Im Falle I_{II} läuft es aber darauf hinaus, daß jeder Strahl sich selbst entspricht; denn dies geschieht ersichtlich bei den drei Geraden von $\mathfrak{C}$ nach den Hauptpunkten, denen Geradenpaare entsprechen, und zwar dem $\mathfrak{C}A$ das Geradenpaar $(BC, \mathfrak{C}A)$; dessen Tangente in $\mathfrak{C}$ ist $\mathfrak{C}A$.

Jeder Strahl durch $\mathfrak{C}$ berührt in diesem Punkte seinen entsprechenden Kegelschnitt.

Bei I_{I} dagegen sind, wenn wiederum C der nicht auf der Basis gelegene Hauptpunkt ist, den Strahlen $\mathfrak{C}(A, B, C)$ die $\mathfrak{C}(B, A, C)$ involutorisch entsprechend; es ergibt sich eine eigentliche Involution $\mathfrak{C}(A, B; C, C)$; der andere Doppelstrahl ist die Tangente an K^2 in $\mathfrak{C}$.

Einer durch einen Koinzidenzpunkt gehenden Kurve entspricht eine Kurve, die auch durch ihn geht, und zwar bei I_{II} mit derselben Tangente, bei I_I mit einer andern Tangente.

Einem Kegelschnitt entspricht in einer quadratischen Verwandtschaft nur dann ein Kegelschnitt, wenn er durch zwei Hauptpunkte geht. Der entsprechende geht dann durch die homologen. Folglich muß bei I_{II} ein sich selbst entsprechender Kegelschnitt (wenn solche vorhanden sind) durch zwei Hauptpunkte gehen, aber auch durch zwei Koinzidenzpunkte, die Doppelpunkte der auf ihm entstehenden Involution. Wenn die Hauptpunkte A, B genommen werden, so können diese Koinzidenzpunkte nicht solche Grundpunkte des Kegelschnitt-Büschels sein, welche mit einer jener Ecken A, B des Polardreiecks ABC in gerader Linie liegen, sondern mit C in gerader Linie befindliche; seien $\mathfrak{C}$, $\overline{\mathfrak{C}}$ solche Punkte, so werde auf dem Kegelschnitte $(AB\mathfrak{C}\overline{\mathfrak{C}}X)$ der gepaarte Punkt X' zu X in der Involution mit den Doppelpunkten $\mathfrak{C}$, $\overline{\mathfrak{C}}$ konstruiert; er ist zu X konjugiert in bezug auf die Geradenpaare $A(\mathfrak{C}, \overline{\mathfrak{C}})$ und $B(\mathfrak{C}, \overline{\mathfrak{C}})$ des Büschels, also dem X in der Verwandtschaft und daher der Kegelschnitt sich selbst entsprechend. I_{II} besitzt sechs Büschel von sich selbst entsprechenden Kegelschnitten. Jeder schneidet die Verbindungslinie der beiden andern Grundpunkte, weil er zwei Geradenpaare mit diesen Grundpunkten als Doppelpunkten enthält, in der auf dieser Gerade gelegenen Involution konjugierter Punkte für den gegebenen Büschel.

Bei einem Kreisbüschel ist einer von diesen Büscheln der Büschel der orthogonalen Kreise. Das Zentrum der Involution ist je der Mittelpunkt. Denn jeder Durchmesser des einen von zwei orthogonalen Kreisen schneidet beide harmonisch (Nr. 815).

In I_I kann ein sich selbst korrespondierender Kegelschnitt nur durch die zueinander homologen Hauptpunkte A,B gehen. Mit diesen liegen zwei Paare entsprechender Punkte X, X'; Y, Y' immer auf einem Kegelschnitte, der sich dann selbst entspricht. Denn es ist:

$$A(X, Y, X', Y') \barwedge B(X', Y', X, Y) \barwedge B(X, Y, X', Y').$$

Will man, im Falle imaginärer Punkte A, B, reell verfahren, so hat man darzutun, daß der Kegelschnitt-Büschel $(XX'YY')$ in die (reelle) Gerade AB eine Involution einschneidet, welche sich auf die zum Basis-Kegelschnitte K^2 gehörige Involution I konjugierter Punkte stützt; denn dann bilden deren Doppelpunkte ein Paar von jener Involution. Die Pole E_1, F_1 von XX', YY' in bezug auf K^2 liegen auf AB, der Polare von C, und sind den Schnitten E, F von XX', YY' konjugiert; E_1XX', F_1YY' sind Polardreiecke von K^2 und als solche (Nr. 118) demselben Kegelschnitte eingeschrieben; E_1F_1 ist also das durch diesen Kegelschnitt des Büschels $(XX'YY')$ in AB eingeschnittene Paar und geht aus EF, dem durch ein Geradenpaar des

Büschels eingeschnittenen Paare, durch die Involution I hervor; folglich stützen (Nr. 85) diese und die Schnittinvolution einander.

Die Tangenten in den beiden weiteren Schnitten, mit K^2, eines solchen sich selbst entsprechenden Kegelschnitts $\mathfrak{K}$, den Doppelpunkten der auf ihm durch die Verwandtschaft entstehenden Involution, gehen, als Verbindungslinien entsprechender Punkte, nach C, der so Zentrum dieser Involution wird. Jede von diesen Tangenten und diejenige von K^2 im nämlichen Punkt werden durch A, B harmonisch getrennt, da die erstere und AB in bezug auf K^2 konjugiert sind.

Jeder Punkt $\mathfrak{C}$ auf K^2 führt zu einem Büschel von $\mathfrak{K}$ mit gemeinsamer Tangente $\mathfrak{C}C$ in $\mathfrak{C}$.

Es ergeben sich ∞^2 sich selbst entsprechende Kegelschnitte $\mathfrak{K}$. Jeder Kegelschnitt $(ABXX')$ gehört zu diesem Systeme; denn ist Y ein beliebiger Punkt auf ihm, so liegt Y' auch auf ihm; oder die beiden weiteren Schnitte mit K^2 müssen, wie A, B, X, X', auch dem entsprechenden angehören.

Jeder Punkt X scheidet aus dem Systeme einen Büschel mit dem vierten Grundpunkte X'; die Büschel (X, X') und (Y, Y') haben den Kegelschnitt $(XX'YY')$ gemeinsam, also bilden alle diese sich selbst entsprechenden Kegelschnitte ein Netz.

Umgekehrt, in jedem Kegelschnitt-Netze $\mathfrak{N}$ mit zwei Grundpunkten befinden sich die beiden veränderlichen Grundpunkte der Büschel in einer Verwandtschaft I_{I}. Denn nach Nr. 687 liegen diese ferneren Grundpunkte in gerader Linie mit dem Pole der Verbindungslinie der festen Grundpunkte in bezug auf den Kegelschnitt-Bestandteil der Jacobischen Kurve dieses Netzes und sind konjugiert in bezug auf ihn.

Jeder Kegelschnitt von $\mathfrak{N}$ trägt eine Involution von solchen Punktepaaren und entspricht in I_{I} sich selbst.

Diese sich entsprechenden Kegelschnitte der quadratischen Inversion unterscheiden sich dadurch von der Basis K^2, daß sie nicht, wie diese, Punkt für Punkt sich selbst entsprechen.

Ihr Netz und K^2 bestimmen das Gebüsche aller durch A, B gehenden Kegelschnitte. Einem beliebigen Kegelschnitt dieses Gebüsches entspricht involutorisch ein anderer aus dem Büschel, den er mit K^2 bestimmt, weil die vier Schnittpunkte sich selbst entsprechen. So entsteht in jedem der Büschel des Gebüsches, die von K^2 ausgehen, Involution, im Gebüsche (oder wenn wir kollinear in den Punktraum abbilden (Nr. 670), in diesem) involutorische Homologie; K^2 repräsentiert das Zentrum, das Netz die Ebene.

Drei Paare entsprechender Punkte und die drei Hauptpunkte bilden immer eine Gruppe assoziierter Punkte; denn es gehen durch sie drei aus einem Kegelschnitt des Netzes und einer Gerade durch das Zentrum bestehende Kurven 3. Ordnung; und da diese sich selbst entsprechen, so tun es alle Kurven des Büschels. Durch die drei Hauptpunkte und irgend drei Paare entsprechender Punkte, als assoziierte Punkte, ist ein Büschel von Kurven 3. Ordnung bestimmt; diese entsprechen sich selbst in I_{I}. Jede von diesen ∞^4 Kurven 3. Ordnung trägt, infolge von I_{I}, eine involutorische Korrespondenz, eine zentrale Involution, wie wir sie später nennen werden, und gehört zu ∞^3 derartigen Büscheln.

Durch vier Punkte geht eine von diesen Kurven; denn drei von ihnen und ihre entsprechenden bestimmen einen der Büschel, aus dem der vierte eine Kurve ausscheidet, die dann auch den entsprechenden enthält.

Beliebige vier Paare entsprechender Punkte der I_{I} liegen mit den drei Hauptpunkten auf einer Kurve 3. Ordnung.

Auch bei der I_{II} muß jede sich selbst entsprechende Kurve 3. Ordnung durch die drei Hauptpunkte gehen, damit die Ordnung auf 3 sich reduziert, und weiter durch drei Paare entsprechender Punkte. Diese bestimmen, als Paare konjugierter Punkte, ein Netz von Kegelschnitten, dem der gegebene Büschel angehört; und die Kurve 3. Ordnung ist, wegen der drei Hauptpunkte, die Geradenpaar-Doppelpunkte des Büschels sind, und der drei Paare konjugierter Punkte die Jacobischen Kurve dieses Netzes. Daß es sich hier nicht auch um assoziierte Punkte handeln kann, werden wir in Nr. 835 erkennen. Bei einer Verwandtschaft I_{II} sind von Kurven 3. Ordnung nur die Jacobischen Kurven der ∞^3 durch den Kegelschnitt-Büschel gehenden Netze sich selbst entsprechend, und die auf ihnen durch I_{II} entstehenden eindeutigen Korrespondenzen sind solche konjugierter Punkte (§ 118).

813 Bei der Verwandtschaft I_{II} tragen die drei Hauptpunkte, die Ecken des Polardreiecks des zugrunde liegenden Kegelschnitt-Büschels, Involutionen entsprechender Geraden a, a'; b, b'; c, c'. Sie sind verbundene Involutionen (Nr. 82); denn gehen a, b, c durch X, so gehen a', b', c' durch den entsprechenden Punkt X'.

Und aus zweien dieser Involutionen wird nach Nr. 811 die Verwandtschaft erzeugt.

Auch die I_{I} enthält verbundene Involutionen; jede Gerade durch das Zentrum C trägt eine Involution entsprechender Punkte; nehmen wir zwei dieser Involutionen mit den Doppelpunkten M, N; M_1, N_1 auf K^2; die verbundene dritte liegt stets auf AB und hat zwei nach K^2 konjugierte Punkte zu Doppelpunkten, nämlich die Schnitte (MM_1, NN_1), (MN_1, NM_1). Demnach ist AB ein Paar derselben, und wir sehen von neuem, daß diese Punkte mit jedem Paare der einen und jedem Paar der andern Involution auf einem Kegelschnitte liegen, einem aus dem Netze $\mathfrak{N}$.

Wir wollen unsere Verwandtschaften I_{I} und I_{II} durch eine quadratische Transformation $\mathfrak{Q}$ aus Σ nach Σ_1 in Kollineationen transformieren.[1]) Dazu legen wir zwei Hauptpunkte der $\mathfrak{Q}$ bei I_{II} in zwei beliebige Hauptpunkte, etwa A, B, bei I_{I} in die beiden homologen A, B, den dritten $\mathfrak{C}$ in einen Koinzidenzpunkt. Einer Gerade in Σ_1 korrespondiert durch $\mathfrak{Q}$ ein durch $A, B, \mathfrak{C}$ gehender Kegelschnitt, diesem durch I ein ebenfalls durch $A, B, \mathfrak{C}$ gehender Kegelschnitt, welchem dann durch $\mathfrak{Q}$ wiederum eine Gerade entspricht. Damit ist die Kollineation erzielt, und da das involutorische Entsprechen erhalten bleibt, haben wir involutorische Homologie. Die Axe und das Zentrum ergeben sich verschiedenartig.

Bei I_{II} entspricht einem Punkte, der unendlich nahe an $\mathfrak{C}$ ist, ein in derselben Richtung unendlich naher. Es sei $\mathfrak{c}_1$ in Σ_1 die dem $\mathfrak{C}$ zugehörige Hauptgerade; wenn auch $\mathfrak{C}$ alle Punkte von $\mathfrak{c}_1$ zu entsprechenden hat, so gilt doch, daß wenn man sich dem $\mathfrak{C}$ auf einem bestimmten Strahle durch ihn nähert, der entsprechende in Σ_1 auf denjenigen Punkt von $\mathfrak{c}_1$ zugeht, der dem Strahle durch den gegenüberliegenden Hauptpunkt $\mathfrak{C}_1$ angehört, welcher jenem Strahle in der Projektivität der Büschel um die homologen Hauptpunkte $\mathfrak{C}$, $\mathfrak{C}_1$ entspricht. Nun nähern sich entsprechende Punkte von I_{II} dem $\mathfrak{C}$ auf derselben Gerade, also rücken die beiden durch $\mathfrak{Q}$ ihnen entsprechenden in denselben Punkt von $\mathfrak{c}_1$. Diese Gerade trägt lauter sich selbst entsprechende Punkte, ist also die Axe der Homologie. Zwei von den drei übrigen Koinzidenzpunkten liegen auf $\mathfrak{C}(A, B)$, Hauptgeraden von $\mathfrak{Q}$, gehen also über in die auf $\mathfrak{c}_1$ gelegenen Hauptpunkte. Der dritte $\overline{\mathfrak{C}}$, auf $C\mathfrak{C}$ gelegen, geht durch $\mathfrak{Q}$ in das Zentrum der Homologie über. Die Kegelschnitte durch $A, B, \mathfrak{C}, \overline{\mathfrak{C}}$, sich selbst entsprechend in I_{II}, transformieren sich in die Strahlen durch das Zentrum; wir können nun auch aus der Homologie zurückschließen, daß diese Kegelschnitte sich selbst entsprechen, und vermittelst andrer $\mathfrak{Q}$ ergibt es sich für die übrigen Büschel.

Bei I_{I} aber nähern sich entsprechende Punkte dem $\mathfrak{C}$ auf involutorisch gepaarten Strahlen; folglich trägt $\mathfrak{c}_1$ eine Involution entsprechender Punkte, ist also nicht Axe, sondern Strahl durch das Zentrum. Dieses wird auf ihm durch denjenigen Strahl eingeschnitten, der in der Projektivität der Büschel $\mathfrak{C}$ und $\mathfrak{C}_1$ dem Strahle $\mathfrak{C}C$ entspricht, und korrespondiert dem unendlich nahen Punkte neben $\mathfrak{C}$ auf diesem Strahle, dem vierten Grundpunkte des Büschels der sich selbst entsprechenden Kegelschnitte durch $A, B, \mathfrak{C}$, welche in letzterem Punkte die $\mathfrak{C}C$ tangieren. Sie gehen in die Strahlen durch das Zentrum über. Die Axe der Homologie entsteht hier aus dem Kegelschnitte K^2, der ja durch die Hauptpunkte $A, B, \mathfrak{C}$ geht.

---

1) Bertini, Annali di Matematica Ser. II Bd. 8 S. 18, 19.

Dual zu I_{II} ist die Verwandtschaft der Geraden, welche in bezug auf die Kegelschnitte einer Schar gemeinsam konjugiert sind. Auf den Seiten des Polardreiecks befinden sich verbundene Involutionen, und einer Gerade entspricht die Gerade, welche zu ihren drei Schnitten mit den Seiten die gepaarten Punkte enthält; diese Geraden, welche die Diagonalen des Vierseits der gemeinsamen Tangenten (dessen Gegenecken die Doppelpunkte der Involutionen sind) harmonisch zu den Ecken schneiden, haben wir gelegentlich (Nr. 123) schon konjugierte Geraden genannt. 814

Besteht die Schar aus konfokalen Kegelschnitten, so sind die verbundenen Involutionen die Fokalinvolutionen auf den Axen und die absolute Involution, und entsprechende Geraden sind die zugleich rechtwinkligen und konjugierten Geraden für einen der Kegelschnitte und dann für alle. Den Tangenten eines von ihnen entsprechen die Normalen, dem Kegelschnitte also seine Evolute. Einem Strahlenbüschel $\mathfrak{L}$ korrespondiert eine Parabel; den vier Tangenten, die sie mit einer Kurve der Schar gemein hat, die vier Normalen aus $\mathfrak{L}$ an diese Kurve.

Zu dieser dualen Geraden-Verwandtschaft führt ein Gebüsche von Kegelschnitten, wenn die ein Geradenpaar desselben bildenden Geraden einander zugeordnet werden. Drei Punkte scheiden aus dem Gebüsche einen Kegelschnitt aus; liegen sie in einer Gerade, so ist es ein Geradenpaar, dessen zweite Gerade eindeutig und involutorisch der ersten zugeordnet wird. Zwei Punkte scheiden einen Büschel aus, die beiden Geradenpaare desselben, zu denen nicht die Verbindungslinie gehört, lehren, daß den Strahlen des Büschels um den einen Punkt die Tangenten eines Kegelschnitts entsprechen. Also ist die Verwandtschaft vom zweiten Grade. Wäre sie dual zu I_I, so müßten alle Schnittpunkte zugeordneter Geraden, also alle Doppelpunkte von Geradenpaaren des Gebüsches auf einer Gerade liegen; was nicht der Fall ist, liegen doch die zu einem Netze des Gebüsches gehörigen auf dessen Jacobischer Kurve 3. Ordnung. Direkt zeigt sich die Verwandtschaft als dual zu I_{II}, wenn man die Kegelschnitt-Schar heranzieht, welche auf dem Gebüsche ruht (Nr. 450). In bezug auf diese sind die Geraden der Geradenpaare des Gebüsches konjugiert.

Hat sich das Gebüsche als Schnitt eines Flächengebüsches 2. Ordnung mit einer Ebene ergeben, so werden zugeordnete Geraden von den Flächen des Gebüsches eingeschnitten, welche die Ebene berühren. Hier zeigt sich, daß jeder Punkt der Ebene Doppelpunkt eines Paars ist.

Die vier sich selbst entsprechenden Geraden (Grundtangenten der Kegelschnitt-Schar) rühren von Kegeln des Gebüsches her, welche die Ebene tangieren.

Von der I_I mögen noch folgende Spezialfälle erwähnt werden. Das Zentrum C rücke auf die Basis K^2; also liegen alle drei Hauptpunkte unendlich nahe bei C; aber wir können nicht schließen, daß der einer Gerade l entsprechende Kegelschnitt l^2 die Basis in C oskuliert; er hat ja mit ihr noch die beiden Punkte $K^2 l$ gemeinsam, die Berührung mit K^2 ist nur zweipunktig, und wir haben die drei unendlich nahen Hauptpunkte nicht alle auf K^2 anzunehmen; das würde ja dem K^2 eine Gerade als korrespondierend zuweisen, nicht ihn selbst. Aber alle ∞^2 Kegelschnitte l^2 berühren sich in C dreipunktig.[1])

Wir lassen zweitens die Basis K^2 in zwei Geraden m, n zerfallen; die Hauptpunkte A, B vereinigen sich im Punkte $Q = mn$, so daß sie unendlich nahe auf der Polare c von C nach mn liegen, und ihre Hauptgeraden in QC. Die den Geraden l entsprechenden Kegelschnitte l^2 berühren c in Q. Ein solcher Kegelschnitt l^2 ist also Ort der Punkte auf den Strahlen durch C, welche zu den Schnitten mit $m, n; l$ harmonisch sind, oder der Punkte, welche nach den Punkten ml, nl; Q und C harmonische Strahlen senden.

Eine Verwandtschaft I_{II} ergibt sich, wenn man bei einem Dreiecke ABC zu den Strahlen von A, B, C nach X die symmetrischen in bezug auf die Winkelhalbierenden konstruiert; sie laufen in einen Punkt X', der dem X in der I_{II} zugeordnet ist. ABC ist das Hauptdreieck, die Koinzidenzpunkte sind die Mittelpunkte der vier eingeschriebenen Kreise; dem des umgeschriebenen entspricht der Höhenpunkt. Zwei solche Punkte X, X' sind je zusammengehörige Brennpunkte eines dem Dreiecke eingeschriebenen Kegelschnitts.[2])

Drei Geraden q_1, q_2, q_3 und ein Kegelschnitt K^2 seien gegeben; die beiden Tangenten aus einem Punkte X an K^2 bestimmen mit den drei Geraden q einen Kegelschnitt, der mit K^2 zwei weitere Tangenten gemein hat. Ihr Schnittpunkt X' ist dem X in einer I_{II} zugeordnet. Es gibt vier Kegelschnitte, welche q_1, q_2, q_3 berühren und K^2 doppelt tangieren[3]). Die Berührungspole bestimmen einen Kegelschnitt-Büschel mit $q_1 q_2 q_3$ als Polardreiseit. In bezug auf ihn sind X und X' konjugiert.

§ 114. Die Kreisverwandtschaft.

815 Bei der quadratischen Inversion sei die Basis K^2 ein Kreis und das Zentrum, das nun O heiße, sein Mittelpunkt. Für zwei entsprechende Punkte X, X', in gerader Linie mit O gelegen und konjugiert in bezug auf K^2, gilt daher, daß $OX \cdot OX'$ gleich

1) Bertini, a. a. O. S. 15.
2) Schoute, Bulletin des Sciences mathématiques Ser. II, Bd. 6 S. 152.
3) Steiner-Schröters Vorlesungen 3. Aufl. Nr. 256.

dem Quadrat des Radius ist, welches auch negativ sein kann. Wir haben dann die sogenannte Transformation durch reziproke Radien vor uns;[1]) jenes konstante Produkt p nennen wir ihre Potenz. Die zu O gehörige Hauptgerade ist die unendlich ferne o_∞; die beiden andern Hauptpunkte sind die Schnitte von o_∞ mit der Basis, die absoluten Punkte I_+, I_-; jedem gehört als Hauptgerade die nach ihm gehende isotrope Gerade aus O zu.

Eine Gerade durch das Zentrum O entspricht sich selbst.

Einer beliebigen Gerade korrespondiert ein Kreis durch O, als Kegelschnitt durch die drei Hauptpunkte. Und einem beliebigen Kreise, als Kegelschnitt durch die Hauptpunkte I_+, I_-, entspricht ebenfalls ein Kreis, als Kegelschnitt durch die homologen Hauptpunkte I_-, I_+.

Wegen dieses Entsprechens von Kreisen wird die Verwandtschaft Kreisverwandtschaft und auch homozyklisch genannt[2]). Wir nennen sie kürzer Kreisinversion.

Sich selbst entsprechend können nur Kegelschnitte durch die Hauptpunkte I_+, I_-, also nur Kreise sein.

Sich selbst entsprechend ist jeder Kreis $\mathfrak{K}$ durch zwei entsprechende Punkte X, X'; denn ist Y ein weiterer Punkt desselben, so folgt hier sehr einfach aus $OX \cdot OX' = OY \cdot OY'$, daß auch ihm Y' angehört.

Jeder Durchmesser des Basiskreises schneidet ihn und einen solchen Kreis harmonisch; daraus folgt, daß die beiden Kreise einander orthogonal schneiden.

Legt man nämlich eine Involution durch zwei harmonische Paare AB, CD fest, so bilden die beiden zu einem Elemente P in bezug auf sie harmonischen Elemente Q, R auch ein Paar. Denn nehmen wir einen Kegelschnitt als Träger und seien E, F die Pole von AB, CD in bezug auf ihn, auf CD, AB gelegen, und G der Schnitt (AB, CD), so ist EFG ein Polardreieck. Nun geht PQ durch E, PR durch F, also (Nr. 111) QR durch G, woraus die Involution: AB, CD, QR folgt. Und umgekehrt, geht QR durch G, so muß EFG Polardreieck, E und F müssen konjugiert und die Paare AB, CD harmonisch sein.

Ist nun M der Mittelpunkt von $\mathfrak{K}$, so gehört zur Involution der Paare der Durchmesser-Endpunkte auf OM auch das Paar der Mittel-

1) Von Lord Kelvin (W. Thomson) bei einem elektrischen Probleme gefunden (Principe des images): Journal de mathématiques 1. Ser. Bd. 10 S. 364 (1845), Bd. 12 S. 256; und anschließend Liouville: ebenda Bd. 12 S. 265. Von Liouville stammt der Name Transformation durch reziproke Radien.

2) Eine involutorische Kreisverwandtschaft, welche eine I_{II} ist, entsteht durch die Punkte, die in bezug auf zwei konzentrische gleichseitige Hyperbeln, welche einen Büschel solcher Hyperbeln bestimmen, zugleich konjugiert sind; denn die absoluten Punkte sind zwei Ecken des gemeinsamen Polardreiecks.

punkte O, M; und weil jene aus jedem der beiden Schnitte der Kreise rechtwinklig projiziert werden, so gilt dies auch für O, M; woraus folgt, daß die Kreise sich rechtwinklig schneiden. Und umgekehrt, wenn ein Kreis $\mathfrak{K}$ den Basiskreis orthogonal schneidet, so folgt, daß die einen Durchmesser-Endpunkte zu den anderen harmonisch sind, also die von $\mathfrak{K}$ einander entsprechen und $\mathfrak{K}$ sich selbst entspricht.

Das System der sich selbst entsprechenden Kreise ist das der Orthogonalkreise des Basiskreises. Daß sie ein Netz bilden, folgt hier einfacher daraus, daß, wenn zwei Kreise einen dritten rechtwinklig schneiden, alle Kreise ihres Büschels es auch tun.

Nach Nr. 812 muß für einen sich selbst entsprechenden Kegelschnitt die Tangente in einem der beiden ferneren Schnitte mit der Basiskurve von deren Tangente durch bie beiden zu einander homologen Hauptpunkte, also im vorliegenden Falle durch die absoluten Punkte harmonisch getrennt werden, was Rechtwinkligkeit dieser beiden Tangenten bedeutet.

Ein Kreis, welcher in eine Gerade ausgeartet ist, besteht aus dieser und der unendlich fernen Gerade o_∞. Es seien y, z zwei sich in X schneidende Geraden, y'^2, z'^2 die ihnen entsprechenden Kreise, welche, außer in O, sich im entsprechenden Punkte X' schneiden; wir ziehen aus X nach den absoluten Punkten I_+, I_- die isotropen Geraden i_+, i_- und ebenso aus X': i'_+, i'_-. Jene gehen, da die absoluten Punkte zu einander homolog sind, in die Geradenpaare (i'_-, OI_+), (i'_+, OI_-) über oder einfacher, wenn wir von den Hauptgeraden absehen, in die Geraden i'_-, i'_+ als eigentlich entsprechende Gebilde; Tangenten in X' an sie sind diese Geraden selbst. Daher ist (Nr. 796):

$$(y, z, i_+, i_-) = (y', z', i'_-, i'_+),$$

wenn y', z' die Tangenten an y'^2, z'^2 in X' sind. D. h. der Winkel, unter welchem die Kreise y'^2, z'^2 sich in X' schneiden, ist entgegengesetzt gleich dem der beiden Graden y, z (Nr. 76).

Seien allgemeiner k, l zwei sich in X schneidende Kurven und k', l' die ihnen entsprechenden Kurven, die sich in X' schneiden, y, z die Tangenten an jene in X, y'^2, z'^2 die ihnen entsprechenden Kreise, welche k', l' in X' berühren, y', z' ihre auch k', l' berührenden Tangenten, so zeigt sich, daß bei der Transformation durch reziproke Radien der Schnittwinkel zweier Kurven der Größe nach erhalten bleibt, aber der Sinn sich ändert. Wegen dieser Erhaltung der Winkelgröße wird die Transformation isogonal oder winkeltreu genannt.

Infolge dessen sind entsprechende Figuren in ihren kleinsten Teilen ähnlich, welche Eigenschaft auch als Konformität bezeichnet wird. In der Tat, einem unendlich kleinen geradlinigen Dreieck entspricht ein unendlich kleines Dreieck, dessen Seiten zunächst Kreisbogenelemente, als Elemente aber auch geradlinig sind. Die Winkel sind wegen der Isogonalität in beiden dieselben, also sind sie ähnlich. Das gilt natürlich nur in endlicher Entfernung vom Zentrum; denn Teile der Figur in unendlicher Nähe des Zentrums werden in unendliche Ferne transformiert[1]).

Unsere Transformation hat zur Herstellung eines Apparats (Peaucelliers Apparat) geführt, vermittelst dessen eine kreisförmige Bewegung wiederum in eine kreisförmige, insbesondere aber in eine geradlinige Bewegung übergeführt werden kann. Wenn ein Viereck die Seiten a, b, c, d in dieser Reihenfolge hat und $a^2 + c^2 = b^2 + d^2$, so sind seine Diagonalen rechtwinklig und umgekehrt; sie bleiben rechtwinklig, wenn es mit unveränderten Seiten durch Drehung um die Ecken als Scharniere verschoben wird. Nun sei $PXQX'$ ein Stabviereck, das aus zwei gleichschenkligen Dreiecken mit der gemeinsamen Basis XX' besteht, sodaß seine Diagonalen XX' und PQ rechtwinklig sind. Man lege noch zwei Stäbe PO, QO an, so daß O auf XX', etwa auf der Verlängerung über X liegt, weshalb auch $POQX'$ rechtwinklige Diagonalen hat. Daraus folgt, daß O, X, X' immer auf einer Gerade bleiben, der Senkrechten aus O auf PQ. Ist U noch der Diagonalenschnitt und daher $XU = UX'$, so ist:

$$OP^2 - XP^2 = OU^2 - XU^2 = (OU + XU)(OU - XU) = OX' \cdot OX;$$

dies Produkt ist also konstant, und es liegt, sobald O festgehalten wird, Transformation durch reziproke Radien vor. Wenn X auf einem beliebigen Kreise, speziell auf einem Kreise durch O sich bewegt, so beschreibt X' einen Kreis, bzw. eine gerade Linie.

816 Beweisen wir die Fundamentaleigenschaften, ohne Heranziehung der absoluten Punkte. Transformiert man in bezug auf dasselbe Zentrum, aber zwei entgegengesetzt gleiche Potenzen, so ergeben sich aus der nämlichen Figur zwei Figuren, die in bezug auf das Zentrum symmetrisch sind, also in der Gestalt und im Umlaufungssinn übereinstimmen. Es genügt daher, wenn es sich um auf diesen Sinn bezügliche Eigenschaften handelt, einen der beiden Fälle ins Auge zu fassen; wir wollen positive Potenz annehmen. Ferner ist einleuchtend, daß, wenn eine Figur in bezug auf eine durch das Zentrum gehende Gerade (normal-) symmetrisch ist, das auch für die entsprechende Figur gilt.

---

1) Sind t_a und t_i die Strecken auf den äußern, bzw. inneren gemeinsamen Tangenten zweier Kreise zwischen den Berührungspunkten, σ der Schnittwinkel der Kreise, und R, r, a die Radien und die Zentrale, so ist:
$t_a^2 = a^2 - (R - r)^2$, $t_i^2 = a^2 - (R + r)^2$, $a^2 - R^2 - r^2 = -2Rr \cos\sigma$, also:

$$\frac{t_a^2}{t_i^2} = \frac{1 - \cos\sigma}{1 + \cos\sigma} = \operatorname{tang} \tfrac{1}{2}\sigma^2.$$

Folglich ist jenes Verhältnis in der Verwandtschaft invariant. (Von Mannheim 1904 gefunden.)

Sind A, B zwei Punkte und A', B' ihnen entsprechend, so folgt aus: $OA \cdot OA' = OB \cdot OB' = p$, daß $OB : OB = OB' : OA'$; es ist überdies $\sphericalangle AOB = A'O'B'$, da ja — bei positiver Potenz — A, A'; B, B' je auf demselben Halbstrahl aus O liegen; also sind die Dreiecke OAB und $OB'A'$ so ähnlich, daß B' dem A, A' dem A homolog ist. Als ähnliche Dreiecke haben sie ungleichen, als entsprechende Dreiecke OAB und $OA'B'$ gleichen Umlaufungsinn.

Aus jener Ähnlichkeit folgt: $\sphericalangle OB'A' = OAB$. Sind daher A, B zwei Punkte einer Gerade g, von denen A fest, B veränderlich ist, so bewegt sich B' so, daß $OB'A' = OAB$; d.h. B' beschreibt den Kreis durch O über der Sehne OA', dessen beiderseitige Peripheriewinkel gleich den von OA mit g gebildeten und je auf derselben Seite von OA liegenden Winkeln sind. Die Sehne wird Durchmesser und Symmetrieaxe, wenn OA auf g senkrecht steht. Der Mittelpunkt dieses der Gerade g entsprechenden Kreises entspricht dem Punkte, der zu O in bezug auf g symmetrisch ist. Die Tangente in O an diesen Kreis ist parallel zu g; die Kreise also, welche zwei Geraden g, h entsprechen, schneiden sich in O unter einem Winkel, welcher mit dem Winkel gh in Größe und Sinn übereinstimmt, also am anderen Schnittpunkte, d i. dem dem Punkte gh entsprechenden Punkte, unter einem Winkel, der mit gh in der Größe, aber nicht im Sinne übereinstimmt.

Ein beliebiger Kreis werde von einer Gerade durch O in A, B geschnitten, ein dritter Punkt auf ihm sei C; A', B', C' seien die entsprechenden Punkte. Die Strecken AB und $A'B'$ schließen beide das Zentrum O aus oder beide ein; wenn absolut $OB > OA$, so ist: $OB' < OA'$.

Wie oben gefunden, ist:

$$\sphericalangle OAC = OC'A', \quad \sphericalangle OBC = OC'B'.$$

Wenn AB und $A'B'$ das Zentrum ausschließen, subtrahieren wir und haben:

$$\sphericalangle OBC - OAC = OC'B' - OC'A'$$

oder:

$$ACB = A'C'B';$$

im anderen Falle führt die Addition zu:

$$OAC + OBC = A'C'B'$$

oder:

$$\pi - ACB = A'C'B'.$$

Bewegt sich also C auf dem gegebenen Kreise, so beschreibt C' ebenfalls einen Kreis, welcher ebenso wie jener O ausschließt, bzw. einschließt; über den Sehnen AB und $A'B'$, welche auf einem durch das Zentrum gehenden Strahle liegen, haben entsprechende Punkte im ersten Falle gleiche, im zweiten supplementäre Peripheriewinkel.

Am einfachsten wird die Figur, wenn jener Strahl gemeinsamer Durchmesser und gemeinsame Symmetrieaxe wird.

Seien nun A, B; A', B' die Durchmesser-Endpunkte der beiden entsprechenden Kreise k, k' auf diesem Strahle, M' der Mittelpunkt von k', M der Punkt, der ihm entspricht, so ist:

$$\frac{1}{OM} = \frac{OM'}{p} = \frac{\frac{1}{2}(OA' + OB')}{p} = \frac{1}{2}\left(\frac{1}{OA} + \frac{1}{OB}\right),$$

also:

$$\frac{2}{OM} = \frac{1}{OA} + \frac{1}{OB};$$

der Punkt M, der in den Mittelpunkt M' von k' übergeht, wird vom Zentrum O durch die beiden Durchmesser-Endpunkte A, B von k harmonisch getrennt (Nr. 7) und entspricht dem Zentrum O in derjenigen Kreisinversion, deren Basiskreis k ist.

Ähnliches gilt für den Punkt L′, in den der Mittelpunkt L von k übergeht.

Wenn die beiden Kreise das Zentrum O ausschließen, sieht man unmittelbar, daß dies Zentrum O Schnittpunkt gemeinsamer gleichartiger Tangenten, also Ähnlichkeitspunkt wird. Allgemein ergibt es sich folgendermaßen. Es ist:

$$\frac{OL}{OM'} = \frac{OA + OB}{OA' + OB'} = \frac{OA + \frac{p}{OB'}}{\frac{p}{OA} + OB'} = \frac{OA}{OB'} = \frac{OB}{OA'}$$

$$= \frac{OB - OA}{OA' - OB'} = \frac{AB}{B'A'},$$

also absolut das Verhältnis der Radien. Bei positiver Potenz ist dies Verhältnis positiv oder negativ, je nachdem das Zentrum von k und k' aus- oder eingeschlossen wird; das Zentrum ist also dann äußerer, bzw. innerer Ähnlichkeitspunkt. Dies kehrt sich um, wenn die Potenz negativ ist; wenn der eine von zwei Kreisen um den einen Ähnlichkeitspunkt um 180^0 gedreht wird, so wird dieser von der andern Art.

Sind C, D; C', D' die Schnittpunkte eines Strahls durch diesen Ähnlichkeitspunkt O mit k, k', so sind in der ihm zugehörigen Ähnlichkeit C und D', D und C' entsprechend, während die in der Kreisinversion entsprechenden Punkte C und C', D und D', nach Steiners Terminologie[1]), in bezug auf diesen Ähnlichkeitspunkt potenzhaltend sind.

Durch die Schnittpunkte von k mit dem Basiskreise, als sich selbst entsprechende Punkte, geht auch k'.

1) Gesammelte Werke Bd. I S. 23, 498.

Wir wissen schon, die den Basiskreis rechtwinklig schneidenden Kreise, für welche die Potenz der Inversion Potenz des Zentrums ist, oder die Kreise durch entsprechende Punkte entsprechen sich selbst.

Wenn zwei entsprechende Kreise k, k' das Zentrum einschließen, so ist (bei positiver Potenz) unmittelbar ersichtlich, daß sie, entsprechend umlaufen, gleichen Sinn haben; im anderen Falle folgt, wenn ein Halbstrahl aus O in A, C; A', C' trifft, B und B' entsprechende Punkte auf der einen, D, D' solche auf der andern Seite dieses Halbstrahls sind, aus: $OC > OA$, $OA' > OC'$, daß die Umlaufungssinne $ABCD$ und $A'B'C'D'$ verschieden sind.

Zwei entsprechende Kreise haben, entsprechend umlaufen, denselben oder verschiedene Sinne, je nachdem sie das Zentrum ein- oder ausschließen.

Den Übergang bilden die Fälle, wo der eine Kreis eine Gerade ist.

Also haben auch zwei entsprechende Dreiecke gleichen oder verschiedenen Umlaufungssinn, je nachdem die umgeschriebenen Kreise das Zentrum ein- oder ausschließen.

Wir fanden, daß die Winkel OAB und $OB'A'$ gleich sind. Aus derartigen Gleichheiten läßt sich ableiten, daß:

$$\sphericalangle ABC + A'B'C' \equiv AOC;$$

worin die Winkel konkav, $AOC\,(= A'OC')$ positiv, ABC, $A'B'C'$ positiv oder negativ sind, je nachdem sie mit AOC gleichen Sinn haben oder nicht, und das Kongruenzzeichen $\equiv$ bedeutet, daß Addition oder Subtraktion von 2π zugelassen wird. Ebenso:

$$ADC + A'D'C' \equiv AOC;$$

also

$$ABC - ADC \equiv -(A'B'C' - A'D'C').$$

Ferner folgt aus der Ähnlichkeit von OAB und $OB'A, \ldots$ (absolut):

$$A'B' = AB \cdot \frac{OB'}{OA}, \quad C'D' = CD \cdot \frac{OD'}{OC},$$

$$B'C' = BC \cdot \frac{OB'}{OC}, \quad D'A' = DA \cdot \frac{OD'}{OA};$$

also:

$$\frac{A'B' \cdot C'D'}{B'C' \cdot D'A'} = \frac{AB \cdot CD}{BC \cdot DA}.$$

Möbius nennt[1]) einen solchen Quotienten aus den vier Seiten eines Vierecks auch Doppelverhältnis und $ABC - ADC$ einen Doppelwinkel. Es sind also die Doppelverhältnisse entsprechender Gruppen von vier Punkten, sowie die Doppelwinkel gleich.

817 Konzentrische Kreise können nur aus sich nicht (reell) schneidenden Kreisen entstehen; diese werden von der Zentrale in zwei

1) Vgl. die in Nr. 818 zitierte Abhandlung.

hyperbolischen Punktepaaren AB, $A_1 B_1$ geschnitten; dann ist ein reelles Paar vorhanden, das zu beiden harmonisch ist. Nimmt man einen Punkt desselben zum Zentrum der Transformation, bei beliebigem Werte der Potenz, so vereinigen sich in dem andern, nach dem obigen Satze, die Mittelpunkte der beiden Kreise, in welche die gegebenen übergehen, so daß zwei sich nicht schneidende Kreise immer in konzentrische transformiert werden können.

Bei zwei beliebigen Kreisen k_1, k_2 seien $A_1 B_1$, $A_2 B_2$ die durch O gehenden Durchmesser, $A_1' B_1'$, $A_2' B_2'$ die entsprechenden von k_1', k_2', so ist

$$A_1' B_1' = OB_1' - OA_1' = p\left(\frac{1}{OB_1} - \frac{1}{OA_1}\right) = -p \cdot \frac{A_1 B_1}{OA_1 \cdot OB_1},\text{[1]}$$

$$A_2' B_2' = -p \cdot \frac{A_2 B_2}{OA_2 \cdot OB_2};$$

daher:

$$\frac{OA_1 \cdot OB_1}{OA_2 \cdot OB_2} = \frac{A_1 B_1}{A_2 B_2} : \frac{A_1' B_1'}{A_2' B_2'} \text{ oder absolut: } = \frac{r_1}{r_2} : \frac{r_1'}{r_2'}.$$

Sollen also die transformierten Kreise gleich werden, so hat man O so zu wählen, daß absolut:

$$\frac{OA_1 \cdot OB_1}{OA_2 \cdot OB_2} = \frac{r_1}{r_2}.$$

Nun ist das Potenzverhältnis $\Pi_1 : \Pi_2$ eines Punktes in bezug auf zwei Kreise k_1, k_2 konstant für alle Punkte eines Kreises k aus ihrem Büschel, und zwar, wenn M_1, M_2, M die Mittelpunkte sind, ist

$$\frac{\Pi_1}{\Pi_2} = \frac{M_1 M}{M_2 M}.$$

Es sei X ein Punkt auf k, eine Transversale durch ihn treffe k nochmals in Y, k_1 in X_1, Y_1, die Potenzlinie in P, Z und Z_1 seien die Mitten von XY, $X_1 Y_1$ und XS das Lot auf die Potenzlinie. Es ist $PX \cdot PY = PX_1 \cdot PY_1$; daher:

$$\begin{aligned} XX_1 \cdot XY_1 &= (PX_1 - PX)(PY_1 - PX) \\ &= PX_1 \cdot PY_1 - PX(PX_1 + PY_1) + PX^2 \\ &= PX \cdot PY + PX^2 - 2PX \cdot PZ_1 \\ &= 2PX \cdot PZ - 2PX \cdot PZ_1 = 2PX \cdot Z_1 Z = 2SX \cdot M_1 M; \end{aligned}$$

das ist die Potenz Π_1 von X in bezug auf k_1. Ebenso ist

$$\Pi_2 = 2SX \cdot M_2 M, \quad \text{daher } \frac{\Pi_1}{\Pi_2} = \frac{M_1 M}{M_2 M}.\text{[2]}$$

---

1) Oben, in $A'B' = AB \cdot \frac{OB'}{OA}$ ging AB nicht durch O, und wir hatten die jetzt nicht vorhandenen Dreiecke OAB, $OA'B'$.

2) Zeuthen, Grundriß einer elementar-geometrischen Kegelschnittslehre S. 4.

Also haben wir O auf einen der Kreise des Büschels $k_1 k_2$ zu legen, deren Mittelpunkte die Ähnlichkeitspunkte von k_1, k_2 sind.

Zu drei Kreisen gibt es einen Orthogonalkreis, welcher sie alle drei rechtwinklig schneidet, sein Mittelpunkt ist der Potenzpunkt der drei Kreise und sein (ev. imaginärer) Radius ist die Wurzel aus der gemeinsamen Potenz. Liegen die drei Mittelpunkte in gerader Linie, so daß die drei Potenzlinien zu je zweien parallel sind und ihr Konkurrenzpunkt, der Potenzpunkt, unendlich fern ist, so ist der Orthogonalkreis in die Zentrale ausgeartet. Weil nun wegen der Isogonalität der Orthogonalkreis in den Orthogonalkreis der entsprechenden Kreise übergeht, so kann man drei Kreise, deren Orthogonalkreis reell ist, in solche transformieren, deren Mittelpunkte in gerader Linie liegen, wenn man das Zentrum auf jenen Orthogonalkreis legt. Man beachte, daß es in den drei vorangehenden Aufgaben nicht auf die Potenz ankommt.

Diese drei Aufgaben werden benutzt, um Figuren mit Kreisen in einfachere umzuwandeln, an denen Eigenschaften, von welchen man weiß, daß sie bei der Transformation durch reziproke Radien nicht verloren gehen, leichter bewiesen oder hergestellt werden können. Es soll z. B. bei zwei Kreisen, von denen einer den andern einschließt oder die sich gegenseitig ausschließen, ermittelt werden, ob sogenannte kommensurable Kreisreihen möglich sind: bestehend aus Kreisen, welche die gegebenen Kreise und von denen jeder den vorangehenden berührt, der letzte auch den ersten[1]). Die Untersuchung wird wesentlich einfacher, wenn die Kreise konzentrisch oder gleich sind. Oder beim Apollonischen Berührungsproblem lassen sich die schwierigeren Fälle in einfachere überführen; man kann zwei von den drei gegebenen Kreisen, welche von den gesuchten zu berühren sind, in Geraden transformieren oder konzentrisch machen, oder die drei in solche überführen, welche dieselbe Zentrale haben.

Das Produkt von zwei Kreisinversionen ist im allgemeinen nicht wiederum eine solche. Denn schneiden sich zwei Kreise in A_1, B_1 und liegen A, B auf dem einen, A_2, B_2 auf dem andern, so haben wir zwei Inversionen mit den Zentren (AA_1, BB_1) und $(A_1 A_2, B_1 B_2)$, in deren Produkt den A, B die A_2, B_2 entsprechen; diese liegen aber nicht auf einem Kreise und sind nicht in einer Kreisinversion entsprechend. Aber es ist möglich, eine Kreisinversion herzustellen, welche jede Figur in eine Figur überführt, die zu der durch das Produkt erhaltenen kongruent ist und zwar ungleichsinnig.

1) Steiner, Gesamm. Werke Bd. I, S. 47. Oder: Klassiker der exakten Wissenschaften Nr. 123, S. 42.

Der erste Faktor des Produkts habe das Zentrum O_1 und die Potenz p_1, der zweite O_2 und p_2. Es sei O_3 dem O_2 in dem ersten entsprechend; nehmen wir ihn als Zentrum der gesuchten Inversion mit zunächst beliebiger Potenz p_3, und bezeichnen die drei Inversionen mit (O_1), (O_2), (O_3), so sind die Felder F_2 und F_3, welche aus demselben Felde durch (O_1), (O_2) und (O_3) entstehen, ähnlich und ungleichsinnig. F_3 entsteht aus F_2 durch $(O_2)(O_1)(O_3)$. Die Eindeutigkeit ist ersichtlich; einer Gerade in F_2 entspricht durch (O_2) ein durch O_2 gehender Kreis, diesem durch (O_1) ein durch O_3 gehender Kreis und diesem durch (O_3) eine Gerade; also liegt Kollineation vor. Dem absoluten Punkte I_+ entspricht durch (O_2) die Gerade O_2I_+, diese geht durch (O_1) in die Gerade O_3I_- über, welcher in (O_3) der I_- entspricht, und ebenso geht dieser in jenen über; die beiden absoluten Punkte korrespondieren sich involutorisch; also handelt es sich um ungleichsinnige Ähnlichkeit (Nr. 292). Wir wollen das Ähnlichkeitsverhältnis ermitteln.

Die beiden Punkte A, B mögen durch (O_1) in A_1, B_1 und diese durch (O_2) in A_2, B_2 übergehen, während durch (O_3) die A, B in A_3, B_3 transformiert werden. Aus der Ähnlichkeit von O_1AB und $O_1B_1A_1$ folgerten wir schon, daß absolut:

$$A_1B_1 = \frac{AB \cdot O_1B_1}{O_1A} = AB \cdot \frac{p_1}{O_1A \cdot O_1B};$$

ebenso:

$$A_2B_2 = \frac{A_1B_1 \cdot p_2}{O_2A_1 \cdot O_2B_1} = AB \cdot \frac{p_1p_2}{O_1A \cdot O_1B \cdot O_2A_1 \cdot O_2B_1},$$

und:

$$A_3B_3 = AB \cdot \frac{p_3}{O_3A \cdot O_3B};$$

weil aber durch (O_1) die Punkte O_3 und A aus O_2 und A_1 entstehen, so ist:

$$O_3A = \frac{O_2A_1 \cdot p_1}{O_1O_2 \cdot O_1A_1} = \frac{O_1A \cdot O_2A_1}{O_1O_2},$$

$$O_3B = \frac{O_1B \cdot O_2B_1}{O_1O_2}$$

und

$$A_3B_3 = AB \cdot \frac{p_3 \cdot O_1O_2^2}{O_1A \cdot O_1B \cdot O_2A_1 \cdot O_2B_1},$$

daher:

$$\frac{A_3B_3}{A_2B_2} = \frac{p_3 \cdot O_1O_2^2}{p_1p_2},$$

demnach konstant.

Folglich ergibt sich Kongruenz, wenn

$$p_3 = \pm \frac{p_1p_2}{O_1O_2^2}.$$

O_3 ist von p_2 unabhängig.

Ersichtlich entspricht die Gerade $o = O_1 O_2 O_3$ sich selbst und trägt ähnliche, bzw. gleiche Punktreihen; der aus O_3 in $(O_1)(O_2)$ und (O_3) sich ergebende unendlich ferne Punkt ist sich selbst entsprechend, der andere Koinzidenzpunkt ist bei ähnlichen Punktreihen immer endlich, bei gleichen dann, wenn sie ungleichlaufend sind, im andern Falle mit dem unendlich fernen vereinigt. Positives Vorzeichen von p_3 führt zu ungleichlaufenden, bzw. gleichlaufenden Punktreihen auf o, je nachdem p_1, p_2 dasselbe oder verschiedene Vorzeichen haben; negatives umgekehrt. Wir suchen eine Formel für diesen zweiten Koinzidenzpunkt M; er entstehe aus L; also haben wir:

$$O_1 L \cdot O_1 L_1 = p_1, \quad O_2 L_1 \cdot O_2 M = p_2, \quad O_3 L \cdot O_3 M = p_3,$$

und

$$O_2 L_1 = O_1 L_1 - O_1 O_2 = - O_3 L \cdot \frac{p_1}{O_1 O_3 \cdot O_1 L};$$

also:

$$O_2 M = - \frac{p_2}{p_1} \cdot \frac{O_1 O_3 \cdot O_1 L}{O_3 L},$$

$$O_3 M = O_2 M - O_2 O_3 = - \frac{p_2}{p_1} \cdot \frac{O_1 O_3 \cdot O_1 L}{O_3 L} - O_2 O_3 = \frac{p_3}{O_3 L};$$

$$- \frac{p_2}{p_1} O_1 O_3 (O_1 O_3 + O_3 L) - O_2 O_3 \cdot O_3 L = p_3,$$

$$- O_3 L \left(\frac{p_2}{p_1} \cdot O_1 O_3 + O_2 O_3 \right) = p_3 + \frac{p_2}{p_1} O_1 O_3^2,$$

nun ist:

$$O_2 O_3 = O_1 O_3 - O_1 O_2 = \frac{p_1 - O_1 O_2^2}{O_1 O_2},$$

also:

$$- O_3 L \left(\frac{p_2}{O_1 O_2} + \frac{p_1 - O_1 O_2^2}{O_1 O_2} \right) = p_3 + \frac{p_1 p_2}{O_1 O_2^2};$$

$$O_3 L (O_1 O_2^2 - p_1 - p_2) = \left(p_3 + \frac{p_1 p_2}{O_1 O_2^2} \right) O_1 O_2;$$

$$O_3 M = \frac{p_3 (O_1 O_2^2 - p_1 - p_2)}{\left(p_3 + \frac{p_1 p_2}{O_1 O_2^2} \right) O_1 O_2}.$$

Wenn $p_3 = - \frac{p_1 p_2}{O_1 O_2^2}$, so wird M unendlich fern; die Punktreihen auf o sind gleich und gleichlaufend. Entsprechende Punkte X_2, X_3 liegen stets auf verschiedenen Seiten von o. Durch Verschiebung längs o können (Nr. 293) die beiden Figuren in symmetrische Lage in bezug auf o gebracht werden. Verschiebungsstrecke ist $\overline{O}_1 O_3$, wofern $\overline{O}_1$ und O_1 in (O_2) entsprechend sind: es ist:

$$\overline{O}_1 O_3 = \frac{p_1 + p_2 - O_1 O_2^2}{O_1 O_2}.$$

Wenn aber $p_3 = + \frac{p_1 p_2}{O_1 O_2^2}$, so existiert ein endlicher Punkt M; auf o sind die Punktreihen ungleichlaufend, und entsprechende Punkte

X_2, X_3 liegen auf derselben Seite von o; so daß eine Verschiebung nicht zu symmetrischer Lage führt. Sich selbst entsprechend wird in diesem Falle die Senkrechte q in M auf o; in bezug auf sie liegen die entsprechenden Punkte auf o symmetrisch, folglich gilt das auch für die übrigen. Zu den beiden Fällen

$$p_3 = -\frac{p_1 p_2}{O_1 O_2^2} \quad \text{und} \quad p_3 = +\frac{p_1 p_2}{O_1 O_2^2}$$

gehören also verschiedene Symmetrieaxen o, bzw. eine Senkrechte zu o; in jenem Falle muß die symmetrische Lage erst durch Verschiebung erreicht werden, in diesem ist sie schon vorhanden; man kann jenen ja durch Drehung um O_3 um 180^0 in diesen überführen.[1])

Wir wenden uns jetzt zu der allgemeinen Kreisverwandtschaft. Möbius hat sie selbständig und in vielfach eigenartiger Weise untersucht.[2]) Wir leiten ihre Eigenschaft aus der allgemeinen quadratischen Verwandtschaft ab und werden finden, daß die Felder so aufeinander gelegt werden können, daß Transformation durch reziproke Radien entsteht; das gestattet dann, die auf die Gestalt bezüglichen Ergebnisse von diesem speziellen Fall auf den allgemeinen zu übertragen. Die absoluten Punkte der einen und der andern Ebene sind homologe Hauptpunkte. Die Zuordnung ist also auf zwei Weisen möglich. Die dritten endlichen und zueinander homologen Hauptpunkte entsprechen je allen Punkten der unendlich fernen Gerade r'_∞, q_∞ des andern Feldes; wir könnten sie Fluchtpunkte nennen, wollen jedoch den Möbiusschen Namen Zentralpunkte benutzen, sie aber mit den für die Fluchtelemente angewandten Buchstaben R, Q' bezeichnen. 818

Bei solchen Hauptpunkten entsprechen Kreisen wiederum Kreise; sind nun k und k' zwei entsprechende Kreise, so schneiden wir sie mit zwei entsprechenden Geraden durch R und Q', deren unendlich ferne Punkte Q, R' seien, in A, B, bzw. A', B'; wir haben, je nachdem R von k ein- oder ausgeschlossen wird, auf der ersten die Reihenfolge $ARBQ$ bzw. $RABQ$ und daher wegen der Projektivität der beiden Punktreihen auf der andern die Reihenfolge $A'R'B'Q'$ bzw. $R'A'B'Q'$; d. h. Q' wird von k' ein- oder ausgeschlossen.

Zwei entsprechende Kreise verhalten sich zu den Zentralpunkten gleichartig: sie schließen jeder den zugehörigen Zentralpunkt ein, oder jeder ihn aus.

1) Vgl. Mannheim, Journal de Mathématiques 2. Serie Bd. 16, S. 317; dort sind jedoch nur positive Potenzen berücksichtigt. Mannheim sagt von zwei entsprechenden Dreiecken nur: l'un peut être amené à coincider avec le symétrique de l'autre . . .

2) Verhandl. d. Sächs. Gesellsch. der Wiss. Bd. 2 (1855) S. 529; Gesamm. Werke, Bd. 2, S. 243.

Daraus folgt, daß im ersteren Falle dem Innern, Äußern des einen Kreises das Äußere, Innere des andern entspricht, im zweiten Falle hingegen das Innere dem Inneren, das Äußere dem Äußeren.

Wegen $RA \cdot Q'A' = RB \cdot Q'B'$ ist, wenn A näher an R liegt als B, B' näher an Q' als A'.

In den projektiven Büscheln um die homologen Hauptpunkte R, Q' gehen zwar (Nr. 796) entsprechende Strahlen nach nicht homologen Hauptpunkten; aber weil doch die isotropen Strahlen des einen Büschels den isotropen Strahlen des andern entsprechen, so sind die beiden Büschel R, Q' gleich; und zwar werden gleiche Winkel von solchen Halbstrahlen gebildet, auf denen entsprechende Punkte liegen. Denn schneiden zwei Strahlen g, h durch R einen Kreis k, welcher R einschließt, in A, B; C, D und die entsprechenden g', h' durch Q' den k' in A', B'; C', D', muß $\sphericalangle A'Q'C' = ARC$ sein, weil wenn $\sphericalangle A'Q'D' = ARC$ wäre, indem die entsprechenden Strahlen h und h', um R, Q' sich drehend und durch jene nach Annahme gleichen Winkel, also über entsprechende Strahlen[1]) sich bewegend, mit den andern g und g' sich vereinigen, in dem einen Falle C mit A, im andern Falle D' mit A' zusammenfallen würde.

Nehmen wir nun an, daß gleichartige (positive) Sinne in den beiden Feldern so festgesetzt seien, daß auf zwei entsprechenden Kreisen, welche R und Q' einschließen, die Reihen der entsprechenden Punkte gleichen Sinn haben, so haben auch die gleichen Büschel R und Q', deren entsprechende Strahlen entsprechende Punkte projizieren (jeder zwei) gleichen Sinn; was in diesem Falle unmittelbar ersichtlich ist.

Sind nun k und k' zwei entsprechende Kreise, welche R, Q' ausschließen, so sind die Berührungspunkte A, C der Tangenten aus R an k den Berührungspunkten A', C' der Tangenten aus Q' an k' entsprechend. Liegt B auf dem innern Bogen AC, dann liegt B' auf dem äußeren Bogen $A'C'$ oder umgekehrt; daraus folgt, weil, wie vorhin festgestellt wurde, die Sinne $R(A, B, C)$ und $Q'(A', B', C')$ übereinstimmen, daß auf diesen Kreisen die Sinne ABC und $A'B'C'$ nicht übereinstimmen.

Also: Wenn wir bestimmen, daß auf zwei entsprechenden Kreisen, welche die Zentralpunkte R, Q' einschließen, die Umlaufungssinne der entsprechenden Punktreihen gleichartig sind, so sind auch die gleichen Strahlenbüschel um R, Q' von gleichem Sinne, sowie die Punktreihen auf jeden zwei entsprechenden Kreisen von jener Art, hingegen auf

1) In gleichen Büscheln liegen in gleichen Winkeln entsprechende Strahlen.

solchen, welche die Zentralpunkte ausschließen, von ungleichem Sinne[1]).

Auf allen Paaren entsprechender Strahlen durch R, Q' ist die Potenz der projektiven Beziehung (absolut) dieselbe. Es mögen wieder irgend zwei Geraden durch R gezogen sein, k sei ein Kreis, der sie reell schneidet, in A, B; C, D; $Q'A'B'$, $Q'C'D'$ seien die entsprechenden Sekanten des entsprechenden Kreises k', so ist die eine Potenz:

$$RA \cdot Q'A' = RB \cdot Q'B',$$

und die andere:

$$RC \cdot Q'C' = RD \cdot Q'D'.$$

Andererseits ist, wegen des bekannten Kreissatzes:

$$RA \cdot RB = RC \cdot RD \quad \text{und} \quad Q'A' \cdot Q'B' = Q'C' \cdot Q'D';$$

also:

$$(RA \cdot Q'A')^2 = (RC \cdot Q'C')^2$$

und absolut:

$$RA \cdot Q'A' = RC \cdot Q'C'.$$

Man kann die gleichen Strahlenbüschel R, Q' in zwei Weisen mit den entsprechenden Strahlen aufeinander legen: entweder so, daß durchweg entsprechende Halbstrahlen sich decken und entsprechende Punkte, die ja auf entsprechenden Halbstrahlen liegen, auf derselben Seite des Punktes O, in dem R und Q' sich decken, zu liegen kommen, die Potenz also immer positiv wird; oder so, daß durchweg nicht entsprechende Halbstrahlen aufeinander liegen, entsprechende Punkte auf verschiedene Seiten von O fallen und die Potenz negativ wird.

Jedenfalls ist dadurch die Kreisverwandtschaft in die Transformation durch reziproke Radien oder Kreisinversion übergeführt, und die Sätze über gestaltliche Verhältnisse gehen von dieser auf jene über.

Wir haben also auch bei der allgemeinen Kreisverwandtschaft: Die Dreiecke RAB und $Q'B'A'$ sind ähnlich und ungleich umlaufen, also RAB und $Q'A'B'$ gleich umlaufen; die Doppelverhältnisse und Doppelwinkel entsprechender vierpunktiger Gruppen sind gleich, die Schnittwinkel entsprechender Kurven an entsprechenden Punkten sind entgegengesetzt gleich.

819 Drei Paare entsprechender Punkte A, A'; B, B'; C, C' bestimmen, je nach der Zuordnung der absoluten Punkte als homologe Hauptpunkte, zwei Kreisverwandtschaften. In der einen werden die Zentralpunkte von den Kreisen $k = ABC$ und $k' = A'B'C'$ eingeschlossen, in der andern ausgeschlossen.

1) Es empfiehlt sich, diese Annahme zu machen; Möbius gibt den Punktreihen auf den letzteren Kreisen gleichen Sinn; dann sind die Strahlenbüschel R, Q' ungleichsinnig, was bei dem Aufeinanderlegen der Felder unbequem wird.

Von der Seydewitzschen Herstellungsweise der quadratischen Verwandtschaft (Nr. 797) wissen wir, daß zwei Paare homologer Hauptpunkte und drei Paare entsprechender Punkte die beiden Projektivitäten der Büschel um jene festlegen, so daß dann die dritten Hauptpunkte konstruiert werden können, sowie zu jedem Punkte sein entsprechender. Es fragt sich, wie hier, wo jene gegebenen Hauptpunkte imaginär sind, reell konstruiert werden soll.

Nehmen wir an, daß die Sinne ABC und $A'B'C'$ auf k und k' die positiven Drehsinne in den beiden Feldern seien, übertragen wir sie auf die Punktreihen von q_∞ und r'_∞ und bezeichnen dann in der Darstellung der absoluten Punkte durch die absolute Involution die mit dem positiven, bzw. negativen Sinne behafteten in dem einen Felde mit I_+, I_-, im andern mit J'_+, J'_-. Ordnen wir zunächst die ungleichartigen als homolog einander zu, so haben wir es mit den Projektivitäten:

$$I_+(A, B, C) \barwedge J'_-(A', B', C'),$$
$$I_-(A, B, C) \barwedge J'_+(A', B', C')$$

zu tun und sollen die beiden dem gemeinsamen Strahle r'_∞ entsprechenden Strahlen konstruieren: der Schnitt ist R, und Q' ist der Schnitt der q_∞ entsprechenden Strahlen. Wir schneiden jene projektiven Büschel mit k und k', welche durch die Scheitel gehen, und erhalten beidemal dieselbe Projektivität:

$$(P) \qquad k(A, B, C) \barwedge k'(A', B', C').$$

Der zweite Schnitt von r'_∞, als Strahl von J'_-, bzw. J'_+, ist J'_+, J'_-; die ihnen in der Projektivität (P) entsprechenden Punkte auf k seien J_+, J_-; es ist dann R der Schnittpunkt (I_+J_+, I_-J_-); und wenn ebenso den I_+, I_- von k auf k' die Punkte I'_+, I'_- entsprechen, so ist Q' der Punkt $(J'_-I'_-, J'_+I'_+)$. Bei der Zuordnung von I_+ und J'_+, I_- und J'_- als homologen Punkten haben wir $R_1 = (I_+J_-, I_-J_+)$ und $Q_1' = (J'_+I'_-, J'_-I'_+)$. Diese neuen Punkte J_+, J_- und I'_+, I'_- bestimmen wir auf k, bzw. k' durch Involutionen. J'_+, J'_- sind auf k' die Doppelpunkte der Involution, welche in diesen Kegelschnitt durch jede beliebige rechtwinklige Involution, deren Scheitel auf ihr liegt, eingeschnitten wird, in der also diametral gegenüberliegende Punkte gepaart sind. Sind daher $\mathfrak{A}'$, $\mathfrak{B}'$, $\mathfrak{C}'$ die Gegenpunkte von A', B', C', so ist $A'\mathfrak{A}'$, $B'\mathfrak{B}'$, $C'\mathfrak{C}'$ diese Involution; sind weiter $\mathfrak{A}$, $\mathfrak{B}$, $\mathfrak{C}$ die ihnen in (P) entsprechenden, so sind die Doppelpunkte der Involution $A\mathfrak{A}$, $B\mathfrak{B}$, $C\mathfrak{C}$ die J_+, J_-; und da J'_+ den Sinn $A'B'C'$, J'_- den Sinn $A'C'B'$ hat, so hat auch J_+ den Sinn ABC, in den ja $A'B'C'$ durch (P) übergeht, und J_- den Sinn ACB; also denselben wie ihn bzw. I_+ und I_- haben. Wir konstruieren für diese elliptische Involution $(A\mathfrak{A}, B\mathfrak{B})$ auf k das Zentrum S und die Axe s, welche also außerhalb liegt; für diejenige, von welcher I_+, I_- die Doppelpunkte sind, ist der Mittelpunkt M von k Zentrum, q_∞ die Axe.

Die vier Punkte I_+, I_-; J_+, J_- sind die Schnitte von q_∞ und s mit k, die beiden Diagonalpunkte R und R_1 ihres Vierecks liegen daher auf der Diagonale, welche dem dritten Diagonalpunkte $q_\infty s$ gegenüberliegt, der Polare desselben nach k oder dem auf s senkrechten Durchmesser MS, und sind sowohl in bezug auf k konjugiert, als auch harmonisch zu den beiden Gegenseiten q_∞, s, folglich symmetrisch in bezug auf s und durch diese Eigenschaften leicht zu finden. Weil sie konjugiert sind, so liegt der eine innerhalb, der andere außerhalb k. Was die geraden Involutionen auf q_∞ und s anlangt, von denen I_+, I_-; J_+, J_- die Doppelpunkte sind, so sind (Nr. 78) R und R_1 Scheitel je einer Involution, die mit beiden perspektiv ist; und werden die Punkte A, B, C aus irgend einem Punkte von k auf q_∞ nach A_1, B_1, C_1, auf s nach A_2, B_2, C_2 projiziert, so muß $R = (I_+J_+, I_-J_-)$ so beschaffen sein, daß es im Büschel R einen Sinn gibt, der sowohl mit $A_1B_1C_1$, als mit $A_2B_2C_2$ perspektiv ist, und im Büschel R_1 einen, der zugleich mit $A_1B_1C_1$ und $A_2C_2B_2$ perspektiv ist. Daraus erhellt, daß R_1 auf der andern Seite von s liegt als k und der äußere und daher R der innere Punkt ist.

Wir konstruieren ganz entsprechend den Punkt Q', der innerhalb k' liegt, und Q_1', der außerhalb liegt.

Bei der einen Kreisverwandtschaft, welche I_+, J_-; I_-, J_+ zu homologen Hauptpunkten hat, sind $k = (ABC)$, $k' = (A'B'C')$ entsprechende Kreise, welche die Zentralpunkte R, Q' einschließen, bei der andern mit I_+, J_+; I_-, J_-, als homologen Hauptpunkten, hingegen solche, welche sie ausschließen. Im ersten Falle müssen die gleichen Büschel gleichen Sinn haben; in ihnen gehen entsprechende Strahlen nach nicht homologen Hauptpunkten; also ist ihre Projektivität:

$$R(A, B, C, I_+, I_-) \barwedge Q'(A', B', C', J'_+, J'_-);$$

es gehen entsprechende Strahlen nach absoluten Punkten mit demselben Sinne; die Büschel haben gleichen Sinn.

Im zweiten Falle, wo, der Möbiusschen Annahme entsprechend, die entsprechenden Sinne auf den die Zentralpunkte ausschließenden Kreisen gleichartig sind, haben die Büschel R, Q' ungleichen Sinn; denn es gilt:

$$R_1(A, B, C, I_+, I_-) \barwedge Q_1'(A', B', C', J'_-, J'_+).$$

Folgende Darstellung hat mir O. Töplitz mitgeteilt. Wir gehen aus von der Projektivität:

$$(P) \qquad k(A, B, C) \barwedge k'(A', B', C'),$$

welche durch die drei gegebenen Paare auf den durchgehenden Kreisen festgelegt wird. Einem Büschel von Strahlen in Σ' entspricht (in einer der herzustellenden Kreisverwandtschaften) ein Kreisbüschel, dessen Grundpunkte der Zentralpunkt und der dem Scheitel entsprechende Punkt sind; jedem unendlich fernen Punkt von Σ' entspricht jener Zentralpunkt; einem Büschel von parallelen Strahlen korrespondiert also ein Büschel von Kreisen, die sich im Zentralpunkt berühren: die Tangente entspricht dem Strahle aus dem andern Zentralpunkte von jener Richtung.

Seien nun D', E'; F', G' Schnitte von k' mit zweien von den Parallelen, D, E; F, G die ihnen auf k durch (P) entsprechenden Punkte, so muß der Zentralpunkt in Σ dem Ort der Berührungspunkte zwischen Kreisen von (D, E) und Kreisen von (F, G) angehören. Beide Kreisbüschel haben k gemein und befinden sich in demselben Netze, in den Potenzpunkt O desselben laufen alle Potenzlinien der Büschel aus ihm zusammen; also ist er (DE, FG); durch ihn geht, wenn in X und X_1 sich zwei Kreise jener Büschel schneiden, immer die Gerade XX_1, und wenn sie sich in T berühren, die gemeinsame Tangente, und OT^2 ist gleich der gemeinsamen Potenz, also:

$$OD \cdot OE = OF \cdot OG;$$

daher ist der Orthogonalkreis des Netzes der Ort der Berührungspunkte. Nun haben D', E'; F', G' auf k' hyperbolische Lage, also auch D, E; F, G auf k, O liegt außerhalb, und der Orthogonalkreis ist reell.

Wenn $D'E'$, $F'G'$, parallel bleibend, sich um D', F' drehen, so beschreiben auch DE, FG perspektive Büschel und O beschreibt eine Gerade s, welche außerhalb k liegt. Die Schnittsekanten der beiden Orthogonalkreise (O), (O_1) mit k, die Polaren von O, O_1 nach k treffen sich in dem im Innern gelegenen Pole von s, und schneiden in Punktepaaren von elliptischer Lage; daraus folgt, daß (O), (O_1) einen im Innern von k gelegenen Schnittpunkt haben und einen im Äußern, symmetrisch zu jenem in bezug auf s. Das sind R und R_1, und ähnlich ergeben sich Q', Q_1', wobei die gleichartig zu k, k' liegenden zusammengehören.

Die sämtlichen Orthogonalkreise aus Punkten O von s bilden den Büschel, der zu demjenigen (k, s) orthogonal ist, für welchen s Potenzlinie ist und zu dem k gehört. Die von den verschiedenen Parallelstrahlen-Büscheln von Σ' in k' eingeschnittenen Involutionen haben ihre Zentren auf r'_∞, der Axe der Involution auf k' mit den Doppelpunkten J'_+, J'_-. Also liegen die Zentren O der entsprechenden Involutionen auf k auf der Axe derjenigen Involution auf k, in welche jene durch (P) übergeht, demnach mit den Doppelpunkten J_+, J_-, also auf der früheren s, mit der so die jetzige identisch wird.

Die Grundpunkte R, R_1 des einen von zwei orthogonalen Kreisbüscheln sind Grenzpunkte des andern (k, s) (Mittelpunkte von Nullkreisen desselben), daher Doppelpunkte der Involution, in der dieser von seiner Zentrale (der Potenzlinie des andern Büschels) geschnitten wird, und konjugiert nach allen Kreisen von (k, s). So identifizieren sich diese Zentralpunkte mit den früheren.

Nun handelt es sich darum, zu einem vierten Punkte den entsprechenden zu konstruieren. Auf den entsprechenden Strahlen aus den Zentralpunkten R, Q' nach A, A'; ... weiß man den Wert der Potenz der projektiven Beziehung und welche Halbstrahlen entsprechend sind, kann dann auf andern entsprechenden Strahlen durch die gleichen Winkel die entsprechenden Halbstrahlen feststellen und, da die Potenz die nämliche ist, weitere entsprechende Punkte konstruieren. Man kann auch damit arbeiten, daß RAX und $Q'X'A'$ ähnlich und ungleich umlaufen sind, wofern die Büschel um R, Q' gleichlaufend sind.

Da mit Kreisen $k = (ABC)$ und $k' = (A'B'C')$, welche R, Q' einschließen, bequemer zu arbeiten ist, so kann man im andern Falle C durch einen Punkt D ersetzen, so daß der Kreis ABD den Zentralpunkt einschließt.

In bezug auf die Lage von R, Q', bzw. R_1, Q_1' zu den Dreiecken ABC, $A'B'C'$ lassen sich noch einige interessante Sätze ableiten. 820

Aus dem Umstande, daß, wofern die Umlaufungssinne ABC und $A'B'C'$ die nämlichen und R, Q' die von den Kreisen eingeschlossenen Zentralpunkte sind, die Dreiecke RAB und $Q'A'B'$ gleichen Umlaufungssinn haben, folgt, daß entweder R und Q' beide im Innern der Dreiecke oder in gleichnamigen Segmenten der umgeschriebenen Kreise liegen. Aus der Ähnlichkeit der Dreiecke RAB, $Q'B'A'$; ... folgt aber, daß, wenn ersteres der Fall ist und die Dreieckswinkel einfach durch die Ecken bezeichnet werden:

$$BRC = A + A' = B'Q'C',$$
$$CRA = B + B' = C'Q'A',$$
$$ARB = C + C' = A'Q'B';$$

hingegen, wenn letzteres der Fall ist und etwa R und Q' in den Segmenten (AB), $(A'B')$ liegen, dieselben zwei ersten Gleichungen gelten, an Stelle der dritten aber tritt:

$$2\pi - ARB = C + C' = 2\pi - A'Q'B'.$$

Der erste oder zweite Fall tritt also ein, wenn alle drei Summen $A + A'$, $B + B'$, $C + C'$ unter π bleiben, oder wenn eine — und nur eine kann es tun — π überschreitet; und ist dies etwa $C + C'$, so liegen R und Q' in den genannten Segmenten. Ist diese Summe gleich π, so liegt R auf AB, Q' auf $A'B'$.

Was die außerhalb der Kreise gelegenen Zentralpunkte R_1, Q_1' anlangt, so haben, wenn wieder ABC, $A'B'C'$ von gleichem Sinne sind, Dreiecke wie R_1AB, $Q_1'A'B'$ ungleichen Umlaufungssinn. Bezeichnen wir z. B. den innerhalb des Winkels C, aber außerhalb des Kreises ABC gelegenen Teil der Ebene mit $(\overline{AB})$, den Scheitelwinkel von C mit $\overline{C}$, so folgt aus jenem ungleichen Umlaufungssinne, daß, wenn R_1 in einem jener Außenteile, etwa in $(\overline{AB})$ liegt, dann Q' sich im Scheitelwinkel $\overline{C}'$ befindet und, wenn R_1 in $\overline{C}$ liegt, Q_1' in $(\overline{A'B'})$.

Die Ähnlichkeit von R_1AB, $Q_1'B'A'$, usw. lehrt dann, daß im ersten dieser beiden Fälle folgende Gleichungen bestehen:

$$BR_1C = A - A' = B'Q_1'C',$$
$$CR_1A = B - B' = C'Q_1'A',$$
$$AR_1B = C' - C = A'Q_1'B';$$

im andern Falle kehren sich die drei in der Mitte stehenden Differenzen um. Der erste Fall tritt also ein, wenn $A > A'$, $B > B'$, $C < C'$ ist, der zweite, wenn die umgekehrten Ungleichungen bestehen. Ist $C = C'$, so sei etwa $A > A'$, $B < B'$; je nachdem wir $C = C'$ als Grenzfall von $C > C'$ oder $C < C'$ auffassen, haben wir R_1 in $(\overline{AC})$, Q_1' in $\overline{B}'$, bzw. R_1 in $\overline{A}$, Q_1' in $(\overline{B'C'})$ zu suchen; also liegt R_1 auf der Verlängerung von AB über A und Q_1' auf derjenigen von $A'B'$ über B'.

Aus allem erhellt, daß die Vergleichung der Winkel des einen Dreiecks mit den entsprechenden im andern uns vollständig belehrt, wo die einen und die andern Zentralpunkte aufzusuchen sind. In jedem Falle geben dann die betreffenden Gleichungen Konstruktionen, in denen die Punkte als zweite Schnitte von Kreisen sich gewinnen lassen.

Die Projektivität der beiden entsprechenden Kreisbüschel (A, B) und (A', B') ist, wenn die Zentralpunkte R, Q' bekannt sind, festgelegt; es entsprechen den Kreisen (ABC), (ABR) und der Potenzlinie AB der Kreis $(A'B'C')$, die Potenzlinie $A'B'$ und der Kreis $A'B'Q'$; folglich kann man weitere entsprechende Kreise konstruieren und damit auch entsprechende Punkte.

Ferner liefert die Formel $\frac{AB \cdot CD}{BC \cdot DA} = \frac{A'B' \cdot C'D'}{B'C' \cdot D'A'}$, wenn D gegeben ist, einen Kreis, auf welchem die beiden zugehörigen D' liegen; denn sie gibt $\frac{C'D'}{D'A'}$.[1]

821 In sehr einfacher Weise stellt man eine Kreisverwandtschaft zwischen zwei Feldern vermittelst zweier stereographischen Projektionen einer und derselben Kugel her. Diese als stereographische bezeichnete Projektion der Kugel auf eine Ebene rührt von dem griechischen Astronomen Hipparch (2. Jahrh. v. Chr.) her. Projek-

1) Zur Ergänzung: E. von Weber, Münchener Sitzungsberichte (math. phys. Klasse) 1901 Heft IV, S. 367.

tionszentrum S ist ein beliebiger Punkt der Kugel, Projektionsebene eine Ebene, die zu dem Durchmesser nach S normal ist; da die wesentlichen Eigenschaften bei Parallelverschiebung der Projektionsebene erhalten bleiben, nehmen wir als geeignetste Lage die der Berührungsebene Σ im Gegenpunkte N von S. Sie führt zu einer Kreisverwandtschaft zwischen Kugel und Ebene; denn sie führt Kreise auf der einen Fläche in solche auf der andern über. Benutzen wir die imaginären Geraden auf der Kugel, so ergibt sich diese Eigenschaft unmittelbar. Sie treffen jeden ebenen Schnitt der Kugel, also jeden Kreis auf ihr, und auch die absolute Kurve, den Schnitt der unendlich fernen Ebene, also sind sie isotrope Geraden. Die beiden i_+, i_-, welche im Projektionszentrum S sich schneiden, und den Schnitt der Berührungsebene desselben mit der Kugel bilden, sind der Σ parallel und gehen daher nach den absoluten Punkten I_+, I_- dieser Ebene. Jeder Kreis auf der Kugel trifft sie, und Projektionen der Treffpunkte sind die I_+, I_-, die Projektion geht durch sie, ist also ein Kreis. Umgekehrt, ein Kreis in Σ wird aus S durch einen Kegel projiziert, zu dessen Kanten, weil er durch I_+, I_- geht, auch i_+, i_- gehören; folglich bleibt als fernerer Schnitt und eigentliche Projektion auf die Kugel ein ebener Schnitt, also ein Kreis. Aber beweisen wir dies auch, ohne Heranziehung der absoluten Punkte, mit den Mitteln der Geometrie der Alten.

Wenn k_1 ein Kreis auf der Kugel ist, so sei μ die Ebene, welche durch den Durchmesser SN senkrecht zu seiner Ebene gelegt ist; sie enthält einen Durchmesser A_1B_1 von k_1; AB sei dessen Projektion aus S auf Σ oder auf die Tangente des von μ ausgeschnittenen Hauptkreises K in N. Die Ebene μ ist Symmetrieebene des Kegels Sk_1, weil sie durch die Spitze geht, den Kreis k_1 halbiert und auf seiner Ebene senkrecht steht. Da $SA_1N \sim SNA$ und $SB_1N \sim SNB$, so ergibt sich $SN^2 = SA \cdot SA_1 = SB \cdot SB_1$, oder $SA_1 : SB_1 = SB : SA$; bei solcher Lage wird A_1B_1 antiparallel zu AB in bezug auf die Kanten SA_1A, SB_1B in der Symmetrieebene genannt; daraus folgt, daß die in AB auf μ senkrechte Ebene Σ aus dem Kegel einen Kreis k ausschneidet, nach dem schon den Alten bekannten Satz über den zweiten Büschel von Parallelebenen, welche aus einem schiefen Kreiskegel Kreise ausschneiden. Umgekehrt, ist k ein Kreis in Σ, so legen wir durch SN und seinen Mittelpunkt die Ebene μ, welche also auf Σ senkrecht und daher wiederum Symmetrieebene des Kegels Sk ist; der Durchmesser von k in ihr sei AB und A_1, B_1 die Projektionen von A, B aus S auf die Kugel oder den von μ ausgeschnittenen Hauptkreis K. Wir finden ebenso AB antiparallel zu A_1B_1, so daß die in AB auf μ senkrecht stehende Ebene aus dem Kegel einen Kreis mit dem Durchmesser A_1B_1 ausschneidet. Das Lot aus dem Kugelmittelpunkt M auf diese Ebene fällt in μ; daher ist A_1B_1 auch

Durchmesser des von der Ebene aus der Kugel ausgeschnittenen Kreises; beide Kreise fallen in denselben k_1 zusammen, der also Projektion von k auf die Kugel ist.

Die Kreise auf der Kugel, welche durch S gehen, projizieren sich in Geraden.

Der Schnittpunkt T der Tangenten in A_1, B_1 an K ist die Spitze des Rotationskegels, welcher der Kugel längs k_1 umgeschrieben ist; dieser Punkt projiziert sich aus S in die Mitte von AB, also den Mittelpunkt von k. Wenn nämlich ST den K in U schneidet, so sind A_1, B_1 und U, S durch konjugierte Geraden in K eingeschnitten, mithin harmonisch, also auch ihre Projektionen aus S.

Die Berührungsebene in einem beliebigen Punkte X_1 der Kugel, dessen stereographische Projektion X sei, diejenige in S und die zu dieser parallele Σ bilden gleiche Winkel mit SX_1X und werden deshalb vom Ebenenbüschel um diese Gerade in gleichen Strahlenbüscheln geschnitten. Zwei Tangenten der Kugel in X_1 machen daher denselben Winkel wie ihre Projektionen aus S auf Σ; d. h. die stereographische Projektion ist isogonal und also auch konform.

Der Punkt S der Kugel wird durch jede seiner Tangenten projiziert; daher entspricht ihm in Σ die unendlich ferne Gerade. S ist also ein Hauptpunkt auf der Kugel.

In Σ sind Hauptpunkte die absoluten Punkte, denen die Geraden i_+, i_-, entsprechen.

Projiziert man eine Kugel aus zwei Zentren S, S' stereographisch auf die Ebenen Σ, Σ', so sind die Projektionen X, X' desselben Punktes X_1 der Kugel entsprechend in einer Kreisverwandtschaft; daß die projizierenden Strahlen in quadratischer Verwandtschaft stehen, wissen wir.

Zentralpunkte sind die Punkte R, Q', in denen SS' die Ebenen schneidet; denn dem R entspricht in der ersten stereographischen Projektion der S' und diesem in der zweiten die unendlich ferne Gerade. Man bestätigt, daß durch R, bzw. Q' die Kreise gehen, welche den Geraden der andern Ebene entsprechen. Entsprechende Strahlen der Büschel R, Q' werden je durch dieselbe Ebene des Büschels SS' eingeschnitten; weil MS zu Σ, MS' zu Σ' normal ist, ist die Gerade SS' gleichgeneigt gegen Σ und Σ', wodurch die gleichen Strahlenbüschel zustande kommen. Ein Kreis auf der Kugel hat die Zentren entweder auf derselben oder auf verschiedenen Seiten. Es entstehen aus ihm entsprechende Kreise, welche die Zentralpunkte aus- bzw. einschließen. Betrachtet man Σ aus S, Σ' aus S', so haben, wofern Σ auf derselben Seite der Berührungsebene von S liegt, wie die Kugel, und Σ' ebenso beschaffen ist in bezug auf S', im ersten Falle die Kreise gleichen, im zweiten ungleichen Umlaufungssinn.

Am anschaulichsten und am meisten benutzt wird der Fall, wo S, S' Gegenpunkte sind und aus jedem auf die Berührungsebene des andern projiziert wird. Sie werden Zentralpunkte.

822 Wenn zwei kreisverwandte Felder Σ, Σ' stereographisch auf zwei Kugeln K, K' projiziert werden, so geben die Geraden $i_+, i_{-1}; i'_+, i'_-$ der Kugeln, die sich im Zentrum S bzw. S' schneiden, durch die absoluten Punkte von Σ, Σ', also durch homologe Hauptpunkte der Kreisverwandtschaft; wir verfahren also so, wie es in Nr. 807 erörtert wurde, und wollen uns, wie dort schon erwähnt wurde, für diesen Fall mit imaginären Hauptpunkten klar machen, daß die Korrespondenz auf den Kugeln von einer Kollineation herrührt.

Aus der Isogonalität der Kreisverwandtschaft zwischen Σ und Σ' und derjenigen der stereographischen Projektionen (Σ, K) oder (Σ', K') folgt, daß auch die Verwandtschaft der Kugeln isogonal ist.

Jeder die eine Kugel reell schneidenden Ebene entspricht eine die andere so schneidende, welche den entsprechenden Kreis trägt. Dreht sich jene um eine Gerade, welche die Kugel reell trifft, so dreht die andere sich um die Gerade, welche die entsprechenden Punkte verbindet.

Zwei sich rechtwinklig schneidende Kreise einer Kugel liegen in Ebenen, welche in bezug auf die Kugel konjugiert sind; denn die Tangente der Kugel, welche in einem Punkt des einen Kreises berührt und zu dessen Tangente normal ist, ist Kante des Kegels, welcher der Kugel längs des Kreises umgeschrieben ist; also geht die Ebene des zweiten Kreises durch den Pol der Ebene des ersten, den Scheitel dieses Kegels.

Die Ebene eines Kreises auf der Kugel, welcher alle Kreise, in denen sie von den Ebenen eines Büschels geschnitten wird, rechtwinklig schneidet, geht durch die Pole dieser Ebenen, mithin durch die Polare der Büschelaxe in bezug auf die Kugel.

Liegt also ein Ebenenbüschel vor, dessen Axe p die K nicht reell schneidet, so konstruieren wir die Kreise auf der Kugel, welche die Kreise in seinen Ebenen rechtwinklig schneiden; sie liegen in den Ebenen durch die Polare p_1 von p; diese p_1 schneidet die Kugel, eine elliptische Fläche 2. Grades, reell: in den Berührungspunkten der durch p gehenden Tangentialebenen. Dieser Büschel von Kreisen auf der Kugel geht durch die Verwandtschaft in einen Büschel über mit ebenfalls reell schneidender Axe p_1'. Weil die Verwandtschaft der Kugeln isogonal ist, so sind die Kreise, welche diese Kreise rechtwinklig schneiden, die entsprechenden zu denen in Ebenen des Büschels p; ihre Ebenen bilden einen Büschel um die Polare p' von p_1'. Also entspricht auch einem Ebenenbüschel mit imaginär schneidender Axe ein Ebenenbüschel; und die Kollineation ist erkannt.

Bei der stereographischen Projektion ergeben sich also aus zwei zueinander orthogonalen Kreisbüscheln der Ebene auf der Kugel Büschel von Kreisen, welche durch Ebenenbüschel eingeschnitten werden, deren Axen in bezug auf die Kugel polar sind. Die reellen Grundpunkte des einen Büschels sind Grenzpunkte (Mittelpunkte von Punktkreisen) des andern, der imaginäre Grundpunkte hat.

823 Die Kreisverwandtschaft spielt in der Funktionentheorie eine wichtige Rolle. Sind zwei komplexe Größen $z = x + yi$, $Z = X + Yi$ durch eine lineare Substitution:

$$Z = \frac{az + b}{cz + d},$$

verbunden, in der auch die Koeffizienten a, b, c, d komplex sind, so besteht, wenn beide in einer Gaußischen Ebene dargestellt werden, zwischen entsprechenden Punkten Kreisverwandtschaft. Vorausgesetzt ist, daß $ad - bc \gtrless 0$, d. h. daß nicht die Proportion $a : c = b : d$ statt hat; denn im andern Falle ist Z garnicht von z abhängig. Wir beziehen x, y; X, Y auf dasselbe rechtwinklige Koordinatensystem; eine nachträgliche Verlegung ändert ja nichts wesentliches.

Es empfiehlt sich, von einfacheren Fällen zum allgemeinen aufzusteigen. Wir haben in:

1. $Z = z + b$: eine einfache Verschiebung.

2. $Z = e^{\alpha i} z$, wo α reell ist: eine Drehung um den Anfangspunkt O;

3. $Z = kz$, wo k reell ist: Ähnlichkeit mit ähnlicher Lage in bezug auf O als Ähnlichkeitspunkt.

4. $Z = az = ke^{\alpha i} z$: Ähnlichkeit mit O als Ähnlichkeitspunkt, aber nicht mehr ähnliche Lage.

5. $Z = az + b$: Zu dem Vorigen tritt noch Verschiebung hinzu, so daß O nicht mehr Ähnlichkeitspunkt ist.

Für die bisherigen Fälle ist Isogonalität und Gleichsinnigkeit unmittelbar ersichtlich.

6. $Z = \frac{k}{z}$, wo k reell ist. Polarkoordinaten sind bequemer. Die Transformation führt den Punkt (r, θ) in den Punkt $\left(\frac{k}{r}, -\theta\right)$ über; wir zerlegen und führen ihn zunächst in $\left(\frac{k}{r}, \theta\right)$ über, offenbar vermittelst einer Transformation durch reziproke Radien mit dem Zentrum O und der Potenz k. Die Überführung von $\left(\frac{k}{r}, \theta\right)$ in $\left(\frac{k}{r}, -\theta\right)$ ist Symmetrie oder Spiegelung in bezug auf die Polaraxe. Beide Transformationen sind isogonal; also auch ihr Produkt. Die Spiegelung kehrt den Sinn um. Für die Transformation durch reziproke Radien haben wir erhalten: entsprechende Kreise, welche das Zentrum ausschließen, werden ungleichsinnig umlaufen, solche aber, welche es einschließen, gleichsinnig; im letztern Falle entspricht jedoch dem

Innern (Äußern) des einen Kreises das Äußere (Innere) des andern. Man kann daher auch folgende Auffassung obwalten lassen: In beiden Fällen liegen für Menschen, welche entsprechende Kreis-Punktreihen durchlaufen, entsprechende Räume ungleichartig, der eine linker Hand, der andere rechter Hand. Nennt man dies Ungleichsinnigkeit, so kann man die Transformation durch reziproke Radien (und die Kreiswandtschaft überhaupt) als durchweg ungleichsinnig bezeichnen; und dann ist das Produkt aus ihr und der Spiegelung als gleichsinnig zu bezeichnen.

7. Es liege endlich der allgemeine Fall vor:

$$Z = \frac{az+b}{cz+d},$$

wo $c \gtrless 0$ ist. Wir haben:

$$Z = \frac{bc-ad}{c^2z+cd} + \frac{a}{c} = \frac{k}{c^2e^{i\alpha}z+cde^{i\alpha}} + \frac{a}{c},$$

wo α und $k = (bc-ad)e^{i\alpha}$ reell sind.

Wir zerlegen nun:

$z' = c^2e^{i\alpha}z + cde^{i\alpha}$: Ähnlichkeit;

$z'' = \frac{k}{\bar{z}'}$: Transformation durch reziproke Radien, verbunden mit Spiegelung;

$Z = z'' + \frac{a}{c}$: Verschiebung.

Alle diese Transformationen sind homozyklisch, isogonal und gleichsinnig in der eben erläuterten Bedeutung; folglich gilt dies auch für die durch die allgemeine lineare Substitution bewirkte Verwandtschaft. Sie ist eine Kreisverwandtschaft.[1])

Die Zentralpunkte sind, weil ihnen die unendlich fernen Punkte entsprechen:

$$z = -\frac{d}{c},\ Z = \frac{a}{c}.$$

§ 115. Involutorische eindeutige Verwandtschaften beliebigen Grades.

Wir haben erkannt (Nr. 788, 811), daß bei einer involutorischen eindeutigen Verwandtschaft die Hauptpunkte, Hauptkurven und das homaloidische Netz des einen Feldes mit denen des andern identisch sind. Es ist daher $s_k = r_k$, $\alpha_{ik}' = \alpha_{ik}$ und demnach (Nr. 785): $\alpha_{ki} = \alpha_{ik}$ und z. B. $nr_i = \sum_k r_k \alpha_{ik}$. Eine Cremonasche Verwandtschaft mit ungleichartigen Netzen kann nicht involutorisch werden. 824

Um einen Koinzidenzpunkt U ergibt sich, wie in Nr. 812,

1) Fricke, Kurzgefaßte Vorlesungen über verschiedene Gebiete der Mathematik, Analytisch-funktionentheoretischer Teil S. 77—83. — Vgl. auch Holzmüller, Einführung in die Theorie der isogonalen Verwandtschaften.

eine Involution (die in gewissen Fällen auch Identität werden kann): von zwei gepaarten Strahlen berührt jeder die entsprechende Kurve des andern in U, oder allgemeiner, sie berühren entsprechende Kurven, die ja zugleich durch U gehen.

Die involutorischen Fälle der quadratischen Verwandtschaft sind in § 113 erörtert. Wir wollen noch einige andere Beispiele vorführen.

Der Satz über die Assoziation der neun Grundpunkte eines Kurvenbüschels 3. Ordnung (Nr. 227):

Alle Kurven 3. Ordnung, welche durch acht Punkte gehen, haben einen neunten durch diese acht Punkte bestimmten Punkt gemein führt zu einer involutorischen eindeutigen Verwandtschaft, welche die Geisersche heiße[1]) und auf welche wir in Nr. 788 eine andere zurückführten.

Es werden sieben feste Grundpunkte $A, B, \ldots G$ gegeben, welche ein spezielles Netz 3. Ordnung $\mathfrak{N}$ bestimmen; der achte und neunte H und I bestimmen sich gegenseitig eindeutig und involutorisch. Jeder von den sieben Grundpunkten bestimmt als Doppelpunkt (Nr. 781) mit den sechs andern eine Kurve 3. Ordnung $a^3, b^3, \ldots g^3$, welche zu $\mathfrak{N}$ gehört. Wird der achte Grundpunkt H auf a^3 gelegt, so enthält der aus dem Netze ausgeschiedene Büschel die Kurve a^3; im Doppelpunkte A hat diese mit irgend einer andern Kurve des Büschels zwei Punkte gemeinsam; d. h. der zu H gehörige I fällt in A. Dem Punkte A sind alle Punkte von a^3 entsprechend. Die sieben festen Grundpunkte sind also dreifache Hauptpunkte der Verwandtschaft und die $a^3, \ldots$ die zugehörigen Hauptkurven.

Beim Grade 8 (Nr. 787) ergab sich ein homaloidisches Netz mit sieben dreifachen Punkten, so daß eine Verwandtschaft 8. Grades zu vermuten ist. Es handelt sich darum zu ermitteln, wie oft entsprechende Punkte auf zwei gegebene Geraden l und $\bar{l}$ fallen. Jeder Büschel von $\mathfrak{N}$ sendet in jeden andern eine Kurve; wir nehmen also zwei Büschel $\mathfrak{B}$ und $\mathfrak{B}_1$ aus $\mathfrak{N}$ und untersuchen, wie oft sich eine Kurve des einen mit einer des andern sowohl auf l, als auf $\bar{l}$ schneiden. Ein Punkt X auf $\bar{l}$ bestimmt eine Kurve aus $\mathfrak{B}$, ihre drei Schnitte mit l drei Kurven aus $\mathfrak{B}_1$, welche $\bar{l}$ in neun Punkte X_1 schneiden, die wir X_1 zuordnen; ebenso entsprechen jedem X_1 neun Punkte X. Zu den 18 Koinzidenzen gehören die drei Schnitte der gemeinsamen Kurve von $\mathfrak{B}$ und $\mathfrak{B}_1$, und zwar dreifach, da jeder sich bei den drei Schnitten dieser Kurve mit l ergibt; ferner der Punkt $l\bar{l}$. In den acht übrigen schneiden sich verschiedene Kurven aus $\mathfrak{B}$ und $\mathfrak{B}_1$, die einen zweiten Schnitt auf l haben. Oder, wenn wir in den Büscheln $\mathfrak{B}$ und $\mathfrak{B}_1$ solche Kurven einander zuordnen, die sich auf

1) Geiser, Journal f. Mathem. Bd. 67 S. 78.

l schneiden, so entsteht eine Korrespondenz [3,3]; das Erzeugnis derselben ist, weil auf $\bar{l}$ eine Korrespondenz [9,9] bewirkt wird, eine Kurve 18. Ordnung, von welcher aber die Gerade l und die gemeinsame Kurve von $\mathfrak{B}$ und $\mathfrak{B}_1$, dreifach gerechnet, sich ablösen. Die restierende Kurve 8. Ordnung ist die, welche der l entspricht.

Die Geisersche Verwandtschaft ist 8. Grades mit sieben dreifachen Hauptpunkten, den Grundpunkten von $\mathfrak{N}$.

Legen wir $\bar{l}$ durch A und berücksichtigen nur die von A verschiedenen Punkte, so ergibt sich eine Korrespondenz [6,6] auf $\bar{l}$, von deren Koinzidenzen $6 + 1$ abzuziehen sind; die fünf übrigen lehren, daß es auf $\bar{l}$ fünf von A verschiedene Punkte gibt, die einen assoziierten auf l haben; d. h. daß die der l korrespondierende Kurve 8. Ordnung dreimal durch A geht.

Die Jacobische Kurve des homaloidischen Netzes 8. Ordnung, von der Ordnung $3(8-1) = 21$, setzt sich aus den sieben Kurven a^3, ... zusammen.

Die Jacobische Kurve des (nicht homaloidischen) gegebenen Netzes 3. Ordnung hat die Ordnung $3(3-1) = 6$. Sie ist der Ort der Doppelpunkte von Kurven des Netzes, aber auch der Ort der Berührungspunkte zwischen zwei Kurven des Netzes und dann allen ihres Büschels (Nr. 686). Also ist sie der Ort der Punkte, in denen sich H und I vereinigen. Die zu A gehörige Hauptkurve a^3 geht zweimal durch A, d. h. A vereinigt sich zweimal mit einem der entsprechenden Punkte, gehört also dieser Kurve doppelt an.

Die Geisersche Verwandtschaft besitzt eine Kurve Γ 6. Ordnung von Koinzidenzpunkten (Koinzidenzkurve), welche durch jeden der sieben Grundpunkte zweimal geht.

Als Doppelpunkte einer zerfallenden Kurve von $\mathfrak{N}$ liegen auf ihr die 42 Schnittpunkte der Verbindungslinien zweier der Grundpunkte je mit dem Kegelschnitt durch die fünf übrigen.

Eine Gerade und die ihr entsprechende Kurve 8. Ordnung haben, außer den Begegnungspunkten der ersteren mit der Koinzidenzkurve, noch zwei Punkte gemeinsam. Das sind einander entsprechende Punkte.

Jede Gerade trägt ein Paar entsprechender Punkte.

Wenn keine Koinzidenzkurve vorhanden ist, ist diese Zahl gleich dem Grade der Verwandtschaft (Nr. 790). Die durch die Koinzidenzkurve verringerte Anzahl hat man als Klasse der Verwandtschaft bezeichnet[1]).

Zwischen der Klasse ν und der Ordnung h der Koinzidenzkurve besteht die Beziehung:

$$h + 2\nu = n.$$

1) Caporali, Sulle trasformazioni univoche involutorie. Rendiconti dell' Accademia di Napoli 1879. — Ob das Wort „Klasse“ geeignet ist, ist mir zweifelhaft.

Wenn n ungerade ist, muß also notwendig eine Koinzidenzkurve vorhanden sein.

Die Geisersche Verwandtschaft hat die Klasse 1.

825 Die Graßmannsche Erzeugung der Fläche 3. Ordnung führt, wie in Nr. 381 schon kurz erwähnt wurde, zu einer eindeutigen Abbildung der Fläche F^3 in eine Ebene Σ[1]). Weil die Geisersche Verwandtschaft, von der Ebene auf die kubische Fläche vermittelst dieser Abbildung übertragen, zu einer sehr einfachen Figur führt, wollen wir hier die Haupteigenschaften der Abbildung besprechen, und auf sie in einem späteren Abschnitte ausführlicher zurückkommen.

Die drei erzeugenden kollinearen Bündel beziehen wir korrelativ auf ein Feld, so daß drei homologen Ebenen ein Punkt des Feldes entspricht; er ist das Bild des Punktes der Fläche, in welche sie zusammenlaufen. Die Fläche enthält sechs Geraden $a', b', \ldots f'$ (früher $a_1, \ldots a_6$), welche je homologen Ebenen gemeinsam sind. Diesen Geraden von F^3 entsprechen sechs Punkte $A, B, \ldots F$, welche also Haupt- oder Fundamentalpunkte der Abbildung werden.

Die Ebenen der Bündel, welche zu den Punkten eines ebenen Schnitts der Fläche führen, umhüllen Kegel 3. Klasse (Nr. 377), denen durch die Korrelation eine Kurve 3. Ordnung entspricht, welche durch $A, \ldots F$ geht, weil $a', \ldots f'$ den ebenen Schnitt treffen. Also bildet sich ein ebener Schnitt der kubischen Fläche in eine durch $A, \ldots F$ gehende Kurve 3. Ordnung ab; und umgekehrt, drei weitere Punkte einer solchen Kurve 3. Ordnung (die sie neben $A, \ldots F$ bestimmen) legen durch die entsprechenden Punkte auf F^3 die Ebene fest, von deren Schnitte sie das Bild ist.

Eine Gerade in Σ führt durch die Korrelation zu drei entsprechenden Büscheln in den Bündeln, also ist sie das Bild der kubischen Raumkurve r^3 auf F^3, welche durch jene erzeugt wird und gegen die $a', \ldots f'$ windschief ist.

Die Gerade EF bildet sich in eine kubischen Raumkurve r^3 ab, welche in e', f' und eine sie schneidende Gerade, das eigentliche Bild zerfällt. Und der Kegelschnitt durch fünf Fundamentalpunkte $A, \ldots E$ hat, weil er die einem ebenen Schnitte entsprechende Kurve noch einmal trifft, in dessen Ebene nur einen Bildpunkt; sein Bild ist also eine Gerade, welche $a', \ldots e'$ trifft. So ergeben sich die früher mit c und b bezeichneten Geraden der F^3.

Es wird später in dem Abschnitte über eindeutige Flächenabbildungen gezeigt werden, daß dieselbe Abbildung auch durch die Erzeugung der Fläche 3. Ordnung vermittelst trilinearer Ebenen-

---

1) Sie rührt von Clebsch her: Journal f. Mathematik Bd. 65 S. 359. Vgl. auch Cremona, ebenda Bd. 68 S. 82 und Reye, Geom. der Lage 1. Auflage.

büschel (Nr. 211) erhalten werden kann; wir haben ja in Nr. 406 diese Erzeugung als speziellen Fall der Graßmannschen erkannt. Sie hat den Vorzug, daß bei ihr sich leicht beweisen läßt, was a. a. O. geschehen soll, daß die 6 Fundamentalpunkte beliebige Punkte der Ebene Σ sein können, während für diesen Zweck der Apparat der kollinearen Bündel wenig bequem ist.

Wir legen also die Fundamentalpunkte $A, \ldots F$ in 6 der Grundpunkte des Kurvennetzes 3. Ordnung der Geiserschen Verwandtschaft, dem siebenten G entspricht G' auf F^3. Wenn nun H und I die weiteren Schnitte zweier Kurven sind und H', I' ihre Bilder auf F^3, so sind G', H', I' den beiden korrespondierenden Schnitten gemeinsam, also in gerader Linie gelegen, und den Kurven des Büschels in Σ entsprechen die Kurven in den Ebenen durch $G'H'I'$.

Der Geiserschen Verwandtschaft entspricht daher auf der kubischen Fläche die einfachere involutorische Verwandtschaft zweier Punkte H', I', welche mit einem festen Punkte G' in gerader Linie liegen.

Durchläuft H in Σ eine Gerade l, so beschreibt H' auf F^3 eine kubische Raumkurve l'^3, welche, aus G' projiziert, einen Kegel 3. Ordnung liefert, der mit F^3 noch eine Raumkurve 6. Ordnung gemein hat: den Ort der Punkte I'. Sie geht dreimal durch G', den dreifachen Punkt des Kegels, und trifft $a', \ldots f'$ dreimal, weil diese von l'^3 nicht getroffen werden. Also wird die Kurve in Σ durch jeden der Punkte $A, \ldots G$ dreimal gehen.

Die einer zweiten Gerade m entsprechende Raumkurve m'^3, aus demselben Netze mit l'^3, trifft diese einmal (Nr. 377): in dem Punkt, dessen Bild lm ist. Folglich liegen die acht übrigen Punkte, in denen m'^3 jenen Kegel trifft, auf der Raumkurve 6. Ordnung, und ihr Bild in Σ, die der Gerade l entsprechende Kurve, trifft m achtmal.

Die zu G gehörige Hauptkurve ist das Bild der Schnittkurve der Tangentialebene von F^3 in G', die in G' einen Doppelpunkt hat, mit den Haupttangenten (welche dreipunktig berühren) als Tangenten, also eine Kurve 3. Ordnung, welche durch $A, \ldots F$ und zweimal durch G geht.

Die zu A gehörige Hauptkurve ist das Bild des Kegelschnitts auf F^3 in der Ebene $G'a'$; er geht durch G', trifft a' zweimal, $b', \ldots f'$ je einmal und m'^3, welche zu a' windschief ist, dreimal. Folglich ist diese Hauptkurve 3. Ordnung, geht durch A zweimal, durch $B, \ldots G$ einmal.

Die (einzige) Doppelsekante aus G' an l'^3 beweist, daß einmal auf l zwei assoziierte Punkte liegen.

Die Koinzidenzkurve Γ hat zum Bilde auf F^3 die Berührungskurve des Tangentialkegels aus G', also die Schnittkurve der ersten Polarfläche von G', welche F^3 in G' berührt. Daher hat diese Kurve in G' einen Doppelpunkt und zwar mit den beiden Haupttangenten der Fläche als Tangenten, weil diese auf der ersten Polare liegen. Sie trifft jede der Geraden $a', \ldots f'$ zweimal: in den Schnitten der $a', \ldots$ mit den Kegelschnitten in den Ebenen $G'a', \ldots$, in welchen je diese Ebenen berühren; der m'^3 begegnet sie sechsmal, so oft wie die Polarfläche. Daher ist Γ eine Kurve 6. Ordnung, welche durch $A, \ldots G$ zweimal geht, und in ihnen je dieselben Tangenten hat, wie die zugehörige Hauptkurve. Denn was z. B. A anlangt, so gehen die Bilder der beiden Kurven durch dieselben zwei Punkte von a'; jeder Annäherung an A in bestimmter Richtung entspricht eine Annäherung an einen bestimmten Punkt von a'.

Damit sind die wesentlichen Eigenschaften der Geiserschen Verwandtschaft mit Hilfe der Abbildung dargetan und die eben erwähnte Gemeinsamkeit der Tangenten haben wir noch hinzugelernt.

Wir erkennen den Nutzen der eindeutigen Abbildungen von Flächen, und daß auch der Übergang zur Fläche der höheren Ordnung zu einfacheren Verhältnissen führen kann.

826 Wenn in der Geiserschen Verwandtschaft einer Gerade eine Kurve 8. Ordnung entspricht, so entspricht einer Kurve n^{ter} Ordnung, weil sie dieser Kurve in $8n$ Punkten begegnet, eine Kurve $8n^{\text{ter}}$ Ordnung.

Die volle entsprechende Kurve der Koinzidenzkurve 6. Ordnung Γ ist 48. Ordnung; sie besteht aus den sieben Hauptkurven 3. Ordnung, doppelt gerechnet, und der Γ selbst, von der jeder Punkt sich selbst entspricht.

Auch jede Kurve 3. Ordnung C^3 von $\mathfrak{N}$ entspricht sich selbst, aber nicht Punkt für Punkt; weil der zu jedem Punkte H auf ihr assoziierte I auch ihr angehört. Und durch diese assoziierten Punkte H, I entsteht auf ihr eine involutorische eindeutige Korrespondenz, eine Involution, wie wir sie kurz nennen wollen. Es handelt sich darum zu erkennen, daß die Verbindungslinien HI der gepaarten Punkte in einen Punkt von C^3 zusammenlaufen.

Wir betrachten einen Strahlenbüschel P und auf jedem seiner Strahlen die beiden assoziierten Punkte H, I, welche er trägt; auf dem Strahle von P nach seinem assoziierten Punkte (und keinem andern) gehört P zu dem Punktepaare. Also erzeugen die H, I auf den Strahlen eines Büschels P eine durch P gehende Kurve 3. Ordnung (P). Diese Kurve ergibt sich auch als Erzeugnis des Strahlenbüschels P und des zu ihm projektiven Büschels von Kurven 8. Ordnung im homaloidischen Netze. Das volle Erzeugnis ist 9. Ordnung; aber die Koinzidenzkurve 6. Ordnung löst sich ab.

Die Kurve 3. Ordnung geht durch die sieben Punkte $A, \dots G$; denn z. B. auf PA bilden A und der dritte Schnitt mit a^3 das Punktepaar. Also sind diese Kurven dem Netze $\mathfrak{N}$ angehörig. Jede C^3 desselben ist eine solche; es seien H, I zwei assoziierte Punkte, gepaarte Punkte der Involution auf ihr, P der dritte Schnitt der HI mit C^3, so ist die ihm zugehörige (P) mit C^3 identisch; denn sie hat die zehn Punkte $A, \dots G, H, I, P$ mit ihr gemeinsam.

So zeigt sich, daß auf jeder C^3 die Involution assoziierter Punkte durch einen Strahlenbüschel eingeschnitten wird, dessen Scheitel auf C^3 liegt.

Diese Involution, auf einer nicht unikursalen Kurve gelegen, hat vier Doppelpunkte (nicht zwei, wie die gemeine auf unikursalem Träger), nämlich die Berührungspunkte der vier Tangenten aus dem „Zentrum“ an die Kurve. Sie liegen auf Γ und sind die ferneren Schnitte der C^3 mit dieser Kurve.

Zu den C^3 gehören 21 zerfallende Kurven, jede bestehend aus einer Gerade wie AB und dem Kegelschnitte $(C \dots G)$. Jede weitere C^3 schneidet jeden der beiden Bestandteile noch einmal; das sind diesmal nicht involutorisch entsprechende Punkte H, I, sondern nur projektiv entsprechende auf verschiedenen Trägern. Das Zentrum liegt auf dem Kegelschnitte.

Die Gerade und der Kegelschnitt entsprechen sich also in der Geiserschen Verwandtschaft.

Die zu den Kurven eines Büschels im Netze gehörigen Punkte P durchlaufen die Gerade, welche die Punkte H, I, die zu diesem Büschel gehören, verbindet. Auf diese Weise entsteht zwischen dem Netze der Kurven und dem Punktfelde der P eine Kollineation: mit der Eigenschaft der durchgängigen Inzidenz entsprechender Elemente.

Wir fanden (Nr. 798), daß eine quadratische Verwandtschaft in einander liegender Felder zu einer Geiserschen Verwandtschaft führt, in welcher die beiden Punkte einander entsprechen, in denen eine Gerade des einen Feldes und der entsprechende Kegelschnitt im andern sich schneiden.

Andererseits führt bei einer Geiserschen Verwandtschaft jedes Tripel, das aus den sieben Grundpunkten genommen wird, zu einer quadratischen Verwandtschaft. Auf jeder Gerade l liegt ein Paar entsprechender Punkte H und I, welche dann mit den gewählten Grundpunkten A, B, C einen Kegelschnitt K bestimmen. Umgekehrt wird ein Kegelschnitt durch A, B, C in eine Kurve K' von der Ordnung $2 \cdot 8 - 3 \cdot 3 = 7$ transformiert, auf welcher die Punkte A, B, C die Vielfachheit $2 \cdot 3 - 2 - 1 - 1 = 2$ und die übrigen Grundpunkte die Vielfachheit 3 haben; folglich sind diesen entsprechenden Kurven, außer A, B, C, noch gemeinsam acht Punkte. Der Kegelschnitt schneidet die Koinzidenzkurve noch in sechs Punkten, welche zu jenen acht Punkten gehören; die übrigen Punkte sind die einzigen Punkte H und I, die zugleich auf dem Kegelschnitte liegen, so daß also auch jedem Kegelschnitte K durch A, B, C nur eine Gerade $l = HI$ zugeordnet ist. Dreht sich l um einen Punkt P, so beschreiben die Paare H, I auf ihr eine durch P und $A, \ldots G$ gehende Kurve 3. Ordnung; die Kegelschnitte K, welche sie je mit A, B, C verbinden, schneiden (Nr. 227) in diese Kurve einen festen Punkt Q ein; so daß dem Büschel der Strahlen l ein Büschel von Kegelschnitten korrespondiert[1]).

Durchläuft K einen Büschel $(ABCQ)$, so tut es auch K', denn zu den $3 \cdot 2^2 + 4 \cdot 3^2 = 48$ festen gemeinsamen Punkten tritt noch der assoziierte von Q. Diese beiden projektiven Büschel erzeugen eine Kurve 9. Ordnung, von der sich aber Γ abzweigt; es bleibt eine durch A, B, C, Q gehende Kurve 3. Ordnung C^3: der Ort der Punkte H, I auf den Kegelschnitten von $(ABCQ)$. Die H, I, eingeschnitten in C^3 durch diese Kegelschnitte, haben in einen Punkt P von C^3 zusammenlaufende Verbindungslinien l. So ergibt sich eine eindeutige (nicht involutorische) Zuordnung der Punkte P und Q; wenn P eine l durchläuft, so durchläuft Q den zugeordneten Kegelschnitt K; also ist sie quadratisch.

827 Wenn E, F, G in gerader Linie liegen, so enthält jede Kurve des Netzes $\mathfrak{N}$, welche durch einen Punkt H dieser Gerade geht, sie ganz, und der Kurvenbüschel besteht aus ihr und den Kegelschnitten des Büschels (A, B, C, D); der neunte Punkt I ist jeder Punkt der Gerade.

Jede zwei Punkte der Gerade sind entsprechend und jeder sich selbst.

Von der einer Gerade korrespondierenden Kurve 8. Ordnung sondert sich diese Gerade ab, die Transformation ist nur 7. Grades und E, F, G sind zweifache Hauptpunkte geworden. Auch von der Koinzidenzkurve spaltet sich die Gerade ab; die restierende Kurve 5. Ordnung geht durch E, F, G nur einmal.

Von den Hauptkurven von E, F, G löst sich auch diese Gerade ab, die von E ist der Kegelschnitt $(ABCDE)$.

G' liegt auf derjenigen Gerade von F^3, welche sich in EF abbildet, der einzigen der Fläche, welche von den Geraden $a', \ldots f'$ nur e' und f' trifft (c_{56} nach der früheren Bezeichnung). Weil sie jede der kubischen Raumkurven r^3, die sich in Geraden von Σ abbilden, trifft, so gehört sie zum Kegel, der diese aus G' projiziert, so daß sie vom weiteren Schnitt 6. Ordnung sich absondert; endlich gehört sie auch zur Berührungskurve des Tangentialkegels aus G'.

1) Caporali, Memorie dell' Accademia dei Lincei Ser. III Bd. 2 (zweite Abhandlung).

Wenn (H_1, I_1), (H_2, I_2) zwei Büschel aus $\mathfrak{N}$ sind, so erhält man die H, I als weitere Schnitte irgend einer Kurve des einen mit irgend einer des andern. Nehmen wir im jetzigen Falle als zweiten Büschel den obigen, so ergeben sich die H, I als Schnitte der Kurven von (H_1, I_1) mit den Kegelschnitten von (A, B, C, D).

Weil E, F, G in gerader Linie liegen, liegen, wegen der Assoziation, A, B, C, D, H, I auf einem Kegelschnitte.

Befindet sich G auch mit C, D in gerader Linie, so wird die Transformation vom 6. Grade; nur noch A, B sind dreifache Hauptpunkte, C, D, E, F doppelte und G einfacher; seine Hauptkurve ist AB. Die Koinzidenzkurve ist 4. Ordnung, geht durch A, B zweimal, durch C, D, E, F einmal, durch G nicht.

Läßt man H_1, I_1 auf CDG, H_2, I_2 auf EFG liegen, so sind H und I Schnitte eines Kegelschnitts K aus (A, B, C, D) und eines Kegelschnitts K_1 aus (A, B, E, F); und umgekehrt, wenn das der Fall ist und $G = (CD, EF)$, so sind die neun Punkte $A, \ldots I$ die Schnitte der Kurven 3. Ordnung (K, EF) und (K_1, CD), also assoziiert.

Die jetzige Verwandtschaft 6. Grades entsteht daher einfacher folgendermaßen. Es liegen zwei Kegelschnitt-Büschel (A, B, C, D), (A, B, E, F) mit zwei gemeinsamen Grundpunkten vor. Jedem Punkte H entspricht der vierte Schnitt I der beiden durch ihn gehenden Kegelschnitte der Büschel.

Legt man durch A und B eine hyperbolische Fläche 2. Grades F^2 und schneidet in O Geraden aus verschiedenen Regelscharen durch A und B, so ergibt sich durch Projektion aus O auf die Fläche die involutorische Verwandtschaft der Schnitte, mit F^2, der Strahlen des Netzes $[C'D', E'F']$, wo C', D', E', F' die Projektionen von C, D, E, F sind. Also handelt es sich um die in Nr. 788 erwähnte involutorische Verwandtschaft.

828 Involutorisch zugeordnet sind die beiden weiteren Schnitte einer Kurve aus dem Büschel 3. Ordnung $(A, \ldots I)$ und eines Kegelschnitts aus dem Büschel (A, B, C, D).

Wir operieren mit den beiden Büscheln 3. und 2. Ordnung und zwei Geraden $l, \bar{l}$ ähnlich wie in Nr. 824; auf $\bar{l}$ ergibt sich eine Korrespondenz $[6, 6]$; eine Koinzidenz ist $l\bar{l}$. Die elf übrigen lehren, daß wir es mit einer Verwandtschaft 11. Grades zu tun haben. Wird wiederum $\bar{l}$ durch einen der Punkte $A, \ldots D$ oder einen der $E \ldots I$ gelegt, so reduziert sich die Korrespondenz auf eine $[3, 4]$ bzw. $[6, 4]$, aus der wir entnehmen, daß die $A, \ldots D$ fünffache, die $E, \ldots I$ doppelte Hauptpunkte sind.

Daß einem beliebigen Punkte des Kegelschnitts $(ABCDE)$ der Punkt E als entsprechender Punkt zugehört, ist unmittelbar ersichtlich; er ist also die zu E gehörige Hauptkurve.

Ordnen wir in den beiden Büscheln die in A sich berührenden Kurven einander zu, so entsteht Projektivität. Also ist die zu A gehörige Hauptkurve eine Kurve 5. Ordnung. Der Punkt A, in dem entsprechende Kurven der beiden projektiven Büschel sich stets berühren, ist dreifach und die Punkte $B, \ldots; E \ldots$ doppelt, einfach auf ihr (Nr. 171). Dem Punkte A entspricht als Hauptkurve die Kurve 5. Ordnung $(A^3B^2C^2D^2E \ldots I)$.

Die beiden Büschel schneiden in eine Gerade Involutionen 3. und 2. Grades ein, also mit zwei Paaren der letzteren, die zu einem Tripel der ersteren gehören (Nr. 196).

Jede Gerade trägt zwei Paare entsprechender Punkte; die Klasse der Verwandtschaft ist 2.

Daher ist die Koinzidenzkurve 7. Ordnung.

Bestätigen wir die Ergebnisse wiederum durch die Abbildung auf F^3. Die Bilder G', H', I' von G, H, I liegen (Nr. 825) in gerader Linie t'; EF bildet sich in die Gerade u' von F^3 ab, welche e', f' trifft, gegen $a', \ldots d'$ windschief ist. Also bilden sich die Kurven des Büschels 3. Ordnung in die Schnitte der Ebenen durch t' ab, und die Kegelschnitte des andern Büschels, welche mit EF Kurven 3. Ordnung durch die Fundamentalpunkte zusammensetzen, in die von den Ebenen durch u' ausgeschnittenen Kegelschnitte. In der involutorischen Verwandtschaft auf F^3 sind die beiden weiteren Schnitte eines Strahls des Netzes $[t', u']$, außer dem auf u', entsprechend. Wenn der Gerade l in Σ die u' einmal treffende Raumkurve l'^3 entspricht, so liefern die Geraden, die sich auf t', u', l'^3 stützen, eine Regelfläche 5. Grades, auf welcher u' dreifach, t' doppelt, l'^3 einfach ist. Ihr fernerer Schnitt 9. Ordnung trifft eine m'^3 noch elfmal, $a', \ldots d'$ fünfmal, e', f' zweimal und geht zweimal durch G', H', I'. Sein Bild ist die der l entsprechende Kurve 11. Ordnung.

Die Regelschar $[t', u', a']$ schneidet in F^3 eine Raumkurve 4. Ordnung 2. Art ein, welche in der Verwandtschaft auf der Fläche der a' korrespondiert. Der m'^3 begegnet sie fünfmal, der a' dreimal, b', c', d' zweimal, e', f' einmal, durch G', H', I' geht sie. Damit ist die zu A gehörige Hauptkurve 5. Ordnung wie oben als $(A^3B^2C^2D^2E \ldots I)$ charakterisiert.

Ähnlich erhält man die zu E zugehörige Hauptkurve; ihr entspricht auf F^3 der Kegelschnitt in der Ebene $u'e'$. Und in denjenigen in der Ebene $G'u'$ bildet sich die zu G gehörige Hauptkurve ab.

Die Strahlen von $[t', u']$, welche F^3 berühren, erzeugen eine Regelfläche, für welche u' vierfache, t' doppelte Leitgerade ist; also vom Grade 6. Die Berührungskurve und Koinzidenzkurve Γ' auf F^3 ist also 7. Ordnung. Von m'^3 wird die Fläche in sieben Punkten berührt, von a' dreimal, von e', welche u' trifft, einmal; das sind Schnitte mit Γ'. Endlich G', doppelt auf der Regelfläche, einfach auf F^3, gehört der Berührungskurve nur einfach an. Danach ist die Koinzidenzkurve Γ in Σ von der Ordnung 7 und durch $(A^3B^3C^3D^3E \dots I)$ charakterisiert.

Die Begegnungspunkte der a' mit der vorhinigen Raumkurve 4. Ordnung sind gerade die drei Punkte, durch welche Γ′ geht. Daraus folgt wieder, daß Γ und die Hauptkurve von A in A dieselben Tangenten haben. Und ebenso geht Γ′ durch die Schnitte von e' mit dem Kegelschnitte in $u'e'$. —

Wenn A, B, C, D, H, I auf einem Kegelschnitte K^2 liegen und daher E, F, G auf einer Gerade, so sondert sich dieser K^2, von dem jede zwei Punkte einander entsprechen, doppelt von der jeder Gerade korrespondierenden Kurve ab; es resultiert eine Verwandtschaft 7. Grades: die in Nr. 827 besprochene.

829 Zu einer involutorischen Verwandtschaft führt das lineare System 3. Stufe von Kurven 6. Ordnung, welche acht gegebene Doppelpunkte $A, \dots H$ haben. Es hat die Eigenschaft, daß die Kurven des Netzes, das durch einen Punkt I aus diesem Gebüsche ausgeschieden wird, alle durch einen zweiten Punkt K gehen, der dem I involutorisch zugeordnet wird. Cremona hat diese und die wesentlichen Eigenschaften der Verwandtschaft vermittelst der Abbildung auf die kubische Fläche gefunden[1]).

$A, \dots F$ seien wiederum die Fundamentalpunkte der Abbildung. Die Kurven 6. Ordnung mit ihnen als Doppelpunkten haben den Grad der Mannigfaltigkeit $\frac{1}{2} \cdot 6 \cdot 9 - 3 \cdot 6 = 9$. Die neun weiteren bestimmenden Punkte einer Kurve geben neun Bilder auf F^3, und die durch sie bestimmte Fläche 2. Grades schneidet eine Kurve 6. Ordnung, die sich in jene Kurve abbildet; da sie l'^3 sechsmal und $a', \dots f'$ zweimal trifft.

Ein Punkt I' auf F^3 bestimmt einen Kegelschnitt, der durch ihn geht und F^3 in G', H' berührt; er schneidet noch in K'. Die Flächen 2. Grades, welche durch I' gehen und F^3 in G', H' tangieren, enthalten diesen Kegelschnitt und K'; sie schneiden F^3 in solchen Kurven, deren Bilder auch in G, H Doppelpunkte haben, durch I gehen und also auch durch K.

Der involutorischen Verwandtschaft der I und K auf Σ entspricht also auf F^3 die involutorische Verwandtschaft der beiden weiteren Schnittpunkte I', K' der F^3 mit den Kegelschnitten, die sie in G', H' berühren.

Diejenigen dieser Kegelschnitte, welche eine Gerade q treffen, erzeugen die Fläche 2. Grades F_q^2, welche F^3 in G', H' berührt (bekanntlich je drei lineare Bedingungen) und durch q geht. Die beiden

1) Bertini hat Cremonas Überlegungen mitgeteilt. Annali di Matematica Ser. II Bd. 8 S. 273.

Tangenten des Doppelpunktes G' der Schnittkurve dieser Fläche mit F^3 führen zu zwei die q treffenden Kegelschnitten, welche in G' oskulieren und in H' berühren, so daß alle Kegelschnitte, welche dies tun, wiederum eine Fläche 2. Grades $\mathfrak{F}^2$ erzeugen[1]).

Weil G', H', I', K' auf einem ebenen Schnitte von F^3 liegen, befinden sich I und K auf einer Kurve 3. Ordnung durch $A, \ldots H$. Die sechs Schnitte der F_q^2 mit der l'^3, welche der Gerade l in Σ entspricht, führen zu einer Fläche 6. Ordnung derjenigen F^3 in G' und H' tangierenden Kegelschnitte, welche sich auf l'^3 stützen; ihr fernerer Schnitt ist 15. Ordnung, und von ihren Schnittpunkten mit m'^3, die der m in Σ entspricht, liegt einer auf l'^3, die 17 andern auf der Kurve 15. Ordnung. Diese begegnet den $a', \ldots f'$ je sechsmal, weil die Fläche es tut; sie geht sechsmal durch G', nämlich für diejenigen Punkte I', in denen l'^3 von der obigen $\mathfrak{F}^2$ getroffen wird.

Also korrespondiert der Gerade l eine Kurve 17. Ordnung, welche durch jeden der Punkte $A, \ldots H$ sechsmal geht.

Durch die Abbildung werden G und H von $A, \ldots F$ geschieden; aber es ist sofort ersichtlich, daß, was in der Ebene Σ für $A, \ldots F$ erhalten ist, auch für G und H gilt; und wir werden uns weiterhin den besonderen Beweis für G und H ersparen.

Die Fläche 2. Grades der in G', H' tangierenden und auf a' sich stützenden Kegelschnitte schneidet noch in einer Kurve 5. Ordnung, welche m'^3 sechsmal, $b', \ldots f'$ zweimal trifft, die a' aber dreimal (wie irgend eine Ebene durch a' lehrt) und durch G', H' zweimal geht.

Die zu A gehörige Hauptkurve, in welche diese Kurve sich abbildet, ist deshalb eine Kurve 6. Ordnung, charakterisiert durch $(A^3 B^2 \ldots H^2)$.

Zur Koinzidenzkurve Γ' auf F^3 gelangen wir durch die Kegelschnitte, welche, außer in G', H', F^3 noch ein drittes Mal berühren; in jeder Ebene durch $G'H'$ gibt es drei; der Gegenpunkt O' nämlich des Büschels der in G', H' tangierenden Kegelschnitte, in den die Verbindungslinien der weiteren Schnitte I', K' zusammenlaufen, ist der Tangentialpunkt des dritten Schnitts L' der Gerade $G'H'$, die, doppelt gerechnet, zum Büschel gehört; die Berührungspunkte der drei weiteren Tangenten aus O' an den Schnitt der Ebene mit F^3 führen zu den drei Kegelschnitten.

Diese Kegelschnitt-Tripel in den Ebenen durch $G'H'$, von denen keins einen Kegelschnitt enthält, zu dem $G'H'$ gehört, erzeugen eine Fläche 6. Ordnung. Dazu führt auch die Fläche F_q^2. Sie schneidet F^3 in einer Raumkurve 6. Ordnung, welche durch G' und H' zwei-

1) Diese Fläche oskuliert F^3 in G'; d. h. jede durch G' gehende Ebene schneidet aus ihnen zwei sich in G' dreipunktig berührende Kurven aus. Eine solche Oskulation ist mit sechs linearen Bedingungen äquivalent: Cremona, Grundzüge einer allgemeinen Theorie der Oberflächen Nr. 19.

mal geht; die Ebenen durch $G'H'$ schneiden in zwei zusammengehörigen I', K'. Enthält die Ebene die eine oder andere Tangente von G', so wird dieser einer der beiden gepaarten Punkte. Legen wir die Axe eines Ebenenbüschels durch G', und ordnen in ihm Ebenen einander zu, welche nach gepaarten I', K' gehen, so ergibt sich eine Korrespondenz [4, 4], von deren acht Koinzidenzen zwei von den Paaren herrühren, zu denen G' gehört, während die sechs übrigen durch vereinigte I', K' entstehen. Demnach treffen von den Kegelschnitten, die, außer in G' und H', noch ein drittes Mal tangieren, sechs die Gerade q.

Diese Fläche 6. Ordnung berührt die F^3 längs einer Kurve 9. Ordnung, der Koinzidenzkurve Γ'. Von m'^3 wird die Fläche in $\frac{1}{2}\cdot 3\cdot 6=9$ Punkten, von $a', \ldots f'$ je in drei Punkten berührt, die Kurve also so oft getroffen. Daraus folgt, daß die Koinzidenzkurve Γ in Σ 9. Ordnung ist und durch jeden der Punkte $A, \ldots H$ dreimal geht, und in jedem dieser Punkte dieselben drei Tangenten hat wie die ihm zugehörige Hauptkurve.

Außerhalb der Koinzidenzkurve Γ besteht noch ein einzelner Koinzidenzpunkt L, der neunte assoziierte Punkt zu $A, \ldots H$, welchem auf F^3 der dritte Schnitt L$'$ von $G'H'$ entspricht. Die Kurve des Gebüsches, die durch L, X, Y bestimmt wird, besteht aus den beiden durch X, Y gehenden Kurven 3. Ordnung des Büschels $(AB \ldots HL)$; und das durch L ausgeschiedene Netz besteht aus lauter in zwei Kurven dieses Büschels zerfallenden Kurven. Statt zwei getrennten Punkten haben sie alle den neunten Doppelpunkt L gemeinsam, in dem sich I und K vereinigen.

Die entsprechenden Kurven auf F^3 setzen sich aus zwei ebenen Schnitten durch $G'H'L'$ zusammen.

Die Klasse der Verwandtschaft ist $\frac{1}{2}(17-9)=4$.

Die Kurven 6. Ordnung des Gebüsches (vom Geschlechte 2) sind sich selbst entsprechende Kurven, da jede zu dem durch einen Punkt I auf ihr ausgeschiedenen Netze gehört und K enthält. Sie trägt also eine Involution von Punkten I, K.

§ 116. Fortsetzung.

830 Untersuchen wir involutorische Jonquièressche Verwandtschaften (Nr. 781).[1]) Der $(n-1)$-fache Hauptpunkt sei O, die $2(n-1)$ einfachen $S_1, \ldots S_{2(n-1)}$. Die zu O gehörige Hauptkurve

1) Zu den folgenden Behandlungen vgl. Bertini, Annali di Matematica Ser. II Bd. 8 S. 11, 146 und 244, und: Rendiconti dell' Istituto Lombardo Ser. II Bd. 13 S. 443, Bd. 16 S. 89, 190. Fortgesetzt wurden diese Untersuchungen, in bezug auf involutorische Verwandtschaften 3., 4., 5. Klasse, von Martinetti, Annali di Matematica Ser. II Bd. 12 S. 173, Bd. 13 S. 53 und von Berzolari, ebenda Bd. 16 S. 191.

$O^{n-1}(n-1)^{\text{ter}}$ Ordnung hat O zum $(n-2)$-fachen Punkte und die S zu einfachen, die den S zugehörigen Hauptgeraden verbinden einen der S mit O.

Jedem Strahle durch O entspricht, nach Ablösung von O^{n-1}, eine Gerade, die durch O gehen muß, damit er für die volle Kurve $(n-1)$-fach wird. So können denn zwei Fälle eintreten: Entweder entspricht jeder Strahl durch O sich selbst, oder die entsprechenden Strahlen sind in einer Involution gepaart. Im ersten Falle entsteht auf jedem Strahle durch O eine Involution entsprechender Punkte, und die Doppelpunkte dieser Involutionen erzeugen eine Koinzidenzkurve. Dem O ist in der Involution jedesmal der fernere Schnitt mit der Hauptkurve O^{n-1} gepaart und auf den $n-2$ Tangenten der O^{n-1} vereinigt er sich mit O. Daraus folgt, daß die Koinzidenzkurve $(n-2)$-mal durch O geht und n^{ter} Ordnung ist: Γ^n. Mithin absorbieren die Schnitte einer Gerade mit Γ^n alle Schnitte mit der korrespondierenden Kurve, die Klasse ist 0; auf einer beliebigen Gerade befindet sich kein Paar entsprechender Punkte; nur die Strahlen durch O enthalten solche Paare und stets ∞^1. Zwei korrespondierende Punkte liegen immer harmonisch zu den beiden weiteren Schnitten des sie tragenden Strahls durch O mit Γ^n.

Umgekehrt, jede Kurve Γ^n n^{ter} Ordnung mit einem $(n-2)$-fachen Punkte O führt zu einer involutorischen Verwandtschaft n^{ten} Grades dieser Art, wenn auf den Strahlen durch O zwei Punkte zugeordnet werden, die zu den weiteren Schnitten mit Γ^n harmonisch sind. Die Kurve Γ^n ist von der Klasse $2(2n-3)$, und von O gehen $2(n-1)$ anderwärts berührende Tangenten aus; auf ihnen wird die Involution parabolisch und jedem Punkte einer von diesen Tangenten entspricht der Berührungspunkt: sie werden Hauptgeraden der Verwandtschaft zugehörig zu den Berührungspunkten als Hauptpunkten. Ferner die erste Polare O^{n-1} des Punktes O in bezug auf Γ^n geht (Nr. 682) ebenfalls $(n-2)$-mal durch O mit denselben Tangenten wie Γ^n und der weitere Schnitt eines Strahls durch O mit ihr ist dem O harmonisch zugeordnet in bezug auf die weiteren Schnitte mit Γ^n. Diese erste Polare von O ist daher die O zugehörige Hauptkurve $(n-1)^{\text{ter}}$ Ordnung. Schon daraus erhellt, daß eine Jonquièressche Verwandtschaft n^{ten} Grades vorliegt. Wir wollen aber noch direkt beweisen, daß auf zwei gegebenen Geraden $l, \bar{l}$ n-mal entsprechende Punkte liegen. In der speziellen Hirstschen Inversion (Nr. 814), mit dem Zentrum O und der Basis $(l, \bar{l})$, korrespondiert der $(n-2)$-mal durch O gehenden Γ^n eine Kurve von der Ordnung $n+2$, welche durch O n-mal und durch die $2n$ Punkte $(\Gamma^n, l\bar{l})$ geht. Also hat sie außerdem mit Γ^n $2n$ Punkte gemein, welche n Paare in jener Inversion entsprechender Punkte bilden; wir haben also auf Γ^n n Paare je auf einem Strahle durch O gelegener Punkte, die zu den Schnitten mit l, $\bar{l}$ harmonisch sind, so daß diese Schnitte entsprechende Punkte in unserer Verwandtschaft sind.

Dieser Verwandschaft ordnet sich unter, für $n = 2$, die allgemeine Hirstsche Inversion; der nächst einfache Fall ergibt sich bei einer Kurve 3. Ordnung mit einem auf ihr gelegenen Punkte O.

Aber auch die Geisersche Verwandtschaft liefert einen hierher gehörenden Spezialfall. Wenn nämlich sechs von den sieben Grundpunkten, B, C, ... G, sich auf einem Kegelschnitt K^2 befinden, dann liegen der achte und neunte assoziierte Punkt H und I stets auf einer Gerade durch A. Der durch einen Punkt H auf K^2 bestimmte Büschel im Netze $\mathfrak{N}$ besteht aus Kurven, die in K^2 und einen Strahl durch A zerfallen; I ist also jeder Punkt von K^2, und dieser Kegelschnitt sondert sich von jeder Kurve 8. Ordnung, die einer Gerade korrespondiert, doppelt ab; es bleibt, als eigentlich korrespondierende Kurve, eine Kurve 4. Ordnung, welche dreimal durch A, durch die übrigen sechs Grundpunkte nur einmal geht. Jeder Punkt auf K^2 ist sich auch selbst entsprechend; daher reduziert sich die eigentliche Koinzidenzkurve auf eine 4. Ordnung: Γ^4 und geht durch A zweimal, durch die übrigen Punkte einmal. Somit haben wir den vorliegenden Fall; wir wissen nun, daß AB, ... AG die Γ^4 in B, ... G berühren. Diese Kurve 4. Ordnung Γ^4 mit einem Doppelpunkt O hat die besondere Eigenschaft, daß die Berührungspunkte der sechs von O kommenden Tangenten auf einem Kegelschnitte liegen, und daß dieser und die Kurve von jedem Strahle durch O harmonisch geschnitten werden.

Bei der Abbildung auf F^3 entspricht dem K^2 die Gerade g' dieser Fläche, welche b', c', d', e', f' trifft: die Gegengerade der a im Doppelsechs, zu dem das Sextupel a', ... f' gehört. Auf ihr liegt G', und sie trifft alle die kubischen Raumkurven der F^3, welche sich in die Geraden der Ebene abbilden, zweimal. Daraus folgen die weiteren Eigenschaften unserer Verwandtschaft in bekannter Weise.

Ferner haben wir folgenden Spezialfall. Es sei, im Falle eines ungeraden n, $\mathfrak{B}$ ein Kurvenbüschel $\frac{n+1}{2}^{\text{ter}}$ Ordnung, dessen Kurven einen gemeinsamen $\left(\frac{n-3}{2}\right)$-fachen Punkt O, und infolgedessen noch $2(n-1)$ weitere gemeinsame Punkte S_1, ... $S_{2(n-1)}$ haben. Entsprechend sind die beiden weiteren Schnitte irgend eines Strahls durch O und irgend einer Kurve des $\mathfrak{B}$. Der Grad dieser involutorischen Verwandtschaft ist n; was wie in Nr. 824 oder 828 bewiesen wird. Unmittelbar ersichtlich ist, daß die S_i Hauptpunkte sind je mit der OS_i als zugehöriger Hauptgerade. Der Punkt O ist auf der Kurve n^{ter} Ordnung, welche einer Gerade g entspricht, $(n-1)$-fach; denn ein beliebiger Strahl durch O schneidet sie außerdem nur in dem Punkte, welcher seinem Schnitte mit g entspricht. Die Hauptkurve $(n-1)^{\text{ter}}$ Ordnung, welche O zugehört, wird durch die einzigen Punkte auf den Strahlen durch O gebildet, in denen sie je die den Strahl in O berührende Kurve von $\mathfrak{B}$ nochmals schneiden; sie hat also O zum $(n-2)$-fachen Punkte.

Die Koinzidenzkurve ist der Ort der Berührungspunkte der (anderwärts berührenden) Tangenten aus O an die Kurven von $\mathfrak{B}$. Sie sind die Schnitte der Kurven je mit den ersten Polaren von O, die einen Büschel $\left(\frac{n-1}{2}\right)^{\text{ter}}$ Ordnung mit ebenfalls gemeinsamem $\left(\frac{n-3}{2}\right)$-fachen Punkte O bilden. Diese beiden projektiven Büschel erzeugen eine Kurve n^{ter} Ordnung, die Koinzidenzkurve; für sie ist der Punkt O $(n-2)$-fach; denn jeder Strahl durch O schneidet den Büschel $\mathfrak{B}$ in einer Involution 2. Grades und berührt zwei Kurven desselben[1]). Die einfachsten Fälle sind, wenn ein Kegelschnitt-Büschel mit einem beliebigen Punkte O vorliegt oder ein Kurvenbüschel 3. Ordnung, von dem O ein Grundpunkt ist; die Verwandtschaften sind 3. und 5. Grades.

Es wurde oben vorausgesetzt, daß die Doppelpunkte der Involutionen auf den Strahlen durch O im allgemeinen von diesem Punkte verschieden sind; es kann aber eintreten, daß einer von ihnen durchweg in O fällt. Er wird dann für die Koinzidenzkurve $(n-1)$-fach. Wir stellen diesen Fall her, indem wir bei einer Kurve n^{ter} Ordnung Γ^n mit einem $(n-1)$-fachen Punkte O zwei Punkte einander zuordnen, die auf einem Strahle durch O harmonisch liegen zu O und dem letzten Schnitte mit Γ^n.

Die erste Polare von O besteht diesmal aus den $n-1$ Tangenten von O, und O wird dadurch $(n-1)$-facher Hauptpunkt, dessen Hauptkurve in diese Tangenten zerfällt. Anderwärts berührende Tangenten von Γ^n durch O gibt es nicht; der Punkt O hat vielmehr die $2(n-1)$ einfachen Hauptpunkte in sich aufgenommen, derartig, daß die Kurven des homaloidischen Netzes die Tangenten von Γ^n in O auch zu Tangenten haben und die je zu derselben Tangente gehörigen Äste in O einander dreipunktig berühren, den Ast von Γ^n aber nur zweipunktig. Daß es auf $l, \bar{l}$ n Paare entsprechender Punkte gibt, beweisen die n Schnitte der Γ^n mit der Polare von O nach $(l, \bar{l})$. Mit Γ^n hat jede Kurve des

1) Oder, auf jeder Gerade durch O gilt $r = r_1 = \frac{n-3}{2}$, $s = s_1 = 1$ in Nr. 171, so daß die erzeugte Kurve mit ihr $r + r_1 + s = n - 2$ in O vereinigte Punkte gemeinsam hat.

Netzes die n Schnitte der korrespondierenden Gerade und der Γ^n gemeinsam, sodann noch $(n-1)^2+n-1$ Punkte, nämlich den O, der auf Γ^n und allen Netzkurven $(n-1)$-fach ist, und $n-1$ Nachbarpunkte auf den Ästen. Von den n^2-1 festen Schnittpunkten aber zweier Netzkurven zählt der O zunächst $(n-1)^2$-fach, und neben ihm liegen noch $n-1$ Paare von gemeinsamen Punkten und zwar immer der eine noch auf einem Aste von Γ^n, während der andere, wenn auch ihm unendlich nahe, doch nicht mehr auf Γ^n liegend anzunehmen ist; diese Kurve kann nur dadurch in sich selbst übergehen, daß sie den $(n-1)$-fachen und $n-1$ einfache Hauptpunkte enthält:

$$n^2-(n-1)^2-(n-1)=n.$$

Die involutorische Homologie und der oben erwähnte Spezialfall der Hirstschen Inversion gehören hierunter.

Die Klasse ist bei diesen Verwandtschaften 0. Umgekehrt bedingt die Klasse 0 eine solche Verwandtschaft. Die Koinzidenzkurve ist dann n^{ter} Ordnung, da eine beliebige Gerade kein Paar entsprechender (verschiedener) Punkte enthält. Also müssen sich die ∞^2 Paare entsprechender Punkte auf ∞^1 Geraden zu je ∞^1 verteilen, und da ein Punkt nur einen entsprechenden hat, so kann durch ihn nur eine derartige Gerade gehen; sie bilden einen Strahlenbüschel, und jeder Strahl desselben trägt eine Involution. Man hat die im Vorangehenden betrachteten Verwandtschaften, den allgemeinen Fall oder den speziellen.

831 Wir nehmen nunmehr an, daß bei einer involutorischen Jonquièresschen Verwandtschaft die Strahlen durch den $(n-1)$-fachen Hauptpunkt, die einander entsprechen, involutorisch gepaart sind.

Dem Strahle von O nach einem S entspricht dessen Hauptgerade, die einen zweiten S enthält, und der erste Strahl ist Hauptgerade des zweiten S. Die Punkte S zerfallen demnach in $n-1$ Paare homologer Punkte, und es empfiehlt sich die Bezeichnung:

$$S_1, S_2 \dots S_{n-1};\ T_1, T_2, \dots T_{n-1};$$

wo S_i und T_i in dieser Weise homolog sind. OS_i und OT_i sind in der Involution gepaart, so daß, wenn $n>3$ ist, die Hauptpunkte nicht sämtlich beliebig gegeben werden können.

Die Doppelstrahlen der Involution (O) seien u, v. Auf einem Doppelstrahle haben wir entweder nur Involution und dann in den Doppelpunkten einzelne Koinzidenzpunkte: U_1, U_2; V_1, V_2, oder der Doppelstrahl besteht aus lauter sich selbst entsprechenden Punkten. Außerhalb der Doppelstrahlen sind keine Koinzidenzpunkte möglich.

Wir haben daher drei Fälle:

1. Vier einzelne Koinzidenzpunkte U_1, U_2; V_1, V_2 auf zwei Geraden u, v durch O;

2. Zwei einzelne Koinzidenzpunkte U_1, U_2 auf einer Gerade u durch O, eine Gerade v von Koinzidenzpunkten[1]), ebenfalls durch O gehend;
3. zwei Geraden u, v von Koinzidenzpunkten, beide durch O gehend.

Die Klasse ist $\frac{n}{2}$, $\frac{n-1}{2}$, $\frac{n-2}{2}$, und es muß n gerade, ungerade, gerade sein. Zur Klasse 1 führen also bzw. $n = 2, 3, 4$.

Wir nehmen im ersten Falle aus den einfachen Hauptpunkten $n-1$, unter denen keine zwei homologen sich befinden, etwa $S_1, \ldots S_{n-1}$; so haben wir eine Kurve L $\frac{n}{2}$ter Ordnung $\left(O^{\frac{n}{2}-1} S_1 \ldots S_{n-1} U_1\right)_{\frac{n}{2}}$. Sie geht über in eine Kurve derselben Ordnung und mit demselben Verhalten zu diesen Punkten; die Ordnung nämlich ist

$$\frac{n}{2} \cdot n - \left(\frac{n}{2} - 1\right)\left(n - 1\right) - \left(n - 1\right) = \frac{n}{2},$$

die Vielfachheit von O $\frac{n}{2}\left(n-1\right) - \left(\frac{n}{2} - 1\right)\left(n-2\right) - \left(n-1\right) = \frac{n}{2} - 1$,

die von S_i $\frac{n}{2} - \left(\frac{n}{2} - 1\right) = 1$; U_1 gehört ihr an wie der L; also ist sie mit L identisch. Der letzte Schnitt dieser sich selbst entsprechenden Kurve mit v muß ein Koinzidenzpunkt sein, nehmen wir an V_1, so daß wir nun die Kurve so bezeichnen können:

$$L_{U_1 V_1} = \left(O^{\frac{n}{2}-1} S_1 \ldots S_{n-1}\ U_1\ V_1\right)_{\frac{n}{2}}.$$

Denken wir sie uns durch $O^{\frac{n}{2}-1} S_1 \ldots S_{n-2} U_1 V_1$ bestimmt, so geht sie durch S_{n-1}. Vertauscht man S_{n-2} mit T_{n-2}, so muß diese Kurve dann durch T_{n-1} gehen, weil sie, durch S_{n-1} gehend, mit der vorigen identisch wäre, die durch S_{n-2} geht. Wir erhalten, zu $U_1 V_1$ gehörig, 2^{n-2} Kurven $L_{U_1 V_1}$, welche durch eine ungerade Anzahl von S und eine gerade Anzahl von T gehen. Kehren wir wieder zu $S_1 \ldots S_{n-1}$ zurück, ersetzen aber U_1 durch U_2, so muß die zugehörige L durch V_2 gehen, denn, durch V_1 gehend, wäre sie mit der obigen identisch, die durch U_1 geht. Es ergeben sich also 2^{n-2} Kurven $L_{U_2 V_2}$, welche sich ebenso zu den S und T verhalten, und je 2^{n-2} Kurven $L_{U_1 V_2}$, $L_{U_2 V_1}$, die durch eine gerade Zahl von S und eine ungerade Zahl von T gehen. Denn z. B. die Kurve $\left(O^{\frac{n}{2}-1} T_1 \ldots T_{n-1} U_1\right)$ hat mit $\left(O^{\frac{n}{2}-1} S_1 \ldots S_{n-1}\ U_2 V_2\right)$ $n-1$ von Hauptpunkten verschiedene

1) Koinzidenzgeraden, im bisher gebrauchten Sinne dieses Worts, sind u, v in allen drei Fällen.

Punkte gemein; das sind, weil sie beide sich selbst entsprechen und $n-1$ ungerade ist, $\frac{n-2}{2}$ Paare einander entsprechender und ein sich selbst entsprechender, welcher nur der der zweiten angehörige V_2 sein kann, so daß die erste mit $\left(O^{\frac{n}{2}-1}T_1 \ldots T_{n-1}\,U_1V_2\right)_{\frac{n}{2}}$ zu bezeichnen und eine $L_{U_1V_2}$ ist.

So ergeben sich $4\cdot 2^{n-2}=2^n$ sich selbst entsprechende Kurven $\left(\frac{n}{2}\right)^{\text{ter}}$ Ordnung.

Bei $n=2$ haben wir die vier sich selbst entsprechenden Geraden SU_1V_1, SU_2V_2, TU_1V_2, TU_2V_1, so daß O, S, T die Diagonalpunkte von $U_1U_2V_1V_2$ sind.

Bei $n=4$ gehören zu U_1V_1, U_2V_2 die Gruppen $S_1S_2S_3$, $S_1T_2T_3$, $T_1S_2T_3$, $T_1T_2S_3$ und zu U_1V_2, U_2V_1: $T_1T_2T_3$, $T_1S_2S_3$, $S_1T_2S_3$, $S_1S_2T_3$, im ganzen gibt es 16 sich selbst entsprechende Kegelschnitte.

Diese einzelnen Kurven werden von Büscheln von Kurven $\left(\frac{n}{2}+1\right)^{\text{ter}}$ Ordnung, die alle sich selbst entsprechen, als Bestandteile zerfallender Kurven aufgenommen. Ein solcher Büschel ist:

$$\triangle_{U_1V_1}=\left(O^{\frac{n}{2}}T_1 \ldots T_{n-1}\,U_1V_1\right)_{\frac{n}{2}+1}.$$

Jede Kurve C dieses Büschels geht in eine C' von der Ordnung:

$$n\left(\frac{n}{2}+1\right)-\frac{n}{2}(n-1)-(n-1)=\frac{n}{2}+1$$

über; O ist auf C' vielfach vom Grade:

$$\left(\frac{n}{2}+1\right)(n-1)-\frac{n}{2}(n-2)-(n-1)=\frac{n}{2}$$

und die T_i einfach; also gehört C' zum Büschel. Die $n+1$ Kurven dieses Büschels, welche durch V_2, U_2, $S_1, \ldots S_{n-1}$ gehen, sind sich selbst entsprechend. Die beiden ersten sind:

$$\left(O^{\frac{n}{2}-1}T_1 \ldots T_{n-1}\,U_1V_2\right)_{\frac{n}{2}}(v),\quad \left(O^{\frac{n}{2}-1}T_1 \ldots T_{n-1}\,U_2V_1\right)_{\frac{n}{2}}(u);$$

die ersten Bestandteile sind Kurven $L_{U_1V_2}$, $L_{U_2V_1}$.

Die durch S_1 gehende ist:

$$C=\left(O^{\frac{n}{2}-1}S_1T_2 \ldots T_{n-1}\,U_1V_1\right)_{\frac{n}{2}}(OT_1);$$

der erste Bestandteil, eine Kurve $L_{U_1V_1}$, geht als Kurve L in sich selbst über, aber der neu hinzugekommene Punkt, auf den übrigen Kurven des Büschels nicht gelegen, bewirkt die Gerade OT_1, die die $\left(\frac{n}{2}+1\right)^{\text{te}}$ Ordnung bewirkt, während der Bestandteil OT_1 von C auf die entsprechende den S_1 bringt. Die Kurve $\left(\frac{n}{2}+1\right)^{\text{ter}}$ Ordnung ist in sich selbst übergegangen. Nun ist $n+1 \geqq 3$; also entsprechen alle Kurven des Büschels sich selbst.

Wir erhalten wieder vier Systeme von je 2^{n-2} Büscheln von folgenden Typen:

$$\Delta_{U_1 V_1} = \left(O^{\frac{n}{2}} T_1 \ldots T_{n-1} U_1 V_1\right)_{\frac{n}{2}+1}, \quad \Delta_{U_2 V_2} = \left(O^{\frac{n}{2}} T_1 \ldots T_{n-1} U_2 V_2\right)_{\frac{n}{2}+1},$$

$$\Delta_{U_1 V_2} = \left(O^{\frac{n}{2}} S_1 \ldots S_{n-1} U_1 V_2\right)_{\frac{n}{2}+1}, \quad \Delta_{U_2 V_1} = \left(O^{\frac{n}{2}} S_1 \ldots S_{n-1} U_2 V_1\right)_{\frac{n}{2}+1}.$$

Bei $n=2$ haben wir die vier Büschel $(O T_1 U_1 V_1)$, $(O T_1 U_2 V_2)$, $(O S_1 U_1 V_2)$, $(O S_1 U_2 V_1)$. Konjugierte Punkte in bezug auf den Büschel $(U_1 U_2 V_1 V_2)$ liegen (Nr. 812) stets auf demselben Kegelschnitt eines jeden jener Büschel; weil sie konjugiert sind auch in bezug auf das Geradenpaar (uv), so liegen sie auf gepaarten Strahlen von (O). Also handelt es sich um die involutorische Verwandtschaft I_{II} jener konjugierten Punkte.

Bei $n=4$ enthält der erste Typus folgende vier Büschel 3. Ordnung:

$$O^2 U_1 V_1 (T_1 T_2 T_3,\ T_1 S_2 S_3,\ S_1 T_2 S_3,\ S_1 S_2 T_3)_3.$$

Zu jedem Büschel Δ gibt es eine koordinierte Kurve L: durch die übrigen S, T, U, V.

Läßt man bei einem der Büschel den einen Koinzidenzpunkt, etwa U_1, als Grundpunkt fallen, so ergibt sich ein Netz, z. B.:

$$\left(O^{\frac{n}{2}} T_1 \ldots T_{n-1} V_1\right)_{\frac{n}{2}+1},$$

und zwar ein homaloidisches mit einem $\frac{n}{2}$-fachen und n einfachen Grundpunkten. Bezieht man es kollinear auf das Geradenfeld einer andern Ebene $\overline{\Sigma}$, so daß eine Jonquièressche Transformation W vom Grade $\frac{n}{2}+1$ sich ergibt, so geht durch diese unsere involutorische Verwandtschaft I in eine ebenfalls involutorische $\overline{I}$ über.

Durch I wird jede Kurve des Netzes in eine andere Kurve desselben transformiert; ihnen entsprechen durch W Geraden, die nun einander in $\overline{I}$ korrespondieren; folglich ist $\overline{I}$ Kollineation und zwar involutorische Homologie. Zentrum wird der Punkt $\overline{U}_1$, in den U_1 durch W übergeht, Axe die Hauptgerade, welche dem Hauptpunkte V_1 von W zugehört, die Kurven des Büschels Δ, der zum Netze erweitert wurde und ihm angehört, werden die Geraden durch das Zentrum. Die Koinzidenzpunkte V_2, U_2 von I liegen auf der Hauptgerade $OV_1 = v$ und der Hauptkurve $\left(O^{\frac{n}{2}-1} T_1 \ldots T_{n-1} V_1 U_2\right)_{\frac{n}{2}}$ (einer $L_{U_2V_1}$) von W, und gehen in die zugehörigen Hauptpunkte $\overline{V}_1$, $\overline{O}$ über, welche auf der Axe der Homologie liegen.

O geht durch W in eine Kurve über, welcher in $\overline{I}$ die Kurve entspricht, die aus der zu O in I gehörigen Hauptkurve durch W entsteht. Dagegen S_i und seine Hauptgerade OT_i gehen in zwei entsprechende Punkte über, da OT_i auch Hauptgerade für W ist. Usw.

Wenden wir uns zum zweiten Falle, wo auf v alle Punkte, auf u nur U_1, U_2 sich selbst entsprechend sind und n ungerade ist. 832

Wir betrachten die beiden Kurven:

$$\left(O^{\frac{n-3}{2}} S_1 S_2 \ldots S_{n-1}\right)_{\frac{n-1}{2}}, \quad \left(O^{\frac{n-3}{2}} T_1 S_2 \ldots S_{n-1}\right)_{\frac{n-1}{2}};$$

jede von ihnen geht in eine Kurve von derselben Ordnung und demselben Verhalten zu den Punkten über, welche mit ihr noch einen Punkt auf v gemein hat; das sind $\left(\frac{n-3}{2}\right)^2 + (n-1) + 1 = \left(\frac{n-1}{2}\right)^2 + 2$ gemeinsame Punkte, so daß Identität sich ergibt. Jede muß daher u in einem Koinzidenzpunkte schneiden, die eine in U_1, die andere in U_2; daher:

$$L_{U_1} = \left(O^{\frac{n-3}{2}} S_1 S_2 \ldots S_{n-1} U_1\right)_{\frac{n-1}{2}}, \quad L_{U_2} = \left(O^{\frac{n-3}{2}} T_1 S_2 \ldots S_{n-1} U_2\right)_{\frac{n-1}{2}}.$$

Demnach gibt es 2^{n-2} sich selbst entsprechende Kurven L_{U_1} und ebensoviele L_{U_2}. Ebenso haben wir zwei Systeme von je 2^{n-2} Büscheln $\frac{n+1}{2}$ter Ordnung von den Typen:

$$\triangle_{U_1} = \left(O^{\frac{n-1}{2}} T_1 S_2 \ldots S_{n-1} U_1\right)_{\frac{n+1}{2}}, \quad \triangle_{U_2} = \left(O^{\frac{n-1}{2}} S_1 S_2 \ldots S_{n-1} U_2\right)_{\frac{n+1}{2}}.$$

Ihr Schnitt mit v macht jede Kurve derselben sich selbst entsprechend. Auch hier zerfällt jede Kurve, die nach einem der übrigen Hauptpunkte geht, z. B. die durch S_1 gehende des ersten in OT_1 und die obige L_{U_1}.

Homaloidisch ist das Netz $\left(O^{\frac{n-1}{2}} T_1 S_2 \ldots S_{n-1}\right)_{\frac{n+1}{2}}$. Eine aus ihm konstruierte Jonquièressche Verwandtschaft führt die involutorische Verwandtschaft in involutorische Homologie über; U_1 und v liefern Zentrum und Axe; U_2, auf der Hauptkurve $\left(O^{\frac{n-3}{2}} T_1 S_2 \ldots S_{n-1}\right)_{\frac{n-1}{2}}$, einer L_{U_2}, gelegen, geht in den zugehörigen Hauptpunkt $\overline{O}$ über.

Bei $n = 3$ haben wir die vier Geraden: $S_1 S_2 U_1$, $T_1 T_2 U_1$, $S_1 T_2 U_2$, $T_1 S_2 U_2$; also sind die Koinzidenzpunkte U_1, U_2 die Diagonalpunkte von $S_1 S_2 T_1 T_2$, der dritte, von $u = U_1 U_2$ durch S_1, T_1 (oder S_2, T_2) harmonisch getrennt, liegt auf v. Werden S_1, S_2, T_1, T_2 gegeben, so muß O auf $U_1 U_2$ liegen. Die Kegelschnitt-Büschel sind $(O T_1 S_2 U_1)$, $(O S_1 T_2 U_1)$, $(O T_1 T_2 U_2)$, $(O S_1 S_2 U_2)$.

Im dritten Falle sind beide Doppelstrahlen mit Koinzidenzpunkten erfüllt.

Durch
$$\left(O^{\frac{n}{2}-1} S_1 S_2 \ldots S_{n-2} T_{n-1}\right)_{\frac{n}{2}}$$

ist ein Büschel $\triangle$ bestimmt, von dem jede Kurve in eine ebenfalls dem Büschel angehörige übergeht, die aber, wegen der Schnitte mit u, v, mit ihr identisch ist. Die durch S_{n-1} gehende Kurve dieses Büschels muß, weil sie zu jedem ihrer Punkte den entsprechenden enthält, die ganze Gerade $O T_{n-1}$ enthalten, also sich zerspalten in $O T_{n-1}$ und
$$L = \left(O^{\frac{n}{2}-2} S_1 S_2 \ldots S_{n-1}\right)_{\frac{n}{2}-1}.$$

Diese Kurve ist schon durch $O^{\frac{n}{2}-2} S_1 \ldots S_{n-2}$ bestimmt, und bringt S_{n-1} in Beziehung zu O und $S_1, \ldots S_{n-2}$. So zeigt sich, daß zu $n-2$ der Punkte S, T, unter den keine zwei homologen sich befinden, z. B. $S_1 \ldots S_{n-2}$ die Punkte des letzten Paars verschiedenartig sich verhalten, der eine S_{n-1} ist so gebunden, der andere nicht; der Büschel $\left(O^{\frac{n}{2}} S_1 S_2 \ldots S_{n-1}\right)_{\frac{n}{2}}$ besteht aus dieser festen Kurve L und einem beweglichen Strahl durch O. Zur Bestimmung des obigen Büschels $\triangle$ muß der nicht gebundene T_{n-1} genommen werden.

Es ergeben sich 2^{n-2} einzelne sich selbst entsprechende Kurven $\left(\frac{n}{2}-1\right)^{\text{ter}}$ Ordnung und ebenso viele Büschel $\left(\frac{n}{2}\right)^{\text{ter}}$ Ordnung von solchen Kurven.

Bei $n = 4$ sind jene Geraden: $S_1 S_2 S_3$, $S_1 T_2 T_3$, $T_1 S_2 T_3$, $T_1 T_2 S_3$; man sieht, wie sich S_3 und T_3 verschiedenartig zu S_1, S_2 verhalten. Es sind demnach T_1, S_1; T_2, S_2; T_3, S_3 die Gegenecken eines Vierseits, und (O) ist die bekannte Involution. Die vier Kegelschnitt-Büschel sind:
$$(O T_1 S_2 S_3),\quad (O S_1 T_2 S_3),\quad (O S_1 S_2 T_3),\quad (O T_1 T_2 T_3).$$

In jede Kurve eines dieser Büschel schneiden die drei andern die nämliche Involution ein wie die (O).

Bei $n = 6$ gibt es 16 Kegelschnitte: $(O_1 S_1 S_2 S_3 S_4 S_5), \ldots$ und 16 Büschel 3. Ordnung $(O_1^2 S_1 S_2 S_3 S_4 T_5), \ldots$.

833 Man kann jeden dieser beiden letzteren Fälle: mit einer oder zwei Geraden von Koinzidenzpunkten durch eine quadratische Transformation Q in den vorangehenden Fall: mit einer, bzw. keiner solchen Gerade überführen, wobei jedoch der Grad auf $n-1$ herabsinkt.

Wenn u eine Gerade von Koinzidenzpunkten ist und U einer von ihnen, so habe Q in Σ die Hauptpunkte:

$$O, \quad U, \quad S_{n-1}.$$

in $\overline{\Sigma}$ die homologen:

$$\overline{O}, \quad \overline{R}, \quad \overline{U}_1.$$

Einer Gerade in $\overline{\Sigma}$ korrespondiert durch Q ein Kegelschnitt durch O, U, S_{n-1}, diesem in der gegebenen involutorischen Verwandtschaft I in Σ eine Kurve n^{ter} Ordnung, welche durch O $(n-1)$-mal, durch U, $T_1 \ldots T_{n-2}$, sämtliche S einmal geht, durch T_{n-1} nicht. Es seien $\overline{S}_1, \ldots \overline{S}_{n-2}$, $\overline{T}_1, \ldots \overline{T}_{n-1}$ die in Q entsprechenden Punkte der $S_1, \ldots$; so wird jene Kurve n^{ter} Ordnung durch Q in eine Kurve $(n-1)^{\text{ter}}$ Ordnung transformiert, auf welcher $\overline{O}$ $(n-2)$-fach und die $\overline{S}_1 \ldots \overline{S}_{n-2}$, $\overline{T}_1 \ldots \overline{T}_{n-2}$ einfach sind, während $\overline{R}$, $\overline{U}_1$, $\overline{T}_{n-1}$ ihr nicht angehören. Diese entspricht der Gerade, von welcher wir ausgingen, in einer involutorischen Jonquièresschen Verwandtschaft $(n-1)^{\text{ten}}$ Grades $\overline{I}$. Die Involution (O) geht in die $(\overline{O})$ über, mit den $n-2$ Paaren $\overline{O}(\overline{S}_i, \overline{T}_i)$.

Die Koinzidenzpunkte V_1, V_2, bzw. die Gerade v von Koinzidenzpunkten gehen durch Q in ebensolche Elemente $\overline{V}_1$, $\overline{V}_2$, bzw. $\overline{v}$ über. Ferner, u ist für Q Hauptgerade, ihr entspricht $\overline{U}_1$, der dadurch Koinzidenzpunkt wird, weil alle Punkte von u es sind. Dem Hauptpunkte U korrespondiert in Q die Hauptgerade $\overline{u} = \overline{O}\overline{U}_1$, den unendlich nahen Punkten um U die Punkte von $\overline{u}$, der Involution entsprechender Richtungen um U (Nr. 824) eine Involution von Punkten auf $\overline{u}$, dem zweiten Doppelstrahle, neben u, in jener Involution der zweite Koinzidenzpunkt $\overline{U}_2$ auf $\overline{u}$. So sind an Stelle der Gerade u von Koinzidenzpunkten zwei einzelne Koinzidenzpunkte $\overline{U}_1$, $\overline{U}_2$ getreten.

Es ist also der dritte Fall in den zweiten, der zweite in den ersten übergeführt. Nehmen wir jetzt an, daß I dem dritten Falle, also $\overline{I}$ dem zweiten entspricht. $\overline{I}$ enthält dann 2^{n-3} Büschel sich selbst entsprechender Kurven, zu deren Grundpunkten $\overline{U}_1$ gehört, etwa:

$$\left(\overline{O}^{\frac{n}{2}-1}\overline{T}_1\overline{S}_2 \ldots \overline{S}_{n-2}\overline{U}_1\right)_{\frac{n}{2}};$$

ihm entspricht durch Q der Büschel:

$$\left(O^{\frac{n}{2}}T_1 S_2 \ldots S_{n-1}\right)_{\frac{n}{2}};$$

durch S_{n-1} gehen die Kurven, durch U nicht.

Damit ergeben sich 2^{n-3} von den Büscheln $\left(\frac{n}{2}\right)^{\text{ter}}$ Ordnung der I, nämlich diejenigen, zu deren Grundpunkten S_{n-1} gehört.

Die Büschel der $\bar{I}$, zu deren Grundpunkten $\bar{U}_2$ gehört, der nicht Hauptpunkt von Q ist, führen zu Büscheln sich selbst entsprechender Kurven der I, welche $\left(\frac{n}{2}+1\right)^{\text{ter}}$ Ordnung sind, nicht $\left(\frac{n}{2}\right)^{\text{ter}}$ Ordnung. Und so zeigt sich, daß I noch andere Systeme sich selbst entsprechender Kurven besitzt; die eben erhaltenen gehen durch U mit fester Tangente, jenem zweiten Doppelstrahle.

Ein Büschel $\left(\frac{n}{2}\right)^{\text{ter}}$ Ordnung von I, zu dessen Grundpunkten T_{n-1} gehört, z. B.:

$$\left(O^{\frac{n}{2}-1} S_1 \ldots S_{n-2} T_{n-1}\right)_{\frac{n}{2}}$$

ergibt sich aus einem Büschel $\left(\frac{n}{2}+1\right)^{\text{ter}}$ Ordnung von $\bar{I}$:

$$\left(\bar{O}^{\frac{n}{2}} \bar{S}_1 \ldots \bar{S}_{n-2} \bar{T}_{n-1} \bar{R} \bar{U}_1\right)_{\frac{n}{2}+1}.$$

Ein homaloidisches Netz von $\bar{I}$, wie:

$$\left(\bar{O}^{\frac{n}{2}-1} \bar{T}_1 \bar{S}_2 \ldots \bar{S}_{n-2}\right)_{\frac{n}{2}},$$

wird durch Q in eins von I:

$$\left(O^{\frac{n}{2}} T_1 S_2 \ldots S_{n-1} U\right)_{\frac{n}{2}+1}$$

übergeführt. Und vermittelst einer auf dies Netz basierten Jonquièresschen Verwandtschaft W kann man nun auch I, die involutorische Verwandtschaft des dritten Falles: mit zwei Geraden von Koinzidenzpunkten in eine involutorische Homologie transformieren; die eine v von ihnen wird Axe, die andere u, Hauptgerade OU von W, wird Zentrum.

834 Wir wollen nun diese Verwandtschaften, um ihre Existenz nachzuweisen, aus solchen Büscheln, deren Kurven sich selbst entsprechen werden, herstellen: entsprechend sind Punkte derselben Kurve des Büschels, welche auf gepaarten Strahlen der Involution (O) liegen.

Wir nehmen einen Büschel $\triangle = \left(O^{\frac{n}{2}} T_1 \ldots T_{n-1} U_1 V_1\right)_{\frac{n}{2}+1}$, wo U_1, V_1 auf den Doppelstrahlen u, v von (O) liegen. Wenn wieder l und $\bar{l}$ gegeben sind, so ordnen wir dem X von $\bar{l}$ die Punkte X' zu, in denen diese Gerade von der Kurve des $\triangle$ geschnitten wird, die durch lg' geht, wo g' dem $g = OX$ in (O) gepaart ist. Auf $\bar{l}$ entsteht eine

Korrespondenz $\left[\frac{n}{2}+1, \frac{n}{2}+1\right]$, von deren Koinzidenzen zwei auf u, v liegen, da die durch lu oder lv gehende Kurve von $\triangle$ die ganze u oder v enthält, diese aber Doppelstrahl von (O) ist. Die übrigen n Koinzidenzen beweisen, daß der Gerade l eine Kurve n^{ter} Ordnung entspricht. Wenn dann dem $s_i = OT_i$ in (O) der Strahl t_i gepaart ist, werden alle Punkte desselben dem T_i, durch den alle Kurven des Büschels $\triangle$ gehen, entsprechend. Ferner, der s_i gehört ganz zu einer Kurve von $\triangle$, alle seine Punkte sind daher dem Schnitt S_i von t_i mit der ergänzenden Kurve entsprechend. So haben sich die $2(n-1)$ Punkte S_i, T_i als Hauptpunkte herausgestellt, mit den s_i, t_i als zugehörigen Hauptgeraden.

O ist für jede der Kurven n^{ter} Ordnung $(n-1)$-fach; denn der g von O, dem g' gepaart ist, trifft sie nur noch in dem Punkte, in welchem er von der durch $g'l$ gehenden Kurve von $\triangle$ geschnitten wird. Die zugehörige Hauptkurve $(n-1)^{\text{ter}}$ Ordnung ergibt sich dadurch, daß g mit der Kurve von $\triangle$ geschnitten wird, welche den gepaarten g' berührt. Dadurch wird der Büschel $\triangle$ und der Strahlenbüschel O in eine Korrespondenz $\left[1, \frac{n}{2}\right]$ gebracht, weil zu jeder seiner Kurven $\frac{n}{2}$ Tangenten in O gehören; Erzeugnis ist zunächst eine Kurve von der Ordnung $n+1$, von welcher aber sich u, v abzweigen. Aus der Erzeugung folgt unmittelbar, daß O $(n-2)$-fach ist. Die Involution $\left(\frac{n}{2}\right)^{\text{ten}}$ Grades der Tangenten in O an die Kurven von $\triangle$ und die (O) haben $\left(\frac{n}{2}-1\right)(2-1)$ Paare der letzteren gemeinsam, die zu einer Gruppe der ersteren gehören; jedes solche Paar führt zu zwei Durchgängen der Hauptkurve durch O, deren es also $n-2$ gibt.

Jede Kurve von $\triangle$ trägt, von (O) eingeschnitten, eine Involution von entsprechenden Punkten; die gemeinsamen Doppelpunkte U_1, V_1 aller dieser Involutionen sind Koinzidenzpunkte der Verwandtschaft. Ferner, zwei gepaarte Geraden g, g' von (O) tragen projektive Punktreihen entsprechender Punkte, welche involutorisch werden, wenn jene sich in u oder v vereinigen; die zweiten Doppelpunkte U_2, V_2 sind die weiteren Koinzidenzen.

Im zweiten Falle gehen wir von dem Büschel

$$\triangle = \left(O^{\frac{n-1}{2}} T_1 S_2 \ldots S_{n-1} U_1\right)_{\frac{n+1}{2}}$$

aus, wo U_1 auf dem Doppelstrahle u von (O) liegt. Auf l entsteht eine Korrespondenz $\left[\frac{n+1}{2}, \frac{n+1}{2}\right]$, und die von u herrührende Koinzidenz ist abzuziehen, so daß wiederum der Grad n sich ergibt. Die zu O gehörige Hauptkurve entsteht aus einer Korrespondenz

$\left[1, \frac{n-1}{2}\right]$ zwischen dem $\triangle$ und dem Büschel O, wobei u sich abzweigt; es entsteht eine Kurve $(n-1)^{\text{ter}}$ Ordnung mit O als $(n-2)$-fachem Punkte. Die analoge Überlegung wie oben führt nur zu

$$2\left(\frac{n-1}{2}-1\right)(2-1)=n-3$$

Durchgängen durch O.

Der zweite Doppelstrahl v von (O) aber führt in jedem seiner von O verschiedenen Punkte als letztem Schnitte mit einer Kurve von $\triangle$ zu einem Koinzidenzpunkte; jeder entspricht sich selbst, nicht dem O, so daß der letzte Schnitt mit der Hauptkurve von O in diesen Punkt gerückt ist. Und wir erhalten den letzten Durchgang dieser Kurve durch O und v als zugehörige Tangente. Die übrigen Verhältnisse sind wie vorhin.

Im dritten Falle, wo $\triangle=\left(O^{\frac{n}{2}-1}S_1\ldots S_{n-2}T_{n-1}\right)_{\frac{n}{2}}$ ist, erleidet sowohl die Zahl der Koinzidenzen der auf l entstehenden Korrespondenz $\left[\frac{n}{2}, \frac{n}{2}\right]$, als auch das Erzeugnis der Verwandtschaft $\left[1, \frac{n}{2}-1\right]$ zwischen $\triangle$ und O keine Reduktion. Für dieses Erzeugnis, die Hauptkurve von O, ergeben sich zunächst $2\left(\frac{n}{2}-2\right)(2-1)=n-4$ Durchgänge durch O, und zwei weitere mit den Tangenten u, v, den Doppelstrahlen von (O).

Für $n=2$, wo sich die Hirstsche Inversion mit (u, v) als Basis und T_1 als Zentrum ergibt, sind die Schlüsse über O und die zugehörige Hauptkurve nicht richtig; denn eine Korrespondenz $\left[1, \frac{n}{2}-1\right]$ besteht dann nicht, und ebenso keine Involution $\left(\frac{n}{2}-1\right)^{\text{ten}}$ Grades der Tangenten der Kurven von $\triangle$ (der Geraden durch T_1) im Punkte O. Zu O gehörige Hauptgerade ist OT_1, weil dem O, als Schnitt dieser Gerade mit der gepaarten in (O), jeder Punkt von OT_1 entsprechend ist.

835 Wenn bei der Geiserschen Verwandtschaft sechs von den sieben festen Punkten einem Kegelschnitte angehören, so ergibt sich (Nr. 830) eine Jonquièressche Verwandtschaft 4. Grades, bei der die Strahlen durch den dreifachen Hauptpunkt sich selbst entsprechen. Wir werden zu Jonquièresschen Verwandtschaften der andern Art (mit involutorisch entsprechenden Strahlen durch den $(n-1)$-fachen Punkt) gelangen, wenn wir die in Nr. 827 begonnene Spezialisierung mit Dreipunkt-Geraden fortsetzen.

Es sind schon die beiden Fälle einer oder zweier Dreipunkt-Geraden erledigt:

1) EFG,

2) CDG, EFG.

Die beiden Dreipunkt-Geraden BCD, EFG ohne gemeinsamen Punkt würden zu dem eben besprochenen Falle führen; wir werden daher solche Paare vermeiden.

Wir nehmen drei Dreipunkt-Geraden, welche drei der Punkte verbinden:

3) CDG, EFG, BDF.

Die Verwandtschaft ist 5. Grades mit A als dreifachem, B, C, E als doppelten, D, F, G als einfachen Hauptpunkten; zu B und D gehören $(ABCEG)_2$ und $(AE)_1$ als Hauptkurven. Die Koinzidenzkurve 3. Ordnung geht zweimal durch A, je einmal durch B, C, E.

Nunmehr gehen die drei Geraden durch denselben Punkt:

4) ABG, CDG, EFG.

Dann hat die Verwandtschaft 5. Grades sechs doppelte Hauptpunkte $A, \ldots F$, wo z. B. $(ACDEF)_2$ Hauptkurve von A ist, also jede Hauptkurve den zugehörigen Hauptpunkt enthält, dagegen den auf derselben Gerade durch G mit ihm liegenden nicht.

Der gemeinsame Punkt G hat aufgehört, Hauptpunkt zu sein; er ist Koinzidenzpunkt geworden. Weil er nämlich für eine Kurve des Netzes $\mathfrak{N}$ dreifacher Punkt ist, so bestimmt diese mit einer andern Kurve von $\mathfrak{N}$ einen Büschel, dessen Kurven sich in G oskulieren; H und I liegen unendlich nahe an G; solcher Büschel haben wir ∞^1. Jeder dem G benachbarte H hat den zugehörigen I unendlich nahe neben sich.

Die Umwandlung eines Hauptpunktes in einen Koinzidenzpunkt ist bemerkenswert.

Die Koinzidenzkurve ist 3. Ordnung und geht durch $A, \ldots F$, aber nicht durch G.

Ob man zu 3) die Dreipunkt-Gerade ABG oder zu 4) die BDF fügt, es ergibt sich dieselbe Figur, nämlich:

5) ABG, CDG, EFG, BDF.

Die Verwandtschaft 4. Grades hat A, C, E zu doppelten, B, D, F zu einfachen Hauptpunkten, und Hauptkurven von A und B sind $(ACDEF)_2$, $(CE)_1$. Die Koinzidenzkurve ist ein Kegelschnitt durch A, C, E; G ist Koinzidenzpunkt.

Zu 3) trete die Dreipunkt-Gerade BCE, so daß wir haben:

6) CDG, EFG, BDF, BCE.

Es sind also B, G; C, F; D, E Gegenecken eines Vierseits. Wir haben eine Verwandtschaft 4. Grades mit dem dreifachen Punkte A und den sechs einfachen $B, \ldots G$. Die Koinzidenzkurve 2. Ordnung geht zweimal durch A, zerfällt daher; es liegt also vor der Jonquièressche Fall 3) in Nr. 831 für $n = 4$ mit der Involution $(B, G; C, F; D, E)$ um A und zwei Geraden u, v von Koinzidenzpunkten.

Wir gehen zu fünf Dreipunkt-Geraden über:

7) ABG, CDG, EFG, BDF, BCE,

wo BCE zu 5) oder ABG zu 6) gefügt ist; für die Verwandtschaft 3. Grades ist A doppelter Hauptpunkt und C, D, E, F sind einfache. Die B, G, welche mit A in gerader Linie liegen, sind Koinzidenzpunkte; die Koinzidenzkurve ist eine durch A gehende Gerade v. Wir haben den Fall 2) aus jener Nr. für $n = 3$.

Läßt man endlich auch A, C, F in gerader Linie liegen, so daß sechs Dreipunkt-Geraden vorhanden sind:

8) ABG, CDG, EFG, BDF, BCE, ACF,

so ergibt sich eine quadratische Verwandtschaft mit den Hauptpunkten A, D, E und den vier Koinzidenzpunkten B, G; C, F, jene und diese in gerader Linie mit A. Eine Koinzidenzkurve ist nicht mehr vorhanden. Es handelt sich um den Fall 1) aus Nr. 831 für $n = 2$, die Verwandtschaft konjugierter Punkte in bezug auf den Kegelschnitt-Büschel $(BGCF)$.

Somit haben sich diejenigen involutorischen Jonquièresschen Verwandtschaften der zweiten Art, deren Klasse 1 ist, als Spezialfälle der Geiserschen erwiesen.

Die involutorische Verwandtschaft 4. Grades, die sich bei 5) ergab, hat drei doppelte und drei einfache Hauptpunkte. Sie besitzt eine Koinzidenzkurve 2. Ordnung und einen einzelnen Koinzidenzpunkt; durch ihn gehen drei Verbindungslinien eines doppelten und eines einfachen Hauptpunktes, und die drei einfachen Hauptpunkte liegen in gerader Linie. Jede involutorische Verwandtschaft 4. Grades mit drei doppelten Hauptpunkten D_1, D_2, D_3 und drei einfachen S_1, S_2, S_3 muß diese Eigenschaften haben, und ist eine Geisersche Verwandtschaft.

Wenn wir die drei Haupt-Kegelschnitte $D_1 D_2 D_3 (S_2 S_3, S_3 S_1, S_1 S_2)$ (Nr. 786) den D_1, D_2, D_3 zuordnen, so ist das nur Sache der Bezeichnung; daraus folgt, weil (Nr. 824) $\alpha_{ki} = \alpha_{ik}$, daß $D_2 D_3$, $D_3 D_1$, $D_1 D_2$ die zu S_1, S_2, S_3 gehörigen Hauptgeraden sind.

Jedem Kegelschnitte durch D_1, D_2, D_3 korrespondiert ein ebenfalls durch diese Punkte gehender Kegelschnitt, und einem Büschel aus diesem Netze $(D_1 D_2 D_3)$ ein Büschel desselben; die vierten Grundpunkte sind entsprechend. So entsteht in diesem Kegelschnitt-Netze eine involutorische Kollineation, also eine Homologie, deren entsprechende Elemente Kegelschnitte sind. Das „Zentrum" dieser Homologie ist ein sich selbst entsprechender Kegelschnitt Γ und die „Axe" ein Büschel $\mathfrak{B}$ von sich selbst entsprechenden Kegelschnitten; jeder Punkt von Γ liegt auf einem von diesen und wird so sich selbst entsprechend, Γ also Koinzidenzkurve. Der vierte Grundpunkt C von $\mathfrak{B}$ ist sich selbst entsprechend, mithin der einzelne Koinzidenzpunkt.

Weil das Geradenpaar $(D_2 D_3, D_1 C)$ von $\mathfrak{B}$ sich selbst entspricht, so muß der zur Hauptgerade $D_2 D_3$ gehörige Punkt S_1 auf $D_1 C$ liegen; also gehen $D_1 S_1$, $D_2 S_2$, $D_3 S_3$ durch C. Jeder dieser drei Geraden entspricht eine Gerade, die durch dieselben drei Punkte geht, folglich sie selbst; und von der auf $D_1 S_1$ entstehenden Involution entsprechender Punkte sind C und der zweite Schnitt E_1 mit der durch D_1, D_2, D_3 gehenden Γ die Doppelpunkte; während S_1 und der Schnitt W_1 mit $D_2 D_3$ gepaart sind. Also sind, wenn E_2, E_3; W_2, W_3 analog sich ergeben, die Würfe $C E_1 S_1 W_1$, $C E_2 S_2 W_2$, $C E_3 S_3 W_3$ harmonisch; vervollständigt man auf Γ durch F_1, F_2, F_3 die harmonischen Würfe $E_2 E_3 D_1 F_1$, $E_3 E_1 D_2 F_2$, $E_1 E_2 D_3 F_3$, so gehen $D_2 F_3$, $D_3 F_2$ durch $S_1, \ldots$. Damit werden S_1, S_2, S_3 die drei Punkte auf der Pascalschen Gerade von $D_2 F_3 D_1 F_2 D_3 F_1$.

Ferner, jeder Kurve 3. Ordnung durch $D_1, \ldots S_3$ und C korrespondiert eine Kurve 3. Ordnung durch die nämlichen Punkte, welche mit ihr in den drei weiteren Schnitten mit Γ sich begegnet und daher identisch ist.

Es sind demnach alle Kurven dieses Netzes sich selbst entsprechend, und alle diejenigen, die durch einen weiteren Punkt X gehen, enthalten auch den entsprechenden X', so daß X und X' die letzten Grundpunkte eines Büschels des Netzes sind und eine Geisersche Verwandtschaft vorliegt.

Wenn bei einer quadratischen Inversion I_{I} wieder A, B, C die drei Hauptpunkte sind und zwar C das Zentrum und D, E; F, G zwei Paare entsprechender Punkte, so reduziert sich die zu diesen sieben Punkten gehörige Geisersche Verwandtschaft, weil A, B, D, E, F, G auf einem Kegelschnitte liegen (Nr. 812) und C, D, E; C, F, G in gerader Linie, auf den 2. Grad (Nr. 827, 830). Wir wissen aus Nr. 812, daß sie die I_{I} selbst ist, indem dort gefunden wurde, daß mit den drei Hauptpunkten beliebige drei Paare entsprechender Punkte eine Gruppe assoziierter Punkte bilden.

Bei I_{II} finden, wenn $A, \ldots G$ analoge Bedeutung haben, diese speziellen Lagen auf einem Kegelschnitt und zwei Geraden nicht statt, also findet auch die Erniedrigung des Grades der Geiserschen Verwandtschaft nicht statt. Die neun analogen Punkte sind nicht assoziiert.

Sind wie in 4) drei in einen der sieben Punkte zusammenlaufende Dreipunkt-Geraden:

$$ABG, \; CDG, \; EFG$$

gegeben, so gehören zum Büschel (X, X') aus $\mathfrak{N}$ die beiden zerfallenden Kurven $(ABG, CDEFXX')$, $(CDG, ABEFXX')$, so daß X, X' den beiden Kegelschnitten gemeinsam sind. Wir haben dann:

$$X(C, D, E, F) \;\overline{\wedge}\; X'(C, D, E, F), \quad X(A, B, E, F) \;\overline{\wedge}\; X'(A, B, E, F),$$

oder wenn mit EF geschnitten wird:

$$EF(XC, XD, E, F) \barwedge EF(X'C, X'D, E, F) \barwedge EF(X'D, X'C, F, E);$$

also sind

$$EF(XC, X'D;\; XD, X'C;\; E, F)$$

in Involution und ebenso:

$$EF(XA, X'B;\; XB, X'A;\; E, F).$$

Nun lehren aber die Vierecke $XX'CD$, $XX'AB$, wenn wir $(XX', EF) = Y$ setzen, daß zu diesen Involutionen auch YG gehört, weil G der Schnitt von CD und AB mit EF ist; daher sind die beiden Involutionen, denen EF und YG gemeinsam sind, identisch. Es gehören demnach zu einer und derselben Involution:

$$EF(XA, X'B;\; XB, X'A;\; XC, X'D;\; XD, X'C;\; E, F).$$

Projizieren wir also die beiden involutorischen Punktreihen wieder aus X und X', so ergibt sich:

$$X(A, B, C, D, E, F) \barwedge X'(B, A, D, C, F, E);$$

es sind also X und X' korrespondierend in bezug auf die beiden Gruppen

$$\begin{matrix} A & B & C & D & E & F \\ B & A & D & C & F & E; \end{matrix}$$

und da wir zu jedem Punkte der Ebene einen korrespondierenden haben, so sind dies zwei linear abhängige Punktgruppen (Nr. 228).

Daß für diesen Spezialfall des Problems der ebenen Projektivität die Verwandtschaft 5. Grades involutorisch wird, ist unmittelbar ersichtlich; wir erkennen sie also als einen Spezialfall der Geiserschen Verwandtschaft; denn wir können umgekehrt aus der Korrespondenz von X, X' in bezug auf die beiden Punktgruppen, für deren sechs Punkte gilt, daß AB, CD, EF in G zusammenlaufen, folgern, daß X, X' mit C, D, E, F, sowie mit A, B, E, F in einem Kegelschnitte $\mathfrak{K}$, $\mathfrak{K}'$ liegen, also letzte Schnitte der beiden Kurven 3. Ordnung $(ABG, \mathfrak{K})$, $(CDG, \mathfrak{K}')$ sind.

Beweisen wir direkt, daß zu

$$\begin{matrix} A & B & C & D & E \\ B & A & D & C & F \end{matrix}$$

die Punkte $\frac{F}{E}$ als linear abhängige gehören. Es sei L der zweite Schnitt von EFG mit dem Kegelschnitte $(BADCF)$ der unteren Punkte; auf ihm sind A, B; C, D; F, L involutorisch gepaart; daher ist

$$F(A, B, C, D, L) \barwedge L(B, A, D, C, F)$$

$$\text{oder } F(A, B, C, D, E) \barwedge X'(B, A, D, C, F),$$

wenn X' ein beliebiger Punkt jenes Kegelschnitts ist; und ebenso ergibt sich, wenn Y ein beliebiger Punkt auf $(ABCDE)$ ist:

$$Y(A, B, C, D, E) \barwedge E(B, A, D, C, F).$$

Koinzidenzkurve ist die Kurve 3. Ordnung der Punkte, aus denen A, B; C, D; E, F durch Strahlenpaare in Involution projiziert werden (Nr. 225).

Die eine der involutorischen Verwandtschaften, die in Nr. 230 erwähnt wurden, ist hiervon ein Spezialfall, bei welchem in einem der drei Paare A, B; C, D; E, F die beiden Punkte sich vereinigt haben. Sie subsumiert sich also auch der Geiserschen Verwandtschaft.

836 Wir werden erkennen, daß folgende Modifikation der Geiserschen Verwandtschaft, welche zunächst nicht ein Spezialfall von ihr ist, unter anderer Auffassung sich doch ihr subsumiert.

Durch einen Doppelpunkt A und drei einfache Punkte B, C, D ist ein spezielles Gebüsche $\mathfrak{G}$ von Kurven 3. Ordnung bestimmt (Nr. 781); aus ihm scheiden wir eins seiner ∞^3 Netze, $\mathfrak{N}$, aus und ordnen die beweglichen Grundpunkte der Büschel desselben als H und I einander zu. Jeder Kegelschnitt k^2 durch A, B, C, D und jeder Strahl k durch A liefern eine zerfallende Kurve von $\mathfrak{G}$; es entsteht ein Büschel, wenn der eine Bestandteil fest bleibt und der andere sich ändert; mit $\mathfrak{N}$ hat er eine Kurve gemein (Nr. 666). Folglich bringen die zu $\mathfrak{N}$ gehörigen von diesen Kurven eine Projektivität Π zwischen den Büscheln der k^2 und der k hervor, so daß den ∞^3 Netzen von $\mathfrak{G}$ die ∞^3 Projektivitäten entsprechen. Liegt H auf einem k^2, so liegt I auf dem zugeordneten k; denn der neunte Schnitt einer andern Kurve des durch H bestimmten Büschels aus $\mathfrak{N}$ mit (k^2, k), die auch zu diesem Büschel gehört, fällt auf k; und liegt H auf k', so liegt I auf k'^2. Schneiden sich also k^2 und k' in H, so schneiden sich die in Π zugeordneten k und k'^2 in I; durchläuft H eine Gerade l, so kommen k^2 und k' in eine Korrespondenz [1, 2] und daher, durch Π, k und k'^2 in eine ebensolche, welche dann auf einer beliebigen Gerade $\bar{l}$ eine Korrespondenz [1, 4] und, wenn $\bar{l}$ durch B geht und von diesem Punkt abgesehen wird, eine Korrespondenz [1, 2] hervorruft; also entspricht der Gerade l eine Kurve 5. Ordnung, auf welcher B, C, D doppelt sind und A dreifach, wie die beiden weiteren Schnitte irgend eines k mit den entsprechenden k'^2 lehren.

Die drei einfachen Hauptpunkte, welche (Nr. 787) diese Verwandtschaft 5. Grades mit einem dreifachen und drei doppelten noch haben muß, ergeben sich leicht. Dem Punkte E, in dem der k^2 und der k' sich begegnen, denen AB und das Geradenpaar (AB, CD) durch Π entsprechen, ist die Gerade AB zugeordnet; F, G seien die Hauptpunkte, welche AC, AD zu Hauptgeraden haben. Der eben genannte Kegelschnitt $(ABCDE)$, welcher in Π dem Strahle AB entspricht, ist die dem B zugehörige Hauptkurve 2. Ordnung, und zu C, D gehören $ABCD(F, G)$.

Werden k^2 und k_1 so zugeordnet, daß sie sich in A tangieren, so geht aus dieser projektiven Zuordnung durch Π eine ebenfalls projektive hervor zwischen k und k_1^2, deren Erzeugnis die zu A gehörige Hauptkurve 3. Ordnung ist; auf ihr ist der gemeinsame Grundpunkt A der erzeugenden Büschel doppelt, B, C, D sind einfach, und E, F, G gehören ihr an, da z. B. (AB, CD) und AB sich in A berühren. Die Kurve 3. Ordnung, welche durch Π selbst entsteht und ebenfalls durch A zweimal, durch B, C, D einmal geht, ist der Ort der vereinigten H und I, also die Koinzidenzkurve. Die Klasse ist daher 1.

Die Koinzidenzkurve geht also wiederum durch den dreifachen und die doppelten Hauptpunkte so oft wie je die zugehörige Hauptkurve; sie hat auch dieselben Tangenten. Tangenten in A an die Koinzidenzkurve sind die beiden Strahlen k von A, welche ihre in Π entsprechenden Kegelschnitte k^2 tangieren; damit aber werden diese Elemente auch entsprechend in der Projektivität, durch welche die Hauptkurve von A entsteht. Hauptkurve von B ist der Kegelschnitt $(ABCDE)$, welcher in Π dem Strahle AB entspricht; folglich ist seine Tangente in demjenigen Grundpunkte B des k^2-Büschels, nach welchem AB geht, die Tangente an die durch Π erzeugte Kurve, d. i. die Koinzidenzkurve.

Wir wollen den Punkt E beliebig geben. Dadurch werden für Π zwei Paare entsprechender Elemente festgelegt: (AB, CD) und AE, $(ABCDE)$ und AB; wir erhalten einen Büschel von ∞^1 Projektivitäten Π und wollen den Ort von F ermitteln. In F schneiden sich je die beiden zu (AC, BD) und AC homologen Elemente k_C und k_C^2, welche infolge dessen selbst in einer Projektivität $\mathfrak{P}_F$ sich bewegen; so daß Erzeugnis eine Kurve 3. Ordnung ist, die durch A zweimal, durch B, C, D einmal geht, von welcher jedoch zwei Geraden sich ablösen. Wir nehmen aus jenem Projektivitäten-Büschel drei heraus, die beiden ausgearteten, mit den singulären Elementen (AB, CD) und AB, bzw. $(ABCDE)$ und AE, und diejenige, in welcher (AC, BD) und AC entsprechend sind. In der ersten fällt k_C nach AB, k_C^2 nach (AB, CD); es wird also die ganze AB diesen beiden entsprechenden Elementen von $\mathfrak{P}_F$ gemeinsam. In der zweiten fallen sie nach AE und $(ABCDE)$; folglich gehört E zum Orte. In der dritten kommen k_C und k_C^2 nach AC und (AC, BD), so daß AC gemeinsam wird; nach Ablösung von AB, AC bleibt eine Gerade, die durch D und, wie eben gefunden, durch E geht, als Ort von F. Also liegen E und F mit D in gerader Linie, E und G mit C, F und G mit B. Das ist genau die Lage, welche die doppelten und einfachen Hauptpunkte des Falles 3) der Geiserschen Verwandtschaft haben.

Auf den Kurven von $\mathfrak{N}$, unikursalen Kurven, entsteht je eine Involution von Punkten H, I (im allgemeinen nicht zentral, d. h. nicht mit einem auf der Kurve gelegenen Konkurrenzpunkte der Verbindungslinien gepaarter Punkte). Die Kurven sind sich selbst entsprechend: die Ordnung 15 wird durch Ablösung der doppelten Hauptkurve 3. Ordnung und der drei Hauptkurven 2. Ordnung auf drei herabgebracht.

837 Bei der Geiserschen Verwandtschaft — von der Klasse 1 — wurde (Nr. 826) die Kurve (P) besprochen, welche durch das Paar entsprechender Punkte erzeugt wird, wenn die tragende Gerade einen Büschel P beschreibt. Diese Kurven stellten sich als identisch heraus mit den Kurven des Netzes $\mathfrak{N} = (A \ldots G)$, von welchem wir ausgingen.

Bei jeder involutorischen Verwandtschaft vereinigen sich in einer solchen (P) die beiden dem Punkte zugehörigen isologischen Kurven (Nr. 790).

Die Ordnung ist $2n + 1 - h$, wenn h die der Koinzidenzkurve ist, welche sich abzweigt, oder $2\nu + 1$, wo ν die Klasse der Verwandtschaft ist, da ja $h + 2\nu = n$ (Nr. 824). Diese Form der Ordnungszahl ergibt sich unmittelbar aus der Erzeugung, da P nur auf dem Strahle des Büschels erzeugender Punkt ist, der ihn mit dem entsprechenden Punkte verbindet.

Von diesen ∞^2 Kurven (P) geht eine durch zwei gegebene Punkte X, Y; sind nämlich X', Y' die entsprechenden Punkte, so ist ihr P der Schnittpunkt (XX', YY'). Das weist darauf hin, daß die Kurven (P) ein Netz bilden. Die zu den Punkten P einer Gerade l gehörigen Kurven (P) bilden einen Büschel; denn durch den Punkt X geht nur diejenige, deren P der Schnitt (XX', l) ist.

Bei der Geiserschen Verwandtschaft sind die Grundpunkte $A, \ldots G$ und die beiden Punkte des Paares auf l die Grundpunkte des Büschels.

Wie hier, so gehen auch bei den beiden Verwandtschaften 11. und 17. Grades, die in Nr. 828, 829 besprochen wurden, alle (P) durch die Hauptpunkte. Bei der ersteren haben wir vier fünffache Hauptpunkte $A, \ldots D$ und fünf doppelte $E, \ldots I$. Durch jene geht die zugehörige Hauptkurve dreimal, durch diese einmal, und der Strahl nach P aus einem von jenen Hauptpunkten hat noch zwei Schnitte mit der Hauptkurve, die mit dem Hauptpunkte je ein Paar bilden, so daß diese Hauptpunkte $A, \ldots D$ doppelt auf allen (P) sind. Die andern sind einfache Punkte; und gemeinsam sind zwei Kurven 5. Ordnung (P) und (P'), wegen der Klasse 2, $4 \cdot 2^2 + 5 = 21$ Punkte, die in Hauptpunkten liegen; zu ihnen kommen noch die vier Punkte der beiden Paare auf PP'.

Bei der Verwandtschaft 17. Grades, deren Klasse 4 ist und welche acht sechsfache Hauptpunkte $A, \ldots H$ besitzt, auf der zugehörigen Hauptkurve je dreifach gelegen, sind diese Punkte für die Kurven (P) 9. Ordnung dreifach. Wir haben $8 \cdot 3^2$ gemeinsame Punkte in den

Hauptpunkten, $2 \cdot 4$ auf PP'; der 81te ist der außerhalb der Koinzidenzkurve gelegene Koinzidenzpunkt, der neunte assoziierte zu $A, \ldots H$.

Bei der in Nr. 836 besprochenen Verwandtschaft 5. Grades sind die sieben Hauptpunkte einfache Punkte für alle Kurven (P) 3. Ordnung, da jeder auf seiner Hauptkurve r^{ter} Ordnung $(r-1)$-fach liegt.

Wir sehen, die Verwandtschaft ist eine Geisersche Verwandtschaft 5. Grades von der Art 3); wir fanden ja auch, daß die doppelten und einfachen Hauptpunkte so liegen, wie im Spezialfall 3).

Umgekehrt, der dreifache Hauptpunkt dieses Spezialfalls, als doppelter, und die drei doppelten, als einfache Punkte, führen zu einem Gebüsche $\mathfrak{G}$ von Kurven 3. Ordnung, von denen jede durch die Geisersche Transformation in eine andere Kurve von $\mathfrak{G}$ übergeführt wird; und ein Büschel aus $\mathfrak{G}$ geht in einen Büschel über, dessen zwei bewegliche Grundpunkte denen des ersteren korrespondieren. Also entsteht innerhalb des Gebüsches $\mathfrak{G}$ involutorische Kollineation. Sie ist Homologie. Denn wir haben als einzelne sich selbst entsprechende Kurve (Zentrum) die Koinzidenzkurve Γ und dann noch ein Netz von solchen Kurven (Ebene der Homologie). Jede Kurve C nämlich von $\mathfrak{G}$, welche durch zwei korrespondierende Punkte H, I geht, ist sich selbst entsprechend; denn die entsprechende C' geht ebenfalls durch H, I, aber auch durch die beiden letzten Schnitte der C mit Γ, wodurch sie mit C identisch wird. Daher trägt sie ∞^1 Paare H, I, und durch jedes Paar gehen ∞^1 Kurven C, was schon auf ein Netz hinweist. Für jede zwei C sind die beiden letzten Schnitte Punkte H, I, denn der korrespondierende von jedem muß beiden Kurven angehören. Sind daher C_0, C_1, C_2, C irgend vier Kurven des Systems, so bilden wir die Büschel $C_0 C$ und $C_1 C_2$ oder (H, I), $(H_1\ I_1)$. Die Kurve des ersten Büschels, die durch H_1 geht, geht auch durch I_1 und gehört zum zweiten; d. h. C gehört zum Netz $(C_0 C_1 C_2)$.

So zeigt sich, daß der Spezialfall 3) der Geiserschen Verwandtschaft auch auf die Weise hergestellt werden kann, die wir in Nr. 836 kennen gelernt haben.

838 Die involutorischen Jonquièresschen Verwandtschaften der zweiten Art (Nr. 831), bei denen die Strahlen des Büschels um den $(n-1)$-fachen Hauptpunkt O involutorisch einander zugeordnet sind, haben die Tangenten der Hauptkurve O^{n-1} im $(n-2)$-fachen Punkt O derselben in dieser Involution gepaart (Nr. 834). Der Strahl PO trifft O^{n-1} noch einmal, und so wird O der eine Punkt eines erzeugenden Paares von (P). Ferner wenn X sich auf einem beliebigen Strahle x dem O nähert, so nähert sich der korrespondierende X' dem letzten Schnitt des gepaarten Strahls x' mit O^{n-1}; ist x Tangente von O^{n-1}, so daß der unendlich nahe X auf O^{n-1} liegt, also dem O entspricht, so muß dieser Punkt X' auf x' in O gerückt sein, also x'

ebenfalls Tangente sein. Geht also X, auf einer Tangente von O an O^{n-1} sich nähernd, durch O, so geht der korrespondierende X', auf der gepaarten Tangente sich nähernd, durch O; jede zwei gepaarten Tangenten führen zu einem erzeugenden Paare von (P), dessen Punkte sich in O vereinigt haben. Das benachbarte erzeugende Paar hat beide Punkte unendlich nahe an O, folglich kann keiner von ihnen auf einer nicht die O^{n-1} tangierenden Gerade durch O liegen, weil sonst der andere im letzten Schnitte des ebenfalls nicht tangierenden gepaarten Strahles mit O^{n-1} (oder ihm unendlich nahe) läge, also nicht unendlich nahe an O. Die beiden Punkte des benachbarten Paars liegen auf gepaarten Tangenten der O^{n-1}, und diese Tangenten sind also auch Tangenten aller Kurven (P).

Für die drei Fälle von Nr. 831 gestaltet sich das Verhalten der (P) folgendermaßen.

In 1), wo die Klasse $\frac{n}{2}$ und also $n+1$ die Ordnung der (P) ist, bilden die $n-2$ Tangenten der O^{n-1} $\frac{1}{2}(n-2)$ Paare; in O konzentrieren sich der eine Punkt und beide Punkte von $\frac{1}{2}(n-2)$ Paaren, er ist also $(n-1)$-fach für die (P) mit $n-2$ festen Tangenten. Das gibt $(n-1)^2+n-2$ gemeinsame Punkte von (P) und (P'), weitere $2(n-1)$ liefern die einfachen Hauptpunkte S, T; denn S_i z. B. und der Schnittpunkt von PS_i mit OT_i, der Hauptgerade von S_i, bilden ein Paar; endlich haben wir die vier Koinzidenzpunkte und die n Punkte der $\frac{n}{2}$ Paare auf PP'; es ist:

$$(n-1)^2+n-2+2(n-1)+4+n=(n+1)^2.$$

In 2) muß die mit Koinzidenzpunkten erfüllte Gerade v eine Tangente von O^{n-1} sein, da ein von O verschiedener fernerer Schnitt mit O^{n-1} dem O, nicht sich selbst entspräche. Die $n-3$ übrigen Tangenten sind gepaart. Die Klasse ist $\frac{n-1}{2}$, also die (P) von der Ordnung n (v hat sich abgelöst). O wird $(1+n-3)$-facher Punkt mit $n-3$ festen Tangenten; wir haben:

$$(n-2)^2+n-3+2(n-1)+2+2\cdot\frac{n-1}{2}=n^2.$$

In 3) endlich ist die Klasse $\frac{n-2}{2}$, die Ordnung der (P) $n-1$; von den $n-2$ Tangenten sind zwei die Geraden u, v, die übrigen $n-4$ sind gepaart, also O $(1+n-4)$-fach mit $n-4$ festen Tangenten; es ist:

$$(n-3)^2+n-4+2(n-1)+2\cdot\frac{n-2}{2}=(n-1)^2.$$

Wenn die Klasse 1 ist, so ist, in allen drei Fällen, der Punkt O einfach und ohne feste Tangenten, so daß die (P) 3. Ordnung sieben feste einfache Punkte und zu je zweien zwei veränderliche Punkte gemein haben, welche als Schnitte sich selbst entsprechender Kurven korrespondierende Punkte sind, so daß wir wieder zur Geiserschen Verwandtschaft geführt werden.

Alle involutorischen Verwandtschaften von der Klasse 1, welche wir kennen gelernt haben, haben sich dieser Geiserschen Verwandtschaft subsumiert. Wir gehen auf weitere Untersuchungen nicht ein und begnügen uns mit dem Verweise auf die in Nr. 830 erwähnte Abhandlung von Bertini, in welcher insbesondere auch die Frage nach involutorischen Cremonaschen Verwandtschaften erörtert wird, welche durch eine quadratische Verwandtschaft auf niedrigeren Grad gebracht werden können oder nicht.

§ 117. Das Korrespondenzprinzip in der Ebene oder im Bündel und Anwendungen; Erzeugnisse von drei Gebilden, welche kollinear oder korrelativ sind.

839 Anschließend an die Ermittelung der $n+2$ sich selbst entsprechenden Punkte zweier in einander liegenden Felder, welche sich in einer Cremonaschen Verwandtschaft n^{ten} Grades befinden, (Nr. 790) wollen wir uns zu dem allgemeinen Satze wenden, welcher die Anzahl der Koinzidenzpunkte angibt, wenn die Felder in einer allgemeineren (m, m')-deutigen Verwandtschaft stehen, zum Korrespondenzprinzip in der Ebene.

Es befinden sich in einer Ebene zwei Felder Σ, Σ' in einer derartigen Verwandtschaft, daß einem Punkt X von Σ m' Punkte X' von Σ' und einem Punkte X' von Σ' m Punkte X in Σ entsprechen. Der Grad der Verwandtschaft sei n; d. h. wenn zwei Geraden l und l' gegeben sind, so sind n Paare entsprechender Punkte vorhanden, von denen X auf l, X' auf l' liegt. Daraus folgt dann wiederum, daß, wenn X die l, oder X' die l' durchläuft, X', bzw. X eine Kurve n^{ter} Ordnung beschreibt. Und jede Gerade $l \equiv l'$ der Ebene trägt n Paare entsprechender Punkte.

Die den Schnittpunkten einer l mit der korrespondierenden Kurve C' n^{ter} Ordnung, als Punkten von l, entsprechenden Punkten liegen im allgemeinen außerhalb l, so daß auf l kein Koinzidenzpunkt fällt. Da somit eine beliebige Gerade keinen solchen Punkt enthält, sind deren nicht ∞^1, sondern nur eine endliche Anzahl vorhanden. Diesen allgemeinen Fall setzen wir voraus, und um die Bestimmung dieser Anzahl handelt es sich. Daß in speziellen Fällen Kurven vorkommen, welche ganz mit Koinzidenzpunkten erfüllt sind, wissen wir.

Jene n Punkte, in denen l und C' sich schneiden, haben als Punkte von C', einen entsprechenden auf l; so ergeben sich die n Paare entsprechender Punkte auf l.

Jeder Punkt von l hat alle m' entsprechenden Punkte auf C', jeder von C' aber im allgemeinen nur einen entsprechenden auf l; C' ist die volle entsprechende Kurve von l, nicht aber l die von C'; deren Ordnung muß ja, da der Beweis von Nr. 787 auch für diesen allgemeineren Fall gilt, n^2 sein; es gibt also eine die l ergänzende Kurve von der Ordnung $n^2 - 1$, welche durch die $m - 1$ nicht auf l gelegenen den Punkten von C' entsprechenden Punkte erzeugt wird.

Die Strahlen x, x' durch einen festen Punkt O der Ebene, welche nach entsprechenden Punkten von l und C' gehen, stehen in einer Korrespondenz $[n, m']$; denn einem Strahle x entsprechen die Strahlen x', welche nach den m' dem lx korrespondierenden Punkten gehen, einem x' die n Strahlen x, die nach den Punkten von l gehen, die seinen n Schnitten mit C' korrespondieren. Die $n + m'$ Koinzidenzstrahlen lehren, daß es auf l $n + m'$ Punkte X gibt, welche mit einem der entsprechenden Punkte X' auf einer Gerade durch O liegen, und daß alle derartigen Punkte X eine Kurve K von der Ordnung $n + m'$ erfüllen, auf welcher der Punkt O m'-fach ist. Und die entsprechenden Punkte X' erzeugen eine Kurve K' von der Ordnung $n + m$, welche m-mal durch O geht; jeder Strahl von O trifft K und K' in den n auf ihm gelegenen Paaren entsprechender Punkte.

Diese beiden Kurven K und K' befinden sich in eindeutiger Beziehung ihrer Punkte; sollte ein Punkt der einen Kurve mehrere korrespondierende auf der andern haben, so wird er der erstern entsprechend vielfach angehören. Die volle entsprechende Kurve z. B. der K ist von der Ordnung $n(n + m')$ und zerfällt in K' und eine zweite Kurve, welche je von den $m' - 1$ übrigen entsprechenden Punkten der Punkte von K beschrieben wird. Wir können diese Kurven K und K' wiederum die zu O gehörigen isologischen Kurven nennen.

Durch sie entsteht in einem zweiten Strahlenbüschel U eine Korrespondenz $[n + m, n + m']$, in welcher Strahlen zugeordnet sind, die nach entsprechenden Punkten von K und K' gehen. Zu den $2n + m + m'$ Koinzidenzstrahlen derselben gehört die Gerade $o = UO$ und zwar n-fach. Die bloße Bemerkung, daß auf ihr n Paare entsprechender Punkte liegen, genügt jedoch noch nicht, diese n-Fachheit zu erkennen; wir verfahren nach der Regel von Zeuthen (Nr. 160).

Wir ziehen im Büschel U den Strahl y dem o unendlich nahe; er trifft K in $n + m'$ Punkten, von denen m' in der Nähe von O liegen. Die Strahlen, welche von O nach ihnen gehen, sind endlich von o verschieden, und die jenen Punkten entsprechenden auf K' führen zu Strahlen aus U, welche ebenfalls endlich von o verschieden sind. Von den n andern Schnitten des y mit K sei Z einer; er ist in der Nähe von o gelegen, aber, bei der beliebigen Lage von U und

O, in endlicher Entfernung von diesen Punkten, Z' sei der ihm entsprechende Punkt von K' (auf OZ), er liegt in endlicher Entfernung von Z, weil in der Nähe von o, einer beliebigen Gerade, kein Koinzidenzpunkt sich befindet, und auch von U. Bezeichnen wir die Strahlen OZZ' und UZ' mit z und y', so gilt (absolut):

$$\frac{\sin yy'}{\sin zy} = \frac{ZZ'}{UZ'}, \quad \frac{\sin oy}{\sin zy} = \frac{OZ}{UO},$$

also:

$$\frac{\sin yy'}{\sin oy} = \frac{ZZ'}{UZ'} \cdot \frac{UO}{OZ}.$$

Weil rechts eine endliche Größe steht, so ist $\sphericalangle yy'$ ebenso unendlich klein 1. Ordnung, wie $\sphericalangle oy$. Dasselbe gilt für jedes der n Paare ZZ', deren Z auf y in endlicher Entfernung von O liegen; folglich ist, nach der genannten Regel, die Vielfachheit von o als Koinzidenz gleich n.

Es bleiben demnach $m + m' + n$ andere Koinzidenzstrahlen der Korrespondenz im Büschel U. Jeder von ihnen enthält zwei entsprechende Punkte X, X', die zugleich auf einem und demselben und zwar von UO verschiedenen Strahle durch O liegen. Folglich müssen sich die beiden Punkte X und X' im Schnittpunkte der beiden Strahlen aus U und O vereinigen. Und umgekehrt, jeder Koinzidenzpunkt ist sich selbst entsprechend auf den beiden Kurven K und K' und liegt auf einem Koinzidenzstrahl der Korrespondenz im Büschel U. Also:

Wenn zwei Felder derselben Ebene in einer mehrdeutigen Verwandtschaft der oben beschriebenen Art sich befinden, so haben sie im allgemeinen eine endliche Anzahl von Koinzidenzpunkten. Diese Anzahl ist $m + m' + n$[1]).

Das Prinzip kann sofort auf Strahlenfelder, Strahlen- und Ebenenbündel übertragen werden, so wie auf alle kollinear auf diese Gebilde beziehbaren Gebilde 2. Stufe, z. B. Netze von Kurven oder Flächen, die Doppelsekanten-Kongruenz einer kubischen Raumkurve, usw.

Geben wir einige Anwendungen. Wir fanden (Nr. 377), daß es bei drei kollinearen Bündeln O, O_1, O_2 sechsmal vorkommt, daß entsprechende Ebenen in eine Gerade, statt bloß in einen Punkt, zusammenlaufen. Um dies nochmals zu beweisen, stellen wir im Bündel $O \equiv O'$ eine Verwandtschaft der Ebenen her, indem wir jeder Ebene ξ

1) Von Cayley gefunden: Salmons Geometry of three dimensions, 2. Aufl. S. 511. Den obigen Beweis veröffentlichte Zeuthen in den Comptes rendus Bd. 78 S. 1553. Zeuthen selbst und, ihm folgend, Schubert (Kalkül der abzählenden Geometrie, Kap. 3) berücksichtigen auch den Fall von Kurven von Koinzidenzpunkten. Neuerdings gab Zeuthen das Korrespondenzprinzip auf einer algebraischen Fläche: Comptes rendus Bd. 113 (1906) S. 491. Vgl. auch seinen Artikel in der Encyklopädie: Abzählende Methoden III C 3 S. 257.

des erzeugenden Bündels O diejenige ξ' im Bündel O' zuordnen, welche nach der Schnittlinie der beiden in O_1, O_2 entsprechenden Ebene ξ_1, ξ_2 geht. Also ist $m' = 1$. Diese Schnittlinien $\xi_1 \xi_2$ erzeugen die Doppelsekanten-Kongruenz einer kubischen Raumkurve; folglich enthält eine Ebene ξ' drei Schnittlinien und hat drei entsprechende Ebenen ξ; demnach $m = 3$. Drittens, wenn ξ einen Büschel in O durchläuft, beschreibt $\xi_1 \xi_2$ eine Regelschar in jener Kongruenz und die Ebenen ξ' aus O' umhüllen den Tangentialkegel an ihre Trägerfläche; somit ist $n = 2$; und die Zahl der Koinzidenzen, der Ebenen ξ, welche durch $\xi_1 \xi_2$ gehen, ist $1 + 3 + 2 = 6$.

Wenn entsprechende Punkte X, X' zweier kollinearer Flächen 2. Grades aus einem Punkte O projiziert werden, so ergibt sich im Bündel O eine Verwandtschaft, in der ersichtlich $m = m' = 2$; aber auch $n = 2$, weil dem von der Ebene eines Büschels in O aus der einen Fläche ausgeschnittenen Kegelschnitte auf der andern ein Kegelschnitt entspricht, der dann aus O durch einen Kegel 2. Grades projiziert wird. Die $2 + 2 + 2 = 6$ Koinzidenzstrahlen sind die durch O gehenden Verbindungslinien XX', so daß wir die Ordnung 6 ihrer Kongruenz von neuem erkannt haben (Nr. 505).

Projizieren wir die auf der Jacobischen Fläche gelegenen konjugierten Punkte O, O' eines Flächengebüsches 2. Ordnung (Nr. 688) aus einem beliebigen Punkte, so entsteht in dessen Bündel eine Korrespondenz: $m = m' = 4$, $n = 6$; ihre $4 + 4 + 6 = 14$ Koinzidenzen sind die doppelt zu rechnenden sieben Strahlen der Kongruenz der Verbindungslinien OO', welche durch den Punkt gehen. Daß sie doppelt zu rechnen sind, folgt aus dem involutorischen Charakter der Korrespondenz (O, O').

Mit Hilfe des Korrespondenzprinzips kann auch die Anzahl der Flächen eines Systems mit den Charakteristiken μ, ν, ρ (Zahlen der durch einen Punkt gehenden, eine Gerade, eine Ebene berührenden Flächen), welche eine Fläche von der Ordnung m, der Klasse n, dem Rang r berühren:

$$m\rho + n\mu + r\nu$$

bestimmt werden[1]). Besteht das Flächensystem aus konzentrischen Kugeln, so ist $\mu = \nu = \rho = 1$, und

$$m + n + r$$

ist die Anzahl der Normalen aus einem Punkte an die Fläche (m, n, r)[2]).

840 Um weitere Anwendungen des Korrespondenzprinzips in der Ebene oder im Bündel zu geben, wollen wir uns einer liniengeometrischen

---

1) Brill, Math. Annalen Bd. 8 S. 534.
2) Math. Annalen Bd. 7 S. 580.

Problemgruppe: über Treffgeraden entsprechender Geraden zuwenden. Die Erzeugnisse solcher Treffgeraden bei projektiven Strahlenbüscheln wurden in Nr. 254ff. betrachtet. Wir behandeln nun projektive Regelscharen.

Zwei projektive Regelscharen führen zu einem Komplexe 4. Grades; denn in einer Ebene haben wir zwei projektive Kegelschnitte und die Kurve 4. Klasse der Verbindungslinien entsprechender Punkte. Diese Komplexkurve steht in eindeutiger Beziehung zu jeder der beiden Regelscharen, und wenn zu ihnen eine dritte tritt, auch zu dieser und ihrem Schnitte mit der Ebene der Komplexkurve; dies führt nach § 28 zu $4+2=6$ Inzidenzen entsprechender Tangenten der Komplexkurve und Erzeugenden der dritten Regelschar.

Bei drei projektiven Regelscharen erzeugen die Treffgeraden homologer Geraden eine Kongruenz 6. Ordnung 6. Klasse.

In einer vierten Regelschar stellen wir dann eine Korrespondenz her, indem wir jeder Gerade x derselben die vier Geraden x' zuordnen, welche von den beiden Treffgeraden der ihr in den drei ersten korrespondierenden Geraden und einer beliebigen Gerade g geschnitten werden. Einer x' gehören zwölf Geraden x zu, weil sie aus der Kongruenz (6, 6) von vorhin eine Regelfläche 12. Grades ausscheidet, mit zwölf von g getroffenen Geraden. Die Geraden der vierten Regelschar, die den von diesen getroffenen Geraden der drei ersten entsprechen, sind die x. Die 16 Koinzidenzen dieser Korrespondenz [12, 4] lehren, daß vier projektive Regelscharen zu einer Regelfläche 16. Grades führen; und in ähnlicher Weise entsteht in einer fünften Regelschar eine Korrespondenz [16, 4].

Fünf projektive Regelscharen besitzen 20 Treffgeraden homologer Strahlen.

Die Zahlen sind durchweg die doppelten derjenigen bei projektiven Strahlenbüscheln.

Steigen wir auf zu kollinearen Bündeln.

Jede Gerade des Raums ist einmal Treffgerade entsprechender Strahlen zweier kollinearer Bündel.

Drei kollineare Bündel O_1, O_2, O_3 führen zu einem Komplexe 3. Grades der Regelscharen $[x_1 x_2 x_3]$ der Treffgeraden homologer Strahlen.

Die Komplexkurve in einer Ebene kennen wir schon; sie wird von den Geraden umhüllt, welche je durch drei entsprechende Punkte der in der Ebene entstehenden kollinearen Felder gehen (Nr. 377).

Der Komplexkegel ergibt sich dual; wir können ihn aber auch folgendermaßen finden. Durch die kollinearen Bündel kommen die Ebenenbüschel um drei beliebige Geraden u_1, v_2, w_3 in ihnen in

Trilinearität, wobei solche Ebenen einander zugeordnet werden, welche entsprechende Strahlen enthalten[1]).

Lassen wir die drei Büschelaxen u_1, v_2, w_3 durch denselben Punkt P gehen, so ist der Kegel 3. Ordnung, welcher das Erzeugnis der Trilinearität ist (Nr. 212), der Komplexkegel[2]).

Die sechs ausgezeichneten Geraden, in welche drei entsprechende Ebenen der Bündel zusammenkommen, sind Doppelstrahlen des Komplexes; in jeder durch eine dieser Geraden gehenden Ebene wird die Gerade sich selbst entsprechend in den drei Feldern und dadurch Doppeltangente der Kurve 3. Klasse.

Jede der erzeugenden Regelscharen $[x_1 x_2 x_3]$ ist einer andern $(x_1 x_2 x_3)$ verbunden, zu welcher die drei entsprechenden Geraden selbst gehören. Diese erzeugen einen Komplex 6. Grades.

Die Regelscharen $[x_1 x_2 x_3]$ bei drei projektiven Strahlenbüscheln erzeugen eine Kongruenz (3, 3) (Nr. 257); daraus folgt, daß von den Trägerflächen drei durch einen Punkt P gehen und drei in eine Ebene π fallen. Das bedeutet wiederum, daß auch die verbundenen Regelscharen $(x_1 x_2 x_3)$ eine Kongruenz (3, 3) erzeugen. Gehören die Büschel zu unsern Bündeln, so schließen wir, daß die Tripel homologer Strahlen, deren $[x_1 x_2 x_3]$- oder $(x_1 x_2 x_3)$-Trägerflächen durch P gehen oder π berühren, Kegel 3. Ordnung erzeugen. Zwei solche Kegel, etwa in O_1, zu P und P_1 oder π und π_1 oder P und π gehörig, lehren durch ihre Schnittstrahlen, daß das doppelt unendliche System der Trägerflächen alle drei Charakteristiken μ^2, ρ^2, $\mu\rho$ gleich 9 hat. Lassen wir P und π inzident sein, so zeigt sich, daß der Büschel (P, π) drei Strahlen aus dem früheren und sechs aus dem jetzigen Komplexe enthält.

Auf diese beiden Komplexe wurde schon in Nr. 388 hingewiesen.

Zugleich hat sich ergeben, daß einem Kegel oder einer Kurve des ersten Komplexes in jedem der drei Bündel ein Kegel 3. Ordnung der getroffenen Strahlen entspricht.

Drei kollineare Felder führen ebenfalls zu Komplexen 3. Grades der $[x_1 x_2 x_3]$ und 6. Grades der $(x_1 x_2 x_3)$; und dies bleibt, wenn gemischte Gebilde vorliegen, Bündel und Felder, von denen die einen zu den andern korrelativ sind.

Wir hätten den Grad 3 auch durch eine Korrespondenz in einem

---

1) Sind u_2, u_3; v_1, v_3; w_1, w_2 die entsprechenden Strahlen, so sind $u_1 v_1$, $v_2 u_2$; $u_1 w_1$, $v_2 w_2$ die beiden neutralen Paare in u_1, v_2.

2) Fällt P auf die durch die Bündel erzeugte kubische Fläche, so wird die Trilinearität singulär (Nr. 209). Sie artet in interessanter Weise aus, wenn P auf die kubische Raumkurve, die durch zwei Bündel entsteht, zu liegen kommt; jeder von den drei Büscheln erhält dann ein singuläres Element, das mit beliebigen aus den andern trilinear verbunden ist.

Strahlenbüschel führen können und wollen ihn, teilweise dualisiert, für den Fall zweier Bündel O_1, O_2 und eines Feldes Σ_3 führen. Ein Strahl y von (P, π) trifft zwei entsprechende Strahlen aus O_1, O_2; der entsprechende Strahl von Σ_3 werde von y' aus (P, π) getroffen. Ein Strahl y' aus (P, π) aber scheidet aus dem Felde einen Büschel aus, durch dessen Scheitel er geht; ihm entsprechen zwei Strahlenbüschel in O_1, O_2, von deren tetraedralem Komplexe zwei Strahlen y zu (P, π) gehören. Diese Korrespondenz [2, 1] führt zum Grade 3.

Der Beweis, daß der andere Komplex vom 6. Grade ist, verläuft wie oben.

Wir gehen zu vier kollinearen Bündeln O_1, O_2, O_3, O_4. Den drei Kegeln 3. Ordnung in O_1, O_2, O_3 der Tripel, welche durch einen Punkt P gehende oder in eine Ebene π fallende Treffgeraden haben, die also zum Komplexkegel (P) oder zur Komplexkurve (π) gehören, entspricht in O_4 ein Kegel 3. Ordnung, der eindeutig auf (P) oder (π) bezogen ist; es gibt daher $3 + 3 = 6$ Inzidenzen entsprechender Geraden (§ 28).

Vier kollineare Bündel führen zu einer Kongruenz (6, 6) der Paare der Treffgeraden homologer Strahlen.

Bildet man aus den Bündeln zwei Paare O_1, O_2; O_3, O_4, so ergibt sich in einem Bündel P eine Cremonasche Verwandtschaft, in der zwei Strahlen y und y' zugeordnet sind, von denen der eine zwei entsprechende Strahlen aus O_1, O_2 und der andere die ihnen entsprechenden in O_3, O_4 schneidet. Der Strahl y trifft einmal zwei entsprechende Strahlen aus O_1, O_2; derjenige x_1 in O_1 ist Schnitt der Ebene $O_1 y$ mit der der Ebene $O_2 y$ in O_1 entsprechenden. Durchläuft also y einen Strahlenbüschel in P, so beschreibt x_1 einen Kegel 2. Grades in O_1, also auch x_2 in O_2, denen ebensolche Kegel in O_3, O_4 korrespondieren. In eine Ebene π' von P schneiden sie eindeutig bezogene Kegelschnitte und durch P gehen vier Verbindungslinien entsprechender Punkte. Dem Strahlenbüschel korrespondiert also ein Kegel 4. Grades; die Verwandtschaft ist vom 4. Grade[1]). Die Anzahl der Koinzidenzen beträgt $1 + 1 + 4 = 6$.

Eine Gerade g scheidet aus der Kongruenz (6, 6) eine Regelfläche 12. Grades.

Die Strahlen in den vier Bündeln, deren Treffgeraden der g begegnen, bilden Kegel 8. Ordnung, denn vier entsprechende Strahlen-

---

1) Mit je drei doppelten und drei einfachen Hauptstrahlen; die doppelten im ersten Bündel sind die Strahlen PO_1, PO_2 und die Doppelsekante an die durch O_1, O_2 erzeugte kubische Raumkurve; die einfachen sind die Strahlen aus P, welche diejenigen entsprechenden Strahlen aus O_1, O_2 treffen, welche den Strahlen $O_3 P$, $O_4 P$ oder den beiden entsprechenden Strahlen aus O_3, O_4 entsprechen, die in der Ebene $O_3 O_4 P$ liegen.

büschel aus ihnen führen zu einer Regelfläche 8. Grades der Treffgeraden (Nr. 257), von denen acht die g schneiden.

Der Kegel 8. Ordnung, der ihnen in einem fünften Bündel entspricht, steht in eindeutiger Beziehung zu jener Regelfläche 12. Grades; die $12 + 8 = 20$ Inzidenzen zeigen:

Bei fünf kollinearen Bündeln entsteht durch die Treffgeraden homologer Strahlen eine Regelfläche 20. Grades.

Die getroffenen Geraden in jedem der Bündel bilden einen Kegel 10. Ordnung, wie der Satz in Nr. 257 über fünf projektive Büschel zeigt. Wir erhalten:

Sechs kollineare Bündel haben 30 Treffgeraden entsprechender Strahlen.

Es ändert sich nichts an den Ergebnissen, wenn beliebig viele der Bündel durch Felder ersetzt werden, die, unter einander kollinear, zu den verbleibenden Bündeln korrelativ sind.

Ehe wir zu kollinearen Räumen aufsteigen, müssen wir uns mit kollinearen Strahlennetzen und kollinearen Strahlengebüschen (als entsprechenden Gebilden in kollinearen Räumen) beschäftigen.

Bei zwei kollinearen Strahlennetzen trifft jede Gerade, weil sie aus einem der Netze eine Regelschar und aus deren entsprechender Regelschar zwei Geraden ausscheidet, zwei Paare homologer Geraden. Deswegen und weil die Ergebnisse bei Regelscharen doppelt so groß sind als bei Strahlenbüscheln, werden die Zahlen doppelt so groß, als bei kollinearen Bündeln.

Bei drei kollinearen Strahlennetzen erzeugen die Treffgeraden einen Komplex 6. Grades, und in jedem bilden die getroffenen Geraden, deren Treffgeraden einen Kegel oder eine Kurve des Komplexes bilden, eine Regelfläche 6. Grades.

Bei vier kollinearen Strahlennetzen entsteht durch die Treffgeraden eine Kongruenz (12, 12), und in jedem bilden die getroffenen Geraden, deren Treffgeraden eine gegebene Gerade schneiden, eine Regelfläche vom Grade 16.

Bei fünf kollinearen Strahlennetzen erzeugen die Treffgeraden eine Regelfläche vom Grade $12 + 12 + 16 = 40$.

Hierzu brauchen wir den noch nicht in § 28 bewiesenen Satz, daß bei zwei eindeutig bezogenen Regelflächen von den Graden n_1, n_2 es $n_1 + n_2$ Paare entsprechender Geraden gibt, die sich schneiden. Er folgt aus dem letzten Satze an jener Stelle. In der Tat, wir schneiden beide Regelflächen je mit zwei Ebenen ϵ_1, φ_1; ϵ_2, φ_2 und erhalten vier Kurven von den Ordnungen n_1, n_1, n_2, n_2 mit eindeutig bezogenen Punkten: auf entsprechenden Erzeugenden. Von den $2(n_1 + n_2)$ Quadrupeln je in derselben Ebene gelegener entsprechender Punkte, die nach jenem Satze vorhanden sind, gehen

$n_1 + n_2$ ab, die von den Schnitten der $\epsilon_1\varphi_1$, $\epsilon_2\varphi_2$ herrühren. Die andern beweisen die Behauptung[1]).

In jedem der fünf Strahlennetze bilden die getroffenen Geraden eine Regelfläche 20. Grades.

Und bei sechs kollinearen Strahlennetzen gibt es $40 + 20 = 60$ Treffgeraden homologer Strahlen.

Die Ordnung 12 der Kongruenz bei vier kollinearen Strahlennetzen wollen wir nochmals mit Hilfe des jetzigen Korrespondenzprinzips beweisen. Wir ordnen wiederum in einem Bündel P zwei Strahlen y und y' einander zu, von denen der eine zwei homologe Strahlen aus den Netzen N_1, N_2 trifft, der andere die ihnen entsprechenden in N_3, N_4. Jedem y entsprechen zwei Strahlen y', und ebenso umgekehrt.

Eine Gerade g scheidet aus N_1 eine Regelschar aus, der projektiv eine in N_2 entspricht; der diesen Regelscharen zugehörige Komplex 4. Grades sendet in den Büschel (P, π) vier Strahlen; daraus folgt, daß, wenn y diesen Büschel durchläuft, die getroffenen entsprechenden Strahlen in N_1, N_2 Regelflächen 4. Grades erzeugen, denen ebensolche in N_3, N_4 entsprechen, und die Strahlen y' aus P nach homologen Strahlen führen, wie oben, zu einem Kegel 8. Ordnung, welcher in der Bündelkorrespondenz dem Büschel (P, π) entspricht. Sie hat, nach dem Prinzip, $2 + 2 + 8 = 12$ Koinzidenzen, Strahlen aus P, welche vier homologe Strahlen aus $N_1, \ldots N_4$ treffen.

841 Statt der Gebüsche wollen wir lieber allgemeiner Gewinde behandeln; die Ergebnisse sind dieselben.

Bei drei kollinearen Gewinden trifft jede Gerade g des Raums zwei Tripel entsprechender Strahlen; denn sie scheidet aus dem ersten ein Strahlennetz, aus dem entsprechenden im zweiten eine Regelschar und aus der Regelschar, welche dieser und ihrer entsprechenden aus dem ersten im dritten korrespondiert, zwei Geraden.

Bei vier kollinearen Gewinden G_1, G_2, G_3, G_4 entsteht durch die Treffgeraden homologer Strahlen ein Komplex 8. Grades. Denn in einem Strahlenbüschel (P, π) ordnen wir einem Strahle y die beiden y' zu, welche die beiden Strahlen von G_4 schneiden, die den von y getroffenen Tripeln aus G_1, G_2, G_3 entsprechen. Ein y' scheidet aus G_4 ein Strahlennetz, und der Komplex 6. Grades, der zu den drei entsprechenden Netzen in G_1, G_2, G_3 gehört, liefert in (P, π) die sechs dem y' entsprechenden Strahlen y.

Wir wollen wieder wissen, wie die Strahlen, etwa in G_1, gelegen sind, die von Strahlen eines Komplexkegels (P) oder einer Komplexkurve (π) getroffen werden. Das durch die Gerade l aus G_1 ausgeschiedene Strahlennetz und seine entsprechenden in G_2, G_3, G_4 führen zu einer Kongruenz (12, 12), so daß zwölf Strahlen zu (P) oder (π)

1) Für $n_1 = n_2 = 2$ vgl. Nr. 180, 208.

gehören und ebenso viele getroffene Strahlen aus G_1 der l begegnen. Die gesuchten Strahlen erzeugen also in G_1 eine Regelfläche 12. Grades, der ebensolche in G_2, G_3, G_4 und in einem hinzutretenden G_5 korrespondieren; letztere, in eindeutiger Beziehung zu dem Komplexkegel (P), der Komplexkurve (π), hat $12 + 8 = 20$ Erzeugende, welche die entsprechende Kante oder Tangente treffen. Also:

Bei fünf kollinearen Gewinden bilden die Treffgeraden homologer Strahlen eine Kongruenz (20, 20).

Jeder Punkt P, jede Ebene π scheidet aus G_1 einen Büschel; er und seine korrespondierenden Büschel in den andern Gewinden führen zu zehn Treffgeraden entsprechender Strahlen.

Die von den Geraden der (20, 20) getroffenen Strahlen erzeugen in jedem der Gewinde eine Kongruenz (10, 10).

Wir haben wiederum die Regelfläche 40. Grades der Strahlen von (20, 20), welche eine Gerade g treffen. Eine andere Gerade l scheidet aus G_1 ein Netz aus, dies und seine entsprechenden Netze in $G_2, \dots G_5$ führen zu einer Regelfläche 40. Grades: mit 40 die g schneidenden Geraden; also gibt es in G_1 40 Geraden, welche l treffen und mit ihren entsprechenden eine g schneidende Treffgerade haben.

Die Quintupel homologer Geraden in $G_1, \dots G_5$, welche eine g schneidende Treffgerade haben, erzeugen Regelflächen 40. Grades; die ihnen in einem sechsten Gewinde korrespondierende Regelfläche, eindeutig bezogen auf die g-Regelfläche 40. Grades in (20, 20), hat $40 + 40 = 80$ Erzeugende, welche die entsprechenden schneiden.

Bei sechs kollinearen Gewinden besteht eine Regelfläche 80. Grades von Treffgeraden homologer Strahlen.

Die getroffenen Strahlen bilden in jedem Gewinde eine Regelfläche 60. Grades; denn bei dem aus G_1 durch l ausgeschiedenen Strahlennetz und seinen entsprechenden in $G_2, \dots G_6$ ergaben sich 60 Treffgeraden, die zu 60 getroffenen Geraden von G_1 führen, welche l schneiden. Dies führt wiederum zum letzten Satze:

Bei sieben kollinearen Gewinden gibt es $80 + 60 = 140$ Treffgeraden homologer Strahlen.

Bei der Kongruenz (20, 20) wollen wir die Klasse durch das Korrespondenzprinzip im Felde bestätigen und teilen die fünf Gewinde in zwei Gruppen:

$$G_1, \; G_2, \; G_3; \; G_4, \; G_5.$$

In der Ebene π seien einer Gerade y, die ja zwei Tripel entsprechender Geraden aus G_1, G_2, G_3 trifft, die Geraden y' zugeordnet, welche die beiden entsprechenden Paare in G_4, G_5 trifft. Umgekehrt, y' scheidet aus G_4, G_5 zwei entsprechende Regelscharen aus; zu deren entsprechenden Regelscharen in G_1, G_2, G_3 gehört eine Kongruenz (6, 6): mit sechs Strahlen y in π. Nun sei in π ein Strahlenbüschel P gegeben; eine Gerade l scheidet aus G_1 ein Netz; dieses und die entsprechenden in G_2, G_3 führen zu einem Komplex 6. Grades: mit sechs Strahlen in (P, π). Wenn also y diesen Büschel durchläuft, beschreiben die getroffenen Tripel in G_1, G_2, G_3 Regelflächen 6. Grades: die Treffgeraden y' entsprechender Geraden der beiden korrespondierenden Regelflächen in G_4, G_5, welche in π fallen, umhüllen die Kurve 12. Klasse, welche durch die beiden eingeschnittenen Kurven 6. Ordnung entsteht. Sie entspricht dem Büschel (P, π); und die Zahl der Koinzidenzen beträgt $2 + 6 + 12 = 20$.

In vier kollinearen Räumen $\Sigma_1, \ldots \Sigma_4$ trifft jede Gerade zwei Quadrupel entsprechender Geraden; denn sie scheidet aus Σ_1 ein Gebüsche, usw.

Ist Σ_5 ein fünfter Raum, so haben wir in (P, π) wiederum, einem Strahl y zugeordnet, die beiden y', welche die Strahlen von Σ_5 treffen, die den von y getroffenen Quadrupeln entsprechen; dagegen y' führt zu einem Gebüsche in Σ_5 und vier entsprechenden in $\Sigma_1, \ldots \Sigma_4$, deren Komplex 8. Grades in (P, π) die acht entsprechenden Strahlen y liefert.

Bei fünf kollinearen Räumen entsteht durch die Treffgeraden homologer Geraden ein Komplex 10. Grades, und die getroffenen Geraden bilden auch in jedem Raum einen Komplex 10. Grades; denn ein Büschel in Σ_1 und die entsprechenden in den andern Räumen haben zehn Treffgeraden.

Das durch l ausgeschiedene Gebüsche in Σ_1 und die entsprechenden führen zu einer Kongruenz (20, 20), mit 20 Strahlen durch P und 20 in π; daraus folgt, daß in jedem der Räume durch die Quintupel, deren Treffgeraden den Komplexkegel (P) oder die Komplexkurve (π) erfüllen, eine Regelfläche 20. Grades entsteht.

Die entsprechende in Σ_6, eindeutig bezogen auf (P) oder (π), hat $20 + 10 = 30$ Geraden, welche die entsprechende Kante oder Tangente schneiden.

Bei sechs kollinearen Räumen führen die Treffgeraden homologer Strahlen zu einer Kongruenz (30, 30).

Durch eine Gerade g wird aus ihr geschieden eine Regelfläche 60. Grades. Das durch l aus Σ_1 ausgeschiedene Gebüsche und seine entsprechenden in $\Sigma_2, \ldots \Sigma_6$ führen zu einer Regelfläche 80. Grades: mit 80 Geraden, welche von g getroffen werden. Die Sextupel der Geraden in $\Sigma_1, \ldots \Sigma_6$, deren Treffgeraden jene Regelfläche 60. Grades erfüllen oder g schneiden, erzeugen in den einzelnen Räumen Regelflächen 80. Grades; die entsprechende im siebenten Raume Σ_7 liefert mit der vom 60. Grade den Satz:

Bei sieben kollinearen Räumen erzeugen die Treffgeraden homologer Geraden eine Regelfläche 140. Grades.

Die getroffenen Geraden in jedem Raume tun das ebenfalls; denn das durch l aus Σ_1 ausgeschiedene Gebüsche und die entsprechenden in $\Sigma_2, \ldots \Sigma_7$ haben 140 Treffgeraden.

Die im achten Raume korrespondierende Regelfläche 140. Grades und jene von den Treffgeraden der sieben Räume erzeugte desselben Grades führen zum letzten Ergebnisse:

Acht kollineare Räume haben 280 Treffgeraden homologer Geraden.

Indem wir den Strahlenraum in fünf, sechs, sieben, acht Polarräumen polarisieren, ergibt sich:

Bei fünf, sechs, sieben Polarräumen erfüllen die gemeinsamen konjugierten Geraden involutorisch einen Komplex 10. Grades, eine Kongruenz (30, 30), eine Regelfläche 140. Grades und acht Polarräume besitzen $\frac{1}{2} \cdot 280 = 140$ gemeinsame Paare konjugierter Geraden[1]).

Teilen wir sechs gegebene kollineare Räume in die beiden Gruppen:

$$\Sigma_1, \Sigma_2, \Sigma_3, \Sigma_4; \Sigma_5, \Sigma_6,$$

so kann man wieder unser Korrespondenzprinzip anwenden. In π werden Strahlen y und y' einander zugeordnet, von denen y entsprechende Strahlen aus $\Sigma_1, \ldots \Sigma_4$ und y' dann die ihnen entsprechenden Strahlen in Σ_5, Σ_6 trifft. Wir wissen, jedem y entsprechen zwei Strahlen y'; ein y' scheidet aus Σ_5, Σ_6 zwei entsprechende Strahlennetze aus, die ihnen korrespondierenden Strahlennetze in $\Sigma_1, \ldots \Sigma_4$ führen zu einer Kongruenz (12, 12): mit zwölf Strahlen y in π. Das durch l aus Σ_1 ausgeschiedene Gebüsche und seine entsprechenden in $\Sigma_2, \Sigma_3, \Sigma_4$ führen zu einem Komplexe 8. Grades, der in den Büschel (π, P) acht Strahlen sendet. Daraus folgt, daß die Quadrupel aus $\Sigma_1, \ldots \Sigma_4$ mit Treffgeraden, welche diesen Büschel durchlaufen, in diesen Räumen Regelflächen 8. Grades erzeugen; die beiden entsprechenden in Σ_5, Σ_6 schneiden in π Kurven ein, deren entsprechende Punkte durch die Tangenten einer Kurve 16. Klasse verbunden sind: derjenigen, die in der Korrespondenz dem Strahlenbüschel (π, P) entspricht. Die $2 + 12 + 16 = 30$ Koinzidenzen geben die Klasse der Kongruenz.

Man kann Bestätigungen für die gefundenen Zahlen oder Zusammenhänge zwischen ihnen erhalten, wenn man ausgeartete Kollineationen einführt.

Z. B. sei der achte Raum Σ_8 zu einem der sieben andern und dann auch zu den andern in ausgearteter Kollineation. Er enthalte einen singulären Bündel S_8 und die andern singuläre Felder $\sigma_1, \ldots \sigma_7$, zu jenem und untereinander kollinear. Die kollinearen Räume $\Sigma_1, \ldots \Sigma_7$ führen zu einer Regelfläche 140. Grades von Treffgeraden; die getroffenen Geraden in jedem von ihnen erzeugen ebenfalls eine solche

1) Daraus kann man ableiten, daß in dem achtfach unendlichen System der gemischten zweiten Polaren zweier Geraden in bezug auf eine Fläche 4. Ordnung 140 durch acht gegebene Punkte gehen. Vgl. R. Schmidt, Über zweite Polarflächen einer allgemeinen Fläche 4. Ordnung, Diss. Breslau 1908.

Regelfläche, die je in σ_i eine Spurkurve 140. Ordnung liefert; und der Kegel 140. Ordnung, der diesen Spurkurven im Bündel S_8 korrespondiert, wird durch die entsprechenden Strahlen gebildet und steht zu der Regelfläche der Treffgeraden in eindeutiger Beziehung; die $140 + 140$ Erzeugenden der Regelfläche, welche den zugeordneten Kegelkanten begegnen, sind die 280 Treffgeraden in diesem Falle.

Geraden aus Σ_8, die nicht dem singulären Bündel angehören, haben entsprechende Geraden, die in die σ_i fallen; bei sieben kollinearen Feldern kommen wir aber zu keinen Treffgeraden mehr.

Ähnliches gilt, wenn Σ_8 das singuläre Feld enthält und die andern Räume die singulären Bündel.

Lassen wir jetzt die ausgearteten Kollineationen axial sein. Die Axen seien $s_1, \ldots s_8$, die Punktreihe und der Ebenenbüschel s_8 projektiv zu den Ebenenbüscheln, bzw. Punktreihen der übrigen.

Die Räume $\Sigma_1, \ldots \Sigma_7$ führen zu einer Regelfläche 140. Grades von Treffgeraden, die getroffenen Geraden bilden je eine ebensolche; 140mal schneiden die getroffenen Geraden g_i die Axen $s_1, \ldots s_7$; dann ist in Σ_8 entsprechend ein ganzer Strahlenbüschel um den Punkt und in der Ebene von s_8, welche der Ebene $g_i s_i$ und dem Punkte $g_i s_i$ in den charakteristischen Projektivitäten entsprechen; ein Strahl dieses Büschels begegnet der Treffgerade. Zweitens, 140 Erzeugenden der Regelfläche schneiden s_8. Diese entspricht den getroffenen und im allgemeinen gegen die s_i windschiefen Geraden. So ergeben sich in diesem Falle die 280 Treffgeraden in zwei Weisen, je 140.

842 Wir wollen die Zahl 280 später, wenn wir das Korrespondenzprinzip im Strahlenraume werden gewonnen haben, damit nochmals ableiten.

Dazu wird folgende Korrespondenz zwischen zwei Strahlenräumen $\mathfrak{S}, \mathfrak{S}'$ betrachtet. Wir bilden aus den acht kollinearen Räumen zwei Gruppen von je vier:

$$\Sigma_1, \ldots \Sigma_4; \; \Sigma_5, \ldots \Sigma_8,$$

und ordnen zwei Strahlen y und y' in $\mathfrak{S}, \mathfrak{S}'$ einander zu, von denen der eine vier entsprechende Geraden aus den Räumen der ersten Gruppe trifft, der andere die ihnen entsprechenden aus denen der zweiten. Jede Gerade trifft zwei Quadrupel entsprechender Geraden aus vier kollinearen Räumen; jedes der beiden entsprechenden Quadrupel in den vier andern Räumen hat zwei Treffgeraden. Also korrespondieren jedem y vier Strahlen y' und ebenso umgekehrt. Das Korrespondenzprinzip im Strahlenraume verlangt noch den Grad der Regelfläche, die einem Strahlenbüschel des einen Raums im jeweiligen andern Raume entspricht, — hier offenbar beidemal dieselbe Zahl —, sowie die Ordnung der Kongruenz, die einem Bündel, und die Klasse derjenigen, die einem Felde entspricht, wobei es gleichgültig ist, welchem Raume der Bündel oder das Feld angehört, und, wegen der Dualität, jene Ordnung dieser Klasse gleich ist.

Es sei, um die letzte Frage, weil sie zur Anwendung des Korrespondenzprinzips im Bündel (oder Felde) führt, zuerst vorzunehmen, P ein Bündel in $\mathfrak{S}$; wir rechnen ihn zunächst zu Σ_1 und stellen dann die ihm in diesem Raume entsprechenden Bündel her, wenn er zu Σ_2, Σ_3, Σ_4 gerechnet wird; zu den so entstehenden vier kollinearen Bündeln gibt es eine Kongruenz (6, 6) von Treffgeraden entsprechender Strahlen. Diese Kongruenz (6, 6) ist der Ort der Strahlen in Σ_1, welche, zugleich mit ihren entsprechenden in Σ_2, Σ_3, Σ_4, eine dem Bündel P angehörige Treffgerade haben; ebensolche gibt es in $\Sigma_2, \ldots \Sigma_4$, und in $\Sigma_5, \ldots \Sigma_8$; die den Bündelstrahlen y entsprechenden y' sind nun Treffgeraden entsprechender Strahlen aus den vier kollinearen Kongruenzen in $\Sigma_5, \ldots \Sigma_8$, welche $(6, 6)_5, \ldots$ heißen mögen.

Um die Ordnung ihrer Kongruenz zu bestimmen, konstruieren wir eine Korrespondenz in einem Bündel S, in der z und z' entsprechende Geraden aus $(6, 6)_5$ und $(6, 6)_6$, bzw. aus $(6, 6)_7$, $(6, 6)_8$ treffen. Ein Strahl z von S scheidet aus $(6, 6)_5$ eine Regelfläche 12. Grades und trifft von der entsprechenden Regelfläche in $(6, 6)_6$ zwölf Geraden; die z' gehen von S nach den zwölf Paaren der diesen in $(6, 6)_7$ und $(6, 6)_8$ korrespondierenden Geraden.

Es sei (S, σ) ein Strahlenbüschel in S; die durch l aus $(6, 6)_5$ ausgeschiedene Regelfläche 12. Grades und ihre entsprechende in $(6, 6)_6$ schneiden in σ Kurven mit eindeutig entsprechenden Punkten, von deren Verbindungslinien 24 durch S gehen. Wenn also z den Strahlenbüschel (S, σ) durchläuft, beschreiben die getroffenen Geraden in $(6, 6)_5$ eine Regelfläche 24. Grades, der in den drei andern Kongruenzen ebensolche entsprechen; von S kommt ein Kegel 48. Ordnung von Strahlen z', welche entsprechende Geraden derjenigen in $(6, 6)_7$ und $(6, 6)_8$ treffen. Die drei Zahlen sind also 12, 12, 48, und die gesuchte Kongruenz-Ordnung ist $12 + 12 + 48 = 72$ [1]).

Für die Beantwortung der andern Frage werden noch einige Hilfssätze notwendig.

Der Komplex 8. Grades der Treffgeraden, der sich bei vier kollinearen Gebüschen ergeben hat, beweist, daß, wenn die Treffgerade y einen Büschel (P, π) durchläuft, die getroffenen Geraden in $\Sigma_1, \ldots \Sigma_4$ Regelflächen 8. Grades beschreiben; ihnen korrespondieren ebensolche in $\Sigma_5, \ldots \Sigma_8$ mit eindeutig bezogenen Geraden; es handelt sich um die Regelfläche der Treffgeraden y' entsprechender Geraden. Die drei ersten Regelflächen führen zu einer Kongruenz (24, 24) von Treffgeraden; denn z. B. in einer Ebene ergeben sich drei eindeutig bezogene Kurven 8. Ordnung: mit 24 mal entsprechenden Punkten in gerader

1) Der Beweis kann ebenso mit kollinearen Kongruenzen (m, n) geführt werden; die Ordnung ist dann $6(m + n)$.

Linie (Nr. 177). Eine Gerade g scheidet daraus eine Regelfläche 48. Grades ρ^{48}, welche zu der vierten Regelfläche ρ^8 in einer Korrespondenz [2, 1] steht; denn einer Erzeugenden der ρ^{48} entspricht diejenige Erzeugende der ρ^8, welche den drei von jener getroffenen Erzeugenden der drei ersten Regelflächen 8. Grades korrespondiert, einer Erzeugenden der ρ^4 aber die beiden Erzeugenden der ρ^{48}, welche g und das Tripel der drei entsprechenden Geraden treffen. Nun kommt es darauf an, wie oft korrespondierende Erzeugenden von ρ^{48} und ρ^8 sich treffen.

Dazu dient folgende Betrachtung.

Wenn zwei Kurven C_1, C_2 n_1^{ter} und n_2^{ter} Ordnung derselben Ebene in einer Korrespondenz $[m_1, m_2]$ ihrer Punkte stehen, so umhüllen, wie jeder Büschel zeigt, die Verbindungslinien entsprechender Punkte eine Kurve von der Klasse $n_1 m_2 + n_2 m_1$. Nun seien die Tangenten einer Kurve C_1 $n_1'^{\text{ter}}$ Klasse den Punkten einer Kurve C_2 von der Ordnung n_2 in einer Korrespondenz $[m_1, 1]$[1]) zugeordnet. Wenn n_1 die Ordnung jener ist, so entsteht durch die Verbindungslinien entsprechender Punkte eine Kurve von der Klasse $n_1 + n_2 m_1$, deren Tangenten nun eindeutig denen von C_1 zugeordnet sind. Also führen sie zu einer Kurve von der Ordnung $n_1' + n_1 + n_2 m_1$. Dazu gehört — in diesem Falle ersichtlich einfach — die Kurve C_1. Der zweite Bestandteil kann, da zwei entsprechende Tangenten immer auf C_1 sich schneiden, nur aus zusammenfallenden bestehen; das sind Tangenten von C_1, die je durch ihren entsprechenden Punkt von C_2 gehen. Diese Inzidenz entsprechender Tangenten von C_1 und Punkte von C_2 tritt also $(n_1' + n_2 m_1)$-mal ein und, wenn die Korrespondenz eine $[1, m_2]$ ist, $(n_1' m_2 + n_2)$-mal.

Wir übertragen dies in den Bündel.

Nun seien zwei Regelflächen ρ_1, ρ_2, von den Graden n_1, n_2 gegeben, deren Erzeugenden in einer Korrespondenz $[m_1, 1]$ stehen. Wenn wir die zweite mit einer Ebene ϵ schneiden, so stehen der Tangentialkegel n_1^{ter} Klasse aus einem Punkt O an ρ_1 und der Kegel, welcher aus ihm die Schnittkurve n_2^{ter} Ordnung projiziert, in derselben Korrespondenz; die Inzidenzen lehren, daß die Ebenen, welche die Erzeugenden von ρ_1 mit den entsprechenden Punkten der Schnittkurve verbinden, einen Torsus von der Klasse $n_1 + n_2 m_1$ umhüllen; dieser Torsus steht zur Schnittkurve in eindeutiger Beziehung und ebenso zur Schnittkurve einer zweiten Ebene φ mit ρ_2, wobei auf derselben Erzeugenden gelegene Punkte der beiden Kurven entsprechend sind, also auch sein Schnitt mit dieser Ebene; und wir haben $n_1 + n_2 m_1 + n_2$ Inzidenzen (Nr. 177). Davon ergeben sich n_2 durch

1) Wir begnügen uns mit dieser Vereinfachung, die wir allein brauchen; der allgemeinere Fall würde zu einer mühsameren Vielfachheits-Bestimmung führen.

die Punkte von ρ_2 auf $\epsilon\varphi$; die übrigen lehren, daß $(n_1 + n_2 m_1)$-mal eine Ebene des Torsus durch zwei verschiedene Punkte derjenigen Erzeugenden von ρ_2 geht, die der in ihr enthaltenen von ρ_1 entspricht, folglich jene auch enthält. Also bestehen $n_1 + n_2 m_1$ Paare sich schneidender korrespondierender Geraden der beiden Regelflächen. In unserm Probleme ist $n_1 = 48$, $n_2 = 8$, $m_1 = 2$; und es hat sich ergeben, daß dem Büschel (P, π) von Strahlen y eine Regelfläche 64. Grades von Strahlen y' korrespondiert[1]).

843 Bündel und Felder, die kollinear oder korrelativ sind, können wir, duale Fälle ausschließend, zu dreien noch in folgender Weise zusammenstellen, wobei sich jedesmal mehrere Örter ergeben werden, darunter auch Kongruenzen, für welche wir dann wieder Gelegenheit haben, das zweidimensionale Korrespondenzprinzip heranzuziehen. Wir wollen auch diese Problemgruppe hier im Zusammenhang erledigen.

I. Von den drei Bündeln ist einer O zu den beiden andern O_1, O_2 korrelativ.

II. Ein Feld Σ ist zu den beiden Bündeln O_1, O_2 kollinear.

III. Das Feld Σ ist zu O_1, O_2 korrelativ.

IV. Das Feld Σ ist zu O_1 kollinear, zu O_2 korrelativ.

In I haben wir zunächst die durch die beiden kollinearen Bündel O_1, O_2 erzeugte kubische Raumkurve r^3 und ihre Doppelsekanten-Kongruenz $[r^3]$ (§ 57), ferner die beiden Flächen 2. Grades F_1^2, F_2^2, welche durch die korrelativen Bündel O und O_1, O und O_2 entstehen (§ 59). Die durch O gehende Raumkurve 4. Ordnung, in der diese sich schneiden, ist der Ort von Punkten, in welche drei entsprechende Elemente x, ξ_1, ξ_2 zusammenkommen. Diese Strahlen x aus O, welche die entsprechende Gerade $\xi_1\xi_2$ aus $[r^3]$ schneiden, erzeugen also einen Kegel 3. Ordnung, die ξ_1, ξ_2 daher Kegel 3. Klasse und die $\xi_1\xi_2$ eine Regelfläche 6. Grades. Die verbindenden Ebenen $(x, \xi_1\xi_2)$ umhüllen einen Kegel 5. Klasse; denn die durch O gehende $\xi_1\xi_2$ gehört zu der eben erhaltenen Regelfläche, und der Kegel von O nach ihren Erzeugenden ist, abgesehen von dem Ebenenbüschel um diese durch O gehende Erzeugende, 5. Klasse.

Auf r^3 haben wir fünf Punkte Q, in denen eine Ebene ξ von O und die entsprechenden Geraden x_1, x_2 aus O_1, O_2 zusammenlaufen, die fünf ferneren Schnitte dieser Kurve mit F_1^2 oder F_2^2 außer O_1, bzw. O_2.

Die Ebenen ξ von O, deren entsprechende Geraden x_1, x_2 sich (auf r^3) schneiden, umhüllen einen Kegel 2. Klasse, welcher projektiv zum Büschel der Ebenen x_1x_2 um O_1O_2 ist. Also entsteht durch die Schnittlinien jener Ebenen ξ mit diesen Ebenen x_1x_2 eine Regelfläche

1) Vgl. zu Nr. 840 bis 842 Fr. Kliem, Über Örter von Treffgeraden entsprechender Strahlen in eindeutig und linear verwandten Strahlengebilden erster bis vierter Stufe. Diss. Breslau, 1909.

3. Grades: mit $O_1 O_2$ als doppelter Leitgerade. Außer in O_1, O_2 wird sie von r^6 in den fünf Punkten Q getroffen.

Das für uns interessanteste Erzeugnis ist die Kongruenz der Verbindungslinien der Punkte, in denen eine Ebene ξ von O von den beiden entsprechenden Strahlen x_1, x_2 getroffen wird. Durch diese Punkte als entsprechende sind die beiden Flächen F_1^2 und F_2^2 eindeutig aufeinander bezogen; wenn ξx_1 auf F_1^2 einen Kegelschnitt beschreibt, durchläuft ξx_2 auf F_2^2 eine Raumkurve 4. Ordnung, als Erzeugnis des Kegels 2. Klasse der ξ und des Kegels 2. Ordnung der x_2, die zueinander projektiv sind, weil beide zum Kegel der x_1, der jenen Kegelschnitt projiziert. Daraus folgt, daß in einem Bündel P durch die Strahlen, welche nach entsprechenden Punkten von F_1^2 und F_2^2 gehen, eine Korrespondenz: $m = m' = 2$, $n = 4$ entsteht.

Von den acht Koinzidenzstrahlen gehen fünf nach den Punkten Q, welche sich selbst entsprechen; die drei übrigen lehren, daß die Kongruenz 3. Ordnung ist.

Die Kurve 4. Ordnung auf der einen Fläche, die einem ebenen Schnitte der anderen korrespondiert, beweist die Klasse 4 der Kongruenz; sie ergibt sich auch durch die quadratische Verwandtschaft in einer Ebene π, in welcher die Gerade $\pi\xi$ und die Verbindungslinie $(\pi x_1, \pi x_2)$ zugeordnet sind, und ihre vier Koinzidenzen.

Zu dieser Kongruenz gehören die Strahlenbüschel um die Punkte Q in der zugehörigen Ebene ξ. Singulär sind ferner die drei Bündelscheitel und zwar O vom Grade 3 und O_1, O_2 vom Grade 2. Jede Gerade g trifft einmal zwei entsprechende Strahlen x_1, x_2; nämlich, wenn $g O_1 = \eta_1$, $g O_2 = \zeta_2$ und η_2, ζ_1 entsprechend sind, die beiden Strahlen $x_1 = \eta_1 \zeta_1$, $x_2 = \eta_2 \zeta_2$. Durchläuft g einen Strahlenbüschel von O, so bewegen sich $\eta_1, \ldots$ dazu projektiv in Ebenenbüscheln, x_1, x_2 also auf Kegeln 2. Grades, ξ um einen solchen und geht dreimal durch den entsprechenden Strahl g, der dadurch Kongruenzstrahl wird; so ergibt sich im Bündel O ein Kegel 3. Ordnung. Der Ebenenbüschel ferner in O um $O O_1$ und der entsprechende Strahlenbüschel in O_2 erzeugen einen Kegelschnitt; der ihn aus O_1 projizierende Kegel gehört ganz zur Kongruenz. Die beiden weiteren Strahlen derselben in einer Ebene durch O_1 sind leicht aufzufinden.

Zwischen den Bündeln O und O_1 entsteht eine zweieindeutige Korrespondenz 3. Grades (§ 124), wenn einer Ebene ξ von O die Ebene von x_1 nach ξx_2 zugeordnet wird.

Auch in II liegt die durch die Bündel O_1, O_2 erzeugte kubische Raumkurve r^3 und ihre Kongruenz $[r^3]$ vor. Ihre Punkte entsprechen projektiv den Punkten eines Kegelschnitts K^2 in Σ, und die Verbindungslinien erzeugen eine Regelfläche 5. Grades (Nr. 177). Das Feld Σ enthält je drei Punkte S_1 bzw. S_2, welche auf den entsprechenden

Strahlen von O_1, O_2 liegen. Die Kurve K^2 ist auch projektiv auf den Ebenenbüschel $O_1 O_2$ bezogen und enthält drei Punkte T, welche in die entsprechende Ebene, also mit den korrespondierenden Strahlen in eine Ebene fallen.

Der Ort der Punkte (Xx_1, x_2) ist eine Fläche 3. Ordnung F_2^3, auf welcher O_2 doppelt, O_1 einfach ist; denn während x_2 sich in einem Strahlenbüschel bewegt, der nach einer gegebenen Gerade g geht, umhüllt die Ebene Xx_1 einen Kegel 2. Grades und durch diese Elemente entsteht auf g eine Korrespondenz [1, 2]. Die Zweifachheit von O_2 beweisen die Strahlen dieses Bündels; O_1 ergibt sich beim Strahle $x_2 = O_2 O_1$. Eine zweite derartige Fläche F_1^3 entsteht durch die Punkte (Xx_2, x_1); auf beiden liegt r^3.

Die sechs Strahlen des Bündels O_2, welche nach den Punkten S_1 und T gehen, befinden sich ganz auf der ersteren Fläche. Beide Flächen stehen in eindeutiger Beziehung zum Punktfelde Σ, und drei korrespondierende Punkte liegen immer in einer Gerade, derjenigen, welche vom Punkte X in Σ ausgeht und die beiden entsprechenden Strahlen x_1, x_2 trifft. Diese Geraden (X, x_1, x_2) erzeugen eine Kongruenz 3. Klasse 4. Ordnung. Sie wurde schon in Nr. 389 behandelt. Ordnung und Klasse ergaben sich dort daraus, daß sie teilweiser Schnitt zweier tetraedraler Komplexe ist. Wir leiten sie nun auf andere Weise ab.

In einer beliebigen Ebene π ergeben sich drei projektive Punktreihen: durch die Punkte von $\pi\Sigma$ und die Spuren der entsprechenden Strahlen aus O_1, O_2; die drei Geraden, welche Tripel homologer Punkte enthalten (Nr. 200), sind die in π gelegenen Kongruenzstrahlen. Einer Gerade im Σ korrespondiert auf F_2^3 eine kubische Raumkurve, erzeugt durch den Strahlenbüschel der x_2 und den Kegel 2. Klasse der Ebenen Xx_1, welche der Punktreihe auf ihr projektiv entsprechen. Werden also entsprechende Punkte X auf Σ und (Xx_1, x_2) auf F_2^3 aus einem Punkte P projiziert, so entsteht in dessen Strahlenbündel eine Korrespondenz: $m = 3$, $m' = 1$, $n = 3$. Von den sieben Koinzidenzstrahlen gehen drei nach den sich selbst entsprechenden Punkten S_2, die vier übrigen sind die Strahlen der Kongruenz durch P.

Aus den neun Punkten S_1, S_2, T in Σ erhält diese Kongruenz ersichtlich Strahlenbüschel; ferner sind, wie a. a. O. erkannt wurde, singulär die Ebene Σ vom 3. Grade und die Punkte O_1, O_2 vom 2. Grade. Der Kegel 2. Ordnung aus O_2, zu dem damals der zu Σ und O_1 gehörige Komplex führte, ergibt sich auch als das Erzeugnis des Ebenenbüschels aus O_1 um $O_1 O_2$ und des zu ihm projektiven, welcher aus O_2 den entsprechenden Strahlenbüschel in Σ projiziert.

Das Strahlenfeld in Σ ist kollinear zu der Kongruenz $[r^3]$. Die sich schneidenden entsprechenden Geraden x und $\xi_1 \xi_2$ führen noch zu einigen Örtern. Die Geraden x, die es tun, sind die Geraden des ersten der drei kollinearen Felder in Σ, die mit ihren entsprechenden in einen Punkt zusammenlaufen; sie umhüllen eine Kurve 3. Klasse und die Konkurrenzpunkte, also die Schnittpunkte $(x, \xi_1 \xi_2)$ erzeugen eine Kurve 3. Ordnung (Nr. 377). Die Ebenen ξ_1, ξ_2 umhüllen Kegel dritter Klasse, und die Schnittlinien $\xi_1 \xi_2$, die von den entsprechenden x getroffen werden, beschreiben eine Regelfläche 6. Grades.

Die Klasse des Torsus der verbindenden Ebenen $(x, \xi_1 \xi_2)$ bestimmen wir wieder durch das Korrespondenzprinzip, indem wir in einem Bündel P die Ebenen η und η' einander zu ordnen, die nach entsprechenden x und $\xi_1 \xi_2$ gehen; die Verwandtschaft ist: $m = 3$, $m' = 1$, $n = 2$, und die Koinzidenzen geben die Klasse 6 des Torsus. Die Ebene Σ ist dreifache Berührungsebene desselben, und die drei weiteren Ebenen aus einem Punkte P von Σ ergeben sich daraus, daß drei von den Strahlen des Büschels (P, Σ), dem eine Regelschar von $\xi_1 \xi_2$ entspricht, die entsprechenden Geraden treffen.

844 In III haben wir es auch noch mit der Kurve r^3, dem Erzeugnisse der kollinearen Bündel O_1, O_2, zu tun. Ihrer Punktreihe entspricht diesmal eine Kurve 2. Klasse K_2 in Σ, und die Verbindungsebenen entsprechender Geraden x und Punkte $x_1 x_2$ umhüllen einen Torsus 5. Klasse, für welchen Σ dreifach ist.

Hier entstehen in Σ zwei Korrelationen mit zwei Punkt- und zwei Geraden-Kernkurven, letztere die Örter der Geraden x von Σ, welche die entsprechende Gerade x_1 oder x_2 treffen, erstere die Örter der Treffpunkte und auch der Punkte X von Σ, welche in die entsprechende Ebene ξ_1 oder ξ_2 fallen. Die gemeinsamen Tangenten jener sind die Geraden von Σ, welche beide korrespondierenden Geraden schneiden, die gemeinsamen Punkte dieser die Punkte, welche mit beiden entsprechenden Ebenen inzidieren.

Den Punkten X von Σ sind die Schnittlinien $\xi_1 \xi_2$, Doppelsekanten von r^3, zugeordnet; die Verbindungsebenen $(X, \xi_1 \xi_2)$ führen zu einer Fläche 5. Klasse. Denn in einem Ebenenbüschel g entsteht eine Korrespondenz [2,3], wenn der Ebene η nach einer die g treffenden Doppelsekante $\xi_1 \xi_2$ die Ebene η' nach dem entsprechenden Punkte X zugeordnet wird. Sie hat Σ zur dreifachen Berührungsebene.

Es wurde schon in Nr. 840 erwähnt, daß wir auch hier, mit ähnlichen Beweisen wie dort, zu zwei Komplexen 3. und 6. Grades der Regelscharen $[x x_1 x_2]$, $(x x_1 x_2)$ kommen.

Zu beiden Komplexen gehören die Bündel O_1, O_2 und das Strahlenfeld Σ, zum ersteren die Kongruenz der Doppelsekanten von r^3.

Für einen Punkt P von Σ zerfällt der Kegel 3. Ordnung des ersten Komplexes in den Büschel (P, Σ) und einen Kegel 2. Grades;

ihn erzeugen die projektiven Ebenenbüschel, welche aus P die dem Büschel (Σ, P) entsprechenden Strahlenbüschel (O_1, π_1), (O_2, π_2) projizieren. Kommt P z. B. auf die erste Punkt-Kernkurve, so daß er Schnitt gg_1 wird, so werden diese Ebenenbüschel ausgeartet projektiv mit π_1 und Pg_2 als singulären Ebenen. Der Komplexkegel besteht also aus drei Büscheln: (P, Σ), (P, π_1), (P, g_2), von denen der letztere zur erzeugenden Regelschar $[gg_1g_2]$ gehört.

Zur Anwendung des Koinzidenzprinzips hat III freilich keine Veranlassung gegeben; um so mehr gilt dies bei IV, wo wir zu drei Kongruenzen geführt werden.

Die erste entsteht dadurch, daß wir jede Ebene ξ_2 von O_2 mit der Ebene ξ'_1 schneiden, welche die entsprechenden Elemente X und x_1 aus Σ und O_1 verbindet. Durch diese Elemente ξ_2 und ξ'_1 kommen die Ebenenbündel O_2 und O_1 in eine quadratische Verwandtschaft. Der Schnittpunkt der Ebene ξ'_1 mit der korrespondierenden Gerade in Σ ist der einzige Punkt X, der mit seinem entsprechenden x_1 in ihr liegt, so daß auch einer ξ'_1 nur eine ξ_2 entspricht. Wenn nun ξ_2 einen Büschel beschreibt, so umhüllt, da x_1 und X sich projektiv in einem Büschel und einer Punktreihe bewegen, ξ'_1 einen Kegel 2. Grades. Das Haupt-Dreiflach in O_1 bilden die drei Ebenen dieses Bündels, welche durch ihre entsprechenden Geraden in Σ gehen, und die entsprechenden Strahlen von O_2 sind die Kanten des Haupt-Dreiflachs in diesem Bündel.

Daß durch die Schnittlinien entsprechender Ebenen dieser quadratischen Verwandtschaft eine Kongruenz 2. Ordnung 4. Klasse entsteht, und wie ihre singulären Elemente zustande kommen, wissen wir aus Nr. 802.

Die beiden Bündel O_1, O_2 erzeugen durch die Punkte $x_1\xi_2$ eine Fläche 2. Grades F^2, welche damit in eindeutige Verwandtschaft zu dem Punktfelde Σ kommt. Die Verbindungslinien korrespondierender Punkte X und $x_1\xi_2$ geben eine zweite Kongruenz. Sie ist 2. Klasse 5. Ordnung. Der Punktreihe auf der Spur von π in Σ korrespondiert auf F^2 ein Kegelschnitt in der Ebene des entsprechenden Büschels von O_1; daraus folgt die 2. Klasse der Kongruenz. In dem Bündel von P entsteht, wenn die Strahlen nach X und $x_1\xi_2$ einander zugeordnet werden, eine Verwandtschaft: $m = 2$, $m' = 1$, $n = 2$, und die fünf Koinzidenzen beweisen die Ordnung der Kongruenz.

In Σ besteht als singuläre Kurve 4. Klasse die Enveloppe der Verbindungslinien der entsprechenden Punkte auf dem Schnitte $F^2\Sigma$ und dem Kegelschnitte in Σ, welcher dem jenen Schnitt aus O_1 projizierenden Kegel entspricht.

Die beiden durch O_1 gehenden Geraden von F^2 fallen in die entsprechenden Ebenen von O_2 (Nr. 390); folglich senden die korrespondierenden Punkte U in Σ Strahlenbüschel an die Kongruenz. Ein dritter Strahlenbüschel kommt aus O_1; denn dieser Punkt ergibt sich als Schnittpunkt $x_1 \xi_2$ bei allen übrigen Ebenen von O_2 durch $O_2 O_1$. Diesen entspricht eine Punktreihe in Σ, und nach ihren Punkten geht der Büschel; außerdem gehen durch O_1 als Kongruenzstrahlen noch die drei Strahlen dieses Bündels, welche durch ihre entsprechenden Punkte in Σ gehen[1]).

Die Aufsuchung der neun übrigen singulären Ebenen, drei vom 3. Grade und sechs vom 2. Grade, würde uns zu weit führen. O_2 ist nicht singulär.

Die Fläche F^2 entsteht auch durch die Schnittpunkte $\xi_1 x_2$; ihnen sind die Geraden x von Σ zugeordnet. Wir kommen durch die Verbindungsebenen $(x, \xi_1 x_2)$ zu einer Fläche 3. Klasse. Denn einem Strahlenbüschel von Σ, eingeschnitten durch einen Ebenenbüschel, entspricht auf F^2 ein Kegelschnitt (in der Ebene der entsprechenden Strahlen x_2), der projektiv zum Ebenenbüschel ist, so daß drei Punkte in die entsprechende Ebene fallen. Die Ebene Σ ist doppelte Tangentialebene dieser Fläche, bei allen Punkten des Schnitts $F^2\Sigma$ sich ergebend; jede Gerade x in ihr sendet nur eine weitere Berührungsebene an sie.

Eine dritte Kongruenz entsteht, wenn in jeder Ebene ξ_1 von O_1 die beiden Schnitte mit x und x_2 verbunden werden. Damit ergibt sich eine neue eindeutige Beziehung zwischen der Ebene Σ und der Fläche F^2. Jeder Punkt X von Σ ist nämlich einmal Punkt $x\xi_1$; denn dem Strahlenbüschel um ihn in Σ korrespondiert in O_1 ein Ebenenbüschel, von dem eine Ebene durch ihn geht. Bewegt sich X auf einer Gerade g in Σ, so beschreibt die Axe dieses Ebenenbüschels projektiv den korrespondierenden Strahlenbüschel in O_1 und die Ebene ξ_1 je nach X umhüllt einen Kegel 2. Klasse, dem ein Kegel 2. Ordnung der x_2 entspricht, und Ort der Schnitte $\xi_1 x_2$ ist eine Raumkurve 4. Ordnung auf F^2; sie entspricht der Gerade g und daher einem ebenen Schnitte von F^2 eine Kurve 4. Ordnung in Σ. Daraus folgt, wenn wir g als Spur einer Ebene ansehen, die Klasse 4 der Kongruenz; werden ferner entsprechende Punkte $x\xi_1$ und $\xi_1 x_2$ wieder aus P projiziert, so ergibt sich im Bündel eine Verwandtschaft: $m = 2$, $m' = 1$, $n = 4$.

Nun gibt es in Σ vier Punkte, durch welche entsprechende Elemente x, ξ_1, x_2 gehen, in denen also $x\xi_1$ und $\xi_1 x_2$ sich vereinigen; denn während $\xi_1 x_2$ den Kegelschnitt $F^2\Sigma$ durchläuft, wobei x_2 einen

1) Es entspricht der allgemeinen Theorie über diese Kongruenz oder die duale 2. Ordnung 5. Klasse (Liniengeom. Bd. II. Nr. 494), daß der dritte singuläre Punkt 1. Grades anders entsteht als die beiden andern und daß von jedem noch drei nicht dem Büschel angehörige Strahlen zur Kongruenz kommen, bei den U Tangenten an die Kurve 4. Klasse.

Kegel 2. Grades beschreibt, umhüllt x projektiv den diesem Kegel entsprechenden Kegelschnitt, und viermal inzidieren entsprechende Elemente x und $\xi_1 x_2$ (Nr. 167). Nach diesen vier Punkten gehen Koinzidenzstrahlen; die drei übrigen sind die durch P gehenden Strahlen der Kongruenz.

Die Kongruenz der Verbingungslinien $(\xi_1 x, \xi_1 x_2)$ ist 3. Ordnung 4. Klasse.

Von den vier eben besprochenen Punkten erhält sie Strahlenbüschel, je in den zugehörigen Ebenen ξ_1. Dem ebenen Schnitt $F^2\Sigma$ korrespondiert in diesem Felde eine Kurve 4. Ordnung und, wegen der vier sich selbst entsprechenden Punkte, reduziert sich die Klasse der Kurve der Verbindungslinien entsprechender Punkte auf 2. Also ist Σ für die Kongruenz singulär vom Grade 2; sendet doch ein beliebiger Punkt der Σ nur einen weiteren Strahl an die Kongruenz.

Die Ebenen ξ_1, die den Büschel $O_1 O_2$ bilden, erzeugen mit den entsprechenden Geraden x einen Kegelschnitt: den Ort ihrer Punkte $\xi_1 x$; die zugehörigen $\xi_1 x_2$ fallen alle in O_2; und so wird der Kegel, der jenen Kegelschnitt aus O_2 projiziert, ein Kegel der Kongruenz und O_2 singulär vom Grade 2.

Von den vier Strahlen der Kongruenz in einer Ebene ξ_1 durch O_1 ist der eine der erzeugende $\xi_1(x, x_2)$, die drei andern gehen durch O_2 und lassen erkennen, daß die Kongruenz aus diesem Punkte einen Kegel 3. Ordnung erhält; es läßt sich leicht bestätigen, daß in jeder Ebene von O_1 dreimal zwei Punkte $\xi_1 x$, $\xi_1 x_2$ mit O_1 in gerader Linie liegen.

In dieser Kongruenz ist noch die Regelfläche 4. Grades der Geraden zu erwähnen, in denen je die Ebene zweier sich schneidender Geraden x, x_2 mit der zugehörigen ξ_1 sich begegnet; sie ist Erzeugnis zweier projektiver Kegel 2. Klasse[1]).

---

1) Zu einigen der Probleme in Nr. 842, 843 vgl. del Re, Rendiconti del Circolo matematico di Palermo Bd. I S. 272.

Achter Teil.

Korrespondenzen auf Trägern vom Geschlechte 1.

§ 118. Eindeutige Korrespondenzen auf der allgemeinen ebenen Kurve 3. Ordnung[1]).

845 Die für unikursale Träger (vom Geschlechte 0) erhaltenen Ergebnisse dürfen nicht auf Träger von höherem Geschlecht übertragen werden; vor allem gilt für eine (m, n)-deutige Korrespondenz nicht der Chaslessche Satz über die Anzahl der sich selbst entsprechenden Elemente.

Wir werden deshalb für eine Korrespondenz [1, 1] auf einem solchen Träger nicht den Namen „Projektivität" gebrauchen; dagegen ist es schon üblich geworden, das Wort „Involution" hier ebenso anzuwenden, wie bei unikursalen Trägern.

Der einfachste Träger vom Geschlechte 1 ist die allgemeine (doppelpunktslose) ebene Kurve 3. Ordnung 6. Klasse C^3; von jedem Punkte auf ihr kommen vier sie anderwärts berührende Tangenten, und alle diese Tangentenwürfe haben dasselbe Doppelverhältnis (Nr. 176).

Wir untersuchen die Eigenschaften einer (im allgemeinen) nicht involutorischen Korrespondenz [1, 1] auf einer C^3; sie möge mit E bezeichnet werden. Wenn sie aus einem beliebigen Punkt O der Kurve projiziert wird, so entsteht im Büschel O eine Korrespondenz [2, 2]; denn jeder Strahl $x = y'$ desselben trifft die Kurve noch zweimal: in $X_1 \equiv Y_1'$, $X_2 \equiv Y_2'$; diesen Punkten seien in E die Punkte X_1', Y_1, X_2', Y_2 entsprechend; sind dann x_1', y_1, x_2', y_2 die sie aus O projizierenden Strahlen, so korrespondieren dem Strahle als x die x_1', x_2' und als y' die y_1, y_2. Ist er eine der vier Tangenten aus O, so rücken die Punkte $X_1 \equiv Y_1'$ und $X_2 \equiv Y_2'$ zusammen; also vereinigen sich sowohl X_1' und X_2', als Y_1 und Y_2, und daher auch x_1' und x_2', y_1 und y_2; eine jede der vier Tangenten ist in beiderlei Sinne Verzweigungstrahl. Also ist, weil es sich um vier verschiedene Strahlen handelt, die Korrespondenz [2, 2] involutorisch (Nr. 188)[2]).

Eine eindeutige Korrespondenz E auf C^3 wird aus jedem

---

1) Emil Weyr, Sitzungsberichte der Wiener Akademie, Bd. 87 (1883) S. 837.

2) Für Kurven 3. Ordnung, bei denen die Tangentenwürfe harmonisch oder äquianharmonisch sind, kann der obige Schluß nicht gemacht werden; es muß für solche Kurven das obige Ergebnis und die weiteren noch dahingestellt bleiben.

Punkte der Kurve durch eine involutorische Korrespondenz [2] projiziert, für welche die vier von dem Punkte ausgehenden und anderwärts berührenden Tangenten die Verzweigungsstrahlen sind. Es deckt sich also durchweg das Strahlenpaar $y_1 y_2$ mit dem Strahlenpaare $x_1' x_2'$, und zwar y_1 mit x_2', y_2 mit x_1'. Denn der beliebig gewählte Punkt O ist verschieden von dem dritten Schnittpunkt der Gerade, welche die dem $X_1 \equiv Y_1'$ entsprechenden Punkte X_1', Y_1 verbindet, so daß diese nicht auf demselben Strahle durch O liegen, und ebenso nicht X_2', Y_2. Es schneidet daher der eine von den beiden Strahlen, welche in [2] dem Strahle aus O entsprechen, der in $X_1 \equiv Y_1'$ und $X_2 \equiv Y_2'$ die C^3 trifft, die Kurve in X_1' und Y_2, der andere in X_2' und Y_1.

Die beiden Strahlen, welche von O nach den entsprechenden Punkten X_1 und X_1' von E gehen, enthalten als weitere Schnitte die im umgekehrten Sinne entsprechenden Punkte Y_2' und Y_2, und die nach X_2 und X_2' gehenden die Y_1' und Y_2.

Wenn also $X_1 Y_2'$ die Kurve zum dritten Mal in O trifft, so ist dieser Punkt auch der dritte Schnitt von $X_1' Y_2$.

Oder, wenn X_1 und X_1', Y_2 und Y_2' in E entsprechende Punkte sind, so treffen sich $X_1 Y_2'$ und $Y_2 X_1'$ auf der Kurve.

In einfacherer Bezeichnung: XY' und $X'Y$ müssen sich auf der Kurve schneiden, wenn X, Y zur ersten Punktreihe gehören und durch E ihnen X', Y' in der zweiten entsprechen.

Ist daher das Paar entsprechender Punkte X, X' gegeben, so ist die eindeutige Korrespondenz E vollständig und eindeutig bestimmt; zu Y erhält man den entsprechenden Y', indem man C^3 mit $X'Y$ in O zum dritten Male schneidet und dann OX in Y'. Durchläuft O die Kurve, so ergeben sich alle Paare entsprechender Punkte.

Wenn X, Y, Z drei Punkte von C^3 und X', Y', Z' die dritten Schnitte von YZ, ZX, XY sind, so sind in derjenigen eindeutigen Korrespondenz E, in welcher X und X' entsprechend sind, kurz in $E(X, X')$, auch Y und Y', Z und Z' entsprechend. Denn $X'Y$ schneidet in Z und ZX in Y' zum dritten Male.

Die obige Konstruktion zeigt ferner, daß, wenn einmal zwei entsprechende X, X' sich vereinigen, dies durchweg geschieht.

In einer nicht involutorischen eindeutigen Korrespondenz E auf C^3, in welcher nicht alle entsprechenden Punkte koinzidieren, gibt es keinen Koinzidenzpunkt.

Damit hat sich der oben erwähnte wesentliche Unterschied von den eindeutigen Korrespondenzen auf unikursalen Trägern herausgestellt.

Die aus dem Kurvenpunkte O projizierende involutorische Korrespondenz [2] hat vier Koinzidenzstrahlen; auf jedem sind die beiden ferneren Schnitte entsprechende Punkte der E.

Also ist jeder Punkt der C^3 viermal dritter Schnitt einer Verbindungslinie entsprechender Punkte.

846 Im vorangehenden wurde angenommen, daß kein involutorisches Entsprechen statt hat. Wenn z. B. $X_1 \equiv Y_1'$ und $X_1' \equiv Y_1$ involutorisch entsprechend sind, dann wird die Verbindungslinie $X_1'Y_1$ unbestimmt und mit ihr der dritte Schnitt; und wir können nicht, wie oben, schließen, daß y_1 auf x_2' fallen muß; es fällt ja auch y_1 auf x_1'.

Nehmen wir, wenn ein involutorisches Paar vorhanden ist, den dritten Schnitt O_0 seiner Verbindungslinie zum Punkte O, aus dem projiziert wird, so kommt zu den vier Verzweigungsstrahlen, welche in den Tangenten vorliegen, noch ein fünfter in diesem Strahle hinzu und vereinigt sich überdies mit dem zugehörigen Doppelstrahle. Die involutorische Korrespondenz [2] ist dann (Nr. 197) entweder Identität oder Doppelinvolution.

Im ersteren Falle entspricht jeder Strahl durch O_0 sich selbst und ist Verzweigungsstrahl und zugehöriger Doppelstrahl; auf jedem liegt ein involutorisches Paar, und wir haben vor uns den unmittelbar ersichtlichen Fall einer Involution auf C^3, in welcher die beiden weiteren Schnitte, mit C^3, der Strahlen eines Büschels gepaart sind, dessen Scheitel O_0 auf der Kurve liegt. Sie sei eine zentrale Involution genannt und O_0 ihr Zentrum.

Die vier Tangenten aus O_0 beweisen, daß sie vier Koinzidenzpunkte (oder Doppelpunkte) hat, also mehr als eine (gemeine) Involution auf unikursalem Träger besitzt.

Jeder Punkt von C^3, als Zentrum, liefert eine solche Involution, und zwei beliebige Punkte der C^3, als gepaarte, bestimmen eine eindeutig.

Wird eine solche zentrale Involution (O_0) aus einem beliebigen Punkte O der C^3 projiziert, und sind wieder $X_1 \equiv Y_1'$, $X_2 \equiv Y_2'$ die weiteren Schnitte eines Strahls $x \equiv y'$ durch O, denen dann in (O_0) die Punkte $X_1' \equiv Y_1$, $X_2' \equiv Y_2$ gepaart sind, so fallen jetzt die Strahlen y_1, y_2 nicht, wie oben, auf x_2', x_1', sondern auf x_1', x_2'; und es gilt nicht, daß $X_1 Y_2'$ und $Y_2 X_1'$ sich auf der Kurve treffen.

Weil die Kegelschnitte eines Büschels, dessen Grundpunkte auf C^3 liegen, die Kurve noch je in zwei Punkten schneiden, deren Verbindungslinie durch einen Punkt auf C^3 läuft, den Gegenpunkt jener vier Punkte, so entsteht durch einen solchen Kegelschnitt-Büschel eine zentrale Involution auf C^3.

Wenn aber die involutorische Korrespondenz [2] im Büschel um den dritten Schnittpunkt O_0 der Verbindungslinie eines involutorischen Paars $Z \equiv W'$, $W \equiv Z'$ eine Doppelinvolution ist, so ist im allgemeinen jeder Strahl des Büschels Verzweigungsstrahl, dem der in der (Doppel-)Involution O_0 gepaarte Strahl als Doppelstrahl zugehört; jene

Verbindungslinie, in der sich ein Verzweigungsstrahl mit dem zugehörigen Doppelstrahl vereinigt hat, ist ein Doppelstrahl der Involution. Schneidet nun ein beliebiger Strahl x von O_0 wiederum in $X_1 \equiv Y_1'$, $X_2 \equiv Y_2'$, so müssen X_1' und X_2' sowohl, wie Y_1 und Y_2 auf dem gepaarten Strahle x' liegen; und zwar deckt sich Y_1 mit X_1', Y_2 mit X_2'. Um dies zu erkennen, verbinden wir $Z \equiv W'$ mit $X_1 \equiv Y_1'$, dritter Schnitt sei O. Die entsprechenden Strahlen in der involutorischen Korrespondenz [2] um O sind OZ' und OX_1', OW und OY_1. Weil $Z' \equiv W$, so decken sich OZ' und OW; also tun es auch OX_1' und OY_1 im zweiten entsprechenden Strahle; daher vereinigen sich X_1' und Y_1 im Schnitte dieses Strahles mit x', und ebenso vereinigen sich X_2' und Y_2.

Es geht also jedes Strahlenpaar der Involution O_0 durch zwei involutorische Paare der Korrespondenz auf C^3, derartig, daß die beiden Punkte auf dem einen Strahle des Paars denen auf dem andern involutorisch gepaart sind.

Demnach ist auch in dem zweiten Falle, der als möglich sich herausgestellt hat, wenn ein involutorisches Paar vorausgesetzt wird, die Korrespondenz ganz involutorisch; aber diesmal liegen gepaarte Punkte auf verschiedenen Strahlen durch O_0, den dritten Schnitt der Verbindungslinie jenes Paars, die dann in einer Involution gepaart sind. Nur die Doppelstrahlen, von denen die Verbindungslinie der eine ist, enthalten je zwei gepaarte Punkte.

Auf jeder der Tangenten aus O_0 sind die beiden Schnitte zusammengerückt, also auf dem gepaarten Strahle ebenfalls, so daß er auch Tangente ist. Folglich bilden in der Involution um O_0 die vier Tangenten zwei Paare und ihre Berührungspunkte zwei Paare der Involution auf C^3.

Umgekehrt, es seien nunmehr als entsprechend in einer E zwei Punkte X und X' gegeben, welche Berührungspunkte zweier von demselben Punkte der C^3 kommenden Tangenten sind oder welche ihn zum gemeinsamen Tangentialpunkt haben. Solche Punkte werden (Nr. 179) in der Theorie der Kurven 3. Ordnung konjugierte (bisweilen auch korrespondierende) Punkte genannt. Wir suchen nach der Vorschrift von Nr. 845 den entsprechenden Y' zu dem mit X' sich deckenden Y. Der dritte Schnitt von $X'Y$ ist der Tangentialpunkt O von X', der es n. Vor. auch von X ist; also fällt der dritte Schnitt Y' von OX mit X zusammen; die beiden Punkte X und X' entsprechen sich also involutorisch. Wir suchen nun die beiden entsprechenden Punkte Z' und W zu einem beliebigen Punkt $Z \equiv W'$; der dritte Schnitt von $ZY' \equiv W'X$ wird mit $Y \equiv X'$ verbunden; im neuen dritten Schnitt decken sich Z', W. Diese Korrespondenz E ist also durchweg involutorisch. Nun müssen wiederum die Geraden ZW'

und WZ', also die Tangenten in zwei gepaarten Punkten sich auf der Kurve schneiden, so daß die Punkte konjugiert sind.

Eine Korrespondenz E auf C^3, in welcher zwei konjugierte Punkte einander zugeordnet werden, ist durchweg involutorisch, und gepaarte Punkte sind stets konjugiert.

Verbindet man einen beliebigen Punkt O der Kurve mit den Punkten $X \equiv Y'$, $Y \equiv X'$, so sind die dritten Schnitte der beiden Geraden, weil sie nach X und X' gehen, entsprechende Punkte Z' und Z, und weil sie nach Y' und Y gehen, entsprechende Punkte W und W'.

Jedes Strahlenpaar, das von einem Punkte O der Kurve nach einem Paare unserer involutorischen E geht, schneidet zwei andere gepaarte Punkte aus; die E wird aus O durch eine [2] projiziert, welche eine Doppelinvolution ist; weil durchweg die beiden einem Strahle entsprechenden Strahlen sich vereinigen.

Die involutorische Korrespondenz E auf C^3, in welcher einmal und dann durchweg konjugierte Punkte entsprechend sind, wird aus jedem Punkte der Kurve durch eine Involution projiziert, derartig, daß jedes Strahlenpaar zwei Punktepaare projiziert.

Wir haben also den zweiten Fall erhalten, der sich aus der Voraussetzung eines involutorischen Paars ergab; was oben zunächst für den dritten Schnitt der Verbindungslinie desselben gefunden wurde, gilt für jeden Punkt der Kurve.

Dieser zweite Fall involutorischer eindeutiger Korrespondenzen subsumiert sich dem in Nr. 845 behandelten allgemeinen Fall der E; man erhält eine E, welche nicht involutorisch oder involutorisch ist, je nach dem man nicht konjugierte oder konjugierte Punkte einander zuordnet.

Wir haben also zwei Arten von eindeutigen Korrespondenzen auf C^3, die im allgemeinen nicht involutorischen Korrespondenzen E und die zentralen Involutionen I, und unter jenen eine endliche Anzahl involutorischer Korrespondenzen.

Zwei Punkte bestimmen sowohl eine E, als eine I.

Von jeder der beiden Arten gibt es ∞^1 Korrespondenzen; denn einem festen Punkte können wir ∞^1 Punkte zuordnen, oder bei der zentralen Involution kann das Zentrum ∞^1 Lagen haben.

Wie für die allgemeinen E, so gilt auch für die involutorischen E, daß immer XY' und $X'Y$ sich auf C^3 schneiden, wozu hier noch kommt, daß auch XY und $X'Y'$ es tun, weil ja gepaarte Punkte vertauscht werden können. Auch sie haben keine Koinzidenzen; die Doppelstrahlen jeder projizierenden Involution kommen dadurch zustande, daß jeder zwei gepaarte Punkte verbindet. Für eine involutorische E (Involution konjugierter Punkte[1])) ist jeder Punkt der Kurve zweimal dritter Schnitt einer Verbindungslinie gepaarter Punkte.

847 Durch das Problem der einer C^3 eingeschriebenen Steinerschen Polygone, $2n$-Ecke, deren abwechselnde Seiten durch zwei feste Punkte P, Q der Kurve gehen sollen (Nr. 199), kommt man auch zu Korrespondenzen E. Ein Versuch der Einschreibung führt zu folgender Figur. Wenn X_1 ein beliebiger Punkt der C^3 ist, so sei Y_1 der dritte Schnitt von PX_1, X_2 derjenige von QY_1, Y_2 der von PX_2 usw. bis X_{n+1}. Fällt X_{n+1} mit X_1 zusammen, so ist die Einschreibung gelungen. X_{n+1} geht eindeutig aus X_1 hervor und umgekehrt X_1 aus X_{n+1}; also stehen sie in einer Korrespondenz E.

Auch Y_1 und X_{n+1} stehen in eindeutiger Korrespondenz; und diese ist involutorisch; denn ob wir von Y_1 nach X_{n+1} gehen oder umgekehrt, wir haben abwechselnd nach Q und P Geraden zu ziehen, n nach Q, $n-1$ nach P und fangen an und schließen mit einer Gerade nach Q; folglich geht Y_1 genau ebenso aus X_{n+1} hervor, wie dieser aus jenem.

In Nr. 199 fanden wir ihre 4 Koinzidenzen; also ist sie zentral.

Dagegen ist die Korrespondenz (X_1, X_{n+1}) nicht involutorisch; es werden n Geraden nach P und n nach Q gezogen, beim Übergange von X_1 nach X_{n+1} beginnt man mit einer Gerade durch P und schließt mit einer durch Q, bei dem von X_{n+1} zu X_1 findet das Umgekehrte statt.

Daher hat (X_1, X_{n+1}) keine Koinzindenz; folglich sind bei beliebig auf C^3 gelegten Punkten P, Q keine Steinerschen Polygone möglich.

Wenn aber, bei besonderer Lage von P, Q, eine Koinzidenz statt hat, so koinzidieren durchweg X_1 und X_{n+1}. Ist also ein Steinersches Polygon möglich, dann gibt es sofort ∞^1; jeder Punkt X_1 der Kurve führt zu einem.

Es wurde in Nr. 826 gefunden, daß bei der Geiserschen Verwandtschaft die auf einer Kurve C^3 des Netzes durch $A, B, \dots G$ liegenden assoziierten Punkte H und I eine zentrale Involution bilden; es folgt dies auch daraus, daß, wenn L der Gegenpunkt auf C^3 zu A, B, C, D ist, H, I die letzten Schnitte, mit C^3, der Kegelschnitte des Büschels $(EFGL)$ sind (Nr. 227).

848 Jeder Punkt A von C^3 hat drei konjugierte Punkte A_1, A_2, A_3, die Berührungspunkte der drei andern Tangenten aus seinem Tangentialpunkte $\mathfrak{A}$. Demnach befinden sich unter den ∞^1 Korrespondenzen E drei involutorische (A, A_1), (A, A_2), (A, A_3),

1) Bei Weyr fundamentale Involution.

welche mit $\Gamma_1, \Gamma_2, \Gamma_3$ bezeichnet werden mögen. In Γ_1 kann dann dem A_2 nur der einzig übrig bleibende konjugierte A_3 zugeordnet sein, so daß in:

$$\begin{array}{ccc} \Gamma_1 & \Gamma_2 & \Gamma_3 \\ A, A_1;\ A_2, A_3 & A, A_2;\ A_1, A_3 & A, A_3;\ A_1, A_2 \end{array}$$

gepaart sind.

Daraus folgt, daß die drei Involutionen, durch welche die drei Γ aus irgend einem Punkte der C^3 projiziert werden, sich gegenseitig stützen (Nr. 85).

Die Eigenschaft der E lehrt für Γ_1, daß (AA_3, A_1A_2) und (AA_2, A_1A_3) auf C^3 liegen; (AA_3, A_2A_1) und (AA_1, A_2A_3) ergeben sich ebenso bei Γ_2 und (AA_2, A_1A_3), (AA_1, A_2A_3) bei Γ_3 als Punkte der Kurve.

Die Diagonalpunkte des Vierecks, das durch die Berührungspunkte der Tangenten gebildet wird, die von demselben Punkte der Kurve kommen, liegen auch auf ihr.

Der gepaarte von $\mathfrak{A}$ in Γ_1 sei $\mathfrak{A}_1$; so müssen wiederum $\mathfrak{A}A$ und $\mathfrak{A}_1A_1$ sich auf der Kurve treffen; dritter Schnitt von $\mathfrak{A}A$ ist A; also ist $\mathfrak{A}_1$ der dritte Schnitt von AA_1, d. i. der Diagonalpunkt (AA_1, A_2A_3); und ebenso sind (AA_2, A_1A_3), (AA_3, A_1A_2) die gepaarten Punkte $\mathfrak{A}_2$, $\mathfrak{A}_3$ von $\mathfrak{A}$ in Γ_2, Γ_3; so daß $\mathfrak{A}$ und die drei Diagonalpunkte den nämlichen Tangentialpunkt haben, und weil $\mathfrak{A}$ und $\mathfrak{A}_1$ in Γ_1 gepaart sind, so sind es auch $\mathfrak{A}_2, \mathfrak{A}_3$.

Wenn X, X'; Y, Y' in einer nicht involutorischen E entsprechend sind, so liegt nur (XY', YX') auf der Kurve; ist E aber eine Γ, so tun es $(XY, X'Y') = O$ und $(XY', X'Y) = O'$ und bilden ein Paar; denn XO trifft die Kurve in Y und $X'Y$ trifft sie in O'. Dies zeigt von neuem, daß $\mathfrak{A}_2, \mathfrak{A}_3$ in Γ_1 gepaart sind.

Liegen Y, Y' unendlich nahe neben X, X', so wird O der gemeinsame Tangentialpunkt von X und X', O' der dritte Schnitt von XX'; also:

In einer Γ sind der gemeinsame Tangentialpunkt von zwei gepaarten Punkten X, X' und der dritte Schnitt ihrer Verbindungslinie gepaart. So verhalten sich bei Γ_1 die Punkte $\mathfrak{A}, \mathfrak{A}_1$ zu A, A_1 oder A_2, A_3.

Die vier Punkte auf den Doppelstrahlen der Involution, welche eine Γ aus einem Punkte der Kurve projiziert, zwei gepaarte auf dem einen und zwei auf dem andern, haben im gepaarten Punkte jenes Punktes den gemeinsamen Tangentialpunkt; z. B. A, A_1; A_2, A_3 von Γ_1 auf den Doppelstrahlen der Involution aus $\mathfrak{A}_1$.

In der obigen Figur der sechs Punkte $X, \ldots O'$ haben wir die Gegenecken eines Vierseits als gepaarte Punkte einer Γ; den drei Punkten auf einer Seite, wie X, Y, O sind gepaart die Ecken X', Y', O'

eines Dreiecks, derartig, daß jene Punkte je die dritten Schnitte der Gegenseiten sind, X von $Y'O'$ usw.

Der dritte Schnitt O der Verbindungslinie zweier beliebiger Punkte X, Y ist auch derjenige der Verbindungslinie der gepaarten Punkte X', Y'.

Wenn die Ecken eines vollständigen Vierseits auf der C^3 liegen, so sind die Gegenecken gepaart in einer Γ.

Es sei wieder $(XY, X'Y') = O$, $(XY', YX') = O'$; wir betrachten $E(O, O')$; in ihr sind X, X' entsprechend, weil OX' und $O'X$ sich auf der Kurve in Y' schneiden, aber auch X' und X, weil OX und $O'X'$ es in Y tun. Folglich ist $E(O, O')$ involutorisch, also eine Γ, und auch Y, Y' sind gepaart.

Die gepaarten Punkte $X', \ldots Z_1'$, in einer Γ, zu sechs Punkten X, X_1, Y, Y_1, Z, Z_1 eines Kegelschnitts befinden sich wiederum auf einem Kegelschnitte. Schneiden wir nämlich XX_1, YY_1, ZZ_1 zum dritten Male in X_2, Y_2, Z_2, so sind die neun Punkte $X, \ldots Z_2$ assoziierte Punkte (Nr. 227), also X_2, Y_2, Z_2 in gerader Linie gelegen, weil $X, \ldots Z_1$ auf einem Kegelschnitte. Weil nun XX_1 durch X_2 geht, tut es auch $X'X_1'$, und ebenso geht $Y'Y_1'$ durch Y_2, $Z'Z_1'$ durch Z_2. So erweisen sich auch $X', \ldots Z_1', X_2, Y_2, Z_2$ als assoziiert und daher $X', \ldots Z_1'$ als Punkte eines Kegelschnitts.

Die Figur des Vierseits lehrt weiter: ein Strahlenpaar der aus O die Γ projizierenden Involution $|O|$ projiziert die Punktepaare X, X' und Y, Y'; dieselben Paare werden dann auch aus dem gepaarten Punkte O' durch ein Strahlenpaar von dessen Involution projiziert.

Die beiden Punktepaare X, X'; Y, Y' von Γ, welche auf einem Strahlenpaare der Involution $|O|$ liegen, X, Y auf dem einen, X', Y' auf dem andern Strahle, liegen, wenn O' zu O in Γ gepaart ist, auch auf einem Strahlenpaare von $|O'|$, X, Y' auf dem einen, X', Y auf dem andern.

Die beiden Involutionen $|O|$, $|O'|$ werden so projektiv, und C^3 ist ihr Erzeugnis.

Dem gemeinsamen Tangentialpunkt $\mathfrak{O}$ von O, O' ist der dritte Schnitt $\mathfrak{O}'$ von OO' gepaart; also sind in der Projektivität der Involutionen $O(O'\mathfrak{O}', \mathfrak{O})$ und $O'(\mathfrak{O}, O\mathfrak{O}')$ entsprechend, und $OO'\mathfrak{O}'$ löst sich vom vollen Erzeugnisse 4. Ordnung ab (Nr. 179).

Die halbperspektive Korrespondenz [2, 2] der Büschel um zwei Punkte O, O' der C^3, durch welche sie erzeugt wird, ist Projektivität zweier Involutionen, wenn O, O' in einer Γ gepaart sind.

Wird aber eine Γ aus zwei nicht in ihr gepaarten Punkten O, P projiziert, so kommen die Strahlenpaare der beiden Involutionen $|O|$, $|P|$ in eine Korrespondenz [2, 2]; die beiden Paare von Γ, die auf einem Strahlenpaare der einen Involution liegen, befinden sich auf zwei verschiedenen Paaren der andern. Verzweigungselemente sind je die aus Tangenten bestehenden Paare und die Paare mit vereinigten Strahlen.

849 Wenn A, B, C auf C^3 in gerader Linie liegen und ebenso A_1, B_1, C_1, so befinden sich auch die dritten Schnitte A_2, B_2, C_2 von AA_1, BB_1, CC_1 in gerader Linie; denn alle neun Punkte sind assoziiert, und $A, \ldots C_1$ liegen auf einem Kegelschnitte (Nr. 227). Legt man A_1, B_1, C_1 unendlich nahe an A, B, C, so werden A_2, B_2, C_2 die Tangentialpunkte von A, B, C. Also liegen die Tangentialpunkte von drei Punkten der C^3, welche in gerader Linie liegen, gleichfalls auf einer Gerade, der Satellitgerade der ersteren.

Daraus folgt, daß auf der Verbindungslinie zweier Wendepunkte der C^3 ein dritter liegen muß.

Zu den drei Punkten $\mathfrak{A}, \mathfrak{B}, \mathfrak{C}$ der C^3, welche in gerader Linie liegen, seien A, A_1, A_2, A_3; B, B_1, B_2, B_3; C, C_1, C_2, C_3 die Quadrupel der Punkte, für welche sie je gemeinsame Tangentialpunkte sind. Für den dritten Schnitt von AB muß $\mathfrak{C}$ Tangentialpunkt sein; also ist er einer der vier Punkte C; wir haben 16 Geraden mit je einem Punkte A, B, C, für welche $\mathfrak{A}\mathfrak{B}\mathfrak{C}$ Satellitgerade ist. Es ist nur Sache der Bezeichnung, wenn wir auf $A(B, B_1, B_2, B_3)$ die dritten Schnitte C, C_1, C_2, C_3 nennen und annehmen, daß in Γ_1 gepaart sind nicht bloß A, A_1; A_2, A_3, sondern auch B, B_1; B_2, B_3. Es ist dann C auch dritter Schnitt von $A_1 B_1$ und C_1 von $A_1 B$, und diese Punkte $C = (AB, A_1B_1)$ und $C_1 = (AB_1, A_1B)$ sind ebenfalls in Γ_1 gepaart, desgleichen $C_2 = (AB_2, A_1B_3)$ und $C_3 = (AB_3, A_1B_2)$.

BC_2 kann weder durch A, noch durch A_1 gehen; A_2 und A_3 sind noch nicht unterschieden. Also sei A_2 der dritte Punkt auf BC_2 oder C_2 der dritte auf A_2B, mithin auch auf A_3B_1, und im gepaarten C_3 treffen sich A_3B und A_2B_1. Wir haben ferner die auf drei Geraden gelegenen neun assoziierten Punkte:

$$\begin{vmatrix} \mathfrak{A} & \mathfrak{B} & \mathfrak{C} \\ A & B_2 & C_2 \\ A_2 & B & C_2 \end{vmatrix};$$

weil $\mathfrak{C}, C_2, C_2$ in einer Gerade liegen, befinden sich die sechs andern auf einem Kegelschnitte; durch Hinzufügung der wiederum in einer Gerade liegenden $\mathfrak{C}, C, C$ ergeben sich abermals neun assoziierte Punkte; von ihnen liegen $\mathfrak{A}, \mathfrak{B}, \mathfrak{C}$; A, B, C je in einer Gerade, daher auch A_2, B_2, C; demnach geht auch A_3B_3 durch C, und im gepaarten C_1 treffen sich A_2B_3, A_3B_2. Es gehen also durch

$$C\colon AB,\ A_1B_1,\ A_2B_2,\ A_3B_3;\quad C_1\colon AB_1,\ A_1\ B,\ A_2B_3,\ A_3B_2;$$
$$C_2\colon AB_2,\ A_1B_3,\ A_2B,\ A_3B_1;\quad C_3\colon AB_3,\ A_1B_2,\ A_2B_1,\ A_3B.$$

Die beiden Gruppen assoziierter Punkte:

$$\begin{vmatrix} \mathfrak{A} & \mathfrak{B} & \mathfrak{C} \\ A & B_1 & C_1 \\ A_1 & B & C_1 \end{vmatrix}, \quad \begin{vmatrix} \mathfrak{A} & \mathfrak{B} & \mathfrak{C} \\ A_2 & B_3 & C_1 \\ A_3 & B_2 & C_1 \end{vmatrix}$$

führen zu den Pascalschen Sechsecken $A\mathfrak{A}A_1B\mathfrak{B}B_1$ und $A_2\mathfrak{A}A_3B_2\mathfrak{B}B_3$ und den Pascalschen Geraden:

$$(\mathfrak{A}A, \mathfrak{B}B) = S, \quad (\mathfrak{A}A_1, \mathfrak{B}B_1) = S_1, \quad (AB_1, A_1B) = C_1,$$
$$(\mathfrak{A}A_2, \mathfrak{B}B_2) = S_2, \quad (\mathfrak{A}A_3, \mathfrak{B}B_3) = S_3, \quad (A_2B_3, A_3B_2) = C_1;$$

so daß:

$$C_1 = (SS_1, S_2S_3);$$

die dritte Gruppe:

$$\begin{vmatrix} \mathfrak{A} & \mathfrak{B} & \mathfrak{C} \\ A & B_3 & C_3 \\ A_2 & B_1 & C_3 \end{vmatrix}$$

führt zum Sechseck $A\mathfrak{A}A_2B_3\mathfrak{B}B_1$ und der Gerade der drei Punkte:

$$(\mathfrak{A}A, \mathfrak{B}B_3) \equiv (\mathfrak{A}S, \mathfrak{B}S_3), \quad (\mathfrak{A}A_2, \mathfrak{B}B_1) \equiv (\mathfrak{A}S_2, \mathfrak{B}S_1),$$
$$(AB_1, A_2B_3) = C_1 = (SS_1, S_2S_3).$$

Demnach ist auch $S\mathfrak{A}S_2S_3\mathfrak{B}S_1$ ein Pascalsches Sechseck.

Also:

$$\mathfrak{A}(S, S_1, S_2, S_3) \barwedge \mathfrak{B}(S, S_1, S_2, S_3)$$

oder

$$\mathfrak{A}(A, A_1, A_2, A_3) \barwedge \mathfrak{B}(B, B_1, B_2, B_3)^{1)}.$$

Damit ist die Projektivität der Tangentenwürfe aus zwei Punkten der C^3 von neuem bewiesen (Nr. 176) und zugleich erkannt, daß in ihr Tangenten aus $\mathfrak{A}$, welche in gepaarten Punkten von Γ_1 berühren, Tangenten aus $\mathfrak{B}$ entsprechen, für welche das ebenfalls gilt. Diese Projektivität muß sich zu den drei Γ gleichartig verhalten. Sind also in Γ_2 die Punkte A, A_2; A_1, A_3 gepaart, so sind es auch B, B_2; B_1, B_3; woraus dann folgt, daß dem $C = (AB, A_2B_2)$ der $C_2 = (AB_2, A_2B)$ und dem C_1 der C_3 gepaart ist. Und ähnliches gilt für Γ_3. Jene Projektivität vervollständigt sich also zu:

$$\mathfrak{A}(A, A_1, A_2, A_3) \barwedge \mathfrak{B}(B, B_1, B_2, B_3) \barwedge \mathfrak{C}(C, C_1, C_2, C_3)$$

und jeder von diesen Würfen kann noch in vier Weisen geschrieben werden.

850 Kehren wir nun zur allgemeinen Korrespondenz E zurück. Sie ruft in einem beliebigen Strahlenbüschel eine Korrespondenz [3, 3] hervor, deren entsprechende Strahlen nach entsprechenden Punkten von E gehen. Weil E selbst keine Koinzidenz besitzt, so sind alle

1) Vgl. Schröter, Theorie der ebenen Kurven 3. Ordnung, § 13.

sechs Koinzidenzstrahlen dieser [3, 3] Strahlen, welche entsprechende Punkte der E verbinden.

Die Verbindungslinien entsprechender Punkte einer Korrespondenz E auf C^3 umhüllen eine Kurve 6. Klasse, ihre Direktionskurve.

Die sechs Tangenten aus einem Punkte $O \equiv M'$ von C^3 sind die OO', MM' und die vier Koinzidenzstrahlen der involutorischen Korrespondenz [2], durch welche E aus dem Punkte projiziert wird.

Von den Direktionskurven der ∞^1 Korrespondenzen E berühren drei eine gegebene Gerade, nämlich, wenn A, B, C deren Schnitte mit C^3 sind, diejenigen, die zu $E(A, B)$, $E(A, C)$, $E(B, C)$ gehören.

Wird die E eine Γ, so tritt, weil jede Verbindungslinie doppelt zu zählen ist, an die Stelle der Kurve 6. Klasse eine von der 3. Klasse. Die drei Tangenten aus einem Punkte von C^3 sind der Strahl, der ihn mit dem gepaarten Punkte verbindet, und die Doppelstrahlen der projizierenden Involution. Diese drei Kurven 3. Klasse heißen die Cayleyschen Kurven der C^3.

Bei einer zentralen Involution zerfällt die Kurve 6. Klasse in den doppelten Büschel, welcher sie einschneidet, und die Büschel um die vier Koinzidenzpunkte.

Die entsprechenden Punkte einer E, welche auf den vier Koinzidenzstrahlen der [2] liegen, die sie im Strahlenbüschel um den Punkt $O \equiv M'$ von C^3 hervorruft, seien U, U'; X, X'; Y, Y'; Z, Z'. Weil sich UX' und $U'X$ auf der Kurve in O_1 schneiden, so sind O, O_1; U, X; U', X' Gegenecken eines eingeschriebenen Vierseits, also gepaart in einer der drei Γ, etwa in Γ_1; wenn

$$O_2 = (UY', U'Y) \quad \text{und} \quad O_3 = (UZ', U'Z),$$

so sind ebenso O, O_2; U, Y; U', Y' gepaart in Γ_2 und O, O_3; U, Z; U', Z' in Γ_3; folglich haben je O, O_1, O_2, O_3; U, X, Y, Z; U', X', Y', Z' denselben Tangentialpunkt. U, der dritte Schnitt von OU', ist auch der von $O'U$; d. h. diese Gerade berührt in U; und O' ist der gemeinsame Tangentialpunkt von U, X, Y, Z und ebenso M derjenige von U', X', Y', Z'. Da O, U, U' (oder O, X, X'; ...) in gerader Linie liegen, so ist der gemeinsame Tangentialpunkt von O, O_1, O_2, O_3 der dritte Schnitt von $O'M$.

Weil in Γ_1 die U, X und die U', X' gepaart sind, so sind es auch Y, Z und Y', Z'; dem $O = (YY', ZZ')$ ist der (YZ', ZY') gepaart, also ist dies der O_1 und ebenso ist (ZX', XZ') der O_2 und (XY', YX') der O_3.

Nach dem Vorangehenden ergeben sich diejenigen vier von $O \equiv M'$ kommenden Tangenten der Direktionskurve von E, welche zwei entsprechende Punkte der E verbinden, von denen keiner in jenen Punkt fällt, als die Strahlen nach den Berührungspunkten der vier Tangenten aus O' oder derjenigen aus M.

Die beiden ferneren Schnitte eines Strahls durch O legen eine E fest; dadurch wird das den Strahl enthaltende Tangentenquadrupel aus O an die Direktionskurve von E bestimmt. Durch alle die Tangentenquadrupel, den verschiedenen E zugehörig, entsteht also eine Involution 4. Grades. Dies geht auch daraus hervor, daß sie die Quadrupel der Koinzidenzstrahlen aller von den E im Büschel O hervorgerufenen [2] sind, die ja sämtlich die vier Tangenten aus O zu Verzweigungsstrahlen haben (Nr. 197). Diese Involution 4. Grades hat drei Gruppen mit je zwei Doppelelementen; sie rühren von den Γ her, bei denen die [2] Doppelinvolutionen werden. Diese Involutionen stützen sich gegenseitig (Nr. 848); auch daraus ergibt sich (Nr. 136) die biquadratische Involution.

Ein Quadrupel dieser Involution besteht aus den vier Tangenten a, a_1, a_2, a_3 der C^3 aus O; es gehört zu der unter den E befindlichen Identität: mit lauter Koinzidenzen.

Aus diesem Quadrupel kann man die biquadratisehe Involution eindeutig und durch projektive Operationen ableiten; denn es liefert die drei Involutionen aa_1, a_2a_3; aa_2, a_1a_3; aa_3, a_1a_2, vermittelst deren jeder Strahl von O zu einer Gruppe vervollständigt werden kann (Nr. 136, 197).

Die zu den verschiedenen Punkten der C^3 gehörigen Involutionen 4. Grades sind projektiv, wobei die zu derselben E gehörigen Quadrupel entsprechend sind. Weil nun die Tangentenquadrupel $aa_1a_2a_3$ projektiv sind, so folgt, daß auch die zu derselben E in den Involutionen der verschiedenen Punkte von C^3 zugehörigen Quadrupel projektiv sind.

851 Es sei T der Schnittpunkt der beiden Verbindungslinien XX', YY' einer E; dieser Punkt ist harmonisch zu dem auf C^3 gelegenen $O = (XY', YX')$ in bezug auf die Schnitte von TO mit XY, $X'Y'$. Ist das Paar YY' dem XX' unendlich nahe, so wird T der Berührungspunkt von XX' mit der Direktionskurve, O der dritte Schnitt von XX' und die Schnitte mit XY, $X'Y'$ sind X, X'.

Der Berührungspunkt T der Direktionskurve einer E auf C^3 mit einer der einhüllenden Geraden XX' ist der vierte harmonische Punkt, in bezug auf X, X', zum dritten Schnitte O dieser Gerade[1]).

1) Durch jeden Punkt P der Ebene gehen drei Direktionskurven; dreimal nämlich ist er auf einer durchgehenden Gerade der vierte harmonische zu einem der Schnitte mit C^3 in bezug auf die beiden andern. Denn die Punkte auf diesen Strahlen, welche P von zwei Schnitten harmonisch trennen, erzeugen eine Kurve 3. Ordnung, welche der C^3 außer in den Berührungspunkten der

Vereinigt sich also T mit einem der drei Punkte der C^3 auf der Gerade, so muß ein zweiter von diesen Punkten an der Vereinigung teilnehmen. Jeder Schnitt der Direktionskurve mit C^3 ist Berührung. Weil C^3 6. Klasse ist, so finden 18 Berührungen zwischen beiden Kurven statt, und die Direktionskurve ist 12. Ordnung.

Da X und X' sich nicht vereinigen, so fallen entweder T, X, O oder T, X', O zusammen; X' ist dann Tangentialpunkt von X, bzw. X von X', und wir haben zweierlei Berührungen, bei denen der Berührungspunkt der ersten Reihe angehört und der Tangentialpunkt ihm in der zweiten Reihe entspricht, oder umgekehrt.

Es sei XX' ein Paar der ersten und YY' eins der zweiten Art. Der Schnittpunkt $W = (XY', X'Y)$ liegt auf der Kurve. Die Tangentialpunkte der drei in gerader Linie liegenden Punkte X, Y', W liegen wiederum in gerader Linie; die von X, Y' sind X', Y, mit denen W in gerader Linie liegt, also ist dieser sein eigener Tangentialpunkt, folglich ein Wendepunkt.

Jede zwei ungleichartigen Berührungspunkte der C^3 mit der Direktionskurve einer auf ihr gelegenen E führen zu einem Wendepunkte als drittem Schnitte ihrer Verbindungslinie.

Umgekehrt, wenn XX' ein Paar der ersten Art ist und W ein Wendepunkt von C^3, so seien Y', Y die Schnitte von $W(X, X')$ mit C^3, also entsprechend in E. Der Tangentialpunkt von Y' muß mit denen von X und W, d. h. mit X' und W in gerader Linie liegen, also ist er der dritte Schnitt Y von $X'W$. Demnach ist YY' ein Paar der zweiten Art.

Die 18 Berührungspunkte der Direktionskurve einer E auf C^3 mit dieser Kurve zerfallen in zwei Gruppen von neun Punkten; jeder hat seinen Tangentialpunkt zum entsprechenden und zwar die neun Punkte der einen Gruppe in dem einen, die der andern im andern Sinne. Verbindet man irgend einen Punkt der einen Gruppe mit den neun Wendepunkten der C^3, so ergeben sich als dritte Schnitte die neun Punkte der andern Gruppe.

Jede der beiden Reihen auf C^3, die in einer Korrespondenz E stehen, besitzt neun Punkte, für welche der entsprechende Punkt in der andern Reihe der Tangentialpunkt ist.

Die Anzahl 9 der Wendepunkte der C^3 ergibt sich aus Nr. 162 oder 694, aber unsere jetzige Betrachtung führt auch zu ihr.

---

sechs Tangenten aus P noch dreimal begegnet (vgl. Reye, Geometrie der Lage, 3. Aufl. Abt. II S. 66).

Daraus, daß XY' und YX' sich stets auf der Kurve schneiden, folgt, daß die beiden Punkte X' und Y, welche in beiderlei Sinne demselben Punkte $X \equiv Y'$ korrespondieren, mit seinem Tangentialpunkte in gerader Linie liegen. Folglich liegen die beiden einem Wendepunkte $W \equiv V'$ korrespondierenden Punkte W', V mit ihm selbst in gerader Linie. Und umgekehrt ist dies ein Kennzeichen für einen Wendepunkt; denn ein Punkt mit dieser Eigenschaft vereinigt sich mit seinem Tangentialpunkte. Das führt auch zu den neun Doppeltangenten $WW' \equiv VV'$, welche die Ordnung 12 der Direktionskurve bewirken (Nr. 162).

In Nr. 682 ergab sich, daß die erste Polare, in bezug auf C^3, eines Wendepunktes in die Wendetangente und die harmonische Polare zerfällt, von denen die letztere erzeugt wird durch die Punkte auf den Strahlen durch den Wendepunkt, welche von ihm durch die beiden weiteren Schnitte harmonisch getrennt werden.

Es seien W, W_1, W_2 drei Wendepunkte der C^3 in gerader Linie (Nr. 849); W_1 heiße auch V_1', und W', V_1 seien den W, V_1' entsprechend. Dann liegt $(WV_1', W'V_1)$ auf der Kurve, ist also W_2. Die harmonische Polare des W_2 geht durch die vierten harmonischen Punkte, die dem W_2 in bezug auf W und $W_1 \equiv V_1'$ und W', V_1 zugeordnet sind; also schneiden sich die beiden Doppeltangenten WW' und $V_1'V_1 \equiv W_1W_1'$ der Direktionskurve auf ihr.

Zwei Doppeltangenten der Direktionskurve einer E auf C^3 schneiden sich stets auf der harmonischen Polare des dritten Wendepunktes auf der Verbindungslinie der beiden Wendepunkte, von denen sie herrühren, so daß auf jeder der neun harmonischen Polaren vier solche Schnittpunkte liegen.

Wird die E eine Γ, so hat die Direktionskurve 3. Klasse, eine der drei Cayleyschen Kurven der C^3, neun Berührungspunkte mit der C^3; der Unterschied der beiden Arten ist, wegen des involutorischen Entsprechens, weggefallen.

T sei einer dieser Berührungspunkte, W sein gepaarter und zugleich sein Tangentialpunkt; da sie aber, als gepaarte in Γ, denselben Tangentialpunkt haben, so ist W ein Wendepunkt der C^3. Folglich sind die neun Berührungspunkte der beiden Kurven Berührungspunkte von Tangenten, die von den Wendepunkten der C^3 kommen. Jeder Wendepunkt sendet drei anderwärts berührende Tangenten aus; die sonstige vierte hat sich mit der Wendetangente vereinigt. Wenn von zwei Wendepunkten die Tangentenquadrupel $wxyz$ und $w_1x_1y_1z_1$ ausgehen, von denen w, w_1 die Wendetangenten sind und die Projektivität: $wxyz \barwedge w_1x_1y_1z_1$ besteht, so sind die Berührungspunkte von x und x_1, y und y_1, z und z_1 diejenigen der C^3 mit den drei Cayleyschen Kurven.

852 Gepaarte Punkte einer Γ werden aus einem Punkte P der C^3 durch gepaarte Strahlen einer Involution projiziert und so, daß auf jedem Strahlenpaare dieser Involution zwei Punktepaare liegen; die Doppelstrahlen tragen zwei gepaarte Punkte.

Eine zentrale Involution (O) hingegen wird aus einem Punkte P der C^3 durch eine involutorische Korrespondenz [2] projiziert, in welcher einem Strahle x die beiden Strahlen korrespondieren, welche nach den Punkten gehen, die den auf x befindlichen gepaart sind; ihre Koinzidenzstrahlen laufen nach den Koinzidenzpunkten von (O).

Auf die Kurve wird sie in eine zweite zentrale Involution (O_1) projiziert, deren Zentrum der dritte Schnitt der Gerade ist, welche O mit dem Tangentialpunkte von P verbindet.

In der Tat, wenn die gepaarten Punkte X, X' von (O) in die Punkte Y, Y' projiziert werden, so zeigt sich sofort, daß diese Punkte sich eindeutig und involutorisch entsprechen; denn aus Y ergeben sich X, X', Y' eindeutig, ebenso aus Y' die X', X, Y, und weil X und X' sich involutorisch entsprechen, so gilt dies auch für Y und Y'. Die involutorische Korrespondenz [2], welche die (O) aus P projiziert, projiziert auch die neue Korrespondenz; also ist diese ebenfalls eine zentrale. Sei O_1 ihr Zentrum. In der Korrespondenz $E(X, Y')$ entspricht dem O_1 aus der ersten Reihe P in der zweiten, weil O_1Y' und PX sich in Y schneiden, und dem O aus der zweiten P in der ersten, weil PY' und OX sich in X' schneiden; also geht OO_1 durch den Tangentialpunkt von P.

Wenn nun P denselben Tangentialpunkt hat wie O, so fällt O_1 in O; also wird aus einem solchen P die zentrale Involution (O), durch eine Doppelinvolution, in sich selbst projiziert, wie eine Γ aus jedem Punkte der C^3.

Für eine zentrale Involution (O) gibt es drei Punkte auf C^3, aus denen sie in sich selbst oder durch eine Doppelinvolution projiziert wird; es sind dies die drei Punkte, welche mit O den Tangentialpunkt gemein haben.

Mit einer (O) hat eine Γ zwei Paare gemeinsam; sie liegen auf den Doppelstrahlen der Involution, durch welche Γ aus O projiziert wird: X, X' auf dem einen, Y, Y' auf dem andern. Diese vier Punkte haben (Nr. 848) denselben Tangentialpunkt $\mathfrak{O}$, welcher dem O in Γ gepaart ist.

(O) und Γ werden aus dem beliebigen Punkte P von C^3 durch eine involutorische Korrespondenz [2] und eine Involution projiziert; sie haben (Nr. 196) zwei Paare entsprechender Strahlen gemeinsam; diese gehen nach X, X'; Y, Y' und projizieren diese Paare in die beiden Paare, welche der Γ mit der (O_1) gemeinsam sind, in welche (O) aus P projiziert wird.

Wenn aber P einer der drei Punkte ist, welche mit O den Tangentialpunkt gemeinsam haben, so tritt an Stelle von [2] eine Doppel-Involution, und das Paar, welches sie mit der Γ projizierenden Involution gemeinsam hat, projiziert jedes der beiden gemeinsamen Paare X, X'; Y, Y' von (O) und Γ in sich selbst oder in das andere. Diese drei Punkte sind der gemeinsame Tangentialpunkt $\mathfrak{O}$ von X, X', Y, Y' und die beiden andern Diagonalpunkte des Vierecks dieser Punkte, außer O; aus $\mathfrak{O}$ wird XX' in XX' und YY' in YY' projiziert, aus den genannten Diagonalpunkten wird z. B. XX' in YY', bzw. $Y'Y$ projiziert.

853 Jede $E(O, O')$ läßt sich als Produkt der beiden zentralen Involutionen $(O'), (O)$ in dieser Reihenfolge auffassen:

$$1) \quad E(O, O') = (O') \cdot (O).$$

Denn sind X, X' in $E(O, O')$ entsprechend, so liegt $X'' = (OX', O'X)$ auf C^3, und X geht durch (O') in X'' und dieser durch (O) in X über. Für die Umkehrung gilt:

$$1') \quad E(O', O) = (O) \cdot (O').$$

Multiplizieren wir 1) mit (O') vor, so ergibt sich, da $(O')^2 = 1$:

$$2) \quad (O') \cdot E(O, O') = (O);$$

in der Tat, jenes Produkt transformiert X'' über X in X'; aber auch X' in X''; denn dem X'' als Punkt der zweiten Reihe von $E(O, O')$ entspricht, weil XX'' in O' schneidet, der dritte Schnitt von $O'X'$ in der ersten Reihe; in diesen geht also X' durch (O') über und er durch $E(O, O')$ in X''. Ebenso ist:

$$2') \quad E(O, O') \cdot (O) = (O').$$

Wenn E aber eine Γ ist und O, O' konjugiert sind, so ist:

$$\Gamma(O, O') = \Gamma(O', O) = (O') \cdot (O) = (O) \cdot (O').$$

Zwei zentrale Involutionen sind dann und nur dann vertauschbar, wenn ihre Zentren in entsprechenden Punkten einer Γ liegen, denselben Tangentialpunkt haben.

Ferner ist:

$$(O) \cdot (O') \cdot (O) \cdot (O') = \Gamma(O, O')^2 = 1;$$

in der Tat, wenn X, Y; X', Y' auf einem Strahlenpaare aus O liegen, so liegen X, Y'; X', Y auf einem aus O', und durch die vier Operationen geht X in Y, X', Y', X über.

Sind O_1, O_2, O_3, O_4 die Berührungspunkte der Tangenten aus dem Punkte Q der Kurve, so ist das Produkt zweier der zugehörigen zentralen Involutionen gleich dem der andern beiden, und das Produkt aller vier die Identität[1]).

Denn $\Gamma(O_1, O_2) = \Gamma(O_3, O_4)$.

Liegt ein Produkt von n zentralen Involutionen I vor, so kann man das Produkt der beiden ersten durch eine E, das Produkt dieser mit der dritten durch eine I ersetzen, usw.

Das Produkt von n zentralen Involutionen ist also eine E oder I, je nachdem n gerade oder ungerade ist.

So z. B. ist in Nr. 847 die Korrespondenz (X_1, X_{n+1}) eine E, die (Y_1, X_{n+1}) eine I.

Das Produkt von zwei E ist eine E, als Produkt von vier I; daher ist auch das Produkt von beliebig vielen E eine E.

Das Produkt von mehreren E und I ist eine E oder I, je nachdem die Anzahl der Faktoren I gerade oder ungerade ist.

Durch eine eindeutige Korrespondenz auf C^3 (eine E oder I) wird jedem Punkte A der Kurve ein Punkt A_1 in folgender Weise zugeordnet: Wenn X, Y die weiteren Schnitte eines Strahls durch A sind, denen in der Korrespondenz X', Y' entsprechen, so ist die Zuordnung von X' und Y' das Produkt $(X', X)\cdot(X, Y)\cdot(Y, Y')$, von dessen Faktoren einer oder alle drei I sind, je nachdem die gegebene Korrespondenz eine E oder I ist; also ergibt sich jedenfalls eine I, und ihr Zentrum ist A_1[2]).

Die Zuordnung zwischen A und A_1 können wir, indem wir, da ja ein Strahl durch A den A_1 schon liefert, X und X' festhalten, als Produkt $(A, Y)\cdot(Y, Y')\cdot(Y', A_1)$ auffassen oder $(X)\cdot(Y, Y')\cdot(X')$, also als Produkt von zwei oder drei zentralen Involutionen, je nachdem die gegebene Korrespondenz (Y, Y') eine E oder I ist.

Demnach ist die Korrespondenz der A und A_1 von derselben Art wie die gegebene.

Ist diese eine Γ, so ist die neue die Identität, weil bei einer Γ XY und $X'Y'$ sich auf der Kurve schneiden.

Wenn die gegebene eine I ist mit dem Zentrum O, so ist sein Tangentialpunkt O' das Zentrum der zentralen Involution (A, A_1). Wir benutzen den Strahl AO; sein dritter Schnitt sei A', er schneidet also O, A' aus, denen in (O) die Punkte O', A gepaart sind; also ist A_1 der dritte Schnitt von $O'A$ oder A, A_1 liegen mit O' in gerader Linie.

Zwei solche Paare A, A_1; B, B_1 können wir verwerten, um eine quadratische Verwandtschaft herzustellen, zu welcher die gegebene Korrespondenz (X, X') gehört (vgl. Nr. 810). Die beiden

1) Montesano, Su alcuni gruppi chiusi di transformazioni involutorie nel piano e nello spazio. Atti dell'Istituto Veneto Ser. II, Bd. 6 (1888).

2) Mit dem Ausdrucke von Nr. 645 kann man sagen: Es wird mit der gegebenen Korrespondenz auf die zentrale Involution (A) operiert; Ergebnis ist (A_1).

Büschel A und A_1 sind projektiv mit AXY, $A_1X'Y'$ als entsprechenden Strahlen, ebenso B und B_1. Wir benutzen also die Seydewitzsche Konstruktion der quadratischen Verwandtschaft (Nr. 797). In ihr entspricht dem Punkte X als Schnittpunkt von AXY und BXZ der Schnittpunkt der entsprechenden Strahlen $A_1X'Y'$ und $B_1X'Z'$.

Wenn (X, X') eine zentrale Involution (O) ist, so ist die entstehende quadratische Verwandtschaft im allgemeinen nicht involutorisch; weil bei einer solchen nicht beide Hauptpunkte A, B von den homologen A_1, B_1 verschieden sein können. Aber jetzt entspricht auch dem X' als Schnittpunkt von AX' und BX' der X als Schnittpunkt von A_1X und B_1X. Wir haben in dieser nicht involutorischen quadratischen Verwandtschaft die ∞^1 involutorischen Paare, welche die zentrale Involution (O) auf C^3 bilden, demnach die halbinvolutorische Verwandtschaft von Nr. 810.

Ist aber die gegebene Korrespondenz eine Γ, so fällt A_1 auf A und B_1 auf B; aber auch die dritten Hauptpunkte fallen zusammen in $C = (AB', BA') \equiv (A_1B', B_1A')$, wenn A', B' zu A, B in Γ gepaart sind. Dieser Punkt liegt auch auf C^3. Die beiden konjektiven Büschel A, A_1 bilden die Involution, durch welche Γ aus A projiziert wird, und ebenso sind B und B_1 involutorisch. Dadurch wird die quadratische Verwandtschaft ganz involutorisch (Nr. 811). Sie ist die I_{II}, welche von dem Büschel mit dem Polardreiecke ABC aus dem Kegelschnitt-Netze herrührt, zu welchem C^3 als Jacobische Kurve und Γ als Involution konjugierter Punkte gehört; zwei beliebige Punkte A, B der Jacobischen Kurve bestimmen ja das Polardreieck eines Büschels im Netze (Nr. 812)[1].

Wir fanden (Nr. 812) bei der quadratischen Inversion, daß sie ∞^4 Kurven 3. Ordnung in sich überführt, so daß durch sie auf jeder dieser Kurven eine zentrale Involution entsteht. Da nun, in fester Ebene, ∞^{5+2} quadratische Inversionen möglich sind, so muß jede Kurve 3. Ordnung C^3 bei ∞^{7+4-9} Inversionen, also für jeden ihrer Punkte O als Zentrum bei ∞^1 Inversionen sich ergeben; es ist leicht, die Basen nachzuweisen.

A, B, C, D seien die Berührungspunkte der Tangenten von O an C^3; dann sind die Kegelschnitte durch diese Punkte die Basen[2]). In der Tat, für diesen Büschel ist C^3 der Ort der Berührungspunkte der Tangenten aus O. Denn dieser Ort, eine Kurve 3. Ordnung (Nr. 686), schneidet jede Gerade durch O in den Doppelpunkten der Schnittinvolution mit dem Büschel, berührt also die Geraden $OA, \ldots$ in $A, \ldots$; sie berührt (Nr. 682, 683) ferner die zum Büschel gehörige erste Polare von O nach C^3 in O und berührt damit

1) Döhlemann, Zeitschr. f. Math. und Phys. Bd. 36 S. 356.

2) Montesano, Su alcuni gruppi chiusi etc. Atti dell' Istituto Veneto Ser. 4 Bd. 6.

die C^3 in diesen fünf Punkten, wodurch sie mit ihr identisch wird. Sie geht übrigens auch durch die (Nr. 848) auf C^3 gelegenen Diagonalpunkte von $ABCD$, die Doppelpunkte der Geradenpaare des Büschels. Für einen beliebigen Kegelschnitt K^2 des Büschels sind also die beiden weiteren Schnitte mit C^3 die Berührungspunkte P, Q der Tangenten aus O. Auf jedem Strahle durch O sind die beiden weiteren Schnitte X, Y, als die oben genannten Doppelpunkte, konjugiert in bezug auf K^2. So ergibt sich C^3 als sich selbst entsprechend in der quadratischen Inversion (K^2, O), von welcher P, Q die andern Hauptpunkte sind.

Die erste Polare von O nach C^3 führt zu einer Inversion, deren Zentrum auf der Basis liegt (Nr. 814), und die drei Geradenpaare führen zu der andern a. a. O. erwähnten Ausartung.

Im ersten Falle folgt direkt aus der harmonischen Eigenschaft dieser ersten Polare, daß X, Y in bezug auf K^2 konjugiert sind.

Wenn O in einem Wendepunkte liegt, so sind alle Inversionen von dieser Spezialität, daß das Zentrum auf der Basis liegt; mit Ausnahme von einer, welche in involutorische Homologie übergegangen ist: mit der harmonischen Polare (Nr. 682) als Axe.

854 Wenn eine ungerade Anzahl von Punkten auf C^3 gegeben ist: $O_1, O_2, \ldots O_{2n-1}$, so geht von allen eingeschriebenen Vielecken $X_1 X_2 \ldots X_{2n}$ mit beliebiger Anfangsecke X_1 auf C^3, deren Seiten $X_1 X_2, \ldots X_{2n-1} X_{2n}$ bzw. durch $O_1, \ldots O_{2n-1}$ gehen, auch die letzte Seite $X_{2n} X_1$ durch einen festen Punkt O_{2n} auf C_3. Denn die Beziehung (X_1, X_{2n}) ist, als Produkt von $2n-1$ zentralen Involutionen, ebenfalls eine solche Involution.

Jeder der vier Berührungspunkte der Tangenten aus O_{2n} führt, als X_1, zu einem der C^3 eingeschriebenen $(2n-1)$-Ecke, dessen Seiten durch die gegebenen Punkte gehen.

Liegen O_1, O_2, O_3 auf C^3 in gerader Linie, so geht O_2 durch das Produkt $(O_1) \cdot (O_2) \cdot (O_3)$ in sich selbst über; folglich ist O_4 der Tangentialpunkt von O_2, und dieser einer der vier Berührungspunkte; er führt zu dem ausgearteten Dreiecke $O_2 O_3 O_1$, die drei andern zu eigentlichen eingeschriebenen Dreiecken, deren Seiten durch die Punkte O_1, O_2, O_3 gehen.

Ist die Anzahl der gegebenen Punkte O eine gerade: $O_1, O_2, \ldots O_{2n}$, so ist die Korrespondenz (X_1, X_{2n+1}) eine E, also im allgemeinen ohne Koinzidenz.

Es gibt kein geschlossenes der C^3 eingeschriebenes $2n$-Eck, dessen Seiten durch die gegebenen Punkte gehen[1]). Ist aber, im besonderen Falle, ein solches Vieleck vorhanden, so gibt es deren ∞^1; jeder Punkt der C^3 kann als Anfangsecke genommen werden. Die $E(X_1, X_{2n+1})$ ist dann die Identität.

1) Wir kommen zum Steinerschen Probleme (Nr. 199, 847), wenn sowohl die O mit ungeraden, als die mit geraden Zeigern sich vereinigen.

Im allgemeinen Falle umhüllt die Schlußlinie $X_1 X_{2n+1}$ des ungeschlossenen Polygons $X_1 X_2 \ldots X_{2n+1}$ eine Kurve 6. Klasse; im speziellen Falle ist diese die C^3.

Eine Diagonale $X_k X_l$ dreht sich um einen festen Punkt der C^3 oder umhüllt eine Kurve 6. Klasse, je nachdem $l - k$ ungerade oder gerade ist.

Das ungeschlossene Polygon hat $(2n+1)(n-1)$ Diagonalen (so viele als ein geschlossenes $(2n+1)$-Eck), von denen $(n+1)(n-1)$ eine gerade Zeigerdifferenz haben, da von X_1, X_{2n+1} und allen Ecken mit geradem Zeiger $n-1$, von den übrigen n solche Diagonalen ausgehen. Es bleiben $n(n-1)$ Diagonalen mit ungerader Zeigerdifferenz und so viele Drehpunkte auf C^3. In dem besonderen Falle, wo ∞^1 geschlossene $2n$-Ecke vorhanden sind, gibt es $n(n-2)$ Drehpunkte von Diagonalen. Letzteres gilt auch in dem früheren Falle, wo auf C^3 $2n-1$ Punkte gegeben sind und ungeschlossene $2n$-Ecke entstehen; denn durch Hinzufügung des Drehpunktes für die schließende Linie haben wir den jetzigen Spezialfall.

§ 119. Fortsetzung.

Es sei wieder auf C^3 eine bestimmte $E(X, X')$ festgelegt, mit der Direktionskurve K. Einem veränderlichen Punkte X_1 als X entspreche X_2 als X', diesem als X wiederum X_3 als X', usw. bis X_{n+1}. Wir erhalten die Korrespondenz $\overline{E}(X_1, X_{n+1})$; ihre Direktionskurve sei $\overline{K}$, von K verschieden. Wenn einmal X_{n+1} mit X_1 zusammenfällt, ist $\overline{E}$ die Identität; jeder X_{n+1} fällt mit seinem X_1 zusammen. 855

Wenn also eine E auf C^3 eine zyklische Gruppe von n Punkten besitzt, von denen jedem als X der folgende als X' entspricht und dem letzten der erste, so besitzt sie lauter derartige Gruppen; jeder Punkt von C^3 gehört einer an.

Es liegt eine zyklische Korrespondenz E n^{ten} Grades vor. $\overline{K}$ ist die C^3 selbst.

Wir projizieren eine solche zyklische Gruppe $X_1 X_2 \ldots X_n$ aus dem beliebigen Punkte O der C^3 auf sie in die Gruppe $Y_n Y_{n-1} \ldots Y_1$. Folgen X_k und X_l in jener auf einander, so sind sie als X und X' in E entsprechend, mithin entsprechen Y_{n-k} und Y_{n-l} einander als X' und X; folglich ist die neue Gruppe, aber im Sinne $Y_1 Y_2 \ldots Y_n$ durchlaufen, ebenfalls eine zyklische Gruppe der E, und es ergeben sich alle, wenn O die Kurve durchläuft.

Wenn $X_1 X_2 \ldots X_n$, $Y_1 Y_2 \ldots Y_n$ zwei zyklische Gruppen von E sind, beide im Sinne XX' durchlaufen, so sei der dritte Schnittpunkt von $X_r Y_s$ mit Z_t bezeichnet, wo t diejenige Zahl aus der Reihe 1 bis n ist, für welche:

$$r + s + t \equiv 0 \pmod{n}.$$

Da Y_s aus Z_t in X_r projiziert wird, und ein Punkt seine Gruppe eindeutig bestimmt, so geht durch diese Projektion die Y-Gruppe in die X-Gruppe über, und zwar:

$$Y_s\, Y_{s-1} \ldots \quad Y_1\, Y_n \ldots \quad Y_{s+1}$$

in

$$X_r\, X_{r+1} \ldots X_{r+s-1}\, X_{r+s} \ldots X_{r-1};$$

für je zwei untereinander stehende Punkte und Z_t ist die Zeigersumme $\equiv 0 \pmod{n}$.

Wir erhalten n Projektionszentren $Z_1, Z_2, \ldots Z_n$, aus denen die eine Gruppe in die andere projiziert wird, immer mit derselben Regel für die Zeiger von drei Punkten X, Y, Z in gerader Linie.

Die Punkte Z bilden selbst eine Gruppe von E mit dem Sinne $Z_1 Z_2 \ldots Z_n$; denn z. B. aus Y_1 wird $X_1 X_2 \ldots X_n$ (oder aus X_1 wird $Y_1 Y_2 \ldots Y_n$) in $Z_{n-2} Z_{n-3} \ldots Z_{n-1}$ projiziert.

Zwei Gruppen einer zyklischen Korrespondenz E vom n^{ten} Grade bedingen eine dritte; derartig, daß jede zwei der drei Gruppen aus jedem Punkte der dritten ineinander projiziert werden; ist der Sinn der projizierten von X nach X', so hat die Projektion den Sinn von X' nach X: konnexe Gruppen oder Zykeln.

856 Wir lassen Y_1 mit X_1, Y_2 mit $X_2, \ldots$ sich vereinigen und nennen $T_1, T_2 \ldots$ die Tangentialpunkte von $X_1, X_2 \ldots$. Sie sind Punkte, aus denen die X-Gruppe in sich selbst projiziert wird; denn z. B. aus T_1 wird X_1 in sich selbst projiziert und damit die ganze Gruppe: X_2 in X_n, X_3 in $X_{n-1}, \ldots$. T_r ist derjenige Z_t, für den gilt: $t + 2r \equiv 0 \pmod{n}$.

Es sind nun die Fälle eines ungeraden und eines geraden n zu unterscheiden.

Wenn n ungerade ist, also zu 2 teilerfremd, so gehört zu jedem der n Werte t ein und nur ein r; jeder von den Punkten Z, welche die X-Gruppe in sich überführen, ist ein Tangentialpunkt T.

Wenn aber n gerade ist, muß t auch gerade sein, damit jene Kongruenz lösbar ist; sie läßt sich auf:

$$\frac{t}{2} + r \equiv 0 \left(\text{mod}\ \frac{n}{2}\right)$$

zurückführen; der Wert von $r \leqq \frac{n}{2}$, den diese liefert, führt zu einer zweiten Lösung $r + \frac{n}{2}$.

Nur die Hälfte der Projektionszentren Z, diejenigen mit geraden Zeigern, sind Tangentialpunkte und jeder für zwei Gegenecken des Vielecks $X_1 X_2 \ldots X_n$. Z. B. aus T_1, aus dem

$X_1 X_2 \ldots$ in $X_1 X_n \ldots$ projiziert wird, wird auch $X_{1+\frac{n}{2}}$ in sich selbst projiziert, so daß er auch $T_{1+\frac{n}{2}}$ ist. Die $\frac{n}{2}$ Zentren Z mit ungeradem t sind Schnittpunkte von Gegenseiten des Vielecks der X; denn für sie ist die Kongruenz:

$$t + r + (r+1) \equiv 0 \pmod{n}$$

auflösbar und hat zwei Auflösungen, eine $r \leqq \frac{n}{2}$, die andere $r + \frac{n}{2}$. D. h. Z_t ist der Schnittpunkt der Gegenseiten $X_r X_{r+1}$ und $X_{r+\frac{n}{2}} X_{r+1+\frac{n}{2}}$, und solcher Schnittpunkte gibt es $\frac{n}{2}$. Bei $n = 6$ ist $Z_3 = (X_1 X_2, X_4 X_5)$, durch ihn geht auch $X_3 X_6$, so daß $X_1 X_2 \ldots X_6$ in $X_2 X_1 X_6 X_5 X_4 X_3$ projiziert wird.

Wenn $\frac{n}{2}$ und t beide ungerade oder beide gerade sind, ist:

$$t + r + \left(r + \frac{n}{2}\right) \equiv 0 \pmod{n}$$

auflösbar; folglich liegt Z_t auf der Verbindungslinie $X_r X_{r+\frac{n}{2}}$ zweier Gegenecken; es gehen also, je nachdem $\frac{n}{2}$ gerade oder ungerade ist, diese $\frac{n}{2}$ Verbindungslinien von Gegenecken durch die Punkte Z der ersten Art, welche Tangentialpunkte sind, oder durch die der zweiten Art, welche Schnittpunkte von Gegenseiten sind.

Dem Falle $n = 2$ entsprechen die drei Γ; jedes Paar wird aus dem gemeinsamen Tangentialpunkte und aus dem dritten Schnitte der Verbindungslinie in sich selbst übergeführt.

Wie früher (z. B. Nr. 143) läßt sich erkennen, daß jede zyklische Korrespondenz n^{ten} Grades zu weiteren, ev. niedrigeren Grades führt. Die Korrespondenz (X_r, X_{r+k}) ist zyklisch. Ist nämlich k zu n teilerfremd, so ist $r + nk$ die erste der Zahlen $r + ik$, welche $\equiv r$ ist; es ist $X_{r+nk} \equiv X_r$, und es ergibt sich der Zyklus $X_r X_{r+k} X_{r+2k} \ldots X_{r+(n-1)k}$.

Haben aber k und n den größten gemeinsamen Teiler d, so ist schon $X_{r+\frac{n}{d}k} \equiv X_{r+\frac{k}{d}n} \equiv X_r$; es ergibt sich eine zyklische Korrespondenz vom Grade $\frac{n}{d}$. Ist n gerade, so sind die Gegenecken der zyklischen Polygone $\left(k = \frac{n}{2}\right)$ in einer Γ gepaart, also konjugiert, haben sie doch denselben Tangentialpunkt.

Im Polygon der Z, aus denen der Zyklus $X_1 \ldots X_n$ in sich projiziert wird, und die bei geradem n abwechselnd aus Tangentialpunkten der X und Schnittpunkten von Gegenseiten des Polygons der X bestehen, verhalten sich Gegenecken, konjugiert in einer Γ, verschieden, je nachdem $\frac{n}{2}$ ungerade oder gerade ist. Im ersteren Falle ist die eine Tangentialpunkt, die andere Schnitt von Gegenseiten; die Kongruenzen:

$$t + 2r \equiv 0, \quad t + \frac{n}{2} + r + \left(r + \frac{n}{2}\right) \equiv 0 \pmod{n}$$

bestehen zugleich, wenn $\frac{n}{2}$ ungerade und t gerade ist. Ist aber $\frac{n}{2}$ gerade, so verhalten sich im Z-Polygone die Gegenecken gleichartig, sind beide Tangentialpunkte oder beide Schnittpunkte von Gegenseiten. Bei geradem t bestehen gleichzeitig die Kongruenzen:

$$t + 2r \equiv 0, \quad \left(t + \frac{n}{2}\right) + 2r' \equiv 0 \pmod{n},$$

bei ungeradem t die Kongruenzen:

$$t + 2r + 1 \equiv 0, \quad \left(t + \frac{n}{2}\right) + 2r' + 1 \equiv 0 \pmod{n},$$

wofern $r' \equiv r + \frac{n}{4} \left(\operatorname{mod} \frac{n}{2}\right)$ ist.

857 Lassen O, O' ein Steinersches Viereck zu, so haben wir ein der C^3 eingeschriebenes Vierseit, und O, O' als Gegenecken desselben sind in einer der Γ gepaart (Nr. 848). Also nur wenn O, O' konjugierte Punkte sind, sind Steinersche Vierecke möglich (Nr. 199); es schneiden sich dann auch zwei entsprechende Strahlenpaare aus den projektiven Involutionen $|O|$, $|O'|$ in einem solchen Vierecke.

Drei konnexe zyklische Gruppen n^{ten} Grades führen zu Steinerschen $2n$-Ecken; sie werden, abwechselnd, durch Punkte zweier der Gruppen gebildet, die O, O' gehören zur dritten Gruppe. Die Gruppen seien wie oben bezeichnet, und X_α, Y_β, Z_γ liegen in gerader Linie, wenn:

$$\alpha + \beta + \gamma \equiv 0 \pmod{n}.$$

Z_t und $Z_{t'}$ seien als O, O' genommen. Die Projektion aus Z_t führe $X_1 X_2 \dots X_n$ über in $Y_r Y_{r-1} \dots Y_{r+1}$, und durch die Projektion aus $Z_{t'}$ gehe diese in $X_{s+1} X_{s+2} \dots X_s$ über, so daß:

$$1 + r + t \equiv 0, \quad r + s + 1 + t' \equiv 0 \pmod{n};$$

also:

$$s \equiv t - t' \pmod{n}.$$

Beide Operationen führen X_i in X_{i+s} oder in $X_{i+t-t'}$ über. Ist also $t - t'$ zu n teilerfremd, so kommt man nach n solchen Doppelprojektionen, und nicht früher, von X_1 zu X_1 zurück und hat ein Steinersches $2n$-Eck erhalten.

Z. B. bei $n = 4$ liegen mit Z_1 in gerader Linie: X_1, Y_2; X_2, Y_1; X_3, Y_4; X_4, Y_3, mit Z_2: $X_1 Y_1$, $X_2 Y_4$, $X_3 Y_3$, $X_4 Y_2$; wir erhalten das Achteck $X_1 Y_2 X_4 Y_3 X_3 Y_4 X_2 Y_1$.

858 Zu zyklischen Dreiecken und zyklischen Korrespondenzen 3. Grades gelangt man mit Hilfe der Wendepunkte. Wir fanden (Nr. 851), daß bei jeder E ein Wendepunkt mit den beiden entsprechenden Punkten in gerader Linie liegt, und daß das nur bei Wendepunkten eintrifft. Sind nun wieder W_1, W_2, W_3 drei Wendepunkte in gerader Linie, so hat in $E(W_1, W_2)$ der W_1 den W_2 zum entsprechenden in der zweiten Reihe und daher den W_3 zum entsprechenden in der ersten, W_2 den W_1 zum entsprechenden in der ersten Reihe und daher W_3 zum entsprechenden in der zweiten. Damit wird $W_1 W_2 W_3$ ein Zyklus der Korrespondenz. Wenn also zwei Wendepunkte in einer E einander zugeordnet werden, so ist diese zyklisch vom 3. Grade und jene werden durch den dritten Wendepunkt auf ihrer Gerade zum Zyklus vervollständigt.

Umgekehrt, wenn $W_1 W_2 W_3$ ein Zyklus einer zyklischen Korrespondenz 3. Grades auf C^3 ist, zu welchem ein Wendepunkt W_1 gehört, so besteht er aus drei in gerader Linie liegenden Wendepunkten. Denn zunächst liegen die beiden dem W_1 entsprechenden Punkte W_2, W_3 in gerader Linie mit ihm. Also liegen auch die dem W_2 entsprechenden W_3 und W_1 in gerader Linie mit ihm, demnach ist W_2 Wendepunkt und ebenso W_3.

Es sei W_4 ein vierter Wendepunkt, so ist sein entsprechender W_4' der dritte Schnitt der Gerade, welche vom dritten Schnitt der Verbindungslinie von W_4 mit $W_1 \equiv W_3'$ nach W_3 geht; dieser dritte Schnitt ist ein Wendepunkt W_7 (Nr. 849), und daher ist auch W_4' ein Wendepunkt, der nun W_5 heiße. Sein anderer entsprechender W_5' muß mit W_4 und W_5 in gerader Linie liegen und ist der dritte Wendepunkt W_6 auf ihr; da $W_3 W_5 \equiv W_2' W_5$ durch W_7 geht, so geht $W_2 W_7$ durch $W_6 \equiv W_5'$. Wir bestätigen, daß der W_6 entsprechende W_6' in W_4 fällt. Zu dem dritten von den drei konnexen Zykeln gehört schon der Wendepunkt W_7, also besteht er aus den drei übrigen Wendepunkten W_7, W_8, W_9; und wir haben ein sogenanntes Wendepunkts-Dreiseit, gebildet durch drei Wendepunkts-Geraden, welche sämtliche neun Wendepunkte enthalten. Seine drei Geraden tragen drei konnexe Zykeln. Indem wir die Zeiger der Wendepunkte des zweiten um 5 und die des dritten um 6 erhöht haben, bleibt die Kongruenz $r + s + t \equiv 0$ (mod 3) bestehen, welche von den Zeigern dreier in gerader Linie liegenden Wendepunkte, die den drei Zykeln beziehentlich angehören, erfüllt werden muß; sie wird durch die drei eben benutzten Geraden nach W_7 erfüllt: 147, 267, 357, wobei wir nunmehr die Wendepunkte bloß durch die Zeiger bezeichnen. Die drei nach 8 und die drei nach 9 laufenden Geraden sind:

$$168,\ 258,\ 348;\ 159,\ 249,\ 369.$$

Weil 47 und 68 sich in 1 schneiden oder 17 und 38 in 4, so sind 7 und 8 in demselben Sinne entsprechend wie 6 und 4 oder 3 und 1; und so können wir alle Korrespondenzen in den drei Zykeln 123, 456, 789 bestätigen. Wir haben im ganzen vier Wendepunkts-Dreiseite und daher vier zyklische Korrespondenzen 3. Grades, und nur 4; denn der einen Wendepunkt enthaltende Zyklus einer solchen Korrespondenz muß ganz aus Wendepunkten bestehen.

Mit der Kongruenzregel, die übrigens auch von 123, 456, 789 erfüllt wird, ist es leicht, die Geraden der drei andern Wendepunkts-Dreiseite zu finden; wir benennen sie so, daß sie zugleich die Zykeln (immer in demselben Sinne) angeben.

Die vier Wendepunkts-Dreiseite oder die Tripel konnexer Wendepunkts-Zykeln der vier zyklischen Korrespondenzen 3. Grades sind also:

123	147	159	168
456,	258,	267,	249
789	369	348	357[1]).

Die Wendepunkts-Dreiseite lehren, daß die Wendepunkte eine Gruppe von neun assoziierten Punkten bilden, was aber auch schon daraus folgt, daß sie die Schnitte der C^3 mit ihrer Hesseschen Kurve sind, welche ebenfalls 3. Ordnung ist (Nr. 695).

Aber die neun Punkte von je drei konnexen Zykeln einer zyklischen Korrespondenz 3. Grades

$$X_1X_2X_3,\quad Y_1Y_2Y_3,\quad Z_1Z_2Z_3$$

sind assoziiert; denn es gehen, sogar dreimal, drei Geraden durch sie, die wir aus der vorangehenden Tabelle ablesen können, indem wir bei den Y die Zeiger um drei, bei den Z um sechs erhöhen, die drei andern Wendepunkts-Dreiseite benutzen und dann wieder die Zeiger reduzieren, oder die Kongruenzregel benutzen:

$$\begin{matrix} X_1Y_1Z_1 & X_1Y_2Z_3 & X_1Y_3Z_2 \\ X_2Y_2Z_2, & X_2Y_3Z_1, & X_2Y_1Z_3 \\ X_3Y_3Z_3 & X_3Y_1Z_2 & X_3Y_2Z_1. \end{matrix}$$

Besteht einer der drei Zykeln aus Wendepunkten, so liegen die sechs Punkte des andern auf einem Kegelschnitte.

Durch Projektion eines Wendepunkts-Zyklus aus den verschiedenen Punkten der Kurve erhält man sämtliche Zykeln der Korrespondenz, zu der jener Zyklus gehört, jeden

---

1) Das sind Zeilen, Kolonnen, positive, negative Glieder der Determinante:

$$\begin{vmatrix} 1 & 2 & 3 \\ 4 & 5 & 6 \\ 7 & 8 & 9 \end{vmatrix}.$$

dreimal, bei den drei Punkten des Zyklus, der mit ihm und dem Wendepunkts-Zyklus drei konnexe Zykeln bildet.

Zu jedem Punkte O gibt es acht Punkte Q, mit denen er Steinersche Sechsecke zuläßt, je die beiden weiteren Punkte in den vier Zykeln der vier zyklischen Korrespondenzen 3. Grades, zu denen er gehört.

859 In einem Zyklus 4. Grades sind die Gegenecken konjugiert in einer der involutorischen Kongruenzen Γ, und die beiden zugehörigen Tangentialpunkte sind Gegenecken im Zyklus der Z, aus dessen Punkten jener in sich projiziert wird, demnach auch konjugiert in derselben Γ (Nr. 856).

Sind also Z_1, Z_3 auf C^3 etwa in Γ_1 konjugiert, X_1, X_3 gleichfalls in Γ_1 konjugierte Berührungspunkte von zwei Tangenten aus Z_1, und ebenso X_2, X_4 von solchen aus Z_3, so ist $X_1 X_2 X_3 X_4$ ein Zyklus 4. Grades. In der Tat, in der Korrespondenz $E(X_1, X_2)$ sind X_2, X_3 entsprechend; denn $X_1 X_3$ geht durch den Punkt Z_3, der dem gemeinsamen Tangentialpunkt Z_1 von X_1, X_3 konjugiert ist; und $X_2 X_2$ tut es auch. Usw.

Vervollständigen wir den Zyklus der Z, in dem Z_1 und Z_3 Gegenecken sind. Weil X_2 und X_3 in unserer Korrespondenz entsprechend sind, so müssen sich $Z_1 X_3$ und $Z_2 X_2$ auf der Kurve schneiden, also in X_3; daher ist Z_2 der dritte Schnitt von $X_2 X_3$, und aus der Korrespondenz von X_4 und X_1 folgt, daß er auch derjenige von $X_4 X_1$, also der Diagonalpunkt $(X_2 X_3, X_4 X_1)$ des Vierecks $X_1 X_2 X_3 X_4$ ist, wie das ja auch den Ergebnissen von Nr. 856 entspricht, und Z_4 ist $(X_1 X_2, X_3 X_4)$. Diese beiden Punkte sind in Γ_1 konjugiert, weil dies für X_1 und X_3, X_2 und X_4 gilt.

Seien nun $Y_1, Y_3; Y_2, Y_4$ die Berührungspunkte der weiteren Tangenten aus Z_1, Z_3, ebenfalls in Γ_1 konjugiert, so muß in dem mit Y_1 beginnenden Zyklus der zyklischen Korrespondenz 4. Grades, zu der schon $X_1 X_2 X_3 X_4$, $Z_1 Z_2 Z_3 Z_4$ gehören, dem Y_1 ein Punkt — zunächst Y_1' — folgen, der Z_3 zum Tangentialpunkt hat. Es müssen sich $X_2 Y_1$ und $X_1 Y_1'$ auf der Kurve schneiden. X_1 und Y_1 sind in einer zweiten Γ, etwa Γ_2, konjugiert; nehmen wir an, daß in ihr Y_2 dem X_2 konjugiert ist, so müssen sich auch $X_2 Y_1$ und $X_1 Y_2$ auf der Kurve schneiden, also ist $Y_1' \equiv Y_2$. Daher haben wir den Zyklus $Y_1 Y_2 Y_3 Y_4$; und Y_4 ist zu X_4 in Γ_2 konjugiert. Weil Y_1, Y_2 zu X_1, X_2 in Γ_2 konjugiert sind, so geht $Y_1 Y_2$ durch denselben Punkt Z_4 der Kurve wie $X_1 X_2$, und ebenso tut es $Y_3 Y_4$, so daß $Z_4 = (Y_1 Y_2, Y_3 Y_4)$ und $Z_2 = (Y_2 Y_3, Y_4 Y_1)$, wie zu erwarten war.

Ferner ist nun klar, daß die Projektivität der Tangentenwürfe aus Z_1 und Z_3 ist:

$$Z_1(X_1, X_3, Y_1, Y_3) \barwedge Z_3(X_2, X_4, Y_2, Y_4);$$

denn dem X_1 sind in den drei Γ konjugiert: X_3, Y_1, Y_3 und dem X_2: X_4, Y_2, Y_4 (Nr. 849).

Die Zykeln $X_1 X_2 X_3 X_4$, $Y_1 Y_2 Y_3 Y_4$ gehören daher zur nämlichen Korrespondenz; eine zweite enthält die Zykeln $X_1 Y_2 X_3 Y_4$, $Y_1 X_2 Y_3 X_4$; von dem Zyklus der Z haben sich Z_2 und Z_4 geändert; der neue Z_2 ist $(Y_2 X_3, Y_4 X_1) \equiv (X_2 Y_3, X_4 Y_1)$. Im ganzen haben wir also sechs zyklische Korrespondenzen 4. Grades, indem jede Γ zu zweien führt.

O scheidet wiederum je einen Zyklus aus; als Q können wir den zweiten oder vierten Punkt nehmen; folglich gibt es zu jedem Punkt O zwölf Punkte Q, welche mit ihm Steinersche Achtecke zulassen.

860 Eine (ebene) Kollineation, welche eine gegebene Kurve 3. Ordnung C^3 in sich überführt, ruft auf ihr eine eindeutige Korrespondenz hervor. Drei Punkten der C^3, die in gerader Linie liegen, müssen drei ebensolche Punkte entsprechen, also einem Wendepunkte ein Wendepunkt, einer Wendepunkts-Gerade und einem Wendepunkts-Dreiseite ebensolche Figuren.

Wenn diese durch eine Kollineation hervorgerufene eindeutige Korrespondenz eine zentrale Involution ist, so muß das Zentrum, als dritter Schnitt der Verbindungslinien entsprechender Wendepunkte, ein Wendepunkt sein. Und in der Tat besteht um jeden Wendepunkt W der C^3 als Zentrum eine involutorische Homologie, welche die Kurve so in sich transformiert, daß die in der zentralen Involution zugeordneten Punkte der Kurve auch in ihr entsprechend sind; die Axe ist die harmonische Polare des W (Nr. 851).

Wenn dagegen die Kollineation auf C^3 eine eindeutige Verwandtschaft E hervorruft, so muß diese, weil eben einem Wendepunkt ein Wendepunkt entspricht, eine ternäre zyklische Korrespondenz E sein (Nr. 858); und sie enthält auf den drei Seiten eines Wendepunkts-Dreiseits Wendepunkts-Zykeln, die wir mit (123), (456), (789) bezeichnen wollen.

Wir haben nun darzutun, daß eine derartige Korrespondenz E tatsächlich von einer Kollineation herrührt.

Wir benutzen die Verteilung der Wendepunkte auf den Wendepunkts-Geraden:

I	123,	456,	789,
II	147,	258,	369,
III	159,	267,	348,
IV	168,	249,	357.

In der involutorischen Homologie (1) um den Wendepunkt 1 sind also entsprechend die Wendepunkte 2, 3; 4, 7; 5, 9; 6, 8, in (2): 1, 3; 4, 9; 5, 8; 6, 7.

Sofort ersehen wir, daß die gesuchte Kollineation das Produkt (2)(1) ist; denn dies enthält die Zykeln (123), (456), (789), also ist die von ihm hervorgerufene Korrespondenz mit der obigen identisch; und das Produkt (1)(2) ist die Umkehrung [1]).

Die Produkte (3)(2), (1)(3), (5)(4), ..., (8)(7), ... enthalten dieselben Zykeln (123), ...; aber durch:

12 47
23 58

ist die Kollineation schon eindeutig festgelegt; folglich sind alle diese Produkte mit der Kollineation (2)(1) identisch. Die genannten entsprechenden Punkten sind gewählt, damit daraus zu ersehen sei, daß es sich um eine reelle Kollineation handelt, wenn 1, 2, 3 die reellen Wendepunkte und 4, 7; 5, 8; 6, 9 konjugiert imaginär sind. Bemerkenswert ist, daß sie sich als Produkt von nicht konjugiert imaginären Homologien, z. B. (5), (4) ergibt.

Daß die erhaltene Kollineation ternär zyklisch ist, dürfen wir aus den drei Zykeln (123), ... noch nicht ohne weiteres schließen; denn diese liegen auf den Koinzidenzgeraden.

Wenn die harmonischen Polaren von 1, 2, die Axen von (1), (2), die Gerade 123 in 1′, 2′ schneiden, so ist 3 harmonisch sowohl zu 2 in bezug auf 1, 1′, als zu 1 in bezug auf 2, 2′. Bei dieser Lage der fünf Punkte hat sich (Nr. 364) die Kollineation (2)(1) als ternär zyklisch herausgestellt.

Durch das Vorausgehende sind zwei Ergebnisse erreicht.

Von den eindeutigen Korrespondenzen E auf C^3 rühren nur vier von Kollineationen her, [2]) die vier ternären zyklischen (Nr. 858). Die Kollineationen sind auch ternär zyklisch; sie sind je auf neun Weisen Produkte zweier involutorischen Homologien um zwei Wendepunkte, die zu einem Zyklus gehören, in der einen Reihenfolge der Faktoren, und die andere Reihenfolge gibt die Umkehrung. Von ihnen ist nur diejenige reell, die zu dem Wendepunkts-Dreiseite I (vgl. Nr. 868) gehört. Sie läßt sich aber auch als Produkt von (nicht konjugiert) imaginären involutorischen Homologien herstellen, wobei die eine einen reellen Punkt in einen imaginären und die andere diesen wieder in einen reellen Punkt überführt.

Die drei andern, Produkte reeller und imaginärer Homologien, sind imaginär.

---

1) Die Umkehrung von ST ist $T^{-1}S^{-1}$ oder TS, wenn beide Faktoren, wie im vorliegenden Falle, involutorisch sind.

2) Die drei involutorischen $\Gamma_1, \Gamma_2, \Gamma_3$ unter den E kommen also nicht von Kollineationen her.

Zweitens hat sich, wenn wir von einer der zyklischen Kollineationen ihre Umkehrung oder zweite Potenz unterscheiden, ergeben:

Es bestehen nur 18 Kollineationen, welche eine Kurve 3. Ordnung in sich selbst überführen:[1]) Die Identität, die neun involutorischen Homologien um die Wendepunkte, die vier eben besprochenen ternär zyklischen Kollineationen, welche gradlinige Wendepunkts-Zykeln haben, und ihre Umkehrungen. Sie bilden eine Gruppe (§ 96 Ende). Von diesen $9+8$ Kollineationen sind drei der ersteren und zwei der zweiten Art reell.

Wie die zyklischen Kollineationen, welche kurz mit (123) ($\equiv$ (456) $\equiv$ (789)), (147), (159), (168); (132), ... bezeichnet werden können, durch Multiplikation aus den Homologien entstehen, ist schon gesagt.

Wir haben weiter:

$$(123)\cdot(4)\equiv(456)\cdot(4)=(5)\cdot(4)\cdot(4)=(5),$$
$$(4)\cdot(123)\equiv(4)\cdot(456)=(4)\cdot(4)\cdot(6)=(6);$$
$$(123).(159)=(2)\cdot(1)\times(1)\cdot(9)=(2)\cdot(9)=(249),$$
$$(159)\cdot(123)=(5)\cdot(1)\times(1)\cdot(3)=(5)\cdot(3)=(357).$$

In derselben Weise sind die betreffenden Korrespondenzen auf C^3 verbunden.

Sämtliche Kollineationen, mit denen wir hier zu tun haben, sind vollständig gegeben, wenn die Figur der neun Wendepunkte vorliegt; folglich wird jede Kurve des „syzygetischen" Kurvenbüschels 3. Ordnung mit gemeinsamen Wendepunkten in sich transformiert. (Vgl. Nr. 364.)

Wir erinnern uns (Nr. 362), jede ternäre zyklische Kollineation ist in drei Weisen eine Hermitesche Kollineation, d. h. in allen drei Büschel-Scharen sich doppelt berührender Kegelschnitte mit einer Seite des Koinzidenz- oder Wendepunkts-Dreiseits als Berührungssehne und der Gegenecke als Berührungspol — einer reellen und zwei imaginären, wenn die Kollineation reell ist — sind die Kegelschnitte sich selbst entsprechend, und jeder Zyklus liegt auf einem Kegelschnitte aus jedem dieser drei Systeme.

861 Der Grad der Mannigfaltigkeit involutorischer Homologien (in gegebener Ebene) ist 4; folglich muß jede gegebene involutorische Homologie ∞^{9-4} Kurven 3. Ordnung in sich transformieren. In der Tat, das Zentrum und drei Paare entsprechender Punkte bestimmen ein Netz von kubischen Kurven mit sieben Grundpunkten; jede von ihnen hat mit der entsprechenden diese sieben Punkte und die drei Punkte auf der Axe gemeinsam, ist also identisch mit ihr;

1) F. Klein, Math. Annalen Bd. 4 S. 354.

und das Zentrum stellt sich auch für jede der Kurven als Wendepunkt heraus, weil seine erste Polare drei Punkte auf der Axe besitzt, also zerfällt. Jene drei Paare kann man in der Ebene auf ∞^6 Weisen, auf jeder in sich transformierten Kurve 3. Ordnung aber in ∞^3 Weisen geben; so daß als Grad der Mannigfaltigkeit sich ergibt $6 + 2 - 3 = 5$.

Ternäre zyklische Kollineationen gibt es in der Ebene ∞^6; denn eine solche Kollineation ist bestimmt durch einen (nicht gradlinigen) Zyklus und den (reellen) Koinzidenzpunkt:

$$\begin{vmatrix} A_1 & A_2 & A_3 & U \\ A_2 & A_3 & A_1 & U \end{vmatrix}.$$

Jener hat die Mannigfaltigkeit 2.3, dieser 2. Andererseits besitzt die Kollineation ∞^2 Zykeln, von denen jeder zu ihrer Bestimmung dienen kann, außer den geradlinigen auf den Koinzidenzgeraden. So ergibt sich $2 \cdot 3 + 2 - 2 = 6$.

Darnach muß jede ternäre zyklische Kollineation ∞^3 Kurven 3. Ordnung in sich transformieren. Drei beliebige Zykeln bilden nicht eine Gruppe von neun assoziierten Punkten; in dem Spezialfalle, wo zwei von ihnen auf demselben Kegelschnitte K der (reellen) Büschel-Schar liegen, ist dies unmittelbar klar, weil der dritte im allgemeinen nicht geradlinig ist.

Wir benutzen drei solche Zykeln.

Die Kurve 3. Ordnung, welche durch ihre neun Punkte geht, wird, weil diese eben nicht assoziiert sind, durch die Kollineation in sich selbst übergeführt. Solche Tripel von Zykeln haben wir ∞^{2+1+2}. Jede der so in sich transformierten kubischen Kurven trägt ∞^1 Zykeln, von denen jeder einen zweiten mit ihm auf demselben K befindlichen bestimmt; folglich liefern sie ∞^2 Tripel von Zykeln der speziellen Art, und wir haben den Grad $5 - 2 = 3$ der Mannigfaltigkeit der durch die gegebene Kollineation in sich transformierten Kurven 3. Ordnung; der allgemeine Fall würde zu $2 \cdot 3 - 3$ geführt haben.

Alle diese ∞^3 Kurven haben das Koinzidenzdreiseit der Kollineation zum gemeinsamen Wendepunkts-Dreiseit.

862 Heben wir, in bezug auf die involutorischen Homologien, welche eine C^3 in sich überführen, noch die beiden speziellen Fälle hervor, daß der Wendepunkt oder die harmonische Polare unendlich fern ist. Im ersten Falle ist die harmonische Polare Symmetrieaxe, im zweiten der Wendepunkt Mittelpunkt der Kurve. Für eine Kurve ungerader Ordnung, welche einen Mittelpunkt besitzt, muß derselbe Wendepunkt sein [1]).

Es sei noch kurz eine bekannte mehrdeutige Korrespondenz auf der Kurve 3. Ordnung erwähnt: die Korrespondenz [4, 1] zwischen

1) Steiner, Gesammelte Werke Bd. II S. 501.

Berührungspunkt und Tangentialpunkt. Sie hat neun Koinzidenzpunkte, die Wendepunkte, so daß hier ähnliches statt hat, wie bei den zentralen Involutionen, nämlich, daß mehr Koinzidenzen vorhanden sind, als das Chaslessche Korrespondenzprinzip für unikursale Kurven angibt, während bei den Korrespondenzen E keine Koinzidenzen vorhanden sind, die Anzahl also kleiner ist als die Chaslessche Zahl.

Durch Korrelation kann eine Kurve nur dann in sich übergehen, wenn sie in sich dual ist; z. B. die Kurve 3. Ordnung mit Rückkehrpunkt. Ist dieser R, die Rückkehrtangente r, der einzige Wendepunkt W und w die Wendetangente, so müssen sich R und w, r und W involutorisch entsprechen; ist also $rw = S$, $RW = s$, so gilt dies auch für S und s und RWS ist Polardreieck, die Korrelation ist also notwendig Polarkorrelation.

863 Wenn ein Kegelschnitt-Netz gegeben ist, so trägt die Jacobische Kurve desselben, eine Kurve 3. Ordnung J^3, die involutorische eindeutige Korrespondenz der Punkte O, O', welche in bezug auf alle Kegelschnitte des Netzes konjugiert sind (Nr. 687). Die Verbindungslinien zugeordneter Punkte umhüllen eine Kurve 3. Klasse, die Cayleysche Kurve des Netzes; wodurch diese Korrespondenz als eine Γ gekennzeichnet ist (Nr. 850). Sind O, O'; P, P' zwei Paare zugeordneter Punkte, so sind, nach Hesses Satz (Nr. 112), auch $(OP, O'P')$ und $(OP', O'P)$ in bezug auf alle Kegelschnitte des Netzes konjugiert, also auch zugeordnet; auch dies charakterisiert die Beziehung als eine Γ (Nr. 848).

In Nr. 811 haben wir die involutorische quadratische Verwandtschaft zweiter Art (der konjugierten Punkte in bezug auf einen Kegelschnitt-Büschel) vermittelst zweier Strahleninvolutionen (A_1), (A_2) hergestellt, deren Doppelstrahlen zwei Geradenpaare des Büschels bilden. Zwei Punkte X, X' sind entsprechend, wenn sowohl die Strahlen A_1X, A_1X', als die Strahlen A_2X, A_2X' gepaart sind. Die drei Hauptpunkte sind A_1, A_2 und der Punkt $\mathfrak{A}$, in dem die dem gemeinsamen Strahle A_1A_2 gepaarten Strahlen sich treffen.

Wird nun noch eine dritte Involution (A_3) hinzugefügt, so sind die Punkte X, X', nach denen gepaarte Strahlen aus allen drei Involutionen gehen, konjugiert in bezug auf die drei Geradenpaare und alle Kegelschnitte des durch sie konstituierten Netzes. Wir können aber die Kurve 3. Ordnung und die von ihr getragene involutorische Verwandtschaft auch ohne Heranziehung eines Netzes gewinnen. Durchläuft X eine Gerade, so bewegen sich die den A_1X, A_2X, A_3X gepaarten Strahlen projektiv und sind dreimal konkurrent; wodurch als Ort der Punkte X, X' eine Kurve 3. Ordnung C^3 erkannt ist.

Wenn wir die zu den Involutionspaaren (A_2), (A_3); (A_3), (A_1); (A_1), (A_2) gehörigen Punkte $\mathfrak{A}$ mit $\mathfrak{A}_1$, $\mathfrak{A}_2$, $\mathfrak{A}_3$ bezeichnen, so sind den Punkten A_1, A_2, A_3 die Punkte:

$$B_1 = (A_2\mathfrak{A}_3,\ A_3\mathfrak{A}_2),\quad B_2 = (A_3\mathfrak{A}_1,\ A_1\mathfrak{A}_3),\quad B_3 = (A_1\mathfrak{A}_2,\ A_3\mathfrak{A}_1)$$

zugeordnet. Dem Punkt $\mathfrak{A}_1$ entspricht der Schnittpunkt von A_2A_3 mit dem Strahle von (A_1), der dem $A_1\mathfrak{A}_1$ gepaart ist. Er ist also in der Involution, welche auf A_2A_3 durch (A_1) entsteht und in der den A_2, A_3 die Schnitte mit $A_1\mathfrak{A}_3B_2$, $A_1\mathfrak{A}_2B_3$ gepaart sind, dem Schnitte mit $A_1\mathfrak{A}_1$ gepaart; das Viereck $A_1\mathfrak{A}_1B_2B_3$ lehrt dann, daß B_2B_3 durch ihn geht; also ist in der Korrespondenz dem $\mathfrak{A}_1 = (A_2B_3,\ A_3B_2)$ der Punkt $\mathfrak{A}_1' = (A_2A_3,\ B_2B_3)$ zugeordnet; so daß wir wieder ein der C^3 eingeschriebenes vollständiges Vierseit haben. Dadurch ist die Beziehung auf C^3 als eine Korrespondenz Γ erkannt. Nun folgt, daß die Punkte X, X' aus jedem Punkte der C^3 durch eine Involution projiziert werden, und C^3 der Ort der Punkte ist, aus denen irgend drei Paare zugeordneter Punkte und dann alle durch eine Involution projiziert werden.

Durch drei von diesen Involutionen kann man die gegebenen ersetzen (oder die ursprünglichen Geradenpaare des Netzes durch drei andere).

Daß durch einen Punkt P drei Strahlen gehen, welche zwei zugeordnete Punkte der durch die drei Involutionen (A_1), (A_2), (A_3) erzeugten Korrespondenz verbinden (die Tangenten der Cayleyschen Kurve des Kegelschnitt-Netzes), ergibt sich auch folgendermaßen.

Wir konstruieren für die quadratische Verwandtschaft, die sich bei (A_1) und (A_2) ergibt, die Kurve 3. Ordnung $(P)_{12}$ der Paare entsprechender Punkte auf den Strahlen des Büschels P; sie geht durch P und A_1, A_2, $\mathfrak{A}$ und berührt z. B. in A_1 den Strahl, welcher in (A_1) dem A_1P gepaart ist; die zu (A_1) und (A_3) gehörige Kurve $(P)_{13}$ hat demnach mit $(P)_{12}$ außer der Berührungsstelle A_1 und dem P noch sechs Punkte gemeinsam. Ist X einer von ihnen, so ist der Schnitt X' von PX mit dem in (A_1) dem A_1X gepaarten Strahl der dem X auf der einen und andern Kurve gepaarte, also in unserer Korrespondenz zugeordnete Punkt, so daß die sechs gemeinsamen Punkte aus drei Paaren zugeordneter Punkte, die je in gerader Linie mit P liegen, bestehen.

Die Kurve 3. Ordnung, aus deren Punkten A_1, B_1; A_2, B_2; A_3, B_3 durch Strahlenpaare einer Involution projiziert werden (Nr. 225), ist die einzige unter den ∞^3 Kurven 3. Ordnung durch die sechs Punkte, auf welcher die drei Paare zu derselben Γ gehören.

Liegen vier Involutionen vor: $(A_1)\ldots(A_4)$, so gehören zu (A_1), (A_2), (A_3), bzw. (A_1), (A_2), (A_4) die beiden Kurven C^3_{123}, C^3_{124}, welche A_1, A_2 und den Punkt $A_{12} \equiv \mathfrak{A}_3$ gemein haben; sie schneiden sich noch in sechs Punkten, welche drei Paare von Punkten X, X' bilden, die in bezug auf alle vier Involutionen zugeordnet sind. Sind XX', YY' zwei dieser Paare, so bilden, nach der Eigenschaft der Γ, auch $(XY, X'Y')$ und $(XY', X'Y)$ ein Paar, sowohl auf C^3_{123}, als auf C^3_{124}, demnach das dritte Paar.

Bei vier Involutionen ergeben sich drei Paare von Punkten, nach welchen aus allen Strahlenpaare kommen; sie sind die Gegenecken-Paare eines vollständigen Vierseits.

Oder in bezug auf vier Geradenpaare und alle Kegelschnitte des durch sie konstituierten Gebüsches gibt es 3 gemeinsame Paare konjugierter Punkte; der Hessesche Satz lehrt wiederum diese Vierseitslage.

Sie sind die Punktepaare der Kegelschnitt-Schar, die sich auf das Gebüsche stützt (Nr. 450).

864 Wir gehen von einer beliebigen Kurve 3. Ordnung C^3 aus; sie trägt die drei Involutionen Γ_1, Γ_2, Γ_3 konjugierter Punkte, und aus jedem Punkte der C^3 werden die Paare einer dieser Involutionen durch die Strahlenpaare einer Involution projiziert, jedesmal zwei Paare durch dasselbe Strahlenpaar. Betrachten wir Γ_1. Jedes Paar wird durch die Doppelstrahlen einer jeden dieser projizierenden Involutionen harmonisch getrennt; seine Punkte sind konjugiert in bezug auf alle Geradenpaare dieser Doppelstrahlen. Folglich gehören alle diese Geradenpaare zu dem Netze von Polarfeldern oder Kegelschnitten, das durch irgend drei der Paare von Γ_1 festgelegt wird (Nr. 449); C^3 ist Jacobische Kurve dieses Netzes.

Jede Kurve 3. Ordnung ist Jacobische Kurve für drei Kegelschnitt-Netze $\mathfrak{N}_1$, $\mathfrak{N}_2$, $\mathfrak{N}_3$, für welche dann die Paare der Γ_1, Γ_2, Γ_3 aus den gemeinsam konjugierten Punkten bestehen.

Die drei Cayleyschen Kurven der gegebenen Kurve sind dann die Cayleyschen Kurven dieser Netze.

Für jede Kurve 3. Ordnung C^3 gibt es ∞^1 Paare sich stützender Netze $|\mathfrak{F}_2|$, $|\mathfrak{G}_2|$ von kollinearen Feldern, für welche sie die Kernkurve ist (Nr. 754). Darunter befinden sich die drei Paare, welche zu den drei Kegelschnitt-Netzen gehören; von einem solchen Paare wird das eine Netz $|\mathfrak{F}_2|$ gebildet durch die Felder der Polaren der Punkte der Ebene je in bezug auf einen Kegelschnitt des betreffenden Netzes, das andere $|\mathfrak{G}_2|$ durch die Felder der Polaren je eines festen Punktes der Ebene in bezug auf die sämtlichen Kegelschnitte des Netzes (Nr. 755). Zwei solche sich stützende Netze haben die besondere Eigenschaft, daß sie identisch sind.

Zwei beliebige Punkte von C^3 gehören bei jedem dieser ∞^1 Paare von Netzen zu einem Tripel des einen und einem des andern Systems.

Ein dritter Punkt der Kurve bestimmt dann eindeutig ein Paar von Netzen, in deren einem Systeme sich dies Tripel befindet.

Nur solche Tripel aus verschiedenen Systemen decken sich, in deren drei Punkten die C^3 von einem Kegelschnitte berührt wird. Alle Kegelschnitte, welche die C^3 in den beiden Punkten berühren, von denen wir ausgingen, bilden einen Büschel, und die weiteren Schnitte mit der C^3 laufen in den Gegenpunkt der Grundpunkte zusammen, von denen zweimal zwei sich vereinigt haben; das Geradenpaar des Büschels mit in der Berührungssehne zusammengefallenen Geraden lehrt, daß jener Gegenpunkt der Tangentialpunkt des dritten Schnitts dieser Sehne ist; in den Berührungspunkten der drei weiteren von ihm ausgehenden Tangenten berühren Kegelschnitte des Büschels die C^3 zum dritten Male.

Nur diese drei Punkte ergänzen die gegebenen je zu einem Tripel, das zu beiden Systemen gehört; und dann ist (Nr. 754) jedes Tripel des einen Systems mit einem des andern identisch; wodurch auch die Netze identisch werden. Folglich haben nur die drei von den Kegelschnitt-Netzen, die zu C^3 gehören, herrührenden Netzepaare identische Tripelsysteme und bestehen aus identischen Netzen; in den übrigen sind die Netze verschieden.

Wenn also zwei sich stützende Netze von kollinearen Feldern dasselbe Tripelsystem haben und daher identisch sind, so gehören sie stets zu einem Kegelschnitt-Netze $\mathfrak{N}$, in der Weise, daß die Felder des Netzes entweder durch die Polaren der Punkte der Ebene je in bezug auf einen Kegelschnitt von $\mathfrak{N}$ oder durch die Polaren je eines festen Punktes in bezug auf die Kegelschnitte von $\mathfrak{N}$ gebildet werden.

Daß jedes zu C^3 gehörige Paar sich stützender Netze $|\mathfrak{F}_2|$, $|\mathfrak{G}_2|$ zu einer eindeutigen (im allgemeinen nicht involutorischen) Korrespondenz auf der Kurve führt, ist in Nr. 754 dargetan: Alle Tripel von $|\mathfrak{F}_2|$, welche den Punkt F von C^3 vervollständigen, senden die Verbindungslinie der beiden andern Punkte F', F'' durch einen festen Punkt G der Kurve, und die Tripel von $|\mathfrak{G}_2|$, zu denen G gehört, die Verbindungslinie $G'G''$ durch F.

865 Wir knüpfen jetzt an Nr. 767 an. Dort hatten wir folgende Figur hergestellt. Zwei sich stützende Netze $|O_2|$ und $|P_2|$ kollinearer Bündel, deren Trägerfläche F^3 ist, werden von einer Ebene in zwei sich stützenden Netzen kollinearer Felder $|\mathfrak{F}_2|$, $|\mathfrak{G}_2|$ geschnitten, die Tripel $(3F)$ rühren von den kubischen Raumkurven R^3 her, den Trägerkurven der Reihen in $|O_2|$, die $(3G)$ von den r^3, die ebenso zu $|P_2|$ gehören. Eine R^3 ist mit einer r^3 stets durch eine F^2 verbunden, und der von dieser eingeschnittene Kegelschnitt verbindet die beiden Tripel. Die kubischen Raumkurven R^3 und r^3 begegnen sich fünfmal; und in diesen Punkten berührt F^2 die kubische Fläche.

Wenn die schneidende Ebene E durch drei von ihnen geht, so erhalten wir ein gemeinsames Tripel, und der ausgeschnittene Kegelschnitt berührt in ihm die Schnittkurve EF^3, die Kernkurve von $|\mathfrak{F}_2|$ und $|\mathfrak{G}_2|$. Diese Netze sind identisch geworden; denn ein gemeinsames Tripel bewirkt die Identität der beiden Tripelsysteme und die der Netze (Nr. 754, 755). Also ist ein Kegelschnitt-Netz $\mathfrak{N}$ vorhanden, und die Felder werden durch die Polaren der verschiedenen Punkte von E je in bezug auf einen Kegelschnitt des Netzes gebildet.

Betrachten wir bloß drei Bündel O_0, O_1, O_2 von $|O_2|$, seine Konstituenten, so seien $\mathfrak{F}_0$, $\mathfrak{F}_1$, $\mathfrak{F}_2$ die eingeschnittenen Felder, K_0^2, K_1^2, K_2^2 die Kegelschnitte, zu denen sie als Polarenfelder gehören; wir konstruieren dann drei Flächen 2. Grades F_0^2, F_1^2, F_2^2 bzw. durch K_0^2, K_1^2, K_2^2 und mit O_0, O_1, O_2 als Pol von E, welche also den Kegeln $O_0K_0^2$, $O_1K_1^2$, $O_2K_2^2$ längs $K_0^2, \ldots$ eingeschrieben sind. Sie konstituieren das Netz N. Die Polarebenen der Punkte von E in bezug auf die Flächen von N führen zu einem Netze von kollinearen Bündeln; die Trägerfläche ist die Polfläche 3. Ordnung der Ebene E in bezug auf N (Nr. 692). Für F_0^2, F_1^2, F_2^2 sind die Bündel die O_0, O_1, O_2; daher ist dieses Netz kollinearer Bündel mit $|O_2|$ identisch, die Polfläche mit F^3, und die übrigen Ebenenbündel von $|O_2|$ gehören als Polarebenen-Bündel der Punkte von E zu den weiteren Flächen F^2 von N, ihre Schnitte mit E zu dem Netze $\mathfrak{N}$, und jede F^2 ist längs K^2 dem Kegel OK^2 eingeschrieben.

Weil jede der drei konstituierenden Flächen $F_0^2, \ldots$ in der Büschel-Schar sich konisch berührender Flächen 2. Grades in ∞^1 Weisen gewählt werden kann, so sind für jede geeignete Ebene E ∞^3 Flächennetze möglich, für welche das gegebene Netz $|O_2|$ das Netz der Polarebenen-Bündel in bezug auf die einzelnen Flächen sind. Sehen wir zu, wie diese geeigneten Ebenen im Raume verteilt sind.

Eine solche Ebene muß durch drei Schnittpunkte einer R^3 und einer r^3 (auf F^3) gehen. Wenn F, F_1, F_2 die Schnitte einer Gerade l mit F^3 sind, so geht durch F und F_1 sowohl eine R^3, als eine r^3 (Nr 377, 379); sie haben noch drei Punkte gemein; die Ebenen von l nach ihnen sind geeignete Ebenen; weil ein Tripel $(3F) \equiv (3G)$ entsteht und daher alle so beschaffen sind. Sei E eine von ihnen; so müssen die beiden durch F und F_2 gehenden Kurven R^3 und r^3 auch einen dritten Schnitt auf E haben, und ebenso die durch F_1 und F_2 gehenden. Daher gibt es nur drei geeignete Ebenen durch l.

Alle Ebenen E, welche zwei sich stützende Netze kollinearer Bündel $|O_2|$, $|P_2|$ in zwei identisch gewordenen sich stützenden Netzen kollinearer Felder schneiden, umhüllen eine Fläche 3. Klasse.

Die drei Büschel-Scharen sich konisch berührender Flächen 2. Grades, aus denen F_0^2, F_1^2, F_2^2 zu entnehmen sind, haben die Doppelebene E gemeinsam, also gehören sie dem Gebüsche an, welches durch diese Doppelebene und aus jeder der drei Büschel-Scharen eine Fläche bestimmt ist. Es nimmt demnach alle ∞^3 F^2-Netze in sich auf. Und die Kernfläche 4. Ordnung dieses Gebüsches, der Ort der Kegelspitzen und der in bezug auf das Gebüsche konjugierten Punkte (Nr. 688), zerfällt in E und F^3; und zwar laufen die Polarebenen der Punkte von E in bezug auf die Flächen des Gebüsches in die Punkte der Fläche F^3 zusammen; wobei immer für alle Flächen einer der ∞^2 Büschel-Scharen je dieselbe Polarebene sich ergibt[1]).

Wenn

$$\begin{matrix} a_1\, a_2\, a_3\, a_4\, a_5\, a_6 \\ b_1\, b_2\, b_3\, b_4\, b_5\, b_6 \end{matrix}$$

eine Doppelsechs auf einer kubischen Fläche F^3 ist und $c_{ik} = (a_i b_k,\, a_k b_i)$ die 15 übrigen Geraden der Fläche sind, so sind auf dem Schnitte jeder Ebene die Spuren $\mathfrak{A}_i$, $\mathfrak{B}_i$ von a_i und b_i in der nämlichen Verwandtschaft E entsprechend; weil die Verbindungslinien $\mathfrak{A}_i\mathfrak{B}_k$, $\mathfrak{A}_k\mathfrak{B}_i$ sich auf der Kurve in der Spur von c_{ik} treffen. Im allgemeinen ist diese E nicht involutorisch; weil, wenn etwa $\mathfrak{A}_1$, $\mathfrak{B}_1$ beliebige Punkte von a_1, b_1 sind, die Schnittlinie ihrer Tangentialebenen an F^3 nicht die Schnittkurve einer durch $\mathfrak{A}_1\mathfrak{B}_1$ gehenden Ebene trifft[2]).

§ 120. Die höheren Involutionen auf der ebenen Kurve 3. Ordnung.

866 Eine kubische Involution 2. Stufe I_2^3 [3]) auf C^3 ist ein System von Punktetripeln, das so beschaffen ist, daß zwei Punkte eindeutig ein Tripel bestimmen.

Die Tripel der Schnittpunkte mit den Geraden bilden eine derartige Involution, ebenso die Tripel aus irgend zwei Punkten O, P und dem Punkte Q, welcher in einer der Γ dem dritten Schnitte Q' von OP gepaart oder konjugiert ist; denn der konjugierte P' zu P liegt auf OQ, weil PQ' und $P'Q$ sich auf C^3 treffen: in O; also ist P der konjugierte zum dritten Schnitte P' von OQ und O derjenige zum dritten Schnitte O' von PQ.

Aber jede Korrespondenz E führt zu einer I_2^3, und jede I_2^3 ist mit einer E verbunden. Wenn $E(X, X')$ vorliegt, so er-

1) Vgl. Schur, Math. Annalen Bd. 18 S. 13. — Aus der räumlichen Figur leitet Schur die Eigenschaften der ebenen Figur zweier sich stützender Netze von kollinearen Feldern ab, welche in Nr. 754 ff. durch ebene Betrachtungen gewonnen sind.

2) G. Kohn, Wiener Sitzungsberichte Bd. 117 Januar 1908.

3) Im Anschluß an Weyrs im § 118 erwähnte Abhandlung bezeichnet hier der obere Zeiger den Grad, der untere die Stufe, umgekehrt wie in § 34.

geben sich die Tripel der zugehörigen I_2^3, indem man den Punkt X mit zwei Punkten X_1, X_2 kombiniert, welche mit dem entsprechenden X' in gerader Linie liegen. Ist X_1' der entsprechende Punkt von X_1, so treffen sich X_1X' und X'_1X auf der Kurve, also in X_2, und X, X_2 liegen mit X_1' in gerader Linie, und ebenso X, X_1 mit X_2'. Das Paar X, X_1 wird durch X_2 vervollständigt, dem der dritte Schnitt X_2' von XX_1 entspricht.

Der Umkehrung $E(X', X)$ ist eine andere I_2^3 zugeordnet.

In einer I_2^3 sind jedem Punkte X ∞^1 Paare von Punkten X_1, X_2 zugeordnet, von denen jeder den andern eindeutig und involutorisch bestimmt; folglich ist dem X eine involutorische eindeutige Korrespondenz zugeordnet, welche nur eine zentrale Involution sein kann. Denn da wir zwei Punkte eines Tripels beliebig geben können, so muß es eine derartige involutorische Korrespondenz geben (zugeordnet dem dritten Punkte), in welcher diese beiden Punkte ein Paar bilden. Die drei Γ leisten das nicht. Daher ist jedem X der Scheitel X' des Büschels zugeordnet, der die zugeordnete zentrale Involution einschneidet, das Zentrum. Und jedem X' ist ein X zugeordnet; denn irgend eine Gerade durch X' schneide in X_1, X_2; es gibt in I_2^3 ein Tripel XX_1X_2, zu welchem X_1, X_2 gehören; und diesem dritten Punkte X gehört X' als Zentrum der zugeordneten zentralen Involution zu.

Die Verbindungslinien der Punkte, welche mit einem Punkte X Tripel der gegebenen I_2^3 bilden, laufen in einen Punkt X' der Kurve zusammen, das Zentrum der zentralen Involution, die durch diese Punktepaare entsteht; X' ist dem X in der zugehörigen $E(X, X')$ entsprechend.

Durch ein Tripel XX_1X_2 ist $E(X, X')$ vollständig bestimmt; sind ja (Nr. 845) in derselben E die dritten Schnitte von X_1X_2, X_2X, XX_1 den X, X_1, X_2 entsprechend.

Folglich wird eine I_2^3 durch eins von ihren Tripeln festgelegt, auf unikursalem Träger durch 3.

Während ein solcher ∞^3 kubische Involutionen 2. Stufe trägt (Nr. 217) — auf der kubischen Raumkurve werden sie durch die Ebenenbündel eingeschnitten (Nr. 216) —, bestehen auf der ebenen Kurve 3. Ordnung nur ∞^1, ebenso viele wie $E(X, X')$. Sie ergeben sich, wenn zwei feste Punkte durch einen die Kurve durchlaufenden Punkt zu den festlegenden Tripeln vervollständigt werden.

Die kubische Involution der geradlinigen Tripel ist der Identität $E(X, X)$ zugeordnet; einer Γ ist zugeordnet die Involution der Tripel der Punkte, welche in der Γ drei geradlinigen Punkten konjugiert sind.

In einer I_2^3 gehört jeder Punkt X zu vier Tripeln, deren beide andern Punkte sich vereinigt haben.

Die zugeordnete $E(X, X')$ enthält neun Punkte X, deren entsprechende X' die zugehörigen Tangentialpunkte sind (Nr. 851); also vereinigt sich X mit den beiden ergänzenden Punkten, die auf $X'X$ liegen.

Die Involution I_2^3 besitzt neun dreifache Punkte (in denen je alle Punkte eines Tripels zusammengefallen sind); nach Nr. 220 hat die Involution 3. Grades 2. Stufe auf unikursalem Träger (dort mit I_3^2 bezeichnet) nur drei dreifache Punkte.

Die neun dreifachen Punkte bilden die Berührungspunkte der einen Art zwischen C^3 und der Direktionskurve der zugehörigen E, die der andern sind die dreifachen Punkte derjenigen I_2^3, welche mit der Umkehrung von E verbunden ist; jede der beiden neunpunktigen Gruppen entsteht durch Projektion der Wendepunkte aus irgend einem Punkte der andern Gruppe (Nr. 851).

Nennen wir eine solche Gruppe von neun Punkten eine Inflexionsgruppe und zwei derartig zusammengehörige verbundene[1]) Inflexionsgruppen.

In der Involution der geradlinigen Tripel sind die neun dreifachen Punkte die neun Wendepunkte, in derjenigen, die mit einer Γ verbunden ist, die den neun Wendepunkten in ihr konjugierten.

867 Die ∞^2 Kegelschnitte durch drei Punkte X, X_1, X_2 von C^3 schneiden in sie die Tripel einer I_2^3 ein. Der einem Punkte Y in der zugehörigen E entsprechende Y' ist der Gegenpunkt zu den vier Punkten X, X_1, X_2, Y: der Konkurrenzpunkt, auf C^3, der Geraden, welche die weiteren Schnitte der Kegelschnitte durch diese vier Punkte verbinden (Nr. 227). Ist YY_1Y_2 ein Tripel der Involution, so erzeugen die Kegelschnitte durch dasselbe eine zweite I_2^3, zu welcher XX_1X_2 gehört, also die durch dies Tripel bestimmte; geht man daher von einem andern Tripel dieser X-Involution aus, so ist die aus ihm konstruierte Involution mit der vorhinigen identisch, weil sie mit ihr das Tripel YY_1Y_2 gemein hat.

Jede der beiden Involutionen I_2^3 kann aus jedem Tripel der andern vermittelst der durchgelegten Kegelschnitte abgeleitet werden, und zwei Tripel aus verschiedenen Involutionen befinden sich immer auf einem Kegelschnitte. Zwei solche Involutionen I_2^3 werden residual genannt.

In der zur Y-Involution gehörigen E ist der dem Y zugeordnete Y' der dritte Schnitt von Y_1Y_2. Geben wir ihm den zweiten Namen X. Das Geradenpaar, bestehend aus Y_1Y_2X und einer Gerade durch Y, schneidet ein Tripel der X-Involution aus, zu welchem X und die beiden andern Schnitte X_1, X_2 der Gerade durch Y gehören; folglich ist Y, als dritter Schnitt der Verbindungslinie X_1X_2,

1) Weyr sagt: connexe.

der dem X zugeordnete X' in der zur X-Involution gehörigen Korrespondenz E. Die zur Y-Involution gehörige ist $E(Y, Y')$, die zur X-Involution gehörige ist $E(X, X')$, wo $X \equiv Y'$, $X' \equiv Y$; d. h. $E(X, X')$ ist die Umkehrung von $E(Y, Y')$.

Jede eindeutige Korrespondenz E auf C^3 und ihre Umkehrung bestimmen zwei kubische Involutionen I_2^3; sind X, X' zwei in ihr entsprechende Punkte, so wird X in der einen durch alle Punktepaare, die mit X' in gerader Linie, X' in der andern durch alle, die mit X in gerader Linie liegen, zu Tripeln vervollständigt.

Sie sind residual; d. h. beliebige zwei Tripel aus der einen und der andern liegen auf einem Kegelschnitte.

Wenn D einer der dreifachen Punkte einer I_2^3 ist, so bilden die drei Punkte, welche mit ihm den Tangentialpunkt D' gemeinsam haben, auch ein Tripel in ihr. Denn in der zugehörigen E entspricht dem D der D' als dritter Schnitt der Verbindungslinie der beiden andern Punkte, die mit ihm im dreifachen Punkte zu einem Tripel vereinigt sind; daher bildet in der residualen Involution mit D' jedes Paar, das mit D in gerader Linie liegt, ein Tripel, also, wenn wir wieder die Tangente in D nehmen, D und D'; d. h. D einfach und D' doppelt bilden in dieser Involution ein Tripel. Nun berührt aber die konische Polare von D' in diesem Punkte, geht durch D und die drei andern Punkte, für welche D' Tangentialpunkt ist, also bilden diese in der gegebenen Involution ein Tripel.

Wenn E die Identität oder eine der Involutionen Γ ist, so vereinigen sich die beiden residualen Involutionen in einer zu sich residualen. Im ersten Falle liegen alle Tripel auf Geraden und daher zwei Tripel auf einem ausgearteten Kegelschnitte. Jede der Γ ist aber als E mit ihrer Umkehrung identisch. Was wir jetzt Tripel der der Γ zugeordneten Involution I_2^3 nennen, sind die Tripel der Doppelpunkte der Geradenpaare in den Büscheln des Kegelschnitt-Netzes, für welches C^3 Jacobische Kurve und die zugeordneten Punkte der Γ konjugiert sind; zwei solche Tripel liegen aber stets auf einem Kegelschnitte.

Die neun dreifachen Punkte sind solche Punkte, in denen Kegelschnitte eines Büschels sich oskulieren.

Lassen wir zwei Tripel sich vereinigen, so kommen wir zu Kegelschnitten, welche C^3 dreimal berühren: in den Punkten eines Tripels. So ergeben sich drei doppelt unendliche Systeme von Kegelschnitten, welche C^3 dreimal berühren; und in jedem bilden die Berührungspunkte die Tripel einer speziellen zu sich residualen I_2^3, welche einer der Γ zugeordnet ist.

Der Büschel der Kegelschnitte, welche C^3 in zwei gegebenen Punkten A, B berühren, enthält drei Kegelschnitte, welche es noch ein drittes Mal tun: in den Berührungspunkten der drei weiteren Tangenten, die vom Tangentialpunkte D des dritten Schnitts C der AB kommen (Nr. 864).

Lassen wir B in A rücken, so daß es sich um den Büschel der Kegelschnitte handelt, welche C^3 vierpunktig in A berühren; C ist der Tangentialpunkt von A und D zweiter Tangentialpunkt von A; solange C einen von ihm verschiedenen Tangentialpunkt hat, gibt es in dem Büschel einen (nur) fünfpunktig in A berührenden Kegelschnitt; sechster Schnitt E ist der von A verschiedene dritte Schnitt von AD[1]). Ist aber C Wendepunkt und D mit ihm vereinigt, so wird dieser Kegelschnitt in A sechspunktig berührend.

Die 27 Punkte der C^3, welche einen Wendepunkt zum Tangentialpunkt haben, und sie allein, sind Punkte sechspunktiger Berührung mit einem Kegelschnitte. Sie sind je dem betreffenden Wendepunkte konjugiert und zerfallen daher in drei Gruppen von neun Punkten, je nach der Involution Γ, in der sie konjugiert sind.

Jedes der drei Systeme in drei Punkten berührender Kegelschnitte enthält neun sechspunktig berührende Kegelschnitte: die neun Punkte sind die dreifachen Punkte der kubischen Involution I_2^3, welcher die betreffende Γ zugeordnet ist.

868 Aus der Definition einer I_2^3 folgt, daß die Projektion ihrer Tripel aus einem Punkte P von C^3 auf diese Kurve wieder eine solche Involution liefert.

Jede kubische Involution I_2^3 auf C^3 läßt sich aus einer gegebenen $\bar{I}_2^3$ durch eine Projektion aus einem Punkte P der Kurve ableiten, so daß alle sich ergeben, wenn P die Kurve durchläuft, und zwar jede neunmal. Es seien $\bar{D}$ und D je dreifache Punkte von $\bar{I}_2^3$ und I_2^3, D' der dritte Schnitt von $\bar{D}D$, so liefert die Projektion von $\bar{I}_2^3$ aus D' eine Involution, für welche D dreifacher Punkt ist, die also mit I_2^3 identisch ist. Die Geraden von D' nach den acht andern dreifachen Punkten von $\bar{I}_2^3$ gehen nach denen von I_2^3. So laufen die 81 Geraden, welche die dreifachen Punkte von $\bar{I}_2^3$ mit denjenigen von I_2^3 verbinden, neunmal zu je neun in einen Punkt der C^3 zusammen; und das sind die neun Punkte, aus denen jede der beiden Involutionen in die andere projiziert wird.

Sie ergeben sich auch durch Projektion der neun dreifachen

---

1) Liegen A, A', A'' in gerader Linie, so tun es bekanntlich auch die Tangentialpunkte C, C', C'', dann wiederum deren Tangentialpunkte D, D', D'', also auch die E, E', E''; aber nicht umgekehrt; weil das Entsprechen im umgekehrten Sinne nicht eindeutig ist.

Punkte der einen Involution aus einem der andern und erweisen sich dadurch als die dreifachen Punkte einer dritten Involution $I_2'^3$.

Ist insbesondere $\bar{I}_2^3$ die Involution der geradlinigen Tripel, deren dreifache Punkte die Wendepunkte sind, so gibt es für jede andere I_2^3 neun Punkte, aus deren jedem ihre dreifachen Punkte durch Projektion der Wendepunkte sich ergeben. Die dreifachen Punkte und diese Projektionszentren bilden zwei verbundene Inflexionsgruppen (Nr. 866).

Die neun Wendepunkte bilden, wie wir in Nr. 858 gefunden haben, zwölf geradlinige Tripel auf den Wendepunkts-Geraden, und viermal umfassen drei solche Tripel alle neun Wendepunkte, und die drei zugehörigen Wendepunkts-Geraden bilden ein Wendepunkts-Dreiseit.

Von den Wendepunkten sind — was wir als bekannt voraussetzen, da der Beweis zu weit führen würde[1]) — drei in einer Gerade gelegene reell, die sechs übrigen imaginär; demnach sind vier der Wendepunktsgeraden reell; von ihnen enthält eine die drei reellen Wendepunkte, die drei andern einen reellen und zwei konjugiert imaginäre. Diese drei bilden ein völlig reelles Wendepunkts-Dreiseit; die zuerst genannte hingegen setzt sich mit zwei konjugiert imaginären Geraden zu einem Wendepunkts-Dreiseit zusammen. Die beiden andern enthalten keine reelle Gerade und sind zueinander konjugiert imaginär.

Daraus ergibt sich:

Von den neun dreifachen Punkten einer I_2^3 auf C^3 sind drei reell und sechs imaginär; sie bilden zwölf Tripel der I_2^3 und viermal umfassen je drei dieser Tripel alle neun Punkte.

Oder, wenn wir aus der residualen Involution irgend ein Tripel ABC heraus nehmen, so liegen zwölfmal drei dreifache Punkte der I_2^3 mit A, B, C auf einem Kegelschnitte, und viermal enthalten je drei dieser Kegelschnitte alle neun Punkte. Von diesen Kegelschnitten sind vier reell; das eine der vier Systeme von drei Kegelschnitten enthält drei reelle, ein zweites nur einen reellen, die beiden andern keinen[2]).

Lassen wir $\bar{I}_2^3$ mit I_2^3 sich vereinigen und $\bar{D}$ mit D, so wird D' der Tangentialpunkt von D.

Die Tangentialpunkte der dreifachen Punkte einer I_2^3 sind also die dreifachen Punkte einer andern I_2^3.

---

1) Z. B. Schröter, Ebene Kurven dritter Ordnung § 28.

2) Vgl. hierzu Steiners Aufsatz aus dem Jahre 1845 (Journ. f. Math. Bd. 32 S. 300; Gesammelte Werke Bd. II S. 377), in dem ein guter Teil der Sätze über die Involutionen I_2^3 sich befindet, ohne daß jedoch dieser Begriff selbst aufgestellt wird; in bezug auf die eben erwähnten reellen Kegelschnitte enthält er einen Irrtum, der auch in Anm. 24) S. 739 erwähnt wird.

Durch jeden der Punkte D' gehen noch vier Geraden, welche zwei verschiedene D der I_2^3 verbinden, von denen der eine zu I_2^3, der andere zu $\bar{I}_2^3$ gehörig angesehen werden kann. So ergeben sich die 36 Verbindungslinien der neun dreifachen Punkte, zu je vier durch einen der Tangentialpunkte gehend. Gehört D' zu einem reellen D, so läuft durch ihn die Verbindungslinie der beiden andern reellen.

Die beiden Netze von Kegelschnitten durch zwei Tripel YY_1Y_2, $Y'Y_1'Y_2'$ der einen von zwei residualen Involutionen, welche die andere einschneiden, sind kollinear, wobei solche Kegelschnitte entsprechend sind, die zum nämlichen Tripel führen; d. h. einem Büschel des einen korrespondiert ein Büschel des andern. Wenn Z der vierte Grundpunkt des Büschels aus dem ersten Netze ist, XX_1X_2, $X'X_1'X_2'$ die von zweien seiner Kegelschnitte eingeschnittenen Tripel, Z' der vierte Schnittpunkt der nach ihnen gehenden Kegelschnitte des zweiten Netzes, so seien die Büschel (YY_1Y_2Z) und $(Y'Y_1'Y_2'Z')$ so projektiv bezogen, daß die durch XX_1X_2, $X'X_1'X_2'$ und X'' gehenden Kegelschnitte homolog sind; wo X'' ein beliebiger Punkt von C^3 ist. Die erzeugte Kurve 4. Ordnung hat mit C^3 13 Punkte gemeinsam, zerfällt also in sie und eine Gerade, ersichtlich die ZZ'. Kegelschnitte, welche in dieser Projektivität homolog sind, treffen also C^3 je in demselben Tripel. Die projektiven Punktreihen der zweiten Schnittpunkte homologer Kegelschnitte mit ZZ' haben drei sich selbst entsprechende Punkte auf C^3, sind daher identisch; und der vierte Schnittpunkt entsprechender Kegelschnitte durchläuft diese Gerade.

Die Involution I_2^3 enthält daher ∞^2 kubische Involutionen 1. Stufe und kann fächerförmig aus drei unabhängigen (nicht zu derselben Involution 1. Stufe gehörigen) Tripeln aufgebaut werden.

Ein beliebiger Kegelschnitt-Büschel enthält zwölf Kurven, welche C^3 berühren (Nr. 690), jeder auf C^3 befindliche Grundpunkt liefert zwei vereinigte, die in ihm berühren. Also hat jede der Involutionen 1. Stufe sechs Tripel mit einem Doppelpunkte.

Bei der Involution mit geradlinigen Tripeln werden diese Involutionen 1. Stufe durch die Strahlenbüschel eingeschnitten.

Es seien wieder XX_1X_2, YY_1Y_2 zwei Tripel aus residualen Involutionen, Schnitte eines Kegelschnitts, und $E(X, X')$ die zur ersten gehörige Korrespondenz; in ihr ist dem X der dritte Schnittpunkt X' von X_1X_2 zugeordnet und dem dritten Schnittpunkte $\bar{Y}$ von Y_1Y_2 der $Y \equiv \bar{Y}'$. Daher ist, nach der Eigenschaft der E, der dritte Schnitt von $XY \equiv X\bar{Y}'$ derselbe wie der von $X'\bar{Y}$; bleiben also X_1, X_2, Y_1, Y_2 fest, so tut es auch dieser letztere Punkt, und die veränderliche Verbindungslinie XY läuft durch ihn. Das ist der Satz vom Gegenpunkt.

Durch sechs Punkte $A, B, \ldots F$ der C^3 gehen ∞^3 Kurven 3. Ordnung; sie schneiden jedoch nur ∞^2 Tripel in C^3 ein. Führt man nämlich solche Kurven noch durch einen siebenten der C^3 nicht angehörigen Punkt Q, so ergeben sich ∞^2 Tripel, welche eine I_2^3 bilden, weil irgend zwei Punkte auf C^3 eine Kurve aus dem Netze durch $A, \ldots F, Q$ bestimmen. Ein Tripel aus dieser Involution besteht aus dem sechsten Schnitte A' des Kegelschnitts $(B \ldots F)$ und den beiden Schnitten der Gerade AQ; weil A auf dieser der dritte Schnitt ist, so ergibt sich $E(A', A)$ als die zu I_2^3 gehörige E. Dieses Paar A', A, welches die E und infolgedessen auch die I_2^3 eindeutig bestimmt, ist von Q unabhängig. Also:

Die ∞^3 Kurven 3. Ordnung durch sechs Punkte $A, \ldots F$ von C^3 schneiden die Tripel einer I_2^3 ein, je ∞^1, die einen Büschel bilden, dasselbe Tripel.

Machen wir noch einen oder zwei Punkte fest, so ergibt sich: Die ∞^2 Kurven 3. Ordnung durch sieben Punkte von C^3 schneiden die Paare einer zentralen Involution ein, derjenigen, die dem siebenten in I_2^3 zugehört (Nr. 847).

Die ∞^1 Kurven 3. Ordnung durch acht Punkte auf C^3 schneiden einen festen Punkt ein, der dem achten in der eben genannten zentralen Involution gepaart ist: den neunten assoziierten zu den acht Punkten; so daß wir diesen Begriff selbständig auf Grund unserer Betrachtungen gewinnen.

Ferner, wenn $A', \ldots F'$ die sechsten Schnitte der Kegelschnitte $(B, \ldots F) \ldots$, welche durch je fünf von sechs Punkten $A, \ldots F$ auf C^3 gehen, so entsprechen in derselben eindeutigen Korrespondenz E auf C^3 den $A, \ldots F$ die $A', \ldots F'$; denn liegen $A_1' A_2'$ auf C^3 mit A in gerader Linie a, so ist $A' A_1' A_2'$ ein Tripel der I_2^3, eingeschnitten durch $[(B, \ldots F), a]$.

Liegen aber schon $A, \ldots F$ auf einem Kegelschnitte, so fallen A und $A', \ldots$ zusammen, die Korrespondenz ist die Identität; und die Kurven 3. Ordnung durch $A, \ldots F$ schneiden die geradlinigen Tripel ein. Sechs Punkten auf C^3, die einem Kegelschnitte angehören, sind drei Punkte in gerader Linie assoziiert.

869 Durch ∞^3 Quadrupel wird eine Involution I_3^4 gebildet, wenn jedes Quadrupel durch drei seiner Punkte eindeutig bestimmt ist. Jeder Punkt X scheidet eine I_2^3 aus, deren Tripel mit ihm Quadrupel der I_3^4 bilden; denn jedes von diesen Tripeln ist ja durch zwei Punkte bestimmt. Aus der zu ihr residualen scheiden wir diejenigen Tripel aus, denen X angehört; die ergänzenden Paare bilden eine zentrale Involution. Da nun zwei Tripel der beiden residualen Involutionen stets auf demselben Kegelschnitt liegen, so ist

erkannt, daß die beiden ferneren Schnitte der Kegelschnitte, welche den Quadrupeln umgeschrieben sind, zu denen X gehört, auf Geraden liegen, die durch einen festen Punkt S von C^3, das Zentrum jener zentralen Involution, gehen. Bei einem andern Punkte X' ergibt sich derselbe Punkt S, weil es ∞^1 Quadrupel gibt, denen X und X' angehören.

Alle Quadrupel einer I_3^4 auf C^3 haben denselben Gegenpunkt S.

Ein Quadrupel bestimmt den Gegenpunkt S. Hat man denselben, so vervollständigt man ein gegebenes Tripel $X X_1 X_2$ zum Quadrupel, indem man den Kegelschnitt durch seine Punkte und durch die beiden ferneren Schnitte eines Strahls durch S zum sechsten Male in X_3 schneidet; dadurch wird S Gegenpunkt von $X X_1 X_2 X_3$, die weiteren Kegelschnitte durch diese vier Punkte haben ihre beiden letzten Schnitte auf den andern Strahlen durch S; d. h. diese führen ebenfalls zu X_3.

Also bestimmt ein Quadrupel die I_3^4.

Oder ein Punkt S auf C^3, als Gegenpunkt, bestimmt I_3^4; die Kegelschnitte durch die beiden weiteren Schnitte seiner Strahlen liefern die Quadrupel.

Es gibt daher ∞^1 Involutionen I_3^4 auf C^3, weil so viele Gegenpunkte, oder weil so viele Punkte drei feste Punkte zu einem Quadrupel vervollständigen.

Zu einem Tripel $X_1 X_2 X_3$ einer beliebig gegebenen I_2^3 sei X der Punkt, der es zum Quadrupel der I_3^4 ergänzt; derselbe Punkt ergänzt alle andern Tripel von I_2^3. Denn er scheidet aus I_3^4 eine I_2^3 aus, die mit der gegebenen identisch ist, da sie mit ihr jenes Tripel gemeinsam hat. Wir können sagen: Jede I_2^3 auf C^3 ist in der gegebenen I_3^4 enthalten; d. h. es gibt einen Punkt, der mit allen Tripeln der I_2^3 Quadrupel der I_3^4 bildet. Man schneidet den Kegelschnitt, welcher durch das Tripel $X_1 X_2 X_3$ und die beiden Schnitte irgend eines Strahls aus dem Gegenpunkt S von I_3^4 geht, in X zum sechsten Male; dieser Punkt ist der gemeinsame Ergänzungspunkt X des Tripels $X_1 X_2 X_3$ und aller Tripel der I_2^3, welche es bestimmt. In der Korrespondenz E, die zu I_2^3 gehört, entspricht dem X_1 der dritte Schnitt O_{23} von $X_2 X_3$; das Geradenpaar $(X X_1,\ X_2 X_3)$ gehört zum Büschel durch das Quadrupel; ist also O_{01} der dritte Schnitt von $X X_1$, so geht $O_{01} O_{23}$ durch den Gegenpunkt S; daraus, daß $X_1 X$ und $S O_{23}$ sich auf C^3 in O_{01} treffen, folgt, daß in der Korrespondenz $E\ (X_1,\ O_{23})$ auch S als Punkt der ersten Reihe und der Ergänzungspunkt X als Punkt der zweiten Reihe entsprechend sind.

Ist I_2^3 die Involution der geradlinigen Tripel, so besteht jeder Kegelschnitt durch ein solches Tripel und die beiden ferneren Schnitte eines Strahls durch den Gegenpunkt aus der Gerade des Tripels und diesem Strahle; sechster Schnitt ist daher S.

Die Involution der geradlinigen Tripel hat den Gegenpunkt der I_3^4 zum Ergänzungspunkt.

Zwei Punkte X, X_1 scheiden aus I_3^4 eine zentrale Involution der ergänzenden Paare $X_2 X_3$ aus. Ist O_{01} der dritte Schnitt von XX_1 und O_{23} derjenige von SO_{01}, so ist O_{23} das Zentrum dieser Involution.

Ferner, sind O_{01}, O_{23} die weiteren veränderlichen Schnitte eines Strahls durch S, so erhält man durch die weiteren Schnitte eines Strahls durch O_{01} und eines Strahls durch O_{23} alle Quadrupel der I_3^4.

Weil die einem Punkte X in I_3^4 zugehörige I_2^3 der ihn ergänzenden Tripel neun dreifache Punkte hat, so enthält I_3^4 neun Quadrupel, zu denen X gehört und deren übrige Punkte sich vereinigt haben.

Jeder Strahl durch den Berührungspunkt einer Tangente aus S liefert, wenn $X \equiv X_2$, $X_1 \equiv X_3$ seine Schnitte sind, ein Quadrupel $XX_1X_2X_3$ mit zwei Doppelpunkten. Ist er selbst Tangente, so stellt der Berührungspunkt ein Quadrupel mit vier vereinigten Punkten vor.

Die I_3^4 besitzt 16 vierfache Elemente, die 16 Punkte, für welche der Gegenpunkt S der zweite Tangentialpunkt ist.

Wir schließen wie in Nr. 867:

Die Projektion der I_3^4 aus einem beliebigen Punkte der C^3 führt zu einer ebensolchen Involution. Beliebige zwei Involutionen I_3^4 können durch Projektion ineinander übergeführt werden. Die Projektionszentren sind die 16 Punkte der C^3, in deren jeden 16 Verbindungslinien eines vierfachen Punktes der einen und eines der andern zusammenlaufen. Sie sind die 16 vierfachen Punkte einer dritten I_3^4.

Ihre drei Gegenpunkte S, S', S'' liegen in gerader Linie; in der Tat, wenn V, V', V'' drei in gerader Linie gelegene vierfache Punkte der drei I_3^4 sind, so liegen ihre ersten Tangentialpunkte in gerader Linie (Nr. 849) und daher auch die zweiten, die Gegenpunkte.

Die Punkte X, X', welche die Tripel von zwei zueinander residualen I_2^3 und $I_2'^3$ in I_3^4 ergänzen, liegen mit dem Tangentialpunkte des Gegenpunkts S in gerader Linie und sind daher in einer zentralen Involution gepaart. Denn sie sind in der E und der Umkehrung, welche zu I_2^3 und zu $I_2'^3$ gehören, dem Gegenpunkte S in beiderlei Sinne entsprechend: S, X; X', S; daher liegt (SS, XX') auf C^3, d. h. im Tangentialpunkte T von S.

Die Berührungspunkte der drei andern Tangenten aus T, außer TS, seien S_1, S_2, S_3. Jeder von diesen vier Berührungspunkten ergänzt eine zu sich selbst residuale I_2^3 und zwar S diejenige der geradlinigen Tripel, S_1, S_2, S_3 diejenigen der Berührungspunkte der drei Systeme dreifach berührender Kegelschnitte.

870 Die Kegelschnitte durch einen festen Punkt der C^3 erzeugen durch die übrigen Schnitte ersichtlich eine I_4^5. Sehen wir zu, ob jede I_4^5 auf C^3 so beschaffen ist.

Die Quadrupel, welche ein Punkt X von C^3 aus einer I_4^5 ausscheidet, bilden eine I_3^4; ihren Gegenpunkt S ordnen wir dem X zu. Ein S bestimmt, als Gegenpunkt, eine I_3^4; X ergänze ein Quadrupel derselben zu einem Quintupel von I_4^5; wir schließen wie oben, daß er alle Quadrupel von I_3^4 ergänzt; dadurch ergibt sich eine eindeutige Korrespondenz zwischen X und S. Sie ist eine zentrale Involution. In der Tat, es sei $XX_1 \dots X_4$ ein Quintupel von I_4^5; wenn dann O_{02}, O_{12}, O_{34} die dritten Schnitte von XX_2, X_1X_2, X_3X_4 und S und S_1 diejenigen von $O_{12}O_{34}$ und $O_{02}O_{34}$ sind, so sind diese Punkte S und S_1 die Gegenpunkte von $X_1X_2X_3X_4$ und $XX_2X_3X_4$, also den X und X_1 in der Korrespondenz entsprechend. XS und X_1S_1 treffen sich im Gegenpunkte von $X_2O_{12}O_{34}O_{02}$, denn X, S sind die weiteren Schnitte des Geradenpaars $(X_2O_{02}, O_{12}O_{34})$ und X_1, S_1 die von $(X_2O_{12}, O_{02}O_{34})$. Durch den Punkt O, in welchem XS die C^3 schneidet, geht auch X_1S_1 und jede derartige Gerade. Der Kegelschnitt $(XX_1 \dots X_4)$ schneidet, weil er durch $X_1, \dots X_4$ geht, noch in X und einem zweiten Punkte, deren Verbindungslinie durch S geht, den Gegenpunkt jener vier Punkte; also ist der andere Punkt oder der sechste Schnitt des Kegelschnitts der mit X und S in gerader Linie liegende O.

Die allen Quintupeln von I_4^5 umgeschriebenen Kegelschnitte schneiden C^3 zum sechsten Male in einem festen Punkte O, den wir das Zentrum der I_4^5 nennen wollen, ähnlich wie bei der zentralen Involution I_1^2. Es gibt keine andern I_4^5 als die oben erwähnten.

Jede I_4^5 ist vollständig durch ihr Zentrum bestimmt, oder durch ein Quintupel, denn dieses bestimmt das Zentrum. Es gibt auf C^3 ∞^1 Involutionen I_4^5.

Eine I_3^4 wird in C^3 eingeschnitten durch das Gebüsche von Kegelschnitten, das durch die beiden ferneren Schnittpunkte irgend eines Strahls durch den Gegenpunkt S geht. Alle diese ∞^1 Gebüsche sind kollinear mit solchen Kegelschnitten als entsprechenden, welche das nämliche Quadrupel von I_3^4 einschneiden.

YY_1, $Y'Y_1'$ seien die beiden Paare auf zwei Strahlen durch S; ein Büschel aus dem Gebüsche (YY_1) habe die beiden ferneren Grundpunkte Z, Z_1, zwei seiner Kegelschnitte mögen die Quadrupel $X \dots X_3$, $X' \dots X_3'$ einschneiden, und die Kegelschnitte des andern Gebüsches $(Y'Y_1')$ durch dieselben Quadrupel mögen die weiteren Schnittpunkte Z', Z_1' haben. Wir ordnen die Büschel (YY_1ZZ_1), $(Y'Y_1'Z'Z_1')$ wieder so einander projektiv zu, daß diese nach $X_1 \dots X_3$, $X' \dots X_3'$ gehenden Kegelschnitte homolog sind, so wie die durch den beliebigen Punkt X'' von C^3 gehenden. Die Kurve 4. Ordnung, welche erzeugt wird, hat mit C^3 13 Punkte gemein, die vier Punkte Y und die neun

Punkte X, also gehört C^3 zu ihr; was bedeutet, daß homologe Kegelschnitte aus den Büscheln sie durchweg in denselben Quadrupeln treffen. Die ergänzende Gerade enthält die vier Punkte Z; welche in der Tat in gerader Linie liegen. Denn die beiden Geradenpaare (YY_1, ZZ_1) und $(Y'Y_1', Z'Z_1')$ treffen C^3 in demselben Punkte S, also stimmen die ganzen Quadrupel überein; die drei andern Punkte sind die Schnittpunkte der identisch gewordenen zweiten Geraden. Homologe d. h. je dasselbe Quadrupel einschneidende Kegelschnitte der beiden Gebüsche durchlaufen gleichzeitig Büschel — deren weitere Grundpunkte alle auf der nämlichen Gerade liegen — und daher auch gleichzeitig Netze. Und die ∞^4 Büschel und ∞^3 Netze eines jeden dieser Gebüsche erfüllen die I_3^4 mit ∞^4 Involutionen I_1^4 und ∞^3 Involutionen I_2^4. Diejenigen 1. Stufe haben acht Quadrupel mit einem Doppelelemente.

Die I_4^5 wird von einem einzigen linearen System 4. Stufe von Kegelschnitten eingeschnitten, den Kegelschnitten durch das Zentrum O; sie enthält daher je ∞^6 Involutionen 1. Stufe und 2. Stufe, ∞^4 Involutionen 3. Stufe, herrührend von den Büscheln, Netzen, Gebüschen dieses Systems.

871 Für die behandelten Werte $n = 2, 3, 4, 5$ ist folgendes erkannt.

Ist $n = 3h$, so ist mit einer I_{n-1}^n eine nicht zentrale Korrespondenz E verbunden. Mit der Umkehrung derselben ist eine zweite I_{n-1}^n verbunden, die zu jener residual ist; jede Gruppe der einen liegt mit jeder der andern auf einer Kurve $2h^{\text{ter}}$ Ordnung.

Wenn $n = 3h + 1$, so schneiden die Kurven $(h+1)^{\text{ter}}$ Ordnung, welche den Gruppen der I_{n-1}^n umgeschrieben sind, die C^3 in den Punktepaaren einer zentralen Involution.

Ist $n = 3h + 2$, so gehen diese Kurven $(h + 1)^{\text{ter}}$ Ordnung durch einen festen Punkt der C^3.

Jede I_{n-1}^n ist durch eine ihrer Gruppen vollständig und eindeutig bestimmt; die C^3 trägt ∞^1 Involutionen I_{n-1}^n.

Sehen wir zu, ob sich diese Ergebnisse verallgemeinern lassen. Wir schreiben kürzer I^n statt I_{n-1}^n.

Für $n = 3h$ setzen wir voraus:

1) Es gibt auf C^3 ∞^1 Involutionen I^{n-1}; jede ist durch irgend eine ihrer ∞^{n-2} Gruppen bestimmt. Die $\infty^{\frac{1}{2}(h-1)(h-2)}$ Kurven h^{ter} Ordnung durch eine Gruppe einer solchen Involution I^{n-1} (bei $h = 1, 2$ nur eine Kurve) schneiden noch in einem letzten Punkte, der für alle Gruppen der I^{n-1} der nämliche ist: das Zentrum dieser Involution; jeder Punkt von C^3 bestimmt, als Zentrum, eine I^{n-1}, deren Gruppen

aus den weiteren Schnitten der durch ihn gehenden Kurven h^{ter} Ordnung bestehen.

2) Die $\infty^{\frac{1}{2}(i-1)(i-2)}$ Kurven i^{ter} Ordnung durch $3i-1$ Punkte der C^3 schneiden sie alle noch in demselben letzten Punkte. Dies ist für $i = h$ in 1) ausgesprochen; es gelte noch für $i = h + 1$ bis $i = 2h$, welche Werte in einen (2) zusammenfallen, wenn $h = 1$ ist. Für $i = 1, 2$ ist 2) selbstverständlich.

Diese Voraussetzungen 1), 2) sind richtig für $h = 1$[1]. Die folgende Erörterung soll zeigen, daß sie auch für höhere Werte von h gelten.

Auf Grund dieser Voraussetzungen können wir nun auf C^3 eine I^n konstruieren; wir legen auf sie eine Korrespondenz $E(X, O)$. Jeder Punkt O bestimmt, als Zentrum, eine I^{n-1}, deren Gruppen durch den entsprechenden X zu Gruppen von I^n vervollständigt werden; in der Tat, die durch $X, X_1, \ldots X_{n-2}$ bestimmte Gruppe besteht aus X und der durch $X_1, \ldots X_{n-2}$ bestimmten Gruppe derjenigen I^{n-1}, deren Zentrum der dem X in E entsprechende O ist.

Jede I^n auf C^3 ist so beschaffen; denn ein X scheidet aus ihr eine I^{n-1} aus, deren Zentrum O dem X zugeordnet wird; O, als Zentrum, führt zu einer I^{n-1}; eine Gruppe derselben werde durch X zu einer Gruppe von I^n ergänzt; dieser Punkt X scheidet aber aus I^n eine I^{n-1} aus, welche, wegen jener Gruppe, mit der vorhinigen identisch ist. Damit haben wir die zur gegebenen I^n gehörige $E(X, O)$.

Eine einzige Gruppe bestimmt die $E(X, O)$; ein Punkt X aus ihr und der letzte Schnitt O der durch die übrigen Punkte gehenden Kurven h^{ter} Ordnung legen sie fest und damit auch die I^n. Die Gruppe liefert n Paare entsprechender Punkte in die E.

Durch die Gruppe $XX_1 \ldots X_{n-1}$ der I^n seien Kurven i^{ter} Ordnung gelegt, wo i eine der Zahlen $h + 1$ bis $2h$ ist; wir erhalten dann durch die weiteren Schnitte mit C^3 Gruppen von $m = 3(i - h)$ Punkten, welche eine I^m bilden; denn die Kurven i^{ter} Ordnung durch die n Punkte der Gruppe und $m - 1$ weitere Punkte der C^3, also durch $3i-1$ Punkte haben alle denselben letzten Schnitt, der die $m - 1$ Punkte zu einer Gruppe der I^m ergänzt.

Es sei nun $YY_1 \ldots Y_{m-1}$ eine Gruppe der I^m; durch denselben Prozeß ergibt sich aus ihr eine I^n, welche, wegen jener Gruppe $X \ldots X_{n-1}$, mit der gegebenen I^n identisch ist, und jede andere Gruppe von I^n führt dann wieder, wegen der $Y \ldots Y_{m-1}$, zu derselben I^m; jede Gruppe der einen Involution bildet mit jeder der andern den gemeinsamen vollen Schnitt der C^3 mit je $\infty^{\frac{1}{2}(i-1)(i-2)}$ Kurven i^{ter} Ordnung, von welchem Schnitte $3i - 1$ Punkte den letzten Punkt bestimmen.

---

1) Wir wissen es auch schon für $h = 2$.

Es ist so jede I^n mit h residualen Involutionen I^m verbunden, wo $m = 3, 6, \ldots 3h = n$ ist; ihre Verbindung mit solchen höheren Grades leitet man bei diesen ab.

Die zu I^n und I^m gehörigen Korrespondenzen seien $E(X, O)$ und $E(Y, Q)$. Der Punkt Q ist der letzte gemeinsame Schnitt der C^3 mit den Kurven $(i-h)^{\text{ter}}$ Ordnung durch alle $(m-1)$-punktigen Gruppen, welche Y zu einer Gruppe von I^m vervollständigen. Es sei nun $Q \equiv X$, so bilden wir eine Kurve i^{ter} Ordnung, welche aus einer von jenen Kurven $(i-h)^{\text{ter}}$ Ordnung, etwa einer durch $Y_1, \ldots Y_{m-1}$ und $Q \equiv X$ gehenden, und einer Kurve h^{ter} Ordnung besteht, welche durch Y geht; die ferneren Schnitte dieser letzteren Kurve seien $X_1, \ldots X_{n-1}$. Folglich ist $XX_1 \ldots X_{n-1}$ eine Gruppe von I^n, weil sie mit der Gruppe $YY_1 \ldots Y_{m-1}$ von I^m den vollen Schnitt von Kurven i^{ter} Ordnung bildet; und Y, der letzte Schnitt mit einer durch $X_1, \ldots X_{n-1}$ gehenden Kurve h^{ter} Ordnung, ist der dem X zugehörige O; wenn also $Q \equiv X$, so ist $Y \equiv O$; d. h. $E(Y, Q)$ ist die Umkehrung von $E(X, O)$.

Zu zwei residualen Involutionen I^n und I^m gehört die nämliche Korrespondenz, aber in verschiedenem Sinne.

Wenn nun eine Involution I^{n+1} vorliegt $(n = 3h)$, so scheiden wir aus ihr durch X eine Involution I^n aus und aus der residualen I^3 diejenigen Tripel, zu denen X gehört; die ergänzenden Paare bilden eine zentrale Involution. Wenn $m = 3$, so ist $i = h + 1$; also werden diese Paare durch die beiden letzten Schnittpunkte der Kurven $(h+1)^{\text{ter}}$ Ordnung gebildet, welche durch diejenigen Gruppen von I^{n+1} gehen, zu denen X gehört; jene zentrale Involution ändert sich nicht, wenn X durch X' ersetzt wird, weil es in I^{n+1} Gruppen gibt, zu denen gleichzeitig X und X' gehören.

Die Kurven $(h+1)^{\text{ter}}$ Ordnung, gelegt durch die Gruppen einer Involution I^{3h+1}, schneiden Punktepaare in C^3 ein, deren Verbindungslinien durch einen festen Punkt auf C^3 gehen.

Ferner, aus einer I^{n+2} scheiden zwei Punkte X, X_1 eine I^n aus; in der residualen I^3 gibt es ein Tripel, zu dem X, X_1 gehören, der dritte Punkt ist bestimmt; er ist der letzte Schnitt der Kurven $(h+1)^{\text{ter}}$ Ordnung, die durch die Gruppen von I^{n+2} gehen, zu denen X, X_1 gehören, und bleibt derselbe, wenn X, X_1 durch zwei andere Punkte X', X_1' ersetzt werden, weil es $(n + 2 \geqq 5)$ Gruppen in I^{n+2} gibt, zu denen alle vier Punkte gehören.

Die Kurven $(h+1)^{\text{ter}}$ Ordnung, gelegt durch die Gruppen einer Involution I^{3h+2}, schneiden einen festen Punkt in C^3 ein.

Also ist die Voraussetzung 1) für $n = 3(h+1)$ erfüllt.

Den Satz, daß alle C^n, welche durch $3n-1$ Punkte der C^3 gehen, sie in demselben letzten Punkte schneiden, (Restsatz[1]))

1) Er ist der Spezialfall, für $p = 3$, des allgemeinen Satzes von Jacobi: Alle Kurven n^{ter} Ordnung, welche durch $np - \frac{1}{2}(p-1)(p-2)$ Punkte einer

haben wir im vorangehenden bis $n = 2h$ als richtig angenommen. Wir wollen zeigen, daß er dann auch für $n = 2h + 1$ und $n = 2(h+1)$ richtig ist. Da er für $n = 1, 2$ gilt (wo es sich nur um eine Kurve 1., bzw. 2. Ordnung handelt), so ist dann erkannt, daß er durchweg richtig ist.

Wir legen auf C^3 $3h+1$ Punkte P; die durchgehenden Kurven C^{2h} schneiden dann eine Involution I^{3h-1} ein, indem diejenigen von ihnen, welche noch durch $3h-2$ Punkte auf C^3 gehen, weil für $n = 2h$ der Restsatz gilt, alle in demselben Punkte schneiden, der dann die $3h-2$ Punkte zu einer Gruppe von I^{3h-1} ergänzt. Dazu fügen wir noch $2h^2 - h$ Punkte Q außerhalb C^3 hinzu; die durch die Punkte P und Q gehenden Kurven $(2h+1)^{\text{ter}}$ Ordnung bilden ein lineares System $(3h+1)^{\text{ter}}$ Stufe und erzeugen daher durch die Gruppen ihrer $3h+2$ veränderlichen Schnittpunkte eine Involution I^{3h+2}; denn $3h+1$ Punkte auf C^3 bestimmen eine C^{2h+1} dieses Systems und die Gruppe der Schnittpunkte. Durch die Punkte P und $2h^2 - h - 2$ von den Punkten Q gehen ∞^{h+1} Kurven C^{2h}. Eine von diesen Kurven setzen wir mit der Verbindungslinie der beiden übrigen Punkte Q zusammen zu einer C^{2h+1}; die Gruppe von I^{3h+2}, welche von dieser herrührt, besteht aus der Gruppe von I^{3h-1}, die von der C^{2h} herrührt, und den drei Punkten auf der Gerade; daher haben wir durch Zusammensetzung dieser Gerade mit einer Kurve C^{2h} durch die Gruppe von I^{3h-1} eine C^{2h+1} durch diejenige von I^{3h+2}; der letzte Schnitt der C^{2h} ist auch der letzte Schnitt der C^{2h+1}; d. h. das Zentrum von I^{3h+2} ist identisch mit dem von I^{3h-1} und daher ebenso von den Punkten Q unabhängig wie dieses. Das bedeutet, daß die Kurven C^{2h+1}, welche durch die Punkte P gehen, die Involution I^{3h+2} einschneiden, die durch dieses Zentrum bestimmt ist; alle Kurven C^{2h+1}, welche durch die $3h+1$ Punkte P und noch $3h+1$ weitere Punkte von C^3 gehen, im ganzen durch $6h+2$, gehen durch denjenigen Punkt, der die letzteren $3h+1$ Punkte zu einer Gruppe der I^{3h+2} ergänzt.

Wir legen nunmehr durch $3h+4$ Punkte P auf C^3 die Kurven C^{2h+1}; sie erzeugen eine Involution I^{3h-1}, da ja der Restsatz jetzt für $n = 2h+1$ erkannt ist. Die Anzahl der Punkte Q sei $2h^2 + h - 1$; die Kurven C^{2h+2} durch die P und Q erzeugen ebenfalls eine Involution I^{3h+2}. Durch die P und $2h^2 + h - 3$ Punkte Q gehen ∞^{h+1} Kurven C^{2h+1}. Der übrige Beweis verläuft wie vorhin, und der Restsatz ist auch für $n = 2(h+1)$ dargetan.

Nun wird auch 2), welches oben für $n = 3h$ erfüllt vorausgesetzt wurde, für $n = 3(h+1)$ richtig; und wir können die Sätze, die vorhin für $3h$, $3h+1$, $3h+2$ gefunden wurden, für $3(h+1)$, $3(h+1)+1$, $3(h+1)+2$ gewinnen; usw.

Kurve p^{ter} Ordnung gehen, $(n \geqq p)$ schneiden sie noch in $\frac{1}{2}(p-1)(p-2)$ festen Punkten. Journ. f. Math. Bd. 15, S. 292.

872 Aus einer I^n scheidet eine Gruppe von $l < n$ Punkten eine I^{n-l} aus und irgend eine Gruppe aus dieser bestimmt wiederum eine I^l, zu welcher jene Gruppe gehört. Jede der beiden Involutionen kann aus jeder Gruppe der andern abgeleitet werden. Beliebige zwei Gruppen der einen und der andern setzen sich zu einer Gruppe der I^n zusammen.

Aber man erhält so nur ∞^{n-2} Gruppen der I^n.

Infolge des Restsatzes schneiden die Kurven C^4 durch acht Punkte der C^3 die Gruppen einer I_3^4 ein, denn drei weitere Punkte bestimmen eindeutig die Gruppe. Es sei S der Gegenpunkt der I_3^4. Für ein Quadrupel, zu dem ein geradliniges Tripel gehört, ist er der vierte Punkt (Nr. 869), und daher der neunte Schnitt irgend einer Kurve 3. Ordnung durch die acht Punkte, welche mit der geraden Linie eine C^4 bildet, die dieses Quadrupel einschneidet.

Von den zwölf Schnitten einer C^4 mit einer C^3, von denen elf den zwölften bestimmen, ist der Gegenpunkt von je vieren immer der neunte assoziierte zu den acht andern.

Wir haben in Nr. 868 gefunden: Wenn $A, \ldots F$ sechs Punkte der C^3 und $A', \ldots F'$ die sechsten Schnitte der Kegelschnitte $(BCDEF), \ldots$ sind, so sind A, A'; $B, B', \ldots F, F'$ in der nämlichen eindeutigen Korrespondenz entsprechend. Sie gehört zu der I_5^6, welche durch das Sextupel $A \ldots F$ bestimmt ist.

Liegen $A, \ldots F$ auf einem Kegelschnitte, so ist diese Korrespondenz die Identität. Alle konischen Sextupel gehören derselben Involution I_5^6 an. Diese I_5^6 der konischen Sextupel ist, weil eben die von ihrer Umkehrung sich nicht unterscheidende Identität mit ihr verbunden ist, zu sich selbst residual. Zwei konische Sextupel bilden das volle Schnittpunkte-System mit ∞^3 Kurven 4. Ordnung; ihre beiden Kegelschnitte beweisen es.

Ist aber die zu einer I_5^6 zugehörige Korrespondenz eine der Γ, so ist, weil diese auch mit ihrer Umkehrung identisch ist, die I_5^6 ebenfalls zu sich residual: die zwölf Schnittpunkte zweier ihrer Sextupel sind durch ∞^3 Kurven 4. Ordnung verbunden. Jedes ihrer Sextupel ist zu sich residual: in seinen sechs Punkten berühren ∞^3 Kurven 4. Ordnung.

Zu einer I_5^6 haben wir aber auch (Nr. 871) eine residuale I_2^3, zu welcher ebenfalls die Umkehrung der Korrespondenz gehört, die mit der I_5^6 verbunden ist. Zwei Gruppen aus der einen und anderen bilden neun assoziierte Punkte und sind durch einen Büschel von Kurven 3. Ordnung verbunden.

Bei einer I_6^7 gehen durch jedes Septupel ∞^2 Kurven 3. Ordnung, die weiteren Schnitte, je zwei durch ∞^1 Kurven eingeschnitten, sind gepaart in einer zentralen Involution, deren Zentrum S für alle Septupel dasselbe ist. Durch diesen S werden alle konischen Sextupel zu Septupeln der I_6^7 ergänzt, weil ja der siebente Punkt und die beiden weiteren Schnitte in gerader Linie liegen.

Aus dem Gegenpunkte S entsteht I_6^7 folgendermaßen: Ein Strahl durch S liefert zwei Schnitte; die ∞^7 Kurven 3. Ordnung durch sie geben ∞^6 Septupel, jedes von den ∞^1 Kurven eines Büschels herrührend. Durch ein so erhaltenes Septupel und die beiden Punkte auf einem andern Strahle durch S geht ebenfalls ein C^3-Büschel; so daß ein Strahl durch S zur Erzeugung der I_6^7 hinreicht. Durch sechs Punkte der C^3 und die beiden Schnitte dieses Strahles geht ein C^3-Büschel; sein neunter Grundpunkt vervollständigt die sechs Punkte zum Septupel der I_6^7; zu dessen Bestimmung genügt eine (von C^3 verschiedene) Kurve des Büschels. Benutzt man zerfallende Kurven, so schneidet man, wenn $X_1 \dots X_6$ das Sextupel ist, den Kegelschnitt $(X_2 \dots X_6)$ in O mit C^3, zieht den Strahl SO, und wenn R sein dritter Schnitt ist, so ist der dritte Schnitt von RX_1 der ergänzende Punkt X.

Eine I_7^8 wird durch alle Oktupel auf C^3 gebildet, deren C^3-Büschel (zu denen C^3 gehört) denselben neunten assoziierten Punkt O haben, oder entsteht durch alle Kurven 3. Ordnung, welche durch einen festen Punkt O der C^3 gehen.

Jedes Oktupel auf C^3 bestimmt eindeutig den neunten assoziierten Punkt O und damit die I_7^8.

Nach der Konstruktion von Nr. 227 findet man zu acht Punkten einer C^3 den neunten assoziierten Punkt, indem man die acht Punkte in zwei Quadrupel zerlegt, deren Gegenpunkte und den dritten Schnitt ihrer Verbindungslinie mit C^3 aufsucht. Wir gelangen dazu jetzt auf folgende Weise. Von zwei Involutionen I_3^4 und $I_3'^4$, deren Gruppen sich zu Oktupeln der I_7^8 zusammensetzen, seien S, S' die Gegenpunkte. Da schon ein Quadrupel einer I_3^4 den Gegenpunkt bestimmt, kann man sich auf solche mit zwei festen Punkten beschränken. In dem Oktupel $X \dots X_7$ von I_7^8 seien X, X_1, X_4, X_5 fest, und wir zerlegen in $XX_1X_2X_3$, $X_4X_5X_6X_7$; die veränderlichen Punkte X_2, X_3, X_6, X_7 bilden eine dritte $\bar{I}_3^4$ mit dem Gegenpunkte $\bar{S}$. Wir konstruieren die dritten Schnitte $O_{01}, O_{45}, O_{23}, O_{67}$, von denen die beiden ersten fest sind. Die Gegenpunkte S, S' sind die dritten Schnitte von $O_{01}O_{23}$, $O_{45}O_{67}$; weil $O_{23}O_{67}$ sich um $\bar{S}$ dreht, so gelangt man von S zu S' durch die drei zentralen Involutionen (O_{01}), $(\bar{S})$, (O_{45}), die sich zu einer zentralen Involution zusammenziehen lassen. Ihr Zentrum, mit dem also S und S' stets in gerader Linie liegen, sei O_1. Es ist mit dem Zentrum O der I_7^8 identisch. Denn nehmen wir aus I_3^4 ein Quadrupel $XX_1X_2X_3$, in dem XX_1X_2 geradlinig, und aus $I_3'^4$ eins $X_4X_5X_6X_7$, in dem $X_4X_5X_6$ geradlinig ist, so sind die Gegenpunkte X_3, X_7, und O_1 ist der dritte Schnitt von X_3X_7. Zu den Kurven 3. Ordnung durch das Oktupel $X \dots X_7$ gehört

$(X X_1 X_2, X_4 X_5 X_6, X_3 X_7)$; neunter Schnitt O ist ebenfalls der dritte Schnitt von $X_3 X_7$.

§ 121. Die Raumkurve 4. Ordnung erster Art.

873 Eine Raumkurve 4. Ordnung erster Art R^4, die Grundkurve eines F^2-Büschels, wird aus jedem ihrer Punkte U in eine ebene Kurve 3. Ordnung C^3 vom Geschlechte 1 projiziert und hat selbst dieses Geschlecht. Wir können daher die Ergebnisse von dieser Kurve auf sie übertragen. Eine zentrale Involution (O) auf C^3 führt zu einer Involution (1. Stufe) auf R^4, eingeschnitten von den Ebenen durch die Doppelsekante UO. Sie hat vier Doppelpunkte wie die (O). Projiziert man daher diese Involution aus einem andern Punkte der R^4, so entsteht auf der neuen Kurve C^3 eine involutorische eindeutige Korrespondenz mit vier Doppelpunkten, also eine zentrale Involution; d. h. es geht durch das neue Projektionszentrum eine Sehne der R^4, durch deren Ebenen die Involution ausgeschnitten wird, und so durch jeden Punkt von R^4. Alle Verbindungslinien gepaarter Punkte werden von allen diesen Doppelsekanten getroffen; man erhält zwei Regelscharen auf einer Fläche 2. Grades durch R^4, die eine gebildet durch die Verbindungslinien gepaarter Punkte, die andere durch die Axen der Ebenenbüschel, welche alle dieselbe Involution einschneiden. Wir wollen die Involutionen dieser Art axiale nennen; jede hat aber ∞^1 Axen. Für die Sehnen, welche die letztere Regelschar bilden, ist das Doppelverhältnis der vier Tangentialebenen an R^4, welche die Doppelpunkte hervorrufen und durch die vier Tangenten der Kurve gehen, die in der andern Regelschar enthalten sind, konstant; aber die verschiedenen Sehnen, die von demselben Punkte U auf R^4 aus und nach den verschiedenen Punkten O von C^3 gehen und in jede Sehnen-Regelschar (oder kurz Regelschar durch R^4) eine Gerade senden, lehren, daß dies Doppelverhältnis der vier berührenden Ebenen für alle ∞^2 Doppelsekanten der R^4 das nämliche ist.

Da je ∞^1 Doppelsekanten zu derselben Involution führen, so gibt es nur ∞^1 solche Involutionen; jedes Paar von Punkten auf R^4 bestimmt eine Involution, weil eine Regelschar von Doppelsekanten, zu der seine Verbindungslinie gehört; denn durch diese geht eine Fläche des Büschels. Vertauscht man zwei verbundene Regelscharen, so erhält man zwei residuale oder verbundene Involutionen; jedes Paar der einen liegt mit jedem der andern in einer Ebene.

Die dem Punkte P von R^4 in je zwei residualen Involutionen gepaarten Punkte liegen mit der Tangente von P in einer Ebene, erzeugen also selbst eine Involution. Ihre vier Doppelpunkte beweisen, daß es vier zu sich selbst residuale Involutionen gibt: sie rühren offenbar von den Kantenscharen der Kegel aus dem F^2-Büschel durch R^4 her. Jede Berührungsebene eines solchen Kegels ist doppelte Berührungsebene der R^4, und die beiden Berührungspunkte bilden ein Paar der zugehörigen zu sich selbst residualen Involution; in den 16 Doppelpunkten dieser vier Involutionen berühren die Wendeschmiegungs-Ebenen[1]) der R^4.

Wird eine Involution auf R^4 aus einer Doppelsekante auf die Kurve projiziert, so ergibt sich eine involutorische eindeutige Korrespondenz mit vier Doppelpunkten.

Sind D und D' Doppelpunkte zweier Involutionen und ist s irgend eine Sehne, welche DD' trifft, so wird aus ihr die eine Involution in die andere projiziert, weil das Punktepaar DD in das Punktepaar $D'D'$; die möglichen s bilden eine Regelschar (auf der Fläche des Büschels durch s) und zur verbundenen gehören DD' und drei andere Verbindungslinien von Doppelpunkten. Die 16 Verbindungslinien der Doppelpunkte der beiden Involutionen gehören viermal je vier zu derselben Regelschar, und aus allen Geraden der verbundenen Regelschar wird die eine Involution in die andere projiziert.

Man führt eine Involution in sich selbst über durch Projektion aus jeder Doppelsekante, welche die Verbindungslinie zweier ihrer Doppelpunkte trifft; alle diese Doppelsekanten treffen dann auch die Verbindungslinie der beiden andern Doppelpunkte. Die Gegenseiten des Vierecks der Doppelpunkte einer Involution gehören zu drei Sehnen-Regelscharen; aus den Geraden der verbundenen Regelscharen wird die Involution in sich selbst projiziert.

Die Tangenten in den Doppelpunkten einer Involution schneiden diejenigen der residualen Involution; sie sind ja auch Geraden der Regelscharen einer F^2 durch R^4. Andererseits geben zwei sich schneidende Tangenten eine Doppel-Berührungsebene; je vier der 16 Ebenen gehen durch eine der vier Kegelspitzen. Daraus erhellt, daß die Projektion aus jeder der vier Kegelspitzen (oder aus einer Kante des zugehörigen Kegels) eine Involution auf R^4 in die residuale überführt.

Die 16 Verbindungslinien der einen und andern Doppelpunkte liegen zu je vier auf diesen Kegeln.

Die Tangente in einem Doppelpunkte einer Involution bestimmt die F^2 durch R^4, zu deren einen Regelschar sie gehört, die andern Tangenten in derselben und deren Berührungspunkte. Die Doppel-

---

1) Gewöhnlich Wendeberührungs-Ebenen genannt.

punkte der ∞^1 Involutionen auf R^4 sind ∞^1 Quadrupel, von denen jedes durch einen Punkt aus ihm bestimmt ist.

Jede der vier zu sich selbst residualen Involutionen wird durch Projektion aus dem Scheitel des zugehörigen Kegels so in sich selbst übergeführt, daß die beiden Punkte eines Paares sich vertauschen. In diesen Scheitel laufen die Verbindungslinien gepaarter Punkte zusammen, also auch die Tangenten in den Doppelpunkten. Wenn D, D' zwei von ihnen sind, so führt die Projektion aus DD' durch die Ebene nach der Spitze, welche die beiden Tangenten enthält, den Doppelpunkt D in D' und den D' in D, also die Involution in sich über, daher führt eine andere Ebene durch DD' den dritten Doppelpunkt D'' in den vierten D''' über; die vier Doppelpunkte liegen in derselben Ebene (einer Ebene des gemeinsamen Polartetraeders). Jene beiden Ebenen sind Doppelberührungsebenen der R^4, folglich Tangentialebenen eines zweiten Kegels, in dessen Spitze sich DD' und $D''D'''$ schneiden; und durch die Spitzen der beiden übrigen Kegel gehen DD'', $D'D'''$; DD''', $D'D''$. Die drei andern Kegelspitzen sind die Diagonalpunkte des Vierecks der vier Doppelpunkte.

874 In einer eindeutigen nichtinvolutorischen Korrespondenz E auf R^4 seien X und X', Y und Y' entsprechend. Aus dem Punkte U von R^4 werden sie projiziert; dann treffen sich $X_1 Y_1'$ und $Y_1 X_1'$ auf C^3; folglich liegen XY', YX' mit einer durch U gehenden Doppelsekante in einer Ebene, und so geht durch jeden Punkt von R^4 eine Sehne, welche XY' und YX' trifft. Daraus folgt, daß XY' und YX' zur nämlichen Regelschar durch R^4 gehören und die getroffenen Doppelsekanten die verbundene Regelschar bilden.

Hält man X, X' fest, während Y, Y' sich verändern, so erhält man als Treffgerade aus U von XY' und YX' nach und nach alle Sehnen, die durch U gehen, und so bei jedem Punkte von R^4; also liefert ein festes Paar entsprechender Punkte X, X', aus allen Doppelsekanten projiziert, die übrigen Paare entsprechender Punkte aber invers: Y', Y, und jedes Paar ergibt sich bei ∞^1 Doppelsekanten, welche eine Regelschar bilden.

Die eindeutige Korrespondenz E ist durch ein Paar entsprechender Punkte bestimmt; wir schließen, wie in Nr. 845 oder vermittelst der Projektion aus U, daß sie keine Koinzidenzpunkte hat, und daß es ∞^1 solche Korrespondenzen gibt.

Die Punkte X', Y mögen den in P zusammengefallenen Punkten X, Y' entsprechen; dann gehören $X'Y$ und die Tangente p in P derselben Regelschar durch R^4 an; sie ist durch die Tangente p bestimmt und bleibt fest, wenn die Korrespondenz sich ändert; die Punkte X', Y also, welche in den verschiedenen eindeutigen Korrespondenzen einem festen Punkte P in beiderlei Sinne entsprechen, bilden eine axiale Involution, deren Axen die verbundene Regelschar derjenigen bilden, die durch die Tangente von P festgelegt wird. Diese wird von der Geraden $X'Y$ durchlaufen. Den zweiten Schnittpunkt derjenigen Gerade der Axen-Regelschar, welche durch P geht, mit R^4 erkennt man leicht als vierten Schnittpunkt P' der Schmiegungsebene von P. Hat P eine Wendeschmiegungsebene, so wird PP' Tangente und vereinigt sich mit p; d. h. die beiden Regelscharen fallen zusammen; es handelt sich um eine zu sich selbst residuale axiale Involution.

Sind A, B, C, D vier Punkte von R^4 und A', B', C', D' die vierten Schnitte von $BCD, \ldots$, so sind diese Punkte jenen in einer eindeutigen Korrespondenz zugeordnet, weil z. B. A, A' aus CD nach B', B projiziert werden.

In der Reihe der ∞^1 im allgemeinen nicht involutorischen Korrespondenzen E auf R^4 haben wir wiederum drei involutorische; sie werden aus irgend einem Punkte U der R^4 in die Involutionen Γ auf C^3 projiziert. Konjugiert sind auf C^3 zwei Punkte, die denselben Tangentialpunkt haben oder Doppelpunkte derselben zentralen Involution mit diesem Tangentialpunkt als Zentrum sind. Auf R^4 sind also konjugiert solche Punkte, welche Doppelpunkte derselben axialen Involution sind, Berührungspunkte von zwei tangierenden Ebenen durch irgendeine der Axen derselben. Jedes der ∞^1 Quadrupel solcher Doppelpunkte ist vollständig durch einen von ihnen bestimmt; ordnet man ihm beziehungsweise die drei andern zu, so legt man die drei Involutionen konjugierter Punkte auf R^4 fest. Der erste Doppelpunkt sei $X \equiv Y'$, der andere ihm zugeordnete X'; die Tangente in jenem ist XY', folglich ist $X'Y$ die Gerade durch X', welche mit jener zur nämlichen Regelschar durch R^4 gehört; das tut aber die Tangente dieses Punktes X'; denn die Tangenten der vier Punkte eines Quadrupels gehören derselben Regelschar an; daher ist Y mit X' identisch, und die Punkte $X \equiv Y'$ und $X' \equiv Y$ entsprechen sich in der Tat involutorisch, und werden aus jeder Sehne in zwei Punkte $Z' \equiv W$ und $Z \equiv W'$ projiziert, die sich in der Korrespondenz involutorisch entsprechen; ebenso wie ein Paar einer Γ auf C^3 aus jedem Punkte derselben in ein anderes Paar der nämlichen Γ projiziert wird. Und umgekehrt, zwei in einer Korrespondenz sich involutorisch entsprechende Punkte $X \equiv Y'$ und $X' \equiv Y$ führen zu den Tangenten XY', $X'Y$, die der nämlichen Regelschar durch R^4 angehören, so daß die beiden Punkte in demselben Doppelpunkts-Quadrupel sich befinden.

Sind X, X'; Y, Y' konjugierte Punkte, so gilt nicht bloß für XY' und $X'Y$, sondern auch für XY, $X'Y'$, daß jede Doppelsekante, welche die eine der beiden Geraden trifft, auch der andern begegnet; so daß sowohl XY', $X'Y$, wie XY, $X'Y'$ je derselben Regelschar durch R^4 angehören und die treffenden Doppelsekanten die verbundene Regelschar bilden.

Wenn man bei einer nichtinvolutorischen Korrespondenz E die beiden ferneren Schnitte einer Ebene durch eine Doppelsekante s als X und Y aus der ersten Punktreihe auffaßt, so liegen die beiden entsprechenden Punkte X', Y' nicht in derselben Ebene durch s; es werden vielmehr jener Ebene zwei Ebenen durch s zugeordnet[1]). Aber die entstehende Korrespondenz [2, 2] im Ebenenbüschel s ist involutorisch, weil als Verzweigungselemente sich nur die vier Berührungsebenen der R^4 aus s ergeben. Dasselbe gilt bei den axialen Involutionen. Eine nicht involutorische eindeutige Korrespondenz auf R^4 und ebenso eine axiale Involution werden aus jeder Doppelsekante der Kurve durch eine involutorische Korrespondenz [2] projiziert.

Handelt es sich aber um eine Involution konjugierter Punkte, so entsteht eine Doppel-Involution; denn wenn X, Y mit s in einer Ebene liegen, so tun es auch die gepaarten Punkte X', Y'; jedes Paar der Ebeneninvolution projiziert zwei Paare der Punktinvolution auf R^4.

Die vier Berührungsebenen durch s bilden dreimal zwei Paare und bestimmen drei Involutionen; das sind die drei Involutionen, welche die Involutionen konjugierter Punkte auf R^4 aus s projizieren.

875 Bei den axialen Involutionen entsteht durch die Verbindungslinien gepaarter Punkte eine Regelschar; untersuchen wir die Regelfläche, welche bei einer nicht involutorischen eindeutigen Korrespondenz $E(X, X')$ durch die Geraden XX' erzeugt wird. In einem Ebenenbüschel befinden sich die Ebenen, welche nach entsprechenden Punkten gehen, in einer Korrespondenz [4, 4]; ihre acht Koinzidenzen beweisen, daß acht Verbindungslinien die Axe treffen. Also erzeugen die Verbindungslinien entsprechender Punkte einer eindeutigen (nicht involutorischen) Korrespondenz $E(X, X')$ auf R^4 eine Regelfläche 8. Grades F^8. Die Kurve R^4 ist auf ihr doppelt, denn durch einen beliebigen Punkt $X \equiv Y'$ der R^4 gehen die Erzeugenden XX', $Y'Y$; eine Doppelsekante s muß daher noch vier Erzeugenden treffen, ersichtlich diejenigen in den Koinzidenzebenen der involutorischen Korrespondenz [2], durch welche $E(X, X')$ aus s projiziert wird.

Diese vier Erzeugenden befinden sich in derjenigen Regelschar durch R^4, zu deren verbundener die Sehne s gehört, und ändern sich nicht, wenn s letztere Regelschar durchläuft. Folglich schneiden alle Sehnen dieser Regelschar die Fläche 8. Grades, außer auf der Doppelkurve, in einem Wurfe von konstantem Doppelverhältnisse, das auch

1) Hier gilt eine ähnliche Bemerkung wie in Nr. 845.

dem Wurfe der Ebenen von der Sehne nach den vier Erzeugenden oder den vier Schnittpunkten zukommt. Lassen wir aber s durch einen festen Punkt U auf R^4 gehen, so projizieren sich die vier Erzeugenden und die Ebenen aus s nach ihnen in die Koinzidenzstrahlen der verschiedenen Korrespondenzen [2], welche die auf der Projektionskurve C^3 (aus U) entstehende $E(X_1, X_1')$ aus den verschiedenen Punkten von C^3 projizieren. Diese Würfe haben (Nr. 850) alle das nämliche Doppelverhältnis. Wenn daher s irgend eine Sehne von R^4 ist und g_1, g_2, g_3, g_4 die vier Erzeugenden der Regelfläche F^8 sind, denen sie außerhalb der Doppelkurve begegnet, so ist das Doppelverhältnis der Ebenen und der Punkte $s(g_1, g_2, g_3, g_4)$ und der vier Geraden g_1, g_2, g_3, g_4 selbst konstant.

Der Strahl, welcher einen Punkt von R^4 aus einer der vier Kegelspitzen V_1 projiziert, ist Kante des Kegels und trifft R^4 nochmals; daher sind die Punkte Y', Y, in welche zwei entsprechende Punkte X, X' von $E(X, X')$ aus V_1 projiziert werden, zwei (invers) entsprechende Punkte der E, weil XY', $X'Y$ derselben Regelschar durch R^4 angehören. Die Erzeugenden XX' und YY' schneiden sich; der Schnittpunkt wird ein Doppelpunkt der F^8 und ist andererseits dem V_1 in bezug auf alle F^2 durch R^4 konjugiert, weil allen das Viereck $XX'YY'$ eingeschrieben ist. So entsteht in der gemeinsamen Polarebene $V_2V_3V_4$ des V_1 eine Doppelkurve der F^8. Da XX' beliebig war, so bildet diese Doppelkurve den vollen Schnitt und ist 4. Ordnung. Die vier Erzeugenden, welche die Erzeugende XX' treffen, ergeben sich aus ihr durch Projektion aus V_1, V_2, V_3, V_4; die vier Schnittpunkte liegen in den vier Tetraederebenen und die Verbindungsebenen gehen durch die Gegenecken.

Daher befindet sich die Regelfläche F^8 in dem dem obigen konstanten Doppelverhältnisse entsprechenden tetraedralen Komplexe, der zum Kegelspitzen-Tetraeder gehört.

Die vier Erzeugenden von F^8, welche s und alle Geraden der durch s bestimmten Sehnen-Regelschar treffen, sind auch Verbindungslinien gepaarter Punkte der axialen Involution, welche von diesen Axen herrührt, ihre Schnitte mit R^4 sind daher gemeinsam entsprechend in der E und dieser Involution[1]). F^8 schneidet aus jeder Sehnen-Regelschar der R^4 vier Geraden aus, deren Doppelverhältnis konstant ist, insbesondere aus zwei verbundenen Sehnen-Regelscharen.

Tritt an Stelle einer nicht involutorischen $E(X, X')$ eine der drei Involutionen konjugierter Punkte, so zählt jede der Verbindungs-

1) Auch eine E und eine zentrale Involution auf C^3 haben vier gemeinsame Paare entsprechender Punkte, gelegen auf den Koinzidenzstrahlen der die E aus dem Zentrum projizierenden [2].

linien doppelt; ihr Erzeugnis ist eine Regelfläche 4. Grades, auf welcher R^4 nur noch einfach ist; und jede Sehne s wird (außer auf R^4) nur von zwei Erzeugenden getroffen, die in den Doppelebenen der Involution liegen, durch welche jene Involution aus s projiziert wird, und in deren jeder zwei von den vier des allgemeinen Falls sich vereinigt haben. Nun fanden wir aber, daß die Schnitte einer Erzeugenden g mit den vier Erzeugenden g_1, g_2, g_3, g_4, welche sie treffen, auf den Ebenen des Kegelspitzen-Tetraeders lagen, und die Ebenen, welche sie mit ihnen verbinden, je durch die Gegenecke gehen. Findet jene Vereinigung der vier Erzeugenden statt, etwa in $g_1 \equiv g_2$, $g_3 \equiv g_4$, so muß der Schnitt von g mit $g_1 \equiv g_2$ auf einer Kante des Tetraeders und der mit $g_3 \equiv g_4$ auf der Gegenkante liegen und die verbindende Ebene muß dort durch diese, hier durch jene Kante gehen. Die Regelflächen 4. Grades, welche sich durch die Verbindungslinien konjugierter Punkte in den drei Involutionen ergeben, haben je zwei Gegenkanten des Tetraeders der Kegelspitzen zu doppelten Leitgeraden.

876 Die Zerlegung einer $E(O, O')$ auf R^4 in zwei axiale Involutionen ergibt sich leicht (vgl. Nr. 853). Wenn X und X' in ihr entsprechend sind, so gehören $O'X$ und OX' zur nämlichen Sehnen-Regelschar; die Sehne der verbundenen Regelschar aus dem beliebigen Punkte U von R^4 treffe in X_1, so führt die axiale Involution (UO') den X in X_1 über, weil UX_1 die $O'X$ trifft, und die (UO) führt dann X_1 in X' über; mithin ist:

$$E(O, O') = I(UO') \cdot I(UO),$$

worin die beiden I je durch eine ihrer Axen bezeichnet sind, und:

$$E(O', O) = I(UO) \cdot I(UO').$$

Wenn aus einem andern Punkte U_1 der R^4 die Doppelsekante $U_1 O_1'$ kommt, die zur nämlichen Regelschar gehört, wie UO', und O_1 dem O_1' in $E(O, O')$ entspricht, so hat man ebenso:

$$E(O, O') = E(O_1, O_1') = I(U_1 O_1') \,.\, I(U_1 O_1)$$
$$= I(UO') \cdot I(U_1 O_1);$$

denn $I(U_1 O_1')$ und $I(UO')$ sind identisch, weil ihre Axen zur nämlichen Regelschar gehören; aus

$$I(UO') \cdot I(UO) = I(UO') \cdot I(U_1 O_1)$$

folgt, durch Vormultiplikation mit $I(UO')$, daß auch $I(UO)$ und $I(U_1 O_1)$ identisch sind oder UO und $U_1 O_1$ zur nämlichen Regelschar gehören.

Es gibt nur ∞^1 Zerlegungen der $E(O, O')$ in zwei Involutionen; ebenso wie auf C^3.

Die weiteren Schlüsse über Produkte geschehen wie a. a. O.

Bewegen sich die Seiten X_1X_2, X_2X_3, ... $X_{2n-1}X_{2n}$ eines der R^4 eingeschriebenen $2n$-Ecks durch ebensoviele Sehnen-Regelscharen dieser Kurve, so wird auch die letzte Seite $X_{2n}X_1$ eine solche Regelschar durchlaufen. Denn die Endpunkte jener Seiten sind in axialen Involutionen gepaart, deren Axen je die verbundene Regelschar erfüllen; folglich sind X_{2n}, X_1 in der axialen Involution gepaart, welche das Produkt jener $2n-1$ axialen Involutionen ist. Ihre vier Koinzidenzen führen zu geschlossenen $(2n-1)$-Ecken, deren Seiten den gegebenen Regelscharen angehören.

Sind aber $2n$ Sehnen-Regelscharen gegeben und werden eingeschriebene Vielecke $X_1 \ldots X_{2n+1}$ konstruiert, deren Seiten ihnen bzw. angehören, so findet im allgemeinen kein Schluß statt, mit welchem Punkte X_1 auch angefangen werde; denn das Produkt der $2n$ axialen Involutionen ist eine von der Identität verschiedene $E(X_1, X_{2n+1})$, also ohne Koinzidenzen.

Tritt aber bei irgend einem X_1 der Schluß ein, so tritt er bei jedem X_1 ein; die E ist in diesem Falle die Identität.

Wenn wir wiederum die erste, dritte, ... Sehnen-Regelschar in eine zusammenfallen lassen und ebenso die zweite, vierte, ..., so haben wir das Analogon zum Steinerschen Probleme auf C^3. Sehen wir zu, wie diese beiden Regelscharen beschaffen sein müssen, damit geschlossene eingeschriebene Vierecke — und dann ∞^1 — sich ergeben, deren abwechselnde Seiten ihnen angehören.

Es seien I und I' die beiden axialen Involutionen, zu denen sie führen und deren Axen je die verbundene Regelschar erfüllen, so muß sein:

$$I \cdot I' \cdot I \cdot I' = 1,$$

also:

$$I \cdot I' = I' \cdot I;$$

d. h. $E = I \cdot I'$ ist mit ihrer Umkehrung identisch, demnach eine der drei involutorischen E.

Wir haben also zwei Doppelpunkte einer axialen Involution mit irgend einem Punkte U der R^4 zu verbinden; dies sind Axen von I und I', und die Sehnen-Regelscharen, zu deren Leitscharen sie gehören, sind solche, wie wir sie suchen.[1])

Damit eingeschriebene Sechsecke möglich sind, deren abwechselnde Seiten zu zwei gegebenen Sehnen-Regelscharen zugehören, muß für die durch diese hervorgerufenen Involutionen I, I' gelten:

$$(II')^3 = 1;$$

1) Bei einer kubischen Raumkurve führt jedes eingeschriebene Viereck $ABCD$ zu drei Sehnen-Regelscharen, bestimmt durch die Gegenseiten AB, CD; AC, BD; AD, BC. Je zwei dieser Regelscharen liefern ∞^1 eingeschriebene Vierecke, deren Seiten ihnen abwechselnd angehören.

die E, welche das Produkt der beiden I ist, muß zyklisch vom 3. Grade sein. Wir werden gleich sehen, wie solche zyklischen Korrespondenzen zu erhalten sind.

Wenn eine E gegeben ist und in der Reihe der Punkte $X_1, \ldots X_{n+1}$ jedem der folgende (in demselben Sinne) entspricht, so befinden sich X_1 und X_{n+1} ebenfalls in einer E-Korrespondenz; ist diese die Identität, so hat die gegebene Korrespondenz E zyklische Gruppen n^{ten} Grades. Jeder Punkt der R^4 gehört einer von denselben an, und die Gruppen bilden eine Involution n^{ten} Grades.

Wird eine Gruppe $X_1 \ldots X_n$ einer zyklischen Korrespondenz E aus einer Sehne s projiziert, so ergibt sich eine zyklische Gruppe $Y_n \ldots Y_1$ derselben E, aber im entgegengesetzten Sinne durchlaufen; s trifft alle die Geraden $X_1 Y_n$, $X_2 Y_{n-1} \ldots$, die daher einer Sehnen-Regelschar angehören, für welche sie Leitgerade ist, und kann durch jede andere Sehne aus der Leitschar ersetzt werden. Aber die Gruppe der Y kann auch zyklisch in sich verschoben werden; so bilden z. B. $X_1 Y_{n-1}$, $X_2 Y_{n-2}$, $\ldots X_n Y_n$ eine Regelschar und die Sehnen, aus denen zu projizieren ist, ihre Leitschar. Solcher Regelscharen von Sehnen, aus denen die eine Gruppe in die andere projiziert wird, gibt es n.

Die Gegenecken zyklischer Polygone von gerader Seitenzahl sind konjugiert.

Die neun Schmiegungsebenen der R^4, die durch einen Punkt U der Kurve gehen, führen zu den neun Wendetangenten der C^3; die E, in der zwei der Oskulationspunkte, W_1, W_2, zugeordnet sind, ist zyklisch vom 3. Grade, und der dritte, W_3, welcher mit ihnen und U in derselben Ebene liegt, vervollständigt den Zyklus. Die andern bilden noch zwei Zykeln.

Verbindet man jene zwei Punkte mit U, so hat man die Leitgeraden für zwei Sehnen-Regelscharen, welche eingeschriebene Sechsecke zulassen.

877 Jede Involution höherer Stufe auf R^4 muß durch Projektion einer eben solchen auf C^3 entsprechen.

Sei O der vierte Schnitt der Ebene eines Tripels einer I_2^3 auf R^4, so geht dies durch Projektion aus O in ein geradliniges Tripel auf C^3 über; folglich besteht die Involution I_2^3 auf C^3, in welche jene projiziert wird, aus lauter geradlinigen Tripeln; woraus wiederum folgt, daß alle Tripel der I_2^3 auf R^4 mit O in einer Ebene liegen. Also:

Die Ebenen aller Tripel einer I_2^3 auf R^4 haben denselben vierten Schnitt O, den wir wiederum das Zentrum der Involution nennen können.

Die Oskulationspunkte der neun durch O gehenden Schmiegungsebenen sind die dreifachen Punkte der I_2^3.

Eine I_2^3 auf R^4 werde aus einem beliebigen Punkte U der R^4 projiziert; zu der auf C^3 entstehenden I_2^3 werde die residuale I_2^3 konstruiert und diese auf R^4 zurückprojiziert. Jede zwei Tripel der beiden Involutionen auf R^4 liegen dann immer auf einem Kegel 2. Grades, der seine Spitze im Projektionszentrum hat. Für je zwei Involutionen I_2^3 auf R^4 lassen sich vier Projektionszentren auf der Kurve finden, aus denen sie in residuale Involutionen auf der Projektionskurve C^3 projiziert werden. Denn die Fläche 4. Ordnung der Spitzen der Kegel 2. Grades, welche durch die sechs Punkte zweier Tripel von ihnen gehen, schneidet die R^4, außer in diesen Punkten, welche auf ihr Doppelpunkte sind, (Nr. 235) noch in vier Punkten.

Durch eine Involution I_3^4, welche von R^4 getragen wird, entsteht auf ihr eine Korrespondenz $E(X, O)$, in der dem Punkte X das Zentrum O der durch ihn aus I_3^4 ausgeschiedenen I_2^3 korrespondiert. Denn auch dem O ist eindeutig ein X zugeordnet; irgend ein Tripel der I_2^3, deren Zentrum O ist, habe in I_3^4 als ergänzenden Punkt X; dieser X scheidet aber aus I_3^4 eine I_2^3, die, wegen des Tripels, mit jener identisch ist, ergänzt also alle ihre Tripel.

Diese Korrespondenz $E(X, O)$ wird aus einem beliebigen Punkte U von R^4 in diejenige auf C^3 projiziert, welche zu der Projektion der von U aus I_3^4 ausgeschiedenen I_2^3 gehört.

Die Eigenschaft vom Gegenpunkte der Quadrupel einer I_3^4 auf C^3 gestaltet sich für die R^4 so, daß alle Kegel 2. Grades mit fester Spitze U auf R^4, durch die Quadrupel der I_3^4 gelegt, in Punktepaaren schneiden, deren Verbindungsebenen mit U durch einen festen Punkt S auf R^4 gehen, so daß die Verbindungslinien die Sehne US treffen, also eine Sehnen-Regelschar bilden, die schon durch ein Quadrupel bestimmt wird. Mit U ändert sich auch S, US durchläuft die Leitschar der eben besprochenen Regelschar; also bewegen sich U und S in einer axialen Involution und sind vertauschbar.

Unter den ∞^1 Involutionen I_3^4 zeichnet sich diejenige der ebenen Quadrupel aus, für welche die zugehörige E die Identität ist.

Ein Punkt X scheidet aus einer I_3^4 eine I_2^3 aus mit dem Zentrum O; ein zweiter Punkt X_1 scheidet daher eine axiale Involution I_1^2 aus mit der Axe OX_1, eine zweite Axe derselben ist O_1X, wo O_1 dem X_1 in E entspricht; es gehören ja dann diese beiden Geraden OX_1, O_1X zur nämlichen Sehnen-Regelschar. Hält man eins der Paare X_2X_3 von I_1^2 fest, so ergibt sich eine axiale Involution, zu der XX_1 gehört, und die daher ebenso bei jedem andern Paare von I_1^2 sich ergibt.

Durch eine I_0^4 werden die axialen Involutionen zu je zweien einander zugeordnet, folglich auch jeder Sehnen-Regelschar ρ_{23}, insofern sie durch die Verbindungslinien gepaarter Punkte einer I_1^2 gebildet wird, eine zweite ρ_{01}, die bei der gepaarten $I_1'^2$ entsteht, und der verbundenen Regelschar λ_{23}, die durch die Axen der I_1^2 gebildet wird, wird die verbundene dieser λ_{01}, der Ort der Axen der $I_1'^2$ zugeordnet. Wenn die I_3^4 diejenige der ebenen Quadrupel ist, so werden gepaarte Regelscharen von derselben Fläche F^2 getragen, so daß ρ_{01} mit λ_{23} und ρ_{23} mit λ_{01} identisch ist.

878 Auf die R^4 seien sechs Punkte $P_1, \ldots P_6$ gelegt; es soll gezeigt werden, daß alle Flächen 2. Grades durch dieselben die Kurve in den Punktepaaren einer axialen Involution schneiden. Wir erhalten alle diese Flächen, wenn durch irgend zwei Kegelschnitte, die durch P_1, P_2, P_3, bzw. P_4, P_5, P_6 gehen und sich zweimal auf der Schnittlinie der beiden Ebenen begegnen, alle Flächen 2. Grades gelegt werden. Nehmen wir zunächst nur solche Kegelschnitte, die noch durch einen Punkt Q der Ebene $P_1P_2P_3$ und einen Q' von $P_4P_5P_6$ gehen; wir erhalten nur ein Paar von Kegelschnitten, da die Involutionen, welche durch die Kegelschnitt-Büschel $(P_1P_2P_3Q)$ und $(P_4P_5P_6Q')$ auf der Schnittlinie entstehen, ein gemeinsames Paar haben. So erhält man einen F^2-Büschel durch diese beiden Kegelschnitte; er schneidet ersichtlich eine eindeutige involutorische Korrespondenz in R^4; zu ihr gehört das vom Ebenenpaare des Büschels herrührende Paar, das nicht aus konjugierten Punkten besteht; also handelt es sich um eine axiale Involution. Durch das eben genannte Paar ist sie vollständig bestimmt, also von Q und Q' unabhängig, so daß sie von allen derartigen Flächenbüscheln 2. Ordnung durch die sechs Punkte eingeschnitten wird, oder jede F^2 durch diese Punkte eins ihrer Paare einschneidet.

Das bedeutet aber, alle Flächen 2. Grades durch sieben Punkte von R^4 schneiden sie in demselben achten, dem gepaarten des siebenten in dieser Involution. Das ist der Satz vom achten assoziierten Punkte.

Die zehn Ebenenpaare, welche durch die sechs Punkte der R^4 gehen, schneiden sie in zehn Paaren dieser Involution, und ihre Verbindungslinien gehören derselben Regelschar an.

Alle Flächen 2. Grades durch fünf Punkte der R^4 schneiden sie in Tripeln einer I_2^3, deren Verbindungsebenen also durch einen festen Punkt der Kurve gehen. Usw.

Jede Korrespondenz $E(X, X')$ auf R^4 führt in dem einen und andern Sinne zu zwei Involutionen I_3^4; für die eine ist X' das Zentrum der durch X ausgeschiedenen I_2^3, für die andere X das Zentrum der durch X' ausgeschiedenen.

Die Flächen 2. Grades durch ein Quadrupel $XX_1X_2X_3$ einer I_3^4 schneiden eine zweite $I_3'^4$ ein, je ∞^2 dasselbe Quadrupel; und jedes Quadrupel dieser führt, wegen jenes Quadrupels, zu einer mit der I_3^4 identischen Involution, so daß jede zwei Quadrupel der beiden Involutionen durch ∞^2 Flächen 2. Grades verbunden sind. Legt man durch $XX_1X_2X_3$ ein Ebenenpaar, bestehend aus der Ebene $X_1X_2X_3$, welche in dem dem X entsprechenden X' schneidet, und einer Ebene durch X, welche in X_1', X_2', X_3' schneidet, so zeigt sich in bezug auf die zweite Involution, daß X das Zentrum der durch X' aus ihr ausgeschiedenen I_2^3 ist, in den beiden zu I_3^4 und $I_3'^4$ gehörigen Korrespondenzen also dieselben Punkte, aber in entgegengesetztem Sinne entsprechen.

Die beiden Involutionen sind residual.

Die drei involutorischen E-Korrespondenzen Γ_i führen zu Involutionen, die zu sich selbst residual sind und in deren Quadrupeln die R^4 von je ∞^2 Flächen 2. Grades berührt wird.

Eine I_3^4 wird durch eine axiale Involution in eine andere I_3^4 projiziert; die 16 vierfachen Punkte, welche die I_3^4 der ebenen Quadrupel besitzt, die Berührungspunkte der Wendeschmiegungs-Ebenen, liefern dann die 16 vierfachen Punkte einer beliebigen I_3^4. Und verbindet man, bei zwei beliebigen I_3^4, einen vierfachen Punkt der einen mit einem der andern, so ist jede Sehne von R^4, die sich auf diese Verbindungslinie stützt, Axe derjenigen axialen Involution, welche die eine I_3^4 in die andere projiziert.[1])

§ 122. Die ebene Kurve 4. Ordnung mit zwei Doppelpunkten und die Regelfläche 4. Grades mit zwei doppelten Leitgeraden.

879 Auf jener Kurve C^4, der Projektion der Raumkurve des vorangehenden Paragraphen, befinden sich, den zentralen Involutionen auf der C^3 entsprechend, ∞^1 Involutionen (1. Stufe), zu denen wir direkt in folgender Weise gelangen. Durch die beiden Doppelpunkte D_1, D_2 und zwei feste Punkte Y, Y' der Kurve ist ein Kegelschnitt-Büschel bestimmt; die weiteren Schnitte seiner Kurven mit C^4 sind eindeutig und involutorisch einander zugeordnet, und so entsteht eine Involution, welche aber durch ∞^1 Paare YY' sich ergibt. Es seien XX', X_1X_1' zwei Paare der Involution, ferner Y_1 und X_2 noch zwei

1) Em. Weyr hat sich auch noch mit der Raumkurve 5. und 6. Ordnung vom Geschlechte 1 beschäftigt: Wiener Sitzungsberichte Bd. 90, 92, 97, 98, 100, 101, 103.

beliebige Punkte der Kurve, so daß wir von ihr die beiden Doppelpunkte und acht weitere Punkte haben; dadurch ist, weil eben X_2 beliebig gewählt ist, die Kurve eindeutig bestimmt. Durch die Kegelschnitte $D_1 D_2 Y_1 (X, X'; X_1, X_1')$ bestimmen wir einen zweiten Büschel, dessen vierter Grundpunkt Y_1' sei, und beziehen die beiden Büschel so projektiv aufeinander, daß die durch X, X'; X_1, X_1'; X_2 gehenden Kegelschnitte entsprechend sind. Dadurch entsteht eine Kurve 4. Ordnung, welche in den Doppelpunkten D_1, D_2 und den obigen acht Punkten mit C^4 übereinstimmt, also mit ihr identisch ist. Zunächst liegt also Y_1' auf ihr; weiterhin aber folgt, daß die Kegelschnitte des Büschels $(D_1 D_2 Y_1 Y_1')$ die Kurve in denselben Punktepaaren schneiden wie die von $(D_1 D_2 Y Y')$. So wird jedem Punkte Y_1 der Kurve ein zweiter Punkt Y_1' zugeordnet, der mit ihm die nämliche X-Involution liefert, wie das Paar YY', von dem wir ausgingen Und diese Punkte YY', $Y_1 Y_1'$, ... bilden ebenfalls eine Involution, die aus irgend einem der Paare jener Involution abgeleitet werden kann.

Wir erhalten zwei residuale oder verbundene Involutionen; je ein Paar der einen und ein Paar der andern liegen auf einem durch D_1, D_2 gehenden Kegelschnitte.

Mit jedem Paare der einen liegt eins der andern auf der nämlichen Gerade, die mit der Gerade $D_1 D_2$ den verbindenden Kegelschnitt bildet.

Die Geradenpaare, deren Geraden bzw. durch D_1, D_2 gehen, führen zu einem besondern Paare residualer Involutionen, denen, welche durch die Strahlen der Büschel D_1, D_2 in die Kurve eingeschnitten werden.

Weil die Punkte, welche den weiteren Schnitten eines Strahls durch D_1 in einer $I(X, X')$ gepaart sind, im allgemeinen nicht wiederum auf einem Strahle dieses Büschels liegen, so wird $I(X, X')$ aus jedem der beiden Doppelpunkte durch eine involutorische Korrespondenz [2] projiziert. Und da die gegebenen Punkte Y, Y' nicht mit D_2 in gerader Linie liegen, so fallen von keinem Paare beide Punkte auf denselben Strahl durch D_1; die Koinzidenzen der [2] rühren von solchen der $I(X, X')$ her.

Eine solche Involution $I(X, X')$ oder $I(Y, Y')$ hat vier Koinzidenz- oder Doppelpunkte.

Zwei derselben Involution angehörige Doppelpunkte sind als konjugiert zu bezeichnen. Hier haben wir eine Involution von Tangentialpunkten, wenn wir das Analogon zur Figur auf der C^3 so bezeichnen wollen: zwei Kegelschnitte durch D_1, D_2, welche in konjugierten Punkten die C^4 berühren und durch einen Punkt Y der Kurve gehen, gehen beide noch durch den ihm in der verbundenen Involution gepaarten Y'.

Die Y-Involution ist vollständig durch das Paar YY' festgelegt worden. Also ist jede dieser Involutionen eindeutig durch ein Paar bestimmt. Wird der eine Punkt festgehalten, während der andere die Kurve durchläuft, so ergeben sich alle ∞^1 derartigen Involutionen oder Paare residualer Involutionen.

Zu jedem Paare gehört ein den beiden Involutionen gemeinsamer Direktions-Kegelschnitt, der von den Verbindungslinien gepaarter Punkte eingehüllt wird. Denn in einem beliebigen Strahlenbüschel entsteht durch eine der Involutionen eine involutorische Korrespondenz [4], von deren acht Koinzidenzstrahlen vier nach den Doppelpunkten gehen, während die vier andern auf eine Umhüllungskurve 4. Klasse hinweisen, die aber, wegen des involutorischen Entsprechens, ein doppelt zu rechnender Kegelschnitt ist. Seine Tangenten aus einem Punkte der C^4 gehen nach den ihm in den beiden verbundenen Involutionen gepaarten Punkten.

Er berührt die Tangenten in den acht Doppelpunkten; die acht andern Tangenten, welche er mit C^4 gemeinsam hat, gehören zu Punkten der Kurve, die je mit ihren beiden gepaarten in gerader Linie liegen.

Von diesen ∞^1 Direktions-Kegelschnitten berühren je drei eine gegebene Gerade; sind nämlich A, B, C, D ihre Schnitte mit C^4, so ergibt sie sich als Tangente der Direktionskurve bei den durch AB, CD; AC, BD; AD, BC festgelegten Involutionspaaren.

880 Y und Y', welche uns zu $I(X, X')$ geführt haben, mögen sich in Z vereinigen, so daß die einschneidenden Kegelschnitte in Z die C^4 berühren; wegen der vier Doppelpunkte von $I(X, X')$ gibt es vier, welche noch einmal berühren; wenn Z' einer dieser Berührungspunkte ist, so bestimmen Z, Z' eine Involution, zu deren verbundener dies Paar auch gehört; folglich sind sie identisch geworden. Wir erhalten auf diese Weise in dem Systeme der Involutionen vier zu sich selbst residuale Involutionen I_0; in einer I_0 sind die beiden Punkte jedes Paars Berührungspunkte eines durch D_1, D_2 gehenden Kegelschnittes und zwei Paare liegen stets mit D_1, D_2 auf einem Kegelschnitte.

Jedem Doppelpunkte einer $I(Y, Y')$ sind bzw. die vier Doppelpunkte der residualen $I(X, X')$ in den vier Involutionen I_0 gepaart.

Weil die I_0 jenes Paar in einem Doppelpunkte vereinigter Punkte von $I(Y, Y')$ in ein eben solches Paar von $I(X, X')$ überführt, so führt sie die ganze $I(Y, Y')$ in die $I(X, X')$ über.

Jede der vier sich selbst residualen Involutionen I_0 transformiert zwei residuale Involutionen ineinander und die drei andern in sich selbst.

Die vier Doppelpunkte bilden also in den drei andern I_0 je zwei Paare.

Während bei zwei getrennten residualen Involutionen das System der ∞^2 verbindenden Kegelschnitte nicht linear ist, indem durch jede zwei Punkte der Kurve C^4 zwei von ihnen gehen: der eine die beiden Paare verbindend, zu denen sie als X und Y, der andere diejenigen, zu denen sie als Y und X gehören; wird bei einer zu sich selbst residualen Involution I_0 das System linear, ein Netz; die beiden Punkte von C^4 geben nur zwei Paare der I_0. Jeder von den ∞^1 Büscheln durch die Punktepaare der I_0 hat je mit jedem andern einen Kegelschnitt gemeinsam. Jedes Punktepaar XX' der I_0 trägt auf seiner Verbindungslinie l noch ein zweites X_1X_1', das sonst zur verbundenen Involution, hier zu I_0 selbst gehört. Es sei YY' das Paar von I_0, aus dem wir alle Paare konstruieren, vermittelst des Kegelschnitt-Büschels (D_1D_2YY'); zur Involution, welche er in l einschneidet, gehören die Paare XX', X_1X_1'; also bleibt sie unverändert, wenn YY' durch ein anderes Paar Y_1Y_1' ersetzt wird.

Alle Kegelschnitte des Systems, die durch einen gewissen Punkt U der l gehen, gehen auch durch den ihm in jener Involution (XX', X_1X_1') gepaarten Punkt U'. Nun seien $\mathfrak{K}_1$, $\mathfrak{K}_2$ zwei beliebige Kegelschnitte des Systems; durch einen der beiden ferneren Schnittpunkte derselben, U, sei eine Tangente l der Direktionskurve von I_0 gelegt, dann muß der andere dieser Schnittpunkte auf l liegen: in dem dem U gepaarten Punkte U' in der Involution der obigen Art, welche von l getragen wird. $\mathfrak{K}$ sei dann ein beliebiger Kegelschnitt des Büschels $\mathfrak{K}_1\mathfrak{K}_2 = (D_1D_2UU')$, Y einer der vier Schnitte mit C^4, Y' der gepaarte; so geht der Kegelschnitt des Systems aus dem Büschel (D_1D_2YY'), welcher durch U geht, auch durch U' und ist mit $\mathfrak{K}$, wegen der gemeinsamen Punkte D_1, D_2, Y', U, U' identisch. Also gehört $\mathfrak{K}$ zum System, und damit ist dasselbe als Netz erkannt.

Bei jeder der vier zu sich selbst residualen Involutionen I_0 bilden die Kegelschnitte durch D_1, D_2, welche zwei Paare verbinden, ein Netz.

Weil dieses Netz zwei Grundpunkte D_1, D_2 hat, so erzeugen die Geraden, welche mit D_1D_2 ein Geradenpaar aus ihm zusammensetzen, einen Strahlenbüschel (Nr. 812). Das sind aber die Geraden, welche zwei gepaarte Punkte der I_0 verbinden, und weil eben jede noch ein zweites Paar der I_0 selbst trägt, so ist sie zweimal Verbindungslinie, und der Kegelschnitt des allgemeinen Falls hat sich in einen doppelten Strahlenbüschel verwandelt. Im allgemeinen Falle zählt jede Tangente des Direktions-Kegelschnitts einmal als Verbindungslinie gepaarter Punkte für die eine der beiden residualen Involution und einmal für die andere, hier jeder Strahl des Direktions-Strahlenbüschels doppelt für die zu sich selbst residuale I_0.

Die Verbindungslinien gepaarter Punkte einer zu sich selbst residualen Involution I_0 bilden einen Strahlenbüschel.

Jeder Strahl des Büschels trägt eine Involution von Büschel-Grundpunkten des Netzes; zwei Paare davon liegen immer auf der Kurve C^4. Die Gerade $D_1 D_2$ bildet den einen Bestandteil der Jacobischen Kurve des Netzes; der andere ist ein durch D_1, D_2 gehender Kegelschnitt, der von den Doppelpunkten derjenigen Geradenpaare des Netzes erfüllt wird, deren Geraden durch D_1, D_2 gehen (Nr. 687). Durch jedes Paar XX' von I_0 gehen zwei solche Geradenpaare; dadurch werden die beiden Punkte X, X' Diagonalpunkte eines dem Kegelschnitte eingeschriebenen Vierecks, also konjugiert in bezug auf ihn.

Für jede der vier Involutionen I_0 gibt es einen durch D_1, D_2 gehenden Kegelschnitt, in bezug auf welchen die in ihr gepaarten Punkte X, X' konjugiert sind, und der also die vier Doppelpunkte mit den Punkten D_1, D_2 verbindet.

Der Strahlenbüschel der Verbindungslinien gepaarter Punkte der I_0 enthält acht Tangenten der C^4. Von ihnen berühren vier in den Doppelpunkten. Auf einer der übrigen haben sich im Berührungspunkte zwei nicht gepaarte aus den beiden Paaren, die sie trägt, vereinigt; folglich müssen sich die andern Punkte auch vereinigen. Der Strahl ist Doppeltangente und zählt doppelt.

Im Scheitel des Strahlenbüschels schneiden sich daher zwei Doppeltangenten der C^4.

So zerfallen die acht Doppeltangenten der Kurve C^4 in vier Paare, von denen jedes Paar zu einer der vier Involutionen I_0 gehört; derartig, daß auf jeder der beiden Doppeltangenten die beiden Berührungspunkte in dieser I_0 gepaart sind und alle vier Berührungspunkte auf einem durch die Doppelpunkte D_1, D_2 gehenden Kegelschnitte liegen.

Die 16 Doppelpunkte der vier I_0 sind ferner Punkte, in denen C^4 von Kegelschnitten, die durch D_1, D_2 gehen, vierpunktig berührt wird.

Zu den $E(X, X')$ auf C^4 gelangen wir, wenn wir zwei Involutionen hintereinander vornehmen. Sie seien durch die Punktepaare $O'L$, OL je aus den verbundenen Involutionen hergestellt. Dem Punkte X sei in der ersten M, diesem in der zweiten X' gepaart; also ist M der letzte Schnitt des Kegelschnitts $(D_1 D_2 O' L X)$ und X' der letzte Schnitt von $(D_1 D_2 O L M)$ mit C^4. Fällt X in O, so fallen beide Kegelschnitte zusammen, und O, O' ergeben sich als entsprechende Punkte. Nachdem X, X' mit Hilfe von L hergestellt sind, überzeugt man sich, daß sie auch aus einem andern Punkte L_1 von C^4 sich ergeben, d. h. daß die Kegelschnitte $(D_1 D_2 O' L_1 X)$ und $(D_1 D_2 O L_1 X')$ denselben letzten Schnitt (M_1) mit C^4 haben; in der Tat, die Büschel $(D_1 D_2 O' X)$ und $(D_1 D_2 O X')$ schneiden zwei Involutionen ein, welche das Paar LM gemeinsam haben, also identisch sind.

Demnach hängt das Ergebnis nur von O, O' ab; ein Paar entsprechender Punkte legt die Korrespondenz $E(X, X')$ eindeutig fest; und es gibt ∞^1 solche Korrespondenzen.

X und X' können sich nur vereinigen, wenn O und O' es tun; und dann geschieht es durchweg.

881 Aber wir wollen die selbständige Behandlung der C^4 nicht fortsetzen, vielmehr zur Regelfläche 4. Grades mit zwei doppelten Leitgeraden übergehen.

Wenn im Raum die Geraden d_1, d_2 durch die Doppelpunkte D_1, D_2 von C^4 geführt sind, so erzeugen alle Geraden, welche sich auf sie und C^4 stützen, eine Regelfläche 4. Grades mit d_1, d_2 als doppelten Leitgeraden; denn von jedem Punkte von d_1, d_2 gehen zwei Erzeugenden aus, und man erhält eine Korrespondenz [2, 2] zwischen den beiden Punktreihen. Eine Tangentialebene τ dieser Fläche schneidet außer in der durch den Berührungspunkt T gehenden Erzeugenden g_0 noch eine Kurve 3. Ordnung C^3 aus, welche der g_0 in diesem Punkte T und den beiden Punkten $\mathfrak{D}_1$, $\mathfrak{D}_2$ begegnet, in denen g_0 sich auf d_1, d_2 stützt. So entsteht durch die Fläche eine eindeutige Abbildung der Punktreihe der einen Kurve in die der andern; und auch in der Geradenreihe dieser Regelfläche P^4 entstehen Involutionen, eindeutige Korrespondenzen E usw. Zwei residuale Involutionen auf C^4 gehen über in zwei residuale Involutionen auf P^4. Jeder Kegelschnitt durch D_1, D_2, welcher ein Paar der einen mit einem Paare der andern verbindet, führt durch die von seinen Punkten ausgehenden Strahlen des Netzes $[d_1, d_2]$ zu einer Regelschar, in deren Leitschar sich d_1, d_2 befinden. Sie enthält die vier Geraden der P^4, die durch die Punkte der Paare gehen. Also ist jedes Paar der einen der beiden residualen Involutionen auf P^4 mit jedem der andern durch eine Regelschar verbunden. Es schneidet ja auch jede Regelschar durch zwei Erzeugenden der P^4, in deren Leitschar d_1, d_2 enthalten sind, zwei weitere Erzeugenden aus; man sieht, wie jede der beiden Involutionen aus einem Paare der andern sich ergibt. Irgend zwei Erzeugenden von P^4 bestimmen eindeutig eine solche Involution, in der sie gepaart sind, eine Erzeugende, doppelt gedacht, eine Involution, in der sie Doppelstrahl ist; die Regelschar, die ihn mit einem Doppelstrahle der residualen Involution verbindet, berührt P^4 längs dieser beiden Geraden, und alle Geraden der Leitschar sind Doppeltangenten der Fläche, welche auf diesen Geraden berühren. Zwei solche Doppelstrahlen aus residualen Involutionen sind gepaart in einer der vier zu sich selbst residualen Involutionen, in welcher jede zwei Paare durch eine Regelschar verbunden sind. Jeder der vier Doppelstrahlen einer derartigen Involution repräsentiert vier aufeinander folgende Erzeugenden, die derselben Regelschar angehören, welche also die P^4 vierstrahlig berührt. Die Geraden der Leitschar tangieren die Fläche auf der Gerade vierpunktig. Solcher Geraden gibt es 16; sie bilden den Ort der Punkte, welche eine vierpunktig berührende Tangente besitzen, und diese Tangenten bilden jedesmal eine Regelschar[1]).

Die vier Doppelstrahlen einer zu sich selbst residualen Involution sind in einer Regelschar enthalten; sie schneidet jede Ebene in demjenigen Kegelschnitte, welcher die Doppelpunkte der Schnittkurve 4. Ordnung mit den Doppelpunkten der auf dieser entstehenden zu sich selbst residualen Involution verbindet. In bezug auf ihn sind je zwei gepaarte Punkte dieser Involution konjugiert; mithin auch in bezug auf die Trägerfläche der Regelschar. Von zwei gepaarten Strahlen der Involution auf P^4 sind also beliebige zwei Punkte in bezug auf diese Trägerfläche konjugiert, daher sind die beiden Strahlen polar.

Wird also in bezug auf die Trägerfläche der Regelschar, welche die Doppelstrahlen einer der zu sich selbst residualen Involutionen enthält, polarisiert, so geht jeder Strahl in den gepaarten über, die ganze Regelfläche also in sich selbst.

Es wird demzufolge ein Doppelstrahl einer beliebigen Involution in einen Doppelstrahl der residualen, also jene in diese übergeführt.

Man nennt diese Regelscharen und Flächen die Fundamental-Regelscharen, bzw. -Flächen der P^4[2]).

882 Auf der C^3 in einer Tangentialebene τ der P^4 schneiden die Regelscharen, welche durch zwei Geraden y, y' der P^4 gelegt sind und sich auf d_1, d_2 stützen, Kegelschnitte ein, welche durch $\mathfrak{D}_1$, $\mathfrak{D}_2$ und die Spuren Y, Y' der y, y' gehen; die Spuren X, X' der x, x' der eingeschnittenen Involutionen liegen daher mit dem Gegenpunkt $\mathfrak{X}$ jener vier Punkte auf C^3 in gerader Linie, wir haben eben eine zentrale Involution. Das Zentrum der verbundenen Involution ist der dritte Schnitt $\mathfrak{Y}$ von YY'. Nun sind die neun Schnittpunkte der C^3 mit den drei Geraden $\mathfrak{D}_1\mathfrak{D}_2T$, $XX'\mathfrak{X}$, $YY'\mathfrak{Y}$ assoziiert und $\mathfrak{D}_1$, $\mathfrak{D}_2$, X, X', Y, Y' auf einem Kegelschnitte gelegen, also T, $\mathfrak{X}$, $\mathfrak{Y}$ in gerader Linie. Von residualen Involutionen auf P^4 oder C^4 rühren also zwei solche zentrale Involutionen auf C^3 her, deren Zentren mit dem Berührungspunkte T der Tangentialebene τ in gerader Linie liegen[3]). Die Strahlen durch T liefern ∞^1 Paare, die Tangenten unter ihnen führen zu denen, welche aus den zu sich selbst residualen

1) Voß, Math. Annalen Bd. 8 S. 134, 135.
2) Vgl. hierzu: Liniengeometrie Bd. III Nr. 590 ff.
3) Auf C^3 sind sie in keiner engeren Beziehung.

entstehen. Ist $\mathfrak{X}_0 = \mathfrak{Y}_0$ einer der Berührungspunkte, so ist für die vier Berührungspunkte der Tangenten aus ihm, die Doppelpunkte der betreffenden Involution, T der Gegenpunkt, und $\mathfrak{D}_1$, $\mathfrak{D}_2$ sind auf einem Kegelschnitte durch sie gelegen.

Konstruiert man auf C^3 aus O, O' wiederum die eindeutige Korrespondenz E und überträgt die Konstruktion auf P^4 und C^4, so ergibt sich aus der Gerade $O'X$ mit dem dritten Schnitt M die Regelschar $o'xm$, und aus MOX' die Regelschar mox', wo o, o', m, x, x' Erzeugenden von P^4 sind; zu beiden Regelscharen gehört g_0, die Erzeugende in τ, und erst so wird m bzw. x' letzter Schnitt. Die Regelscharen, mit denen zu arbeiten ist, gehen also alle durch diese feste Erzeugende g_0, und ihre Spur in der Ebene von C^4 ist der Punkt L, mit dem in Nr. 880 konstruiert wurde. Wir wissen von dort, daß wir ihn verändern können; d. h. die Tangentialebene τ kann verändert werden; wie ja auch zu erwarten war. Eine Vereinfachung für das direkte Arbeiten auf P^4 oder C^4, bei der ein solches festes, an sich beliebiges Element[1]) vermieden wird, scheint nicht zu erzielen; weil eben jede sich auf d_1, d_2 stützende Regelschar vier Geraden mit P^4 gemein hat. Dieser Umstand pflanzt sich auch in die Konstruktionen von Involutionen höherer Stufe fort und vermindert wegen der daraus sich ergebenden größeren Umständlichkeit das Interesse. Es genüge, das Übertragungsverfahren angegeben zu haben.

§ 123. Das Korrespondenzprinzip auf nicht unikursalen Kurven.

883 Im vorangehenden haben wir bei Trägern vom Geschlechte 1 Verwandtschaften kennen gelernt, bei denen die Anzahl der Koinzidenzen größer, sowie solche, bei denen sie kleiner ist als das Chaslessche Korrespondenzprinzip für unikursale Träger angibt; die zentralen Involutionen auf C^3 haben 4 statt 1 + 1, die im allgemeinen nicht involutorischen Korrespondenzen E gar keine.

Durch analytische Betrachtungen ist eine Verallgemeinerung des Chaslesschen Prinzips erreicht worden. Man ist zu einer Koinzidenzformel:

$$\alpha + \alpha' + 2\gamma p$$

für eine von einer Kurve vom Geschlechte p getragene Korrespondenz $[\alpha, \alpha']$ gekommen,[2]) in welcher γ eine Zahl ist, die ihrer Definition nach $\geqq 0$ sein muß: die Wertigkeit der Korrespondenz; Rückkehr-

1) Solche Elemente traten auch bei der fächerförmigen Konstruktion des Strahlennetzes oder Strahlengewindes aus 4,5 Strahlen auf: Liniengeometrie Bd. I Nr. 92.

2) Cayley, Comptes rendus Bd. 62 S. 586; Proc. London Math. Soc. Bd. 1 Heft 7 S. 1; Philos. Transactions Bd. 158 S. 145; Mathematical Papers Bd. 5

punkte der Trägerkurve können noch eine Verminderung herbeiführen. Die Korrespondenzen $E(X, X')$ aber auf den Kurven vom Geschlechte 1, gerade die interessantern unter diesen Korrespondenzen, fügen sich ihr nicht ein.

Synthetisch ist die Sache noch nicht reif, und ich werde mich mit einigen vorbereitenden Betrachtungen begnügen.

Für die obige Cayley-Brillsche Formel wird vorausgesetzt, daß es sich um eine Einschneidungs-Korrespondenz handle, d. h. daß nicht bloß jedem Punkte der ebenen Kurve, welche die Korrespondenz trägt, sondern jedem Punkte X der Ebene eine Kurve zugeordnet sei, welche die Punkte X' trägt, und jedem Punkte X' eine Kurve, welche die X enthält[1]; und durch die Schnitte der Trägerkurve mit der einem Punkte X oder X' auf ihr zugeordneten Kurve — abgesehen von gewissen festen Punkten — erhält man die entsprechenden Punkte.

Es liege eine ebene Kurve $C_{n'}^{n}$ von der Ordnung n und der Klasse n' vor; wir wollen zeigen, daß $n + n'$ die Anzahl der Normalen aus einem Punkte O an sie ist. Dazu ordnen wir jedem Punkte X der Kurve die n Schnitte X' derselben mit dem Lote aus O auf die Tangente von X zu; einem X' sind dann zugeordnet die Berührungspunkte X der n' Tangenten, welche zu OX' senkrecht sind, eingeschnitten durch die erste Polare ihres unendlich fernen Punktes. Wir können verallgemeinern. Einem beliebigen Punkte X sind das Lot aus O auf seine gerade Polare und seine Punkte X', einem Punkte X' die erste Polare des unendlich fernen Punktes in senkrechter Richtung zu OX' und ihre Punkte X zugeordnet; auf jeder Gerade rufen die zugeordneten Punkte X und X' eine Korrespondenz $[n-1, 1]$ hervor, aus deren Koinzidenzen wir auf eine Kurve n^{ter} Ordnung sich selbst entsprechender Punkte schließen. Sie ist in unserm Falle, in dem wir es nur mit ∞^1 Geraden und ∞^1 ersten Polaren zu tun haben, welche projektive Büschel bilden, deren Erzeugnis und geht durch die d Doppelpunkte und r Rückkehrpunkte der $C_{n'}^{n}$ einfach, in den letzteren die Kurve berührend, weil das die ersten Polaren tun; folglich hat sie mit ihr noch $n^2 - 2d - 3r = n + n'$ Schnitte; das sind die Koinzidenzen der Korrespondenz $[n', n]$ auf der

S. 542 (mit einem Zusatz Bd. 7 S. 39), Bd. 6 S. 9, 263. Brill, Math. Annalen Bd. 6, S. 58, Bd. 7 S. 607, Bd. 31 S. 374.

Vgl. auch Clebsch-Lindemann, Vorlesungen über Geometrie Bd. I S. 441; Schubert, Kalkül der abzählenden Geometrie § 18; Bobek, Wiener Sitzungsberichte Bd. 93 S. 819; Sporer, Zeitschr. f. Math. und Phys. Bd. 33 S. 228; Hurwitz, Math. Annalen Bd. 28 S. 515 und Berichte der Sächs. Ges. der Wiss. für 1886; Zeuthen, Math. Annalen Bd. 40, S. 109; Wieleitner, Theorie der ebenen algebr. Kurven höherer Ordnung S. 173.

1) Analytisch: $\psi(x, y, z; x', y', z') = 0$.

Kurve. In ihnen fällt der Fußpunkt des Lots aus O auf die Tangente in den Berührungspunkt, dasselbe ist Normale der Kurve.

Ersetzt man das Paar der absoluten Punkte durch einen allgemeinen Kegelschnitt, so tritt an Stelle der unendlich fernen Gerade die Polare von O nach diesem. Die Quasinormalen verbinden die Punkte der C^n mit den (eindeutig) entsprechenden Punkten ihrer Polarkurve n'^{ter} Ordnung in bezug auf diesen Kegelschnitt und umhüllen eine Kurve von der Klasse $n + n'$ (Nr. 177).

Hier ist $\alpha + \alpha'$ die Anzahl der Koinzidenzen, wie beim Chaslesschen Prinzip; wir werden sehen, daß $\gamma = 0$ ist, weil die den X und X' zugeordneten Kurven, auch für die auf C^n gelegenen Punkte, nicht durch diese gehen.

Wenn die Punkte von C^n eindeutig auf die Tangenten einer Kurve $C_{n'}$ n'^{ter} Klasse bezogen sind, welche in derselben Ebene liegt, so ergibt sich auf jener Kurve eine Korrespondenz $[n', n]$, in der jedem Punkte X die Schnitte mit der korrespondierenden Tangente von $C_{n'}$ zugeordnet sind. Diese Tangente ist die Kurve, welche die X' einschneidet; aber welche Kurve schneidet die einem X' entsprechenden X ein? Und welche gehört zu einem nicht auf C^n gelegenen X oder X'?

884 Nehmen wir wiederum zwei Kurven derselben Ebene an: C^n, C^m n^{ter} und m^{ter} Ordnung. Jedem Punkte X von C^n seien die $\alpha' = n(m - i)$ Schnitte X' mit seiner i^{ten} Polare nach C^m zugeordnet und daher jedem X' die $\alpha = ni$ Schnitte X mit seiner $(m - i)^{\text{ten}}$ Polare. Hier sind wiederum auch für die nicht auf C^n gelegenen Punkte zugeordnete Kurven vorhanden, und es ergibt sich eine Koinzidenzkurve, offenbar die gegebene Kurve m^{ter} Ordnung, denn deren Punkte allein fallen auf die zugehörigen Polaren. Ihre nm Schnitte sind die Koinzidenzen der Korrespondenz $[\alpha, \alpha']$ auf C^n, also $\alpha + \alpha'$; auch hier ist $\gamma = 0$.

In einem beliebigen Strahlenbüschel ruft die Korrespondenz $[\alpha, \alpha']$ eine Korrespondenz $[n\alpha, n\alpha']$ hervor, und von den $n(\alpha + \alpha')$ Koinzidenzstrahlen derselben gehen $\alpha + \alpha'$ nach den Koinzidenzpunkten, während die übrigen beweisen, daß die Direktionskurve der $[\alpha, \alpha']$, eingehüllt von den Verbindungslinien entsprechender Punkte, von der Klasse $(n - 1)(\alpha + \alpha')$ ist.

Es sei nun $m = n$ und C^n ohne Rückkehrpunkte vorausgesetzt; wir führen die zweite Kurve n^{ter} Ordnung, in bezug auf welche die Polaren genommen werden, kontinuierlich in die Trägerkurve C^n über. Diese wird von der in bezug auf sie genommenen Polare eines Punktes X oder X' auf ihr in demselben berührt, und sehen wir von diesen Berührungen ab, so haben wir noch $\beta' = \alpha' - 2 = n(n - i) - 2$ weitere Schnitte, bzw. $\beta = \alpha - 2 = ni - 2$ Schnitte. Es entsteht auf C^n eine Korrespondenz $[\beta, \beta']$; aber Koinzidenzkurve ist die Trägerkurve

C^n selbst und als solche nicht geeignet, die Koinzidenzen einzuschneiden. Sehen wir aber zu, was uns die kontinuierliche Überführung vom vorigen allgemeinen zum jetzigen Fall bringen wird. Zwei von den Tangenten der Direktionskurve, die von einem X oder X' ausgehen, sind in die Tangente der C^n in diesem Punkte gerückt, so daß die C^n doppelt gerechnet von der Direktionskurve sich ablöst; die Klasse der C^n ist $n' = n(n-1) - 2d$. Es bleibt als Direktionskurve für die $[\beta, \beta']$ eine Kurve von der Klasse $(n-1)(\alpha + \alpha') - 2n' = (n-1)(\beta + \beta' + 4) - 2n'$. Nunmehr schließen wir umgekehrt aus der in einem Strahlenbüschel entstehenden Korrespondenz $[n\beta, n\beta']$ auf die Anzahl der Koinzidenzen von $[\beta, \beta']$, nämlich:

$$n(\beta+\beta') - \{(n-1)(\beta+\beta'+4) - 2n'\} = \beta+\beta'+2\cdot 2\left\{\frac{(n-1)(n-2)}{2} - d\right\}$$
$$= \beta+\beta'+2\cdot 2\cdot p.$$

Das ist die Formel von Cayley-Brill, wenn $\gamma = 2$ angenommen wird. Diese Annahme entspricht der Definition von γ: die Wertigkeit ist die Anzahl der Schnitte, welche die einem Punkte X oder X' der Trägerkurve der Korrespondenz zugeordnete Kurve mit ihr in diesem Punkte gemeinsam hat.

Wenn mit der ersten und letzten Polare operiert wird, so tritt noch eine Modifikation ein. Die ersten Polaren gehen durch die Doppelpunkte von C^n, und so ergeben sich feste Schnitte dieser Kurven; es bleiben nur noch $\beta' - 2d = n(n-1) - 2 - 2d = \beta''$ veränderliche, so daß man es nur mit einer Korrespondenz $[\beta, \beta'']$ zu tun hat. Jeder Doppelpunkt führt dann, als Punkt des einen und des andern Astes, auf dem er sich befindet, zu einem in ihn auf diesem Aste fallenden weiteren Schnitt der Tangente, letzten Polare (bei der die Verhältnisse einfacher liegen als bei der ersten). So kommen $2d$ Koinzidenzen im Strahlenbüschel zustande; und es verbleiben $\beta + \beta' + 2\cdot 2\cdot p - 2d = \beta + \beta'' + 2\cdot 2\cdot p$ Strahlen, die nach Koinzidenzen der $[\beta, \beta'']$ gehen, also so viele als die Cayley-Brillsche Formel verlangt. Diese Anzahl ist: $3n(n-2) - 6d$, die Anzahl r' der Wendepunkte; und diese Punkte sind die Koinzidenzen der $[\beta, \beta'']$, welche jedem X der C^n die weiteren Schnitte X' seiner Tangente und jedem X' die Berührungspunkte X der von ihm ausgehenden und anderwärts berührenden Tangenten zuordnet.

Besitzt die Kurve C^n neben den d Doppelpunkten noch r Rückkehrpunkte, so ist, weil die ersten Polaren in den letzteren berühren, $\beta'' = n(n-1) - 2 - 2d - 3r$; aber $2p$ nimmt nur um $2r$ ab, die Formel liefert dann $3n(n-2) - 6d - 7r$, also $r' + r$. Die Koinzidenzen der $[\beta, \beta'']$ sind in der Tat die Wendepunkte und Rückkehrpunkte.

885 Anders gestaltet sich die Sache, wenn die einschneidende Kurve den Punkt, dessen entsprechende Punkte sie liefert, durchweg enthält, auch für nicht C^n angehörige Punkte, eventuell mehrmals. Es wird dann die bisherige Koinzidenzkurve, welche die sich selbst entsprechenden Punkte einschneidet, illusorisch; jeder Punkt der Ebene hat die Eigenschaft, mit einem oder mehreren Punkten der zugeordneten Kurve zu koinzidieren. Wir müssen dann eine anders definierte Koinzidenzkurve herstellen und wollen dies zuerst an einem Beispiel involutorischen Entsprechens zeigen. Bei solchem Entsprechen sind die demselben Punkte $X \equiv Y'$ in dem einen und andern Sinne zugeordneten Kurven identisch.

Wir betrachten die durch einen Strahlenbüschel O in eine Kurve n^{ter} Ordnung eingeschnittene Involution n^{ten} Grades, in der also jedem Punkte der C^n $n-1$ andere involutorisch entsprechen. Einschneidende Kurve ist eben jedesmal der Strahl des Büschels durch den Punkt. Wir dehnen dies auf die ganze Ebene aus und suchen den Ort der Punkte, für welche die letzte Polare nach C^n in diesen Büschel fällt. Geschieht dies für einen Punkt von C^n, so wird sie Tangente, und ihr Berührungspunkt ist Koinzidenz oder Doppelpunkt jener Involution. Der genannte Ort ist die erste Polare von O und ihre $n(n-1)$ Schnitte mit C^n sind die Berührungspunkte. Die Involution ist als Korrespondenz eine $[n-1,\ n-1]$; zu

$$n(n-1) = 2(n-1) + 2 \cdot 1 \cdot \frac{(n-1)(n-2)}{2}$$

führt die Formel von Cayley-Brill, wenn $\gamma = 1$ angenommen wird; was dem Umstande entspricht, daß durch jeden Punkt die einschneidende Kurve einmal geht.

Hat die Kurve d Doppelpunkte, so gehören diese doppelt zu den Schnitten der ersten Polare; sie vermindern n' und die Zahl der Koinzidenzen um $2d$, aber andererseits auch $2p$. Ein Rückkehrpunkt vermindert n' um 3, $2p$ nur um 2. Daher ist wiederum $\alpha + \alpha' + 2p$ gleich der Summe der Anzahlen der Koinzidenzpunkte und der Rückkehrpunkte.

Liegt O auf C^n, so handelt es sich um eine Involution $(n-1)^{\text{ten}}$ Grades oder involutorische Korrespondenz $[n-2,\ n-2]$; von den Schnitten der ersten Polare von O absorbiert dieser 2, und die Formel führt wiederum zum richtigen Resultate.

Betrachten wir jetzt die Involution (X, X') (eindeutige involutorische Korrespondenz), welche auf einer Kurve 4. Ordnung C^4 mit zwei Doppelpunkten D_1, D_2 durch den Kegelschnitt-Büschel $(D_1 D_2 Y Y')$, dessen Grundpunkte Y, Y' auch der C^4 angehören, entsteht (Nr. 879) und der zentralen Involution auf C^3 entspricht.

Hier ist jedem Punkte der durchgehende Kegelschnitt des Büschels zugeordnet, also ist $\gamma = 1$. Jeder Punkt bedingt den

Büschel seiner Polaren in bezug auf die Kegelschnitte des Büschels,[1]) in ihm die Tangente des Punktes an den zugeordneten Kegelschnitt. Koinzidenzkurve ist hier der Ort der Punkte, für welche die zugehörige gerade Polare in bezug auf C^4 in diesen zugeordneten Büschel fällt.[2]) Er ist 5. Ordnung.

Auf einer beliebigen Gerade erhalten wir eine Korrespondenz [3, 2] der Punkte Z, Z', die sich folgendermaßen entsprechen. Jeder Z hat eine gerade Polare nach C^4; ihre Polkurve bezüglich des Kegelschnitt-Büschels (Nr. 691) trifft l in den zwei entsprechenden Punkten Z'. Ein Z' führt zunächst zu einem Polarenbüschel $\mathfrak{Z}$ bezüglich jenes Büschels, und in ihn fallen die geraden Polaren von drei Punkten Z der Gerade l, denjenigen, in denen l von der ersten Polare des Scheitels $\mathfrak{Z}$ geschnitten wird. In jeden der Punkte D_1, D_2 fallen sechs Schnitte und in jeden der Punkte Y, Y' zwei Schnitte der Koinzidenzkurve mit C^4.

In der Tat, wenn l durch D_1 geht, so erhalten wir, von diesem Punkte mit unbestimmter geraden Polare absehend, eine Korrespondenz [2, 2], indem nur die beiden andern Schnitte der ersten Polare von $\mathfrak{Z}$ mit l herangezogen werden. Von ihren vier Koinzidenzen rückt aber noch einer in D_1, weil dieser mit dem zugehörigen $\mathfrak{Z}$ identisch ist und seine erste Polare in ihm ebenfalls einen Doppelpunkt hat, also noch einer der ferneren Schnitte in ihn gerückt ist; somit hat l nur noch drei Schnitte mit der Kurve 5. Ordnung und D_1 ist Doppelpunkt für sie. Seine Tangenten an C^4 sind auch die der ersten Polare und werden es auch für diese Kurve.

Ebenso berührt sie die C^4 in Y und Y'. Man beachte, daß ein Punkt und der Scheitel des Polarenbüschels in der involutorischen quadratischen Verwandtschaft I_{II} stehen und den Koinzidenzpunkten D_1, D_2, Y, Y' entsprechende Punkte auf demselben Strahle sich nähern (Nr. 812), so daß z. B. für den Nachbarpunkt von Y auf C^4 der genannte Scheitel unendlich nahe in 2. Ordnung an der Tangente liegt.

Nach Abzug dieser $2 \cdot 6$[3]) $+ 2 \cdot 2 = 16$ Punkte bleiben noch vier Punkte der C^4, in denen die Tangente, als gerade Polare, dem Polarenbüschel in bezug auf $(D_1 D_2 Y Y')$ angehört, demnach Tangente

1) Das ist Brills Konnex $\Phi(u, v, w;\ x, y, z) = 0$ (Math. Annalen Bd. 31 S. 385), durch den, wenn die Kurven $\psi = 0$ einen Kegelschnitt-Büschel bilden, jedem Punkte der genannte Polarenbüschel, jeder Gerade der Ort ihrer Pole zugeordnet wird; sind $a_1 x^2 + a_2 y^2 + a_3 z^2 = 0$, $b_1 x^2 + b_2 y^2 + b_3 z^2 = 0$ zwei Kegelschnitte aus diesem Büschel, so ist $\Phi = u(a_2 b_3) yz + v(a_3 b_1) zx + w(a_1 b_2) xy = 0$. Im vorigen Falle sind x, y, z aus $\Phi = 0$ herausgegangen; und es hat sich ein fester Strahlenbüschel ergeben.

2) $F(x, y, z) = 0$ (a. a. O. S. 393).

3) Diese 6 ist $\mathfrak{a}(\mathfrak{b} + \mathfrak{b}' + \beta(\mathfrak{a} - 1))$ bei Brill, S. 398, wo $\beta = 1$, $\mathfrak{a} = 2$, $\mathfrak{b} = \mathfrak{b}' = 1$.

des durch den Punkt gehenden Kegelschnitts desselben ist, dieser also die C^4 berührt, wodurch ein Doppelpunkt der Involution (X, X') entsteht.

886 Wir wollen eine Kurve von der Ordnung n mit den Kegelschnitten eines Systems (μ, ν) schneiden, um die Anzahl der Berührungen zu ermitteln. Die Charakteristiken μ, ν seien etwas allgemeiner definiert, als die Anzahlen der Kurven des Systems, in bezug auf welche zwei gegebene Punkte A, A' oder zwei gegebene Geraden a, a' konjugiert sind (Nr. 422). Vereinigen sich jene oder diese, so ergibt sich die gewöhnliche Bedeutung von μ, ν. Aus jener allgemeineren Definition folgt sofort, daß μ die Klasse der Kurve der Polaren eines festen Punktes und ν die Ordnung des Orts der Pole einer festen Gerade ist. Die Tangenten jener Kurve aus dem Punkte sind diejenigen, die in ihm die durchgehenden Kegelschnitte berühren.

Durch die Kurven von (μ, ν) entsteht auf C^n eine involutorische Korrespondenz $[\mu(2n-1), \mu(2n-1)]$ oder $[\mu(2n-1)]$ mit der einfacheren Bezeichnung von Nr. 185. Von deren Koinzidenzen entstehen die einen durch die $2\mu - \nu$ Punktepaare im System (μ, ν) (Nr. 186), als Schnittpunkte der Doppellinien mit C^n, also $n(2\mu - \nu)$. Die andern stammen von Berührungen her; zu deren Zahl kommen wir auf folgende Weise. Wir haben den Ort eines Punktes aufzusuchen, dessen gerade Polare in bezug auf C^n zugleich seine Polare in bezug auf einen Kegelschnitt von (μ, ν) ist, also die Polarenenveloppe μ^{ter} Klasse des Punktes berührt. Wie oben entsteht auf einer Gerade l eine Korrespondenz $[\mu(n-1), \nu]$ der Punkte Z, Z'; einem Z korrespondieren die Schnitte Z' der Polkurve ν^{ter} Ordnung, in bezug auf (μ, ν), seiner geraden Polare nach C^n; die Polarenenveloppe eines Z', μ^{ter} Klasse, hat mit derjenigen $(n-1)^{\text{ter}}$ Klasse der geraden Polaren der Punkte von l (Nr. 684) nach C^n $\mu(n-1)$ Tangenten gemein, deren Pole (nach C^n) auf l die dem Z' zugehörigen Punkte Z sind; also hat jener Ort die Ordnung $\mu(n-1) + \nu$.[1]) Für einen Schnitt dieser Kurve mit C^n gilt, daß seine gerade Polare für C^n die Tangente in ihm an diese Kurve ist; sie ist zugleich seine Polare nach einem Kegelschnitte von (μ, ν), also, weil sie durch ihn geht, die Tangente eines der durch ihn gehenden; und so kommt Berührung zustande. Die Anzahl der Schnittpunkte ist $n[\mu(n-1) + \nu]$, und alle sind solche Berührungspunkte, wenn wir C^n allgemein voraussetzen; die Klasse n' ist $n(n-1)$, und wir können diese Zahl der berührenden Kegelschnitte in der Form

$$\mu n' + \nu n$$

schreiben (vgl. Nr. 839). Die Gesamt-Anzahl der Koinzidenzen der involutorischen Korrespondenz ist daher

$$\mu n' + \nu n + n(2\mu - \nu);$$

1) Cremona, Einleitung in eine geometrische Theorie der ebenen Kurven, S. 282.

diese Zahl übertrifft $\alpha + \alpha' = 2\mu(2n-1)$ um $\mu(n-1)(n-2) = 2\mu p$; entsprechend der Cayley-Brillschen Formel; γ ist in der Tat gleich μ, weil die einschneidende Kurve der Inbegriff der μ durch den Punkt gehenden Kegelschnitte ist.

Ist M ein m-facher Punkt der C^n, so löst sich für eine durchgehende Gerade l von der Enveloppe $(n-1)^{\text{ter}}$ Klasse der letzten Polaren der Büschel um ihn $(m-1)$-fach ab, weil jede erste Polare so oft durch ihn geht; die restierende Kurve ist von der Klasse $n-1-(m-1)$, und auf l entsteht eine Korrespondenz $[\mu(n-m), \nu]$; daraus folgt, daß M auf der Koinzidenzkurve $\mu(m-1)$-fach ist; es bleiben, wenn so die vielfachen Punkte abgezogen werden, $n\nu + \mu n(n-1) - \mu \sum m(m-1) = \mu n' + \nu n$ Schnitte übrig, also die obige Zahl. Die von den Punktepaaren des (μ, ν) herrührenden Koinzidenzen bleiben bestehen, $2p$ dagegen erfährt ebenfalls die Verringerung um $\sum m(m-1)$; also bleibt die Cayley-Brillsche Zahl gültig.

Sollten von den m Tangenten des m-fachen Punktes sich s in eine Gerade vereinigen, so nimmt der Punkt noch $\mu(s-1)$ Schnittpunkte in sich auf,[1] die Klasse n' verkleinert sich um $s-1$ und die Berührungszahl ist wieder $\mu n' + \nu n$. Aber $2p$ wird nicht vermindert. Der Cayley-Brillschen Formel muß ein solche Rückkehrelemente berücksichtigender Subtrahend hinzugefügt werden; wie ihn Brill auch eingeführt hat (S. 399).

Wir können zu der Zahl der Berührungen ohne abzuziehende Koinzidenzen kommen, wenn wir auf C^n eine andere nicht involutorische Korrespondenz herstellen.

Die Kurve der Berührungspunkte der Tangenten aus einem Punkte O an die Kegelschnitte von (μ, ν) ist von der Ordnung $\mu + \nu$. Denn in ihnen schneiden sich diese Kurven je mit den zugehörigen Polaren von O, und da diese eine Kurve μ^{ter} Klasse umhüllen, so entsteht auf einer Gerade l eine Korrespondenz $[2\mu, \mu]$. In bezug auf ein Punktepaar des Systems ist die Polare von O mit der Doppelgerade desselben identisch; so kommen wir zu $2\mu - \nu$ Koinzidenzen; die $\mu + \nu$ übrigen beweisen die behauptete Ordnung. Ersichtlich ist O auf ihr μ-fach und die Tangenten der durchgehenden Kegelschnitte von (μ, ν) sind auch die Tangenten dieser Kurve; eine beliebige Gerade durch O trifft die Kurve noch in den ν Punkten, in denen sie von Kegelschnitten des Systems berührt wird. Auf diese Weise wird jedem Punkte X der Ebene eine Kurve $(\mu + \nu)^{\text{ter}}$ Ordnung von Punkten X' zugeordnet, auf welcher er μ-fach ist, also jedem Punkte X von C^n die $n(\mu + \nu) - \mu = \mu(n-1) + n\nu$ weiteren Schnitte X'.

Einem X' sind dann alle Punkte X der μ Tangenten der durchgehenden Kegelschnitte zugeordnet, also eine Kurve μ^{ter} Ordnung, auf

1) Cremona, a. a. O.

welcher X' auch μ-fach ist mit diesen Geraden als Tangenten. Derselbe Punkt hat, als X oder X', verschiedene zugeordnete Kurven; auf beiden ist er μ-fach mit denselben Tangenten. Die μ Tangenten sind zugleich die μ Tangenten aus ihm an seine Polarenkurve μ^{ter} Klasse. Einem Punkte X' von C^n sind also die $\mu(n-1)$ übrigen Schnitte X dieser Tangenten entsprechend; und wir haben auf C^n eine Korrespondenz

$$[\mu(n-1),\ \mu(n-1)+\nu n].$$

Koinzidenzkurve ist dieselbe Kurve von der Ordnung $\mu(n-1)+\nu$ wie oben; und ihre Schnitte führen zu den

$$\mu n' + \nu n$$

Berührungen. Diese Zahl übertrifft die Summe $\alpha+\alpha' = 2\mu(n-1)+\nu n$ um $\mu(n'-2(n-1)) = 2\mu p$; wofern keine Rückkehrelemente vorhanden sind.

887 Interessant ist folgende Korrespondenz, die zur Anzahl d' der Doppeltangenten einer C^n führt, welche wir der Einfachheit halber allgemein annehmen. Nach den Plückerschen Formeln ist:

$$2d' = n(n-3)(n^2+n-6).$$

Wir ordnen, involutorisch, jedem Punkte X der Kurve C^n die je $n-3$ weiteren Schnitte X' der $n'-2$ von ihm ausgehenden Tangenten, außer ihm selbst und den Berührungspunkten, zu; diese Korrespondenz $[(n'-2)(n-3)]$ induziert in einem Strahlenbüschel eine ebenfalls involutorische Korrespondenz $[n(n'-2)(n-3)]$. Deren Koinzidenzen rühren von denen jener und von ihrer Direktionskurve her. Diese ist die gegebene Kurve selbst, aber $\frac{1}{2}(n-2)(n-3)$-fach; denn jede Tangente trägt so viele Paare entsprechender Punkte; weil es sich aber um involutorisches Entsprechen handelt, so ist noch eine Verdoppelung notwendig; die Anzahl der Koinzidenzen auf C^n ist also $2n(n'-2)(n-3) - 2\cdot n'\cdot\frac{1}{2}(n-2)(n-3)$; das ist, weil $n' = n(n-1)$, das obige $2d'$, die Zahl der Berührungspunkte der Doppeltangenten. Die einschneidende Kurve besteht aus den $n'-2$ Tangenten, und γ ist $= n'-2$; aber $2(n'-2)(n-3) + 2\gamma p$ führt nicht zu $2d'$. Das hängt damit zusammen, daß jene Kurve nicht bloß die $(n'-2)(n-3)$ entsprechenden Punkte einschneidet, sondern auch die $n'-2$ Berührungspunkte, und diese Punkte nicht feste Punkte sind. Cayley bringt[1]) durch eine „Zerspaltung“ doch ein der Formel genügendes Resultat zustande. Es liegen zwei Korrespondenzen vor, die jetzige, welche jedem Punkte X der Kurve $(n'-2)(n-3)$ andere X' involutorisch zuordnet ($\alpha = \alpha' = (n'-2)(n-3)$), und die früher betrachtete, welche ihm die $\beta'' = n'-2$ Berührungspunkte X'' zuordnet und jedem X'' die $\beta = n-2$ weiteren Schnitte X seiner Tangente.

1) Proc. London Math. Soc. Bd. 1.

Diese hat die $r' = 3n(n-2)$ Wendepunkte zu Koinzidenzen, die jetzige die $2d'$ Berührungspunkte der Doppeltangenten. Er bildet dann die Differenzen $2d' - (\alpha + \alpha')$, $r' - (\beta + \beta'')$, verdoppelt letztere, weil diese Korrespondenz von „Berührungs-Schnitten“ herrührt; die Summe ist $2(n'-2)p = 2\gamma p$.

Wenn auch so gezeigt ist, daß „die Formel nicht versagt“, so ist damit doch kein klarer „Vorgang“ gewonnen. Jedenfalls erhellt, daß die „Einschneidung“ doch recht mannigfaltig sein kann. Und was ist hier die Kurve, die einem nicht der C^n angehörigen Punkte zugeordnet ist, und die Koinzidenzkurve?

Ich begnüge mich mit diesen Erörterungen und komme am Schlusse auf die Korrespondenzen zurück, bei denen die Anzahl der Koinzidenzen $< \alpha + \alpha'$ ist; da hat man auch „Spaltungsprozesse“ versucht, z. B. bei der $E(X, X')$ auf C^3 folgendermaßen. Wenn O, O' die gegebenen entsprechenden Punkte sind, so müssen sich ja $O'X$ und OX' auf der Kurve: in Y schneiden. Es sind dann X und Y entsprechend in der zentralen Involution (O'). Man betrachte die Korrespondenz, in welcher dem X die beiden Punkte X_1 zugeordnet sind, von denen der eine der Y, der andere der dritte Schnitt X' von OY ist. Einem X_1 korrespondieren auch zwei Punkte X; der eine ergibt sich, wenn $X_1 \equiv \overline{Y}$, als dritter Schnitt $\overline{X}$ von $O'\overline{Y}$, der andere, wenn $X_1 \equiv X'$ ist und Y der dritte Schnitt von OX', als dritter Schnitt X von $O'Y$. Zugeordnete Kurve von X, welche die beiden X_1 einschneidet, ist die Gerade OYX'. Es gehen die in (O) gepaarten Punkte X_1, Y durch (O') in $\overline{X}$ nnd X über; diese sind gepaart in der Involution (O_1), deren Zentrum im dritten Schnitt von OT liegt, wofern T der Tangentialpunkt von O' ist (Nr. 853). Die dem X_1 entsprechenden Punkte $\overline{X}$ und X werden also durch $O_1\overline{X}X$ eingeschnitten. Für diese Korrespondenz $[2, 2]$ auf C^3 haben wir somit einschneidende Kurven, und zwar solche, die nicht durch die Punkte X, bzw. X_1 gehen, denen sie zugeordnet sind. Daher ist $\gamma = 0$ anzunehmen, und die Cayley-Brillsche Formel führt zu vier Koinzidenzen. Eine Koinzidenz tritt dann ein, wenn X sich mit Y oder mit X' vereinigt; Y ist aber dem X in der zentralen Involution (O') gepaart und vereinigt sich viermal mit ihm. Damit sind die Koinzidenzen erschöpft, und es bleiben keine, in denen sich X und X' vereinigen. Zum richtigen Resultate sind wir gelangt; aber der Prozeß ist gekünstelt, die Korrespondenz, in welcher die beiden einem Punkte entsprechenden Punkte verschiedenartig definiert sind, ungewöhnlich.

Es wird wohl notwendig sein, daß zunächst noch eine größere Anzahl von Beispielen von Korrespondenzen auf nicht unikursalen Kurven untersucht werden. Nr. 900 im nächsten Paragraphen wird uns ein Beispiel von ziemlicher Allgemeinheit bringen.

Neunter Teil.

Mehrdeutige Verwandtschaften zwischen Feldern.

§ 124. Zweieindeutige Verwandtschaften, insbesondere vom 2. und 3. Grade.[1])

888 Einem Punkte des Feldes Σ soll ein Punkt von Σ' und einem Punkte von Σ' sollen zwei Punkte von Σ korrespondieren; wir sagen dann, es bestehe eine zweieindeutige Verwandtschaft zwischen Σ und Σ', wobei das zuerst genannte Feld dasjenige ist, von dem zwei Punkte einem Punkte des andern korrespondieren, und wollen sie dem entsprechend auch durch $\mathfrak{T}_{2,1}$ bezeichnen. Das Feld Σ', dessen Punkten zwei Punkte im andern entsprechen, nennt Paolis das doppelte, Σ das einfache.

Als Grad n der Verwandtschaft bezeichnen wir wiederum die Anzahl, wie oft entsprechende Punkte bzw. auf gegebenen Geraden von Σ und Σ' liegen; es entspricht dann einer Gerade l von Σ wie einer Gerade l' von Σ' eine Kurve n^{ter} Ordnung, C' in Σ', C in Σ. Die Kurven C' sind, wegen der eindeutigen Beziehung je auf die entsprechende Gerade l, vom Geschlechte 0; das Geschlecht p der Kurven C bezeichnen wir als das Geschlecht der Verwandtschaft.

Heben wir aber sofort den Unterschied hervor, daß, wenn ein Punkt die l' durchläuft, die beiden entsprechenden die C beschreiben, von den den Punkten der C' entsprechenden aber je nur einer die l durchläuft.

In Σ erhalten wir eine der $\mathfrak{T}_{2,1}$ verbundene involutorische eindeutige Verwandtschaft $\mathfrak{T}_{1,1}$, in welcher je die beiden Punkte entsprechend sind, welche dem nämlichen Punkte von Σ' korrespondieren, auf jeder Kurve C also eine Involution solcher verbundenen Punkte.

Von dem doppelt unendlichen System der Kurven C' ersehen wir, daß durch zwei gegebene Punkte vier gehen; sie entsprechen den vier Geraden, welche die dem einen korrespondieren-

---

1) Vgl. drei Abhandlungen von de Paolis: Memorie dell' Accademia dei Lincei Ser. III Bd. 1 und 2. — Einige mehrdeutige Verwandtschaften, insbesondere ineinander liegender Gebilde haben wir gelegentlich schon gehabt, z. B. in § 117.

den beiden Punkte mit den dem andern korrespondierenden verbinden. Die ∞^1 Kurven C', die durch einen Punkt X' gehen, zerfallen in zwei getrennte Reihen, welche bzw. den Strahlen des Büschels um den einen entsprechenden Punkt X und um den andern entsprechenden Punkt $\overline{X}$ korrespondieren; gemeinsam ist ihnen die C', welche der $X\overline{X}$ entspricht; sie hat den X' zum Doppelpunkte.

Einfacher ist das System der C, weil durch zwei Punkte nur eine Kurve C geht. Dies System muß so beschaffen sein, daß zwei beliebige seiner Kurven nur zwei veränderliche Schnittpunkte haben, welche dem Schnittpunkte der korrespondierenden Geraden entsprechen; ihr Büschel entspricht dem Strahlenbüschel um den Schnittpunkt.

Zwei solche Büschel $(X_1, \overline{X}_1)$, $(X_2, \overline{X}_2)$ haben die Kurve C gemeinsam, welche durch X_1, X_2 und infolgedessen auch durch $\overline{X}_1$, $\overline{X}_2$ geht. Wenn also C_0, C_1, C_2 Kurven des Systems sind, so liegt jede vierte in einem der Büschel, welche von C_0 nach einer Kurve von $C_1 C_2$ gehen. Das System ist also ein Netz N.

Zwischen diesem Kurvennetze in Σ und dem Geradenfelde in Σ' besteht Kollineation.

Das Netz muß so viele gemeinsame Punkte, x_1 einfache, x_2 zweifache, ... haben, daß:

$$\sum r^2 x_r = n^2 - 2,$$

oder einfacher:

$$1) \qquad \sum r^2 = n^2 - 2,$$

wo mit r die Vielfachheit irgend eines gemeinsamen Punktes des Netzes bezeichnet und die Summe über alle gemeinsamen Punkte ausgedehnt ist.

Die Jacobische Kurve des Netzes beweist die Existenz von nur ∞^1 (nicht in gemeinsame Punkte fallenden) Doppelpunkten. Besäße also jede Kurve des Netzes einen Doppelpunkt, so müßte sie ihn je mit ∞^1 andern gemeinsam haben, was die Gemeinsamkeit von vier Punkten zweier solchen Kurven, außer den festen Punkten, bedeuten würde.[1])

Daher bewirken die gemeinsamen vielfachen Punkte schon das Geschlecht p, und wir haben:

$$2) \qquad \sum r(r-1) = (n-1)(n-2) - 2p.$$

Daraus folgt:

$$3) \qquad \sum r = 3n - 4 + 2p,$$

und:

$$\tfrac{1}{2} \sum r(r+1) = \tfrac{1}{2} n(n+3) - 3 + p.$$

1) Die Bedingung, daß eine Kurve einen nicht gegebenen Doppelpunkt habe, ist nicht linear; ∞^2 Kurven, welche, außer linearen Bedingungen, noch diese Bedingung erfüllen, können kein lineares System bilden.

Wenn also $p = 1$ ist, so bestimmen diese gemeinsamen Punkte gerade das Netz; ist $p = 0$, so bestimmen sie ein dreifach unendliches lineares System von Kurven, in dem das Netz sich befindet; ist hingegen $p > 1$, so bestimmen sie kein Netz, vielmehr ist eine Beziehung zwischen den Punkten notwendig, damit ein Netz zustande komme. Dadurch wird die Untersuchung der Verwandtschaften von höherem Geschlechte als 1 erheblich schwieriger. Einige Bemerkungen finden sich am Schlusse der ersten Abhandlung von de Paolis.

889 Vielleicht ist es gut, zunächst die einfacheren Fälle $n = 2, 3$ zu betrachten.

Der erstere fordert $p = 0$, im andern sind $p = 1$ und $p = 0$ möglich.

Bei $n = 2$ kann r nur 1 sein; das Netz N der Kegelschnitte C hat zwei feste Grundpunkte Q, R. Für ein solches Netz haben wir in Nr. 812 gefunden, daß die veränderlichen Grundpunkte der Büschel in einer involutorischen quadratischen Verwandtschaft erster Art I_{I} entsprechend sind. Die Jacobische Kurve des Netzes zerfällt in die Gerade $o = QR$, auf welcher die Doppelpunkte derjenigen Geradenpaare des Netzes liegen, zu denen o gehört, — o-Geradenpaare —, und einen durch Q, R gehenden Kegelschnitt Ω, welcher von den Doppelpunkten der Geradenpaare des Netzes erzeugt wird, deren Geraden bzw. durch Q, R gehen (Nr. 687). Die zweiten Geraden jener o-Geradenpaare gehen alle durch den Pol O von o in bezug auf Ω. Für jene I_{I} sind Ω Basis und O Zentrum. Auf jedem Strahle durch O befindet sich eine Involution von entsprechenden Punkten, die ein Paar veränderlicher Grundpunkte eines Büschels von N bilden; ihre Doppelpunkte liegen auf Ω, und auf den Tangenten $O(Q, R)$ ist sie parabolisch.

Die o-Geradenpaare bilden im Netze einen Büschel, den durch O ausgeschiedenen. Er besitzt den einzelnen Grundpunkt O und eine ganze Gerade o von Grundpunkten.

Die mit der $\mathfrak{T}_{2,1}$ 2. Grades verbundene involutorische Verwandtschaft $\mathfrak{T}_{1,1}$ ist die Hirstsche quadratische Inversion, von welcher Ω die Basis und O das Zentrum ist. Hauptpunkte sind O, Q, R und zugehörige Hauptgeraden $o = QR$, QO, RO. In ihr sind die Kegelschnitte C des Netzes, weil sie immer zwei verbundene Punkte zugleich enthalten, sich selbst entsprechend.

Zwei Paare verbundener Punkte liegen stets mit Q, R auf einem Kegelschnitte, nämlich demjenigen aus dem Netze, welcher den beiden Büscheln, deren Grundpunkte jene sind, gemeinsam ist.

Einer Gerade l entspricht in $\mathfrak{T}_{1,1}$ ein durch O, Q, R gehender Kegelschnitt; es gibt also auf l zwei Punkte X_1, X_2, welche die ihnen verbundenen Punkte $\overline{X}_1$, $\overline{X}_2$ wo also X_1 und $\overline{X}_1$, X_2 und $\overline{X}_2$ je demselben Punkte X_1', X_2' in Σ' korrespondieren, auf einer zweiten Gerade l_1 haben. Die beiden Kegelschnitte C', welche den l und l_1 korrespondieren, haben daher diese Punkte X_1', X_2', ferner den dem ll_1 entsprechenden Punkt gemeinsam; der vierte gemeinsame Punkt wird ein Hauptpunkt in Σ' sein. Ist O' der Scheitel des Strahlenbüschels in Σ', welcher dem Büschel der o-Geradenpaare entspricht, so ist von den beiden korrespondierenden Punkten der eine der Punkt O, der andere jeder beliebige Punkt von o, und alle C' gehen durch O', weil jede l die o trifft.

Wir lernen hier einen Hauptpunkt O' des doppelten Feldes kennen, der nach Paolis' Bezeichnung erster Art ist, d. h., von welchem der eine korrespondierende unbestimmt ist, eine Hauptkurve, hier die Gerade o, beschreibt, während der andere ein fester Punkt O ist; Hauptpunkte zweiter und dritter Art, in unserm Falle noch nicht vorhanden, sind solche, wo beide korrespondierende unbestimmt sind und entweder verschiedene oder dieselbe Kurve durchlaufen.

Einem beliebigen Kegelschnitte in Σ' muß, weil er einen C' viermal trifft, eine Kurve 4. Ordnung entsprechen, die von den beiden entsprechenden Punkten durchlaufen wird, daher sich selbst verbunden ist; für einen C' zerfällt sie in die Hauptgerade o, die dem O' entspricht, in die korrespondierende l und den Kegelschnitt, der in $\mathfrak{T}_{1,1}$ der l entspricht, ihr verbunden ist; er geht durch O, weil dieser allen Punkten von o, speziell hier dem Punkte lo verbunden ist.

In Σ sind Q, R Hauptpunkte; sie haben, als einfache Punkte der C, auf jeder l' einen entsprechenden; also korrespondieren ihnen Hauptgeraden q', bzw. r'. Wir wissen, sie sind auch Hauptpunkte für $\mathfrak{T}_{1,1}$; Paolis nennt sie Hauptpunkte erster Art in Σ.

Wegen der Begegnungspunkte des obigen Kegelschnitts mit q', r' hat die Kurve 4. Ordnung, die ihm entspricht, Doppelpunkte in Q, R und ist vom Geschlechte 1.

Einem Kegelschnitte in Σ entspricht, aus ähnlichen Gründen wie oben, eine Kurve 4. Ordnung, diesmal eindeutig auf ihn bezogen, daher vom Geschlechte 0, also mit drei Doppelpunkten. Einer ist O', weil der Kegelschnitt o zweimal trifft; die andern weisen darauf hin, daß auf dem Kegelschnitte zweimal zwei verbundene Punkte liegen. In der Tat, die Kurve, welche ihm in $\mathfrak{T}_{1,1}$ korrespondiert, ist 4. Ordnung; die acht gemeinsamen Punkte beider sind vier Punkte auf Ω, die sich selbst verbunden sind, und zweimal zwei verbundene. 890

Geht der Kegelschnitt $\mathfrak{K}$ in Σ durch Q, R, so lösen sich q', r' von der Kurve 4. Ordnung ab; es bleibt, als entsprechend in Σ', ein

Kegelschnitt $\mathfrak{K}'$ übrig; gehört $\mathfrak{K}$ sogar zum Netze der C, so ergibt sich, weil dann immer zwei verbundene Punkte zugleich ihm angehören, eine Kurve von Doppelpunkten, die doppelte Gerade l'.

Der Kegelschnitt Ω, für $\mathfrak{T}_{1,1}$ der Ort der sich selbst verbundenen Punkte, wird für $\mathfrak{T}_{2,1}$ der Ort der vereinigten je demselben Punkte von Σ' entsprechenden Punkte, die Doppelkurve von $\mathfrak{T}_{2,1}$ in Σ. Weil er durch Q, R geht, so entspricht ihm ein Kegelschnitt Ω', der Ort der Punkte in Σ', deren entsprechende koinzidieren, die Übergangs- oder Grenzkurve in Σ', welche die Punkte dieses Feldes mit reellen entsprechenden in Σ von denen mit imaginären entsprechenden trennt.

Wie jedes Paar verbundener Punkte in Σ, so hat auch ein Paar koinzidierender verbundener Punkte eine bestimmte Verbindungsgerade, die durch O geht.

Stellen wir uns die Doppelkurve als zwei unendlich nahe neben einander verlaufende Kurven Ω, $\bar{\Omega}$ vor, so gehört zu jedem Punkte der einen ein in bestimmter Richtung unendlich naher auf der andern als verbundener. Eine beliebige Gerade l in Σ schneidet Ω, $\bar{\Omega}$ zweimal in zwei unendlich nahen, im allgemeinen nicht verbundenen, Punkten. Daraus folgt, daß der entsprechende Kegelschnitt C' zweimal zwei unendlich nahe Punkte mit der Grenzkurve Ω' gemein hat, sie doppelt berührt.

Alle Kegelschnitte C' berühren die Grenzkurve Ω' doppelt, und wir haben nun für dieses doppelt unendliche System, wie notwendig, drei Bedingungen, diese doppelte Berührung und das Hindurchgehen durch O'.

Wir fanden (Nr. 812), die quadratische Inversion $\mathfrak{T}_{1,1}$ ordnet involutorisch jedem Kegelschnitte $\mathfrak{K}$ durch Q, R einen andern $\bar{\mathfrak{K}}$, ebenfalls durch Q, R, zu, der mit ihm und Ω in demselben Büschel sich befindet. Wir konnten diese Verwandtschaft als involutorische Homologie in dem linearen System 3. Stufe dieser Kegelschnitte bezeichnen, wobei Ω das Zentrum und das Netz der sich selbst entsprechenden Kegelschnitte C die Homologie-Ebene darstellt.

Jedem Kegelschnitte durch Q, R entspricht aber in der Verwandtschaft $\mathfrak{T}_{2,1}$ ein Kegelschnitt $\mathfrak{K}'$ in Σ' und zwei in der eben erwähnten Weise einander involutorisch zugeordneten $\mathfrak{K}$, $\bar{\mathfrak{K}}$ derselbe $\mathfrak{K}'$. Jeder $\mathfrak{K}$ (oder $\bar{\mathfrak{K}}$) trifft Ω noch zweimal, oder Ω, $\bar{\Omega}$ zweimal in zwei unendlich nahen, aber nicht verbundenen Punkten; demnach berührt $\mathfrak{K}'$ die Grenzkurve doppelt.

Drei Punkten X', Y', Z' von Σ' sind entsprechend $X, \bar{X}$; $Y, \bar{Y}$; $Z, \bar{Z}$ in Σ; diese geben acht Tripel von Punkten, deren jedes einen $\mathfrak{K}$ bestimmt; die durch X, Y, Z und $\bar{X}, \bar{Y}, \bar{Z}$ bestimmten sind verbundene Kegelschnitte $\mathfrak{K}$ und $\bar{\mathfrak{K}}$; daher gehen durch X', Y', Z' vier Kegelschnitte $\mathfrak{K}'$.

Ebenso wenn X', Y' und die Gerade l' gegeben sind, haben wir in Σ die Paare $X, \bar{X}$; $Y, \bar{Y}$ und den Kegelschnitt C. Der Büschel der Kegelschnitte $\mathfrak{K}$ durch X, Y schneidet auf C eine Involution ein und zwei von ihnen berühren C. Die beiden Paare XY, $X\bar{Y}$ geben so vier den C berührende Kegelschnitte, denen dann die von $\bar{X}\bar{Y}$, $\bar{X}Y$ herrührenden verbunden sind; also befinden sich im System der $\mathfrak{K}'$ vier, welche durch X', Y' gehen und l' tangieren.

Das genügt schon, um den Satz zu folgern:

Die Kegelschnitte $\mathfrak{K}'$ erschöpfen das ganze System 3. Stufe der Kegelschnitte, welche Ω' doppelt berühren; denn diesem kommen die genannten Charakteristiken 4 zu.[1])

Man beweist ähnlich, daß das zweifach unendliche System der C' die drei Charakteristiken 4, 4, 4 hat und daher das volle System der Kegelschnitte ist, welche Ω' doppelt berühren und durch O' gehen. Z. B. durch einen Punkt P' und tangential an l' gehen 4, weil es vier Geraden l gibt, die durch P oder $\bar{P}$ gehen und C, welcher l' entspricht, berühren.

Auf einem Kegelschnitte C befindet sich eine Involution verbundener Punkte; die Doppelpunkte sind die weiteren Schnitte mit Ω. Für diese Involution ist O ebenfalls Zentrum, und die Tangenten in den Doppelpunkten gehen nach O. In diesem Falle erfolgt an beiden Stellen der Schnitt mit $\Omega, \bar{\Omega}$ so, daß die beiden unendlich nahen Schnittpunkte auf einer Gerade durch O liegen; wir erhalten einfache Schnittpunkte der Gerade l', welcher der C entspricht, mit Ω' und erkennen die 2. Ordnung dieser Kurve von neuem.

Die beiden Kurven Ω und Ω' sind einander eindeutig zugeordnet; es entsprechen sich $Y \equiv \bar{Y}$ auf Ω und Y' auf Ω'. 891

Wir können die Zuordnung noch in einer zweiten Weise veranschaulichen. Jeder Punkt Y von Ω ist Doppelpunkt eines (Q, R)-Geradenpaares von N; die Involution hat sich bei diesem in eine Projektivität zwischen den beiden Geraden umgewandelt. Jede derselben für sich korrespondiert eindeutig der entsprechenden Gerade in Σ'. Die unendlich nahen Schnitte Y und $\bar{Y}$ von QY mit Ω und $\bar{\Omega}$ sind, weil nicht in gerader Linie mit O, nicht verbunden, also berührt die entsprechende Gerade in Y'. Ein Geradenpaar (YQ, YR) von N entspricht einer Gerade von Σ', welche im entsprechenden Punkt Y' die Ω' tangiert. Für (o, QO) ist diese Gerade q', und

1) Vgl. z. B. Chasles, Sections coniques Nr. 497. — Die Projektionen der Kegelschnitte einer F^2 aus einem Punkte auf eine Ebene führen zu einem solchen Systeme.

sie berührt in dem Punkte $\mathfrak{Q}'$, der in der Projektivität zwischen QO und q' dem Q entspricht, und r' in dem analogen Punkte $\mathfrak{R}'$; der $\mathfrak{Q}'\mathfrak{R}'$ entspricht der C, welcher $O(Q, R)$ in Q und R berührt.

Den beiden Tangenten aus einem Punkte X' an Ω' mit den Berührungspunkten Y_1', Y_2' entsprechen die Geradenpaare $(Y_1 Q, Y_1 R)$, $(Y_2 Q, Y_2 R)$ und dem X' also die Punkte $X = (QY_1, RY_2)$, $\overline{X} = (RY_1, QY_2)$; dies liefert eine einfache Herstellungsweise der $\mathfrak{T}_{2,1}$, bei welcher zwei projektive Kegelschnitte Ω und Ω' gegeben sind und auf dem ersteren zwei feste Punkte Q, R. Der Punkt X (oder $\overline{X}$) führt durch Verbindung mit Q, R (oder R, Q) zu Y_1, Y_2 auf Ω, diese zu Y_1', Y_2' auf Ω' und zum Schnitte X' ihrer Tangenten.

Bewegt sich X' auf einer Gerade l', so bewegen sich Y_1', Y_2' involutorisch auf Ω' (mit dem Pol von l' als Zentrum), ebenso Y_1, Y_2 auf Ω, also QY_1, RY_2 projektiv, und X beschreibt einen durch Q, R gehenden Kegelschnitt, dem auch je $\overline{X}$ angehört, weil, wenn Y_1 nach Y_2 kommt, dann Y_2 in Y_1 fällt. Das Pascalsche Sechseck QQY_1RRY_2 lehrt, daß X und $\overline{X}$ mit dem Pol O von QR in gerader Linie liegen, und das Viereck QRY_1Y_2, daß sie in bezug auf Ω konjugiert sind.

Bewegt sich X auf einer Gerade l, so bewegen sich Y_1, Y_2 projektiv auf Ω, ebenso Y_1', Y_2' auf Ω', desgleichen die Tangenten und X' beschreibt die Direktionskurve 2. Ordnung dieser Projektivität, welche Ω' in den Koinzidenzen berührt, die den Schnitten von l mit Ω entsprechen.

Dem Strahlenbüschel O' entspricht der Büschel der o-Geradenpaare, deren zweite Geraden durch O gehen. Damit werden, wenn von o abgesehen wird, die beiden Büschel O und O' einander projektiv zugeordnet, und von zwei entsprechenden Strahlen trägt der von O eine Involution von Punktepaaren, beweglichen Grundpunkten von Büscheln im Netze, der von O' die einfache Reihe der Punkte, denen diese Paare entsprechen. Diese Punktreihe ist jener Involution projektiv, und immer entspricht dem O' das Punktepaar, das aus O und dem Schnitte mit o besteht. Den Strahlen OQ, OR entsprechen die Strahlen q', r' in O'.

Die Projektivität zwischen den Büscheln O und O' kann man als zentrale Korrelation der Felder auffassen, in der einem Punkte X' die Verbindungslinie $x = X\overline{X}$ entspricht.

Der Punkt O, welcher Hauptpunkt von $\mathfrak{T}_{1,1}$ ist, ist nicht Hauptpunkt von $\mathfrak{T}_{2,1}$; ihm entspricht nur O'.

892 Man kann in Σ ∞^7 Kegelschnitt-Netze mit zwei Grundpunkten herstellen; denn diese Grundpunkte kann man in ∞^4 Lagen wählen und jedes so bestimmte Kegelschnitt-Gebüsche enthält ∞^3 Netze. Jedes dieser Netze kann man dann auf ∞^8 Weisen kollinear auf das Geradenfeld von Σ' beziehen; daher sind zwischen zwei festen

Feldern ∞^{15} zweieindeutige quadratische Verwandtschaften möglich. Demnach wird es eine endliche Anzahl geben, für welche sieben Paare entsprechender Punkte A, A'; ... G, G' gegeben sind und in einer Ebene ein Punkt und in der andern eine Gerade, auf welcher der, bzw. einer der entsprechenden Punkte liegen soll; nehmen wir etwa an, H in Σ und h' in Σ'. Für die Punkte O und O' gilt dann:

$$O(A, \ldots G) \barwedge O'(A', \ldots G').$$

Folglich gibt es, nach dem Probleme der ebenen Projektivität (Nr. 233), drei Punktepaare, die dieser Anforderung genügen; ist O, O' eins von ihnen, so wird nun der Strahl konstruiert, welcher in dieser Projektivität dem OH korrespondiert, sein Schnitt mit h', ist der entsprechende H'. Jetzt kommt es darauf an, weitere entsprechenden Punkte zu konstruieren.

Dazu gelangen wir mit Hilfe eines Spezialfalls unserer Verwandtschaft, den wir vermittelst einer Fläche 2. Grades F^2 herstellen.[1]) Es werden die Punkte S derselben aus zwei Punkten N und P', von denen N auf ihr liegt, auf die Ebenen Σ und Σ' projiziert, je nach X und X'; jeder Punkt X von Σ wird mit N verbunden und der zweite Schnitt S von XN mit F^2 aus P' auf Σ' nach X' projiziert; während die Gerade, welche einen X' von Σ' mit P' verbindet, zwei Schnitte S und $\bar{S}$ mit F^2 hat, deren Projektionen aus N auf Σ die korrespondierenden Punkte X und $\bar{X}$ von X' sind.[2]) Es seien noch O und O' die Schnittpunkte von $NP' = m$ mit Σ und Σ'. Man erkennt leicht, daß einer Gerade l' oder l von Σ' oder Σ ein Kegelschnitt C oder C' korrespondiert; die C gehen alle durch die beiden Punkte Q, R, in denen Σ von den Geraden der F^2 getroffen wird, welche sich in N schneiden, und die Projektionen dieser Geraden aus P' auf Σ' oder die Spuren der Tangentialebenen aus m an F^2 sind die Geraden q', r'. Die C' hingegen gehen alle durch den Punkt O', der ihn aus P' projizierende Strahl m schneidet F^2 in N und einem zweiten Punkte $\bar{N}$; Projektionsstrahl aus N für N selbst ist jede Tangente dieses Punktes und entsprechender Punkt daher jeder Punkt der Spurlinie der Tangentialebene von N in Σ, also der $QR = o$; der Punkt $\bar{N}$ aber führt zu O als entsprechendem Punkte von O'.

Die Geraden q', r' schneiden sich in O', und ihnen entsprechen noch die ganzen Geraden QO, RO.

---

1) Vgl. de Paolis zweite Abhandl.; H. Liebmann, Die einzweideutigen projektiven Punktverwandtschaften der Ebene, Diss. Jena 1895. Hier werden die Felder durchweg ineinander liegend angenommen und nur die Verwandtschaften 2. Grades besprochen.

2) Etwas allgemeiner konstruiert man, wenn man den Bündel N und das Feld Σ und ebenso P' und Σ' bloß kollinear, nicht in perspektiver Lage, annimmt.

Die Kurve Ω als Ort der Punkte, in denen sich X und $\overline{X}$ vereinigen, ist die Projektion, aus N auf Σ, der Berührungskurve des Tangentialkegels aus P'; sie ist die Doppelkurve in Σ, und die Grenzkurve Ω' in Σ' ist die Spur dieses Tangentialkegels. Es läßt sich leicht nachweisen, daß in bezug auf jene die beiden demselben X' korrespondierenden Punkte X und $\overline{X}$ stets konjugiert sind und mit O in gerader Linie liegen.

Einem Kegelschnitte $\mathfrak{K}$ in Σ durch Q, R entspricht auf F^2 ein Kegelschnitt, und seine Projektion aus P' auf Σ' tangiert die Umrißkurve Ω' der Projektion der F^2 aus P' auf Σ' bekanntlich doppelt; dazu gehören auch, entsprechend den Paaren (l, o), die C'.

Aber charakteristisch für die so erhaltene Verwandtschaft ist, daß die beiden projektiven Büschel O und O' durch denselben Ebenenbüschel m eingeschnitten werden; denn X', X, $\overline{X}$ liegen stets in der Ebene $(m, S\overline{S})$. Daraus folgt, daß alle Verbindungslinien entsprechender Punkte die Gerade $m = OO'$ treffen, was im allgemeinen nicht notwendig ist.

Nehmen wir an, daß eine solche Verbindungslinie XX' es tut, so fallen die beiden entsprechenden Geraden OX, $O'X'$ in eine Ebene durch m; also fallen alle zu ihren Punkten gehörigen Verbindungslinie in diese und treffen m. Geschieht dies dreimal und zwar bei Punkten, welche auf verschiedenen Strahlen von O und O' liegen, so fallen drei Paare entsprechender Strahlen dieser Büschel in Ebenen durch m, also alle, und sämtliche Verbindungslinien XX' treffen m. So erweist sich die besprochene Spezialität als eine dreifache Bedingung und hat die Mannigfaltigkeit 12; aber F^2 und die Punkte P', N involvieren die Mannigfaltigkeit $9 + 3 + 2 = 14$. Daraus folgt, daß die Verwandtschaft in dieser Spezialität auf ∞^2 Weisen herstellbar sein muß.

In der Tat, die Punkte P' und N können beliebig auf m gelegt werden, etwa in P_1' und N_1; jedesmal gibt es eine zugehörige Fläche 2. Grades. Wenn zwei entsprechende Punkte X und X' (aus den gegebenen N und P' konstruiert) aus N_1 und P_1' projiziert werden, so fallen diese Strahlen in eine Ebene durch m und schneiden sich: in S_1. Diese Punkte S_1 erzeugen die Fläche. Wir projizieren eine beliebige Gerade t aus N_1 auf Σ nach u, aus P_1' auf Σ' nach v'; es gibt auf diesen beiden Geraden zwei Paare entsprechender Punkte X, X'; Y, Y'. N_1X und $P_1'X'$ schneiden sich, wie wir eben fanden; N_1X, in der Ebene (N_1ut) gelegen, trifft t und ebenso tut es $P_1'X'$; sie müssen aber t in dem nämlichen Punkte treffen, dem Schnittpunkte ihrer Ebene mit t. Diese beiden von X, X'; Y, Y' herrührenden Punkte S_1 auf t gehören der erzeugten Fläche an. Dieselbe ist 2. Grades: F_1^2. Den Punkt N_1 enthält sie; denn jeder Strahl durch ihn mit der Spur X auf Σ hat nur den Schnitt mit $P_1'X'$

zum ferneren Schnitte mit F_1^2, außer N_1. Dieser Punkt selbst ergibt sich bei O' und irgend einem der entsprechenden Punkte auf o.

Nachdem in der obigen Weise die projektiven Büschel $O(A, \ldots H)$ und $O'(A', \ldots H')$ hergestellt sind, wollen wir, vermittelst einer Kollineation, den jetzigen speziellen Fall erzielen. In $\Sigma_1 \equiv \Sigma$ seien vier Punkte O_1, A_1, B_1, C_1 so gelegt, daß $O_1(A_1, B_1, C_1)$ sich mit $O'(A', B', C')$ auf $\Sigma\Sigma'$ begegnen, und nun die Felder Σ, Σ_1 so kollinear gemacht, daß den O, A, B, C die O_1, A_1, B_1, C_1 korrespondieren; entsprechen dann den $D, \ldots H$ die $D_1, \ldots H_1$, so ist:

$$O_1(A_1, \ldots H_1) \barwedge O(A, \ldots H) \barwedge O'(A', \ldots H');$$

folglich treffen sich auch $O_1(D_1, \ldots H_1)$ mit $O'(D', \ldots H')$ auf $\Sigma\Sigma'$. Darauf seien auf $O_1 O'$ die Punkte N, P' gelegt und die acht Punkte $(NA_1, P'A'), \ldots (NH_1, P'H')$ bestimmt. Sie und N legen die Fläche F^2 fest. Nun werden beliebige Paare entsprechender Punkte X_1, X' konstruiert und zu X_1 je der entsprechende X in der Kollineation, so sind X und X' korrespondierend in einer Verwandtschaft $\mathfrak{T}_{2,1}$, welche die gegebenen Elemente $A, A', \ldots$ besitzt. Deren gibt es 3.

893 Wenn in unserm Spezialfalle die beiden Ebenen Σ, Σ' identisch sind, so vereinigen sich die Punkte O und O' und die entsprechenden Strahlen ihrer Büschel; [1]) jeder dieser Strahlen trägt dann eine Korrespondenz [2, 1]; die eine Koinzidenz ist fest im Scheitel, die beiden andern erzeugen einen Koinzidenz-Kegelschnitt, ersichtlich die Schnittkurve der Ebene mit F^2. Als Kurve von Σ' hat sie noch einen zweiten entsprechenden Kegelschnitt, der auch durch Q, R geht. Die beiden weiteren gemeinsamen Punkte sind die Schnitte der Berührungskurve des Tangentialkegels aus P' an F^2 mit der Ebene $\Sigma \equiv \Sigma'$ und liegen daher auch auf Ω und Ω'. Letztere Kurve geht nicht durch Q, R; die drei andern aber gehören zu demselben Büschel.

Im allgemeinen haben zwei ineinander liegende Felder Σ, Σ', welche in zweieindeutiger quadratischer Verwandtschaft stehen, nur eine endliche Anzahl von Koinzidenzpunkten. Sie müssen ersichtlich auf dem Kegelschnitte liegen, welcher durch die projektiven Büschel O, O' entsteht; ihm korrespondiert, als einer Kurve $\mathfrak{K}'$ von Σ', nach Absonderung von o, die dem O' entspricht, eine Kurve 3. Ordnung $\mathfrak{K}$, welche durch O geht; auf zwei entsprechenden Strahlen jener Büschel, die sich immer auf $\mathfrak{K}'$ schneiden, sind dieser Schnittpunkt, als Punkt des Strahls von O', und die beiden ferneren Schnittpunkte des ent-

1) Die beiden „quadratischen Transformationen", welche V. Retali (Memorie dell' Istituto di Bologna Ser. IV Bd. 10) betrachtet, gehören, als direkte und inverse, in einer derartigen $\mathfrak{T}_{2,1}$ zusammen: Wenn ein Kegelschnitt Ω und ein Punkt O gegeben sind, so wird einem X der Punkt X' zugeordnet, der von O durch X und seine Polare nach Ω harmonisch getrennt ist, und einem X' die beiden in bezug auf Ω konjugierten Punkte X, welche zu O und X' harmonisch liegen.

sprechenden Strahls von O mit $\mathfrak{P}$ entsprechend. Die fünf weiteren Schnitte der beiden Kurven, außer O, sind die gesuchten Koinzidenzpunkte.

Es gibt daher, entsprechend dem Korrespondenzprinzip (Nr. 839), fünf Koinzidenzpunkte, und sie liegen mit O und O' auf einem Kegelschnitte.

Es mag der spezielle Fall hervorgehoben werden, wo die Hauptpunkte Q und R die absoluten Punkte von Σ sind[1]).

894 Gehen wir zum dritten Grade über. Die Kurven 3. Ordnung C, welche den Geraden von Σ' entsprechen, müssen ein Netz von solcher Beschaffenheit bilden, daß zwei beliebige von ihnen noch zwei veränderliche Schnittpunkte haben. Da sind nun zwei Fälle zu unterscheiden, je nachdem unter den gemeinsamen Punkten sich kein Doppelpunkt befindet oder einer gemeinsam ist. Im ersten Falle handelt es sich um das Netz der Kurven 3. Ordnung, im allgemeinen vom Geschlechte 1, durch sieben feste einfache Punkte $\mathfrak{A}, \mathfrak{B}, \ldots \mathfrak{G}$; daher ist die Verwandtschaft 3. Grades vom Geschlechte 1. Die einem Punkte von Σ' korrespondierenden Punkte in Σ sind der achte und neunte Grundpunkt desjenigen Büschels in diesem Netze N, welcher in der Kollineation zwischen ihm und dem Geradenfelde in Σ' dem Büschel um jenen Punkt entspricht.

Sofort sehen wir: Die verbundene involutorische Verwandtschaft $\mathfrak{T}_{1,1}$ ist die Geisersche (Nr. 824). Sie ist 8. Grades und hat die Punkte $\mathfrak{A}, \ldots \mathfrak{G}$ zu dreifachen Hauptpunkten. Es existiert eine Koinzidenzkurve 6. Ordnung mit den $\mathfrak{A}, \ldots \mathfrak{G}$ als Doppelpunkten, also vom Geschlechte 3; sie ist für $\mathfrak{T}_{2,1}$ die Doppelkurve Ω in Σ.

Jede Gerade von Σ trägt zwei verbundene Punkte, also zwei Punkte, die in $\mathfrak{T}_{2,1}$ demselben Punkte von Σ' korrespondieren.

Demnach besitzen die Kurven 3. Ordnung C' in dieser Ebene Σ', welche den Geraden der andern entsprechen, einen Doppelpunkt und erhalten dadurch das — notwendige — Geschlecht 0.

Die Gerade l_1 trifft die der l in $\mathfrak{T}_{1,1}$ korrespondierende Kurve 8. Ordnung in acht Punkten, daher gibt es auf l und l_1 acht Paare verbundener Punkte. Die ihnen in Σ' korrespondierenden Punkte und der Punkt, welcher dem ll_1 entspricht, sind die gemeinsamen Punkte der beiden C', welche l und l_1 korrespondieren. Folglich haben die Kurven C' keinen allen gemeinsamen Punkt, Σ' besitzt keinen Hauptpunkt.

Den sieben Hauptpunkten $\mathfrak{A}, \ldots \mathfrak{G}$ in Σ, einfach auf jeder C, korrespondieren Geraden $\mathfrak{a}', \ldots \mathfrak{g}'$ in Σ'; aber der $\mathfrak{a}'$ z. B.

1) de Paolis bringt diesen Spezialfall in Zusammenhang mit der nichteuklidischen Geometrie.

korrespondiert nicht bloß der Hauptpunkt $\mathfrak{A}$, sondern auch seine Hauptkurve a^3 in $\mathfrak{T}_{1,1}$, die Kurve des Netzes, welche $\mathfrak{A}$ zum Doppelpunkte hat; sie wird je vom zweiten korrespondierenden Punkte des Punktes von $\mathfrak{a}'$ beschrieben und wir erhalten auf $\mathfrak{a}'$ noch zwei ausgezeichnete Punkte $\mathfrak{A}_1'$, $\mathfrak{A}_2'$, welche so dem $\mathfrak{A}$, als auf der Kurve zweimal durchlaufenem Punkte, entsprechen.

Auf jeder der Kurven C, welche in $\mathfrak{T}_{1,1}$ sich selbst entsprechen, entsteht durch die verbundenen Punkte eine involutorische eindeutige Korrespondenz. Die Verbindungslinien der verbundenen Punkte laufen in einen Punkt P der C zusammen (Nr. 826). Es ist das eine der zentralen Involutionen auf einer Kurve 3. Ordnung vom Geschlecht 1, die wir unterdessen (Nr. 846) kennen gelernt haben. Bei der Kurve a^3, mit dem Doppelpunkte $\mathfrak{A}$, ist dieser der Konkurrenzpunkt, da ihm alle übrigen Punkte der Kurve verbunden sind.

Die Koinzidenzen dieser zentralen Involution — die Berührungspunkte der von P kommenden Tangenten — ergeben sich hier auch als die vier weiteren Schnitte der Doppelkurve Ω außer $\mathfrak{A}, \dots \mathfrak{G}$.

895 Zwei vereinigte verbundene Punkte haben auch hier eine bestimmte Verbindungslinie: die gemeinsame Tangente des Kurvenbüschels der C, dessen achter und neunter Grundpunkt zusammengerückt sind, oder die Gerade, die in der in Nr. 826 erwähnten Kollineation dem Büschel entspricht.

Wo also eine C die Ω schneidet, da ist ihre Tangente diese bestimmte Verbindungslinie, und C trifft die beiden unendlich nahen Kurven Ω, $\bar{\Omega}$, welche in Ω sich vereinigen, in zwei unendlich nahen verbundenen Punkten; den vier Schnitten der C mit Ω entsprechen daher einfache Schnitte der Gerade l', welcher die C zugeordnet ist, mit der Grenzkurve Ω', die der Ω entspricht. Daher ist diese Grenzkurve Ω' 4. Ordnung und zwar vom Geschlechte 3, wie Ω, wegen der eindeutigen Beziehung, mithin ohne vielfache Punkte. Eine Gerade l aber in Σ trifft Ω sechsmal; das sind jedesmal zwei nicht verbundene unendlich nahe Schnitte mit Ω, $\bar{\Omega}$; folglich berührt jede der Kurven C' die Grenzkurve Ω' sechsmal. Und wir haben damit für das doppelt unendliche System der C' sieben Bedingungen, diese sechsfache Berührung und daß alle C' einen Doppelpunkt besitzen. Die Charakteristiken desselben sind 4, 12, 36; die erste wissen wir aus Nr. 888. Von jedem der beiden Punkte, die in Σ einem Punkte von Σ' entsprechen, gehen sechs Tangenten an die C, welche einer Gerade korrespondiert, und zwei C haben 36 Tangenten gemeinsam [1]).

1) Jene sieben Bedingungen bestimmen aber das System nicht, sondern rufen mehrere getrennte Systeme hervor. Auf einer F^3 gibt es 72 doppelt unendliche Systeme von kubischen Raumkurven, jedes einem Sextupel zugeordnet, gegen dessen sechs Geraden alle seine Kurven windschief sind. Bildet man die

Mit dieser Verwandtschaft ist eine Korrelation verbunden, in welcher einem Punkte X' von Σ' die Verbindungslinie x der beiden entsprechenden Punkte X und $\overline{X}$ zugeordnet ist. Da jede Gerade x nur ein Paar verbundener Punkte trägt, so ist ihr ein Punkt X' zugeordnet; und durchläuft X' eine Gerade l, so dreht sich x um den Punkt P der korrespondierenden Kurve C.

Den Punkten der Grenzkurve Ω' entsprechen die Verbindungslinien koinzidierender verbundener Punkte; diese umhüllen also eine Kurve 4. Klasse (ohne vielfache Tangenten). Dies folgt auch daraus, daß durch jeden Punkt P an die zugehörige Kurve C, erzeugt durch die verbundenen Punkte X und $\overline{X}$ auf seinen Strahlen, vier Tangenten gehen.

Zu den 28 Doppeltangenten der Kurve 4. Ordnung Ω' führen die Punkte $\mathfrak{A}, \ldots \mathfrak{G}$ (oder die ihnen verbundenen Kurven $a^3, \ldots$) und ihre Verbindungslinien. Der Gerade $\mathfrak{A}\mathfrak{B}$ z. B. entspricht eine C', welche in drei Geraden zerfällt: $\mathfrak{a}'$, $\mathfrak{b}'$ und die eigentlich entsprechende Gerade $t'_{\mathfrak{A}\mathfrak{B}}$. Auf sie verteilen sich die sechs Berührungspunkte zu je zweien; die $\mathfrak{a}'$ z. B. berührt in den Punkten $\mathfrak{A}_1'$, $\mathfrak{A}_2'$; sie entsprechen den Nachbarpunkten von $\mathfrak{A}$ auf a^3, welche die letzten Schnitte dieser Kurve mit Ω sind (Nr. 825). Die volle Kurve 3. Ordnung C, welche der $t'_{\mathfrak{A}\mathfrak{B}}$ korrespondiert, besteht aus $\mathfrak{A}\mathfrak{B}$ und dem ihr verbundenen Kegelschnitte $(\mathfrak{C} \ldots \mathfrak{G})$; beide Bestandteile werden von einer C noch je einmal getroffen, und die involutorische Korrespondenz auf der allgemeinen Kurve C hat sich daher in eine Projektivität zwischen Gerade und Kegelschnitt umgewandelt; Koinzidenzen sind die beiden Begegnungspunkte, jeder ein doppelt zu rechnender Schnitt von Ω mit der vollen Kurve; die entsprechenden Punkte auf Ω' sind die Berührungspunkte mit $t'_{\mathfrak{A}\mathfrak{B}}$ [1]).

F^3 so ab, daß diese Geraden in Punkte übergehen (Nr. 381, 825), so werden die Kurven des Systems Geraden; also geht, wie wir schon wissen, eine durch zwei Punkte der Fläche. Die ebenen Schnitte bilden sich in Kurven 3. Ordnung 6. Klasse ab; daher befinden sich im System sechs Kurven, welche durch einen Punkt gehen und eine Ebene berühren, und 36, welche zwei Ebenen berühren. Wird dann F^3 aus einem Punkt O auf ihr projiziert, so ist der wahre Umriß, die Kurve, längs deren der Tangentialkegel aus O berührt, 6. Ordnung mit O als Doppelpunkt, der scheinbare Umriß, der Schnitt jenes Kegels mit der Projektionsebene Π, 4. Ordnung. Jede Kurve unseres Systems trifft den wahren Umriß sechsmal, die Projektion, eine Kurve 3. Ordnung mit Doppelpunkt, berührt daher den scheinbaren Umriß sechsmal. Jeder Punkt von Π ist Projektion von zwei Punkten auf F^3; folglich ist das System der Projektionskurven so beschaffen, daß durch jeden Punkt $2 \cdot 2$ Kurven gehen, $2 \cdot 6$ durch einen Punkt gehen und eine Gerade berühren, 36 zwei Geraden berühren. Wir haben ein System wie das obige erhalten; aber es gibt deren 72; zu denen dann noch das System der Projektionen der Schnitte der Berührungsebenen der F^3 tritt, mit wesentlich höheren Charakteristiken: die erste ist z. B. $4 \cdot 12$.

1) de Paolis, dritte Abhandlung.

In Σ haben wir $\infty^{2\cdot 7}$ Netze von Kurven 3. Ordnung mit sieben Grundpunkten; dazu treten die ∞^8 Kollineationen zwischen einem solchen Netze und dem Geradenfelde in Σ'. Es gibt daher ∞^{22} zweieindeutige Verwandtschaften vom dritten Gerade und Geschlechte 1 zwischen den Feldern Σ und Σ'.

Also müssen elf Paare entsprechender Punkte eine endliche Anzahl von Verwandtschaften festlegen.

896 Beispiele dieser Verwandtschaft sind folgende:

1) Man beziehe das Punktfeld Σ' kollinear auf einen Strahlenbündel, der seinen Scheitel G auf einer Fläche 3. Ordnung F^3 hat, welche dann nach der Methode von Nr. 825 auf die Ebene Σ eindeutig abgebildet wird. Jedem Punkte X' von Σ' entsprechen die Bilder der beiden weiteren Schnitte von F^3 mit dem ihm in jener Kollineation entsprechenden Strahle. Hauptpunkte sind die sechs Fundamentalpunkte $\mathfrak{A}, \ldots \mathfrak{F}$ der Abbildung (denen windschiefe Geraden auf F^3 entsprechen) und das Bild $\mathfrak{G}$ von G.

Einer Gerade l' in Σ' entspricht auf F^3 ein (durch G gehender) ebener Schnitt, der sich in eine Kurve 3. Ordnung abbildet; einer Gerade l in Σ eine kubische Raumkurve auf F^3, die aus G durch einen Kegel 3. Ordnung projiziert wird, dem eine Kurve 3. Ordnung mit Doppelpunkt in Σ' entspricht.

2) Eine Kongruenz 2. Ordnung und 2. Klasse (mit 16 Strahlenbüscheln) liege vor. Σ sei die Ebene eines dieser Büschel (singuläre Ebene), welche bekanntlich außer dem zugehörigen Scheitel (singulärem Punkt) noch fünf singuläre Punkte enthält, und Σ' eine beliebige Ebene. Von jedem Punkte X' dieser Ebene Σ' gehen zwei Kongruenzstrahlen aus, welche Σ in den beiden entsprechenden Punkten $X, \overline{X}$ schneiden; von jedem X von Σ aber nur einer, der nicht zu ihrem Büschel gehört; er schneidet den X' in Σ' ein. Die Hauptpunkte in Σ sind die fünf weitern singulären Punkte und die Spuren der beiden in Σ' befindlichen Kongruenzstrahlen[1]).

Die Strahlen einer Kongruenz m^{ter} Ordnung n^{ter} Klasse, die von den Punkten einer Gerade ausgehen, erzeugen eine Regelfläche vom Grade $m + n$, in unserm Falle also 4. Grades.

Liegt die Gerade in Σ, so löst sich der singuläre Strahlenbüschel ab, die restierende kubische Regelfläche schneidet in Σ' die entsprechende C' ein; liegt sie in Σ', so bleibt der 4. Grad, aber in die Σ kommt eine (zum Büschel gehörige) Erzeugende zu liegen, die vom Spurpunkte der Gerade ausgeht; der Restschnitt 3. Ordnung ist die C.

897 Wir wenden uns zur zweieindeutigen Verwandtschaft zwischen Σ und Σ', welche vom 3. Grade, aber vom Geschlechte 0 ist. Alle Netzkurven C in Σ haben einen Doppelpunkt $\mathfrak{D}$ ge-

---

1) Liniengeometrie II Nr. 352ff. und Nr. 357ff.

mein und, damit je zwei nur zwei veränderliche Schnittpunkte besitzen, noch drei feste Punkte $\mathfrak{A}$, $\mathfrak{B}$, $\mathfrak{C}$.

Ein Punkt, gelegt auf $\mathfrak{D}\mathfrak{A}$, scheidet aus dem Netze einen Büschel, zu dessen sämtlichen Kurven diese Gerade gehört, während der andere Bestandteil einen Kegelschnitt-Büschel durchläuft, von dem drei Grundpunkte $\mathfrak{D}$, $\mathfrak{B}$, $\mathfrak{C}$ sind, der vierte sei $\mathfrak{A}_1$. Solcher ausgezeichneten Büschel haben wir noch zwei im Netze N: mit der festen Gerade $\mathfrak{D}\mathfrak{B}$, bzw. $\mathfrak{D}\mathfrak{C}$ und dem vierten Grundpunkte $\mathfrak{B}_1$, $\mathfrak{C}_1$.

Zwei dieser Büschel haben eine gemeinsame Kurve; die den beiden ersten gemeinsame muß also $\mathfrak{D}\mathfrak{A}$ und $\mathfrak{D}\mathfrak{B}$ und daher noch eine dritte Gerade enthalten, welche durch $\mathfrak{A}_1$, $\mathfrak{B}_1$ und $\mathfrak{C}$ geht. Also liegen $\mathfrak{B}_1$, $\mathfrak{C}_1$, $\mathfrak{A}$; $\mathfrak{C}_1$, $\mathfrak{A}_1$, $\mathfrak{B}$; $\mathfrak{A}_1$, $\mathfrak{B}_1$, $\mathfrak{C}$ je in gerader Linie.

Die Scheitel der Strahlenbüschel in Σ', die diesen Büscheln in der Kollineation zwischen dem Netze und dem Geradenfelde Σ' korrespondieren, seien $\mathfrak{A}'$, $\mathfrak{B}'$, $\mathfrak{C}'$; sie werden gemeinsame Punkte der Kurven 3. Ordnung vom Geschlechte 0, welche den Geraden l von Σ entsprechen; $\mathfrak{A}'$ z. B. entspricht immer dem Punkt $(l, \mathfrak{D}\mathfrak{A})$; zugeordnete Hauptgeraden sind $\mathfrak{D}\mathfrak{A}$, $\mathfrak{D}\mathfrak{B}$, $\mathfrak{D}\mathfrak{C}$, denen dann aber wiederum $\mathfrak{A}_1$, $\mathfrak{B}_1$, $\mathfrak{C}_1$ verbunden sind. Also sind $\mathfrak{A}'$, $\mathfrak{B}'$, $\mathfrak{C}'$ Hauptpunkte erster Art. Hingegen in Σ' ergeben sich ein Haupt-Kegelschnitt $\mathfrak{D}'^2$, zugeordnet dem $\mathfrak{D}$, und drei Hauptgeraden $\mathfrak{a}'$, $\mathfrak{b}'$, $\mathfrak{c}'$, zugeordnet den $\mathfrak{A}$, $\mathfrak{B}$, $\mathfrak{C}$. Diese gehen bzw. durch $\mathfrak{A}'$, $\mathfrak{B}'$, $\mathfrak{C}'$; $\mathfrak{D}'^2$ geht durch alle drei.

Für die $\mathfrak{T}_{2,1}$ sind in Σ Hauptpunkte nur die $\mathfrak{D}$, $\mathfrak{A}$, $\mathfrak{B}$, $\mathfrak{C}$, der erste doppelt, die andern einfach. Die verbundene involutorische Verwandtschaft $\mathfrak{T}_{1,1}$ aber besitzt auch $\mathfrak{A}_1$, $\mathfrak{B}_1$, $\mathfrak{C}_1$ zu Hauptpunkten; dem $\mathfrak{A}_1$ sind alle Punkte von $\mathfrak{D}\mathfrak{A}$ verbunden, aber auch alle einander. Was den Grad dieser Verwandtschaft $\mathfrak{T}_{1,1}$ anlangt, so sondern sich von der Kurve 8. Ordnung, die sich in Nr. 824 als einer Gerade l entsprechend ergab, die drei Geraden $\mathfrak{D}\mathfrak{A}, \ldots$ ab; die Verwandtschaft $\mathfrak{T}_{1,1}$ ist nur 5. Grades, und die Punkte $\mathfrak{A}$, $\mathfrak{B}$, $\mathfrak{C}$, auf diesen Geraden gelegen, sind auf den Kurven 5. Ordnung nur noch doppelt. Der Kegelschnitt, welcher dem $\mathfrak{A}$ als Hauptkurve zugehört, geht durch $\mathfrak{D}$, $\mathfrak{A}$, $\mathfrak{B}$, $\mathfrak{C}$, $\mathfrak{A}_1$.

Die Kurven C', die in $\mathfrak{T}_{2,1}$ zu l und l_1 gehören, haben die drei Punkte $\mathfrak{A}'$, $\mathfrak{B}'$, $\mathfrak{C}'$ und den ll_1 entsprechenden Punkt gemein; die fünf übrigen Schnittpunkte haben den einen entsprechenden auf l, den andern auf l_1; d. h. eben der Gerade l korrespondiert in $\mathfrak{T}_{1,1}$ eine Kurve 5. Ordnung.

Um die Vielfachheit von $\mathfrak{D}$ auf diesen Kurven zu untersuchen, nehmen wir, wie a. a. O., aus dem Netze zwei Büschel B und B_1 und ordnen im Strahlenbüschel $\mathfrak{D}$ zwei Geraden t und t_1 einander zu, welche Kurven aus jenen Büscheln berühren, die sich auf der Gerade l schneiden. Es ergibt sich eine Korrespondenz [6, 6]; zu den Koinzidenzen gehören $\mathfrak{D}(\mathfrak{A}, \mathfrak{B}, \mathfrak{C})$, weil jene Büschel B und B_1 auch in die drei ausgezeichneten Büschel Kurven senden, dann die beiden Tangenten in $\mathfrak{D}$ an die gemeinsame Kurve von B und B_1, dreifach gerechnet wegen der drei Schnitte derselben mit l; die drei übrigen Koinzidenzen beweisen, daß dreimal zwei sich in $\mathfrak{D}$ berührende Kurven einen Schnitt auf l haben, also dreimal dem Punkte $\mathfrak{D}$ (oder drei Nachbarpunkten von $\mathfrak{D}$) Punkte auf l verbunden sind. Zieht man l durch $\mathfrak{D}$ und berücksichtigt nur die von $\mathfrak{D}$ verschiedenen Schnitte, so ergibt sich eine Korrespondenz [2, 2], von deren Koinzidenzen die Tangenten an die gemeinsame Kurve und l selbst abzuziehen sind, so daß auf l nur ein von $\mathfrak{D}$ verschiedener Punkt dem $\mathfrak{D}$ verbunden ist. Geht l durch $\mathfrak{A}$, so entsteht im Büschel $\mathfrak{D}$ eine Korrespondenz [4, 4], von deren Koinzidenzen $\mathfrak{D}\mathfrak{B}$, $\mathfrak{D}\mathfrak{C}$ und die Tangenten der gemeinsamen Kurve, diese doppelt, wegfallen; es gibt auf l zwei von $\mathfrak{A}$ verschiedene Punkte, die dem $\mathfrak{D}$ verbunden sind.

Daraus folgt, daß der Hauptpunkt $\mathfrak{D}$ ein dreifacher für $\mathfrak{T}_{1,1}$ ist und ihm eine Kurve 3. Ordnung zugeordnet ist, welche zweimal durch $\mathfrak{D}$ und einmal durch $\mathfrak{A}$, $\mathfrak{B}$, $\mathfrak{C}$ und $\mathfrak{A}_1$, $\mathfrak{B}_1$, $\mathfrak{C}_1$ geht; letzteres deshalb, weil $\mathfrak{D}$, auf $\mathfrak{D}\mathfrak{A}$ gelegen, dadurch dem $\mathfrak{A}_1$ verbunden ist. Da $\mathfrak{A}$ dem $\mathfrak{D}$ verbunden ist, so bestätigen wir, daß $\mathfrak{D}$ auch auf dem zu $\mathfrak{A}$ gehörigen Kegelschnitte sich befindet.

Somit hat sich $\mathfrak{T}_{1,1}$ herausgestellt als die involutorische Cremonasche Verwandtschaft 5. Grades:

$$x_3 = 1,\ x_2 = 3,\ x_1 = 3.$$

Weil $\mathfrak{D}$ auf der zugehörigen Hauptkurve doppelt, $\mathfrak{A}$, $\mathfrak{B}$, $\mathfrak{C}$ auf den ihrigen einfach liegen, $\mathfrak{A}_1$, $\mathfrak{B}_1$, $\mathfrak{C}_1$ aber nicht auf den zugehörigen Hauptgeraden $\mathfrak{D}(\mathfrak{A}, \mathfrak{B}, \mathfrak{C})$, so schließen wir, daß $\mathfrak{D}$ ein doppelter, $\mathfrak{A}$, $\mathfrak{B}$, $\mathfrak{C}$ einfache Punkte der Koinzidenzkurve von $\mathfrak{T}_{1,1}$ sind, $\mathfrak{A}_1$, $\mathfrak{B}_1$, $\mathfrak{C}_1$ aber ihr nicht angehören.

Die den Geraden l von Σ entsprechenden Kurven C' (vom Geschlechte 0) sind mit einem Doppelpunkte behaftet, der aber von Kurve zu Kurve sich ändert; also liegt auf jeder l ein Paar verbundener Punkte; demnach gehören von den fünf Schnitten der l mit der in $\mathfrak{T}_{1,1}$ zugeordneten Kurve 5. Ordnung drei der Koinzidenzkurve an. Also ist diese oder die Doppelkurve Ω der $\mathfrak{T}_{2,1}$ in Σ eine Kurve 3. Ordnung mit Doppelpunkt in $\mathfrak{D}$ und einfachen Punkten in $\mathfrak{A}$, $\mathfrak{B}$, $\mathfrak{C}$. Wir können dies auch wiederum bestätigen, indem wir l durch $\mathfrak{D}$, $\mathfrak{A}$ legen; im ersteren Falle z. B. trifft l die korrespondierende Kurve 5. Ordnung noch zweimal, der eine Treffpunkt ist der dritte Schnitt mit der zu $\mathfrak{D}$ gehörigen Hauptkurve, der andere der einzige Punkt, den l mit der Koinzidenzkurve, außer $\mathfrak{D}$, gemeinsam hat.

Aus den zwei weiteren Schnitten einer C mit der Ω und aus den drei Schnitten einer Gerade l schließen wir, wie früher, daß die

Grenzkurve Ω' ein Kegelschnitt ist und von allen Kurven C' dreimal berührt wird.

Damit sind die sieben Bedingungen für diese Kurven C' gewonnen: die dreimalige Berührung mit Ω', das Hindurchgehen durch 𝔄', 𝔅', ℭ' und daß sie sämtlich einen Doppelpunkt haben.

Von den Kurven C' gehen vier durch zwei gegebene Punkte (Nr. 888), $2 \cdot 4 = 8$ gehen durch einen Punkt und berühren eine Gerade, $4 \cdot 4 = 16$ berühren zwei Geraden, weil die Kurven C 4. Klasse sind.[1])

Legt man den Strahl l als d durch 𝔇, so zerfällt C' in den Kegelschnitt 𝔇'², welcher Ω' zweimal berührt, und eine Gerade d', die im engern Sinne dem d entspricht und Ω' berührt. Die Geraden d und d' bewegen sich projektiv um 𝔇 und Ω'. Jedem d' entspricht aber noch ein Kegelschnitt 𝔎 durch 𝔄, 𝔅, ℭ, 𝔇, der mit d die C zusammensetzt. Für die Strahlen von 𝔇 nach 𝔄, 𝔅, ℭ, die den Tangenten 𝔞', 𝔟', 𝔠' von Ω' entsprechen, geht dieser Kegelschnitt durch $𝔄_1$, $𝔅_1$, $ℭ_1$; für die Strahlen, die nach $𝔄_1$, $𝔅_1$, $ℭ_1$ gehen und denen die Tangenten $𝔞_1'$, $𝔟_1'$, $𝔠_1'$ von Ω' entsprechen mögen, zerfällt er in 𝔇𝔄, 𝔅ℭ; 𝔇𝔅, ℭ𝔄; 𝔇ℭ, 𝔄𝔅; wobei z. B. 𝔇𝔄 allein dem $𝔄_1$ verbunden ist, die Punkte von 𝔅ℭ aber den einzelnen Punkten von $𝔇𝔄_1$. In der Tat, der $𝔇𝔄_1$ verbunden ergibt sich, nachdem die dem 𝔇 und $𝔄_1$ verbundenen Kurven abgesondert sind, eine Gerade, die noch durch 𝔅 und ℭ gehen muß. Also entspricht auch der 𝔅ℭ die Tangente $𝔞_1'$, und die ihr zugehörige C' zerfällt in die drei Tangenten 𝔟', 𝔠', $𝔞_1'$ von Ω'.

898 Auf jeder Kurve C haben wir eine Involution der den verschiedenen Punkten X' der korrespondierenden l' entsprechenden Punktepaare $X\overline{X}$,[2]) diesmal getragen von einer unikursalen Kurve, also mit zwei Doppelpunkten, wie wir wissen, den beiden weiteren Schnitten von Ω mit C. Aber die Verbindungslinien laufen nicht in einen Punkt von C zusammen, wie im vorigen Falle, sondern umhüllen einen Kegelschnitt. Denn in einem Strahlenbüschel

1) Man kann sich auch hier ein System von dieser Art räumlich herstellen, indem man das auf einer geradlinigen Fläche 2. Grades befindliche doppelt unendliche System von kubischen Raumkurven (mit bestimmtem Verhalten gegen die beiden Regelscharen), welche durch drei Punkte der Fläche gehen, aus einem beliebigen Punkte O auf eine Ebene projiziert. Die Projektionen haben einen Doppelpunkt, berühren den Kegelschnitt, in welchem der Tangentialkegel aus dem Zentrum O die Ebene schneidet, dreimal und gehen durch drei feste Punkte. Die Charakteristiken sind dieselben wie oben. Da aber jeder Punkt der Ebene zwei Projektionen auf der Fläche hat, so erhält man acht solche Systeme. Wird das Verhalten gegen die Regelscharen geändert, so ergeben sich dieselben Systeme; denn immer zwei verschiedenartig sich verhaltende kubische Raumkurven auf der Fläche haben die nämliche Projektion.

2) Wir können sie uns durch einen der Kegelschnitt-Büschel ($𝔇𝔅ℭ𝔄_1$), ($𝔇ℭ𝔄𝔅_1$), ($𝔇𝔄𝔅ℭ_1$) — gleichgültig welchen — eingeschnitten denken.

O bewirken die gepaarten Punkte eine involutorische Korrespondenz [3]; von den sechs Koinzidenzstrahlen gehen zwei nach den Doppelpunkten, die vier andern weisen auf Verbindungslinien gepaarter Punkte, die durch O gehen; wegen des involutorischen Entsprechens ist aber jede doppelt zu rechnen, und wir haben nur zwei durch O gehende Verbindungslinien.

Damit ist gesagt, daß, wenn X' auf einer Gerade l' läuft, die Gerade $x = X\overline{X}$ einen Kegelschnitt umhüllt. In eindeutiger Verwandtschaft stehen X' und x auch hier; aber es entsteht nicht, wie im vorigen Falle, eine Korrelation, sondern eine (reziproke) quadratische Verwandtschaft. Es muß also auch, wenn x um einen Punkt P sich dreht, der Punkt X' einen Kegelschnitt durchlaufen. Es erzeugen auch hier die Paare verbundener Punkte $X, \overline{X}$ auf den Strahlen durch P eine Kurve 3. Ordnung (P), welche durch P und durch alle sieben Punkte $\mathfrak{D}$, $\mathfrak{A}$, $\mathfrak{B}$, $\mathfrak{C}$, $\mathfrak{A}_1$, $\mathfrak{B}_1$, $\mathfrak{C}_1$ einfach geht; denn auf dem Strahle von P nach einem dieser Punkte besteht das Paar immer aus ihm und dem einzigen ferneren Schnitte des Strahls mit der dem Punkte in $\mathfrak{T}_{1,1}$ zugehörigen Hauptkurve; auch $\mathfrak{D}$ ist einfach. Weil die (P) durch $\mathfrak{A}_1$, $\mathfrak{B}_1$, $\mathfrak{C}_1$ gehen, sind sie von den C verschieden. Diese (P) bilden ein eben solches Netz mit sieben einfachen Grundpunkten, wie die C im vorigen Falle. Durch $\mathfrak{T}_{2,1}$ geht eine solche (P), nachdem sich die den $\mathfrak{D}$, $\mathfrak{A}$, $\mathfrak{B}$, $\mathfrak{C}$ zugeordneten Hauptkurven $\mathfrak{D}'^2$, $\mathfrak{a}'$, $\mathfrak{b}'$, $\mathfrak{c}'$ abgesondert haben, in eine Kurve von der Ordnung $3 \cdot 3 - 2 - 3 \cdot 1 = 4$ über, die aber ein doppelt zu rechnender Kegelschnitt ist, weil jeder ihrer Punkte zwei Punkten X und $\overline{X}$ von (P) korrespondiert.

Läuft P auf einer Gerade, welche das Paar $X\overline{X}$ trägt, so gehen alle Kurven (P) durch X und $\overline{X}$, und zwei verbundene Punkte sind auch assoziierte Punkte in dem neuen Netze. Wir haben aber zu beachten, daß dasselbe ein spezielles deshalb ist, weil $\mathfrak{B}_1$, $\mathfrak{C}_1$, $\mathfrak{A}$; $\mathfrak{C}_1$, $\mathfrak{A}_1$, $\mathfrak{B}$; $\mathfrak{A}_1$, $\mathfrak{B}_1$, $\mathfrak{C}$ je in gerader Linie liegen. Wir haben uns mit dieser Verwandtschaft in Nr. 835 und 836 beschäftigt.

Die quadratische Verwandtschaft zwischen dem Punktfelde in Σ' und dem Strahlenfelde in Σ hat in jenem die drei Punkte $\mathfrak{A}'$, $\mathfrak{B}'$, $\mathfrak{C}'$ zu Hauptpunkten; denn z. B. dem $\mathfrak{A}'$ korrespondiert der ganze Büschel von $\mathfrak{A}_1$ nach den verschiedenen Punkten von $\mathfrak{D}\mathfrak{A}$. Also sind $\mathfrak{A}_1$, $\mathfrak{B}_1$, $\mathfrak{C}_1$ die Ecken des Hauptdreiseits in Σ.

Der Gerade $\mathfrak{B}'\mathfrak{C}'$ entspricht in $\mathfrak{T}_{2,1}$ eine Kurve 3. Ordnung C, welche in $\mathfrak{D}\mathfrak{B}$, $\mathfrak{D}\mathfrak{C}$ und $\mathfrak{A}\mathfrak{B}_1\mathfrak{C}_1$ zerfällt; denn $\mathfrak{B}_1$, $\mathfrak{C}_1$ entsprechen ja auch den $\mathfrak{B}'$, $\mathfrak{C}'$.

Wenn zwischen X' und $x = X\overline{X}$ eine quadratische Verwandtschaft besteht, so umhüllen die Verbindungslinien koinzidierender verbundener Punkte eine — von Ω verschiedene — Kurve 4. Klasse, welche in dieser Verwandtschaft dem Grenz-

Kegelschnitte Ω' entspricht und die Hauptgeraden $\mathfrak{B}_1\mathfrak{C}_1, \ldots$ der quadratischen Verwandtschaft zu Doppeltangenten hat.

Zu einer Verwandtschaft $\mathfrak{T}_{2,1}$ dieser Art gelangt man, wenn man das Punktfeld Σ' kollinear auf einen Strahlenbündel bezieht, dessen Scheitel A auf einer kubischen Regelfläche liegt, und diese durch Projektion aus einem Punkte D auf der Doppelgerade d in die Ebene Σ abbildet, wobei A sich in $\mathfrak{A}$ projiziere. Aber sie hat besondere Eigenschaften und ist deshalb weniger geeignet, den allgemeinen Fall zu illustrieren; wir überlassen dem Leser, diese Eigenschaften aufzufinden.

899 Kehren wir zur allgemeinen Betrachtung zurück. Der Formel

$$1) \qquad \sum r^2 + 2 = n^2$$

(Nr. 888) können wir eine andere Deutung geben. Einer Kurve C n^{ter} Ordnung muß eigentlich eine Kurve von der Ordnung n^2 korrespondieren; da jene aber durch sämtliche Hauptpunkte geht, so lösen sich die Hauptkurven in der Gesamtordnung $\sum r^2$ ab; es bleibt die doppelte Gerade l', welcher C korrespondiert, doppelt, weil jeder ihrer Punkte zwei Punkten von C entspricht.

Weil die Kurven C vom Geschlechte p sind, so ist ihre Klasse im allgemeinen $2(n+p-1)$; also sind die Charakteristiken des Systems der C' $4, 4(n+p-1), 4(n+p-1)^2$.

Es sei s die allgemeine Bezeichnung für den Grad der Vielfachheit eines Hauptpunktes in Σ' auf den C', ferner N der Grad der verbundenen Verwandtschaft $\mathfrak{T}_{1,1}$. Die n^2 Schnitte zweier C' setzen sich zusammen aus den Hauptpunkten, aus dem Punkte, welcher dem Schnittpunkte der beiden korrespondierenden Geraden l entspricht, und den N Punkten, die den einen korrespondierenden auf der einen, den andern auf der andern haben; also:

$$n^2 = \sum s^2 + N + 1,$$

oder:

$$4) \qquad N = n^2 - 1 - \sum s^2.$$

Wenn $\mathfrak{w}$ die Ordnung der Doppelkurve ist, so berührt jede C' die Grenzkurve Ω' in $\mathfrak{w}$ Punkten. Ist $\mathfrak{d}$ die Anzahl der Paare verbundener Punkte auf einer beliebigen Gerade, die Klasse von $\mathfrak{T}_{1,1}$, so ist:

$$5) \qquad N = \mathfrak{w} + 2\mathfrak{d};$$

ferner, weil die C' unikursal sind und $\mathfrak{d}$ bewegliche Doppelpunkte haben, so hat man:

$$6) \qquad \sum s(s-1) + 2\mathfrak{d} = (n-1)(n-2).$$

Daraus folgt:

$$7) \qquad 3(n-1) = \mathfrak{w} + \sum s.$$

Jedem gemeinsamen Punkt der Ω' mit einer Kurve C', der nicht Hauptpunkt ist, entspricht ein gemeinsamer Punkt der zugehörigen l mit Ω, dem ein Schnitt der l mit Ω unendlich nahe ist, ohne im allgemeinen ihm verbunden zu sein; also berührt C' die Ω'.

Wo eine C' die Ω', außerhalb von Hauptpunkten, trifft, berühren sie sich.

Dasselbe gilt auch für Hauptkurven in Σ', da sie Teile von Kurven C' bilden, gehörig zu Geraden von Σ, die durch den zugehörigen Hauptpunkt gehen.

Durch zwei beliebige Punkte von Σ' gehen, wie oben bemerkt, vier Kurven C'; fällt einer auf Ω', so reduzieren sie sich auf zwei, welche dann in diesem Punkte die Ω' berühren; fallen beide auf Ω', so geht durch sie nur eine C' und berührt in ihnen die Ω'; sie entspricht der l, welche die korrespondierenden Punkte auf Ω verbindet.

Die Kurven C' müssen durch die Hauptpunkte H' s-fach gehen, $\mathfrak{d}$ (bewegliche) Doppelpunkte haben und Ω' $\mathfrak{w}$-mal berühren; das sind $\frac{1}{2}\sum s(s+1) + \mathfrak{d} + \mathfrak{w}$ Bedingungen. Die obigen Formeln ergeben, daß diese Zahl gleich $\frac{1}{2}n(n+3) - 2$ ist, so daß ein doppelt unendliches System entsteht. Aber die früheren Bemerkungen (Nr. 895, 897) zeigen, daß die in der Verwandtschaft auftretenden C' nicht das ganze durch diese Bedingungen festgelegte System zu bilden brauchen, sondern nur ein Teilsystem desselben.

Sei H' ein Hauptpunkt erster Art in Σ', dem also eine Hauptkurve h_s s^{ter} Ordnung und ein einzelner Punkt $\mathfrak{H}$ entspricht; wenn l' durch H' geht, so zerfällt C in h_s und eine durch $\mathfrak{H}$ gehende Kurve $(n-s)^{\text{ter}}$ Ordnung C_{n-s}. Sie wird involutorisch von den beiden entsprechenden Punkten der Punkte von l durchlaufen, und das Paar, das im Kontinuum dieser Paare dem H' entspricht, besteht aus $\mathfrak{H}$ und einem andern Punkte, der auf h_s liegt. Dieser Punkt, den wir auch als dem Punkte entsprechend ansehen können, der dem H' auf l' unendlich nahe ist, durchläuft h_s, wenn l' um H' sich dreht (wobei C_{n-s} sich ändert); und so erweist sich h_s vom Geschlechte 0. Der genannte Punkt, als gemeinsamer Punkt der beiden Teilkurven, ist Doppelpunkt der vollen Kurve; also ist h_s ein Bestandteil der Jacobischen Kurve des Netzes. Ist H' zweiter Art, so zerfällt h_s in zwei verbundene Kurven, von denen jede vom Geschlecht 0 ist und die C_{n-s} in einem solchen Punkte schneidet; und einem Hauptpunkte H' dritter Art ist eine sich selbst verbundene Kurve h_s zugeordnet, welche involutorisch von den unendlich vielen dem H' entsprechenden Punktepaaren durchlaufen wird; mit der C_{n-s} hat sie ein solches Paar gemeinsam. Die volle Kurve n^{ter} Ordnung hat also in diesen beiden Fällen zwei weitere Doppelpunkte.

Jede Hauptkurve in Σ gehört somit zur Jacobischen Kurve des Netzes. Für die Doppelkurve Ω gilt dies auch; denn in jedem Punkt derselben berühren sich alle Kurven eines Büschels des Netzes, und solche Berührungspunkte liegen ja auf der Jacobischen Kurve (Nr. 686).

Die Formel 7) spricht aus, daß die Jacobische Kurve des Netzes in Σ nur aus den Hauptkurven und der Doppelkurve besteht.

Jetzt betrachten wir einen Hauptpunkt H in Σ; er sei r-fach für die C; ihm korrespondiert in Σ' eine unikursale Kurve h_r'; er sei auch Hauptpunkt für die verbundene Verwandtschaft $\mathfrak{T}_{1,1}$; weshalb er Hauptpunkt erster Art genannt werde. Hier sei er ρ-fach, so daß ihm eine Kurve h_ϱ zugehört.[1]) Wenn er auf h_ϱ i-fach ist, so ist er i-fach sich selbst verbunden und liegt i-fach auf Ω. Der Nachbarpunkt von ihm auf einer der i Tangenten von h_ϱ ist also ein dem H verbundener und ihm unendlich naher Punkt, also liegt er auf Ω; mithin haben h_ϱ und Ω in dem gemeinsamen i-fachen Punkte H dieselben Tangenten.

Die Punkte von h_r' korrespondieren eindeutig denen von h_ϱ, denn jeder Punkt von h_r' hat, neben H, noch einen entsprechenden, welcher h_ϱ durchläuft. Eine Gruppe von i Punkten auf h_r' entspricht den i in H übereinander liegenden Punkten von h_ϱ. Geht l durch H, so zerspaltet sich C' in h_r' und eine Kurve C'_{n-r}; weil l die Ω i-fach in H trifft und noch $(\omega - i)$-mal, so kommen von den ω Berührungen der C' mit Ω' $\omega - i$ auf C'_{n-r} und i auf h_r', welche in den Punkten jener Gruppe erfolgen.

Wenn also ein Hauptpunkt erster Art H von Σ auf der ihm in $\mathfrak{T}_{1,1}$ verbundenen Kurve und dann auch auf der Doppelkurve i-fach ist, so berührt die ihm zugeordnete Hauptkurve in Σ' die Ω' i-mal.

Weil eine C durch $\mathfrak{T}_{1,1}$ in sich selbst übergeht, so folgt:

$$nN - \sum r\rho = n,$$

also:

$$8) \qquad \sum r\rho = n(N-1).$$

900 Es fragt sich, ob der Punkt $\mathfrak{H}$, der zu einem Hauptpunkte H' erster Art gehört, auf der zugeordneten Hauptkurve h_s liegen kann. Nehmen wir an, daß er ihr t-fach angehöre; ferner habe h_s den r-fachen Hauptpunkt H zum $\mathfrak{r}$-fachen. Weil l' im allgemeinen nicht durch H' geht, so hat C mit h_s nur Hauptpunkte gemeinsam, also:

1) Als Hauptpunkte zweiter und dritter Art in Σ, auf die wir hier nicht genauer eingehen wollen, definiert de Paolis solche, die nur einen verbundenen Punkt haben, der dann ebenso vielfacher Hauptpunkt ist, oder die sich selbst verbunden sind.

$$9) \qquad ns = \sum r\mathfrak{r}.$$

h_s wird von einer C_{n-s} in den Hauptpunkten, von denen ein auf h_s $\mathfrak{r}$-facher auf C_{n-s} $(r-\mathfrak{r})$-fach ist, ferner in $\mathfrak{H}$, der auf C_{n-s} einfach, auf h_s t-fach ist, und im veränderlichen Schnittpunkte getroffen; mithin:

$$s(n-s) = \sum (r-\mathfrak{r})\mathfrak{r} + t + 1.$$

Diese C_{n-s} bilden einen Büschel, da sie den l' durch H' zugehören, und haben nur die Hauptpunkte und den $\mathfrak{H}$ gemeinsam; daher:

$$(n-s)^2 = \sum (r-\mathfrak{r})^2 + 1.$$

9) und die folgende Formel geben $s^2 = \sum \mathfrak{r}^2 - t - 1$; nehmen wir noch 1) dazu, so können diese Formeln nur zusammen bestehen, wenn

$$t = 0.$$

Die zu einem Hauptpunkte erster Art in Σ' zugehörige Hauptkurve geht nicht durch den verbundenen Punkt.

Also kann die Doppelkurve (in Σ) nicht die zu einem solchen Hauptpunkte erster Art gehörige Hauptkurve, außer in Hauptpunkten, treffen; denn ein Treffpunkt würde sich dann mit dem auch ihm verbundenen Punkte $\mathfrak{H}$ vereinigen.

Daraus folgt wiederum:

Die Grenzkurve Ω' geht durch keinen Hauptpunkt erster Art.

Wenn daher nur Hauptpunkte erster Art in Σ' vorhanden sind, so werden die Hauptkurven in Σ von der Doppelkurve nur in Hauptpunkten getroffen, und die Grenzkurve geht durch keinen Hauptpunkt.

Durch den Hauptpunkt H, der r-fach sei, gehe Ω i-fach; einer Gerade l durch H entspricht h_r' und C'_{n-r}; wir fanden schon, daß C'_{n-r} die Ω' in $\mathfrak{w} - i$ Punkten berührt; die $\mathfrak{d}$ veränderlichen Doppelpunkte liegen auf ihr, und wenn h_r' durch einen s-fachen Hauptpunkt H' $\mathfrak{s}$-fach geht, so tut es C'_{n-r} $(s-\mathfrak{s})$-fach. Die C'_{n-r} bilden ein einfach unendliches System (von dem durch jeden Punkt zwei gehen); also:

$$\tfrac{1}{2}\sum (s-\mathfrak{s})(s-\mathfrak{s}+1) + \mathfrak{w} - i + \mathfrak{d} = \tfrac{1}{2}(n-r)(n-r+3) - 1.$$

Sie sind unikursal, mithin:

$$\tfrac{1}{2}\sum (s-\mathfrak{s})(s-\mathfrak{s}-1) + \mathfrak{d} = \tfrac{1}{2}(n-r-1)(n-r-2).$$

Daraus ergibt sich:

$$\sum (s-\mathfrak{s}) - i + \mathfrak{w} = 3(n-r) - 2;$$

weil aber:

$$7) \qquad \sum s + \mathfrak{w} = 3(n-1),$$

so folgt:

$$10) \qquad 3r - 1 = \sum \mathfrak{s} + i.$$

Nun gilt auch hier, ebenso wie bei den eindeutigen Verwandtschaften (Nr. 785), daß die Vielfachheit $\mathfrak{s}$ eines Hauptpunktes von Σ' auf einer Hauptkurve dieser Ebene gleich ist derjenigen des dieser zugeordneten Hauptpunktes in Σ auf der Hauptkurve, die jenem zugeordnet ist. Daher ist $\sum \mathfrak{s} + i$ die Vielfachheit von H auf der Jacobischen Kurve des Netzes; die Formel 10) lehrt, daß sie $3r - 1$ ist, und dies entspricht dem in Nr. 785 Gesagten. Also beträgt die Anzahl der Schnittpunkte einer C mit der Jacobischen Kurve, welche nicht in Hauptpunkte fallen:

$$3n(n-1) - \sum r(3r-1) = 2(p+1),$$

wie aus 1) und 3) sich ergibt.

Weil die Hauptkurven eine C nur in Hauptpunkten schneiden, so kommen diese weiteren Schnitte alle auf die Doppelkurve Ω.

Demnach beträgt die Zahl der weiteren Schnitte einer Kurve C mit der Doppelkurve Ω $2(p+1)$; andererseits ist sie $\omega n - \sum ir$.

Die Involution der verbundenen Punkte auf einer Kurve C hat $2(p+1)$ Doppelpunkte.

Dies entspricht der Cayley-Brillschen Formel (§ 122); denn es liegt eine eindeutige involutorische Korrespondenz auf einer Kurve vom Geschlechte p vor; einschneidende Kurven sind die Kurven irgend eines Büschels des Netzes (zu welchem C nicht gehört); also ist die Wertigkeit 1.

Diesen Punkten auf Ω entsprechen die Schnitte der Ω' mit der Gerade l', welcher die C korrespondiert.

Die Grenzkurve Ω' hat die Ordnung $2(p+1)$.

Weil sie der Ω entspricht, muß diese Ordnung $\omega n - \sum ir$ sein, indem sich die zu den Hauptpunkten auf Ω gehörigen Hauptkurven ablösen.

Die Involution auf einer C ruft wiederum in einem Strahlenbüschel U eine involutorische Korrespondenz $[n]$ hervor; von den $2n$ Koinzidenzstrahlen gehen $2(p+1)$ nach den Doppelpunkten; die andern, wegen des involutorischen Entsprechens auf C doppelt zu rechnen, beweisen, daß die Direktionskurve der Involution die Klasse $n - p - 1$ hat.

Durch jeden Punkt von Σ' gehen $n - p - 1$ Kurven C', die einen Doppelpunkt auf einer gegebenen Gerade haben.

Die Tangenten der Direktionskurve sind eindeutig den Punkten der Gerade l' zugeordnet, welcher die C entspricht, auf der die Involution liegt; also ist diese Kurve unikursal, im allgemeinen von der Ordnung $2(n-p-2)$ und hat $\frac{1}{2}(n-p-2)(n-p-3)$ Doppeltangenten, d. h. Geraden, welche zweimal zwei verbundene Punkte der C enthalten.

Die Verwandtschaft zwischen dem Punktfelde der X' und dem Strahlenfelde der $x = X\overline{X}$ ist $\mathfrak{d}$-ein-deutig.

Einer Kurve K' in Σ', welche die Grenzkurve Ω' in X' berührt, korrespondiert eine Kurve K, welche in dem entsprechenden Punkte X von Ω einen Doppelpunkt hat; denn jede Gerade l durch X hat mit ihr zwei in X vereinigte Schnitte gemein, weil die entsprechende C' die Ω' in X' berührt und daher auch die K'. Die beiden Tangenten des Doppelpunktes X entsprechen den Kurven C', welche K' in X' oskulieren.

Die einer Tangente von Ω' entsprechende C hat also in dem dem Berührungspunkte X' korrespondierenden Punkte X einen Doppelpunkt. Dem Büschel von Strahlen l' um X' entspricht ein Büschel von Kurven C, die sich in X berühren (mit einer Tangente, die im allgemeinen von der von Ω verschieden ist); darunter befindet sich (Nr. 686) eine Kurve, für welche X Doppelpunkt ist, eben die, welche der Tangente in X' an Ω' entspricht. Daß Ω derjenige Bestandteil der Jacobischen Kurve ist, welcher die Berührungspunkte von Kurven des Netzes enthält, ist schon erwähnt.

Ein beliebiger Büschel von Kurven C schneidet in Ω eine Involution vom Grade $2(p+1)$ ein, deren Gruppen aus den Doppelpunkten der auf den einzelnen Kurven gelegenen Involutionen der X, $\overline{X}$ bestehen. Die Doppelpunkte jener Involution rühren von Kurven des Büschels her, die auf Ω einen Doppelpunkt haben. Die Anzahl derselben ist gleich der Klasse von Ω'.

Diese Kurve $2(p+1)^{\text{ter}}$ Ordnung Ω' ist allgemein, so lange es in Σ' nur Hauptpunkte erster Art gibt; denn diese liegen nicht auf Ω', und damit sind vielfache Punkte auf ihr ausgeschlossen.

901 In Σ liefern die $2\mathfrak{d}$ Punkte der $\mathfrak{d}$ Paare[1]) verbundener Punkte auf den Strahlen eines Büschels P eine Kurve (P), die einfach durch den Punkt P geht, da er nur auf dem Strahle des Büschels erzeugender Punkt ist, der nach dem verbundenen Punkte geht; derselbe ist Tangente an (P) in P. Daher ist die Ordnung der Kurve (P) gleich $2\mathfrak{d}+1$ oder $N-\omega+1$, wie sich aus 5) ergibt. Diese letzte Form der Ordnungszahl folgt auch daraus, daß die Kurve (P), zusammen mit Ω, das Erzeugnis des Büschels P und des projektiven Büschels N^{ter} Ordnung der seinen Strahlen verbunbundenen Kurven ist. Durch zwei Punkte X, X_1 geht eine dieser Kurven (P), nämlich die zum Punkte $(X\overline{X}, X_1\overline{X}_1)$ gehörige. Also bilden sie ein Netz; bei $n = 3$, $p = 1$ ist es, wie wir fanden, mit dem Netze der Kurven C identisch.

---

1) Es werde hier $\mathfrak{d} > 0$ vorausgesetzt, was bei $n = 2$ nicht eintrifft.

Ein Hauptpunkt H, der auf der verbundenen Kurve h_ϱ i-fach ist, gehört auf dem Strahl HP zu $\rho - i$ Paaren, deren zweite Punkte die $\rho - i$ weiteren Schnitte der h_ϱ sind, also ist er $(\rho - i)$-fach auf (P). Ist $\mathfrak{H}$ wiederum der einzelne einem Hauptpunkte H' erster Art entsprechende Punkt, verbunden der zugehörigen Hauptkurve h_s, der er, wie wir wissen, nicht angehört, so ist er s-fach auf (P); er ist Hauptpunkt von $\mathfrak{T}_{1,1}$ und für ihn ist $\rho = s$, $i = 0$. Daher ergibt sich aus dem Schnitte zweier Kurven (P):

$$(2\mathfrak{d} + 1)^2 = 2\mathfrak{d} + \sum(\rho - i)^2,$$

wo die Summe über alle Hauptpunkte H und $\mathfrak{H}$ der $\mathfrak{T}_{1,1}$ ausgedehnt ist. Nur wenn $\mathfrak{d} = 1$ ist, ist das Netz der (P) ein solches, wie es die Kurven C bilden.

§ 125. m-eindeutige und zweizweideutige Verwandtschaften.

902 Die Anzahl der Koinzidenzen bei ineinander liegenden Feldern liefert das Korrespondenzprinzip (Nr. 839): sie ist $2 + 1 + n = n + 3$, oder allgemeiner, wenn es sich um eine m-eindeutige Verwandtschaft handelt: $m + n + 1$. Wir können bestätigend verfahren wie in Nr. 790, indem wir im einfachen Felde (Nr. 888) die Kurve der Punkte X konstruieren, die je mit dem entsprechenden X' auf einer Gerade durch einen festen Punkt U liegen. Sie ergibt sich als Erzeugnis des Strahlenbüschels U aus Σ' und des zu ihm projektiven Büschels der entsprechenden Kurven C in Σ, ist also $(n + 1)^{\text{ter}}$ Ordnung. Oder die Verbindungslinien der Punkte auf l in Σ je mit dem entsprechenden Punkte auf der korrespondierenden C' in Σ' umhüllen eine Kurve $(n + 1)^{\text{ter}}$ Klasse; weil $n + 1$ durch U gehen, liegen auf l so viele Punkte der Kurve. Sie geht einfach durch U, weil er als Punkt von Σ einen entsprechenden in Σ' hat. Da der Strahl von U nach einem r-fachen Hauptpunkte H von Σ der zugehörigen Hauptkurve h_r' r-mal begegnet, so liegt H r-fach auf unserer Kurve. Für eine zweite derartige Kurve, zu U_1 gehörig, gilt dasselbe; beide haben außerdem die n weiteren Punkte auf UU_1 gemein. Somit bleiben $(n + 1)^2 - \sum r^2 - n$ gemeinsame Punkte. Nun tritt bei der m-eindeutigen Verwandtschaft an Stelle von 1):

$$\sum r^2 = n^2 - m;$$

so daß die Anzahl dieser Punkte ist $m + n + 1$. Jeder von ihnen befindet sich als X mit seinem entsprechenden X' sowohl auf einer Gerade durch U, als auf einer durch U_1; und da er weder auf UU_1 liegt, noch ein Hauptpunkt von Σ ist, so muß er sich mit ihm vereinigen. Ersichtlich kann nur von dem einfachen Felde aus so geschlossen werden.

Hieran läßt sich die Ermittelung der Anzahl der involutorischen Paare anschließen. Es seien X, Y' Punkte, welche in der m-eindeutigen Verwandtschaft dem nämlichen Punkte $X' \equiv Y$ in beiden Sinnen entsprechen. Einem X entspricht ein X', dem damit koinzidierenden Y ein Y'; einem Y' entsprechen m Punkte Y, den damit identischen X' also m^2 Punkte X; die Verwandtschaft der X und Y' ist daher m^2-eindeutig. Einer Gerade l in Σ korrespondiert eine Kurve n^{ter} Ordnung in Σ', der damit identischen in Σ, die wohl durch die Hauptpunkte von Σ', aber nicht durch die von Σ geht, eine Kurve von der Ordnung n^2, so daß dies der Grad der neuen Verwandtschaft ist und ihr $m^2 + n^2 + 1$ Koinzidenzpunkte zukommen, darunter die $m + n + 1$ der gegebenen. Jeder von den $m^2 - m + n^2 - n$ übrigen Punkten $X \equiv Y'$ bildet mit dem zugehörigen und von ihm verschiedenen $X' \equiv Y$, welcher auch ein Koinzidenzpunkt dieser m^2-eindeutigen Verwandtschaft ist, ein involutorisches Paar der m-eindeutigen.

Eine m-eindeutige Verwandtschaft n^{ten} Grades zwischen zwei ineinander liegenden Feldern besitzt

$$\tfrac{1}{2}m(m-1) + \tfrac{1}{2}n(n-1)$$

involutorische Paare; wofern nicht deren ∞^1 vorhanden sind.

Letzteres tritt z. B. ein bei der in Nr. 892, 893 behandelten zweieindeutigen Verwandtschaft 2. Grades, die zwischen zwei Feldern derselben Ebene durch eine Fläche 2. Grades hergestellt wird. Wir fanden schon, daß sie, neben dem einzelnen Punkte $O \equiv O'$, einen Kegelschnitt von Koinzidenzpunkten hat; sie hat auch ∞^1 involutorische Paare, welche ebenfalls von einem Kegelschnitte getragen werden. Auf jedem Strahle des Büschels um $O \equiv O'$ besteht eine Korrespondenz [2, 1], welche (Nr. 181) ein involutorisches Paar besitzt. Die beiden Kegelschnitte l'^2, m^2, welche einer Gerade $l \equiv m'$ entsprechen, und von denen der erstere durch O' geht, begegnen sich mit ihr auf der Koinzidenzkurve; die Strahlen aus O' nach den beiden weiteren Schnitten tragen involutorische Paare, welche je aus dem Schnitte und dem Punkte auf der Gerade bestehen.

In Nr. 888 wurde bemerkt, daß bei den zweieindeutigen Verwandtschaften die Geschlechter $p = 0$ und $p = 1$ dadurch einfachere Verhältnisse bewirken, daß die gemeinsamen Punkte des Netzes N in der einfachen Ebene, das auf das Geradenfeld der andern kollinear bezogen wird, in keiner Beziehung stehen, sondern beliebig gegeben werden können.

Im Falle $p = 0$ bestimmen sie zunächst ein Gebüsche von Kurven, welches, eben wegen der beliebigen Lage der Grundpunkte, ∞^2, ∞^1 Kurven mit einem bzw. zwei (nicht gemeinsamen) Doppelpunkten enthält. Wird aus ihm ein Netz ausgeschieden, so enthält dies ∞^1, eine endliche Anzahl von Kurven mit 1, 2 Doppelpunkten.

Wenn $p = 1$, so ist durch die gemeinsamen Punkte gerade das Netz bestimmt, und es gilt dasselbe.

Ist aber $p > 1$, so müssen die gemeinsamen Punkte voneinander abhängig sein, um ein Netz zu ermöglichen; und dadurch kann bewirkt werden, daß die Kurven mit zwei Doppelpunkten nicht bloß in endlicher Anzahl vorhanden sind.

Wenn in Σ' ein Hauptpunkt H' zweiter oder dritter Art vorhanden ist (Nr. 889), so führen alle Geraden durch ihn zu zerfallenden Kurven des Netzes in Σ, welche zwei Doppelpunkte haben, je einen auf jedem der beiden verbundenen Bestandteile der zu H' gehörigen Hauptkurve oder beide auf ihr, wenn sie sich selbst verbunden ist: als Schnitte dieser sich ablösenden Kurve mit der restierenden.

Also hat eine zweieindeutige Verwandtschaft vom Geschlechte 0 oder 1 in der doppelten Ebene Σ' im allgemeinen nur Hauptpunkte erster Art (denen je eine Hauptkurve und ein einzelner Punkt zugeordnet ist). Daher geht die Grenzkurve Ω' in Σ' durch keinen der Hauptpunkte (Nr. 900).

Bei $p = 0$ ist sie (a. a. O.) ein Kegelschnitt. Jeder Schnitt einer C' mit ihr ist Berührungspunkt; also ist die Anzahl dieser Berührungspunkte n und demnach die der Schnitte der zugehörigen l mit Ω. Ebenso, wo eine Hauptkurve h_r' die Ω' trifft, berührt sie dieselbe, also geschieht es r-mal; folglich liegt der zugehörige Hauptpunkt H r-fach auf Ω.

Bei einer zweieindeutigen Verwandtschaft n^{ten} Grades vom Geschlechte 0 ist die Grenzkurve in Σ' ein Kegelschnitt und die Doppelkurve in Σ von der Ordnung n und hat einen r-fachen Hauptpunkt ebenfalls zum r-fachen Punkte, gehört also zu dem Gebüsche von Kurven n^{ter} Ordnung, das durch die Hauptpunkte bestimmt ist und in welchem das Netz N der C sich befindet.

Bei $p = 1$ ist die Grenzkurve 4. Ordnung, die Doppelkurve von der Ordnung $2n$ und ein r-facher Hauptpunkt auf ihr $2r$-fach.

Für dieses Geschlecht 1 kann man ein Netz N aus einem homaloidischen Netze, sobald dies mindestens einen doppelten oder dreifachen Hauptpunkt besitzt, herstellen. Den Doppelpunkt ersetzt man durch drei einfache Punkte, den dreifachen durch zwei doppelte. Dadurch geht das Geschlecht der Kurven von 0 in 1 über, das System bleibt doppelt unendlich, die Zahl der festen Schnitte zweier Kurven vermindert sich um $2^2 - 3 \cdot 1$ oder $3^2 - 2 \cdot 2^2$, also um 1. So ergibt sich aus dem homaloidischen Netze 3. Ordnung mit einem doppelten und vier einfachen Hauptpunkten das Netz 3. Ordnung mit sieben einfachen Hauptpunkten, das in Nr. 894 ff. benutzt wurde.

In Nr. 789 wurde kurz eine einsechsdeutige Verwandtschaft erwähnt, durch die kubischen Raumkurven mit fünf gegebenen Doppelsekanten in einer Ebene hervorgebracht.

903 Wir fanden in Nr. 794, daß Kurven von höherer als 5. Ordnung, welche keine höheren vielfachen Punkte besitzen als doppelte, durch eine Cremonasche Transformation nicht in Kurven niedrigerer Ordnung übergeführt werden können.

Sehen wir zu, was sich mit den jetzigen Transformationen erreichen läßt.

Es liege eine Kurve 6. Ordnung mit 10, 9, 8, 7 Doppelpunkten vor, also vom Geschlechte 0, 1, 2, 3; so lege man in 7 der Doppelpunkte die Punkte $\mathfrak{A}, \ldots \mathfrak{G}$ der kubischen zweieindeutigen Verwandtschaft vom Geschlechte 1, deren Netz eben erwähnt wurde. Die Kurve geht dadurch über in eine Kurve von der Ordnung $3 \cdot 6 - 2 \cdot 7 = 4$ mit 3, 2, 1, 0 Doppelpunkten; und diese Kurven sind in beiden Sinnen eindeutig bezogen, denn die Kurve 6. Ordnung enthält von den beiden entsprechenden Punkten der Punkte der andern Kurve je nur den einen. Eine Kurve 4. Ordnung vom Geschlechte 1, 0 kann nach dem obigen Satze durch eine Cremonasche Transformation in eine Kurve 3. Ordnung vom nämlichen Geschlechte übergeführt werden. Also ist es möglich, eine Kurve 6. Ordnung vom Geschlechte 0, 1 zu einer Kurve 3. Ordnung, eine vom Geschlechte 2, 3 zu einer Kurve 4. Ordnung in eineindeutige Beziehung zu bringen[1]).

Das Netz N in Σ ist festgelegt; es bleibt noch die achtfache Unendlichkeit der Kollineation zwischen ihm und dem Geradenfelde in Σ'. Durch sie kann noch nicht die Identität der Kurve, welche der gegebenen Kurve 6. Ordnung korrespondiert, mit einer gegebenen Kurve 4. Ordnung (von gleichem Geschlechte) erreicht werden.

Wird $\mathfrak{G}$ bloß in einen einfachen Punkt der gegebenen Kurve gelegt, so erhält man die Überführung der Kurve 6. Ordnung mit 10, ... 6 Doppelpunkten in eine Kurve 5. Ordnung von gleichem Geschlechte.

Eine m-eindeutige Verwandtschaft sei vom Geschlechte p, das (Nr. 888) nur durch die gemeinsamen vielfachen Punkte zustande kommt, so ist:

$$\sum r^2 = n^2 - m, \quad \sum r(r-1) = (n-1)(n-2) - 2p;$$

also:

$$\tfrac{1}{2}\sum r(r+1) = \tfrac{1}{2}n(n+3) - (m+1) + p.$$

1) Aber einen Büschel z. B. von Kurven 6. Ordnung mit neun Doppelpunkten — wir werden in Nr. 910 mit einem zu tun haben — führt man dadurch nicht in einen Büschel von Kurven 3. Ordnung über, sondern in ein System, von dem durch jeden Punkt zwei Kurven gehen.

Die Hauptpunkte bestimmen gerade das Netz der C, wenn $m = p + 1$.

Auch hier ist eine Kurve der einfachen Ebene Σ auf die entsprechende Kurve der m-fachen Ebene Σ' eineindeutig bezogen. Benutzen wir das zum Beweise des Satzes, daß eine Kurve C^n, welche dadurch vom Geschlechte 1 ist, daß sie $\frac{1}{2}n(n-3)$ Doppelpunkte hat, eineindeutig auf eine allgemeine Kurve 3. Ordnung bezogen werden kann. Wir können voraussetzen: $n \geqq 6$. Zunächst sei n ungerade. Von jenen Doppelpunkten machen wir $a = \frac{3(n-1)}{2}$ zu doppelten und die übrigen $b = \frac{1}{2}(n^2 - 6r + 3)$ — welche Zahl < 0 wird, wenn $n < 6$ ist — zu einfachen Hauptpunkten der einfachen Ebene einer m-eindeutigen Verwandtschaft n^{ten} Grades, deren m noch genauer zu bestimmen ist. Weil $3a + b = \frac{1}{2}n(n+3) - 3$ ist, so ist das Netz der C noch nicht festgelegt; es geschehe durch einen außerhalb C^n gelegenen Punkt. Die Zahl der weiteren Schnitte zweier C ist dann:

$$m = n^2 - 4a - b - 1 = \tfrac{1}{2}(n-1)(n-5) + 1 = p + 1,$$

wo p das Geschlecht der Kurven C mit a Doppelpunkten ist.

Die Ordnung der der C^n entsprechenden Kurve ist:

$$n' = n^2 - 2(2a + b) = 3.$$

Wenn n gerade ist, so seien in $a = \frac{3(n-4)}{2}$ von den $\frac{1}{2}n(n-3)$ Doppelpunkten der C^n doppelte, in die $b = \frac{1}{2}(n^2 - 6n + 4)$ übrigen, sowie in einen einfachen Punkt von C^n und in einen ihr nicht angehörigen Punkt einfache Hauptpunkte gelegt; wodurch das Netz der C gerade bestimmt ist. Diesmal ist:

$$m = n^2 - 4a - b - 2 = \tfrac{1}{2}(n-2)(n-4) = p + 1,$$

und die Ordnung der entsprechenden Kurve ist:

$$n' = n^2 - 2(2a + b) - 1 = 3\,^{1)}.$$

Der Kurve 3. Ordnung in Σ' korrespondiert, in beiden Fällen, in Σ eine Kurve $3n^{\text{ter}}$ Ordnung, die in die gegebene C^n, welche von einem der entsprechenden Punkte eines Punktes jener Kurve beschrieben wird, und eine Kurve $2n^{\text{ter}}$ Ordnung zerfällt, die von den $m-1$ übrigen entsprechenden Punkten durchlaufen wird.

---

1) Etwas anders wird in: Clebsch-Gordan, Theorie der Abelschen Funktionen § 20 verfahren. — § 21 enthält einen Irrtum: Durch die Doppelpunkte einer Kurve n^{ter} Ordnung vom Geschlechte 2 und $2n$, bzw. n weitere Punkte der Kurve geht kein Büschel von Kurven $(n-1)^{\text{ter}}$ oder $(n-2)^{\text{ter}}$ Ordnung, wohl aber durch die Doppelpunkte — und zwar sämtliche, nicht einen ausgenommen — ein Büschel von Kurven $(n-3)^{\text{ter}}$ Ordnung.

Nun erhellt, daß jede ebene oder unebene Kurve vom Geschlechte 1 ∞^1 eindeutige Korrespondenzen $E(X, X')$ ohne Koinzidenzen, darunter drei involutorische, und ∞^1 involutorische mit vier Koinzidenzen trägt.

Ob Netze n^{ter} Ordnung je so viele gegebene Doppelpunkte haben können, bedarf wohl noch genauerer Untersuchung.

Führen wir ebenso, eineindeutig, eine $C^n (n \geqq 6)$ mit $\frac{1}{2}(n-1)(n-2)-2$ Doppelpunkten, also vom Geschlechte 2, in eine Kurve 4. Ordnung über.

Wenn n gerade ist, so legen wir in $a = \frac{3n}{2} - 1$ von den Doppelpunkten doppelte, in die $b = \frac{1}{2}n(n-6)$ übrigen und einen der C^n nicht angehörigen Punkt einfache Hauptpunkte, welche das Netz gerade bestimmen. Hier ist:

$$m = n^2 - 4a - b - 1 = \tfrac{1}{2}n(n-6) + 3 = p + 1$$

und

$$n' = n^2 - 2(2a + b) = 4.$$

Ist n ungerade, so sind in $a = \frac{3}{2}(n-1)$ der Doppelpunkte doppelte, in die $b = \frac{1}{2}(n^2 - 6n + 1)$ übrigen, in einen einfachen Punkt der C^n und einen außerhalb gelegenen einfache Hauptpunkte zu legen, wodurch wiederum das Netz bestimmt ist. Es ist:

$$m = n^2 - 4a - b - 2 = \tfrac{1}{2}(n-1)(n-5) + 1 = p + 1,$$
$$n' = n^2 - 2(2a + b) - 1 = 4. \text{ —}$$

Zwischen zwei Ebenenbündeln O, O' kann man eine einfache dreieindeutige Verwandtschaft 2. Grades vermittelst einer kubischen Raumkurve herstellen, indem O zu irgendeinem der Bündel O_1 kollinear gemacht wird, durch welche aus den Punkten der Kurve die Doppelsekanten projiziert werden (Nr. 370). Entsprechend sind in ihr eine Ebene von O und diejenige Ebene von O', welche nach der Doppelsekante geht, die von der jener im Bündel O_1 entsprechenden Ebene projiziert wird. Die durch O' gehende Doppelsekante führt zu einer Hauptebene in O, welcher ein Büschel von Ebenen in O' entspricht; dagegen enthält der Bündel O' keine Hauptebene.

Es mögen noch einige Beispiele von zweizweideutigen Verwandtschaften vorgeführt werden. 904

Zwei Flächen 2. Grades F^2, F'^2 seien in einer räumlichen Kollineation Γ entsprechend; wir projizieren dann entsprechende Punkte $\mathfrak{X}$, $\mathfrak{X}'$ auf ihnen aus P auf Σ, aus P' auf Σ' nach X und X'.[1]) Den Projektionszentren mögen in Γ die Punkte P_1', P_1 korrespondieren.

---

1) Man könnte bei den Bündeln bleiben.

Geht man von X in Σ aus, so haben wir zwei Schnittpunkte $\mathfrak{X}$, $\overline{\mathfrak{X}}$ von PX mit F^2, denen $\mathfrak{X}'$, $\overline{\mathfrak{X}}'$ auf F'^2 entsprechen, welche mit P_1' in gerader Linie liegen; sie geben, aus P' projiziert, die dem X entsprechenden Punkte X', $\overline{X}'$, immer auf einer Gerade durch $O' = (P_1'P', \Sigma')$ gelegen. Die zweiten den X', $\overline{X}'$, außer X, entsprechenden Punkte sind verschieden, liegen aber beide mit X auf einer Gerade durch $O = (PP_1, \Sigma)$. Die Strahlenbüschel in Σ, Σ' um O, O' werden auf diese Weise projektiv, und zwischen den Punktreihen auf entsprechenden Strahlen besteht eine Korrespondenz [2, 2]. Die dieser $\mathfrak{T}_{2,2}$ verbundene Verwandtschaft, in Σ, der Punkte $X, \overline{X}$, welche je demselben X' entsprechen, ist nicht mehr eindeutig, sondern zweizweideutig, aber involutorisch; denn jedem X korrespondieren nur die beiden zweiten Punkte, welche zu X' und $\overline{X}'$ gehören; und da sie mit ihm stets auf einer Gerade durch O liegen, so zerlegt sich diese involutorische Verwandtschaft $\mathfrak{T}_2$ zweiter Stufe in ∞^1 einstufige involutorische Korrespondenzen [2] auf den Strahlen von O; und ähnliches gilt für $\mathfrak{T}_2'$ in Σ'.

Eine Gerade l' in Σ' führt zu dem Kegelschnitte $\mathfrak{C}'$ auf F'^2 in der Ebene $l'P'$; ihm entspricht durch Γ auf F^2 der Kegelschnitt $\mathfrak{C}$, der, aus P projiziert, den der l' korrespondierenden Kegelschnitt C liefert. Die Verwandtschaft ist also 2. Grades.

Der Tangentialkegel aus P an F^2 habe die Berührungskurve $\mathfrak{F}$; seine Spur in Σ sei Φ, und der $\mathfrak{F}$ entspreche auf F'^2 die Kurve $\mathfrak{F}'$, die aus P' die Projektion Φ' hat; so sind Φ und Φ' Grenzkurve in Σ und zugehörige Doppelkurve in Σ' mit der Gerade nach O' als bestimmter Verbindungslinie der sich in einem Punkte von Φ' vereinigenden Punkte. In ähnlicher Weise seien Ω', $\mathfrak{O}'$, $\mathfrak{O}$, Ω konstruiert, wo dann Ω' Grenzkurve in Σ' und Ω Doppelkurve in Σ ist. Die Kegel aus P_1 und P_1' berühren längs $\mathfrak{O}$ und $\mathfrak{F}'$.

Alle Kurven C, die den l' entsprechen, tangieren Φ doppelt, wie überhaupt jede Projektion, aus P, eines Kegelschnitts auf F^2; daher gilt dies auch für Ω, die Projektion von $\mathfrak{O}$, und O ist hier der Berührungspol; U_1, U_2 seien die Berührungspunkte von Ω mit Φ. Die C sind noch einer weiteren Bedingung unterworfen. Die Tangenten, welche $\mathfrak{C}'$ aus P' erhält, berühren auf $\mathfrak{O}'$, also erhält $\mathfrak{C}$ aus P_1 Tangenten, die auf $\mathfrak{O}$, und C aus O Tangenten, die auf Ω berühren. Das ist eine doppelte Bedingung. In zwei Punkten T_1, T_2 von Φ berührt ein Büschel von Kegelschnitten, darunter ein C, welcher der $l' = T_1'T_2'$ entspricht. Dieser erfüllt stets die genannte Doppelbedingung.

In der Tat, die Berührungspunkte der Tangenten aus O an die Kegelschnitte jenes Büschels bilden eine Involution auf einem Kegelschnitte[1]), zu welcher $T_1 T_2$ und $U_1 U_2$ gehören. In ihn schneiden die Kegelschnitte, welche Φ in U_1, U_2 berühren, wegen der Paare $T_1 T_2$, $U_1 U_2$ dieselbe Involution. Der Kegelschnitt des ersteren Büschels, welcher durch das von Ω (aus dem zweiten) herrührende Paar geht, ist der C; die zwei Tangenten in seinen Schnitten mit Ω gehen zugleich durch O.

Daß das doppelt unendliche System der C alle drei Charakteristiken 4 hat, ergibt sich wie in Nr. 890.

Ein Kegelschnitt C wird von den beiden je demselben Punkt auf l' entsprechenden Punkten involutorisch durchlaufen, wobei das Zentrum stets O ist. Betrachten wir andere die Grenzkurve Φ doppelt berührende Kegelschnitte, z. B. die Kurven K des in T_1, T_2 berührenden Büschels. Die über ihnen stehenden Kegel aus P berühren alle die F^2 in denselben zwei Punkten von $\mathfrak{F}$, also zerfällt je die Schnittkurve mit F^2 in zwei Kegelschnitte $\mathfrak{K}$, die sich in diesen Punkten begegnen, und so kommen wir zu zwei jedem K korrespondierenden Kegelschnitten K', $\overline{K}'$, welche Ω' doppelt berühren und sich zweimal auf Φ' schneiden. Sie werden von den beiden Punkten X', $\overline{X}'$ durchlaufen, die den einzelnen Punkten X von K entsprechen. Die Punktreihen auf K', $\overline{K}'$ sind so projektiv, daß die Verbindungslinien entsprechender Punkte den Doppelbüschel um O' bilden. Jeder von diesen beiden Kegelschnitten hat, neben K, einen zweiten entsprechenden, der Φ doppelt berührt. Die Ebenen der beiden Kegelschnitte $\mathfrak{K}$ auf F^2 bilden eine Involution; die eine Doppelebene enthält $\mathfrak{F}$; in ihn vereinigen sich zwei gepaarte $\mathfrak{K}$ und die zugehörigen K', $\overline{K}'$ vereinigen sich in die Doppelkurve Φ'. Sie hat ebenfalls einen zweiten entsprechenden Kegelschnitt $\overline{\Phi}$ in Σ. Die andere Doppelebene geht nach der Berührungssehne $T_1 T_2$ und führt zu dem Kegelschnitte C', der dieser als Gerade l von Σ entspricht. Der Involution an der Fläche F^2 entspricht eine an F'^2, und die Projektionen, aus P', der $\mathfrak{K}'$ in gepaarten Ebenen sind die K', $\overline{K}'$. Dasjenige Paar dieser Involution, dessen eine Ebene durch P' geht, liefert zwei Kegelschnitte K', von denen der eine eine doppelte Gerade l' ist, und zwar diejenige, welche dem unter den K befindlichen C entspricht. Ihr entspricht allein der C, da er beide entsprechenden Punkte jedes Punktes der l' enthält; und deshalb ist diese eben doppelt. Der andere K' hat wiederum einen zweiten entsprechenden Kegelschnitt in Σ.

Das System der C enthält ∞^1 Geradenpaare und ∞^1 Punktepaare. Jene haben ihre Doppelpunkte auf Ω; denn sie rühren von l' her, deren Ebenen $l'P'$ die F'^2 tangieren und dann auf $\mathfrak{O}'$. Diese rühren von den l' her, die durch O' gehen; die Ebenen der zu-

1) Die Doppelgerade des Büschels hat sich von der Kurve 3. Ordnung abgesondert.

gehörigen $\mathfrak{C}'$ gehen durch P_1', die der $\mathfrak{C}$ durch P, also ergeben sich Doppelgeraden l durch O, und die Punkte des Punktepaars sind die Spuren der Tangenten aus P an $\mathfrak{C}$. Wir kommen so wieder zu den entsprechenden Geraden l, l' der Büschel O, O' und der Korrespondenz [2, 2] der entsprechenden Punkte auf ihnen. Auf l sind Verzweigungspunkte die Schnitte mit Φ und auf l' die zugehörigen Doppelpunkte die Schnitte mit Φ'. In Γ sind den Schnitten von PP_1O mit F^2 die Schnitte von $P_1'P'O'$ mit F'^2 entsprechend. Daraus folgt, daß für jeden der Punkte O, O' die beiden entsprechenden sich im andern vereinigt haben; sie sind also auf jeden zwei entsprechenden l, l' gegenseitig Verzweigungs- und Doppelpunkt und zählen zweifach (Nr. 176).

Für die zu $\mathfrak{T}_2$ gehörige involutorische Korrespondenz [2] auf l ist O ebenfalls zweifacher Verzweigungs- und Doppelpunkt, die Punkte von Φ sind die weiteren Verzweigungspunkte, die ihnen zugehörigen Doppelpunkte liegen auf $\overline{\Phi}'$.

Es haben sich keine Hauptpunkte ergeben.

Wir betrachten einige einfachere Spezialfälle. Es seien erstens nicht bloß F^2 und F'^2 identisch, sondern auch die Kollineation Γ Identität, so daß die Punkte der F^2 aus P und P' auf Σ, Σ' projiziert werden. Es ist dann $P_1' \equiv P$, $P_1 \equiv P'$, und O, O' sind die Schnitte (PP', Σ), (PP', Σ').

Die allgemeine Korrespondenz [2, 2] zwischen zwei entsprechenden Geraden l, l' durch O, O', die hier immer in einer Ebene durch PP' liegen, wird Projektivität zweier Involutionen, wenn P, P' in bezug auf F^2 konjugiert sind; weil dann in jeder Ebene durch PP' auf dem ausgeschnittenen Kegelschnitte die Involutionen (P), (P') sich stützen und dadurch ∞^1 eingeschriebene Vierecke entstehen, deren Gegenseiten sich in P, P' schneiden (Nr. 179).

Wir lassen die Fläche 2. Grades F^2 in sich kollinear sein durch eine involutorische Homologie (C, γ) und projizieren entsprechende Punkte $\mathfrak{X}$, $\mathfrak{X}'$ aus demselben Punkte P auf dieselbe Ebene Σ. Es entsteht dann eine involutorische zweizweideutige Verwandtschaft; P_1 und P_1' vereinigen sich in dem Punkte, welcher P in (C, γ) entspricht und mit ihm auf einer Gerade durch C liegt, also O, O' in dem Schnittpunkt (PC, Σ). Es vereinigen sich ferner die Berührungskurven $\mathfrak{F}$ und $\mathfrak{D}'$, also die beiden Grenzkurven Φ und Ω' und die Doppelkurven Φ' und Ω, wie es bei einer involutorischen Verwandtschaft notwendig ist; ebenso werden die zweiten Kurven $\overline{\Phi}$ und $\overline{\Omega}'$, welche den Doppelkurven entsprechen, identisch.

Wenn F^2 eine Kugel ist und der Umriß Φ als die absolute Kurve der verallgemeinerten Maßbestimmung (oder der nicht-euklidischen Geometrie) in der Ebene Σ angesehen wird, so haben wir die

Kegelschnitte, welche Φ doppelt berühren und in je zwei Kegelschnitte übergehen, die das ebenfalls tun, als Kreise anzusehen, und es liegt die verallgemeinerte (nicht-euklidische) ebene Kreisverwandtschaft vor[1]).

Man ersetze die gewöhnlichen Projektionen aus P und P' durch windschiefe Projektionen (Nr. 797).

905 Wenn zwei Flächen 2. Grades F^2 und F'^2 mit entsprechenden Strahlen zweier kollinearen Bündel P, P' geschnitten und die Schnittpunkte-Paare je aus einem auf der nämlichen Fläche gelegenen Punkte H bzw. H' auf Σ, Σ' projiziert werden, so ergibt sich eine zweizweideutige Verwandtschaft, in welcher Punktepaare einander zugeordnet sind. Die Projektionen, aus H, der Kegelschnitte auf F^2, welche von den Ebenen des Bündels P ausgeschnitten werden, bilden ein Netz mit zwei festen Grundpunkten, den Spuren Q, R der in H sich schneidenden Geraden der Fläche; wir können es fächerförmig aufbauen, genau entsprechend, wie den Ebenenbündel P. Also ist es zu ihm kollinear und demnach auch zu dem bei F'^2, P', H' sich ergebenden Netze in Σ'. Folglich handelt es sich einfacher um zwei kollineare Netze N, N' von Kegelschnitten in Σ, Σ', je mit zwei Grundpunkten Q, R bzw. T', U' und die Zuordnung der Paare der veränderlichen Grundpunkte entsprechender Büschel.

Beziehen wir beide Netze kollinear auf das Geradenfeld in einer dritten Ebene Σ'', so ist:

$$(\Sigma\Sigma') = (\Sigma\Sigma'') \cdot (\Sigma''\Sigma');$$

und wir können aus den Eigenschaften dieser zweieindeutigen Transformationen die der jetzigen $\mathfrak{T}_{2,2}$ ablesen.

Die $\mathfrak{T}_{2,2}$ hat in jeder Ebene die zum betreffenden Netze gehörige quadratische Inversion (Nr. 811, 889) zur verbundenen involutorischen Verwandtschaft $\mathfrak{T}_{1,1}$ bzw. $\mathfrak{T}'_{1,1}$. Wenn wieder $o = QR$, Ω der sie zur Jacobischen Kurve von N ergänzende Kegelschnitt, O der Pol von o nach ihm ist und v', Φ', V' analog konstruiert sind, so sind O und V' die Zentren jener Inversionen, Ω, Φ' die Basen derselben und zugleich die Doppelkurven von $\mathfrak{T}_{2,2}$. An Stelle von O' in Nr. 889 treten nun zwei Punkte O', $\bar{O}'$, die Grundpunkte des Büschels von N', welcher dem Büschel der o-Geradenpaare aus N in der Kollineation entspricht, mit V' in gerader Linie, wie durchweg zwei verbundene Punkte in Σ'; jedem von ihnen entsprechen dieselben ∞^1 Paare, bestehend aus O und irgend einem Punkte

1) W. Ludwig, Projektive Untersuchungen über die Kreisverwandtschaften der nicht-euklidischen Geometrie, Habilitationsschrift in Karlsruhe 1904.

von o; V, $\overline{V}$, in gerader Linie mit O, seien analog in Σ beschaffen.

Einer Gerade l' korrespondiert in Σ'' ein Kegelschnitt und diesem in Σ eine Kurve 4. Ordnung C, welche zweimal durch die Hauptpunkte Q, R von (Σ'', Σ) geht, die dadurch doppelte Hauptpunkte für $\mathfrak{T}_{2,2}$ werden. Die Verwandtschaft ist 4. Grades vom Geschlecht 1; wegen $l'v'$ geht C durch V, $\overline{V}$, welche einfache Hauptpunkte in Σ werden mit v' als gemeinsamer Hauptgerade und ihr verbundenem Punkte V', demnach Hauptpunkte erster Art.

Den doppelten Hauptpunkten Q, R gehören als Hauptkurven Kegelschnitte $h_Q'^2$, $h_R'^2$ aus dem Büschel $(O', \overline{O}')$ zu, diejenigen nämlich, welche in der Kollineation den Geradenpaaren (o, OQ), (o, OR) homolog sind. Der parabolischen Involution verbundener Punkte auf OQ, mit dem Doppelpunkte Q, korrespondiert auf $h_Q'^2$ eine allgemeine Involution. Also sind Q, R Hauptpunkte dritter Art, weil ∞^1 jedem von ihnen korrespondierende Punktepaare, involutorisch, die nämliche Kurve durchlaufen. Die Definition der drei Arten, nach de Paolis, ist in Nr. 889 gegeben. V ist nicht Hauptpunkt.

Jede zwei Paare verbundener Punkte liegen mit den Grundpunkten auf einem Kegelschnitte. Auf jeder C haben wir eine Involution von Punktepaaren X, $\overline{X}$, welche den Punkten X' der zugehörigen l' korrespondieren; ist $Y, \overline{Y}$ irgend ein festes unter ihnen, so ergibt sich diese Involution als die vom Büschel $(Q, R, Y, \overline{Y})$ eingeschnittene, ist demnach eine solche, wie wir sie in Nr. 879 erzeugt haben. Da aber je zwei Paare von ihr auf einem Kegelschnitte durch die Doppelpunkte Q, R liegen, so erweist sie sich als zu sich selbst residual.

Die von einer Kurve C getragene Involution der Punkte, die je demselben Punkte auf l' korrespondieren, ist zu sich selbst residual.

Da $V, \overline{V}$ auf allen C liegen, so schneidet dieser Büschel $(V, \overline{V})$ alle derartigen Involutionen ein.

Die vier Doppelpunkte einer solchen Involution, ersichtlich die vier ferneren Schnitte der C mit Ω, beweisen, daß es auf l' vier Punkte mit vereinigten entsprechenden Punkten gibt.

Die den Doppelkurven Ω, Φ' entsprechenden Grenzkurven Ω', Φ sind 4. Ordnung. Einem Kegelschnitt in Σ korrespondiert durch $\mathfrak{T}_{2,2}$ eine Kurve 8. Ordnung, welche viermal durch T', U' und zweimal durch O', $\overline{O}'$ geht. Dem Ω, als einem Kegelschnitt durch Q, R, korrespondiert, nach Ablösung der zu diesen Punkten gehörigen Hauptkurven, eine Kurve 4. Ordnung, die Ω', welche zweimal durch T', U', nicht durch O', $\overline{O}'$ läuft. Aus der Grenzkurve 2. Ordnung der Verwandtschaft (Σ, Σ'') geht sie durch (Σ'', Σ') hervor.

Die beiden Schnitte von l' mit der Doppelkurve Φ', zweimal zwei nicht verbundene Schnitte von l' mit den unendlich nahen Kurven Φ', $\overline{\Phi}'$, führen (Nr. 890) zu vier Berührungen der C mit Φ in zweimal zwei verbundenen Punkten.

Jede Kurve C, die einer Gerade l' entspricht, berührt die Grenzkurve Φ in zweimal zwei verbundenen Punkten.

Einem Paar der Involution, welche auf l' durch den Büschel $(T'U'O'\overline{O}')$ entsteht, entsprechen auf C zweimal zwei verbundene Punkte auf der Gerade durch O, die zum o-Geradenpaar gehört, dem der betreffende Kegelschnitt entspricht; die Doppelpunkte der Involution führen zu zwei Doppeltangenten aus O an C, von denen jede in zwei verbundenen Punkten berührt. Die vier übrigen Tangenten aus O an C berühren in sich selbst verbundenen Punkten, den Schnitten mit Ω (vgl. Nr. 880).

Der Kegelschnitt-Büschel $(T'U'O'\overline{O}')$ schneidet ferner auch in die Doppelkurve Φ' eine Involution; die beiden berührenden Kegelschnitte liefern zwei Doppeltangenten von O an Φ, die ebenfalls je in verbundenen Punkten berühren. Auch hier berühren die vier andern Tangenten aus O in den weiteren Schnitten von Φ mit Ω.

Die beiden Kurven Φ und Φ' sind nur in einem Sinne eindeutig bezogen; jedem Punkte der Grenzkurve Φ korrespondiert ein Punkt von Φ', in dem sich die beiden entsprechenden Punkte vereinigen, aber jedem Punkte von Φ' im allgemeinen zwei Punkte von Φ; Φ' hat auch nicht dasselbe Geschlecht wie Φ.

Auf Φ entsteht so ebenfalls eine Involution, welche durch die Kegelschnitte eines Büschels des Netzes N, durch irgend eines ihrer Paare, eingeschnitten werden kann und in sich residual ist. Die vier Doppelpunkte sind wiederum die weiteren Schnitte mit Ω, die den vier Schnitten von Φ' und Ω' so zugeordnet sind, daß für jeden von zwei zugeordneten die beiden entsprechenden im andern sich vereinigen.

Die Kurven C sind also folgenden 12 Bedingungen unterworfen: daß sie zweimal durch Q und R, einmal durch V und $\overline{V}$ gehen und die Grenzkurve Φ viermal berühren; die Charakteristiken des Systems sind 4, 16, 64.

Die Kegelschnitte von N gehen in die von N' über, aber doppelt gerechnet, weil von beiden korrespondierenden Punkten durchlaufen: die erzeugte Involution hat V' zum Zentrum.

Die weiteren Kegelschnitte des Gebüsches (Q, R) gehen in Kurven 4. Ordnung mit Doppelpunkten in T', U' über, von denen jede wiederum eine Involution trägt, für welche ähnliches gilt wie oben. Dieselbe Kurve und dieselbe Involution gehört zu einem zweiten Kegelschnitt des Gebüsches, der vom verbundenen Punkte durchlaufen wird; wir wissen aus Nr. 812, daß im Gebüsche eine involutorische Homologie besteht, für welche Ω das „Zentrum", das Netz N „die Ebene" der Homologie sind. Zwei entsprechende oder verbundene Kegelschnitte schneiden sich auf Ω oder befinden sich in einem Büschel durch Ω.[1])

Diese zweizweideutige Verwandtschaft, in welcher Punktepaare einander zugeordnet sind, besitzt Hauptpunkte; während die vorangehende, die dem allgemeineren Falle angehört, daß die zweiten Punkte, welche den demselben Punkte korrespondierenden Punkten entsprechen, verschieden sind, ohne Hauptpunkte war. Wir begnügen uns, auf diesen Unterschied aufmerksam zu machen.

---

1) O. Wiesing, Über eine zweizweideutige Verwandtschaft zwischen zwei Ebenen und ihr Analogon im Raume, Dissertation von Breslau 1906.

Zehnter Teil.

Eindeutige Flächenabbildungen.

§ 126. Die Fläche 2. Grades.

906 Eine eindeutige Abbildung einer Fläche 2. Grades F^2 auf eine Ebene Σ' erhält man unmittelbar, wenn man sie aus einem Punkte O auf ihr projiziert. Es seien g, l die Geraden der einen und andern Regelschar von F^2 und g_0, l_0 diejenigen, die durch O gehen, ferner G', L' die Spuren von g_0, l_0 in Σ' und o' deren Verbindungslinie, die Spur der Tangentialebene in O; so erkennt man sofort als Hauptpunkte, d. h. als solche, für welche die Eindeutigkeit aufhört und denen ∞^1 Punkte korrespondieren, auf F^2 den Punkt O, welchem jeder Punkt von o' entspricht, in Σ' die Punkte G', L', denen alle Punkte auf g_0, bzw. l_0 entsprechen. Die Geraden g, l bilden sich ab in die Strahlen der Büschel L', G', und in diesen entspricht im Kontinuum der Strahl o' der g_0, bzw. l_0.

Die Geraden von Σ' sind Bilder derjenigen ebenen Schnitte von F^2, welche durch O gehen; sonst bilden sich die Kegelschnitte auf F^2 in die Kegelschnitte durch G', L' ab; und umgekehrt, jeder Kegelschnitt auf Σ', der durch G', L' geht, ist das Bild des Restschnittes des Kegels, der ihn aus O projiziert, außer g_0, l_0. Die einen und andern Kegelschnitte sind dreifach unendlich; die Geraden, in welche sich die durch O gehenden Kegelschnitte von F^2 abbilden, werden durch o' zur 2. Ordnung ergänzt.

Eine Kurve $(m+n)^{\text{ter}}$ Ordnung auf F^2, welche den Geraden g m-mal und den l n-mal begegnet, bildet sich ab in eine Kurve derselben Ordnung, welche m-mal durch G', n-mal durch L' geht; läuft sie durch O i-mal, so löst sich o' so oft ab.

Umgekehrt, wenn in Σ' eine Kurve $(m+n)^{\text{ter}}$ Ordnung gegeben ist, welche m-mal durch G', n-mal durch L' geht, so hat der sie aus O projizierende Kegel mit F^2 außer den beiden bzw. m- und n-fachen Kanten g_0, l_0 noch eine Kurve $(m+n)^{\text{ter}}$ Ordnung gemein. Jede Ebene durch g_0 schneidet jene Kurve, außer in G', noch n-mal, also auch diese so oft; woraus folgt, daß die m übrigen Schnitte der Ebene auf g_0 liegen. Also ist die gegebene Kurve das Bild einer Kurve $(m+n)^{\text{ter}}$ Ordnung auf F^2, welche den g m-mal, den l n-mal begegnet, trifft ja auch die Bildkurve die Bilder so oft, außer in Hauptpunkten.

Die beiden festen vielfachen Punkte sind bekanntlich mit $\frac{1}{2}m(m+1)+\frac{1}{2}n(n+1)$ Punkten äquivalent; also wird jede von den Kurven in Σ' durch $\frac{1}{2}(m+n)(m+n+3)-\frac{1}{2}m(m+1)-\frac{1}{2}n(n+1)$ $=mn+m+n$ Punkte festgelegt, und durch eben so viele Punkte auf F^2 die entsprechende.

Eine Kurve $(m+n)^{\text{ter}}$ Ordnung auf F^2, welche den Geraden g m-mal, den Geraden l n-mal begegnet, ist durch $mn+m+n$ Punkte eindeutig festgelegt; sie hat die Mannigfaltigkeit $mn+m+n$.

Das folgt auch daraus, daß jede eine Korrespondenz $[n, m]$ zwischen den Regelscharen der g und der l hervorruft, in welcher auf ihr sich schneidende Geraden derselben einander entsprechen, und umgekehrt, jede derartige Korrespondenz zu einer solchen Kurve führt (Nr. 165); und die Mannigfaltigkeit dieser Korrespondenzen ist $mn+m+n$.

Jedes der beiden Systeme von kubischen Raumkurven auf F^2, welche sich entgegengesetzt gegen die beiden Regelscharen verhalten, ist fünffach unendlich, und fünf Punkte bestimmen in ihm eine Kurve, vier Punkte einen Büschel von kubischen Raumkurven auf F^2. In dem Systeme, dessen Kurven die Geraden g zweimal treffen, erhält man die durch fünf Punkte A, B, C, D, E gehende Kurve, wenn g die durch A gehende Gerade ist, als Restschnitt des Kegels 2. Grades $A(g, B, C, D, E)$; die Spitze A gehört dem vollen Schnitte doppelt an, daher einfach dem Restschnitte.

Daß zwei Kurven auf F^2, welche den Geraden g m-, bzw. m'-mal, den Geraden l n-, bzw. n'-mal begegnen, einander in $mn'+nm'$ Punkten schneiden, weil die Bilder sich so oft, außer in den Hauptpunkten G', L$'$, begegnen, haben wir schon in Nr. 165 benutzt. Zwei kubische Raumkurven auf F^2 begegnen sich daher viermal oder fünfmal, je nachdem sie zu demselben oder zu verschiedenen Systemen gehören; zwei Raumkurven 4. Ordnung 2. Art hingegen sechsmal, bzw. zehnmal.

Für die besprochene Abbildung ist die Realität der Regelscharen auf F^2 nicht notwendig. Ein bekanntes Beispiel der Abbildung einer elliptischen Fläche 2. Grades ist die stereographische Projektion der Kugel, die wir bei der Kreisverwandtschaft kennen gelernt haben.

Wenn eine eindeutige Flächenabbildung hergestellt ist, so kann man selbstverständlich mit der Bildebene noch eine eindeutige Transformation, insbesondere eine Kollineation vornehmen.

Zu einer zweiten eindeutigen Abbildung der Fläche 2. Grades F^2, bei welcher sie aber, wenn reell operiert werden soll, mit reellen Geraden behaftet sein muß, führt ein Strahlennetz $[u, v]$, von dem die eine Leitgerade u auf ihr liegt. Ein Strahlennetz hat zwei reelle oder zwei konjugiert imaginäre Leitgeraden, welche letzteren, wenn die allgemeine Lage des Windschiefseins vorausgesetzt wird, rein imaginär, d. h. ohne jeden reellen Punkt, und daher auch nur auf hyperbolischen Flächen 2. Grades möglich sind. Aber dann liegen sie beide zugleich auf einer reellen Fläche, und die folgende Konstruktion wird illusorisch. Folglich haben wir u und v reell vorauszusetzen. Entsprechende Punkte auf F^2 und Σ' sind dann der zweite Schnitt, mit F^2, eines Strahles des Netzes $[u, v]$ und sein Schnitt mit Σ'. Die Abbildung ist eindeutig, weil im allgemeinen durch einen Punkt von F^2 oder von Σ' ein Strahl des Netzes geht.

Die Punkte von u sind nicht Ausnahmepunkte; wenn ein solcher Punkt abzubilden ist, so muß er zweiter Schnitt des Netzstrahls mit F^2 sein, dieser also die F^2 in ihm berühren; es gibt immer nur einen Netzstrahl, der das tut, und sein Schnitt mit Σ' ist der einzige Bildpunkt. Ersichtlich bilden diese Bildpunkte der Punkte von u einen Kegelschnitt, den Schnitt des Hyperboloids, welches F^2 längs u berührt und durch v geht. Er geht durch die Punkte U', V', in denen u, v die Bildebene durchbohren.

Hauptpunkte sind auf F^2 die beiden Schnitte V_1, V_2 von v, denen die durch U' gehenden Geraden v_1', v_2' korrespondieren, in welchen Σ' von $V_1 u$, $V_2 u$ geschnitten wird, und der zweite Schnitt W der Gerade $w = U'V'$ mit F^2, welchem diese Gerade entspricht.

Hingegen in Σ' haben wir vier Hauptpunkte, zunächst die beiden Punkte U', V'; jenem entspricht der Kegelschnitt $\mathfrak{U}^2$, in welchem F^2 von $U'v$, diesem die Gerade $\mathfrak{V}$, in dem sie von der Ebene $V'u$, außer in u, geschnitten wird. Nennen wir die Geraden der Regelschar von F^2, zu der u gehört, g und die der andern l, so befinden sich die beiden durch V_1, V_2 gehenden Geraden l_1, l_2 im Strahlennetze, und die Spuren L_1', L_2' dieser Geraden werden die weiteren Hauptpunkte in Σ', denen bzw. diese Geraden korrespondieren. Durch sie gehen v_1', v_2'.

Die Geraden l bilden sich ab in die Strahlen des Büschels U'; denn die Strahlen des Netzes nach den Punkten einer l erzeugen einen Büschel um einen bestimmten Punkt von v.

Die Geraden g haben zu Bildern die Kegelschnitte des Büschels $(U'V'L_1'L_2')$, denn die projizierenden Netzstrahlen bilden eine Regelschar, zu welcher l_1, l_2 gehören, während u, v Leitgeraden sind. Unter ihnen befindet sich der Kegelschnitt, in den sich u abbildet.

Einer Gerade x' in Σ' korrespondiert auf F^2 eine kubische Raumkurve, der fernere Schnitt der Trägerfläche der Regelschar $[u, v, x']$ außer u. Sie trifft die Geraden g zweimal und geht durch die Punkte V_1, V_2, W, weil ja x' den Geraden v_1', v_2', w'

begegnet. Solcher Kurven sind auf F^2 ∞^2, und je zwei haben einen vierten Punkt gemeinsam, der sich in den Schnitt der beiden x' abbildet.

Eine Raumkurve $(m+n)^{\text{ter}}$ Ordnung auf F^2, welche den Geraden g m-mal, den Geraden l n-mal begegnet, wird, wenn q eine beliebige Gerade ist, von der Regelschar $[u, v, q]$, außer auf u, noch in $m+2n$ Punkten getroffen; woraus hervorgeht, daß die Regelfläche der von ihren Punkten ausgehenden Netzstrahlen vom Grade $m+2n$ ist. Also entspricht unserer Kurve eine Bildkurve von der Ordnung $m+2n$. Sie geht durch U' $(m+n)$-mal, durch V', L_1', L_2' n-mal; weil jene Kurve so oft $\mathfrak{U}^2$, $\mathfrak{V}$, l_1, l_2 schneidet.

Diese Bedingungen liefern eine Mannigfaltigkeit:

$$\tfrac{1}{2}(m+2n)(m+2n+3)-\tfrac{1}{2}(m+n)(m+n+1)-\tfrac{3}{2}n(n+1)=mn+m+n,$$

dieselbe wie diejenige der Kurven auf F^2.

Den ebenen Schnitten von F^2 korrespondieren Kurven 3. Ordnung, welche zweimal durch U', einmal durch V', L_1', L_2' gehen.

Eine Kurve $(m+2n)^{\text{ter}}$ Ordnung in Σ', welche $(m+n)$-mal durch U', je n-mal durch V', L_1', L_2' geht, begegnet einer dieser Kurven 3. Ordnung, außerhalb der Hauptpunkte, in $m+n$ Punkten, den Kegelschnitten, welche den g entsprechen, in m und den Geraden, welche den l korrespondieren, in n Punkten; also ist sie das Bild einer Kurve $(m+n)^{\text{ter}}$ Ordnung auf F^2, welche m, n Begegnungspunkte mit den g, l hat.

Wir verifizieren auch hier die Schnittpunkte-Anzahl:

$$(m+2n)(m'+2n')-(m+n)(m'+n')-3nn'=mn'+nm'.$$

Wird zwischen Σ' und einer andern Ebene Σ'' eine quadratische Verwandtschaft hergestellt, für welche U' und zwei der Punkte V', L_1', L_2', etwa die beiden letzteren, Hauptpunkte sind, so gehen diese Kurven $(m+2n)^{\text{ter}}$ Ordnung über in solche $(m+n)^{\text{ter}}$ Ordnung, welche durch den der Hauptgerade $L_1'L_2'$ entsprechenden Hauptpunkt m-mal und durch den Punkt, in welchen V' übergeht, n-mal läuft. Wir haben die vorhergehende Abbildung.

§ 127. Die kubische Fläche.

907 Die kubische Fläche werde durch trilineare Büschel b_1, b_2, b_3 erzeugt (Nr. 211). In Nr. 214 wurde erkannt, daß man diese Ebenenbüschel zu drei Strahlenbüscheln A_1', A_2', A_3' in Σ' so projektiv machen kann, daß drei in der Trilinearität zugeordneten Ebenen ξ_1, ξ_2, ξ_3 jener drei Strahlen aus diesen

korrespondieren, welche in einen Punkt X' von Σ' zusammenlaufen; der Punkt $X = \xi_1\xi_2\xi_3$ von F^3 ist dann in den Punkt X' von Σ' abgebildet.

In Σ' haben wir sechs Hauptpunkte, denen Geraden auf F^3 entsprechen. Drei sind die Scheitel A_1', A_2', A_3'. Denn der Punkt A_1' führt zu einem neutralen Paare $A_2'A_1'$, $A_3'A_1'$ der Trilinearität zwischen den drei Strahlenbüscheln; dem entspricht ein neutrales Paar in der Trilinearität der Ebenenbüschel, bestehend aus den beiden Ebenen von b_2, b_3, die in den Projektivitäten zwischen b_2 und A_2', b_3 und A_3' den $A_2'A_1'$, $A_3'A_1'$ entsprechen; ihre Schnittlinie a_1, welche b_2, b_3 schneidet, ist die dem Punkte A_1' entsprechende Gerade auf F^3. Ebenso korrespondieren Geraden a_2, a_3, welche b_3, b_1, bzw. b_1, b_2 treffen, den A_2', A_3'.

Die Verbindungsgerade $A_2'A_3'$ führt auch zu einem neutralen Paar, gebildet durch die beiden Ebenen von b_2, b_3, die ihr als Strahl von A_2', A_3' entsprechen. Die Schnittlinie gehört der Fläche F^3 an; sie trifft b_2, b_3. Aber ihre einzelnen Punkte entsprechen denen von $A_2'A_3'$, jene eingeschnitten durch die Ebenen von b_1, diese durch die entsprechenden Strahlen von A_1'. Die Gerade trifft auch a_2, a_3 wegen der Punkte A_2', A_3' auf $A_2'A_3'$ und ist daher die in Nr. 377 mit c_{23} bezeichnete Gerade. In gleicher Weise ergeben sich c_{31}, c_{12}, den $A_3'A_1'$, $A_1'A_2'$ entsprechend. Das sind also keine Hauptgeraden.

Dagegen enthält die Regelschar $[b_1b_2b_3]$ drei Geraden a_4, a_5, a_6, in welche je drei in der Trilinearität zugeordnete Ebenen zusammenlaufen (Nr. 211). Diesen Geraden von F^3 korrespondieren die Punkte von Σ', in welchen je die drei entsprechenden Strahlen von A_1', A_2', A_3' sich schneiden; das sind die drei andern Hauptpunkte A_4', A_5', A_6'.

Die sechs Hauptgeraden bilden ein Sextupel; zum verbundenen Sextupel gehören b_1, b_2, b_3; denn b_1 trifft a_2, a_3, a_4, a_5, a_6.

Wir wissen aus Nr. 213, daß die Geraden und die durch A_1', A_2', A_3' gehenden Kegelschnitte in Σ' die drei Strahlenbüschel in sich so projektiv machen, daß drei entsprechende Strahlen zugleich in der Trilinearität der Strahlenbüschel zugeordnet sind; durch die Projektivitäten zwischen den Strahlenbüscheln und den Ebenenbüscheln werden auch diese so projektiv, daß entsprechende Ebenen wiederum auch in der Trilinearität zugeordnet sind, also die von ihnen erzeugten kubischen Raumkurven auf F^3 liegen. So ergeben sich, den ∞^2 Geraden und ∞^2 Kegelschnitten entsprechend, zwei doppelt unendliche Systeme (Netze) von kubischen Raumkurven auf F^3. Die den Geraden entsprechenden sind windschief gegen die sechs Geraden a_i, weil eine Gerade im allgemeinen durch keinen der A' geht. Den Axen b_1, b_2, b_3 der erzeugenden Büschel begegnen sie zweimal.

Dasselbe gilt für die Raumkurven des andern Netzes, sie sind windschief gegen die sechs Geraden a_4, a_5, a_6, c_{23}, c_{31}, c_{12}, weil die Bild-Kegelschnitte nicht durch A_4', A_5', A_6' gehen und die $A_2'A_3'$, ... außer in den Hauptpunkten nicht mehr schneiden.

Nur das erstere der beiden Netze stimmt mit dem ersteren der in Nr. 379 behandelten, dem der r^3, überein. Dort begegneten sich Raumkurven aus verschiedenen Netzen fünfmal, hier zweimal; weil die Gerade und der Kegelschnitt, in welche sie sich abbilden, so viele Schnittpunkte haben.

Kurven aus demselben Netze haben einen Schnittpunkt, der, beim zweiten, sich in den vierten Schnittpunkt der beiden Kegelschnitte abbildet.

Die Begegnungspunkte eines ebenen Schnitts von F^3 mit den Kurven des ersten Netzes beweisen, daß das Bild desselben jede Gerade von Σ' dreimal schneidet, und diejenigen mit $a_1, \ldots a_6$, daß es durch $A_1', \ldots A_6'$ geht.

Die ebenen Schnitte von F^3 bilden sich in Kurven 3. Ordnung ab, welche durch die sechs Hauptpunkte gehen.

Wir haben bis jetzt erst die Bilder von neun Geraden der Fläche $a_1, \ldots a_6$, c_{23}, c_{31}, c_{12}. Die Büschelaxe b_1 macht die beiden Büschel b_2, b_3 projektiv; dadurch werden es die Strahlenbüschel A_2', A_3', und das Bild ist ein Kegelschnitt, der durch A_2', A_3' geht, aber auch durch A_4', A_5', A_6', weil b_1 die entsprechenden Hauptgeraden a_4, a_5, a_6 schneidet, oder auch, weil in der Projektivität der Büschel b_2, b_3 die Ebenen b_2a_4 und b_3a_4, ... entsprechend sind.

Die Ebene b_1a_4 bestimmt zwischen den Büscheln b_2, b_3 eine Projektivität der ihr zugeordneten Ebenen (Nr. 209). Ihr Schnitt mit der erzeugten Regelschar gehört der F^3 an; er besteht aus a_4, dem Schnitte von b_2a_4, b_3a_4, und einer Gerade c_{14} aus der Leitschar, in deren Punkten die übrigen entsprechenden Ebenen mit b_1a_4 sich begegnen. Die projektiven Büschel b_2, b_3 machen die Büschel A_2', A_3' projektiv, und Erzeugnis ist das Bild von c_{14}. Aber zu jener Regelschar gehören auch a_1 und c_{23}, je wegen ihres in b_1a_4 gelegenen Punktes. Die c_{23} bewirkt, daß in den beiden Strahlenbüscheln A_2', A_3' die Verbindungslinie sich selbst entspricht; sie sind perspektiv und erzeugen eine Gerade, welche das Bild von c_{14} ist. Weil a_4 und a_1 zur Regelschar gehören, geht sie durch die entsprechenden Hauptpunkte A_4', A_1'. Und ähnliches gilt für die acht Geraden $c_{15}, \ldots c_{36}$.

Die sechs übrigen Geraden haben (Nr. 213) zu Bildern die Verbindungslinien von A_4', A_5', A_6' und die Kegelschnitte durch A_1', A_2', A_3' und je zwei dieser Punkte. Die kubische Raumkurve des ersten der beiden Netze, welche sich in die Gerade $A_4'A_5'$ abbildet, zerfällt in a_4, a_5 und die Gerade c_{45} als eigentliches Bild; diese ist gegen alle drei Geraden b_1, b_2, b_3 windschief, weil jene Gerade deren Bild-Kegelschnitte nur in Hauptpunkten trifft.

Und aus dem zweiten Netze nehmen wir die kubische Raumkurve, welche dem Kegelschnitte $A_1'A_2'A_3'A_5'A_6'$ entspricht; sie zerfällt in a_5, a_6 und eine Gerade b_4, welche diese und a_1, a_2, a_3 trifft; denn die im Kontinuum den Punkten A_1', A_2', A_3' entsprechenden Punkte müssen auf a_1, a_2, a_3 liegen. Und ähnlich ergeben sich b_5, b_6. Diese vervollständigen die Doppelsechs.

So haben also die Geraden a Punkte zu Bildern, die Geraden c die Verbindungslinien derselben und die Geraden b die Kegelschnitte durch je fünf von ihnen.

Wertvoll ist, daß man in der Ebene Σ' die sechs Hauptpunkte $A_1', \ldots A_6'$ beliebig geben kann. In der Tat, es seien weiter im Raume drei windschiefe Geraden b_1, b_2, b_3 gegeben und aus der Regelschar $[b_1 b_2 b_3]$ die Geraden a_4, a_5, a_6; wir beziehen dann die Strahlenbüschel A_1', A_2', A_3' so projektiv bzw. auf die Ebenenbüschel b_1, b_2, b_3, daß den nach A_4', A_5', A_6' gehenden Strahlen die nach a_4, a_5, a_6 gehenden Ebenen entsprechen. Jeder Punkt X' von Σ' führt zu drei in ihn zusammenlaufenden Strahlen aus A_1', A_2', A_3'; die drei ihnen entsprechenden Ebenen von b_1, b_2, b_3 sind trilinear zugeordnet und liefern einen Punkt der kubischen Fläche; den $A_1', \ldots A_6'$ entsprechen, wie wir im vorangehenden gelernt haben, Geraden $a_1, \ldots a_6$. Es war a_1 die Schnittlinie der Ebenen von b_2, b_3, welche den Geraden $A_2'A_1'$, $A_3'A_1'$ in den Projektivitäten entsprechen.

Diese willkürliche Lage der Hauptpunkte in der Ebene Σ' war in § 115 notwendig, wo es galt, ebene Figuren durch Übergang auf eine — nicht gegebene — Fläche 3. Ordnung in einfachere und anschaulichere räumliche umzuformen.

908 Wir wissen von dort (Nr. 825), daß die Graßmannsche Erzeugungsweise der kubischen Fläche ebenfalls zu einer eindeutigen Abbildung dieser Fläche auf eine Ebene und umgekehrt führt. Es wurden folgende Eigenschaften dieser Abbildung gewonnen.

Die Erzeugung zeichnet auf der Fläche eine Doppelsechs aus:

$$\begin{matrix} a_1 & a_2 & a_3 & a_4 & a_5 & a_6 \\ b_1 & b_2 & b_3 & b_4 & b_5 & b_6; \end{matrix}$$

in die Geraden a laufen entsprechende Ebenen aus den erzeugenden kollinearen Bündeln zusammen; sie bilden sich in die Hauptpunkte $A_1', \ldots A_6'$ ab. Die Geraden $b_1, \ldots$ des andern Sextupels haben zu Bildern die Kegelschnitte $(A_2' \ldots A_6')$, ∴ ... durch je fünf Hauptpunkte, und die Gerade c_{ik}, welche gemeinsame dritte Gerade in den Ebenen $a_i b_k$, $a_k b_i$ ist, bildet sich in die Verbindungslinie $A_i'A_k'$ ab. Auch die vorhinige Abbildung führte schließlich zu diesen drei Geradengruppen der a, b, c und den nämlichen Bildern ihrer Geraden.

Aber während bei der Erzeugung durch kollineare Bündel die Geraden jeder Gruppe gleichmäßig entstehen, ist das bei derjenigen durch trilineare Büschel nicht der Fall: die a und die b zerfielen je in zwei auf verschiedene Weisen entstehende Tripel und die c kommen zu je 3, 9, 3 auf drei verschiedene Weisen zustande.

Die ebenen Schnitte haben auch hier die Kurven 3. Ordnung durch die Hauptpunkte zu Bildern.

Aus diesen gemeinsamen Eigenschaften der beiden Abbildungen folgt dann weiter, daß eine auf F^3 verlaufende Kurve R^n n^{ter} Ordnung, welche den Geraden $a_1, \ldots a_6$ in $\alpha_1, \ldots \alpha_6$ Punkten begegnet, in eine Kurve sich abbildet, welche α_i-mal durch A_i geht; sie trifft die Bildkurve eines ebenen Schnitts außerdem in den Bildern der n Begegnungspunkte mit seiner Ebene; ist also n' die Ordnung dieser Bildkurve, so hat man:

$$3n' = n + \sum \alpha_i.$$

Für die kubischen Raumkurven r^3 auf F^3, welche gegen die Geraden a windschief sind und durch die entsprechenden Büschel aus den erzeugenden Bündeln entstehen, ergibt sich $n' = 1$; sie bilden sich in die Geraden ab, wie die frühere Abbildung ergab, und die Konstruktion der jetzigen Abbildung unmittelbar zeigt. Also bedeutet für R^n n' auch die Anzahl der Begegnungspunkte mit diesen r^3, ist demnach das n' von Nr. 382, und unsere Formel mit der dortigen 2) identisch.

Wir fanden dort hinsichtlich der Zahl der Begegnungspunkte der ferneren R^3 auf der F^3 mit einer r^3 die fünf Fälle, daß 1, 2, ... 5 solche Punkte vorhanden sind; danach ist $\sum \alpha_i = 0, 3, 6, 9, 12$ und die Bilder sind von der Ordnung 1, 2, ... 5. Schließen wir den einfachen Fall $\alpha_1 = \alpha_2 = \ldots \alpha_6 = 1$ aus, der den ebenen Schnitten entspricht. Für jede kubische Raumkurve auf F^3 können wir vermittelst der Bildkurve leicht ihr windschiefes Sextupel finden. Ihr Verhalten gegen die a sei etwa charakterisiert durch: 0 2 1 1 1 1, d. h. sie treffe a_1 nicht, a_2 zweimal, die übrigen a einmal; ihr Bild ist dann eine Kurve 3. Ordnung, welche durch A_2' zweimal, durch $A_3', \ldots A_6'$ einmal und durch A_1' nicht geht. Das Sextupel ist $a_1\, b_1\, c_{23}\, c_{24}\, c_{25}\, c_{26}$; denn die Bilder der $b_1, c_{23}, \ldots$ begegnen dem ihrigen, außer in Hauptpunkten, nicht. Man erkennt leicht, daß den sechs Typen des Verhaltens der kubischen Raumkurven gegen die a:

0 0 0 0 0 0	0 0 0 1 1 1	0 2 1 1 1 1
2 2 2 2 2 2	2 2 2 1 1 1	2 0 1 1 1 1

die sechs Typen der Sextupel in Nr. 381 entsprechen; die Permutationszahlen 1, 1; 20, 20; 15, 15 sind dieselben. In allen sechs Fällen ergeben sich ∞^2 Bildkurven und abgebildete Kurven (bei 1 1 1 1 1 1 hingegen ∞^3); jedes Sextupel liefert ein Netz von kubischen Raumkurven, welche gegen alle seine Geraden windschief sind; die Geraden des ergänzenden Sextupels werden zweimal getroffen.

Von den 20 Netzen von kubischen Raumkurven, die sich in Kegelschnitte abbilden, (Typus 0 0 0 1 1 1) liefert die frühere Erzeugung eines unmittelbar.

In bezug auf die Frage, ob die sechs Hauptpunkte in Σ' willkürlich gegeben werden können, ist die Herleitung der Abbildung aus der Graßmannschen Erzeugung wesentlich unbequemer. Nehmen wir die sechs Punkte $A_1', \ldots A_6'$ beliebig gegeben in Σ' an. Es seien dann zunächst a_1, a_2, a_3, a_4 vier feste windschiefe Geraden im Raume. Durch sie gehen ∞^3 kubische Flächen, weil jede von ihnen vier gegebene Punkte repräsentiert, also ein Gebüsche. Allen gemeinsam sind noch die beiden Treffgeraden b_5, b_6. Wir können die Scheitel der erzeugenden Bündel O, O', O'' beliebig im Raume annehmen, also in $\infty^{3 \cdot 3}$ Lagen; die Kollineation ist jedesmal festgelegt, weil die Ebenen nach a_1, a_2, a_3, a_4 homolog sind (Nr. 380); andererseits läßt jede kubische Fläche ∞^6 solche Erzeugungen zu; so ergibt sich der Grad der Mannigfaltigkeit $9 - 6 = 3$.

Auf einer bestimmten von diesen Flächen werde das Quadrupel $a_1 a_2 a_3 a_4$ durch a_5, a_6 zum Sextupel ergänzt; nach diesen Geraden gehen in allen ∞^2 kollinearen Bündeln entsprechende Ebenen. Irgend einen von ihnen, O, macht man, um die Abbildung herzustellen, korrelativ zum Punktfelde in Σ' und kann festsetzen, daß den Ebenen $O(a_1, a_2, a_3, a_4)$ die Punkte A_1', A_2', A_3', A_4' entsprechen; den $O(a_5, a_6)$ mögen dann $\mathfrak{A}_5', \mathfrak{A}_6'$ entsprechen. Daran ändert sich nichts, wenn O die Fläche durchläuft. Wir wollen haben, daß diese Punkte $\mathfrak{A}_5', \mathfrak{A}_6'$ in A_5', A_6' liegen. Aber das wird noch nicht erreicht, wenn die Fläche das Gebüsche beschreibt; denn die Koinzidenz von $\mathfrak{A}_5', \mathfrak{A}_6'$ mit A_5', A_6' ist eine vierfache Bedingung. Lassen wir eine der vier Geraden a, a_4, sich bewegen, so daß sie durch ∞^1 Lagen geht, etwa einen Strahlenbüschel beschreibt, so wird diese Koinzidenz ermöglicht; und man erkennt, daß die sechs Punkte A' beliebig gegeben sein können; aber wie die zugehörige Fläche 3. Ordnung gewonnen wird, ist nicht abzusehen. Hierfür ist der Apparat der kollinearen Bündel zu umständlich, die Trilinearität ist wesentlich einfacher.

Wenn F^3 in dem obigen Gebüsche durch $(a_1, a_2, a_3, a_4; b_5, b_6)$ sich bewegt, so durchstreichen a_5, a_6, in eindeutiger Korrespondenz, die beiden Strahlengebüsche $[b_6]$, $[b_5]$; F^3 beschreibe innerhalb des Gebüsches einen Büschel; jene sechs Geraden werden dann zur Grundkurve durch eine kubische Raumkurve g^3 vervollständigt, welche den a_1, a_2, a_3, a_4 zweimal begegnet, den b_5, b_6 nicht, und die jedesmaligen a_5, a_6 noch zweimal trifft[1]). Folglich beschreiben diese Geraden die

1) Flächen 3. Ordnung S. 212.

Regelflächen 4. Grades der Doppelsekanten von g^3, welche sich auf b_6, bzw. b_5 stützen; $a_1, \dots a_4$ werden gemeinsame Erzeugenden. Den Bündelscheitel O können wir auf den Bestandteil g^3 der Grundkurve legen. Sie ist Doppelkurve auf beiden Regelflächen, und die Kegel der Ebenen, welche von O nach den Erzeugenden gehen, sind, da sich je zwei Ebenenbüschel abgesondert haben, 2. Klasse. Die Korrelation ist fest; also durchlaufen, projektiv, $\mathfrak{A}_5'$, $\mathfrak{A}_6'$ zwei durch $A_1', \dots A_4'$ gehende Kegelschnitte.

909 Es möge diese Abbildung benutzt werden, um einige Sätze über abhängige Doppelpunkte, welche Halphen[1]) gefunden hat, zu beweisen. Wir haben in Nr. 829 gefunden, daß die Kurven 6. Ordnung in Σ', welche durch die sechs Hauptpunkte $A_1', \dots A_6'$ doppelt gehen, die Bilder der von den Flächen 2. Grades in die kubische Fläche eingeschnittenen Kurven 6. Ordnung sind, und daß weiter die Flächen 2. Grades, die in zwei festen Punkten G, H die Fläche F^3 tangieren, zu Kurven führen, welche auch noch durch die Bildpunkte G', H' doppelt gehen.

Wird jetzt in Σ' ein neunter Doppelpunkt K' beliebig gegeben, so ist die durch diese neun Doppelpunkte eindeutig festgelegte Kurve 6. Ordnung die doppelt gerechnete Kurve 3. Ordnung durch sie. Dem entspricht auf der kubischen Fläche, daß die einzige Fläche 2. Grades, welche sie in drei beliebigen Punkten G, H, K tangiert (Nr. 545), die doppelte Ebene GHK ist[2]). Für eine eigentliche Fläche 2. Grades, welche, außer in G und H, noch ein drittes Mal berührt, ist dieser dritte Berührungspunkt I auf eine Kurve eingeschränkt, in deren Punkten dann aber sofort ∞^1 Flächen berühren.

In der Tat, wenn I ein solcher Berührungspunkt ist, so werden durch die Ebene GHI aus beiden Flächen Kurven ausgeschnitten, die sich dreimal berühren. Aber zu den beiden Punkten G, H auf der Kurve 3. Ordnung C^3 gibt es nur drei Punkte, in denen, außer in ihnen, ein Kegelschnitt berühren kann; für die Büschel-Schar der in G und H tangierenden Kegelschnitte ist der Gegenpunkt W der Tangentialpunkt des dritten Schnitts M von GH mit der Kurve, und die Berührungspunkte der drei ferneren Tangenten aus ihm an C^3 sind die drei einzigen Punkte, in denen Kegelschnitte zum dritten Male berühren, die es schon in G und H tun (Nr. 867).

Liegt nun ein solcher Kegelschnitt vor, so hat man einer in G, H die F^3 berührenden Fläche 2. Grades noch die beiden Bedingungen aufzuerlegen, daß die durch einen beliebigen Punkt auf ihm und einen dem Berührungspunkte I auf der kubischen Fläche unendlich nahen

1) Bulletin de la Société mathématique Bd. 10 S. 162.

2) Wenn wir die Punktfläche haben wollen; im dualen Falle der doppelte Schnittpunkt der drei Berührungsebenen.

Punkt geht, und durch diese acht linearen Bedingungen ist dann ein Büschel von in G, H, I tangierenden Flächen 2. Grades gewonnen; offenbar die Büschel-Schar sich längs des Kegelschnitts berührender Flächen mit dem Schnittpunkte der drei Berührungsebenen der F^3 in G, H, I als Berührungspole.

In einer Ebene durch $GH = l$ haben wir also, außerhalb dieser Gerade, drei solche Berührungspunkte; jeder hat mit M denselben Tangentialpunkt W. Die sämtlichen Tangentialpunkte W von M bilden die Schnittkurve m^3 der Tangentialebene von M; weil diese derjenigen der Tangentialebene von G dreimal begegnet, bekommt G dreimal denselben Tangentialpunkt mit M und ebenso H, so daß die gesuchte Kurve der I dreimal durch diese beiden Punkte G, H geht, also 9. Ordnung ist. Diese Ordnung soll aber vermittelst eines allgemeineren Satzes bewiesen werden, welcher zugleich zwei andere Ergebnisse liefern wird.

Auf der F^3 sei R^n eine Kurve n^{ter} Ordnung; in jedem Punkte derselben berührt eine Tangente der Fläche, welche die Gerade l trifft, und von jedem Punkte der l gehen $2n$ Tangenten aus, welche auf R^n berühren: in den Schnitten seiner ersten Polarfläche. Die Korrespondenz $[2n, 1]$, die so zwischen den Punktreihen von R^n und l entsteht, induziert in einem Ebenenbüschel eine Korrespondenz $[2n, n]$; die $3n$ Koinzidenzen lehren, daß die Tangenten der kubischen Fläche, welche auf R^n berühren und l treffen, eine Regelfläche vom Grade $3n$ erzeugen, welche F^3 längs der R^n tangiert und die l zur $2n$-fachen Leitgerade hat. Sie schneidet die Kurve m^3 in M, welcher $4n$-fach zählt, berührt sie in den n Punkten von R^n, welche in der Ebene von m^3 liegen, und hat daher noch $3 \cdot 3n - 4n - 2n = 3n$ Punkte gemeinsam, Tangentialpunkte, welche den auf R^n gelegenen Punkten I mit M gemeinsam sind. Die Kurve der Berührungspunkte I begegnet also der R^n in $3n$ Punkten. Wir lassen nun R^n einen ebenen Schnitt, eine Gerade auf F^3 oder eine der kubischen Raumkurven sein, welche sich in die Geraden von Σ' abbilden, und erhalten: Die Kurve der Punkte I ist 9. Ordnung und geht über jede Gerade der F^3 dreimal.

Ihr Bild ist auch 9. Ordnung und geht durch jeden der acht Punkte $A_1', \dots A_6', G', H'$ dreimal.

Der Ort der neunten Doppelpunkte für Kurven 6. Ordnung, welche die acht gegebenen Punkte $A_1', \dots A_6', G', H'$ zu Doppelpunkten haben, ist eine Kurve 9. Ordnung, welche durch jeden dieser acht Punkte dreimal geht, aber nicht durch den neunten assoziierten Punkt M'. Ihr Geschlecht ist 4. Und jeder Punkt I' auf ihr ist für ∞^1 Kurven Doppelpunkt; sie bilden einen Büschel, zu welchem auch die doppelte Kurve 3. Ordnung gehört, die durch $A_1', \dots A_6', G', H', I'$ bestimmt ist.

Der Kurve 9. Ordnung auf F^3 gehören die zwölf Berührungspunkte der durch l gehenden Tangentialebenen an; die berührenden Flächen 2. Grades bestehen je aus dieser Tangentialebene und irgend einer Ebene des Büschels l; von den drei Punkten I haben sich zwei in den Berührungspunkt vereinigt.

Daher befinden sich auf der Kurve 9. Ordnung in Σ' die zwölf Doppelpunkte des Büschels 3. Ordnung mit den Grundpunkten $A_1', \ldots A_6', G', H', M'$. Die ∞^1 zugehörigen Kurven 6. Ordnung bestehen alle aus der betreffenden Kurve des Büschels und irgend einer andern[1]).

Die drei Punkte I auf jeder Kurve C^3 der F^3 in einer Ebene durch l sind die drei dem Punkte M konjugierten Punkte in den involutorischen Korrespondenzen Γ, welche sie trägt. Das geht in die Ebene Σ' über. Denn die eindeutige Beziehung zwischen einer ebenen Schnittkurve 3. Ordnung der F^3 und ihrer Bildkurve ebenfalls 3. Ordnung transformiert die eindeutigen Korrespondenzen auf jener in die auf dieser, und zwar in gleichartige, die zentralen in zentrale, wegen der Koinzidenzpunkte, welche sie besitzen, die nicht zentralen in nicht zentrale, und die involutorischen unter jenen in die involutorischen unter diesen. Danach sind auf einer Kurve des Büschels $(A_1' \ldots A_6' G' H' M')$ die drei neunten Doppelpunkte, welche sie trägt, dem M' konjugiert in ihren drei Involutionen konjugierter Punkte.

Die auf F^3 gefundene Kurve 9. Ordnung geht über alle Geraden der Fläche dreimal; also ist zu vermuten, daß sie volle Schnittkurve zweier Flächen 3. Ordnung ist[2]). In der Tat läßt sich eine sie einschneidende Fläche 3. Ordnung leicht angeben.

Wir stellen uns folgendes allgemeinere Problem. Wenn G, H beliebige Punkte sind und γ, η ihre Polarebenen in bezug auf F^3, so ist ein dritter Punkt X und seine Polarebene ξ im allgemeinen nicht so beschaffen, daß dreimal Pole und Polarebenen in bezug auf eine Fläche 2. Grades vorliegen (Nr. 545); vielmehr müssen das Dreieck GHX und das Trieder $\gamma\eta\xi$ (oder das von ihm in die Ebene von GHX eingeschnittene Dreiseit) perspektiv liegen; und dann gibt es sofort ∞^1 Flächen 2. Grades. Die Punkte X, für welche das eintrifft, erfüllen eine Fläche 3. Ordnung. Läßt man nämlich X auf einer Gerade u laufen, so umhüllt die zugehörige Polarebene ξ einen Kegel 2. Grades (Nr. 684);

---

1) Die Gruppe von neun assoziierten Punkten führt zu neun solchen Kurven 9. Ordnung; jede ist durch die acht dreifachen Punkte und zwölf einfachen schon überbestimmt.

2) Math. Annalen Bd. 21 S. 495 $n = 9$ 15). Auch das Geschlecht 4, von 10 durch die beiden dreifachen Punkte auf diesen Wert erniedrigt, weist darauf hin; sie hat 18 scheinbare Doppelpunkte.

durch ihn entstehen in γ und η zwei eindeutig bezogene Kegelschnitte, deren entsprechende Tangenten g und h je von derselben Tangentialebene ξ herrühren und auf $\gamma\eta$ sich schneiden. Projektiv zu ihnen bewegt sich die je X enthaltende Gerade der Regelschar $[u, GH, \gamma\eta]$. Zur erwähnten perspektiven Lage ist erforderlich, daß die Schnittlinie der Ebenen Gh, Hg mit dieser Gerade sich begegnet. Jene Schnittlinie erzeugt eine Regelfläche 4. Grades, für welche $\gamma\eta$ doppelte Leitgerade ist. Die eindeutige Beziehung zwischen den Geraden der Regelschar und der Regelfläche ruft in dem Ebenenbüschel um die Gerade $\gamma\eta$, welche einfache Leitgerade für jene, doppelte für diese ist, eine Korrespondenz [2, 1] hervor; die Koinzidenzen lehren, daß dreimal die perspektive Lage eintritt, also auf u drei Punkte der gesuchten Fläche liegen.

Fallen nun G und H in die obigen Punkte der F^3, so daß γ, η die Berührungsebenen sind, so geht die Fläche 3. Ordnung durch unsere Kurve 9. Ordnung.

Jeder Punkt I dieser Kurve führt dann zu einer Büschel-Schar $\mathfrak{B}$ von Flächen 2. Grades, die sich längs des Kegelschnittes K^2 in κ berühren, welcher in G, H, I die Kurve 3. Ordnung $C^3 = [F^3, \kappa]$ tangiert. Alle berühren F^3 in diesen drei Punkten. Versuchen wir zu ermitteln, wie viele von ihren Flächen F^2 noch ein viertes Mal berühren. Die Polarebenen eines Punktes in bezug auf die Flächen von $\mathfrak{B}$ schneiden sich auf der Ebene κ. Wir suchen den Ort der Punkte, für welche auch die Polarebene nach F^3 durch diese Gerade geht, also, wenn F^2 irgend eine Fläche von $\mathfrak{B}$ ist, den Ort der Punkte, deren Polarebenen nach F^3 und F^2 sich auf κ schneiden. Lassen wir den Pol eine Ebene ϵ durchlaufen, so rufen die Spuren p_3, p_2 der beiden Polarebenen in κ eine Verwandtschaft hervor. Die einen Polarebenen umhüllen eine Fläche 4. Klasse (Nr. 684), die andern erzeugen einen Bündel; daher entsprechen einer p_3 in κ, von der an jene Fläche vier Berührungsebenen gehen, vier Geraden p_2, einer p_2 aber eine Gerade p_3. Dreht sich ferner p_2 in κ um einen Punkt, so daß von den zugehörigen Polarebenen ein Büschel beschrieben wird und von ihrem Pole in ϵ eine Gerade, so umhüllen die Polarebenen nach F^3 einen Kegel 2. Grades (Nr. 684) und ihre Spuren p_3 einen Kegelschnitt. Nach dem Korrespondenzprinzip in der Ebene (Nr. 839) vereinigen sich p_3 und p_2 $(1 + 4 + 2)$-mal; der gesuchte Ort ist also eine Kurve 7. Ordnung. Für seine in κ gelegenen Punkte gilt, daß sie in bezug auf C^3 und K^2 dieselbe Polare haben; deren Anzahl ist (Nr. 685) $2^2 + 1^2 + 2 \cdot 1 = 7$. Daß zu diesen sieben Punkten die drei Berührungspunkte G, H, I gehören, ist unmittelbar klar. Für jeden von ihnen verschiedenen Schnitt der Kurve 7. Ordnung mit F^3, der dann außerhalb κ liegen muß, schneidet seine Tangentialebene an F^3 sich mit den Polarebenen nach den Flächen von $\mathfrak{B}$ auf κ und wird dadurch identisch mit der Tangentialebene der durch ihn gehenden Fläche aus $\mathfrak{B}$.

Wenn jene drei Punkte G, H, I nur einfache Schnittpunkte der Kurve mit F^3 sind, so ergeben sich 18 weitere, also 18 Flächen in $\mathfrak{B}$, welche F^3 noch ein viertes Mal berühren. In dem Falle aber, wo I der Berührungspunkt einer der zwölf Tangentialebenen aus $l = GH$ ist, bestehen die Flächen von $\mathfrak{B}$ aus dieser Ebene τ und irgend einer andern Ebene von l, im Kontinuum auch τ selbst; und zwölf dieser Ebenenpaare (bei denen die Berührungen in G, H uneigentlich geworden sind) berühren noch ein zweites Mal. Es scheint, als wenn 18 zu hoch und auf zwölf zu reduzieren sei[1]).

910 Wir wollen ferner die eindeutige Abbildung der kubischen Fläche auf eine Ebene, sofern sie sich aus der Erzeugung durch trilineare Ebenenbüschel ergibt, verwerten, um die lineare Konstruktion zu gewinnen, die sich an einen interessanten Satz knüpft, den Clebsch benutzt hat für die Ermittelung der 128 Kegelschnitte auf der Fläche 4. Ordnung mit einer doppelten Gerade, deren Ebenen nicht durch diese Gerade gehen[2]). Lüroth hatte kurz vorher die Anzahl 92 der acht beliebig gegebene Geraden treffenden Kegelschnitte bestimmt[3]) und modifizierte nun für den beim Probleme von Clebsch wichtigen Spezialfall, wo sieben von den acht Geraden windschief gegeneinander sind, alle aber von der achten getroffen werden, seine Untersuchung. Es fand sich, daß es in diesem Falle *einen* Kegelschnitt gibt, welcher die acht Geraden in getrennten Punkten trifft. Da handelt es sich nun darum, die Ebene dieses Kegelschnitts linear zu konstruieren. Wir ziehen es, weil die Fläche 3. Ordnung bekannter ist, als die Fläche 3. Klasse, vor, zu dualisieren und den Punkt linear herzustellen, aus dem ein Kegel 2. Grades kommt, für den die Ebenen nach den acht Geraden getrennte Berührungsebenen sind.

Die acht Geraden seien $a, b, \ldots h$, und a diejenige, welche die sieben übrigen schneidet. Wir betrachten zunächst die sechs Ge-

---

1) Im Büschel der Kurven 6. Ordnung in Σ' reduziert (Cremona, Einleitung in eine geometrische Theorie der ebenen Kurven S. 261) jeder der neun gemeinsamen Doppelpunkte die Zahl $3 \cdot 5^2 = 75$ der Doppelpunkte um 7, also würden wir, wenn es sich bloß um jene gemeinsamen Doppelpunkte handelte, auf $75 - 63 = 12$ Doppelpunkte schließen können, welche einzelnen Kurven angehören; aber die aus lauter Doppelpunkten bestehende Kurve des Büschels macht diesen Schluß unsicher.

2) Math. Annalen, Bd. 1, S. 258.

3) Journal für Mathematik, Bd. 68, S. 185; diese Zahl befindet sich unter den damals von Chasles, Zeuthen und Schubert gefundenen Anzahlen der Flächen 2. Grades, Kegelschnitte (Kegel 2. Grades), welche neun, bzw. acht Elementarbedingungen genügen. Vgl. z. B. Schubert, Kalkül der abzählenden Geometrie, S. 92 und Liter. 30—33, S. 338.

raden $a, b, \ldots f$ und suchen den Ort der Punkte, aus denen sie durch (getrennte) Tangentialebenen eines Kegels 2. Grades projiziert werden. Es ist dies offenbar der Ort der Punkte X, für welche, wenn α und β die Ebenen nach a und b sind:

$$(X, \beta)(c, d, e, f) \barwedge (X, \alpha)(c, d, e, f) = a(c, d, e, f).$$

Nach Nr. 258 ist dieser Ort eine Fläche 4. Ordnung; aber in unserm Falle, wo auch b die a trifft, löst sich die Ebene ab, in welcher jeder Punkt der Anforderung genügt, ab, und es bleibt eine Fläche 3. Ordnung.

Der gesuchte Ort ist eine kubische Fläche. Daß auf ihr die sechs Geraden liegen, ist leicht einzusehen.

Umgekehrt, wenn auf einer gegebenen Fläche 3. Ordnung $bcdef$ ein Quintupel mit einer Schneidenden a ist, so werden diese sechs Geraden aus jedem Punkte X der Fläche durch sechs Tangentialebenen eines Kegels 2. Grades projiziert. Es sei a' die zweite Treffgerade von c, d, e, f, welche, weil es sich um ein Quintupel mit einer Schneidenden handelt[1]), gegen b windschief ist, also den Kegelschnitt b^2 durch X auf der Fläche in der Ebene bX trifft: in A_1'; C_1, D_1, E_1, F_1 seien die Schnitte von $c, \ldots f$ mit b^2, während C, D, E, F die mit a sind.

Es ist

$$X(C, D, E, F) \barwedge a'(C, D, E, F)$$
$$= a'(c, d, e, f) \barwedge A_1'(C_1, D_1, E_1, F_1) \barwedge X(C_1, D_1, E_1, F_1),$$

oder, wenn noch $\gamma, \ldots \varphi$ die Ebenen von X nach $c, \ldots f$ sind:

$$\alpha(\gamma, \delta, \epsilon, \varphi) \barwedge \beta(\gamma, \delta, \epsilon, \varphi);$$

womit die Behauptung bewiesen ist.

Wir stellen ebenso die zu $abcdeg$ und $abcdeh$ gehörigen kubischen Flächen her; allen dreien gemeinsam sind a, b, c, d, e und die zweite Treffgerade a_1 von b, c, d, e; zwei von ihnen schneiden sich in einer kubischen Raumkurve, welche b, c, d, e zweimal, die beiden Treffgeraden aber nicht schneidet[2]) und daher der dritten Fläche noch einmal begegnet. Dieser Punkt ist der gesuchte Punkt; ihn wollen wir linear konstruieren.

Wir erzeugen dazu die drei kubischen Flächen durch trilineare

---

1) Ein Quintupel mit einer Schneidenden bestimmt eine kubische Fläche, dagegen eins mit zwei Schneidenden einen Büschel von kubischen Flächen, die sich längs dieser Schneidenden berühren. Clebsch hebt diesen Unterschied nicht hervor.

2) Sie trifft auch f und g zweimal und ist die einzige (nicht zerfallende) kubische Raumkurve, welche die sechs Geraden b, c, d, e, f, g, die eine gemeinsame Schneidende besitzen, zu Doppelsekanten hat; während es bei sechs Geraden in allgemeiner Lage sechs solche kubischen Raumkurven gibt (Nr. 462).

Ebenenbüschel um b, c, d. Die beiden Geraden a, a_1, zur Regelschar $[b, c, d]$ gehörig, geben zwei Tripel, durch welche a, a_1 auf die Flächen kommen, e, die ebenfalls a, a_1 trifft, liefert zwei weitere Tripel, die nach irgend zwei Punkten auf ihr gehen, und f, welche nur a trifft, drei weitere Tripel bei der ersten Fläche, so daß wir für sie die sieben die Trilinearität festlegenden Tripel haben (Nr. 213). Aber mehr, diese beiden Geraden e, f liefern zwei ganz in der Trilinearität enthaltene Projektivitäten zwischen den Büscheln (Nr. 213). Wenn a' die zweite Treffgerade von c, d, e, f ist, so bilden die Ebenen ca', da' ein neutrales Paar in den Büscheln c, d und werden durch jede Ebene von b zu einem Tripel vervollständigt (Nr. 209). Nun sind wir in der Lage, für jede Ebene $\mathfrak{x}$ eines der drei Büschel, etwa b, die zugehörige Projektivität zwischen den beiden andern c, d zu bestimmen: in dem eben genannten neutralen Paare und in den Paaren nach den Punkten $\mathfrak{x}e$, $\mathfrak{x}f$ haben wir drei Paare entsprechender Ebenen dieser Projektivität; wir können also die Trilinearität beliebig vervollständigen.

Drei neue Ebenenbüschel b', c', d' seien durch die Regelschar $[b', c', d']$ projektiv gemacht, die b, c, d durch die Punktreihe auf e. Bezieht man nun b und b' beliebig projektiv aufeinander, so werden auch c und c', d und d' projektiv, und durch diese drei Projektivitäten geht aus der Trilinearität zwischen b, c, d eine zwischen b', c', d' hervor. Aber der Gerade e auf der durch jene erzeugten kubischen Fläche entspricht die Regelschar $[b', c', d']$, jedem Punkte eine Gerade, und die neue kubische Fläche zerfällt in die Trägerfläche dieser Regelschar und eine Ebene ω, als eigentliches Erzeugnis, auf welche jene eindeutig abgebildet ist. Zu drei Punkten U, V, W auf f suchen wir die Bilder U', V', W'; U' ist der Schnitt der drei Ebenen von b', c', d', welche in den drei Abbildungs-Projektivitäten den Ebenen bU, cU, dU korrespondieren. Wir haben aber noch darzutun, daß U', V', W' nicht geradlinig sind, so daß sie die Ebene ω_1 bestimmen. Aus Nr. 213 wissen wir, daß die Erzeugnisse der Projektivitäten in der Trilinearität, welche zwei Systeme bilden, sich bei dem einen in Geraden, bei dem andern in Kegelschnitte abbilden. Zwei Projektivitäten aus demselben Systeme haben ein, zwei aus verschiedenen zwei Tripel gemeinsam. Die beiden von e und f herrührenden Projektivitäten haben nur das nach a, der einzigen Schneidenden von b, c, d, e, f, gehende Tripel gemeinsam, also gehören sie zu demselben Systeme und, weil das Bild von e in ω_1 der von $[b', c', d']$ eingeschnittene Kegelschnitt ist, so hat auch f einen Kegelschnitt zum Bilde.

Ersetzen wir nun f durch g oder h, so ergeben sich analog die Ebenen ω_2, ω_3. Der Punkt $\omega_1\omega_2\omega_3$ ist das Bild des gesuchten Punktes, und wir haben für diesen folgende lineare Konstruktion.

Die drei Hilfsbüschel b', c', d' werden durch die Regelschar $[b', c', d']$, die Büschel b, c, d selbst durch die Punktreihe e projektiv gemacht. Eine beliebige Projektivität zwischen b und b' bewirkt infolgedessen Projektivitäten zwischen c und c', d und d'. Ein Punkt U von f gibt die drei Ebenen bU, cU, dU; die entsprechenden Ebenen in b', c', d' liefern U', und aus V, W auf f ergeben sich ebenso V', W'; die verbindende Ebene sei ω_1. In derselben Weise führen g, h zu ω_2, ω_3. Nach dem Schnittpunkte $\omega_1\omega_2\omega_3$ werden die Ebenen aus b', c', d' gelegt, die entsprechenden in b, c, d geben den Punkt X[1]).

911 Hinsichtlich der **Realität** der Abbildung scheint es gut, die Unterscheidung der fünf Gattungen der kubischen Fläche nach der Realität der Geraden vorzuführen. Es sei wieder:

$$a_1 a_2 a_3 a_4 a_5 a_6$$
$$b_1 b_2 b_3 b_4 b_5 b_6$$

eine Doppelsechs auf der Fläche und $c_{ik} = (a_i b_k, a_k b_i)$ die 15 übrigen Geraden, von denen je zwei ohne gemeinsamen Zeiger sich schneiden; so haben die fünf Gattungen folgende Typen.

I. Alle 27 Geraden reell.

II. Alle c reell, a_i, b_i konjugiert imaginär.

III. c_{12}, c_{34}, c_{56}, a_1, a_2, b_1, b_2 reell, c_{35}, c_{46}; c_{36}, c_{45} konjugiert punktiert (je mit gemeinsamem reellem Punkte und gemeinsamer reeller Ebene), a_3, a_4; a_5, a_6; b_3, b_4; b_5, b_6; c_{13}, c_{14}; c_{15}, c_{16}; c_{23}, c_{24}; c_{25}, c_{26} konjugiert imaginär (rein imaginär und windschief).

IV. c_{12}, c_{34}, c_{56} reell; c_{13}, c_{24}; c_{14}, c_{23}; c_{15}, c_{26}; c_{16}, c_{25}; c_{35}, c_{46}; c_{36}, c_{45} konjugiert punktiert; a_1, a_2; a_3, a_4; a_5, a_6; b_1, b_2; b_3, b_4; b_5, b_6 konjugiert imaginär.

V. Die c wie in IV; a_1, b_2; a_2, b_1; a_3, b_4; a_4, b_3; a_5, b_6; a_6, b_5 konjugiert punktiert[2]).

Wollen wir zur Abbildung durch Trilinearität dreier Ebenenbüschel gelangen, so müssen wir drei windschiefe reelle Geraden auf F^3 haben, welche Büschelaxen werden sollen. Sind sie vorhanden, dann

---

1) Es sei gestattet, im Anschlusse hieran, eine andere lineare Konstruktion kurz anzudeuten. Wenn sechs Geraden $a, b, \ldots f$ gegeben sind, von denen a die andern trifft, und ein Punkt P, so gibt es durch diesen einen Kegelschnitt, welcher jene in getrennten Punkten schneidet.

Die Kegelschnitte durch P, welche bloß a, b, c, d, e treffen, liegen auf der kubischen Regelfläche, welche a zur doppelten, die zweite Treffgerade a_1 von $b, \ldots e$ zur einfachen Leitgerade und b, c, d, e und (P, a, a_1) zu Erzeugenden hat, und dadurch eindeutig bestimmt ist; ihre Ebenen umhüllen also den Tangentialkegel 2. Grades aus P an diese Fläche, der durch die fünf Ebenen nach b, c, d, e, a_1 bestimmt ist. Nimmt man dazu den Kegel der Ebenen aus P nach b, c, d, f und ihrer zweiten Treffgerade, so ist die vierte gemeinsame Berührungsebene dieser beiden Kegel die Ebene des gesuchten Kegelschnitts.

2) Cremona, Journal f. Mathem., Bd. 68, S. 1, Kap. XI; Sturm, Flächen 3. Ordnung, Kap. VII. Die Anordnung, bzw. Bezeichnung ist jedoch oben eine andere.

wird die Trilinearität durch die Fläche bestimmt (Nr. 212); aber solche Geraden sind nur bei I, II, III vorhanden.

Bei der Erzeugung der kubischen Fläche durch drei kollineare Ebenenbündel liegt der Übelstand vor, daß die Gattung V durch sie (reell) nicht erhalten wird[1]).

Ferner, reelle Quadrupel kommen nur bei I und II vor, reelle Sextupel sogar nur bei I. Die kubische Fläche, die am Schlusse von Nr. 908 hergestellt wird, ist daher von der Gattung I.

Wenden wir uns deshalb zu einer andern Methode, für eine kubische Fläche eine eindeutige Abbildung zu erhalten. Wir benutzen wiederum ein Strahlennetz, legen diesmal beide Leitgeraden u, v auf die Fläche, so daß sie sowohl reell, als konjugiert imaginär sein können.

Jeder Strahl dieses Netzes hat einen dritten Schnittpunkt mit F^3 und einen Schnitt mit der Bildebene, die jetzt Σ'' heiße; dies sind wiederum in der eindeutigen Abbildung zugeordnete Punkte.

Es gibt bekanntlich fünf gegeneinander windschiefe Geraden $l_1, l_2, \ldots l_5$ auf F^3, welche u und v treffen[2]); ihre Spuren $L_1'', \ldots$ in Σ'' werden Hauptpunkte der Bildebene, denen je die ganze Gerade $l_1, \ldots$ korrespondiert. Ebenso sind die Spuren U'', V'' von u, v Hauptpunkte; ihnen entsprechen auf F^3 die Kegelschnitte in den Ebenen $U''v$, bzw. $V''u$.

Auf F^3 wird ein Hauptpunkt der dritte Schnitt W der Gerade $w'' = U''V''$, dem diese Gerade korrespondiert.

Hingegen haben die Punkte auf u, v je nur einen entsprechenden Punkt in Σ''; der Strahl des Netzes $[u, v]$, der ihn liefert, muß in dem Punkte von u oder v die F^3 berühren. Die Strahlen, welche F^3 auf u tangiren und v treffen, erzeugen eine Regelfläche 3. Grades, welche u zur einfachen, v zur doppelten Leitgerade hat. Daher erzeugen die Bildpunkte der Punkte von u eine Kurve 3. Ordnung, welche durch V'' zweimal, durch U'' einmal und auch durch die Punkte $L_1'', \ldots$ geht und dadurch bestimmt ist; und ähnliches gilt für die Punkte von v.

Jetzt sei eine Kurve n^{ter} Ordnung R^n auf F^3 betrachtet, welche den Geraden $u, v, l_1, \ldots l_5$ je in $s, s_1, q_1, \ldots q_5$ Punkten begegnet. Sie hat mit der Regelschar $[u, v, p]$, wo p eine beliebige Gerade ist, außerhalb u und v, noch $2n - (s + s_1)$ Punkte gemeinsam; folglich ist das der Grad der Regelfläche der sie projizierenden Netzstrahlen. Von jedem Punkte von u gehen $n - s_1$ Strahlen aus, die R^n und v in getrennten Punkten schneiden; also ist u $(n - s_1)$-

1) Cremona, Nr. 160; Sturm Nr. 99.
2) Flächen 3. Ordnung Nr. 21.

fache und v $(n-s)$-fache Leitgerade, und die l_i sind ersichtlich q_i-fache Erzeugenden der Regelfläche.

Daher ist das Bild von R^n eine Kurve von der Ordnung $2n-(s+s_1)$, für welche die Punkte U'', V'', L_i'' bzw. $(n-s_1)$-fach, $(n-s)$-fach, q_i-fach sind.

Die zehn dritten Geraden der Fläche in den Ebenen ul_i, vl_i bilden sich ab in die Geraden $U''L_i''$, $V''L_i''$. Zu drei windschiefen Geraden der F^3 gibt es immer drei Geraden auf ihr, welche alle drei treffen. Für die zehn Tripel aus Geraden l_i sind u, v stets zwei dieser Treffgeraden; die zehn dritten der Tripel sind die gegen u und v windschiefen Geraden auf der Fläche. Sie bilden sich ab in die zehn Kegelschnitte durch U'', V'' und je drei der Punkte L_i''.

Ein ebener Schnitt der Fläche hat zum Bilde eine Kurve 4. Ordnung, welche zweimal durch U'', V'' und einmal durch die fünf Punkte L_i'' geht.

Durch jeden gemeinsamen Punkt der F^3 mit der obigen zu R^n gehörigen Regelfläche, der sich nicht auf R^n, u, v befindet, geht eine Erzeugende derselben, welche in vier Punkten die F^3 schneidet, also auf ihr liegt, mithin eine der Geraden l_i, weil nur diese Geraden von F^3 die u und v treffen; demnach besteht der Schnitt beider Flächen aus R^n, u, v und den fünf l_i. Daraus folgt:

$$3n = 2(s+s_1) + \sum q_i,$$

eine interessante Beziehung zwischen den sieben Schnittpunkte-Zahlen[1]).

Einer Gerade x'' in Σ'' korrespondiert auf F^3 eine Raumkurve 4. Ordnung, weil x'' dem Bilde eines ebenen Schnitts viermal begegnet. Sie ist der fernere Schnitt der Trägerfläche der Regelschar $[u, v, x'']$, also zweiter Art, trifft u, v je dreimal, weil x'' die Bildkurven von u, v dreimal schneidet, und geht durch W, weil x'' die w'' schneidet.

Nehmen wir mit der Ebene Σ'' eine quadratische Transformation in die Ebene Σ' vor, derartig, daß U'', V'', L_1'' Hauptpunkte werden, so verwandeln sich die Bilder 4. Ordnung der ebenen Schnitte von F^3 in Kurven von der Ordnung $2 \cdot 4 - 2 \cdot 2 - 1 = 3$, für welche die zu U'', V'' homologen Hauptpunkte U', V', welche den Geraden $V''L_1''$, $U''L_1''$ entsprechen, einfache Punkte werden und die durch die den Punkten $L_2'', \dots L_5''$ korrespondierenden Punkte $L_2', \dots L_5'$, aber nicht

---

1) Vgl. Nr. 382. — Die kubischen Flächen, welche F^3 längs u und v tangieren, bilden einen Büschel und gehen alle durch die fünf Geraden l (Nr. 910); zu ihnen gehören F^3 und zwei kubische Regelflächen mit den Leitgeraden u, v. Der Schnitt von R^n mit einer beliebigen Fläche dieses Büschels führt auch zu der obigen Formel.

durch den dritten Hauptpunkt gehen, also in Kurven 3. Ordnung mit sechs festen Punkten.

Daraus folgt dann wieder, daß einer Gerade x' in Σ' eine kubische Raumkurve auf F^3 entspricht.

Wir sind dadurch zu der früheren Abbildung gelangt.

Weil U'', V'' reell oder konjugiert imaginär sind, so muß der dritte Hauptpunkt L_1'' reell sein, und unter den fünf Geraden l_i befindet sich stets mindestens eine reelle bei den vier Gattungen I bis IV, bei welchen Dupel von zwei reellen oder zwei konjugiert imaginären Geraden möglich sind; und zwar gibt es bei II drei bzw. fünf, bei III eine bzw. drei reelle Geraden l_i, je nachdem das Dupel uv aus reellen oder konjugiert imaginären Geraden besteht. Die Gattung IV hat nur Dupel der letzteren Art; und nur eine von den Geraden l_i ist reell.

Damit ist gesagt, daß reelle Abbildungen bei I bis IV vorhanden sind; die Herstellung bereitet natürlich, wenn mit imaginären Elementen gearbeitet werden soll, Schwierigkeit.

Die Gattung V versagt auch hier.

912 Eine eindeutige Abbildung einer kubischen Fläche läßt sich aber auch mit Hilfe einer auf ihr gelegenen kubischen Raumkurve r^3 herstellen. Weil von jedem Punkte des Raums nur eine Doppelsekante an sie kommt, so führen die Doppelsekanten der r^3, ähnlich wie die Strahlen von $[u, v]$ im vorhergehenden Falle, zu einer eindeutigen Abbildung. Es seien U'', V'', W'' die Schnitte von r^3 mit Σ'', so werden diese wiederum Hauptpunkte, und zwar entspricht jedem von ihnen die kubische Raumkurve u^3, v^3, w^3, in welcher der projizierende Kegel 2. Grades die Fläche noch schneidet. Sie geht durch den Punkt und trifft r^3 noch viermal; wie die Projektion der beiden Kurven aus einem Punkte des Kegels lehrt.

Ferner gibt es sechs gegeneinander windschiefe Geraden $l_1, \ldots l_6$ auf F^3, welche r^3 zweimal treffen; sie entsprechen ihren Spuren $L_1'', \ldots$.

Jeder der drei Geraden $u'' = V''W''$, $v'' = W''U''$, $w'' = U''V''$ korrespondiert auf F^3 der dritte Schnitt U, V, W.

Es sei wieder eine Kurve n^{ter} Ordnung R^n auf F^3 betrachtet, welche der r^3 in s Punkten und der l_i in q_i Punkten begegnet; die Regelfläche der Doppelsekanten von r^3, welche die beliebige Gerade p treffen, ist 4. Grades und hat r^3 zur Doppelkurve; folglich hat sie mit R^n, außerhalb r^3, $4n - 2s$ Schnittpunkte; also ist die Regelfläche der Doppelsekante von r^3, welche R^n treffen, von diesem Grade, hat die l_i zu q_i-fachen Erzeugenden und die r^3 zur $(2n - s)$-fachen Leitkurve, weil von jedem Punkte derselben $2n - s$

Doppelsekanten ausgehen, welche die R^n in einem nicht auf r^3 gelegenen Punkte treffen.

Daraus ergibt sich erstens, daß das Bild von R^n eine Kurve von der Ordnung $4n - 2s$ ist, die $(2n - s)$-mal durch jeden der Punkte U'', V'', W'' und q_i-mal durch L_i'' geht.

Und zweitens liefert der Schnitt der Regelfläche mit F^3 die Formel:

$$5n = 3s + \sum q_i.$$

Betrachten wir diejenigen kubischen Raumkurven auf F^3, welche, ebenso wie r^3, die l_i zu Doppelsekanten und das ergänzende Sextupel zum windschiefen haben, also $n = 3$, $\Sigma q_i = 12$, so ist $s = 1$, wie wir wissen.

Ihre Bildkurven sind 10. Ordnung mit U'', V'', W'' als fünffachen und den L_i'' als Doppelpunkten.

Folglich ergibt sich, im Kontinuum dieser ein Netz bildenden Kurven, auch für r^3 selbst eine Bildkurve 10. Ordnung.

Bestätigen wir dies durch eine andere Überlegung. Die Doppelsekanten von r^3, welche in dem einen Schnitte F^3 tangieren, bewirken auf ihr eine Korrespondenz [4, 1]; denn in jedem Punkte X gibt es eine Tangente, welche r^3 trifft: im dritten Schnitte X' der Berührungsebene von F^3 in X; von jedem X' kommt ein Kegel 2. Grades, welcher F^3 noch in einer kubischen Raumkurve schneidet, die der r^3 außer in X' noch viermal begegnet; in diesen Punkten X berühren sich die beiden Flächen und also die Kegelkante die F^3.

Damit ist r^3 auf der Regelfläche derjenigen ihrer Doppelsekanten, welche F^3 in dem einen Stützpunkte berühren, als fünffach erkannt; eine durch den Punkt gehende Erzeugende berührt in ihm, für die andern ist er dritter Schnitt.

Diese Korrespondenz auf r^3 hat fünf Koinzidenzen, in welchen die Berührungsebene von F^3 Schmiegungsebene von r^3 ist, und ruft in einem Ebenenbüschel eine Korrespondenz [12, 3] hervor; von den 15 Koinzidenzen gehen fünf nach den eben genannten Koinzidenzen. Die zehn andern liefern Erzeugenden der Regelfläche, welche in einer Ebene des Büschels liegen und dessen Axe treffen. Damit ist der Grad 10 der Regelfläche bestätigt, und ihr vollständiger Schnitt mit F^3 besteht aus r^3 sechsfach: fünffach, weil r^3 so vielfach auf der Regelfläche ist, und dann noch einfach, wegen der Berührung der Erzeugenden, und den sechs Geraden l_i, welche doppelte Erzeugenden sind, da sie an beiden Schnitten berühren.

Einem ebenen Schnitte entspricht eine Kurve 6. Ordnung, welche durch U'', V'', W'' dreimal, durch jeden L_i'' einmal geht. Und den Geraden in Σ'' entsprechen Kurven 6. Ordnung.

Diese Kurven 6. Ordnung begegnen der r^3 in zehn Punkten und gehen durch die drei Punkte U, V, W einfach. Jede dieser Kurven 6. Ordnung trifft, weil sie mit r^3 doppelt den vollen Schnitt der F^3 mit der Regelfläche 4. Grades der Doppelsekanten von r^3 bildet, die sich auf die zugehörige Gerade in Σ'' stützen, die l_i gar nicht, die Geraden des windschiefen Sextupels viermal und die 15 übrigen von r^3 einmal getroffenen Geraden zweimal.[1])

Führt man wiederum Σ'' in Σ' über durch eine quadratische Transformation, welche U'', V'', W'' zu Hauptpunkten hat, so verwandeln sich die Bildkurven 6. Ordnung der ebenen Schnitte in Kurven 3. Ordnung mit sechs festen Punkten L_1', ..., die den L_1'' korrespondieren. Wir haben also wiederum unsere erste Abbildung.

Aber auch diesmal versagt die Gattung V. Denn eine kubische Fläche von dieser Gattung enthält keine reelle kubische Raumkurve. Eine kubische Raumkurve trifft drei Geraden der Fläche F^3, die in einer Ebene liegen, entweder in 2, 1, 0 oder in 1, 1, 1 Punkten. Nehmen wir an, daß eine reelle auf der Fläche vorhandene Kurve r^3 sich gegen die drei reellen Geraden der Fläche von der Gattung V, die ja in einer Ebene liegen, in der ersten Weise verhalte, so trifft sie den Kegelschnitt in einer (reellen) Ebene durch die dritte Gerade in drei Punkten, und durch beide geht eine (reelle) Fläche 2. Grades, die demnach aus F^3 noch eine reelle Gerade ausschneidet, welche den Kegelschnitt einmal trifft. Eine solche gibt es nicht, denn die drei einzigen reellen Geraden treffen ihn in 0, 0, 2 Punkten.

Es habe r^3 das zweite Verhalten gegen das reelle Dreiseit der Fläche; nennen wir die Doppelsechs der sie zweimal und gar nicht treffenden Geraden a_i, b_i, so ist jenes Dreiseit aus Geraden c gebildet, also etwa $c_{12}c_{34}c_{56}$, so daß wir die Bezeichnung der Geraden der Fläche von Nr. 910 benutzen können. Jede von den vier reellen Ebenen durch eine dieser Geraden c_{12}, c_{34}, c_{56}, die in einem imaginären Geradenpaar (mit reellem Doppelpunkt) schneidet, muß dann r^3 noch in zwei konjugiert imaginären Punkten treffen, die sich auf die beiden konjugiert punktierten Geraden verteilen; aber in den Ebenen von der Art $c_{12}a_1b_2$ liegen beide auf a_1. Also führt auch die zweite Annahme auf einen Widerspruch.

Somit sind alle bisherigen Versuche, für die kubische Fläche von der Gattung V zu einer reellen eindeutigen Abbildung zu gelangen, fehlgeschlagen. Diese Fläche besitzt, wie

1) Folglich handelt es sich um die (6,0)″ — vom Geschlechte 0 — der Tabelle meines Aufsatzes Math. Ann. Bd. 21, S. 494.

wir sehen, mehrfache negative Eigenschaften und nähert sich darin der allgemeinen Fläche 4. Ordnung, von welcher man fast nur negatives weiß.[1])

§ 128. Die Steinersche Fläche und die kubische Regelfläche.

Für mehrere spezielle Flächen ist erkannt worden, daß sie eindeutig abbildbar sind. 913

Wir wollen zuerst die Steinersche Fläche 4. Ordnung[2]) behandeln. Sie ist dadurch charakterisiert, daß sie drei in einen Punkt T zusammenlaufende Doppelgeraden d_1, d_2, d_3 hat. Jeder ebene Schnitt hat also drei Doppelpunkte, der Schnitt einer Berührungsebene noch einen vierten im Berührungspunkte, zerfällt infolgedessen in zwei Kegelschnitte S, S_1. Die Fläche besitzt daher ∞^2 Paare verbundener oder sich ergänzender Kegelschnitte. Jede Ebene durch T schneidet in einer Kurve 4. Ordnung, die in T einen Punkt hat mit drei Tangenten, gelegen in den Ebenen $d_1 d_2$, $d_1 d_3$, $d_2 d_3$, also einen dreifachen Punkt; daher ist T dreifach für die Fläche. Und das führt unmittelbar zu einer eindeutigen Abbildung. Auf jedem Strahle durch T sind der vierte Schnitt mit der Fläche F^4 und der Schnitt mit Σ'' entsprechend. Die Doppelgeraden bilden sich in ihre Spurpunkte D_1'', ... ab, jede Kurve der Fläche, die nicht durch T geht, in eine Kurve derselben Ordnung, die obigen Kegelschnitte in Kegelschnitte durch D_1'', D_2'', D_3'', die ebenen Schnitte in Kurven 4. Ordnung, welche diese Punkte zu Doppelpunkten haben.

In jedem Punkte einer Doppelgerade, etwa d_1, berühren zwei Ebenen, die durch d_1 gehen; und jede Ebene durch d_1 schneidet einen Kegelschnitt aus, der durch T geht, weil dieser Punkt dreifach ist; im zweiten Schnitt desselben mit d_1 berührt die Ebene die Fläche und ist also nur einfache Berührungsebene. Jeder Ebene durch d_1 wird daher eine zweite Ebene durch d_1 zugeordnet, welche in demselben Punkt berührt. Es entsteht dadurch eine Involution von Ebenenpaaren. In ihr sind auch gepaart die Ebenen $d_1(d_2, d_3)$, beide in T berührend. Die Doppelebenen dieser Involution führen zu den zwei Kuspidalpunkten auf d_1, deren beide Berührungsebenen sich vereinigt haben; sie seien O_1, O_1^*. Diese Ebeneninvolution schneidet eine Strahleninvolution in Σ'' ein um D_1''. Die beiden Tangenten eines ebenen Schnitts im Doppelpunkte auf d_1 fallen in die zugehörigen gepaarten Ebenen und projizieren sich in

1) Charakteristisch ist die Äußerung Steiners im Briefwechsel zwischen ihm und Schläfli (Bern 1896), S. 49: „Es wäre fatal, wenn hier die Geometrie ein Ende hätte."

2) Schröter, Journ. f. Math. Bd. 64, S. 79; Cremona, ebenda, Bd. 63, S. 172; Sturm, Math. Ann. Bd. 3, S. 78.

gepaarte Strahlen dieser letzteren Involution (D_1''). Die Tangenten in den Doppelpunkten D_1'', D_2'', D_3'' der Bildkurve eines ebenen Schnitts sind gepaart in den Involutionen $(D_1''), \ldots,$ und die Tangenten in D_1'', D_2'', D_3'' an den Bildern verbundener Kegelschnitte sind ebenfalls gepaart.

Wir vereinfachen aber wiederum die Abbildung, indem wir Σ'' in Σ' quadratisch transformieren, mit D_1'', D_2'', D_3'' als Hauptpunkten; dann verwandeln sich die Bilder der ebenen Schnitte in Kegelschnitte und diejenigen der Kegelschnitte S in Geraden. Den drei Hauptpunkten D_1'', D_2'', D_3'' mögen in Σ' die drei Hauptgeraden d_1', d_2', d_3' korrespondieren. Der Strahleninvolution um D_1'' entspricht eine Strahleninvolution um den homologen Hauptpunkt $d_2'd_3'$, und der Punktinvolution, in welcher diese die d_1' schneidet, entsprechen die Paare der an D_1'' unendlich nahen Punkte auf gepaarten Strahlen jener Involution. Oder die beiden Punkte eines Paares der Involution (d_1') sind nunmehr die Bilder eines Punktes von d_1. Also bilden sich die Punkte der Doppelgerade d_1 in die Punktepaare der Involution (d_1') ab, die Kuspidalpunkte in die Doppelpunkte; und ähnliches gilt für d_2 und (d_2'), d_3 und (d_3'). Der dreifache Punkt T bildet sich in die drei Ecken des Dreiseits der d' ab, und auf jeder Seite sind die beiden Ecken gepaart.

Der Kegelschnitt, in den sich ein ebener Schnitt abbildet, trifft die drei Geraden d' in drei Paaren ihrer Involutionen, und die beiden Geraden, verbundene Geraden, welche Bilder von zwei verbundenen Kegelschnitten sind, tun das auch. Demnach haben wir es mit drei verbundenen Involutionen (d_1'), (d_2'), (d_3') zu tun (Nr. 123). In den Schnittpunkt zweier verbundenen Geraden bildet sich der vierte Schnittpunkt der beiden verbundenen Kegelschnitte ab, deren Bilder sie sind, der Berührungspunkt ihrer Ebene. In jedem Punkte von Σ' schneiden sich zwei verbundene Geraden, das gemeinsame Paar der Involutionen, welche zwei der drei Involutionen projizieren; es projiziert auch ein Paar der dritten.

Die Doppelpunkte der drei Involutionen liegen viermal zu je dreien in einer Gerade $h_1', \ldots, h_4'$; diese vier Geraden sind je sich selbst verbunden. Also sind sie Bilder von sich selbst verbundenen Kegelschnitten; damit ergeben sich, aus der Abbildung, die vier (konischen) Doppel-Berührungsebenen der Fläche, welche je längs eines Kegelschnitts berühren. Diese Kegelschnitte h_1, h_2, h_3, h_4 gehen durch je drei Kuspidalpunkte.

Zwei verbundene Geraden sind konjugiert in bezug auf jedes der drei Paare von Doppelpunkten der $(d_1'), \ldots,$ also in bezug auf alle Kegelschnitte der Schar, welche dem Vierseit $h_1'h_2'h_3'h_4'$ eingeschrieben sind; folglich stehen sie in einer involutorischen quadratischen Verwandtschaft I_{II} (Nr. 811).

Die ebenen Schnitte der Fläche in den Ebenen eines Büschels haben vier Punkte gemein, die in gerader Linie liegen, also gilt das auch für die Bilder in Σ''; die Bilder der Punkte in Σ' liegen folglich auf einem Kegelschnitt, der dem Hauptdreieck umgeschrieben ist. Die Bilder der Schnitte in Σ' erzeugen daher einen Kegelschnitt-Büschel, der eben genannte Kegelschnitt entspricht dem ebenen Schnitt durch T, der diesen Punkt zum dreifachen Punkte hat, den drei Geradenpaaren des Büschels entsprechen drei Berührungsebenen im Ebenenbüschel. Die Steinersche Fläche ist also eine Fläche 3. Klasse mit vier konischen Doppel-Berührungsebenen, also dual zu der Fläche 3. Ordnung mit vier konischen Doppelpunkten. Von dieser ist bekannt, daß sie, außer den sechs Verbindungslinien derselben, welche quaternäre Geraden der Fläche sind, noch drei unäre Geraden besitzt, welche in einer Ebene liegen: ihre Punkte sind einfach, die Ebenen durch sie doppelte Berührungsebenen und die gemeinsame Ebene ist eine dreifache. Ferner zerspaltet sich für diese Fläche 3. Ordnung der Tangentialkegel 4. Ordnung aus jedem Punkte auf ihr in zwei Kegel 2. Grades.[1]) Die dualen Eigenschaften haben wir bei der Steinerschen Fläche gefunden.

Eine Kurve R^n auf der Fläche, welche die Doppelgeraden d_1, d_2, d_3 bzw. in s_1, s_2, s_3 Punkten trifft, geht in Σ'' über in eine Kurve n^{ter} Ordnung, welche D_i'' zum s_i-fachen Punkte hat, also in Σ' in eine Kurve von der Ordnung $2n - (s_1 + s_2 + s_3)$.

Ersichtlich muß, wenn die Kurve nicht durch T geht,

$$s_2 + s_3 = s_3 + s_1 = s_1 + s_2 = n$$

sein, also $s_1 = s_2 = s_3 = \frac{n}{2}$, und die Bildkurve in Σ' ist von der Ordnung $\frac{n}{2}$.

Die nicht durch T gehenden Kurven der Steinerschen Fläche können nur gerader Ordnung sein.[2])

Ein beliebiger Kegelschnitt in Σ' trifft das Bild eines ebenen Schnitts in vier Punkten; daraus folgt, daß er das Bild einer Raumkurve 4. Ordnung auf der Fläche ist. Weil er die d_1', ... im allgemeinen nicht in gepaarten Punkten der (d_1'), ... schneidet, so trifft diese Kurve die Doppelgeraden in verschiedenen Punkten, und sie sind drei von T kommende Doppelsekanten für sie; womit die Kurve als von der zweiten Art[3]) erkannt ist. Die durch sie gehende Fläche 2. Grades schneidet die Steinersche Fläche in einer zweiten

1) Flächen 3. Ordnung Nr. 123 und Nr. 39.

2) Math. Ann. Bd. 3, S. 99.

3) Flächen 3 Ordnung Nr. 24, 67.

Raumkurve 4. Ordnung 2. Art, welche sich gegen die beiden Regelscharen jener Fläche in der entgegengesetzten Weise verhält; daher haben die beiden Kurven $3 \cdot 3 + 1 \cdot 1 = 10$ Punkte gemeinsam (Nr. 165, 906). Von ihnen sind sechs die Begegnungspunkte der einen mit den Doppelgeraden, die auch auf der andern liegen müssen, aber derartig, daß diese je die andern Berührungsebene der Fläche tangiert, als jene.

Die Schnittpunkte des einen Bild-Kegelschnitts mit d_1', d_2', d_3' sind daher in den Involutionen zu denen des andern gepaart, und in ihre vier Schnittpunkte bilden sich die vier weiteren Begegnungspunkte der beiden verbundenen Raumkurven 4. Ordnung 2. Art ab.

Unter diesen Raumkurven 4. Ordnung befinden sich ausgezeichnete, nämlich diejenigen, welche sich in die Kegelschnitte der Schar (h_1', h_2', h_3', h_4') abbilden. Durch jeden Punkt P' der Ebene Σ' gehen zwei von diesen Kegelschnitten; die Tangenten an sie sind die Doppelstrahlen der Involution der Tangenten aus dem Punkte an die Schar, also harmonisch zu den Strahlen nach den Punktepaaren der Schar, d. i. den Doppelpunkten der Involutionen (d_1'), ... Folglich gehen jene beiden Tangenten durch gepaarte Punkte aller drei Involutionen, sind also verbundene Geraden und bilden das schon oben gefundene Paar aus dem Punkte.

Der Punkt P' und seine Nachbarpunkte P_1', $\mathfrak{P}_1'$ auf jenen beiden Kegelschnitten oder auf den Tangenten sind daher Bilder eines Punktes P auf der Steinerschen Fläche und der beiden Nachbarpunkte P_1, $\mathfrak{P}_1$ auf den Kegelschnitten desselben, deren gemeinsame Ebene in P berührt; dann sind aber PP_1, $P\mathfrak{P}_1$ die beiden Haupttangenten der Fläche in P. Also sind P und P_1 zwei benachbarte Punkte auf der einen durch P gehenden Haupttangenten-Kurve der Fläche. Zwei benachbarte Punkte einer solchen Kurve bilden sich demnach ab in zwei benachbarte Punkte eines Kegelschnitts jener Schar, die nächsten Nachbarn P_1 und P_2 in P_1' und den Nachbar von P_1' wiederum auf einem der durch P_1' gehenden Kegelschnitte der Schar, notwendig demselben, wie vorhin, weil der andere keine kontinuierliche Fortsetzung geben würde.

Folglich sind die Kegelschnitte der Schar (h_1', h_2', h_3', h_4') die Bilder der Haupttangenten-Kurven der Steinerschen Fläche, und diese sind Raumkurven 4. Ordnung 2. Art, also algebraische Kurven.

Clebsch hatte dies interessante Resultat, wie er Cremona mitteilte, durch Integration gefunden; Cremona leitete es dann in der obigen einfachen Weise ab.[1]) Zu der Abbildung selbst scheint er auf andere Weise gelangt zu sein; die Erzeugung der Fläche, die er in der

1) Rendiconti dell' Istituto Lombardo Ser. II, Bd. 1, S. 109.

früheren Abhandlung[1]) zugrunde gelegt, ordnet unmittelbar jedem Punkte der Fläche einen Punkt in der Ebene des zur Herstellung der Fläche benutzten Kegelschnitt-Netzes zu.

Ebenso wie Cremona schließen wir dieser Abbildung diejenige der kubischen Regelfläche ρ^3 an.[2]) Die Haupteigenschaften derselben sind: Sie besitzt eine doppelte Leitgerade d und eine einfache e; von jedem Punkte jener gehen zwei Erzeugenden aus, welche mit ihr die in ihm berührenden Ebenen bestimmen, von jedem Punkte von e nur eine; dagegen enthält jede Ebene durch d bzw. e eine oder zwei Erzeugenden, und ist einfache oder doppelte Berührungsebene (Nr. 164: $n = 2$, $n_1 = 1$). Durch die Erzeugenden werden die einfache Punktreihe auf d und eine Involution auf e projektiv bezogen; die gepaarten Punkte sind die Berührungspunkte der Ebenen durch e, welche die Erzeugenden enthält, die vom entsprechenden Punkte auf d ausgehen. Die Doppelpunkte dieser Involution entsprechen den zwei Kuspidalpunkten auf d, von denen je zwei in der Kuspidalerzeugende vereinigte Erzeugenden kommen; längs derselben wird die Fläche von der durch e gehenden Ebene berührt. 914

Der Ebenenbüschel durch e ist ebenso projektiv auf eine Involution um d bezogen, in welcher je die beiden in dem nämlichen Punkte von d berührenden Ebenen gepaart sind; sie enthalten die in der entsprechenden Ebene von e befindlichen Erzeugenden. Den beiden Ebenen durch e, welche je längs einer Kuspidalerzeugenden berühren, korrespondieren die Doppelebenen der Involution, in denen also Vereinigung der Tangentialebenen stattgefunden, die Berührungsebenen der Kuspidalpunkte.

Eine eindeutige Abbildung erhält man am einfachsten, indem man aus einem Punkte O von d projiziert. Diese Gerade bildet sich dann in einen Punkte D'' ab und die Involution der Berührungsebenen um d gibt eine Involution (D'') um D''; die Erzeugenden gehen über in die Strahlen durch D'', und in (D'') gepaarte sind Bilder solcher, die von demselben Punkte von d kommen. Diese Involution (D'') ist zu derjenigen (e'') perspektiv, welche aus der Involution auf e hervorgeht.

Die ebenen Schnitte der ρ^3 bilden sich ab in Kurven 3. Ordnung durch D'' als Doppelpunkt mit zwei Tangenten, die in (D'') gepaart sind, und mit den Spuren G_1'', G_2'' der beiden von O ausgehenden Erzeugenden, die auf e'' liegen, als einfachen Punkten.

Diese beiden Erzeugenden OG_1'', OG_2'' bilden sich in die Punkte G_1'', G_2'' ab, die übrigen Punkte der Geraden

1) Journal f. Mathematik Bd. 63.

2) Cremonas grundlegende Arbeit über die kubische Regelfläche: Atti dell' Istituto Lombardo Bd. 2 (1861), S. 291; vgl. auch Liniengeometrie Bd. I, Nr. 39, sowie die zweite der in Nr. 164 genannten Schriften von Em. Weyr.

$D''G_1''$, $D''G_2''$ rühren allein von O her, weil die projizierenden Strahlen Tangenten von O in der einen oder andern Berührungsebene sind.

Eine quadratische Transformation von Σ'' in Σ', für welche D'', G_1'', G_2'' Hauptpunkte sind, der $e'' = G_1''G_2''$ der Hauptpunkt E', dem Hauptpunkte D'' die Gerade d' entspricht, bewirkt nun auf d' eine Involution (d'), in deren Punktepaare sich die einzelnen Punkte von d abbilden, und eine zu ihr perspektive (E') um E', in welcher die Bilder je der von demselben Punkte von d ausgehenden Erzeugenden gepaart sind Die Nachbarpunkte von E' auf gepaarten Strahlen können wir als Bilder der gepaarten Punkte von (e'') oder (e) ansehen. Nunmehr hat e einen Punkt zum Bilde und d eine Gerade.

Die Bildkurven 3. Ordnung der ebenen Schnitte von vorhin werden Kegelschnitte durch E', welche d' in Punktepaaren von (d') schneiden. Zerfällt der ebene Schnitt, in einer Berührungsebene der ρ^3, in eine Erzeugende g und einen Kegelschnitt, so zerfällt das Bild in einen Strahl durch E' und eine zweite Gerade, welche d' in gepaarten Punkten treffen, so daß, wenn die Ebene um die Erzeugende g sich dreht, diese den Kegelschnitt abbildende Gerade einen Büschel um einen festen Punkt — das zweite Bild von dg — beschreibt. Jede Gerade in Σ' ist Bild eines Kegelschnitts auf ρ^3.

915 Wir wollen windschief projizieren vermittelst der Strahlen eines Netzes, dessen Leitgeraden u, v Erzeugenden von ρ^3 sind. Die projizierenden Strahlen einer Erzeugenden g bilden eine Regelschar $[g, u, v]$, zu welcher d und e gehören, also ist das Bild von g in Σ'' ein Kegelschnitt, und diese Kegelschnitte bilden den Büschel durch die Spuren D'', E'', U'', V'' von d, e, u, v. Die drei Geradenpaare dieses Büschels entstehen so: Der dritte Schnitt $\mathfrak{W}$ von $U''V''$ mit ρ^3 hat diese ganze Gerade zum Bilde, und die durch ihn gehende Erzeugende bildet sich in $D''E''$ ab. Die zweite Erzeugende in der Ebene ue, welche durch den Punkt ud geht, bildet sich — mit um ve sich drehendem Projektionsstrahle — in $U''E''$ ab, während $V''D''$ allein vom Punkte ud herrührt; und ähnliches gilt für die zweite Erzeugende in ve.

Die Leitgeraden d und e bilden sich in D'' und E'' ab. Es sei D ein Punkt auf d, $\mathfrak{d}$ die eine zugehörige Berührungsebene, $\mathfrak{b}$ eine Tangente aus dem Büschel $(D, \mathfrak{d})$. Die Regelschar $[u, v, \mathfrak{b}]$ schneidet in Σ'' einen Kegelschnitt ein, dessen Tangente $\mathfrak{b}''$ in D'' fest bleibt, wenn $\mathfrak{b}$ den Büschel durchläuft. Dies folgt aus der Eigenschaft der Trägerfläche einer Regelschar, nach welcher vier Ebenen durch eine Erzeugende und ihre Berührungspunkte projektive Würfe bilden:

$$\text{Ebenenwurf } d(u, v, \mathfrak{d}, \mathfrak{b}'') \;\overline{\wedge}\; \text{Punktwurf } d(u, v, D, D'').$$

Folglich entspricht dem Punkte D und seinen Nachbarpunkten auf der Fläche in $\mathfrak{d}$ der Punkt D'' und ein fester Nachbarpunkt. Unter jenen Nachbarpunkten befindet sich derjenige auf der Erzeugenden g durch D in $\mathfrak{d}$; also ist der feste Punkt der Nachbarpunkt auf dem Kegelschnitte, in den sich g abbildet. So entsteht um D'' eine Involution (D''), von welcher gepaarte Strahlen die Kegelschnitte tangieren, welche je den von dem nämlichen Punkte von d ausgehenden Erzeugenden entsprechen. Dadurch werden auch diese Kegelschnitte, die den Büschel $(D''E''U''V'')$ bilden, involutorisch gepaart; die Nachbarpunkte, neben E'', auf zwei gepaarten sind die Bilder gepaarter Punkte der Involution (e).

Wir werden nun wiederholt Regelflächen zu konstruieren haben, für welche drei Leitkurven R_1, R_2, R_3 von den Ordnungen n_1, n_2, n_3 gegeben sind. Die Regelschar $[g_1, g_2, g_3]$ lehrt durch ihre Schnitte mit R_1, daß die Regelfläche $[R_1, g_2, g_3]$ vom Grade $2n_1$ ist; schneiden wir diese mit R_2, so ergibt sich $2n_1n_2$ als Grad von $[R_1, R_2, g_3]$ und endlich $2n_1n_2n_3$ als Grad von $[R_1, R_2, R_3]$. Sind Schnittpunkte der Leitkurven vorhanden, so löst sich der Kegel, der aus einem solchen Punkte die dritte Kurve projiziert, eventuell vielfach gerechnet, ab. Jede der Leitkurven ist so vielfach auf der Regelfläche, als von einem Punkte auf ihr Geraden ausgehen, welche die andern in getrennten Punkten treffen.

Ein ebener Schnitt von ρ^3, mit einem doppelten Punkte von d und einem einfachen auf e, führt mit u und v als anderen Leitkurven zu einer Regelfläche 4. Grades, weil, wegen der Punkte, in denen er u, v trifft, Ebenen sich ablösen. Für sie sind u, v doppelte Leitgeraden, d eine doppelte, e eine einfache Erzeugende.

Daher ist das Bild eines ebenen Schnitts eine Kurve 4. Ordnung, welche durch D'', U'', V'' zweimal, durch E'' einmal geht; ihre Tangenten in D'' sind gepaarte Strahlen von (D'').

Fügen wir wiederum eine quadratische Verwandtschaft hinzu, für welche D'', U'', V'' Hauptpunkte sind und d', E' den D'', E'' korrespondieren, so gehen die Bilder der Erzeugenden in die Strahlen des Büschels E' über, die Involution im Kegelschnitt-Büschel wird eine in diesem Strahlenbüschel: gepaarte Strahlen sind Bilder von Erzeugenden aus demselben Punkte von d. Der Involution (D'') entspricht eine zu dieser Involution (E') perspektive auf d', deren gepaarte Punkte je denselben Punkt von d darstellen.

Bilder der ebenen Schnitte werden Kegelschnitte durch E', welche durch die Paare von (d') gehen und Geradenpaare werden, wenn die Ebene die Fläche berührt. Es ergibt sich in Σ' genau dieselbe Abbildung wie oben.

Dem Punkte $\mathfrak{M}$ entspricht nun in Σ' nur ein Punkt, der Hauptpunkt, welcher der Gerade zugehört, die früher korrespondierte und Hauptgerade der quadratischen Transformation geworden ist.[1])

Einem Kegelschnitt K'^2 in Σ' entspricht auf ρ^3 eine Raumkurve 4. Ordnung K^4 vom Geschlechte 0, welche einer beliebigen Erzeugenden zweimal begegnet, weil K'^2 die Bildkurve eines ebenen Schnitts und einer Erzeugenden in vier bzw. zwei Punkten trifft. Diejenigen beiden Erzeugenden aber, deren Bilder die d' in den Punkten schneiden, welche in (d') den Schnitten von K'^2 gepaart sind, treffen d in dem nämlichen Punkte wie K^4, also diese Kurve dreimal. Daraus folgt, daß K^4 zweiter Art ist und die beiden Erzeugenden den Restschnitt, mit ρ^3, der einzigen durch K^4 gehenden Fläche 2. Grades bilden. Der d begegnet K^4 zweimal.

In einem Punkte X von ρ^3 begegnen sich eine Erzeugende g und der Kegelschnitt K^2, in welchem seine Berührungsebene die ρ^3 noch schneidet; ihr zweiter Schnitt liegt auf d; im entsprechenden Punkte X' begegnen sich also die beiden Bildgeraden g' und k' von g und K^2, welche durch gepaarte Punkte von (d') gehen.

Diese Involution (d') und die zu ihr perspektive (E') bestimmen eine Büschel-Schar sich doppelt berührender Kegelschnitte, zu deren Berührungssehne und Berührungspol sie gehören.

$\mathfrak{K}'^2$ sei der durch X' gehende Kegelschnitt aus dieser Büschel-Schar, so ist der Schnitt seiner Tangente in X' mit d' der Pol von $E'X' = g'$, also gehen sie und g' durch gepaarte Punkte von (d'); die Tangente ist die k'. Die Tangente in X an K^2 ist die zweite Haupttangente von ρ^3 in X, neben g. Ist X_1 der Nachbarpunkt von X auf K^2, so sind sie es auch auf der Tangente und der ihr entsprechenden Haupttangenten-Kurve h durch X; die entsprechenden Punkte X', X_1' liegen auf k' und $\mathfrak{K}'^2$. Es liegt also X_1' auf der durch X' gehenden einzigen Kurve der Büschel-Schar, und X_2', der dem nächstfolgenden Punkte X_2 auf h entsprechende, auf der einzigen durch X_1' gehenden, d. h. auf derselben Kurve, usw.; $\mathfrak{K}'^2$ ist das Bild dieser Haupttangenten-Kurve.

In die Kegelschnitte der genannten Büschel-Schar bilden sich die (nicht geradlinigen) Haupttangenten-Kurven der Regelfläche ρ^3 ab. Dieselben sind also Raumkurven 4. Ordnung zweiter Art.

Die $\mathfrak{K}'^2$ gehen durch die Doppelpunkte der (d'), welche die Kuspidalpunkte auf d darstellen; sie haben sich je mit den gepaarten vereinigt, und die von E' nach ihnen gehenden Geraden, die Bilder der Kuspidal-Erzeugenden, berühren $\mathfrak{K}'^2$ in ihnen. Also sind die

1) Bemerkenswert ist auch die Abbildung, zu welcher die Wahl von D'', E'', U'' als Hauptpunkten der quadratischen Transformation führt.

beiden Erzeugenden, welche von einer Haupttangenten-Kurve dreimal getroffen werden, die Kuspidal-Erzeugenden und die drei Treffpunkte haben sich im Kuspidalpunkte vereinigt.

Die Haupttangenten-Kurven weisen somit den interessanten Spezialfall der Raumkurve 4. Ordnung zweiter Art auf, in dem sie zwei Wendetangenten hat.[1])

Es mag auch hervorgehoben werden, daß die Bilder k' der Kegelschnitte in den Tangentialebenen von ρ^3 die Tangenten der Kegelschnitte dieser Büschel-Schar sind; zu demselben Kegelschnitte gehören diejenigen, welche von den Schmiegungsebenen der nämlichen Haupttangenten-Kurve herrühren.

Geht eine Kurve n^{ter} Ordnung auf der kubischen Regelfläche ρ^3 s-mal über die doppelte Leitgerade, so trifft sie jede Erzeugende in $n-s$ Punkten, die Kegelschnitte also in s Punkten und die einfache Leitgerade in $2s-n$ Punkten; so daß $2s \geqq n$ sein muß. Ihr Bild in Σ' ist eine Kurve s^{ter} Ordnung, weil sie die geraden Bilder der Kegelschnitte und d' so oft trifft, und geht durch E' $(2s-n)$-mal.

§ 129. Die Regelflächen vom Geschlecht 0 und zwei Regelflächen 4. Grades von diesem Geschlechte.

916 Wenn eine Regelfläche eindeutig abbildbar ist, so müssen sich die Erzeugenden in Kurven abbilden, die einen Büschel bilden, weil durch jeden Punkt der Bildebene eine geht, wie durch jeden Punkt der Fläche eine Erzeugende. Für die kubische Regelfläche haben dies die vorangehenden Betrachtungen gezeigt. Unter den Grundpunkten dieses Büschels können sich vielfache befinden; ein r-facher bedeutet, daß er einer Kurve auf der Regelfläche korrespondiert, welche über jede Erzeugende r-mal geht. Aber eine einzelne Kurve des Büschels kann nicht einen vielfachen Punkt haben, der ihr allein zukommt, weil die Erzeugende, der sie entspricht, keinen hat. Folglich ist der Büschel ein solcher aus unikursalen Kurven, bei denen das Geschlecht 0 schon durch die gemeinsamen Punkte bewirkt wird. Ein derartiger Büschel kann aber durch wiederholte quadratische Transformationen in einen Strahlenbüschel übergeführt werden (Nr. 794). Ist also eine Regelfläche eindeutig abbildbar, so ist es möglich, sie so abzubilden, daß die Erzeugenden die Strahlen eines Büschels zu Bildern haben.

Wie ein ebener Schnitt der Fläche jede Erzeugende einmal trifft,

---

1) Cremona, Rendiconti dell' Istituto Lombardo Ser. II Bd. I S. 109, 199.

so muß sein Bild jeden Strahl dieses Büschels, außerhalb des Scheitels, nur einmal treffen.

Damit ist ausgesprochen, daß diese Bildkurve eindeutig auf den Büschel bezogen ist, also vom Geschlechte 0 ist; und folglich gilt das nämliche auch für den ebenen Schnitt selbst.

Keine anderen Regelflächen sind eindeutig auf eine Ebene abbildbar, als solche, deren ebene Schnitte vom Geschlecht 0 sind und die deshalb selbst dies Geschlecht haben.[1])

917 Die Regelfläche 4. Grades ρ^4 [2]) mit einer doppelten kubischen Raumkurve d^3, welcher jede Erzeugende zweimal begegnet, ist vom Geschlechte 0. Die Erzeugenden rufen auf d^3 eine involutorische Korrespondenz [2] hervor; die vier Verzweigungspunkte sind die Kuspidalpunkte.

Wir können diese Regelfläche mit Hilfe der Strahlen abbilden, welche d^3 und eine feste Erzeugende u treffen und von denen durch jeden Punkt einer geht, weil u der d^3 zweimal begegnet.

Es seien A'', B'', C'' die Schnitte von d^3 mit der Bildebene Σ'' und U'' der von u. Die zu einer Erzeugenden g gehörenden Projektionsstrahlen erfüllen, weil u und g Doppelsekanten von d^3 sind, eine Regelschar, und das Bild von g ist ein durch A'', B'', C'' und U'' gehender Kegelschnitt; es ist also ein Büschel entstanden. Auch der u entspricht im Kontinuum ein Kegelschnitt dieses Büschels; die betreffende Regelschar berührt längs u.

Ein ebener Schnitt hat auf d^3 drei Doppelpunkte und auf u einen einfachen Punkt; die Projektionsstrahlen, welche ihn treffen, erzeugen eine Regelfläche 7. Grades,[3]) auf welcher d^3 dreifach und u vierfach ist, und zwar letzteres deshalb, weil die beiden Kegel 3. und 4. Ordnung, welche d^3 und den ebenen Schnitt aus einem Punkte auf u projizieren, außer den Strahlen nach den gemeinsamen Punkten der beiden Kurven, die auf der einen doppelt sind, auch u, doppelt auf dem Kegel 3. Ordnung, gemeinsam haben, also noch vier weitere gemeinsame Strahlen bleiben; daher bildet sich ein ebener Schnitt in eine Kurve 7. Ordnung mit einem vierfachen Punkte U'' und drei dreifachen A'', B'', C'' ab.

Von jedem der Stützpunkte von u auf d^3 geht noch eine zweite Erzeugende v, w aus; sie ist für jeden Punkt auf ihr Projektions-

1) Cremona, Annali d. Matematica Ser. II Bd. 1 S. 248.

2) Bezüglich der beiden im folgenden behandelten Regelflächen 4. Grades vgl. Cremona, Memorie dell' Istituto di Bologna Ser. II Bd. 8 S. 15 und: Liniengeometrie I Nr. 41, 43.

3) Der Grad $2 \cdot 4 \cdot 3 \cdot 1 = 24$ (Nr. 915) wird reduziert auf 7 durch drei doppelte Ebenen, einen Kegel 3. Ordnung und zwei Kegel 4. Ordnung.

strahl (und zwar wegen ihres nicht auf u gelegenen Schnitts); also projiziren sich diese beiden Geraden nur in die Punkte V'' W'', ihre Spuren, in Σ'', und diese beiden Punkte sind allen Bildkurven 7. Ordnung der ebenen Schnitte gemeinsam, so daß zwei von ihnen, wie notwendig, nur noch vier (veränderliche) Punkte gemeinsam haben. Mit den Bildern der Erzeugenden haben sie einen veränderlichen Schnitt gemein.

Die drei Geraden $U''(A'', B'', C'')$ haben vierte Schnitte mit der Fläche $\mathfrak{A}$, $\mathfrak{B}$, $\mathfrak{C}$, denen in der Bildebene je die ganze Gerade korrespondiert.

Die durch diese Punkte gehenden Erzeugenden bilden sich daher in Geraden $B''C''$, $C''A''$, $A''B''$ ab, welche mit jenen Geraden die Geradenpaare des Büschels zusammensetzen.

Wir führen jetzt eine quadratische Transformation von Σ'' nach Σ' ein, welche A'', B'', C'' zu Hauptpunkten hat; diejenigen in Σ' seien $\mathfrak{A}'$, $\mathfrak{B}'$, $\mathfrak{C}'$; den U'', V'', W'' seien U', V', W' entsprechend. Sie führt die Bilder 2. Ordnung der Erzeugenden in die Strahlen des Büschels U' über, die Bilder 7. Ordnung der ebenen Schnitte in Kurven 5. Ordnung, für welche U' vierfach und V', W', $\mathfrak{A}'$, $\mathfrak{B}'$, $\mathfrak{C}'$ einfach sind. Die durch $\mathfrak{A}$, $\mathfrak{B}$, $\mathfrak{C}$ gehenden Erzeugenden haben nun nur die Punkte $\mathfrak{A}'$, $\mathfrak{B}'$, $\mathfrak{C}'$ zu Bildern, weshalb auch die Bilder aller ebenen Schnitte durch diese Punkte gehen.

Einer Gerade x' von Σ' entspricht in Σ'' ein Kegelschnitt, der durch A'', B'', C'' geht. Dieser führt zu einer Regelfläche 5. Grades der Geraden, welche ihn, d^3 und u treffen; u ist dreifach, d^3 doppelt auf ihr. Ihr Restschnitt 5. Ordnung bildet sich in x' ab; er überschreitet d^3 sechsmal, jede Erzeugende einmal und geht durch $\mathfrak{A}$, $\mathfrak{B}$, $\mathfrak{C}$.

Jetzt handelt es sich darum, die Bildkurve der Doppelkurve d^3, zunächst in Σ'', zu ermitteln. Projizierende Strahlen für einen Punkt derselben sind die beiden in ihm die Regelfläche berührenden Tangenten, welche u treffen, in jeder der beiden Tangentialebenen eine. Diese auf d^3 berührenden Tangenten erzeugen eine Kongruenz, deren Klasse 6 unmittelbar zu erkennen ist. Ihre Ordnung ist identisch mit der Klasse der abwickelbaren Fläche, welche von den Paaren der Berührungsebenen der Punkte von d^3 eingehüllt wird. Die erste Polarfläche eines Punktes O schneidet die Regelfläche 4. Grades, außer in der Doppelkurve, in einer Raumkurve 6. Ordnung, welche, wie eine durch d^3 und zwei Erzeugenden gelegte Fläche 2. Grades zeigt, der d^3 in zehn Punkten begegnet; das sind die beiden Punkte, in denen d^3 von ihrer aus O kommenden Doppelsekante getroffen wird, die vier Kuspidalpunkte und vier andere. In diesen berühren die durch O gehenden Tangentialebenen, und die Ordnung der Kongruenz ist 4. Die vier durch einen Punkt von d^3 selbst gehenden Tangentialebenen des Torous sind die beiden in ihm berührenden und diejenigen, welche die von ihm ausgehenden Erzeugenden je mit der Tangente von d^3 im andern Schnittpunkte verbinden.

Wegen dieser Gradzahlen 4, 6 der Kongruenz erzeugen diejenigen auf d^3 berührenden Geraden, welche eine Gerade treffen, eine Regelfläche 10. Grades; bei u aber, welche sich zweimal auf d^3 stützt, lösen sich die Strahlenbüschel in den vier Berührungsebenen der Stützpunkte ab, es bleibt eine Regelfläche 6. Grades, auf welcher u vierfach und d^3 doppelt ist. Sie hat in jedem Punkte von d^3 dieselben Berührungsebenen wie ρ^4.

Ihr Schnitt mit Σ'' ist die Bildkurve von d^3, eine Kurve 6. Ordnung, welche durch U'' viermal, durch A'', B'', C'' zweimal und durch V'', W'' einmal geht. Den Kegelschnitten, in welche die Erzeugenden sich abbilden, begegnet sie, außer in den Grundpunkten des Büschels, in zwei Punkten, den Bildern der Stützpunkte der betreffenden Erzeugenden auf d^3.

Die quadratische Transformation, mit den Hauptpunkten A'', B'', C'', bewirkt an dieser Kurve keine wesentliche Änderung. Sie führt sie in eine Kurve ebenfalls 6. Ordnung d'^6 über, auf welcher U' vierfach, die neuen Hauptpunkte $\mathfrak{A}'$, $\mathfrak{B}'$, $\mathfrak{C}'$ doppelt, V', W' einfach sind.

Diese Bildkurve 6. Ordnung von d^3 steht zu d^3 in einer Korrespondenz [2, 1]; jedem Punkte von d^3 entsprechen zwei Punkte auf d'^6, jedem von d'^6 einer auf d^3; während d^3 unikursal ist, hat d'^6 das Geschlecht 1.

Einfachere Verhältnisse ergeben sich nach Nr. 794, wenn wir nun mit der Figur in Σ' eine Jonquièressche Transformation vom 5. Grade vornehmen, für welche U' vierfacher, V', W', $\mathfrak{A}'$, $\mathfrak{B}'$, $\mathfrak{C}'$ und drei andere Punkte $\mathfrak{E}'$, $\mathfrak{F}'$, $\mathfrak{G}'$ auf d'^6 einfache Hauptpunkte sind. Wenn den Hauptgeraden $U'(V', W', \mathfrak{E}', \mathfrak{F}', \mathfrak{G}')$ in der neuen Ebene Σ_1 die Punkte V_1, W_1, $\mathfrak{E}_1$, $\mathfrak{F}_1$, $\mathfrak{G}_1$ zugehören und der Hauptkurve 4. Ordnung, welche dreimal durch U' und einmal durch die acht einfachen Hauptpunkte geht, der Punkt U_1, so geht d'^6 über in eine Kurve 3. Ordnung, welche durch U_1, V_1, W_1, $\mathfrak{E}_1$, $\mathfrak{F}_1$, $\mathfrak{G}_1$ geht, die durch U' gehenden Bildgeraden der Erzeugenden in die Geraden durch U_1, die Bilder 5. Ordnung der ebenen Schnitte verwandeln sich in Kurven 4. Ordnung, für welche U_1 dreifach und $\mathfrak{E}_1$, $\mathfrak{F}_1$, $\mathfrak{G}_1$ einfach sind. Den Kurven 3. Ordnung in den Tangentialebenen von ρ^4 korrespondieren Kurven 3. Ordnung, die je mit einem Strahle durch U_1 das Bild eines vollen Schnitts zusammensetzen, also zweimal durch U_1 und einmal durch $\mathfrak{E}_1$, $\mathfrak{F}_1$, $\mathfrak{G}_1$ gehen.

Auf dieser so vereinfachten Bildkurve von d_1^3 von d^3 (wie natürlich auch schon auf den früheren) bestehen zwei Involutionen.

In der einen sind gepaart die Bilder der beiden Punkte, in denen eine Erzeugende die d^3 trifft.

Die auf d^3 befindliche involutorische Korrespondenz [2] hat sich verwandelt in eine involutorische eindeutige Beziehung; jedem Punkte von d_1^3 korrespondiert ein Punkt von d^3 mit einer bestimmten von den beiden Berührungsebenen, und die durch ihn gehende Erzeugende in dieser Ebene liefert im Bilde ihres zweiten Stützpunktes auf d^3 den entsprechenden Punkt jenes Punktes auf d_1^3.

Diese Involution I_g wird in d_1^3 durch den Strahlenbüschel um den Punkt U_1 eingeschnitten; sie ist die uns bekannte zentrale Involution auf d_1^3 mit dem Zentrum U_1. Ihre vier Doppelpunkte entsprechen den vier Koinzidenzpunkten der [2], in denen d^3 von Erzeugenden berührt wird.

Eine zweite Involution I_D auf d_1^3 wird durch die Paare der Punkte gebildet, in welche die einzelnen Punkte von d^3 sich abbilden. Auch sie hat vier Doppelpunkte, die Bilder der Kuspidalpunkte, der Verzweigungspunkte von [2]. Das Bild eines ebenen Schnitts muß d_1^3 in drei Paaren dieser Involution schneiden, aber das sind nicht drei, sondern nur zwei Bedingungen, weil für diese ∞^3 Kurven 4. Ordnung schon neun Bedingungen gegeben sind.

Die Bilder 3. Ordnung der Kurven 3. Ordnung in den Tangentialebenen durch eine feste Erzeugende g_0 müssen daher durch die beiden Punkte $\mathfrak{M}_1$, $\mathfrak{N}_1$ von d_1^3 gehen, welche in dieser Involution I_D den beiden Schnitten M_1, N_1 des Bildes $g_{0,1}$ mit d_1^3 gepaart sind; M_1, $\mathfrak{M}_1$; N_1, $\mathfrak{N}_1$ sind die Bilderpaare der Stützpunkte M, N von g_0 auf d^3.

Dadurch erweisen sich diese Kurven als die eines Büschels. Jede hat noch zwei veränderliche Schnittpunkte mit d_1^3, die Bilder des vom dritten Schnitte der Ebene mit d^3 herrührenden Doppelpunktes der Kurve 3. Ordnung auf ρ^4.

Die I_D wird demnach durch diesen Kurvenbüschel 3. Ordnung in d_1^3 eingeschnitten.

Da die Involution I_D Doppelpunkte besitzt, so muß sie ebenfalls zentral sein; denn von den eindeutigen Verwandtschaften auf einer allgemeinen Kurve 3. Ordnung besitzen nur die zentralen Involutionen sich selbst entsprechende Punkte (Nr. 845, 846). Jede von den einschneidenden Kurven konstituiert mit d_1^3 einen Büschel, dessen Kurven sich in U_1 berühren. I_D stellt sich also, wenn $\mathfrak{U}_1$ der Nachbarpunkt neben U_1 auf d_1^3 ist, als diejenige Involution heraus, welche bei dem Netze mit den Grundpunkten U_1, $\mathfrak{U}_1$, $\mathfrak{E}_1$, $\mathfrak{F}_1$, $\mathfrak{G}_1$, $\mathfrak{M}_1$, $\mathfrak{N}_1$, zu welchem d_1^3 gehört, durch die Geisersche Verwandtschaft auf dieser Kurve entsteht; und diese haben wir als zentral erkannt (Nr. 826).

Ziehen wir die Geraden aus U_1 nach zwei gepaarten Punkten M_1, $\mathfrak{M}_1$ dieser Involution I_D, so sind dies Bilder von zwei sich schneidenden Erzeugenden; der Kegelschnitt auf ρ^4 in ihrer Ebene muß sich also in einen Kegelschnitt abbilden, welcher durch U_1, $\mathfrak{E}_1$, $\mathfrak{F}_1$, $\mathfrak{G}_1$ geht, so wie die beiden Punkte, welche den weiteren Schnitten jener Geraden gepaart sind. Der Kegelschnitt-Büschel (U_1, $\mathfrak{E}_1$, $\mathfrak{F}_1$, $\mathfrak{G}_1$) in der Bildebene lehrt, daß jeder Punkt der ρ^4 nur auf einem derartigen Kegelschnitte liegt; die Erzeugende durch ihn wird von zwei andern geschnitten; daher gehen durch ihn drei Ebenen von Kegelschnitten der ρ^4, in einer liegt er auf dem Kegelschnitte, in den andern auf einer Erzeugenden. In der Tat umhüllen diese doppelten Berührungsebenen einen Torsus 3. Klasse.[1])

Die Bilder der Haupttangenten-Kurven auf ρ^4 müssen je ∞^1 dieser Bildkurven 3. Ordnung der Kurven 3. Ordnung in den Tangentialebenen berühren.

918 Die Regelfläche 4. Grades mit zwei doppelten Leitgeraden a, b ist vom Geschlechte 1; sie muß eine doppelte Erzeugende u haben, um das Geschlecht 0 zu erhalten und eindeutig abbildbar zu werden.

Die Erzeugenden rufen zwischen den Punktreihen der a und b eine Korrespondenz [2, 2] hervor und die vier Verzweigungspunkte auf jeder der beiden Geraden sind ihre Kuspidalpunkte (Nr. 176). Hier absorbiert jeder der Punkte au, bu zwei von ihnen, und es bleiben nur zwei Kuspidalpunkte.

Zur Abbildung benutzen wir das Strahlennetz $[u, v]$, dessen zweite Leitgerade eine beliebige Erzeugende ist. Zu ihm gehören a, b und bilden sich in ihre Spuren A'', B'' in Σ'' ab. Sind U'', V'' diejenigen von u, v, so sind die Kegelschnitte des Büschels (A'', B'', U'', V'') die Bilder der Erzeugenden, und zu u gehören zwei, zu v einer. Umgekehrt, jeder von diesen Kegelschnitten führt zu einer projizierenden Regelschar, welche als Restschnitt mit der Fläche eine Erzeugende hat. Dem vierten Schnitt $\mathfrak{W}$ der Fläche mit $U''V''$ entspricht diese Gerade in Σ'', die $A''B''$, welche das Geradenpaar vervollständigt, ist das Bild der durch $\mathfrak{W}$ gehenden Erzeugenden. Ebenso sind $V''A''$, $V''B''$ die Bilder der in den Ebenen va, vb befindlichen zweiten Erzeugenden, während $U''B''$, $U''A''$ deren Punkten vb, va korrespondieren.

Ein ebener Schnitt der ρ^4 führt zu einer Regelfläche 5. Grades von projizierenden Strahlen, indem eine doppelte und eine einfache Ebene sich ablösen; auf ihr sind u dreifach, a, b, v doppelt. So ergeben sich als Bilder der ebenen Schnitte Kurven 5. Ordnung mit U'' als dreifachem, A'', B'', V'' als doppelten Punkten; von den Durchgängen durch V'' rührt keiner von dem auf v gelegenen Punkte des Schnitts her.

1) Liniengeometrie Bd. I Nr. 41.

Für die quadratische Verwandtschaft sind U'', A'', B'' als Hauptpunkte vorzuziehen, weil sich dann gleichartige Bilder für die Leitgeraden ergeben. Sind u', a', b' die diesen Hauptpunkten korrespondierenden Geraden in Σ', so werden a', b' die Bilder der Leitgeraden. Die Erzeugenden haben die Strahlen des Büschels um V', den Punkt, welcher dem V'' entspricht, zu Bildern. $\mathfrak{W}$ bleibt ausgezeichneter Punkt auf der Fläche; ihm entspricht die Gerade von V' nach $a'b'$, welcher Punkt der Erzeugenden durch $\mathfrak{W}$ entspricht, so daß durch ihn die Bilder aller ebenen Schnitte gehen.

Die beiden Erzeugenden g und g_1 aus demselben Punkte von a bilden sich in Strahlen g', g_1' ab aus V' nach zwei Punkten auf a'. So entsteht auf a' eine Involution (a'), in welcher gepaarte Punkte denselben Punkt auf a darstellen, und über ihr steht die Involution $(V')_a$, in welcher die Bilder der Erzeugenden je aus demselben Punkte von a gepaart sind; die Doppelstrahlen sind die Bilder der Kuspidal-Erzeugenden aus den Kuspidalpunkten von a, denen die Doppelpunkte von (a') entsprechen. In gleicher Weise entstehen die Involutionen (b') und $(V')_b$. Das gemeinsame Paar von $(V')_a$ und $(V')_b$ besteht aus den beiden Bildern von u.

Die Bilder der ebenen Schnitte sind 3. Ordnung, welche zweimal durch V', einmal durch $a'b'$ gehen und außerdem a', b' in gepaarten Punkten von (a') und (b') schneiden.

Einer Gerade x' in Σ' korrespondiert in Σ'' ein durch A'', B'', U'' gehender Kegelschnitt; die ihn projizierende Regelfläche ist 3. Grades, hat u zur doppelten, v zur einfachen Leitgerade, a und b zu Erzeugenden und schneidet in einer kubischen Raumkurve, deren Bild x' ist. Diese kubische Raumkurve trifft a, b und eine beliebige Erzeugende einmal, dagegen zweimal die u, aber auch die beiden Erzeugenden, deren Bilder nach den Punkten gehen, die zu den Schnitten $x'a'$, $x'b'$ gepaart sind, das zweite Mal auf a, bzw. b; sie enthält ferner den Punkt $\mathfrak{W}$, wegen des Schnitts von x' mit der Bildgerade von $\mathfrak{W}$.

Einer Kurve n^{ter} Ordnung in Σ' entspricht eine Kurve $3n^{\text{ter}}$ Ordnung auf ρ^4, welche a, b und eine beliebige Erzeugende n-mal, $2n$ Erzeugenden $(n+1)$-mal, der u $2n$-mal begegnet und durch $\mathfrak{W}$ n-mal geht.

Eine Kurve n^{ter} Ordnung R^n auf ρ^4, welche einer beliebigen Erzeugenden s-mal begegnet, hat mit jeder der beiden Leitgeraden $n-2s$ Punkte gemein. Die Bildkurve geht daher durch $a'b'$ s-mal und trifft a' und b' je in $n-2s$ Punkten. R^n schneidet die obige kubische Regelfläche in $2(n-2s)$ Punkten auf a, b, in s Punkten auf v und $2s$ doppelt zu rechnenden Punkten auf u, also in $n-s$ Punkten auf der kubischen Raumkurve, ihr Bild demnach in ebenso vielen Punkten die x'. Die Schnitte dieser Bildkurve $(n-s)^{\text{ter}}$ Ordnung mit a', b' beweisen, daß es $2(n-2s)$ Erzeugenden gibt, welche mit R^n noch einen $(s+1)^{\text{ten}}$ Begegnungspunkt haben, auf a, bzw. b. Für die Bildkurve ist V' ein s-facher Punkt, da jeder Strahl durch ihn, als Bild einer Erzeugenden, sie noch $(n-2s)$-mal trifft. Hieraus folgt, wegen der Verbindungslinie der beiden s-fachen Punkte V' und $a'b'$, daß $2s \leqq n-s$ sein muß, also $3s \leqq n$.

Raumkurven 6. Ordnung auf ρ^4, welche den beiden Leitgeraden in den Kuspidalpunkten begegnen, bilden sich daher ab in Kurven 4. Ordnung mit V' und $a'b'$ als Doppelpunkten, welche durch die vier Doppelpunkte der (a'), (b') gehen. Unter den Kurven 4. Ordnung, die so beschaffen sind, mögen diejenigen hervorgehoben werden, welche in den Doppelpunkten von (a'), (b') die von V' kommenden Geraden berühren. Es gibt zwei zerfallende Kurven, welche diese Bedingungen erfüllen; sie bestehen aus a' oder b' doppelt und dem Geradenpaar von V' nach den Doppelpunkten auf b' oder a'. Daraus folgt, daß alle derartigen Kurven einen Büschel bilden. Sei nun $\mathfrak{R}'^4$ eine Kurve dieses Büschels, X' ein Punkt auf ihr, X der korrespondierende auf ρ^4, so besteht die Bildkurve 3. Ordnung des zerfallenden Schnitts der Berührungsebene von X aus der Gerade $g' = V'X'$ und dem Kegelschnitte, welcher durch V', $a'b'$, X' und die beiden Punkte geht, die in (a'), (b') den Punkten $g'a'$, $g'b'$ gepaart sind. Läßt sich dartun, was mir noch nicht gelungen, daß dieser Kegelschnitt in X' die $\mathfrak{R}'^4$ tangiert, so ist bewiesen, daß die Kurven $\mathfrak{R}'^4$ die Bilder der Haupttangenten-Kurven auf ρ^4, diese also Raumkurven 6. Ordnung sind, welche durch die Kuspidalpunkte gehen und dort die Kuspidal-Erzeugenden dreipunktig berühren [1]).

§ 130. Die Fläche 4. Ordnung mit einem doppelten Kegelschnitte und die Fläche 5. Ordnung mit einer doppelten kubischen Raumkurve.

919 Einige bekannte Flächen 4. und 5. Ordnung mit vielfachen Kurven [2]) lassen sich auch eindeutig abbilden. Die bekannteste und am meisten behandelte ist die Fläche 4. Ordnung F_2^4 mit einem doppelten Kegelschnitt d^2. Jede Gerade, welche diese Kurve und drei ebene Schnitte der Fläche in getrennten Punkten trifft, muß ganz auf ihr liegen, weil sie mit ihr fünf Punkte gemeinsam hat. Daraus läßt sich die Existenz von 16 Geraden auf der Fläche ableiten. Aber lassen wir diese Anzahl noch unbestimmt; es genügt, zu wissen, daß solche

1) Das analoge Resultat bei der kubischen Regelfläche und Cremonas analytisch gefundenes Ergebnis für die Regelflächen $(m+n)^{\text{ten}}$. Grades mit einer m-fachen und einer n-fachen Leitgerade, vom Geschlechte 0 (Annali di Matem. Ser. II Bd. 1 S. 248), machen die obige Behauptung wahrscheinlich.

2) Zuerst hat Clebsch diese Flächen in bezug auf ihre Abbildung untersucht: Math. Annalen Bd. 1 S. 253; vgl. auch Math. Annalen Bd. 4 S. 249.

Geraden vorhanden sind; und eine von ihnen, u, liefert uns die Herstellung einer eindeutigen Abbildung, die uns dann auch zur Anzahl der Geraden führen soll. Als projizierende Strahlen nehmen wir diejenigen Strahlen, welche d^2 und u in getrennten Punkten treffen: sie bilden, wegen des Schnittpunktes von d^2 und u, eine Kongruenz 1. Ordnung 2. Klasse, und aus der ersten Ordnung folgt die Eindeutigkeit der Abbildung in beiderlei Sinne.

Die projizierenden Strahlen, welche einen ebenen Schnitt treffen, erzeugen eine Regelfläche 6. Grades, auf welcher d^2 und u dreifach sind, und zwar letzteres deshalb, weil die beiden Kegel, welche aus einem Punkte von u diesen Schnitt und d^2 projizieren, auch u gemeinsam haben. So sind die Bilder der ebenen Schnitte Kurven 6. Ordnung, welche die Spuren D_1'', D_2'', U'' von d^2 und u zu dreifachen Punkten haben; in der Tat entspricht jedem der Punkte D_1'', D_2'' die Kurve 3. Ordnung auf F_2^4 in der Ebene von ihm nach u, und dem Punkte U'' die kubische Raumkurve, welche vom Kegel $U''d^2$ außer d^2 und u ausgeschnitten wird. Dadurch werden sie Hauptpunkte.

Zwei solche Bildkurven haben daher noch neun Punkte gemein, vier von ihnen sind die Bilder der gemeinsamen Punkte der beiden ebenen Schnitte; die projizierenden Strahlen nach den andern treffen die beiden Schnitte in verschiedenen Punkten und liegen, weil sie auch u und d^2 schneiden, auf der Fläche. Damit erhalten wir: Jede Gerade der Fläche wird von fünf andern, die auch auf d^2 sich stützen, getroffen. Bei u seien diese $l_1, l_2, \ldots l_5$ und $L_1'', \ldots L_5''$ ihre Spuren in Σ'' und zugleich ihre Bilder. Diese fünf Punkte sind weitere gemeinsame Punkte der Bilder der ebenen Schnitte.

Die zehn Kegelschnitte, welche durch D_1'', D_2'', U'' und zwei der Punkte L_i'' gehen, sind Bilder von zehn weiteren Geraden der Fläche; denn die projizierenden Strahlen bilden eine Regelschar, deren Trägerfläche durch diesen Kegelschnitt, den d^2 und u geht und aus F^4 noch eine Gerade ausschneidet, die auch auf d^2 sich stützt und wie u zur Leitschar gehört. So sind die 16 Geraden gefunden. Jede von diesen zehn trifft diejenigen beiden l_i und l_k, durch deren Bildpunkte ihr Bild-Kegelschnitt geht: sie heiße deshalb m_{ik}. Zwei Geraden m ohne gemeinsamen Zeiger schneiden sich, weil die Bilder ihren vierten Schnitt nicht in einem der Hauptpunkte L_i'' haben. Daher wird l_1 von u, m_{12}, m_{13}, m_{14}, m_{15} und m_{12} von l_1, l_2, m_{34}, m_{35}, m_{45} getroffen, und die Konfiguration der 16 Geraden ist klar.

Das Bild des ebenen Schnitts in Σ'' besteht aus ihm selbst und den beiden Geraden $D_1''U''$, $D_2''U''$, welche ihren vierten Schnitten mit F_2^4 korrespondieren und diese zu Hauptpunkten der Abbildung machen.

Die projizierenden Strahlen der Punkte von d^2 und u müssen in ihnen berühren. In jedem Punkte von d^2 haben wir zwei Büschel von Tangenten; diese Tangenten in den Punkten von d^2 erzeugen eine Kongruenz 4. Ordnung 4. Klasse; die Klasse ist unmittelbar klar. Die Ordnung folgt daraus, daß der Kegel aus einem beliebigen Punkte O nach d^2 aus der Fläche noch eine Kurve 4. Ordnung schneidet; in den vier Begegnungspunkten derselben mit d^2 wird die Fläche von den zugehörigen Berührungsebenen des Kegels tangiert, und in jeder dieser Ebenen existiert eine durch O gehende Tangente.

Die Regelfläche 8. Grades der eine Gerade treffenden Tangenten von F_2^4, die auf d^2 berühren, hat d^2 zur Doppelkurve und in jedem ihrer Punkte dieselben Berührungsebenen wie F_2^4; also hat u, in einer solchen Berührungsebene gelegen, im Stützpunkte auf d^2 drei vereinigte Schnitte mit dieser Regelfläche. Aus den fünf weiteren Schnitten folgt, daß die Regelfläche der auf d^2 berührenden Tangenten der F_2^4, welche u treffen, 5. Grades ist. Auf ihr ist d^2 doppelt (ebenfalls in jedem Punkte mit denselben Berührungsebenen wie F_2^4), u aber dreifach; denn für einen Punkt auf u spaltet sich von der obigen Raumkurve 4. Ordnung diese Gerade u ab. Sie enthält $l_1, \ldots l_5$ als Erzeugenden.

Daher bilden sich die Punkte von d^2 in die Punktepaare einer Involution auf einer Kurve 5. Ordnung vom Geschlechte 1 ab, welche durch U'' dreimal, durch D_1'', D_2'' zweimal und durch $L_1'', \ldots L_5''$ einmal geht. Die Verbindungslinien der gepaarten Punkte laufen in den dreifachen Punkt U'' zusammen. Jede Bildkurve eines ebenen Schnitts schneidet sie noch in vier Punkten, welche zwei Paare bilden.

Jede Ebene durch u berührt F_2^4 in den beiden weiteren Begegnungspunkten der u mit der ausgeschnittenen Kurve 3. Ordnung, außer d^2u, und diese Punktepaare bilden eine Involution. Die Kongruenz der auf u berührenden Tangenten ist 2. Ordnung 1. Klasse. Diejenigen, welche eine Gerade schneiden, erzeugen eine Regelfläche 3. Grades, für welche u die einfache Leitgerade ist. Wegen der von d^2u ausgehenden Erzeugenden hat diese Regelfläche in d^2u diejenige Berührungsebene von F_2^4, welche u enthält, auch zur Tangentialebene; also berührt d^2 dort die Regelfläche und schneidet sie noch viermal. Daher ist die Regelfläche der auf u berührenden Tangenten von F_2^4, welche d^2 treffen, 4. Grades; auf ihr ist d^2 doppelt, aber auch u, jedoch so, daß sie einfache Leitgerade und zugleich einfache Erzeugende ist, nämlich als Verbindungslinie von d^2u mit dem zweiten Berührungspunkte jener Tangentialebene[1]). Die Geraden $l_1, \ldots l_5$ sind wiederum Erzeugenden.

1) Wir erhalten so ein interessantes Beispiel einer der beiden Arten der Regelflächen 4. Grades, welche Cayley entgangen waren und von Cremona

Bild der Gerade u ist demnach eine Kurve 4. Ordnung, welche durch U'', D_1'', D_2'' zweimal, durch $L_1'', \ldots L_5''$ einmal geht, also vom Geschlecht 0, wie notwendig.

Wir vereinfachen die Bilder durch Anwendung einer quadratischen Verwandtschaft, welche U'', D_1'', D_2'' zu Hauptpunkten hat und $L_1'', \ldots L_5''$ in $L_1', \ldots L_5'$ überführt. Der U'' homologe Hauptpunkt sei U'.

Die Geraden $l_1, \ldots l_5$ haben diese Punkte $L_1', \ldots L_5'$ zu Bildern, u den Kegelschnitt durch sie und die Geraden m die zehn Verbindungslinien. Die ebenen Schnitte bilden sich ab in Kurven 3. Ordnung, welche durch $L_1', \ldots$ gehen. Das Bild von d^2 ist ebenfalls eine durch diese Punkte gehende Kurve 3. Ordnung d'^3; sie geht durch den Hauptpunkt U'.

Sie trägt die zentrale Involution I_D, mit dem Zentrum U', der Bilder der Punkte der Doppelkurve d^2. Das Bild eines ebenen Schnitts muß durch zwei Paare derselben gehen. Solcher Kurven sind ∞^3, während die Punkte $L_1' \ldots$ ein System 4. Stufe bestimmen; also muß jede Kurve 3. Ordnung durch sie, welche ein Paar von I_D enthält, noch durch ein zweites gehen. In der Tat, es sei X', Y' jenes Paar, so haben wir das Netz 3. Ordnung mit den Grundpunkten $L_1', \ldots L_5', X', Y'$, zu welchem auch d'^3 gehört, und infolgedessen eine Geisersche Verwandtschaft. Die zentrale Involution, welche auf d'^3 durch sie entsteht, hat den dritten Schnitt U' von $X'Y'$ zum Zentrum, und die beiden letzten Schnitte irgend einer Kurve des Netzes mit d'^3 liegen in gerader Linie mit U' und bilden ein Paar von I_D.

Beliebige zwei Paare von I_D bilden mit $L_1', \ldots L_5'$ eine Gruppe von assoziierten Punkten, und so ergibt sich die dreifache Unendlichkeit.

Die vier Doppelpunkte von I_D sind die Bilder der Kuspidalpunkte auf d^2.

Wenn einem ebenen Schnitte von F_2^4 in Σ' eine Kurve 3. Ordnung korrespondiert, so entspricht einer Gerade in Σ' eine kubische Raumkurve auf der Fläche; sie trifft, wie notwendig, die d^2 dreimal, u zweimal, die Geraden m einmal, aber die l nicht; weil die Gerade sich ebenso zu den Bildern verhält. Lassen wir diese aber durch einen der fünf Hauptpunkte, etwa L_1' gehen, so sondert sich l_1 ab, und es bleibt ein sie treffender Kegelschnitt, welcher d^2 zweimal, u einmal, die $m_{23}, \ldots m_{45}$ ebenfalls einmal, dagegen die $m_{12}, \ldots m_{15}$ und die $l_2, \ldots l_4$ nicht trifft.

Ferner einem beliebigen Kegelschnitte in Σ' korrespondiert auf

hinzugefügt wurden; vgl. meine Liniengeometrie, Bd. I Nr. 42, wo sie mit VI bezeichnet ist.

F_2^4 oino Raumkurve 6. Ordnung, welche d^2 sechsmal, u viermal, den m zweimal, den l nicht begegnet. Lassen wir den Kegelschnitt durch L_2', L_3', L_4', L_5' gehen, so reduziert sich die Kurve auf F_2^4 ebenfalls auf einen Kegelschnitt, welcher $l_2, \ldots l_5$ trifft, aber nicht l_1. Er schneidet die $m_{12}, \ldots m_{15}$ noch einmal, dagegen nicht die u und die $m_{23}, \ldots m_{45}$; er verhält sich also gegen die Geraden der Fläche gerade entgegengesetzt wie ein Kegelschnitt der vorigen Art. Je zwei Kegelschnitte der einen und der andern Art treffen sich zweimal, weil die Bilder es tun. Wir können solche Reihen von Kegelschnitten verbunden nennen. Sind weiter X', Y' die Schnitte der Gerade durch L_1' mit der Bildkurve d'^3 von d^2 und X_1', Y_1' ihnen in der Involution I_D gepaart, so entsprechen der Gerade und dem Kegelschnitte $(L_2' \ldots L_5' X_1')$ zwei Kegelschnitte auf F_4^2, die außer den beiden erwähnten Punkten noch den Punkt auf d^2 gemeinsam haben, dessen Bilder X' und X_1' sind, also fallen sie in eine Ebene und bilden einen ebenen Schnitt; der zweite Doppelpunkt auf d^2 lehrt, daß $(L_2' \ldots L_5' X_1')$ durch Y_1' gehen muß. Wir erhalten so ein einfach unendliches System von doppelten Berührungsebenen der Fläche. Durch jeden Punkt der Fläche gehen zwei solche Ebenen; bei der einen geht durch den Bildpunkt die Gerade aus L_1', bei der andern der Kegelschnitt durch $(L_2', \ldots L_5')$. Folglich umhüllen diese Ebenen einen Kegel 2. Grades. Solcher Paare von verbundenen Kegelschnitt-Reihen und zugehörige Kegel 2. Grades von doppelten Berührungsebenen, welche zwei Kegelschnitte aus verschiedenen Reihen ausschneiden, gibt es fünf.

Unter diesen Kegelschnitten befinden sich die $\frac{1}{2} \cdot 16 \cdot 5 = 40$ Geradenpaare.

Wir erwähnten schon andere doppelte Berührungsebenen, die Ebenen durch eine Gerade der Fläche, mit Berührungspunkten, die auf derselben liegen und eine Involution bilden.

Betrachten wir zunächst die Gerade u. Weil sie sich in einen Kegelschnitt u'^2 abbildet, so haben die ergänzenden Kurven 3. Ordnung, welche alle einen Doppelpunkt, auf d^2, besitzen, Geraden zu Bildern, welche durch den zweiten Bildpunkt des Punktes d^2u gehen. Dieser Büschel schneidet in u'^2 die Involution ein, welche derjenigen auf u entspricht; er schneidet aber auch, wegen des veränderlichen Doppelpunktes der Kurven 3. Ordnung, in d'^3 die Involution I_D ein. Also ist U' der zweite Bildpunkt von d^2u. In der Tat, für ihn, als Punkt von d^2 mit der nicht u enthaltenden Tangentialebene, ist in der ursprünglichen Abbildung projizierender Strahl jeder Strahl des Büschels um ihn in der Ebene von d^2, der ganz zu jener Kongruenz

1. Ordnung 2. Klasse gehört[1]), folglich entspricht dem Punkte in Σ'' jeder Punkt von $D_1''D_2''$ und in Σ' der Punkt U'.

Die Kurven 3. Ordnung in den Ebenen durch m_{12} bilden sich in einen Kegelschnitt-Büschel ab, dessen Grundpunkte L_3', L_4', L_5' und der nicht auf m_{12}' gelegene Bildpunkt von d^2m_{12} sind, diejenigen in den Ebenen durch l_1 in einen Büschel 3. Ordnung, der zu Grundpunkten $L_2', \ldots L_5'$, den von L_1' verschiedenen Bildpunkt von d^2l_1 und den Doppelpunkt L_1' hat. Auch diese Büschel 2. oder 3. Ordnung schneiden in d'^3 die Involution I_D ein.

Dreifache Berührungsebenen sind die 40 Ebenen, welche ein Geradenpaar und einen Kegelschnitt ausschneiden; sie gehören zu den einen und den andern doppelten Tangentialebenen.

Die Bilder 3. Ordnung der Schnitte in den Ebenen eines Büschels bilden einen Büschel, dessen Grundpunkte $L_1', \ldots L_5'$ und die Bilder der vier Punkte auf der Axe sind. Er hat zwölf Doppelpunkte (Nr. 685); der Büschel enthält also zwölf Berührungsebenen und die Fläche ist 12. Klasse[2]).

Wir betrachten nun die Fläche 5. Ordnung F_3^5 mit einer Doppelkurve 3. Ordnung d^3. 920

Projizierende Strahlen, welche zu einer eindeutigen Abbildung führen, sind die Doppelsekanten dieser Kurve. Diejenigen, welche einen ebenen Schnitt treffen, erzeugen eine Regelfläche 8. Grades; weil die Regelfläche 4. Grades der Doppelsekanten, welche eine Gerade treffen, mit dem ebenen Schnitte, außerhalb d^3, die auch auf ihr doppelt ist, noch acht Punkte gemein hat. Der Kegel 2. Grades, welcher d^3 aus einem Punkte auf ihr projiziert, begegnet dem ebenen Schnitt noch viermal, wodurch d^3 auf der Regelfläche 8. Grades vierfach wird.

Die Bilder der ebenen Schnitte der F_3^5 sind Kurven 8. Ordnung mit den drei Spuren D_1'', D_2'', D_3'' von d^3 in Σ'' als vierfachen Punkten.

Der sich selbst entsprechende ebene Schnitt in Σ'' wird durch die drei in Σ'' gelegenen Doppelsekanten $D_2''D_3'', \ldots$ vervollständigt, welche ihren fünften Schnitten $\mathfrak{D}_1$, $\mathfrak{D}_2$, $\mathfrak{D}_3$ entsprechen, wodurch diese drei Punkte $\mathfrak{D}$ Hauptpunkte auf F_3^5 werden.

Die Kegel, welche d^3 aus $D_1'', \ldots$ projizieren, schneiden Kurven 4. Ordnung aus, welche bzw. $D_1'', \ldots$ zu Doppelpunkten haben und sich in diese Punkte abbilden, woraus nochmals hervorgeht, daß $D_1'', \ldots$ auf den Bildern der ebenen Schnitte vierfach sind.

Außer ihnen haben diese Kurven zu je zweien noch 16 Punkte

---

1) Liniengeometrie, Bd. II, Nr. 310.

2) Math. Annalen, Bd. 4, S. 251 oder Liniengeometrie, Bd. II, Nr. 420.

gemeinsam; fünf von ihnen kommen von den gemeinsamen Punkten der beiden Schnitte her, die elf andern dagegen von Doppelsekanten, welche F_3^5 noch in zwei Punkten auf dem einen und dem andern Schnitte treffen und daher ganz auf ihr liegen.

Es ergeben sich elf Doppelsekanten $l_1, \ldots, l_{11}$, die ganz der Fläche angehören. Ihre Spuren $L_1'', \ldots$ sind auch den Bildern aller ebenen Schnitte gemeinsam, wodurch die dreifache Unendlichkeit erreicht wird.

Projizierender Strahl für einen Punkt der Doppelkurve ist die Doppelsekante, welche in ihm die F_3^5 berührt; die Regelfläche dieser Doppelsekanten haben wir zu ermitteln. Eine durch d^3 gelegte Fläche 2. Grades schneidet eine Raumkurve 4. Ordnung 2. Art aus, denn die Geraden auf ihr, welche d^3 zwei- bzw. einmal treffen, begegnen dem Restschnitte ein- bzw. dreimal; daraus folgt, daß beide Kurven sich in $2 \cdot 3 + 1 \cdot 1 = 7$ Punkten schneiden (Nr. 906). Ist diese Fläche ein Kegel, so ist die auf d^3 gelegene Spitze X_1 Doppelpunkt des Restschnitts und repräsentiert zwei von den sieben Begegnungspunkten. Für jeden der fünf übrigen X ist der fünfte Schnitt der Doppelsekante XX_1 in den Punkt X gerückt; sie berührt dort die Fläche. Andererseits enthält jede der beiden Berührungsebenen in einem Punkte X der d^3 eine Tangente, welche d^3 nochmals trifft, in X_1. Dadurch entsteht auf d^3 eine Korrespondenz [5, 2] zwischen den Punkten X und X_1, in denen d^3 von solchen Doppelsekanten getroffen wird, welche in X die Fläche tangieren. Die $2(2-1) \cdot 5$ Verzweigungspunkte der Punktreihe der X (Nr. 172) sind die zehn Kuspidalpunkte der Doppelkurve, deren Berührungsebenen sich vereinigt haben.[1])

In einem Ebenenbüschel ruft jene Korrespondenz [5, 2] eine Korrespondenz $[3 \cdot 5, 3 \cdot 2]$ hervor; von deren 21 Koinzidenzen gehen sieben nach den Konzidenzen von [5, 2]; die 14 andern beweisen, daß 14 Verbindungslinien XX_1, d. h. 14 Doppelsekanten von d^3, welche in X die F_3^5 tangieren, die Axe des Büschels treffen. Folglich ist die Regelfläche der Doppelsekanten von d^3, die in dem einen Schnittpunkte die Fläche F_3^5 berühren, vom Grade 14, und auf ihr die Kurve d^3 siebenfach. Von den sieben Erzeugenden durch einen Punkt von d^3 berühren zwei in ihm, die fünf anderen im zweiten Schnittpunkte. Doppelte Erzeugenden sind die elf Geraden, weil sie in jedem der beiden Stützpunkte die Fläche tangieren, einfache die Tangenten in den sieben Koinzidenzen von [5, 2], von denen die eine Berührungsebene Schmiegungsebene von d^3 geworden ist.

Die Bildkurve der doppelten kubischen Raumkurve d^3

1) Math. Annalen Bd. 4 S. 251.

ist also eine Kurve 14. Ordnung, welche durch die drei Punkte D_1'', D_2'', D_3'' siebenmal, durch L_1'', ..., L_{11}'' zweimal geht. Auf ihr haben wir wieder die Involution der Bilder der Punkte von d^3. Bemerkenswert ist, daß jede von den obigen Kurven 8. Ordnung mit D_1'', ... als dreifachen und L_1'', ... als einfachen Punkten diese Bildkurve in drei Punktepaaren der Involution schneidet.

Die quadratische Transformation, mit den Hauptpunkten D_1'', D_2'', D_3'', bringt eine wesentliche Vereinfachung hervor. Die Bildkurven der ebenen Schnitte werden die Kurven 4. Ordnung durch die 11 Punkte L_1', ..., L_{11}', in welche die L_1'', ... durch die Transformation übergehen.

Da die Geraden $D_2''D_3''$, ..., welche den Punkten $\mathfrak{D}_1$, ... entsprechen, Hauptgeraden dieser Transformation sind, so sind diese Punkte $\mathfrak{D}_1$, $\mathfrak{D}_2$, $\mathfrak{D}_3$ für die nunmehrige Abbildung nicht mehr Hauptpunkte.

Weil nun der Büschel von Kurven 4. Ordnung, welche den Schnitten der Ebenen eines Büschels korrespondieren, $3(4-1)^2 = 27$ Doppelpunkte hat (Nr. 685), so folgt, daß die Fläche F_3^5 von der 27. Klasse ist.[1])

Die Bildkurve der kubischen Doppelkurve d^3 ist jetzt eine Kurve 7. Ordnung, welche durch die Punkte L_1', ..., L_{11}' zweimal geht, also vom Geschlechte 4. In die von ihr getragene Involution der Bilder der Punkte von d^3 schneiden alle Kurven 4. Ordnung durch jene elf Punkte drei Punktepaare ein. Die Bilder der zehn Kuspidalpunkte sind die Doppelpunkte dieser Involution.

Von den ∞^3 Kurven 4. Ordnung durch elf feste Punkte haben 620 drei Doppelpunkte.[2])

Folglich hat die Fläche F_3^5 620 solche dreifache Berührungsebenen, deren Schnittkurven nicht zerfallen und neben den drei von d^3 herrührenden Doppelpunkten noch drei andere haben.

Dreifache Berührungsebenen können sich aber auch durch Zerfallen ergeben.

In jeder Ebene durch eine der elf Geraden der Fläche, etwa l_1, geht der fernere Schnitt 4. Ordnung durch die beiden Stützpunkte der l_1, auf d^3, schneidet die l_1 in zwei weiteren Punkten, in denen die Ebene die Fläche berührt, und besitzt im dritten Schnittpunkt

1) A. a. O.

2) Zeuthen, Almindelige Egenskaber ved Systemer af plane Kurver (Schriften der dänischen Akademie der Wissenschaften. Math. naturw. Abt. 1873) Nr. 63, Tabelle 10 P, μ. Vgl. auch Schubert, Kalkül der abzählenden Geometrie S. 186 und W. Jäckel, Über die Fläche 5. Ordnung mit einer doppelten kubischen Raumkurve (Dissert. von Breslau 1904) S. 52.

der Ebene mit d^3 einen Doppelpunkt. Kommt zu diesem ein zweiter, so haben wir eine dreifache Berührungsebene der Fläche.

Die Bilder dieser Kurven 4. Ordnung in Σ' sind, weil l_1 sich in L_1' abbildet, noch Kurven 4. Ordnung, welche durch L_1', in den die Bilder der beiden auf l_1 befindlichen Berührungspunkte fallen, zweimal, durch die zweiten Bilder jener Stützpunkte, die beiden dem L_1' in der Involution gepaarten Punkte, und durch $L_2', \ldots, L_{11}'$ einmal gehen. Es ist ein Büschel entstanden. Von seinen 27 Doppelpunkten absorbiert der gemeinsame Doppelpunkt L_1' 7[1]), es bleiben 20.[2]) Der Ebenenbüschel um jede Gerade der Fläche enthält 20 dreifache Berührungsebenen, so daß es deren im ganzen $20 \cdot 11 = 220$ gibt.

Die Kurven dieses Büschels 4. Ordnung haben mit der Bildkurve der d^3 nur zwei veränderliche Schnittpunkte, die Bilder des von d^3 herrührenden Doppelpunktes der entsprechenden Kurve 4. Ordnung auf der Fläche. So hat sich ein Kurvenbüschel ergeben, der in die Bildkurve von d^3 die Involution der Bilderpaare einschneidet.

Weil den ebenen Schnitten von F_3^5 in Σ' Kurven 4. Ordnung entsprechen und der d^3 eine Kurve 7. Ordnung, so korrespondiert einer Gerade in Σ' eine Raumkurve 4. Ordnung, welche der Doppelkurve d^3 siebenmal begegnet und keine der Geraden $l_1, \ldots$ schneidet. Es sind das die schon erwähnten Raumkurven 4. Ordnung 2. Art, welche von den durch d^3 gehenden Flächen 2. Grades ausgeschnitten werden. In der Tat, die zugehörigen projizierenden Strahlen erzeugen gerade diese Flächen, und die Kegelschnitte, in denen sie Σ'' schneiden, gehen in Geraden von Σ' über.

Der Verbindungslinie zweier Punkte L', etwa $L_1'L_2'$, entspricht ein Kegelschnitt K_{12} auf F_3^5, welcher d^3 dreimal, die l_1', l_2' einmal, die übrigen l gar nicht trifft und offenbar durch die Fläche 2. Grades ausgeschnitten wird, die durch d^3, l_1, l_2 geht; der Kurve 3. Ordnung durch die neun übrigen L' entspricht eine Kurve 3. Ordnung, welche d^3 in $3 \cdot 7 - 2 \cdot 9 = 3$ Punkten schneidet, $l_3, \ldots, l_{11}$, aber nicht l_1, l_2 trifft und mit jenem Kegelschnitte drei Punkte gemein hat, die ihn zum vollen Schnitte ergänzende ebene Kurve. Wir erhalten so 55 weitere dreifache Berührungsebenen, welche F_3^5 in einem Kegelschnitte und einer kubischen Kurve schneiden, im ganzen also 895 dreifache Tangentialebenen.

---

1) Cremona, Einleitung in eine geometrische Theorie der ebenen Kurven S. 261.

2) Die analoge Untersuchung, in Σ'' vorgenommen, führt zu 23 Doppelpunkten. Aber die drei Ebenen von l_1 nach den Hauptpunkten $\mathfrak{D}_1$, $\mathfrak{D}_2$, $\mathfrak{D}_3$ auf F_3^5 führen zu zerfallenden Kurven und dadurch sich ergebenden Doppelpunkten in der Bildfigur, denen nicht zerfallende Kurven auf der Oberfläche entsprechen. Vgl. Jäckel S. 49.

Jeder von den 55 Kegelschnitten trifft, wie die Abbildung zeigt, die $2 \cdot 9 = 18$, welche mit ihm in einer Stützgerade übereinstimmen, gar nicht, die 36 übrigen einmal.

Interessant sind sechsgliedrige geschlossene Kegelschnitts-Ketten, in denen jeder Kegelschnitt die beiden Nachbarn trifft, die übrigen nicht, z. B.:

$$K_{12} K_{34} K_{51} K_{23} K_{41} K_{53};$$

in der Bildebene Σ' haben wir die fünf Punkte L_1', L_2', L_3', L_4', L_5' und die beiden Geradentripel von L_1', L_3' nach L_2', L_4', L_5'; ihnen entsprechen zwei Kegelschnitts-Tripel. Jeder der sechs Kegelschnitte bekommt in der Kette zu Nachbarn die beiden aus dem andern Tripel, die er schneidet.

Es gibt also $11_5 \cdot 5_2 = 462 \cdot 10 = 4620$ Ketten und jeder Kegelschnitt K nimmt an $9_3 \cdot 2 \cdot 3 = 84 \cdot 6 = 504$ Ketten teil.[1])

§ 131. Die Flächen n^{ter} Ordnung mit einer $(n-2)$-fachen Gerade, insbesondere diejenige 4. Ordnung.

921 Die Fläche 4. Ordnung mit einer doppelten Gerade subsumiert sich dem allgemeineren Falle der Flächen $\mathfrak{F}^n_{n-2}$ n^{ter} Ordnung mit einer $(n-2)$-fachen Gerade d, dem auch die kubische Fläche angehört. Wir wollen deshalb diesen allgemeinen Fall hinsichtlich seiner Abbildbarkeit untersuchen.

Als bekannt setzen wir voraus die Zahl:

$$N(n) = \tfrac{1}{6}(n+1)(n+2)(n+3) - 1$$

der Bedingungen, denen eine Fläche n^{ter} Ordnung unterworfen werden kann, insbesondere, daß sie durch soviel gegebene Punkte eindeutig bestimmt ist, während $N(n) - 1$ Punkte einen Büschel, $N(n) - 2$ Punkte ein Netz von Flächen bestimmen.

Eine wichtige Erkenntnis ist, mit wie vielen gegebenen Punkten die Bedingung äquivalent ist, daß eine gegebene Gerade d für die zu bestimmende Fläche r-fach sei. Wir bezeichnen diese Anzahl mit N_r^n und wollen zunächst die Differenz $N_r^n - N_{r-1}^n$ ermitteln.

Durch Erfüllung der N_{r-1}^n Bedingungen sei erreicht, daß die Fläche n^{ter} Ordnung die Gerade d zur $(r-1)$-fachen hat. Durch einen Punkt D_1 von d ziehen wir r Geraden, welche in der nämlichen Ebene liegen, und legen die Fläche weiter durch die Nachbarpunkte von D_1 auf diesen Geraden; dadurch wird D_1 ein r-facher Punkt; denn für einen $(r-1)$-fachen Punkt gibt es in einer Ebene durch ihn nur $r-1$ Geraden, welche in ihm r vereinigte Schnitte mit der

---

1) Vgl. Jäckel S. 27.

Fläche haben. Dies tun wir insgesamt für $n-r+2$ Punkte $D_1, D_2, \ldots$ auf d. Dann begegnet der Restschnitt einer beliebigen Ebene durch d mit der Fläche von der Ordnung $n-r+1$ der Gerade d in den $n-r+2$ Punkten $D_1, \ldots$, d. h. d gehört zu diesem Schnitte. Jede Ebene durch d schneidet also, außer in d, noch in einer Kurve $(n-r)^{\text{ter}}$ Ordnung, d ist r-fach auf der Fläche. Weil derselben $r(n-r+2)$ weitere (lineare) Bedingungen auferlegt worden sind, so haben wir:

$$N_r^n = N_{r-1}^n + r(n-r+2);$$

also auch:

$$N_{r-1}^n = N_{r-2}^n + (r-1)(n-(r-1)+2),$$

$$\cdots\cdots\cdots\cdots$$

$$N_2^n = N_1^n + 2n;$$

endlich, wie bekannt:

$$N_1^n = n+1,$$

was auch der Wert von $r(n-r+2)$ für $r=1$ ist. Daher durch Addition:

$$\begin{aligned} N_r^n &= \sum_1^r i(n-i+2) = (n+2)\sum_1^r i - \sum_1^r i^2 \\ &= (n+2)\cdot\tfrac{1}{2}r(r+1) - \tfrac{1}{6}r(r+1)(2r+1) \\ &= \tfrac{1}{6}r(r+1)(3n-2r+5).^{1)} \end{aligned}$$

Daß eine gegebene Gerade d für eine Fläche n^{ter} Ordnung r-fach sei, ist äquivalent mit so vielen linearen Bedingungen oder so vielen gegebenen einfachen Punkten.

In den beiden Fällen $r=n-1$ und $r=n-2$ ergibt sich:

$$\tfrac{1}{6}n(n-1)(n+7)$$

und

$$\tfrac{1}{6}(n-1)(n-2)(n+9),$$

so daß noch übrig bleiben $3n$ bzw. $6n-3$ Bedingungen.

Die Flächen n^{ter} Ordnung mit einer $(n-1)$-fachen Gerade sind Regelflächen. Für eine kubische Regelfläche ist daher die doppelte Leitgerade, wenn sie gegeben ist, mit zehn Bedingungen äquivalent, und bleiben noch neun zur Verfügung; geben wir weiter die einfache Leitgerade, so sind das vier Bedingungen, und wir können noch fünf Punkte geben, oder, was dasselbe ist, die durch sie gehenden Erzeugenden, also so viele Paare entsprechender Punkte für die Korrespondenz [1, 2], welche die Erzeugenden auf den Leitgeraden hervorrufen; wir wissen, daß eine solche Korrespondenz durch so viele Paare eindeutig bestimmt ist (Nr. 156). Oder allgemeiner, wenn eine r-fache und eine $(n-r)$-fache Leitgerade gegeben sind, so bleiben

1) Nöther, Math. Annalen Bd. 3, S. 177.

$r(n-r)+r+n-r$ Bedingungen übrig, durch welche die Korrespondenz $[n-r, r]$ zwischen den beiden Punktreihen bestimmt wird.

922 Wenden wir uns jetzt zu den Flächen $\mathfrak{F}^n_{n-2}$, um zunächst einige auf die vielfache Gerade d bezüglichen Eigenschaften abzuleiten. Jeder Punkt von d hat $n-2$ (durch d gehende) Berührungsebenen, und jede Ebene durch d schneidet noch in einem Kegelschnitte K und berührt in den beiden Punkten, in denen dieser die d trifft.

Ordnen wir die Punkte von d einander zu, in denen dieselbe Ebene durch d tangiert, so ergibt sich eine involutorische Korrespondenz $[n-2]$; denn jede der $n-2$ Berührungsebenen eines Punktes von d hat noch einen zweiten Berührungspunkt. Die $2(n-2)$ Koinzidenzen dieser Korrespondenz führen uns zu Ebenen durch d, deren beide Berührungspunkte sich vereinigt haben: der Kegelschnitt K tangiert die Gerade d. Das sind $2(n-2)$ stationäre Berührungsebenen durch d.

Ordnen wir andererseits zwei Ebenen durch d einander zu, welche in demselben Punkte tangieren, so ergibt sich eine involutorische Korrespondenz $[2(n-3)]$; denn in jedem der beiden Berührungspunkte einer Ebene durch d tangieren $n-3$ andere. Die Koinzidenzen dieser Korrespondenz führen zu den $4(n-3)$ Kuspidalpunkten auf d, von deren $n-2$ Berührungsebenen sich zwei vereinigt haben.

Die erstere Korrespondenz $[n-2]$ hat $2(n-2)(n-3)$ Verzweigungspunkte (Nr. 172), Punkte, von deren entsprechenden sich zwei vereinigen. Das sind zunächst die $4(n-3)$ Kuspidalpunkte und dann $2(n-3)(n-4)$ andere, welche $(n-3)(n-4)$ Paare bilden, derartig, daß in zwei Punkten eines solchen Paares nicht bloß eine, sondern zwei Ebenen berühren.

Die andere Korrespondenz $[2n-6]$ hat $2(2n-6)(2n-7)$ Verzweigungsebenen. Das sind erstens jene $2(n-2)$ stationären Berührungsebenen und zwar jede $(n-3)$-fach gerechnet; denn bei einer beliebigen Ebene durch d haben wir $n-3$ weitere Tangentialebenen in dem einen und $n-3$ weitere in dem andern Berührungspunkte; bei einer stationären Berührungsebene hat sich jede von jenen mit einer von diesen vereinigt, und dadurch ist die stationäre Ebene $(n-3)$-fache Verzweigungsebene geworden. Zweitens befinden sich unter den Verzweigungsebenen die Ebenen der $(n-3)(n-4)$ Paare, die zu den oben beschriebenen Punktepaaren gehören, also Ebenen von der Beschaffenheit, daß sie je mit einer zweiten Ebene dieselben Berührungspunkte haben. Endlich sind noch Verzweigungsebenen die $4(n-3)(n-4)$ weiteren Ebenen, welche in den Kuspidalpunkten tangieren.

Unter den Kegelschnitten K auf $\mathfrak{F}_{n-2}^n$ in den Ebenen durch d befinden sich $3n-4$ Geradenpaare, deren Ebenen also noch einen dritten Berührungspunkt haben. Dies lehrt die Charakteristiken-Formel (Nr. 186 Anm.): $\delta = 2\rho - \nu$ für das System der Kegelschnitte K, wo δ die Anzahl der Geradenpaare ist, während ν, ρ die Anzahlen der K sind, welche eine Gerade treffen, bzw. eine Ebene berühren. Ersichtlich ist $\nu = n$ und ρ ist gleich der Anzahl der Tangenten, die an den Schnitt der Ebene mit $\mathfrak{F}_{n-2}^n$ aus dem auf d gelegenen $(n-2)$-fachen Punkte kommen, also

$$n(n-1)-(n-2)(n-3)-2(n-2)=2n-2$$

(infolge der Plückerschen Formeln).

Oder wir beweisen, daß es $6n-8$ Geraden gibt, welche d und drei ebene Schnitte C_1, C_2, C_3 der Fläche in getrennten Punkten treffen und infolgedessen auf ihr liegen. Die Regelfläche (d, C_1, C_2) ist vom Grade $3n$ und auf ihr ist d $(3n-4)$-fach, C_1, C_2 doppelt (Nr. 915); also wird sie von C_3 außerhalb der Leitlinien in $6n-8$ Punkten geschnitten; die durch diese gehenden Erzeugenden der Regelfläche sind die fraglichen Geraden; in der Ebene, welche eine von ihnen mit d verbindet, liegt stets eine zweite.

Enthält $\mathfrak{F}_{n-2}^n$, außerhalb d, einen Doppelpunkt D, so liefert die Ebene dD ein Geradenpaar, ist aber nicht dreifache Berührungsebene. Dies Paar zählt für zwei, ist binär. In der Tat, seine Geraden sind Erzeugenden der Regelfläche (d, C_1, C_2) und D ist Doppelpunkt auf ihr; legen wir C_3, was erlaubt ist, durch D, so absorbiert dieser Punkt vier von den obigen Schnitten und die $6n-12$ übrigen geben so viele nicht durch D gehende Geraden von $\mathfrak{F}_{n-2}^n$ und $3n-6$ Geradenpaare.

Sind t Doppelpunkte außerhalb d vorhanden, so bestehen t binäre und $3n-4-2t$ unäre Geradenpaare.

Es soll jetzt gezeigt werden, daß, wenn aus $3n-5-2t$ von diesen unären Geradenpaaren je eine Gerade herausgenommen wird, welche Geraden dann alle die d schneiden und windschief gegeneinander sind, *eine* Kurve $(n-2)^{\text{ter}}$ Ordnung vorhanden ist, welche d in $n-3$ Punkten, jede der Geraden in einem Punkte trifft und durch die t Doppelpunkte geht.

Nehmen wir an, es handle sich um die Gerade d, um q sie treffende gegeneinander windschiefe Geraden und um t Punkte, und es soll eine Fläche p^{ter} Ordnung gerade dadurch bestimmt sein, daß sie die d zur $(p-1)$-fachen Gerade hat — wodurch sie Regelfläche wird —, durch $q-1$ von den q Geraden geht, d. h. noch durch je zwei Punkte auf jeder von ihnen, und endlich die t Punkte enthält. Dann muß nach dem obigen Ergebnis sein:

$$3p = t + 2q - 2.$$

Wir nehmen aus den q Geraden eine zweite Gruppe von $q-1$ Geraden und konstruieren die entsprechende Fläche p^{ter} Ordnung; die beiden Flächen haben dann, außer d und den $q-2$ gemeinsamen Geraden der beiden Gruppen, eine Schnittkurve von der Ordnung

$$r = p^2 - (p-1)^2 - (q-2) = 2p - q + 1,$$

welche durch die t Punkte geht.

Weil eine Ebene durch d aus jeder der beiden Flächen eine Erzeugende ausschneidet, so ist der Schnittpunkt derselben der einzige Punkt der Kurve r^{ter} Ordnung in der Ebene außerhalb d. Daraus folgt erstens, daß diese Kurve r^{ter} Ordnung über die Gerade d $(r-1)$-mal geht, zweitens, daß sie allen Erzeugenden der beiden Flächen einmal begegnet, also auch den q Geraden. Und umgekehrt, jede Kurve r^{ter} Ordnung, welche d $(r-1)$-mal, jede der q Geraden einmal trifft und durch die t Punkte geht, hat mit jeder der beiden Flächen

$$(r-1)(p-1) + q - 1 + t$$

Punkte gemein, d. i., wegen der beiden Gleichungen, $rp+1$ Punkte, liegt also auf ihr. Daher ist unser Restschnitt die einzige derartige Kurve.

Wir wollen haben, daß $r = n - 2$ sei; dann folgt aus den beiden Gleichungen:

$$3p = t + 2q - 2,$$
$$n - 2 = 2p - q + 1,$$

daß

$$p = 2n - 4 - t, \quad q = 3n - 5 - 2t.$$

Damit ist die obige Behauptung bewiesen: Die Kurve $(n-2)^{\text{ter}}$ Ordnung ist der Restschnitt zweier Flächen f von der Ordnung $2n-4-t$, welche d zur $(2n-5-t)$-fachen Gerade haben, je $3n-6-2t$ von den $3n-5-2t$ Geraden enthalten, und durch die t Punkte gehen, wodurch sie eindeutig bestimmt sind. Es gibt nur eine solche Kurve $(n-2)^{\text{ter}}$ Ordnung.

Unsere Kurve $(n-2)^{\text{ter}}$ Ordnung hat nun, wenn d die $(n-2)$-fache Gerade von $\mathfrak{F}^n_{n-2}$ ist, die $3n-5-2t$ zu den $3n-4-2t$ unären Geradenpaaren derselben gehören und die t Punkte Doppelpunkte auf $\mathfrak{F}^n_{n-2}$ sind, mit dieser gemeinsam

$$(n-2)(n-3) + 3n - 5 - 2t + 2t = n(n-2) + 1$$

Punkte, liegt also ganz auf ihr. Sie trifft jeden Kegelschnitt K einmal und also aus dem letzten unären Geradenpaare auch eine Gerade, und somit im ganzen $3n-4-2t$ unäre Geraden. Sie begegnet allen binären Geraden, nämlich in den Doppelpunkten.

Es ergeben sich also $2^{3n-5-2t}$ solcher ganz auf der Fläche $\mathfrak{F}^n_{n-2}$ gelegenen Raumkurven S $(n-2)^{\text{ter}}$ Ordnung, welche die vielfache Gerade d $(n-3)$-mal überschreiten,

$3n-4-2t$ unäre Geraden der Fläche treffen und durch die t Doppelpunkte gehen.[1])

Gehen wir zunächst von $3n-6-2t$ unären Geraden (aus verschiedenen Paaren) aus, so bestimmen diese eine der obigen Flächen $(2n-4-t)^{ter}$ Ordnung; auf ihr liegen die beiden Kurven S, welche diese Geraden und aus dem vorletzten Paare bzw. die eine und andere Gerade treffen und dies dann beim letzten Paare auch tun. Also sind die zwei Kurven S, welche dieselben $3n-6-2t$ Geraden treffen, durch eine Fläche f von der Ordnung $2n-4-t$, auf welcher d $(2n-5-t)$-fach ist, verbunden; sie bilden den Restschnitt derselben mit $\mathfrak{F}^n_{n-2}$.

Und hat man eine Gruppe von $3n-4-2t$ windschiefen unären Geraden, auf welche eine S sich stützt, so führt eine gerade Anzahl von Vertauschungen von ihnen mit den gepaarten wiederum zu einer solchen Gruppe.

Die Kurven S sind unikursal, wegen der $n-3$ Schnitte mit d; also gilt für sie der Satz, daß man eine Fläche m^{ter} Ordnung durch $m(n-2)+1$ Punkte einer von diesen Kurven legen muß, damit sie ganz auf ihr liege[2]).

923 Wir wollen eine neue Abbildungsmethode besprechen, die zur Ordnung n der Bilder der ebenen Schnitte führt. Sie benutzt ebenfalls eine bestimmte S_0 von den Kurven S.

Wir legen, wenn $n=2m+1$ oder $n=2m$ ist, durch d als $(m-1)$-fache Gerade eine Fläche φ m^{ter} Ordnung, welche auch S_0 enthält. Sie hat mit ihr schon $(n-3)(m-1)$ Punkte auf d gemeinsam; wir haben noch $3m$ Punkte zur Verfügung. Nehmen wir von ihnen $3m-1$ oder $3m-2$, je nachdem $n=2m+1$ oder $=2m$ ist, auf S_0, so hat die Fläche mit S_0 $(n-2)m+1$ Punkte gemein und enthält sie. Folglich ergibt sich bei ungeradem n ein Büschel $B(\varphi)$ von Flächen φ, bei geradem n erhalten wir einen Büschel, wenn wir die Flächen noch durch eine auf S_0 sich stützende unäre Gerade g_2^* der Fläche führen. Und jede Fläche dieses Büschels schneidet aus $\mathfrak{F}^n_{n-2}$, in beiden Fällen, eine unikursale Kurve $(n-1)^{ter}$ Ordnung aus, welche über d $(n-2)$-mal geht; denn eine Ebene von d schneidet

1) Diese Ableitung rührt von Nöther her: Math. Annalen Bd. 3, S. 161 § 4. — Meine Behauptung: Math. Annalen Bd. 4, S. 281, daß es auf $\mathfrak{F}_3{}^5$ keine Kurven 3. Ordnung gebe, ist daher nicht richtig.

2) Die Koordinaten der Punkte einer unikursalen Kurve q^{ter} Ordnung lassen sich als rationale Funktionen q^{ter} Ordnung eines Parameters λ darstellen; setzt man diese in die Gleichung einer Fläche m^{ter} Ordnung ein, so ergibt sich eine Gleichung vom Grade mq in λ, welche die mq Schnitte liefert. Wenn, und nur wenn $mq+1$ Schnitte vorhanden sind, wird diese Gleichung eine Identität; die Kurve liegt ganz auf der Fläche.

die beiden Flächen in einem Kegelschnitte und einer Gerade, deren beide Schnitte bzw. auf S_0 und auf unserer Kurve liegen.

Im Falle $n = 2m$ gibt es eine Fläche $(m-1)^{\text{ter}}$ Ordnung, welche d zur $(m-2)$-fachen Gerade hat und durch eine S geht; sie schneidet noch eine Kurve S aus; weil dieser Restschnitt ebenfalls d $(n-3)$-mal trifft und den unären Geraden begegnet, welche zu den von der ersteren S getroffenen gepaart sind. Und so ist jede der Kurven S mit einer andern gepaart. Bei $n = 4$, wo die S Kegelschnitte sind, ist die verbindende Fläche eine Ebene.

Jeder Punkt von $\mathfrak{F}^n_{n-2}$ bestimmt, in beiden Fällen, eine Ebene von d und eine Fläche von $B(\varphi)$, die ihn enthalten, und umgekehrt, jede Ebene von d und jede Fläche φ von $B(\varphi)$ bestimmen eindeutig einen Punkt auf $\mathfrak{F}^n_{n-2}$, nämlich den Punkt, in dem die von φ in $\mathfrak{F}^n_{n-2}$ eingeschnittene Kurve $(n-1)^{\text{ter}}$ Ordnung der Ebene außerhalb d begegnet, oder auch den Punkt, in welchem die Gerade, in der sich die Ebene und die φ, außer in d, schneiden und die sich auf d und S_0 stützt, der $\mathfrak{F}^n_{n-2}$ zum letzten Male begegnet.

Nehmen wir daher in der Bildebene Σ' zwei Strahlenbüschel O', O_1' an, welche bzw. projektiv auf den Ebenenbüschel d und den Flächenbüschel $B(\varphi)$ bezogen sind, so können wir den Schnittpunkt der beiden Strahlen, welche der Ebene und der Fläche entsprechen, die zu einem Punkte von $\mathfrak{F}^n_{n-2}$ gehören, diesem Punkte zuordnen und haben eine eindeutige Abbildung. Um zur Ordnung n der Bilder der ebenen Schnitte zu gelangen, ist noch eine Vereinfachung notwendig. Es sei g_1^* eine unäre Gerade der $\mathfrak{F}^n_{n-2}$, die sich auf S_0 stützt (im Falle $n = 2m$ verschieden von g_2^*)[1]). Sie wird sowohl von einer Ebene durch d, als von einer Fläche von $B(\varphi)$ aufgenommen, und dies Paar gehört daher zu allen Punkten von g_1^*. Analoges gilt für alle weiteren unären Geraden der Fläche $\mathfrak{F}^n_{n-2}$, die sich auf S_0 stützen: $g_3, g_4, \ldots$, bzw. $g_2, g_3, g_4, \ldots$. Wir erhalten für sie nur Punkte als Bilder. Jenem Paare, dessen Elemente g_1^* enthalten, ordnen wir in beiden Projektivitäten den gemeinsamen Strahl o' von O', O_1' zu.

Wenn nun C ein ebener Schnitt von $\mathfrak{F}^n_{n-2}$ ist, so hat jede Ebene von d oder der Kegelschnitt K in ihr zwei Punkte, jede Fläche φ von $B(\varphi)$ oder die ausgeschnittene Kurve $(n-1)^{\text{ter}}$ Ordnung $n-1$ Punkte mit ihm gemein; dadurch kommen die beiden Büschel d und $B(\varphi)$, sowie die beiden Strahlenbüschel O', O_1' in eine Korrespondenz $[n-1, 2]$, und in der zwischen O', O_1' ist, wegen des Punktes Cg_1^*, o' sich selbst entsprechend. Erzeugnis dieser Korrespondenz ist eine

1) Wegen dieser Geraden g_1^*, bzw. g_1^*, g_2^* ist es notwendig, die Zahl t der Doppelpunkte nicht zu hoch anzunehmen, damit solche Geraden noch vorhanden sind. Uns wird später besonders der Fall $t = 1$ interessieren.

Kurve n^{ter} Ordnung, für welche O' $(n-2)$-fach und O_1' einfach ist. Sie ist die Bildkurve von C, und wegen der Punkte $C(g_3, g_4, \ldots)$ geht sie durch die Bildpunkte $g_3', g_4', \ldots$, bzw. $g_2', \ldots$.

Die Kegelschnitte K haben die Strahlen durch O' zu Bildern, und bei den unären Geradenpaaren $g_3 g_3^*$, $g_4 g_4^* \ldots$ bildet sich die eine Gerade $g_3, g_4, \ldots$ in den Punkt $G_3', G_4', \ldots$ ab, die andere in die Gerade $O'(G_3', G_4', \ldots)$; bei ungeradem n gilt dies auch für g_2, g_2^*. Bei geradem n liegt die der g_2^* gepaarte Gerade g_2 ebenfalls, wegen ihres Schnitts mit g_2^*, auf einer Fläche von $B(\varphi)$; also entspricht ihr auch ein Punkt G_2', und der g_2^* daher die Gerade $O'G_2'$.

Dem Strahle o' als Strahl von O' entsprechen in der obigen durch C veranlaßten Korrespondenz in O_1' der Strahl o' und ein anderer. Jener kommt her von dem Schnitte von C mit g_1^*, dieser von dem mit der gepaarten Gerade g_1; er trifft o' ständig in O_1'; daraus folgt, daß auf der Bildkurve eines jeden ebenen Schnitts C dem Punkt Cg_1 der Punkt O_1' entspricht, oder daß O_1' Bild von g_1 ist und daher besser G_1' genannt wird.

Zwei zu einem Paare zusammengehörige binäre Geraden treffen S_0 in einem Doppelpunkte und liegen deshalb auch je auf einer Fläche von $B(\varphi)$. Daher bilden beide sich in Punkte ab, gelegen auf derselben Gerade durch O'; das Geradenpaar bildet sich in der Weise in diese Gerade ab, daß die übrigen Punkte nur vom Doppelpunkte herrühren, und die Gerade Bild desselben ist.

Demnach liefert jedes der unären Geradenpaare einen Bildpunkt, jedes der binären zwei; so daß im ganzen $3n-4$ Hauptpunkte vorhanden sind, in welche sich Geraden abbilden.

Die Bildkurven der ebenen Schnitte sind also Kurven n^{ter} Ordnung mit einem $(n-2)$-fachen Punkte in O' und $3n-4$ einfachen festen Punkten[1]. Dadurch entsteht ein dreifach unendliches System, und je zwei Kurven desselben haben, wie notwendig, noch n Punkte gemein.

924 Der $(n-2)$-fache Hauptpunkt O' ist Bild von $n-2$ Punkten auf jedem ebenen Schnitte; also entspricht ihm eine Kurve $(n-2)^{ter}$ Ordnung auf $\mathfrak{F}_{n-2}^n$, welche jeden K einmal trifft, daher über d $(n-3)$-mal läuft, durch jeden Doppelpunkt geht und diejenigen unären Geraden einmal trifft, die sich in Geraden abbilden; weil O' auf allen den zugehörigen Bildern liegt. Diese Geraden $g_1^*, g_2^* \ldots$ gehen aus denen, auf welche S_0 sich stützt, nämlich $g_1^*, g_2, \ldots$, bzw. $g_1^*, g_2^*, g_3, \ldots$, durch $3n-5-2t$, $3n-6-2t$, also eine gerade Anzahl von Vertauschungen mit gepaarten hervor; daher ist diese Kurve eine S; nennen wir sie S_1. Weil S_1 dem O' korrespondiert, so muß der zu

1) Nöther, a. a. O. § 4, 5.

jedem Punkte von S_1 gehörigen Fläche φ immer der Strahl o' aus $O_1' \equiv G_1'$ entsprechen; sie ist diejenige, welche g_1^* enthält. S_1 ist der Restschnitt dieser Fläche mit $\mathfrak{F}_{n-2}^n$, außer S_0, d, g_1^*, bzw. g_2^*.

Jeder der Kegelschnitte K setzt mit d einen ebenen Schnitt zusammen; da jener sich in eine Gerade durch O' abbildet, so ergibt sich als Bildkurve von d eine Kurve $(n-1)^{\text{ter}}$ Ordnung, welche durch O' $(n-3)$-mal und durch die $3n-4$ einfachen Hauptpunkte einmal geht und dadurch gerade bestimmt ist: d'^{n-1}. In der Involution, welche auf ihr durch die Strahlen von O' entsteht, sind die Bilder je der beiden Berührungspunkte einer Ebene durch d gepaart. Andererseits liegt auf ihr die Involution $(n-2)^{\text{ten}}$ Grades je der $n-2$ Bilder desselben Punktes von d. Jede Kurve des obigen dreifach unendlichen Systems schneidet, außer festen Punkten, eine Gruppe dieser Involution ein; irgend ein Büschel dieses Systems, entsprechend den Schnitten eines Ebenenbüschels, schneidet sie ein.

Wir können die Ordnung der Bildkurve von d auch dadurch erhalten, daß wir eine Ebene von d und eine Fläche von $B(\varphi)$ einander zuordnen, welche $\mathfrak{F}_{n-2}^n$ in demselben Punkte von d tangieren. Die Fläche $\mathfrak{F}_{n-2}^n$ und eine Fläche φ m^{ter} Ordnung mit $(m-1)$-facher Gerade d berühren sich auf d in $2m+n-4$ Punkten; denn die Punkte von d, in denen eine Ebene durch d die eine und die andere Fläche tangiert, befinden sich in einer Korrespondenz $[2(m-1), n-2]$. Zu jenen Punkten gehören die $n-3$ Punkte $S_0 d$ und, im Falle $n=2m$, der Punkt dg_2^*.

Es bleiben $n-2$ weitere. Aus diesen folgt, daß die erwähnte Zuordnung eine Korrespondenz $[n-2, 2]$ ist; ihr entspricht eine ebensolche Korrespondenz zwischen den Büscheln O' und G_1'; in dieser ist o' sich selbst entsprechend, weil die Ebene dg_1^* und die Fläche aus $B(\varphi)$, welche g_1^* enthält, beide $\mathfrak{F}_{n-2}^n$ in dg_1^* berühren. Erzeugnis und Bildkurve von d ist daher eine Kurve $(n-1)^{\text{ter}}$ Ordnung, auf welcher O' $(n-3)$-fach, G_1' einfach ist.

Jetzt untersuchen wir die Kurve auf $\mathfrak{F}_{n-2}^n$, welche eine Gerade in Σ' zum Bilde hat. Das Verhalten der Gerade zu den Bildern der ebenen Schnitte, der Gerade d, der Doppelpunkte, der Kegelschnitte und der sich in Geraden abbildenden unären Geraden g^* (derjenigen, welche S_1 treffen) lehrt, daß jene Kurve eine unikursale Raumkurve n^{ter} Ordnung ist, welche d $(n-1)$-mal, die Geraden $g_1^*, g_2^*, \ldots$ einmal trifft und durch die Doppelpunkte geht.

Wenn $n=2m$, so ist gerade eine Fläche $\mathfrak{F}_{m-1}^m$ möglich, welche diese Kurve enthält; denn wird sie durch $3m$ weitere Punkte derselben gelegt, so hat sie $m \cdot n+1$ Punkte mit ihr gemein. Diese Fläche $\mathfrak{F}_{m-1}^m$ schneidet aus $\mathfrak{F}_{n-2}^n$ weiter eine

Kurve $(n-2)^{ter}$ Ordnung, welche ebenfalls alle K einmal trifft, also über d $(n-3)$-mal geht, die Knotenpunkte enthält und gegen die unären Geraden sich umgekehrt verhält, wie die Kurve n^{ter} Ordnung (und wie S_1); denn jede von ihnen trifft $\mathfrak{F}_{m-1}^m$ nur einmal außerhalb d, entweder auf der einen oder der andern Kurve. Folglich ist die Kurve eine S und liegt mit S_1 auf einer Fläche $\mathfrak{F}_{m-2}^m$ (Nr. 923); sie heiße S_1^*.

Umgekehrt durch S_1^* gehen ∞^2 Flächen $\mathfrak{F}_{m-1}^m$; denn nun reichen $3m-2$ Punkte auf S_1^* hin, um eine $\mathfrak{F}_{m-1}^m$ durch diese Kurve zu bringen. Dies Flächennetz schneidet in $\mathfrak{F}_{n-2}^n$ die Kurven n^{ter} Ordnung, welche sich in die Geraden von Σ' abbilden[1]).

925 Bei der kubischen Fläche $\mathfrak{F}_1^3$ (ohne Doppelpunkt) ist diese Abbildung genau die frühere, bei welcher zwei windschiefe Geraden u, v der Fläche benutzt wurden. Die 2^4 Kurven S sind die gegen die (einfache) Gerade $d \equiv u$ windschiefen Geraden; sei $S_0 \equiv v$ eine von ihnen. Die $3n-4=5$ (u treffenden) Geraden der Fläche, welche sich auf v stützen, seien $g_1^*, g_2, \ldots g_5$ (die früheren $l_1, \ldots l_5$). Die Flächen φ sind die durch v gehenden Ebenen. Dem Punkte X der Fläche gehört in den Büscheln u und v je eine Ebene zu; für ihre Schnittlinie x, welche u und v trifft, ist X der dritte Schnitt. Ist dann X'' ihre Spur in Σ'', das erste Bild von X (Nr. 911), so schneiden sich in ihr die Spuren dieser Ebenen, zwei Strahlen durch U'', V''. Mit den Ebenenbüscheln u, v werden auch die Strahlenbüschel U'', V'' projektiv bzw. zu O', O_1' in Σ', und im (jetzigen) Bilde X' schneiden sich die entsprechenden Strahlen zu jenen. Diese beiden Projektivitäten zwischen U'' und O', V'' und O_1' bewirken eine quadratische Transformation (Nr. 797) zwischen Σ'' und Σ'; in ihr sind U'', V'' Hauptpunkte in Σ'' und O', O_1' die ihnen homologen in Σ'. Indem wir den Strahlen aus U'', V'' nach der Spur von g_1^* in beiden Projektivitäten den gemeinsamen Strahl $o' = O'O_1'$ zuordnen, machen wir jene Spur zum dritten Hauptpunkte in Σ''. Wir haben wie früher: zunächst windschiefe Projektion auf Σ'' vermittelst u, v und dann quadratische Transformation.

Bei der Fläche $\mathfrak{F}_2^4$ 4. Ordnung mit Doppelgerade d ohne Doppelpunkt haben wir acht Geradenpaare $g_1\, g_1^*, \ldots$ und $2^7 = 128$ Kegelschnitte S, welche sich auf d einmal stützen, je zwei in einer Ebene; jeder trifft acht Geraden g[2]), aus jedem Paare eins, der gepaarte die acht andern. Wir haben 128 Hauptoktupel von Geraden g und 128 Nebenoktupel: für jene gibt es je einen S, der alle

1) Für den andern Fall: $n = 2m+1$ scheint eine solche einfache Konstruktion nicht möglich.

2) Es sind die Kegelschnitte, welche sich auf d und sieben windschiefe Geraden aus sieben Paaren stützen; vgl. das in Nr. 910 erwähnte Problem von Clebsch.

acht Geraden trifft, für diese nicht. Die Vertauschung einer geraden oder ungeraden Zahl von Geraden eines Oktupels mit den gepaarten führt es in ein gleichartiges oder ungleichartiges über. Für die Abbildung werde S_0 benutzt und die acht treffenden Geraden seien g_1^*, g_2^*, $g_3, \ldots g_8$[1]).

Die Flächen des Büschels $B(\varphi)$ sind 2. Grades und gehen durch S_0, d, g_2^*. Die zu einem Punkte X der Fläche $\mathfrak{F}_2^4$ gehörigen Elemente des Büschels d und dieses Büschels schneiden sich in dem projizierenden Strahle x aus X, der sich auf d und S_0 stützt; und in Σ'' schneiden sie die Elemente des Strahlenbüschels D'' und des Kegelschnitt-Büschels $(D'' S_1'' S_2'' G_2'')$ ein, die sich in X'' schneiden; wo D'', S_1'', S_2'', G_2'', X'' die Spuren von D, S_0, g_2^*, x sind.

Diese Büschel in Σ'' werden also projektiv zu den Strahlenbüscheln O', O_1' in Σ', und den in X'' sich schneidenden Elementen jener korrespondieren die in X' sich schneidenden von diesen; X' ist das jetzige Bild von X.

Der Übergang von Σ'' in Σ' ist keine quadratische, sondern e i n e k u b i s c h e T r a n s f o r m a t i o n, für welche, in Σ'', D'' doppelter Hauptpunkt und S_1'', S_2'', G_2'' und G_1'', die Spur von g_1^*, einfache Hauptpunkte sind.

Bilder der Geraden g_1, g_2 in Σ'' sind $D''(G_1'', G_2'')$; diese gehen, als Hauptgeraden der kubischen Transformation, in Punkte über, die Bilder von g_1, g_2, während g_1^*, g_2^*, welche in Σ'' die Hauptpunkte G_1'', G_2'' zu Bildern haben, in Geraden übergehen. Dagegen $g_3, \ldots g_8$ haben in Σ'' und Σ' Punkte, $g_3^*, \ldots g_8^*$ Geraden zu Bildern.

Der Strahl x, welcher X in X'' projiziert, beschreibt, wenn X einen ebenen Schnitt C durchläuft, eine Regelfläche 6. Grades, auf welcher d vierfach, S_0 doppelt ist und von der g_1^*, g_2^*, $g_3, \ldots g_8$ Erzeugenden sind. Sie schneidet in Σ'' eine Kurve 6. Ordnung ein, welche durch die Spuren in der entsprechenden Vielfachheit geht. Die kubische Transformation verwandelt sie in eine Kurve 4. Ordnung, welche durch O' zweimal und die acht Bildpunkte der g einmal geht; wie das unsere allgemeine Betrachtung erfordert.

E i n f a c h e r a b e r i s t e s, nachdem zunächst vermittelst der Strahlen x, die sich auf d und S_0 stützen, in die Ebene Σ'' projiziert worden ist, e i n e q u a d r a t i s c h e T r a n s f o r m a t i o n m i t Σ'' v o r z u n e h m e n, für welche D'', S_1'', S_2'' Hauptpunkte sind. Sie führt ebenfalls die Kurve 6. Ordnung in eine der vierten über, welche durch D', den zu D'' homologen Hauptpunkt, zweimal und durch die Punkte, in welche die Σ''-Spuren der den S_0 treffenden Geraden g transformiert werden, einmal geht. Diesmal haben also g_1^*, g_2^* Bildpunkte, vorhin g_1, g_2.

1) F. Zimmermann, Die Fläche 4. Ordnung mit einer doppelten Geraden. Diss. von Breslau, 1904. — In Nr. 258 ergab sich ein Spezialfall dieser Fläche, in dem sie noch vier gegen die Doppelgerade windschiefe Geraden besitzt.

Zu ebenso beschaffenen Bildkurven der ebenen Schnitte kann man noch auf eine andere Weise gelangen. Den Projektionsstrahl x des Flächenpunktes X projiziert man aus einem festen Punkte P von S_0 auf eine Ebene und erhält so zunächst eine Gerade als Bild von X, die man dann durch Korrelation in einen Punkt verwandeln kann. Zu den Punkten X eines ebenen Schnitts gehören x, welche eine Regelfläche 6. Grades bilden, auf der d vierfach, S_0 doppelt ist; daraus folgt, daß alle Ebenen durch d doppelte Berührungsebenen derselben sind. Die projizierenden Ebenen der x bilden den Tangentialkegel aus P an diese Fläche; er ist, durch Abscheidung der Büschel um die beiden durch P gehenden Erzeugenden, von der 6. auf die 4. Klasse erniedrigt, hat Pd zur doppelten Berührungsebene und die Ebenen von P nach g_1^*, g_2^*, $g_3, \ldots$, welche ja Erzeugenden der Regelfläche sind, zu einfachen. Bild des ebenen Schnitts ist daher zunächst eine Kurve 4. Klasse mit einer festen doppelten und acht festen einfachen Tangenten, welche durch die Korrelation eine Kurve 4. Ordnung usw. wird[1]).

926 Wie man diese Abbildung der Fläche 4. Ordnung $\mathfrak{F}_2^4$ mit einer doppelten Gerade d auch hergestellt haben mag, die Hauptergebnisse sind (mit etwas veränderter Bezeichnung) folgende:

Bilder der ebenen Schnitte sind die Kurven 4. Ordnung mit einem festen Doppelpunkte O' und acht festen einfachen Punkten $G_1', \ldots G_8'$. Jener doppelte Hauptpunkt O' ist Bild eines Kegelschnitts S_1, dessen gepaarter (in derselben Ebene gelegener) S_1^* sei. Die auf diesen letzteren sich stützenden Geraden $g_1, \ldots g_8$ bilden sich in die einfachen Hauptpunkte $G_1', \ldots G_8'$ ab, die ihnen gepaarten $g_1^*, \ldots g_8^*$, die sich auf S_1 stützen, in die Geraden $O'G_i'$. Die Strahlen durch O' sind die Bilder der Kegelschnitte K in den Ebenen durch d, unter denen sich die acht Geradenpaare befinden.

Die Bildkurve d'^3 der Doppelgerade d ist die Kurve 3. Ordnung durch die neun Hauptpunkte. Sie trägt erstens die zentrale Involution, mit dem Zentrum O', der Bilder der Berührungspunkte der Ebenen durch d; Doppelpunkte sind die Bilder der Berührungspunkte der stationären Tangentialebenen.

Sie trägt zweitens die Involution I_D der Bilder der Punkte der Doppelgerade; weil die der Kuspidalpunkte ihre Doppelpunkte sind, so ist sie ebenfalls zentral; wir werden ihr Zentrum bald ermitteln. Jede Kurve 4. Ordnung $(O'^2, G_1', \ldots G_8')$, Bild eines ebenen Schnitts, schneidet ein Paar ein, und jedes Paar wird von ∞^2 solchen Kurven eingeschnitten.

Einer Gerade x' in Σ' entspricht auf $\mathfrak{F}_2^4$ eine Raumkurve

1) Clebsch, Math. Annalen Bd. 1, S. 264.

4. Ordnung 2. Art, welche dreimal über d geht, die Geraden $g_1^*, \dots g_8^*$ je einmal trifft, dem in O' sich abbildenden S_1 nicht begegnet, also dem gepaarten S_1^* viermal. Man erkennt diese Kurven als fernere Schnitte der durch d und S_1^* gelegten Flächen 2. Grades. Denn die vier Koinzidenzen der Korrespondenz [2, 2] der Punkte von d, in welchen die $\mathfrak{F}_2^4$ und eine solche Fläche von der nämlichen Ebene berührt werden, sind ihre Berührungspunkte auf d; davon ist einer der dS_1^*, die drei andern sind die Schnitte der Restkurve mit d; und die $g_1^*, \dots$, welche S_1^* nicht treffen, treffen diese Kurve nochmals.

Die Raumkurven 4. Ordnung, welche den Strahlen von O' korrespondieren, zerfallen und rühren von den Ebenenpaaren aus der festen Ebene von S_1^* und S_1 und einer beweglichen Ebene durch d her. Diejenigen, welche den Strahlen des Büschels um das Zentrum von I_D entsprechen, begegnen der d in einem festen Punkte, der sich in das Zentrum abbildet, und zwei in einem Doppelpunkte[1]) vereinigten Punkten; sie werden durch die Kegel 2. Grades eingeschnitten, welche aus den Punkten von d den S_1^* projizieren. In der Ebene durch d, welche in dS_1^* diesen Kegelschnitt tangiert und daher längs d jeden der Kegel, liegt der vierte Schnitt der Raumkurve unendlich nahe neben dem von dS_1^* verschiedenen Schnitte ihres K mit d; dieser Punkt ist also jener feste Punkt.

Das Zentrum der Involution I_D ist das eine Bild des Punktes, in welchem in der Ebene σ durch d, die den S_1^* berührt, der Kegelschnitt K, außer in dS_1^*, die d schneidet, und zwar dasjenige, das er als Punkt mit der Tangentialebene σ hat.

Der Gerade $G_1'G_2'$ entspricht ein Kegelschnitt, welcher d einmal, ferner $g_3^*, \dots g_8^*$ und die beiden sich ablösenden Geraden g_1, g_2 trifft. Das gibt 28 Kegelschnitte S. Die Ergänzung des eben besprochenen hat zum Bilde die Kurve 3. Ordnung $(O'^2 G_3' \dots G_8')$.

Die Kegelschnitte $(O'G_1'G_2'G_3'G_4')$ und $(O'G_5'G_6'G_7'G_8')$ sind Bilder von zwei gepaarten Kegelschnitten S, von denen der erste das Hauptoktupel $g_1 \dots . g_4 g_5^* \dots g_8^*$, der andere das ergänzende trifft. Dies führt zu 35 Paaren. Es bleibt noch S_1 mit dem Bilde O' und S_1^*, dessen Bild die Kurve 4. Ordnung $(O'^3 G_1' \dots G_8')$ ist.

Das Bild von S_1 zeigt am einfachsten, daß jeder S von 28, 70, 28 andern zweimal, einmal, gar nicht getroffen wird und mit dem betreffenden S zwei, vier, sechs Stützgeraden gemein hat.

Ein Oktupel von acht zueinander windschiefen S liefern O' und die Geraden $G_1'(G_2', \dots G_8')$; jeder S gehört zu acht solchen Oktupeln.

---

1) Nunmehr ist die Kurve erster Art, Büschel-Grundkurve.

Die Fläche besitzt $8+64+16\cdot 12 = 264$ dreifache Berührungsebenen, nämlich die acht Geradenpaar-Ebenen durch d, die 64 Ebenen mit zwei Kegelschnitten S und durch jede der 16 Geraden 12. Jede Ebene durch eine Gerade g berührt in den beiden Punkten, in denen g, außerhalb d, dem Restschnitt 3. Ordnung, begegnet. Die Bilder der Restkurven in den Ebenen durch g_1^* bilden einen Büschel 3. Ordnung $(O'G_2' \ldots G_8')$; der neunte Grundpunkt ist der zweite Bildpunkt von dg_1^*. Dieser Büschel hat 12 Doppelpunkte.

Die Bilder der Schnitte eines beliebigen Ebenenbüschels bilden einen Büschel 4. Ordnung. Der gemeinsame Doppelpunkt O' absorbiert sieben von den 27 Doppelpunkten; die 20 übrigen lehren, daß die Fläche 20. Klasse ist (Nr. 920).

Auf die Modifikationen, welche durch außerhalb d gelegene Doppelpunkte bewirkt werden, kommen wir im folgenden zu sprechen.

§ 132. Die Nöthersche Fläche 4. Ordnung und die Fläche 5. Ordnung mit einer doppelten Raumkurve 4. Ordnung erster Art.

927 Mit Hilfe der Flächen $\mathfrak{F}_{n-2}^n$ wollen wir uns eindeutige Abbildungen für einige andere Flächen verschaffen, indem wir zunächst auf eine solche Fläche $\mathfrak{F}_{n-2}^n$ eindeutig abbilden.

Wir wählen zuerst die interessante Fläche 4. Ordnung Φ ohne vielfache Kurve, aber mit einem besonders singulären Punkte, welche von Nöther gefunden wurde und mit der auch Cremona sich beschäftigt hat.[1]) Dieser erzeugt sie durch zwei projektive Flächenbüschel 2. Ordnung, deren sämtliche Flächen in einem festen Punkte D eine feste Ebene $\mathfrak{d}$ berühren. Daß D ein Doppelpunkt der erzeugten Fläche ist, folgt aus Nr. 171.

Die Geradenpaare, welche $\mathfrak{d}$ aus allen Flächen der beiden Büschel ausschneidet, bilden zwei projektive Involutionen; viermal haben zwei entsprechende Paare eine Gerade gemein; diese 4 Geraden liegen auf Φ und bilden ihren Schnitt mit $\mathfrak{d}$; daraus folgt, daß jeder andere Strahl von $(D, \mathfrak{d})$ vier in D vereinigte Schnitte mit der Fläche Φ gemeinsam hat; und darin besteht die Singularität dieses Doppelpunktes D; er ist uniplanar, weil der Kegel 2. Grades der Geraden, die in einem Doppelpunkte drei vereinigte Schnitte mit der Fläche gemeinsam haben, hier in zwei vereinigte Ebenen ausgeartet ist; alle „Kegelkanten" haben sogar vier vereinigte Schnitte.

Die Kurven, welche Φ erzeugen, sind Raumkurven 4. Ordnung 1. Art mit D als Doppelpunkt, also unikursal.

1) Nöther, Göttinger Nachr. Mai 1871; Cremona, Memorie dell' Istituto di Bologna Ser. III Bd. 1 S. 395 und Collectanea in memoriam Chelini, 1881.

Wir wollen einen der beiden Büschel bevorzugen, und die erzeugenden Kurven durch ihn in die Fläche eingeschnitten annehmen. Zu diesem Büschel B konstruieren wir einen projektiven Ebenenbüschel mit der Axe d und projizieren nunmehr jede von den erzeugenden Kurven aus D auf die Ebene, welche der einschneidenden Fläche entspricht, also in einen Kegelschnitt K.[1]) Durch jeden Punkt von d gehen 2 von diesen Kegelschnitten, weil der Strahl aus D nach ihm 2 erzeugende Kurven trifft, in seinen weiteren Schnitten mit Φ. Es ist also eine $\mathfrak{F}_2^4$ entstanden, und Φ ist eindeutig auf sie abgebildet; denn auch jeder Punkt von $\mathfrak{F}_2^4$ gehört zu einem Kegelschnitte dieser Fläche (in einer Ebene durch d), und dieser ist Projektion der erzeugenden Kurve, welche in der seiner Ebene entsprechenden Fläche von B liegt; und der Punkt ist Projektion nur eines Punktes dieser Kurve.

Jeder Strahl durch D trifft Φ nur noch zweimal, also auch $\mathfrak{F}_2^4$; daher ist D auch Doppelpunkt auf $\mathfrak{F}_2^4$. Diese Fläche hat demzufolge ein binäres Geradenpaar, gelegen in der Ebene dD, und 6 unäre. Jenes kommt von der erzeugenden Kurve auf der entsprechenden Fläche des Büschels her, welche nicht zerfällt; die Projektionsstrahlen ergeben im allgemeinen den Punkt D, zwei aber fallen in die Ebene Dd und geben das binäre Paar. Die 6 unären Paare aber weisen auf 6 erzeugende Kurven hin, welche je in zwei Kegelschnitte zerfallen, von denen ein Schnittpunkt in D liegt. In diesen 12 Kegelschnitten und ihren Ergänzungen zu vollen Schnitten haben sich 24 Kegelschnitte der Fläche Φ ergeben; womit wir aber noch nicht alle auf derselben befindlichen haben.

Die 4 Geraden von Φ in $(D, \mathfrak{d})$ sind je zwei entsprechenden Flächen der beiden Büschel gemeinsam; die erzeugende Kurve zerfällt je in die Gerade und eine kubische Raumkurve (mit D als dem einen Schnittpunkte); diese wird in den Kegelschnitt auf $\mathfrak{F}_2^4$ projiziert und die Gerade in einen Punkt desselben.

Bilden wir nun, nach der vorangehenden Methode, $\mathfrak{F}_2^4$ auf die Ebene Σ' eindeutig ab, so ist auch Φ eindeutig auf Σ' abgebildet. Den 4 Geraden von Φ entsprechen Punkte in Σ', durch welche die Bilder aller ebenen Schnitte von Φ einmal gehen.

Weil ein ebener Schnitt jeder erzeugenden Kurve viermal begegnet und der ihn aus D projizierende Kegel die d viermal trifft, so geht sein Bild auf $\mathfrak{F}_2^4$ viermal über jeden K und über d, ist also eine Raumkurve 8. Ordnung R^8, welche auch durch D viermal geht, da sie aus ihm durch einen Kegel 4. Ordnung projiziert wird. Die vier in D gelegenen Punkte entsprechen den Begegnungspunkten

1) Vgl. Nöther, Math. Annalen Bd. 3 S. 171.

des ebenen Schnittes mit derjenigen erzeugenden Kurve, welche dem binären Paare korrespondiert.

Aus der Entstehung von R^8 folgt, daß sie sich zu den gleichartigen Geraden gleichartig verhält; die binären trifft sie in D, jedes Paar aus zwei unären viermal, also jede unäre Gerade zweimal. Wir haben ferner hier, wegen des Doppelpunktes D, auf $\mathfrak{F}_2^4$ nur $2^5 = 32$ Kegelschnitte S; alle gehen durch D und treffen dort die binären Geraden, ferner wird jeder von 6 unären Geraden getroffen (Nr. 922). Wegen dieses gleichartigen Verhaltens der S zu gleichartigen Geraden, wird auch R^8 alle S in gleich vielen Punkten (außer in D) begegnen; der Ebene zweier S begegnet sie noch viermal, also jedem der beiden S zweimal.

Nun ergab sich, daß jede Raumkurve 4. Ordnung, welche in eine Gerade in Σ' sich abbildet, mit einem gewissen S_1^* und der d auf einer Fläche 2. Grades liegt (Nr. 926). Die R^8 trifft diese Fläche mit ihrem vierfachen Punkte D, dann noch zweimal auf S_1^*, viermal auf d, also sechsmal auf jener Raumkurve 4. Ordnung. Demnach hat R^8 und der ebene Schnitt von Φ in Σ' eine Bildkurve 6. Ordnung. Diese geht, wie schon gesagt, einmal durch die Bildpunkte der 4 Geraden von Φ, ferner durch die 6 Bildpunkte der unären Geraden von $\mathfrak{F}_2^4$, welche solche haben, und zwar doppelt, wegen der zweimaligen Begegnung der R^8 mit diesen Geraden.

Dem Punkte O' korrespondiert ein Kegelschnitt S_1 (die Ergänzung von S_1^*) auf $\mathfrak{F}_2^4$; weil R^8 über ihn (außer in D) zweimal geht, so entspricht dem O' auf Φ eine Kurve, die zweimal über jeden ebenen Schnitt geht. Dem Hauptpunkte O' in Σ' korrespondiert auf Φ ein Kegelschnitt, und das Bild jedes ebenen Schnitts von Φ geht zweimal durch O'.

Die Abbildung von $\mathfrak{F}_2^4$ in Σ' hat noch zwei weitere Hauptpunkte, die Bilder der beiden binären Geraden; aber wir fanden, daß diese nur von Punkten der Φ herrühren; folglich entsprechen jene Punkte diesen Punkten und sind nicht Hauptpunkte der Abbildung von Φ in Σ'.

Demnach ist eine eindeutige Abbildung der Nötherschen Fläche Φ auf eine Ebene gewonnen, bei welcher die ebenen Schnitte übergehen in Kurven 6. Ordnung mit sieben festen Doppelpunkten und vier festen einfachen; dieselbe, welche Cremona gefunden hat.

928 Daß dem O' ein Kegelschnitt auf Φ korrespondiert, haben wir eben gefunden. Die unären Geraden von $\mathfrak{F}_2^4$, welche sich in die übrigen doppelten Hauptpunkte $O_1', \ldots O_6'$ abbilden, sind aus Kegelschnitten auf Φ entstanden, welche durch D gehen und zu zerfallenden erzeugenden Kurven gehören; den andern Kegelschnitten, welche diese

Kurven vervollständigen, entsprechen auf $\mathfrak{F}_2^4$ die Paargenossinnen jener Geraden, deren Bilder in Σ' die Geraden $O'(O_1', \ldots O_6')$ sind.

Den sämtlichen sieben doppelten Hauptpunkten in Σ' entsprechen daher Kegelschnitte auf Φ, den vier einfachen $L_1', \ldots L_4'$ die vier Geraden von Φ in $(D, \mathfrak{d})$.

Alle erzeugenden Kurven berühren in D (mit beiden Ästen) die Ebene $\mathfrak{d}$; jeder Strahl von $(D, \mathfrak{d})$ berührt zwei von ihnen und der Punkt D, als Punkt der einen und der andern Kurve, oder die ihm unendlich nahen auf ihnen bilden sich in die beiden ferneren Schnitte des Strahls mit $\mathfrak{F}_2^4$ ab; folglich entspricht dem Doppelpunkte D von Φ die ganze Schnittkurve von $\mathfrak{d}$ mit $\mathfrak{F}_2^4$, welche zwei Doppelpunkte hat: auf d und in D. Diesem ebenen Schnitte von $\mathfrak{F}_2^4$ entspricht, indem sich die dem Doppelpunkte D korrespondierende Gerade durch O' (auf welcher die Bildpunkte der binären Geraden liegen, die für die Abbildung von Φ in Σ' nicht Hauptpunkte werden) abspaltet, eine Kurve 3. Ordnung, welche durch alle elf Hauptpunkte $O', O_1', \ldots O_6', L_1', \ldots L_4'$ einfach geht. Dadurch kommen diese Punkte in abhängige Lage und wird erklärlich, daß durch sie ∞^3 Kurven 6. Ordnung möglich sind, mit den O' als doppelten und den L' als einfachen Punkten, was zuerst auffällig ist.

Diese Kurve 3. Ordnung d'^3 ist also die Bildkurve des Punktes D.

Vom Bilde eines ebenen Schnittes der Φ, der durch D geht, löst sich diese Kurve 3. Ordnung ab, und es bleibt als eigentliches Bild eine Kurve 3. Ordnung durch die sieben Punkte O, in doppelt unendlicher Mannigfaltigkeit. Jener ebene Schnitt ist also vom Geschlecht 1; der Punkt D repräsentiert zwei nebeneinander liegende Doppelpunkte, ist ein Selbstberührungspunkt der Kurve und in D, mit der Berührungsebene $\mathfrak{d}$, berühren sich zwei Schalen von Φ.

Weil d'^3 auch durch O' geht, so geht auch der diesem Punkte entsprechende Kegelschnitt durch D; für $O_1', \ldots O_6'$ wissen wir es schon.

Einer Gerade in Σ' korrespondiert, weil sie das Bild eines ebenen Schnitts sechsmal und das von D dreimal schneidet, eine Kurve 6. Ordnung auf Φ, welche durch D dreimal geht.

Einer Gerade, welche 2 Punkte O' verbindet, entspricht daher, nach Absonderung von zweien, ein dritter Kegelschnitt, der auch noch durch D gehen muß. Unter den 21 Kegelschnitten von Φ, die sich so ergeben, sind diejenigen, welche sich in $O'(O_1', \ldots O_6')$ abbilden, schon erwähnt worden.

Einem beliebigen Kegelschnitte in Σ' korrespondiert auf Φ eine Kurve 12. Ordnung, welche sechsmal durch D geht.

Ein Kegelschnitt durch fünf Punkte O' ist daher Bild eines ebenfalls durch D gehenden Kegelschnitts. Damit ergeben sich von neuem 21 Kegelschnitte auf Φ; sie ergänzen jene zu vollen Schnitten. Z. B. die Kegelschnitte, welche die Gerade $O' O_1'$ und den Kegelschnitt $(O_2', \ldots O_6')$ zu Bildern haben, begegnen sich, außer in D, noch in zwei Punkten, denen die Schnitte der Bilder entsprechen. Sie berühren in D denselben Strahl von $(D, \mathfrak{d})$.

Die Ergänzungen der Kegelschnitte, welche sich in die Punkte O' abbilden, müssen zu Bildern die volle Kurve 3. Ordnung haben, welche das Bild des durch D gehenden ebenen Schnitts ist, und wegen des zweimaligen Treffens mit der Ergänzung (außer in D) muß der dieser entsprechende Hauptpunkt doppelt auf der kubischen Kurve sein. Also handelt es sich um die sieben Kurven 3. Ordnung, welche einen der O' zum Doppelpunkte, die sechs andern zu einfachen Punkten haben.

Damit haben wir auf Φ, zu den unmittelbar gefundenen zwölf Paaren, noch 28 Paare von Kegelschnitten erhalten.

Wir erkannten schon, daß den 32 Kegelschnitten S auf $\mathfrak{F}_2^4$ Kegelschnitte auf Φ korrespondieren, sowie auch, daß der dem S_1 korrespondierende sich unter den 56 Kegelschnitten befindet. Diejenigen 15 Kegelschnitte S von $\mathfrak{F}_2^4$, welche dem S_1 nur in D begegnen, haben die Verbindungslinien der Punkte $O_1', \ldots O_6'$ zu Bildern, ihre 15 Ergänzungen, welche S_1 noch ein zweites Mal treffen, die Kegelschnitte durch O' und vier dieser Punkte, die Ergänzung von S_1 endlich, welche S_1 außer auf d und in D noch zweimal trifft, die Kurve 3. Ordnung, welche durch O' zweimal, durch $O_1', \ldots O_6'$ einmal geht. Also besitzen die ihnen auf Φ entsprechenden Kegelschnitte dieselben Bilder und gehören zu den 56 aufgezählten Kegelschnitten dieser Fläche.

929 Wir wenden uns zu einem zweiten Beispiel, das nach derselben Methode behandelt werden kann: der Fläche F_4^5 5. Ordnung mit einer doppelten Raumkurve 4. Ordnung 1. Art d^4. Die Flächen 2. Grades durch d^4 schneiden Kegelschnitte $\mathfrak{K}$ aus.

Diesen Büschel machen wir projektiv zu einem Ebenenbüschel d und projizieren jeden $\mathfrak{K}$ auf die Ebene, welche der einschneidenden Fläche entspricht.

Das Projektionszentrum D legen wir, um die niedrigste Ordnung der Hilfsfläche zu bekommen, in einen Punkt von d^4; der Strahl aus ihm nach einem Punkte von d trifft F_4^5 noch dreimal, also hat die Fläche, welche durch die Projektionen K der $\mathfrak{K}$ entsteht, die d zur dreifachen Gerade und ist eine $\mathfrak{F}_3^5$. Weil ein beliebiger Strahl durch D die F_4^5 und sie noch dreimal trifft, so ist D ein Doppelpunkt auf $\mathfrak{F}_3^5$.

Auf dieser Fläche $\mathfrak{F}_3^5$ haben wir (Nr. 922) ein binäres und neun unäre Geradenpaare; jenes ist in der Ebene dD gelegen und so entstanden, daß seine Geraden aus D die Spuren, in dieser Ebene, des entsprechenden Kegelschnitts $\mathfrak{K}_0$ projizieren. Durch D gehen ferner auf F_4^5 zwei Kegelschnitte $\mathfrak{K}_1$, $\mathfrak{K}_2$, eingeschnitten durch die Flächen des Büschels (d^4), welche in D die eine und die andere Tangentialebene von D berühren. Projektion von $\mathfrak{K}_1$ ist ein Geradenpaar $l_1 l_1^*$, von welchem l_1 die eigentliche Projektion von $\mathfrak{K}_1$ ist, während l_1^* durch die von $\mathfrak{K}_1$ berührte Tangentialebene des D in die dem $\mathfrak{K}_1$ entsprechende Ebene von d eingeschnitten wird, weil als projizierender Strahl von D jede Tangente in dieser Ebene angesehen werden kann. Bei $\mathfrak{K}_2$ ergebe sich $l_2 l_2^*$. Die sieben übrigen unären Geradenpaare von $\mathfrak{F}_3^5$: $g_1, g_1^*; \ldots g_7, g_7^*$ kommen von sieben Geradenpaaren $\mathfrak{g}_1, \mathfrak{g}_1^*; \ldots \mathfrak{g}_7, \mathfrak{g}_7^*$ her, die sich unter den Kegelschnitten $\mathfrak{K}$ der F_4^5 befinden.

Diese 14 Geraden der Fläche F_4^5 findet man auch als diejenigen, welche sich zweimal auf d^4 und zwei ebene Schnitte C_1, C_2 stützen. Aus Nr. 922 ff. entnehmen wir:

Auf $\mathfrak{F}_3^5$ sind die 2^8 Kurven S, welche durch D gehen und neun windschiefe unären Geraden treffen, 3. Ordnung. Für die Abbildung der $\mathfrak{F}_3^5$ auf Σ' sei die Kurve S_0 benutzt, welche sich auf l_1^*, l_2^*, g_1^*, $g_2 \ldots g_6$ stützt und aus dem neunten Paare auf g_7, und dann noch die g_1^*. Dann haben $g_1, g_2, \ldots g_7, l_1^*, l_2^*$ Bildpunkte: G_1', G_2', $\ldots G_7'$, $L_1^{*\prime}$, $L_2^{*\prime}$. Dem Punkte O' korrespondiert die Kurve S_1, welche sich auf $g_1^*, g_2^*, \ldots g_7^*, l_1, l_2$ stützt. Die Kurve $\overline{S}_1$, welche sich auf $g_1^*, g_2, g_3, g_4^*, \ldots g_7^*, l_1, l_2$ stützt, liegt mit S_1 auf einer Regelfläche 5. Grades f^5, auf welcher d vierfach ist und welche die sieben diesen beiden Gruppen von neun Geraden gemeinsamen Geraden enthält (Nr. 922).

Ein ebener Schnitt von F_4^5 trifft jeden $\mathfrak{K}$ zweimal und fünf Kanten des projizierenden Kegels treffen d; also entspricht ihm auf $\mathfrak{F}_3^5$ eine Kurve 7. Ordnung R^7, welche fünfmal über d geht; wegen des projizierenden Kegels 5. Ordnung ist D auf ihr doppelt, in ihn fallen ja auch die Projektionen der beiden auf $\mathfrak{K}_0$ gelegenen Punkte des ebenen Schnittes.

Die Geradenpaare $l_1 l_1^*$, $l_2 l_2^*$ trifft R^7 so zweimal, daß sie l_1, l_2 zweimal, l_1^*, l_2^* nicht schneidet; gegen die Geraden g aber verhält sie sich gleichartig und trifft alle einmal, wie dies ja auch der ebene Schnitt mit den Geraden $\mathfrak{g}$ von F_4^5 tut. Ebenso verhält sich R^7 gleichartig zu S_1 und $\overline{S}_1$, welche gleichartig aus den g und l hergestellt sind. Der Fläche f^5 begegnet R^7 mit ihrem Doppelpunkte, der auf f^5 einfach ist, ferner in $5 \cdot 4$ Punkten auf d, in $5 + 2 \cdot 2$ Punkten auf den sieben Geraden g, l, die auf f^5 liegen, folglich jeder der beiden Kurven S_1 und $\overline{S}_1$, außer in D, noch in zwei Punkten; denn damit ist der Schnitt von f^5 mit $\mathfrak{F}_3^5$ erschöpft.

Wenn R^7 aber der S_1 zweimal begegnet, so hat ihre Bildkurve in Σ' den O' zum zweifachen Punkte; durch die Bildpunkte G_1', G_2',

... G_7' geht sie einmal, $L_1^{*\prime}$, $L_2^{*\prime}$ enthält sie nicht. Mit der Bildkurve eines ebenen Schnitts von $\mathfrak{F}_3^5$, einer Kurve 5. Ordnung, welche durch O' dreimal und durch die andern Hauptpunkt einmal geht (Nr. 923), muß sie, wegen der Begegnungspunkte von R^7 mit demselben, außer $3 \cdot 2$ Punkten in O', sieben in G_1', ... G_7', noch sieben Punkte gemeinsam haben; also ist ihre Ordnung $\frac{1}{5}(3 \cdot 2 + 7 + 7) = 4$.

Diese Bildkurve von R^7 auf $\mathfrak{F}_3^5$ ist die Bildkurve des ebenen Schnitts auf F_4^5. Die gewonnene eindeutige Abbildung der Fläche F_4^5 ist also derartig, daß den ebenen Schnitten Kurven 4. Ordnung mit einem festen doppelten Punkte O' und sieben festen einfachen Punkten G_1', ... G_7' korrespondieren[1]), demnach vom Geschlechte 2, wie notwendig; und damit ist die niedrigste Abbildung erreicht.

Die einfachen Hauptpunkte G_1', ... sind Bilder der 7 Geraden $\mathfrak{g}_1, \dots \mathfrak{g}_7$ auf F_4^5. Dem doppelten O' muß auf dieser Fläche ein Kegelschnitt entsprechen; auf $\mathfrak{F}_3^5$ entspricht ihm die kubische Raumkurve S_1. Von den 2^8 Kurven S auf $\mathfrak{F}_3^5$ korrespondieren denjenigen 2^6, welche sich auf l_1, l_2 und 6 Geraden g stützen und deshalb noch auf eine siebente, Kegelschnitte auf F_4^5; diese Fläche enthält also 64 Kegelschnitte $\mathfrak{S}$, welche sich auf je 7 windschiefe Geraden $\mathfrak{g}$ stützen, von denen 6 beliebig gewählt werden können, unter ihnen $\mathfrak{S}_1$, welchem auf $\mathfrak{F}_3^5$ die S_1 und auf Σ der Punkt O' entspricht.

Alle kubischen Raumkurven S auf $\mathfrak{F}_3^5$ treffen d zweimal, mithin jeden der Kegelschnitte K einmal; daher trifft jeder der Kegelschnitte $\mathfrak{S}$ auf F_4^5 jeden $\mathfrak{K}$ einmal; also liegen die drei weiteren Schnitte mit der den $\mathfrak{K}$ einschneidenden Fläche $(d^4\mathfrak{K})$ auf d^4.

Diese 64 Kegelschnitte $\mathfrak{S}$ auf F_4^5 treffen die Doppelkurve d^4 dreimal.

Weil das auch für $\mathfrak{S}_1$ gilt, so geht die Bildkurve von d^4 dreimal durch O'; die $\mathfrak{K}$, welche von d^4 viermal getroffen werden, bilden sich, wie die K auf $\mathfrak{F}_3^4$, in die Geraden durch O' ab; folglich wird jeder Strahl durch O' von jener Bildkurve noch viermal geschnitten. Da endlich d^4 jeder $\mathfrak{g}$ zweimal begegnet, so haben wir:

Die Bildkurve der Doppelkurve d^4 ist eine Kurve 7. Ordnung d'^7 mit O' als dreifachem und den G_1', ... G_7' als doppelten Punkten, also vom Geschlechte 5.

Auf ihr haben wir die Involution I_D je der beiden Bilder der Punkte von d^4; und die Bildkurve jedes ebenen Schnitts schneidet 4 Paare ein.

In der Ebene κ eines $\mathfrak{K}$ befindet sich auf F_4^5 eine Kurve 3. Ordnung $\mathfrak{K}^3$, welche dem $\mathfrak{K}$, außerhalb d^4, noch zweimal begegnet. So

1) Vgl. Nöther, a. a. O. S. 202.

wird die Ebene eine Doppel-Berührungsebene der Fläche. Die Bildkurve zerspaltet sich in eine Gerade durch O' und eine Kurve 3. Ordnung durch O' und die $G_1', \ldots$ Es entsteht ein Büschel von Kurven 3. Ordnung; also geht durch jeden Punkt von F_4^5 eine $\mathfrak{K}^3$, wie auch ein $\mathfrak{K}$, und demnach zwei Ebenen κ; in der einen liegt er auf $\mathfrak{K}$, in der andern auf $\mathfrak{K}^3$; daher umhüllen die Ebenen κ einen Kegel 2. Grades. Seine Spitze liegt auf F_4^5 in dem Punkte V, der sich in den neunten Grundpunkt V' jenes Büschels abbildet.[1])

Den Restschnitt 4. Ordnung in einer Ebene durch eine Gerade $\mathfrak{g}$ der Fläche schneidet diese, außerhalb d^4, noch zweimal, wodurch die Ebene eine doppelte Berührungsebene wird. Die Bilder sind verschiedenartig, je nachdem $\mathfrak{g}$ sich in eine Gerade oder in einen Punkt abbildet; im ersteren Falle — $\mathfrak{g}$ sei etwa $\mathfrak{g}_1^*$, die sich in $O'G_1'$ abbildet — sind sie Kurven 3. Ordnung, welche einen Büschel bilden; Grundpunkte sind O', $G_2', \ldots G_7'$ und die zweiten Bilder der beiden Punkte $d^4\mathfrak{g}_1^*$.

Die 12 Doppelpunkte in diesem Büschel beweisen, daß der Ebenenbüschel um $\mathfrak{g}$ 12 Ebenen enthält, die noch ein drittes Mal berühren.

In den Ebenen $\kappa = (\mathfrak{K}, \mathfrak{K}^3)$ zerfällt 7mal der Kegelschnitt und zwölfmal hat $\mathfrak{K}^3$ einen Doppelpunkt, weil eben die Bilder der $\mathfrak{K}^3$ auch einen Büschel von Kurven 3. Ordnung erzeugen.

Damit kommen 19 dreifache Tangentialebenen zustande. Und endlich enthält jede der 64 Ebenen der $\mathfrak{S}$ noch eine Kurve 3. Ordnung $\mathfrak{S}^3$, und die drei Begegnungspunkte, welche sie außerhalb d^4 haben, machen sie zur dreifachen Berührungsebene. So ergeben sich $14 \cdot 12 + 19 + 64 = 251$ Tritangentialebenen.

Einer Gerade x' in Σ' entspricht auf F_4^5 eine Raumkurve 4. Ordnung, welche über d^4 siebenmal, über jeden $\mathfrak{K}$ und über $\mathfrak{g}_1^*, \ldots \mathfrak{g}_7^*$ einmal geht; weil die Gerade sich so zu den Bildern verhält. Sie ist 2. Art, weil vom Geschlechte 0 und ohne Doppelpunkt. Gegen die anderen Geraden $\mathfrak{g}_1, \ldots \mathfrak{g}_7$ und gegen den Kegelschnitt $\mathfrak{S}_1$ ist sie windschief. 930

Einer Verbindungslinie zweier einfacher Hauptpunkte, etwa G_1', G_2', entspricht ein Kegelschnitt $\mathfrak{S}$, der den beiden sich absondernden Geraden $\mathfrak{g}_1, \mathfrak{g}_2$ begegnet, sowie den $\mathfrak{g}_3^*, \ldots \mathfrak{g}_7^*$; der d^4 begegnet er dreimal. Dies gibt 21 Kegelschnitte $\mathfrak{S}$.

Einem Kegelschnitt in Σ' entspricht eine Raumkurve 8. Ordnung, welche d^4 14mal und die $\mathfrak{g}_1^*, \ldots$ zweimal schneidet.

Dem Kegelschnitt $(O'G_1'G_2'G_3G_4')$ korrespondiert daher auch ein $\mathfrak{S}$; die sich absondernden Kurven haben mit d^4 $3 + 2 \cdot 4$ Schnittpunkte,

1) Math. Annalen Bd. 4 S. 275, 276.

so daß 3 übrig bleiben. Der 𝔖 trifft die sich absondernden Geraden $\mathfrak{g}_1, \dots \mathfrak{g}_4$, sowie $\mathfrak{g}_5^*, \dots \mathfrak{g}_7^*$. In dieser Weise ergeben sich 35 Kegelschnitte. Endlich führen die 7 Kurven 3. Ordnung, welche durch O' doppelt, durch 6 der G_i' einmal gehen, auch zu einem 𝔖. Ist G_1' der ausgelassene Punkt, so trifft der 𝔖 die $\mathfrak{g}_1^*$ und $\mathfrak{g}_2, \dots \mathfrak{g}_7$.

Diese 21, 35, 7 Kegelschnitte 𝔖 begegnen der obigen Raumkurve 4. Ordnung 2. Art, welche eine Gerade x' zum Bilde hat, in 1, 2, 3 Punkten, und von den 7 Geraden $\mathfrak{g}_1^*, \dots \mathfrak{g}_7^*$, welche von ihr einmal überschritten werden, 5, 3, 1; während der in O' sich abbildende 64te Kegelschnitt $\mathfrak{S}_1$ alle 7 trifft.

Sei $\mathfrak{S}^i$ derjenige von den 𝔖 der dritten Art, der sich auf $\mathfrak{g}_i^*$ stützt, so sind durch d^4, $\mathfrak{S}^i$ und $\mathfrak{g}_i^*$ ∞^2 Flächen 3. Ordnung möglich; zu deren Bestimmung legen wir 12 Punkte[1]) auf d^4, 4 weitere auf $\mathfrak{S}^i$ und 1 weiteren auf $\mathfrak{g}_i^*$. Jede hat mit der Raumkurve 4. Ordnung schon gemein $7 + 3 + 1 = 11$ Punkte, und die durch 2 Punkte der Kurve endgültig bestimmte Fläche dieses Netzes nimmt die Kurve ganz in sich auf.[2]) Dies doppelt unendliche System von Raumkurven 4. Ordnung auf F_4^5 wird demgemäß durch 7 Flächennetze 3. Ordnung in die Fläche eingeschnitten; es ist dem $\mathfrak{S}_1$ zugeordnet, dem seine Kurven nicht begegnen.[3])

Aus dieser Herstellung der Raumkurven 4. Ordnung können wir auch ihre 7 Begegnungspunkte mit d^4 und die 7. Ordnung von d'^7 ableiten. Der Restschnitt 7. Ordnung einer durch d^4 gelegten kubischen Fläche trifft einen 𝔎 zweimal, in den beiden letzten Schnitten des 𝔎 mit dieser Fläche; folglich fallen von seinen 14 Schnitten mit der Fläche 2. Grades (d^4, 𝔎) 12 auf d^4. Von ihm lösen sich in unserem Falle $\mathfrak{S}^i$, $\mathfrak{g}_i^*$ ab mit $3 + 2$ Punkten auf d^4.

Die Involution auf d'^7 bewirkt um den dreifachen Punkt O' dieser Kurve eine involutorische Korrespondenz [4]. Koinzidenzen derselben können nicht dadurch zustande kommen, daß zwei verschiedene gepaarte Punkte jener Involution auf demselben Strahle durch O' liegen; denn das würde bedeuten, daß ein Kegelschnitt 𝔎 in einem Punkte der d^4 beide Berührungsebenen tangiert. Die 8 Koinzidenzen kommen also durch Vereinigung gepaarter Punkte zustande. Die Doppelkurve enthält acht Kuspidalpunkte. Die drei Geraden, welche den O' mit den drei ihm gepaarten Punkten verbinden, weisen darauf hin, daß die Verbindungslinien gepaarter Punkte der I_D eine Kurve 3. Klasse umhüllen. In der Tat, um einen beliebigen Punkt von Σ' entsteht durch I_D eine involutorische Korrespondenz [7]; von ihren 14 Koinzidenzen gehen acht nach den Doppelpunkten der

1) Flächen 3. Ordnung, S. 234.

2) A. a. O.

3) Es handelt sich also um eins der 64 Netze von Kurven Q^4, welche Math. Annalen Bd. 4 S. 278 erwähnt sind.

I_D, die sechs andern sind die drei Tangenten jener Kurve, welche ja, weil es sich um involutorisches Entsprechen handelt, doppelt zu rechnen sind.

Den Tangenten dieser Kurve 3. Klasse korrespondieren auf F_4^5 Raumkurven 4. Ordnung, welche auf d^4 einen Doppelpunkt haben (und dadurch erster Art geworden sind).

Eine Berührungsebene eines Punktes der d^4 hat in diesem Punkte einen dreifachen Punkt, die Bildkurve in dem einen Bilde einen doppelten, im anderen einen einfachen Punkt.

Der Strahlenbüschel O' und der Büschel 3. Ordnung ($O'G_1' \ldots G_7'V'$) sind projektiv, indem die Bilder eines $\mathfrak{K}$ und einer $\mathfrak{K}^3$ zugeordnet sind, welche in derselben Ebene liegen. Sie erzeugen folglich eine Kurve 4. Ordnung, welche durch O' zweimal, durch $G_1', \ldots V'$ einmal geht und daher in dem vierfach unendlichen Systeme sich befindet, dem die Bilder der ebenen Schnitte angehören. Zwei homologe Elemente der erzeugenden Büschel gehen stets durch vier Paare der I_D; also liegen die Bilder der Kuspidalpunkte auf dieser Kurve. Die Bilder der ebenen Schnitte trifft sie noch in fünf Punkten, die Strahlen durch O' noch zweimal. Ihr entspricht also auf F_4^5 eine Kurve 5. Ordnung, welche durch die Kuspidalpunkte und den ausgezeichneten Punkt V, ferner über jeden $\mathfrak{K}$ zweimal und jede $\mathfrak{g}$ einmal geht. Diese ist der Ort der beiden Berührungspunkte der Ebenen $\varkappa$.

Daraus, daß diese Ebenen einen Kegel 2. Grades mit der Spitze V umhüllen, folgt, daß die Verbindungslinien der Berührungspunkte durch V gehen und der Kegel die F_4^5 längs dieser Kurve berührt.

Weil an die Bildkurve von O' sechs Tangenten kommen, so haben in sechs Ebenen $\varkappa$ die beiden Berührungspunkte sich vereinigt: sie berühren stationär.

Daß die Klasse der Fläche 20 ist, ergibt sich genau wie bei F_2^4.

Noch zu untersuchen ist, ob es Kurven gibt, welche die Involution I_D in d'^7 einschneiden, jede Kurve ein Paar.

931 Sämtliche behandelten Flächen enthalten ∞^1 unikursale Kurven, welche durch einen Flächenbüschel eingeschnitten werden. Bei der F_4^5 sind es die Kegelschnitte $\mathfrak{K}$, bei der Nötherschen Fläche Φ die erzeugenden Kurven 4. Ordnung der Cremonaschen Erzeugung, welche alle im ausgezeichneten Punkt einen Doppelpunkt haben. Bei den $\mathfrak{F}_{n-2}^n$ sind es die Kegelschnitte in den Ebenen durch die $(n-2)$-fache Gerade. In F_3^5 schneiden die Flächen 2. Grades durch die Doppelkurve d^3 und eine Gerade der Fläche kubische Raumkurven ein, in F_2^4 die Flächen durch die Doppelkurve und einen Kegelschnitt aus einer der zehn Reihen die Kegelschnitte aus der verbundenen Reihe.

Die kubische Fläche wird durch den Ebenenbüschel um jede ihrer Geraden, die kubische Regelfläche und die Regelfläche 4. Grades mit zwei doppelten Leitgeraden und einer doppelten Erzeugenden oder mit einer kubischen Doppelkurve durch den Ebenenbüschel um eine beliebige Erzeugende, endlich die Fläche 2. Grades und die Steinersche Fläche durch jeden Ebenenbüschel in unikursalen Kurven geschnitten. Den allgemeinen Satz, daß eindeutige Abbildbarkeit der Fläche auf eine Ebene möglich ist, wenn ein solches Kurvensystem vorhanden ist, hat Nöther analytisch bewiesen.[1]). Durch die in den vorangehenden Nummern angewandte Projektion läßt sich eine Fläche, bei welcher der einschneidende Büschel von höherer Ordnung als 1 ist, eindeutig auf eine abbilden, bei welcher er ein Ebenenbüschel ist; und es ist dann für eine solche Fläche nachzuweisen, daß sie auf eine Ebene eindeutig abbildbar ist.[2])

---

1) Math. Annalen Bd. 3 S. 161.

2) Mit diesen abbildbaren Flächen muß ich mich begnügen; für weitere verweise ich auf die Abhandlungen von Nöther, Math. Annalen Bd. 33 S. 546 über rationale Flächen 4. Ordnung, und von D. Montesano über homaloidische Flächen: Rendiconti del Circolo matematico di Palermo Bd. 2, Rendiconti dell' Istituto Lombardo Ser. II Bd. 24 und insbesondere: Rendiconti dell' Accademia di Napoli 1900 und 1901 (über homaloidische Flächen 4. und 5. Ordnung); ferner auch auf Fanos Untersuchung der Abbildung einiger Flächen 4. Ordnung auf eine doppelte Ebene: Rendiconti dell' Istituto Lombardo Ser. II Bd. 39, Hill, Mathem. Review Bd. 1, American Journal of Mathematics Bd. 19.

Elfter Teil.

Eindeutige (Cremonasche) Verwandtschaften im Raume.[1])

§ 133. Allgemeine Eigenschaften.

932 Im Raume Σ sei ein Flächengebüsche G m^{ter} Ordnung gegeben und kollinear auf den Ebenenraum Σ' bezogen. Dadurch werden seine Büschel und Netze den Ebenenbüscheln und Ebenennetzen oder -bündeln von Σ' zugeordnet. Ein Punkt X von Σ bestimmt in G ein Flächennetz, und es wird ihm daher eindeutig der Scheitel X' des korrespondierenden Bündels zugeordnet; aber einem X' entsprechen alle m^3 Grundpunkte des seinem Bündel korrespondierenden Flächennetzes, die im allgemeinen sämtlich veränderlich sind. Wenn X' eine Gerade a' durchläuft, so beschreiben diese Grundpunkte die Grundkurve, von der Ordnung m^2, des Flächenbüschels in G, welcher dem Ebenenbüschel a' entspricht.

Nehmen wir an, daß die Flächen φ von G alle gewisse feste Kurven und Punkte gemeinsam haben, die zunächst die Grundelemente von G heißen mögen, dann können wir einem Punkt X' von Σ' nur die veränderlichen Grundpunkte X des dem Ebenenbündel X' entsprechenden Flächennetzes, welche außerhalb jener Kurven oder jener Punkte fallen, — ihre Anzahl betrage l — zuordnen; diese durchlaufen dann, wenn X' sich auf a' bewegt, den veränderlichen Bestandteil f der Grundkurve des dem Ebenenbüschel a' entsprechenden Flächenbüschels; dessen Ordnung sei n.

Jetzt sei in Σ' eine Ebene α', in Σ eine Gerade a gelegt, so haben wir, weil diese der Fläche φ, die jener entspricht, in m Punkten begegnet, m Paare entsprechender Punkte X und X', welche bzw. mit a und α' inzidieren. Das bedeutet aber auch, daß die Punkte X', welche den X von a korrespondieren, eine Kurve m^{ter} Ordnung beschreiben, so daß m zwei Ordnungen in der Verwandtschaft der Punkte X und X' bezeichnet: die Ordnung der Fläche φ, welche von den l Punkten X erzeugt wird, die je den Punkten einer Ebene α' in Σ' entsprechen, und die Ordnung der Kurve f', welche der Punkt X' erfüllt, wenn X auf einer Gerade a in Σ läuft; wobei jedoch a nur einen der Punkte enthält, welche einem Punkte von f' entsprechen (vgl. Nr. 689).

---

1) Cremona, Annali di Matematica Ser. II Bd. 5 S. 131.

Legt man aber eine Ebene α in Σ und eine Gerade a' in Σ', so gibt es, weil jene der Kurve n^{ter} Ordnung f, welche dieser entspricht, in n Punkten begegnet, n Paare von entsprechenden Punkten X und X', welche bzw. mit α und a' inzidieren, und den Punkten X der Ebene α entsprechen Punkte X', welche eine Fläche φ' n^{ter} Ordnung erzeugen; ebenfalls so, daß von den l korrespondierenden Punkten eines Punktes der Fläche φ' im allgemeinen nur einer in α liegt.

Die zweite Gradzahl n hat auch zwei Bedeutungen: die Ordnung der Fläche φ', die einer Ebene α in Σ korrespondiert, die Ordnung der Kurve f, die einer Gerade a' in Σ' entspricht.

Dreht man die Ebene α um eine Gerade a, so entsteht ein einfach unendliches System von Flächen n^{ter} Ordnung φ', denen allen die Kurve m^{ter} Ordnung f' gemeinsam ist, die der Axe a entspricht. Aber wenn $l > 1$ ist, ist dies kein Büschel, denn durch einen Punkt X' gehen l Flächen dieses Systems, entsprechend den l Ebenen des Büschels a, welche durch die l dem X' korrespondierenden Punkte X gehen.

Wir wollen jedoch die Punktverwandtschaft in beiderlei Sinne eindeutig haben; dann muß $l = 1$ sein; die Netze in G dürfen nur einen Grundpunkt haben, der nicht mit Grundelementen inzident ist; oder drei beliebige Flächen des Gebüsches dürfen nur einen Schnittpunkt haben, der so beschaffen ist. Das ist z. B. der Fall bei dem Gebüsche aller Flächen 2. Grades, die einen Kegelschnitt und einen Punkt gemeinsam haben; je zwei Flächen des Gebüsches haben noch einen veränderlichen durch den festen Punkt gehenden Kegelschnitt gemeinsam, der sich zweimal auf jenen festen Kegelschnitt stützt; einer dritten Fläche des Gebüsches begegnet er, außer in diesen Stützpunkten und dem festen Punkte, noch einmal. Es ist hier $m = n = 2$.

Oder die Flächen des Gebüsches 2. Ordnung haben eine feste Gerade und drei feste Punkte gemeinsam. Zwei von ihnen schneiden sich in einer kubischen Raumkurve, welche die Gerade zweimal trifft und durch die drei Punkte geht; einer dritten Fläche des Gebüsches begegnet sie daher nur noch einmal. Hier ist $m = 2$, $n = 3$.

In solchen Fällen, wo $l = 1$ ist, bilden die Flächen n^{ter} Ordnung φ' in Σ', die den Ebenen eines Büschels in Σ korrespondieren, einen Büschel, weil durch einen beliebigen Punkt nur eine geht und daher jeder Punkt, der zweien angehört, dann allen gemeinsam ist. Daraus folgt, daß die φ', welche den Ebenen eines Bündels in Σ entsprechen, ein Netz und sämtliche Flächen φ' ein Gebüsche G' bilden; denn in derselben Weise, wie der Ebenenraum Σ und seine Bündel aus Büscheln hergestellt werden, so baut sich das System der φ' und seine Netze aus Büscheln auf. Und dies Gebüsche G' muß dieselbe Eigenschaft haben wie G, wegen der Eindeutigkeit in beiderlei Sinn. Seine Grundelemente müssen so sein, daß drei beliebige Flächen nur einen mit ihnen nicht inzidierenden Schnittpunkt haben.

Derartige Flächengebüsche heißen homaloidisch.

Ist G homaloidisch, so ist es G' dann von selbst; es genügt daher, ein homaloidisches Gebüsche zu haben, um aus ihm eine eindeutige Verwandtschaft im Raume abzuleiten.

Die Grundkurve von G hat ersichtlich die Ordnung $m^2 - n$, diejenige von G' die Ordnung $n^2 - m$; so daß, wenn $n \geqq m$, die Bedingung besteht $n \leqq m^2$.

In beiden Räumen befinden sich $mn - 1$ Begegnungspunkte einer Fläche φ und einer Kurve f, bzw. einer Fläche φ' und einer Kurve f' auf bzw. in den Grundelementen.

Die Flächen φ, φ' der Gebüsche sind (in beiderlei Sinne) eindeutig auf die korrespondierende Ebene α', α abgebildet, sind Homaloide, wie Sylvester eindeutig auf eine Ebene abbildbare Flächen genannt hat; und ebenso sind die Kurven f, f', welche den Geraden a', a entsprechen, unikursal, vom Geschlechte 0.

Der Grad der Mannigfaltigkeit einer unikursalen Kurve μ^{ter} Ordnung ist 4μ[1]; es gibt z. B. ∞^4 Geraden, ∞^8 Kegelschnitte, ∞^{12} kubische Raumkurven, ∞^{16} Raumkurven 4. Ordnung 2. Art. 933

Da wir es mit ∞^4 Kurven f oder f' zu tun haben, so müssen die Inzidenzen dieser Kurven mit den Grundelementen $4(n-1)$ bzw. $4(m-1)$ Bedingungen involvieren; handelt es sich um einfaches Stützen auf eine Grundkurve oder einfaches Gehen durch einen Grundpunkt, so ist das eine einfache bzw. zweifache Bedingung.

In dem ersten der obigen Beispiele homaloidischer Gebüsche 2. Ordnung sind die Kurven f Kegelschnitte; sie stützen sich zweimal auf den Grund-Kegelschnitt und gehen durch den Grundpunkt, was vier Bedingungen sind. Im zweiten sind sie kubische Raumkurven und acht Bedingungen unterworfen: nämlich zweimal die Grundgerade zu treffen und durch die drei Grundpunkte zu gehen.

Unter den Grundkurven des Gebüsches G sei eine auf allen Flächen φ desselben r-fache von der Ordnung x, so ist:

---

1) Die homogenen Koordinaten der Punkte einer unikursalen Kurve μ^{ter} Ordnung lassen sich als ganze rationale Funktionen μ^{ten} Grades eines Parameters ω darstellen:

$$x_1 : x_2 : x_3 : x_4 = f_1 : f_2 : f_3 : f_4.$$

Diese Funktionen f_i μ^{ten} Grades enthalten $4(\mu + 1)$ Konstanten, welche durch Einführung eines neuen Parameters $\omega' = \dfrac{a + b\omega}{c + d\omega}$ und geeignete Wahl von a, b, c, d auf 4μ herabgebracht werden können.

$$m^2 - \sum x \cdot r^2 = n;$$ [1]

und in G' analog:

$$n^2 - \sum x' \cdot r'^2 = m.$$

Es sei Z ein Punkt der r-fachen Grundkurve x^{ter} Ordnung h; er hat in jeder Ebene α' r korrespondierende Punkte, weil er auf jeder φ r-fach ist; folglich entspricht ihm eine Kurve z' r^{ter} Ordnung. Diese Kurve z' ist allen Flächen φ' des Netzes in G' gemeinsam, welches dem Ebenenbündel Z entspricht. Weil h einer Ebene α in x Punkten begegnet, so liegen auf der entsprechenden Fläche φ' x solche Kurven z'. Ferner, wenn h von jeder Kurve f in t Punkten getroffen wird, begegnet die entsprechende Gerade a' t Kurven z', und die Fläche, welche von den z' erzeugt wird, ist von der Ordnung t.

Auf diese Weise ist jeder Grundkurve des einen Raums, im allgemeinen, eine Fläche zugeordnet, welche von den Kurven erzeugt wird, die den einzelnen Punkten jener Kurve entsprechen.

Diese einer h entsprechende Fläche sei mit $(h)'$ bezeichnet, und die einer h' korrespondierende mit (h').

Aber es kann ein Spezialfall eintreten. Wenn die Grundkurve von den Kurven f nicht getroffen wird, so entsteht keine Fläche. Dann ändert sich die Kurve z' nicht mit dem Punkte Z auf h; allen Punkten der Grundkurve entspricht dieselbe Kurve. Wir haben dann zwei einander zugeordnete Kurven k und k', so beschaffen, daß jedem Punkte der einen jeder Punkt der andern korrespondiert. Ist k r-fach auf den φ und von der Ordnung s, so ist k' r^{ter} Ordnung und s-fach auf den φ', da allen s Schnitten der k mit α dieselbe Kurve auf der zugehörigen φ' entspricht.

Weil die Punkte einer Grundkurve von der Eindeutigkeit eine Ausnahme machen, so empfiehlt es sich, die sonst gebrauchte Terminologie einzuführen und die Kurve Hauptkurve[2]) zu nennen, wobei dies Wort freilich eine andere Bedeutung hat als bei den ebenen Cremonaschen Verwandtschaften. Besser wäre jetzt: Kurve von Hauptpunkten. Dort bedeutet Hauptkurve die einem Hauptpunkte

---

1) Es ist wohl richtig, daß die φ in eine Ebene ein Gebüsche von Kurven m^{ter} Ordnung je mit x r-fachen Punkten einschneiden; aber es ist nicht notwendig, daß dies Gebüsche durch diese festen Punkte schon bestimmt ist; daher ist die Formel von Cremona:

$$\tfrac{1}{2} m(m+3) - \sum \tfrac{1}{2} x\, r(r+1) = 3$$

im allgemeinen nicht richtig (a. a. O. Nr. 6). Das zweite der obigen Flächengebüsche 2. Ordnung widerlegt sie. Sie wird von Cremona auch nicht weiter benutzt.

2) Ich ziehe das ursprüngliche Cremonasche „Haupt-" (principale) dem sonst vielfach üblichen „Fundamental-" vor.

entsprechende Kurve; jetzt ist eine Hauptkurve eine Kontinuum von Hauptpunkten, denen je, statt eines Punktes, eine Kurve entspricht; für diese entsprechenden Kurven und die, im allgemeinen, von ihnen erzeugte Fläche fehlt nun der geeignete Name.

Solche auf Hauptkurven gelegenen Hauptpunkte nennt de Paolis in seiner Abhandlung über „doppelte" (zweieindeutige) Transformationen[1]) Hauptpunkte (Fundamentalpunkte) zweiter Klasse.

Wir haben also zu unterscheiden zwischen ordentlichen Hauptkurven, deren Punkten verschiedene Kurven entsprechen, die eine Fläche erzeugen, und außerordentlichen (d. h. im allgemeinen nicht auftretenden) Hauptkurven, deren sämtlichen Punkten dieselbe Kurve entspricht. Jene werden von den f bzw. f' getroffen, diese nicht.

Wenn das eine homaloidische Gebüsche G gegeben ist, so ist, nachdem G dem Ebenenraum Σ' kollinear gemacht, auch das andere gegeben; seine Ordnung n ergibt sich aus der obigen Formel; aber wie erhält man, zunächst, die ordentlichen Hauptkurven von G'? Da kommt es darauf an, in G eine Kurve z aufzufinden, welche mit den Grundelementen sich so oft begegnet, daß durch sie ein ganzes Netz von φ geht; der Scheitel Z' des diesem Netze korrespondierenden Ebenenbündels ist ein Hauptpunkt und erzeugt eine Hauptkurve h', wenn ∞^1 Kurven z vorhanden sind. Die Zahl der z auf einer φ gibt die Ordnung dieser h', und die Ordnung der z gibt die Vielfachheit der h' auf den φ'.

Es sei O ein (nicht auf einer Grundkurve gelegener) Grundpunkt von G, λ und ρ seine Vielfachheiten auf den Flächen φ und den Kurven f; so hat er je ρ entsprechende Punkte auf einer Gerade a', und es entspricht ihm deshalb eine Fläche ρ^{ter} Ordnung $(O)'$. Diese isolierten Grundpunkte können wir auch als Hauptpunkte der Verwandtschaft schlechthin bezeichnen.[2])

Mit einer Fläche $(O)'$ haben die φ' außer Hauptkurven nichts

---

1) Memorie dell' Accademia dei Lincei 4. Ser. Bd. 1 (1885).

2) Bei de Paolis Hauptpunkte erster Klasse. — Daraus, daß eine Fläche φ und eine Kurve f, außerhalb der Hauptelemente, nur einen Schnitt haben, folgt, aber nur im allgemeinen:

$$mn = 1 + \sum rt + \sum \lambda\rho,$$

wo die erste Summe über alle Hauptkurven, die zweite über alle Hauptpunkte des Raumes Σ ausgedehnt ist. Und eine ähnliche Formel gilt in Σ'. Aber die Beispiele werden zeigen, daß die Verhältnisse doch nicht immer so einfach liegen, daß z. B. die bloße Vielfachheit ρ eines Hauptpunktes O auf den f noch nicht genug charakterisiert, daß mehr als $\lambda\rho$ Punkte sich in O konzentrieren können. Vielleicht ist dies auch der Grund, weshalb Cremona auf die Aufstellung von solchen Formeln verzichtet hat.

gemein, da die entsprechende Ebene α im allgemeinen nicht durch O geht.

934 Die Flächen $(h)'$ und $(O)'$ in Σ' bzw. (h') und (O') in Σ setzen die Jacobische Fläche des Gebüsches G' bzw. G zusammen. Wir haben dazu nachzuweisen, daß jeder Punkt einer dieser Flächen Doppelpunkt einer Fläche des Gebüsches ist oder daß in ihm die Flächen eines Büschels aus demselben sich berühren.

Es sei D' ein Punkt einer Fläche $(h)'$, also auf einer Kurve z' gelegen, die einem Punkte Z von h korrespondiert und durch welche ein ganzes Netz von Flächen φ' von G' gelegt werden kann; so ziehen wir durch ihn zwei Strahlen, die mit der Tangente von z' in D' nicht in einer Ebene liegen; dann scheiden die beiden Nachbarpunkte von D' auf diesen Strahlen aus dem Netze eine Fläche φ' aus, die in D' einen Doppelpunkt hat.

Oder, einer durch Z gehenden Ebene α korrespondiert eine Fläche φ', welche die Kurve z' enthält, einer Gerade a durch Z in α eine Kurve f', welche in die Kurve z' r^{ter} Ordnung, wenn, wie oben, h auf den φ r-fach ist, und eine Kurve $(m-r)^{\text{ter}}$ Ordnung f_1' zerfällt, welche letztere die eigentlich korrespondierende Kurve ist. Beide haben den Punkt D' gemein, der im Kontinuum der den Punkten von a entsprechenden Punkte auf f_1' dem Z entspricht oder, was anschaulicher ist, dem Nachbarpunkte von Z auf a korrespondiert. Drehen wir a in α um Z, so durchläuft dieser Punkt D' die z' und bringt sie in eindeutige Beziehung zum Büschel (Z, α), so das z' sich als unikursale Kurve herausstellt. Für jede Lage des Punktes D' auf z' oder des Strahls a im Büschel ist jener ein Doppelpunkt der Kurve (z', f_1'), welche veränderlicher Teil der Grundkurve des Büschels der Flächen φ' ist, die den Ebenen durch a entsprechen. Also ist jeder Punkt von z' und daher von $(h)'$ ein Punkt, in dem sich die Flächen eines Büschels aus G' berühren. Daß es in einem Büschel von Flächen, die sich in einem Punkte berühren, stets eine Fläche gibt, die in ihm einen Doppelpunkt besitzt, wissen wir. Damit ist bewiesen, daß jede Fläche $(h)'$ zur Jacobischen Fläche J' von G' gehört, und zwar einfach, weil jeder Punkt nur für eine Fläche von G' Doppelpunkt ist.

Den Ebenen α, die durch einen Hauptpunkt O gehen, dessen entsprechende Fläche $(O)'$ ρ^{ter} Ordnung ist, korrespondieren Flächen φ', welche in diese Fläche $(O)'$ und eine Fläche φ_2' von der Ordnung $n-\rho$ zerfallen. Alle diese Flächen φ_2', den Ebenen des Bündels O zugehörig, bilden ein Netz; denn durch zwei Punkte geht nur die eine, die der Ebene des Bündels durch die beiden entsprechenden Punkte entspricht; einem Strahl a des Bündels O korrespondiert eine Büschel-Grundkurve $(n-\rho)^{2\text{ter}}$ Ordnung aus diesem Netze.

Durch jeden Punkt U' von $(O)'$ geht ein Büschel von diesen Flächen φ_2' und für die vollständigen Flächen φ' n^{ter} Ordnung, die sie mit $(O)'$ bilden, ist er ein Doppelpunkt. Also gehört die Fläche $(O)'$ jedenfalls zur Jacobischen Fläche J'.

Der veränderliche Teil f_2' der Grundkurve jenes Büschels ist von der Ordnung $m - \lambda$, weil die entsprechende Gerade a einer Fläche φ, außer in O, so oft begegnet.

Die Punktreihe auf f_2' entspricht eindeutig der Punktreihe auf a und weil a eben nur einmal durch O geht, so kann f_2' der Fläche $(O)'$, außer in Hauptelementen, nur einmal begegnen. Dieser Begegnungspunkt U' korrespondiert dem O, insofern er auf a liegt, oder, wenn wir wollen, dem Punkt auf a, der dem O unendlich nahe ist. Folglich besteht eine eindeutige Korrespondenz zwischen den Punkten von $(O)'$ und dem Strahlenbündel O (oder irgend einem Felde, zu dem dieser kollinear ist). Die Fläche $(O)'$ ist ein Homaloid.

Wir fanden, daß die Kurven f n^{ter} Ordnung in Σ, die den Geraden a' von Σ' entsprechen, so viele Inzidenzen mit den Haupt- oder Grundelementen von G eingehen, daß diese $4(n-1)$ Bedingungen involvieren. Das ist gerade die Ordnung der Jacobischen Fläche J'. Jede einfache Inzidenz einer f mit einer Hauptkurve h bewirkt einen einfachen Schnitt der entsprechenden a' mit dem Bestandteile $(h)'$ dieser Fläche J'; ein einfaches Hindurchgehen durch einen Hauptpunkt O ist eine zweifache Bedingung, und entspricht daher einem doppelt zu rechnenden Schnitte der a' und der Fläche $(O)'$, so daß, wenn die f nur einfach durch den O gehen, die Fläche $(O)'$ — in diesem Falle $(\rho = 1)$ eine Ebene — doppelt unter den Bestandteilen der Jacobischen Fläche zu rechnen ist. Gehen aber alle f zweimal durch O, ohne daß noch weitere Bedingungen von ihnen zu erfüllen sind, so zählt jeder der beiden Durchgänge für zwei Bedingungen; die a' hat zwei doppelt zu rechnende Schnitte mit $(O)'$. Diese Fläche ist eine doppelt zu rechnende Fläche 2. Ordnung. Sollen aber z. B. die beiden Äste jeder f in O eine gegebene Ebene ω tangieren, so involviert jeder Durchgang drei Bedingungen; die Fläche 2. Ordnung $(O)'$ ist dreifach zu rechnen. Allgemein, wenn die f so sich zu O verhalten, daß ρ Durchgänge stattfinden, die ρ' Bedingungen absorbieren, so ist $(O)'$ eine $\frac{\rho'}{\rho}$-fach zu J' zu rechnende Fläche ρ^{ter} Ordnung; so daß ρ' stets ein Vielfaches von ρ sein muß.

Und da so die volle Ordnung $4(n-1)$ der Jacobischen Fläche J' erschöpft wird durch die mit $4(n-1)$ Bedingungen äquivalenten Inzidenzen der f mit den Hauptelementen, so kann das Gebüsche G' keine anderen Doppelpunkte bei seinen Flächen haben, als die im vorangehenden behandelten.

Es sei Z ein Punkt der r-fachen (ordentlichen) Hauptkurve h, a ein Strahl durch ihn; die ihm korrespondierende Kurve f' m^{ter} Ordnung zerfällt in die Kurve z', die dem Z allein entspricht, und eine (unikursale) Kurve f_1' $(m-r)^{\text{ter}}$ Ordnung, die jener in dem Punkte begegnet, der im Kontinuum der Punkte von f_1' dem Z korrespondiert. Wegen der ∞^2 Strahlen a durch Z haben wir auch ∞^2 Kurven f_1'; also sind diese $4(m-r)-2$ Bedingungen unterworfen, von denen eine die Begegnung mit z' ist, die andern $4(m-r)-3$ Inzidenzen mit den Hauptelementen sind. Weil ein anderer Punkt Z von h zu einer andern z' führt, so gehört zu jedem Z von h ein besonderes System von ∞^2 Kurven f_1'. Den $4(m-r)-3$ Inzidenzen entsprechen ebenso viele Schnitte der jeweiligen a mit der Jacobischen Fläche J von G (unter Berücksichtigung der im vorangehenden besprochenen Vielfachheiten), außer Z. Folglich fallen in Z selbst

$$4(m-1)-\{4(m-r)-3\}=4r-1$$

Schnitte.

Jede ordentliche r-fache Hauptkurve ist auf der betreffenden Jacobischen Fläche $(4r-1)$-fach.

Dies findet in folgender Überlegung seine Bestätigung. Den verschiedenen Punkten Z von h entsprechen ∞^1 unikursale Kurven z' r^{ter} Ordnung; also muß jede $4r-1$ Inzidenzen mit den Hauptelementen erfüllen, woraus wiederum folgt, daß der zugehörige Z so oft auf der Jacobischen Fläche J liegt.

Wenn es sich aber um eine außerordentliche Hauptkurve k handelt, so ergibt sich, weil z' immer die k' ist, ein einziges System von ∞^3 Kurven f_1', welche den ∞^3 Strahlen a korrespondieren, die der k begegnen. Diese Kurven sind $4(m-r)-3$ Bedingungen unterworfen, nämlich der Inzidenz mit k' und $4(m-r)-4$ Inzidenzen mit andern Hauptelementen in Σ'; diese weisen auf ebenso viele Schnitte irgend einer die k treffenden a mit der Jacobischen Fläche von Σ hin; woraus folgt, daß k auf derselben $4r$-fach ist.

Eine außerordentliche auf den Flächen des Gebüsches ihres Raums r-fache Hauptkurve ist auf der Jacobischen Fläche desselben $4r$-fach.

In dem besonderen Falle, daß die Kurve z', die einem Punkte Z einer r-fachen (ordentlichen) Hauptkurve h korrespondiert, eben ist, hat die Fläche φ von G, welche ihrer Ebene α' entspricht, in Z einen $(r+1)$-fachen Punkt. Denn die Kurve f_1' $(m-r)^{\text{ter}}$ Ordnung, welche mit z' die f' bildet, die einer durch Z gehenden Gerade a entspricht, trifft α', außer auf z', noch in $m-r-1$ Punkten; also trifft a die korrespondierende φ, außer in Z, noch in ebenso vielen Punkten, d. h. Z ist $(r+1)$-fach auf dieser φ.

Fallen z. B. die allen Punkten der h zugehörigen z' in dieselbe Ebene, so ist für die dieser Ebene entsprechende φ die Kurve h $(r+1)$-fach.

Und wenn $r = 1$, also die z' Geraden sind, so haben die φ, die den Ebenen durch eine solche Gerade entsprechen, alle die h zur Doppelkurve.

Den ∞^2 Strahlen durch einen Hauptpunkt O, welcher auf den φ λ-fach ist, entsprechen ∞^2 Kurven f_2' von der Ordnung $m - \lambda$, welche also $4(m-\lambda) - 2$ Inzidenzen mit den Hauptelementen haben, denen dann Schnitte des betreffenden a mit der Jacobischen Fläche von G korrespondieren; daraus folgt, daß in O

$$4(m-1) - \{4(m-\lambda) - 2\} = 4\lambda - 2$$

Schnitte sich konzentrieren.

Ein Hauptpunkt O, welcher auf den Flächen φ von G λ-fach ist, gehört der Jacobischen Fläche dieses Gebüsches $(4\lambda - 2)$-fach an.

Man hat den Begriff des Geschlechts einer räumlichen Verwandtschaft eingeführt.[1]) Sind die Ebenen α und die Fläche φ' und andererseits α' und φ entsprechend, so gilt dies auch für die ebenen Kurven $\alpha\varphi$ und $\alpha'\varphi'$; sie haben also das nämliche Geschlecht, und dieses gemeinsame Geschlecht der ebenen Schnitte der Fläche des einen Raums, die den Ebenen im andern korrespondieren, wird das Geschlecht der Verwandtschaft genannt.[2])

§ 134. Herstellungsmethode und Verwandtschaften, bei denen das eine Gebüsche aus Flächen 2. Grades besteht.

Jede Fläche φ des einen Gebüsches ist, wie schon gesagt wurde, 935 eindeutig auf die entsprechende Ebene α' des andern Raums abgebildet, ein Homaloid. Bevorzugen wir ein Paar φ_0, α_0' und stellen wir noch eine zweite eindeutige Abbildung von φ_0 auf die Ebene Π her, so ergibt sich eine Cremonasche Verwandtschaft zwischen den Ebenen Π und α_0'; den Geraden von α_0', als Axen von Ebenenbüscheln in Σ', zu denen α_0' gehört, entsprechen die Bilder $\bar{f}$ der auf φ_0 gelegenen Teile f der Grundkurven der Büschel, zu denen φ_0 gehört. Die Spuren der h' in α_0' werden Hauptpunkte dieser Verwandtschaft, ihnen entsprechen in Π die Bilder $\bar{z}$ der auf φ_0 befindlichen Kurven z, die ihnen zugehören. Ferner, wenn es auf φ_0 ausgezeichnete Punkte gibt, welche durch die Abbildung in Kurven in Π übergehen, so sind die

1) Loria, Sulla classificazione delle transformazioni razionale delle spazio. Rendiconti dell' Istituto Lombardo ser. II Bd. 23.

2) Z. B. Über die drei Typen involutorischer Verwandtschaften vom Geschlechte 0: Aschieri, Rendiconti dell' Istituto Lombardo ser. II Bd. 14, Martinetti, ebenda Bd. 18, Montesano, ebenda Bd. 21 (zwei Abhandlungen); über involutorische Transformationen beliebigen Geschlechts und vom Grade $2n+1$: Montesano, Giornale di Matematiche Bd. 31.

ihnen in α_0' korrespondierenden Punkte ebenfalls Hauptpunkte der Verwandtschaft (Π, α_0') und jene Kurven die ihnen zugehörigen Hauptkurven.

Aber die Abbildung (φ_0, Π) liefert auch Hauptpunkte in Π, denen Kurven auf φ_0 entsprechen. Ist θ die Zahl der Begegnungspunkte einer f auf φ_0 mit einer solchen Kurve, so geht das Bild $\bar{f}$ θ-mal durch den entsprechenden Hauptpunkt, und derselbe wird θ-facher Grundpunkt des Netzes der $\bar{f}$ oder θ-facher Hauptpunkt der (Π, α_0') in Π. Es können aber noch andere Hauptpunkte in Π vorhanden sein, und die Anwendungen werden zeigen, wie dieselben sich ergeben.[1])

Hat man nun vermittelst der Eigenschaften der Abbildung (φ_0, Π) die Ordnung des Netzes in Π (oder den Grad der Verwandtschaft (Π, α_0')), so wie die Zahl und die Vielfachheiten der eben besprochenen Hauptpunkte ermittelt, so ist zunächst festzustellen, ob es ein homaloidisches Kurvennetz mit so beschaffenen und etwaigen weiteren Hauptpunkten gibt.

Ist es der Fall, so wird man dann diese etwaigen weiteren Hauptpunkte von Π auf φ_0 übertragen.

Aber es scheint gut, erst Beispiele vorzuführen.

Die allgemeinen Flächen 2. Grades sind Homaloide und können daher homaloidische Gebüsche bilden.

Es sei also φ_0 eine solche Fläche. Ihre eindeutige Abbildung auf Π geschehe durch die Projektion aus einem Punkte auf ihr. Die Spuren Q, R der beiden in ihm sich schneidenden Geraden der Fläche sind deren Bilder. Die f seien zunächst die vollen Büschel-Grundkurven, so daß in Σ keine Hauptkurven vorhanden sind; das Gebüsche G' ist 4. Ordnung, und die Bilder $\bar{f}$ der auf φ_0 gelegenen f sind Kurven 4. Ordnung mit zwei Doppelpunkten Q, R. Das homaloidische Netz in Π muß also 4. Ordnung sein und mindestens zwei doppelte Hauptpunkte haben. Ein solches gibt es. Die zweite Transformation (Nr. 787) bei $n = 4$ hat solche Netze und es ist $x_2 = 3$, $x_1 = 3$. Weitere Hauptpunkte in Π sind also ein doppelter und drei einfache. Diese bedeuten, daß die Kurven f 4. Ordnung auf φ_0 noch durch einen festen Punkt O zweimal und durch drei feste Punkte O_1, O_2, O_3 einmal gehen.

Bei einem Flächengebüsche trägt jede Fläche φ_0 ∞^2 Büschel-Grundkurven, die zugehörigen Büschel verbinden die Fläche mit sämtlichen Flächen eines Netzes aus dem Gebüsche, dem sie nicht an-

1) In bezug auf dies Verfahren, aus Cremonaschen Verwandtschaften zwischen zwei Ebenen räumliche Cremonasche Verwandtschaften abzuleiten, vgl. Cremona, Rendiconti dell' Istituto Lombardo, II. Bd. 4. S. 269, 315; Annali di Matematica II. Bd. 5, S. 139. Ich habe das Verfahren Cremonas etwas modifiziert und, wie ich glaube, vereinfacht.

gehört, und jede andere Fläche φ des Gebüsches befindet sich in einem dieser Büschel und geht also durch eine von jenen auf φ_0 befindlichen Grundkurven. Dieses Grundkurven-Netz auf φ_0 bildet sich ab in das homaloidische Netz in Π.

Daher gehen in unserm Falle die Flächen φ alle durch die drei Punkte O_1, O_2, O_3 und berühren in O die Fläche φ_0 oder ihre Tangentialebene ω, wodurch die f einen Doppelpunkt in O bekommen.

Die Flächen 2. Grades φ haben also vier Punkte O, O_1, O_2, O_3 gemeinsam und berühren in O eine feste Ebene ω.

Dadurch ist in der Tat ein homaloidisches Flächengebüsche 2. Ordnung entstanden. Die Berührung mit ω in O involviert drei lineare Bedingungen, zu denen dann noch die drei andern linearen Bedingungen des Hindurchgehens durch O_1, O_2, O_3 treten; also ergibt sich ein Gebüsche. Die Schnittkurve f zweier Flächen desselben trifft eine dritte in O_1, O_2, O_3 und berührt sie im Doppelpunkte mit beiden Ästen; das sind $3 + 4$ Schnitte; es bleibt ein einziger veränderlicher.

Hier liegt schon ein solcher Hauptpunkt vor, für welchen die Formel der Anmerkung am Ende von Nr. 933 nicht stimmt; sie würde nur $3 + 2$ Schnitte liefern.

Dies Gebüsche wird — was künftig nicht mehr besonders erwähnt werden soll — kollinear auf den Ebenenraum Σ' bezogen.

Seine Jacobische Fläche J ist 4. Ordnung. Sie besteht aus den vier Ebenen $O(O_2, O_3)$, $O(O_3, O_1)$, $O(O_1, O_2)$ und ω. Die erste z. B. enthält einen Büschel von Kegelschnitten z^2, welche durch O, O_2, O_3 gehen und in O die ω berühren. Durch jeden dieser Kegelschnitte geht ein Netz aus G, und es entspricht ihm ein Punkt Z' (als Scheitel des in der Kollineation entsprechenden Ebenenbündels), der ein doppelter Hauptpunkt (2. Klasse) des Gebüsches 4. Ordnung G' wird, weil der Kegelschnitt jeder α zweimal begegnet, also Z' auf der φ' doppelt wird. Weil ferner jede φ nur einen dieser Kegelschnitte enthält, so kommt in jede α' einer von diesen Z'; wir erhalten so drei Doppelgeraden d_1', d_2', d_3'. Das Geradentripel $O(O_1, O_2, O_3)$ liefert in jeden von den drei Kegelschnitt-Büscheln ein Geradenpaar und bestimmt ein zu G gehöriges Netz von Kegeln. In den Punkt T', der diesem Netze entspricht, laufen daher die drei Geraden d' zusammen. Daraus erhellt, daß das Gebüsche G' aus lauter Steinerschen Flächen 4. Ordnung (§ 128) besteht.

Die ebenen Schnitte der Steinerschen Flächen sind unikursal, wie die der Flächen 2. Grades im andern Raume. Die Transformation ist vom Geschlechte 0.

In der vierten Ebene ω sind die Kurven z die Strahlen des Büschels (O, ω); durch jeden geht ein Netz von Flächen φ; der korrespondierende Z' ist einfach auf den φ', weil jener Strahl α einmal trifft, und diese Z' bilden einen Kegelschnitt K', weil jede φ zwei jener Strahlen enthält. Der Strahl von (O, ω) in der Ebene $O\,O_2\,O_3$ bildet mit $O_2\,O_3$ einen Kegelschnitt aus deren Büschel. Daraus folgt, daß K' mit d_1' und ebenso mit d_2', d_3' einen Punkt gemeinsam hat, wie das ja bei einem Kegelschnitte auf einer Steinerschen Fläche notwendig ist.

Damit haben wir die Hauptkurven in Σ', drei doppelte Geraden und einen einfachen Kegelschnitt. Zwei Steinersche Flächen φ' haben außer diesen festen Elementen noch einen Kegelschnitt gemein, der, wie die Abbildung auf eine Ebene durch Projektion aus T' lehrt, den K' einmal schneidet; und einer dritten begegnet er, außer auf den d' und auf K', noch einmal.

Die Jacobische Fläche J' dieser Flächen φ' ist 12. Ordnung; zu ihr gehören drei doppelte Ebenen, den Hauptpunkten O_1, O_2, O_3 entsprechend, und eine dreifach zu rechnende Fläche 2. Ordnung $(O)'$, dem Hauptpunkte O zugehörig (Nr. 934). Jene sind die drei Ebenen $d_2'd_3'$, $d_3'd_1'$, $d_1'd_2$, diese der Kegel 2. Grades durch die d' und K'. Denn, weil alle Kegelschnitte in den Ebenen $O(O_3, O_1)$ und $O(O_1, O_2)$, denen die Punkte von d_2' und d_3' entsprechen, durch O_1 gehen, so muß die dem O_1 korrespondierende Ebene diese beiden Geraden enthalten; und weil alle Kegelschnitte in den drei Ebenen und die Strahlen von (O, ω), denen die Punkte von K' korrespondieren, durch O gehen, muß die dem O entsprechende Fläche 2. Grades durch die d' und durch K' gehen.

Die doppelten d' müssen auf J' siebenfach sein, K' hingegen dreifach; in der Tat, jede d' befindet sich auf zwei doppelten Ebenen und auf dem dreifachen Kegel, K' nur auf letzterem.

Ferner O_1, O_2, O_3, auf den φ einfach, sind auf J zweifach; sie liegen auf zwei der vier Ebenen. O liegt auf allen vier; den Ebenen α durch O entsprechen, außer $(O)'$, die Kegel 2. Grades durch die drei Geraden d', also den Geraden a durch O vierte Schnittkanten zweier solchen Kegel, demnach Strahlen a' durch T'; wodurch die beiden Bündel O und T' in eine quadratische Verwandtschaft kommen mit $O(O_1, O_2, O_3)$ und d_1', d_2', d_3' als Hauptstrahlen. Weil ein a' durch T' mit den Hauptelementen von Σ' nur in T' inzidiert, vereinigen sich alle Schnitte des entsprechenden a mit J in O. Die Kegelschnitte, die den Punkten der doppelten Hauptgerade d_1' in Σ' korrespondieren, liegen alle in der Ebene $O\,O_2\,O_3$, also muß dieser eine Fläche φ' entsprechen, auf der d_1' dreifach ist (Nr. 934); sie besteht aus dem Kegel $(O)'$ und den beiden Ebenen $(O_2)' = d_3'd_1'$ und $(O_3)' = d_1'd_2'$. Ferner, jeder Ebene durch O, als Ebene durch einen Strahl von (O, ω), dem ein Punkt auf der einfachen Hauptkurve K' korrespondiert, entspricht eine φ', auf der dieser doppelt ist; sie besteht aus $(O)'$ und einem Kegel durch die drei d', und jener Punkt von K' ist auf der vierten gemeinsamen Kante gelegen. In der obigen quadratischen Verwandtschaft entspricht dem Büschel (O, ω) der Kegel $(O)' = T'K'$.[1])

Wir nehmen jetzt an, daß den Flächen φ 2. Ordnung eine Gerade q gemeinsam ist, die dann Hauptkurve wird; die Kurven f sind nunmehr kubische Raumkurven, welche der q zweimal begegnen; und das Gebüsche in Σ' ist 3. Ordnung. Die Bilder $\bar{f}$ der auf φ_0 gelegenen Kurven f in Π sind Kurven 3. Ordnung, welche durch den einen der Punkte Q, R zweimal, durch den andern einmal gehen. Die homaloidischen Netze der Cremonaschen Verwandtschaft 3. Grades: $x_2 = 1$, $x_1 = 4$ haben solche Hauptpunkte und außerdem noch drei einfache. Gehören diese zu den Punkten O_1, O_2, O_3 auf φ_0, so haben wir das Gebüsche G der φ; es besteht aus den Flächen 2. Grades durch eine Gerade q und drei Punkte O_1, O_2, O_3; wir haben es schon als homaloidisch erkannt. Seine Jacobische Fläche J setzt sich zusammen aus den vier Ebenen $q(O_1, O_2, O_3)$ und $O_1 O_2 O_3$. In der letzteren haben wir einen Büschel von Kegelschnitten durch O_1, O_2, O_3 und den Spurpunkt von q. Jeder ist den Flächen eines Netzes in G gemeinsam, also eine Kurve z^2 und der korrespondierende Punkt Z' beschreibt eine Gerade d', weil auf jeder φ nur einer von diesen z^2 sich befindet; sie ist doppelt auf jeder φ', wegen der beiden Schnitte $z^2\alpha$. Ferner in qO_1 haben wir den Strahlenbüschel aus O_1; jeder Strahl desselben ist wiederum eine Kurve z, welche z_1 heiße; jede φ enthält einen dieser Strahlen; daher ergibt sich eine einfache Hauptgerade g_1'; sie trifft jene doppelte d', da ein Strahl des Büschels der z_1 in die Ebene $O_1 O_2 O_3$ fällt und an einem zerfallenden Kegelschnitte ihres Büschels teilnimmt. Ebenso liefern die Büschel der z_2, z_3 aus O_2, O_3 nach q zwei weitere einfache Hauptgeraden g_2', g_3'.

Die Flächen φ' sind daher kubische Regelflächen, Flächen mit unikursalen ebenen Schnitten, denen die doppelte Leitgerade d' und drei Erzeugenden g_1', g_2', g_3' gemeinsam sind. Dieselben sind mit $10 + 3(4-2) = 16$ Punkten äquivalent, weil d' mit 10 (Nr. 921); also bilden sie ein Gebüsche. Der Kegelschnitt, der zweien von ihnen noch gemeinsam ist, trifft d', g_1', g_2', g_3', mithin eine dritte Fläche φ' noch einmal.

Die Jacobische Fläche J' dieses Gebüsches besteht zunächst aus den drei doppelten Ebenen $(O_1)', (O_2)', (O_3)'$, ersichtlich den Ebenen $d'(g_1', g_2', g_3')$; weil z. B. durch O_1 sowohl alle z^2 als alle z_1 gehen.

936

1) Diese Verwandtschaft 2. Grades, „deren inverse vom 4. Grade ist," hat Cremona zuerst untersucht: Memorie dell' Accademia di Bologna, Ser. III Bd. 1, S. 365.

Der Rest von J', 2. Ordnung, wird durch die Kurven z' gebildet, die den Punkten Z von q zugehören. Weil q auf den φ einfach ist, müssen diese Kurven Geraden sein; und da durch jeden Punkt von q je eine z_1, z_2, z_3 geht, so sind es Geraden, welche g_1', g_2', g_3' treffen; die gesuchte Fläche ist die Trägerfläche der Regelschar $[g_1' \, g_2' \, g_3']$, auf der auch d' liegt, wodurch diese doppelte Hauptgerade wiederum der J' siebenfach angehört, die g' dreifach.[1])

Endlich sei ein Kegelschnitt K den Flächen φ gemeinsam; die f sind dann auch Kegelschnitte, und das andere Gebüsche G' ist ebenfalls 2. Ordnung. Die Bilder der auf φ_0 gelegenen Kurven f, in Π, sind Kegelschnitte mit Q, R als festen Punkten. Die quadratische Verwandtschaft besitzt ein homaloidisches Kegelschnitt-Netz, mit zwei Hauptpunkten und noch einem dritten, dem dann auf φ_0 der Punkt O korrespondiert. Wir erhalten das Gebüsche G der Flächen 2. Grades durch K und O, von dem wir ebenfalls schon wissen, daß es homaloidisch ist. Es enthält das ausgezeichnete Netz, dessen Flächen aus der festen Ebene κ des K und einer Ebene durch O bestehen. Der Scheitel des korrespondierenden Ebenenbündels wird Hauptpunkt O' und die Ebene $(O') = \kappa$ gehört doppelt zur Jacobischen Fläche J. Ferner jede Gerade aus O nach K ist eine Kurve z, durch die ein Netz von G geht; da jede φ zwei solche Geraden z enthält, so bilden die zugehörigen Z einen den φ' gemeinsamen Kegelschnitt K' in κ'. Der Kegel 2. Grades (O, K) vervollständigt die Jacobische Fläche J, und das Gebüsche G' ist ebenso beschaffen wie G; wie auch notwendig, da nur eine Verwandtschaft (2, 2) sich ergeben hat.

Den Ebenen κ und κ' entsprechen die Kegel $O'K'$ und OK.

Einer Ebene α durch O entspricht eine Ebene α' durch O', einer Gerade a durch O eine Gerade a' durch O'. Die entsprechenden Geraden a und a' tragen projektive Punktreihen, in denen O und $a'\kappa'$, $a\kappa$ und O' entsprechend sind. Die entsprechenden Ebenen α und α' tragen quadratisch verwandte Felder, in denen O und O' und die Schnitte αK, $\alpha' K'$ homologe Hauptpunkte sind.

Die Bündel O und O' sind kollinear und in ihnen die Kegel OK und $O'K'$ entsprechend, und auf entsprechenden Kanten ist die Projektivität ausgeartet, derartig, daß die Punkte auf κ und κ' die singulären sind.

Der Berührungsebene in O an eine Fläche φ entspricht die Ebene aus O' nach der Schnittlinie von κ mit der entsprechenden Ebene α'.

Einen speziellen Fall des Gebüsches G erhalten wir durch die Flächen φ, welche durch K gehen und in einem Punkte O von K

1) Diese Verwandtschaft wurde als die erste eindeutige Verwandtschaft mit ungleichen Gradzahlen von Cayley gefunden: Proc. London Math. Society, Bd. 3, S. 127; Math. Papers, Bd. 7, S. 189, insb. S. 230.

eine Ebene ω berühren, welche den K tangiert. Er ergibt sich, wenn wir den dritten Hauptpunkt in Π auf die Bildkurve von K fallen lassen; die auf φ_0 gelegenen Kegelschnitte f gehen dann alle durch O, und alle φ tangieren φ_0 oder deren Berührungsebene ω in O.

Der Kegel (O, K) zerfällt in die beiden Strahlenbüschel (O, ω) und (O, κ). Die Strahlen des ersteren sind Kurven z, durch welche je ein Netz aus G geht, weil sie alle φ in O tangieren; die Punkte Z', die ihnen entsprechen, bilden einen Kegelschnitt K', da auf jeder φ zwei jener z liegen. Für die Strahlen von (O, κ) ist das Netz immer dasselbe, dasjenige, dessen Flächen aus der festen κ und einer beweglichen α durch O bestehen; ihm entspricht der Hauptpunkt O'. Da die Tangente von O an K zu beiden Büscheln gehört, muß O' auf K' fallen; so daß das Gebüsche G' von derselben Art ist.

Der Ebene ω entspricht die Ebene κ' doppelt, einmal als korrespondierende $(O)'$ zu O, das andere Mal, weil sie die den Strahlen von (O, ω) korrespondierenden Punkte Z' enthält; der Ebene κ korrespondiert das Ebenenpaar (κ', ω'); so daß in der Kollineation der Bündel O und O' den Ebenen κ und ω die Ebenen ω' und κ' entsprechen. Dadurch wird ω' bestimmt. Die Jacobische Fläche von G besteht aus κ dreifach und ω einfach und ähnlich bei G'.

Wenn K in zwei Geraden zerfällt und O auf φ_0 unendlich nahe neben dem Doppelpunkt des Geradenpaares liegt, so besteht das Gebüsche aus allen Flächen φ, welche in O die φ_0 oskulieren. Auch dies Gebüsche ist homaloidisch, und das zweite Gebüsche ist von derselben Art.[1])

937 Wir können die in beiderlei Sinne quadratische Verwandtschaft einfacher in folgender Weise herstellen. Gegeben sind in Σ der Punkt O und der Kegelschnitt K in der Ebene κ, in Σ' ebenso O' und K' in κ'; wir stellen eine Projektivität her zwischen den beiden Punktreihen auf K und K' und daher auch zwischen den Kantenreihen der Kegel OK und $O'K'$, sowie auch zwischen der Punktreihe auf dem einen Kegelschnitt und der Kantenreihe auf dem andern Kegel. Durch die Projektivität zwischen den Kegeln ist die Kollineation der Bündel O und O' festgelegt (Nr. 268); geben wir dann noch eine Ebene α_0' und ihr entsprechend, durch O und K, eine Fläche φ_0 2. Grades, aber so, daß die Berührungsebene von φ_0 in O und die Ebene von O' nach $\kappa'\alpha_0'$ in der Kollineation entsprechend sind, so sind auf allen entsprechenden Strahlen a und a' von O und O' die Projektivitäten bestimmt, indem den Punkten O, $a\kappa$ und dem zweiten Schnitte $a\varphi_0$ die Punkte $a'\kappa'$, O' und $a'\alpha_0'$ zugeordnet sind. Entsprechende Punkte X, X' der räumlichen Verwandtschaft

1) Auch diese Spezialfälle erwähnt Cremona.

sind solche, die auf entsprechenden Geraden a, a' einander in der betreffenden Projektivität zugeordnet sind.

Beweisen wir jetzt direkt, daß dadurch eine Verwandtschaft von der im vorangehenden besprochenen Art entsteht. Es sei in Σ' eine Gerade g' gelegt; sie bestimmt mit O' eine Ebene $\bar{\alpha}'$, in der alle a' nach den Punkten X' von g' liegen; also sind die entsprechenden X auf den entsprechenden a zu suchen, welche in der entsprechenden Ebene $\bar{\alpha}$ sich befinden. Wir legen daher in diese eine Gerade g und wollen ermitteln, wie oft entsprechende Punkte X und X' auf g und g' zu liegen kommen. Wir schneiden $\bar{\alpha}'$ mit κ' und α_0' in k' und a_0', und $\bar{\alpha}$ mit κ und φ_0 in k und f_0; die Tangente an diesen Kegelschnitt f_0 in O entspricht dem Strahle von O' nach $\kappa' a_0'$. Wenn a und a' entsprechend sind, so sei auf a der Punkt X so konstruiert, daß:

$$a(O, k, g, X) \barwedge a'(k', O', g', a_0');$$

X ist der Schnitt des a mit dem Strahle y durch $S = kg$, für den

$$S(O, k, g, y) \barwedge a'(k', O', g', a_0').$$

Unmittelbar klar ist, daß jedem a ein y korrespondiert; aber auch jedem y korrespondiert ein a', für den diese Projektivität gilt (Nr. 224, wo der duale Satz bewiesen ist), und ein a.

Folglich ist das Erzeugnis von X ein Kegelschnitt $\mathfrak{S}$; fällt y in den Strahl SO, so müssen sich auf a' die Schnitte mit k' und a_0' vereinigen; diesem Strahle entspricht also die Tangente in O an f_0; daher ist dieselbe Gerade auch Tangente in O an $\mathfrak{S}$. Somit hat $\mathfrak{S}$ noch zwei Punkte mit f_0 gemeinsam; und für den Strahl a nach jedem dieser Punkte und den entsprechenden a' gilt:

$$a(O, k, g, f_0) \barwedge a'(k', O', g', a_0'),$$

wo af_0 der zweite Schnitt von a mit f_0 ist. Damit ist erhalten, daß zweimal entsprechende Punkte X und X' auf g und g' fallen. Wenn also X' die g' oder X die g durchläuft, beschreibt der entsprechende X oder X' einen Kegelschnitt in der Ebene $\bar{\alpha}$, bzw. $\bar{\alpha}'$, welche der Ebene von O' nach g', bzw. derjenigen von O nach g entspricht; woraus dann folgt, daß, wenn eine Ebene α', α von dem einen Punkte durchlaufen wird, der andere eine Fläche φ, φ' 2. Grades beschreibt.

Aus der Konstruktion ergibt sich, daß φ durch O geht und dort die Ebene berührt, die der nach $\kappa'\alpha'$ gehenden entspricht; denn dem Punkte $a'\kappa'$ entspricht auf a immer der Punkt O; und ebenso geht φ' durch O'.

Ferner bei zwei entsprechenden Strahlen a und a', die auf den Kegeln OK und $O'K'$ liegen, vereinigen sich auf a der zweite Schnitt mit φ_0 und der mit κ, weil φ_0 durch K geht; während auf a' die Schnitte mit α_0' und κ' verschieden sind; also ist die Projektivität ausgeartet; und zwar ist auf a jener auf K gelegene Punkt, in dem die Vereinigung statt hat, der singuläre Punkt, auf a' der O entsprechende $a'\varkappa'$, also ebenfalls der auf K' gelegene. Folglich entsprechen sie auch den Schnitten $a'\alpha'$, bzw. $a\alpha$; die α' entsprechende Fläche φ geht durch K und die α entsprechende φ' durch K'. Wir haben in der Tat unsere Verwandtschaft erhalten.

Es können also O, O', K, K' beliebig gegeben werden.

Und es hat sich gezeigt, daß die Hauptelemente O, O', K, K' beliebig gegeben werden können, also in der Mannigfaltigkeit $2 \cdot 3 + 2 \cdot 8 = 22$. Dazu tritt dann die Mannigfaltigkeit 3 der Projektivität zwischen den Punktreihen auf K, K'; durch sie ist die Kollineation der Bündel O, O' bestimmt. Der festen Ebene α_0' ist in einfacher Mannigfaltigkeit die Fläche φ_0 (durch K und mit gegebener Tangentialebene in O) zuzuordnen; dadurch gelangen wir zur Mannigfaltigkeit 26 der vorliegenden Verwandtschaft; so daß es nicht möglich ist, sie nur durch gegebene entsprechende Punkte — je eine dreifache Bedingung — festzulegen.

Einer beliebigen Fläche 2. Grades, etwa ψ^2 in Σ, korrespondiert eine Fläche 4. Ordnung, welche den O' zum Doppelpunkt und K' zur Doppelkurve hat; weil sie von dem einer Gerade a' entsprechenden Kegelschnitte f viermal, von der einer Gerade a' durch O' entsprechenden Gerade a (durch O) zweimal und insbesondere auch von den Kanten des Kegels OK zweimal getroffen wird. Den vier Punkten, in denen K die ψ^2 trifft, entsprechen vier binäre Geraden der Fläche 4. Ordnung, die durch den Doppelpunkt gehen und den acht Geraden der ψ^2, welche in jenen Punkten sich schneiden, acht unäre Geraden auf dieser; jede setzt sich mit einer der vorhinigen zum vollen entsprechenden Kegelschnitte zusammen. Geht ψ^2 durch O, so löst sich die Ebene $\varkappa'$ ab; geht sie aber durch K, so tut es der Kegel $O'K'$, und es bleibt eine ebenfalls einfach durch K' gehende Fläche 2. Grades.

Jeder Fläche 2. Grades durch K korrespondiert eine solche durch K'. Einer Gerade der einen Fläche korrespondiert eine der andern, folglich die Regelscharen der einen denen der andern, ebenso jedem Kegelschnitte der einen Fläche ein Kegelschnitt der andern, indem sich zwei Geraden abgelöst haben. Daraus folgt, daß das eindeutige Entsprechen der Punkte zweier so korrespondierenden Flächen 2. Grades ψ^2 und ψ'^2 Kollineation ist. Den Ebenen eines Bündels X korrespondieren die Flächen φ' eines Netzes, dessen zweiter Grundpunkt neben O' der dem X entsprechende Punkt X' ist. Diese Flächen φ' schneiden in ψ'^2 zweite Kegelschnitte ein, welche den von den Ebenen des Bündels X in ψ^2 eingeschnittenen entsprechen. Ihre Ebenen gehen alle durch einen Punkt X_1' und zwar auf $O'X'$; wie jede Ebene durch diese Gerade lehrt. Denn durch sie wird aus dem φ'-Netze nur ein Büschel ausgeschnitten; und durch seine Kegelschnitte entsteht auf der Schnittkurve mit ψ'^2 eine Involution, deren Zentrum auf $O'X'$ liegt, wegen des Geradenpaars des Büschels, zu welchem $O'X'$ gehört. Der Punkt X_1' entspricht dem X in der Kollineation; es liegen demnach entsprechende Punkte derselben auf entsprechenden Strahlen der kollinearen Bündel O, O'.

Den von den Ebenen des Bündels O ausgeschnittenen Kegelschnitten müssen solche in den entsprechenden Ebenen von O' korrespondieren. Die beiden kollinearen Bündel O, O' sind also allen ∞^4 Räumekollineationen, welche sich auf diese Weise ergeben, gemeinsam.

Die K und K' zeichnen sich in einer solchen Kollineation nicht mehr aus; dem K z. B. korrespondiert der zweite Schnitt des Kegels $O'K'$ mit ψ'^2.

938 Läßt man, bei vereinigten Punkten O, O', die Kollineation der Bündel Identität sein, so entsteht durch die Koinzidenzpunkte der Projektivitäten auf den sich selbst entsprechenden Strahlen eine Fläche F^2; denn in den Punkt $O \equiv O'$ fällt keiner, weil der entsprechende immer auf K' oder K liegt. Die zwei Koinzidenzpunkte ferner, welche auf eine beliebige Gerade g fallen, sind ihre Schnitte mit dem einen oder andern entsprechenden Kegelschnitte in der von ihr nach O gehenden Ebene. So ergibt sich eine zentrale Verwandtschaft (2, 2) im Raume, das Analogon der in Nr. 807 erwähnten, mit folgender Konstruktion.

Gegeben sind eine Fläche 2. Grades F^2, ein Punkt O und eine Ebene κ'; auf jedem Strahle durch O wird eine Projektivität festgelegt, für welche die Schnittpunkte mit F^2 sich selbst entsprechen, dem O aber der Schnitt mit κ' zugeordnet ist. Die entsprechenden Punkte X, X' dieser Projektivitäten werden diejenigen der räumlichen Verwandtschaft. Der Schnitt $F^2\kappa'$ ist die Hauptkurve K', die andere K ist der zweite Schnitt des Kegels OK' mit F^2; die Punkte seiner Ebene κ sind dem mit O identischen O' entsprechend; auf den Kanten des genannten Kegels arten die Projektivitäten aus, derartig, daß die auf κ und κ' gelegenen Punkte die singulären sind.

Wenn κ und κ' sich vereinigen und dann auch K und K', so werden die Punktreihen auf den Strahlen des Bündels involutorisch; die $\kappa \equiv \kappa'$ ist die Polarebene des O in bezug auf F^2. Die entsprechenden Punkte werden konjugiert in bezug auf sie, und es liegt die räumliche quadratische Inversion vor, von welcher in bekannter Weise die räumliche Transformation durch reziproke Radien oder, mit kürzerem Namen, die Kugelinversion ein Spezialfall ist. Bei ihr haben sich K und K' in der absoluten Kurve vereinigt.

Natürlich können auch K und K' sich vereinigen, ohne daß O und O' es tun. Geschieht es wiederum in der absoluten Kurve, so sind die einander entsprechenden Flächen ψ^2 und ψ'^2 die Kugeln, und wir haben die allgemeine Kugelverwandtschaft. Die Punkte O, O' mögen, wie in der Kreisverwandtschaft (§ 114), Zentralpunkte genannt werden; eine Kugel, die durch den Zentralpunkt ihres Raums geht, transformiert sich in eine Ebene.

Die Bündel O, O', in denen die isotropen Kegel entsprechend sind, sind kongruent. In entsprechenden Ebenen derselben liegen kreisverwandte Felder mit den O, bzw. O' als Zentralpunkten. Die beiden Bündel kann man zur Deckung bringen (Nr. 356). In zwei entsprechenden und nun sich deckenden Ebenen der Bündel sind die kreisverwandten Felder in Kreisinversion und die Schnittlinie von zwei solchen Ebenen zeigt, daß die beiden Kreisinversionen dieselbe Potenz mit dem nämlichen Vorzeichen haben, also derselben Kugelinversion angehören, in welche daher die Kugelverwandtschaft übergeführt ist. Aber während kreisverwandte Felder in beide Arten von Kreisinversionen, mit positiver und negativer Potenz, übergeführt werden können (Nr. 818), lassen sich kugelverwandte Räume je nur in die eine Art von Kugelinversionen überführen; und wir haben dem entsprechend zwei Arten von Kugelverwandtschaften. Es besteht eben der Unterschied gleichsinniger und ungleichsinniger Kugelverwandtschaften: bei jenen bilden entsprechende Punktetripel mit den Zentralpunkten durchweg gleichsinnige, bei diesen durchweg ungleichsinnige Tetraeder, die ersteren führen zu Kugelinversionen mit positiver, die andern zu solchen mit negativer Potenz.

Bei zwei kreisverwandten Feldern werden auch ungleichsinnige Dreiecke OAB, $O'A'B'$ durch das Aufeinanderlegen gleichsinnig; in der Kreisinversion sind sie immer gleichsinnig, wie auch die Potenz sei. Hingegen bei der Kugelinversion sind die Tetraeder $OABC$, $OA'B'C'$ gleichsinnig oder ungleichsinnig, je nachdem die Potenz positiv oder negativ ist.

Die Isogonalität gilt wegen dieser Transformierbarkeit für die allgemeine Kugelverwandtschaft, wenn sie für die Kugelinversion bewiesen ist; und diese führt man auf die Kreisinversion zurück: durch Schnitt mit der Ebene durch das Zentrum, welche auf der Schnittlinie zweier Ebenen senkrecht steht und nicht bloß deren Schnittwinkel ausschneidet, sondern auch aus den entsprechenden Kugeln zwei Kreise mit demselben Schnittwinkel wie sie. Der Winkel zweier sich schneidenden Geraden ist gleich demjenigen der zu ihnen parallelen Tangenten im Zentrum an die ihnen entsprechenden Kreise, und dieser gleich dem Winkel am andern Schnittpunkte dieser auf derselben Kugel gelegenen Kreise, welcher dem Schnittpunkte der Geraden entspricht.

In einer Kugelinversion geht jede zur Basis orthogonale Kugel (für welche das Zentrum die Potenz der Inversion zur Potenz hat) in sich selbst über, weil jeder Durchmesser der Basis beide harmonisch schneidet. Daraus folgt, daß ein Kugelgebüsche (Nr. 667), in bezug auf eine von seinen Kugeln invertiert, in sich selbst übergeht, da dies für seine Orthogonalkugel gilt.

Auch hier gilt, daß entsprechende Kugeln gleichzeitig je den Zentralpunkt ihres Raums ausschließen oder gleichzeitig einschließen; entsprechende Ebenen der Bündel O, O', welche die Kugeln schneiden, beweisen dies.

Bei zwei kreisverwandten Feldern stellte sich heraus (Nr. 819), daß zwei entsprechende Punktetripel die Verwandtschaft auf zwei Weisen festlegen, nämlich so, daß die umgeschriebenen Kreise zu den Zentralpunkten auf die eine oder die andere Weise sich verhalten. Hier ergibt sich kein entsprechender Satz. Die oben (Nr. 937) gefundene Mannigfaltigkeit 26 der allgemeinen Verwandtschaft (2, 2) reduziert sich auf $26 - 2 \cdot 8 = 10$, wenn beide Hauptkurven in die absolute Kurve gelegt sind; so daß ∞^{10} Kugelverwandtschaften möglich sind. Dies ergibt sich auch folgendermaßen. Wir wählen eine der ∞^3 Lagen des Zentralpunktes O, konstruieren um ihn die ∞^1 Kugelinversionen und verschieben den zweiten Raum mit seinem Zentralpunkte O' aus O in jeden Punkt des Raums und nehmen noch je die ∞^3 Drehungen um denselben vor.

Es können daher zehn Bedingungen der Kugelverwandtschaft auferlegt werden; da es sich wiederum um eine nicht durch 3 teilbare Zahl handelt, so ist es nicht möglich, die Verwandtschaft nur durch gegebene Punkte zu bestimmen.

Ein gegebener Zentralpunkt ist auch eine dreifache Bedingung.

In bezug auf das Produkt von zwei Kugelinversionen gilt ähnliches wie in Nr. 817. Der Punkt O_3 wird wie dort konstruiert; die beiden Räume, in welche derselbe Raum durch $(O_1).(O_2)$ und (O_3) übergeführt werden, sind ähnlich. Wird als Potenz von (O_3) $\frac{p_1 p_2}{O_1 O_2^{\,2}}$ genommen, so werden diese Räume kongruent und Spiegelbilder von einander in bezug auf die im Punkte M (der wie a. a. O. erhalten wird) auf $o = O_1 O_2 O_3$ normale Ebene, also handelt es sich um ungleichsinnige Kongruenz; und die Ungleichsinnigkeit bleibt bestehen, wenn (O_3) eine andere Potenz, aber mit demselben Vorzeichen, bekommt, weil dann der eine Raum eine gleichsinnige Ähnlichkeits-Transformation erleidet. Wird dagegen $-\frac{p_1 p_2}{O_1 O_2^{\,2}}$ als Potenz genommen, so werden, weil entsprechende Punkte stets in derselben Ebene durch

o liegen, nach vollzogener Verschiebung längs o, die beiden Räume kongruent und zwar symmetrisch in bezug auf die Axe o, also gleichsinnig; eine andere Potenz mit demselben Vorzeichen gibt dann gleichsinnige Ähnlichkeit.

Es seien zwei korrelative Räume $\mathfrak{S}$, $\mathfrak{S}'$ gegeben, sowie zwei kollineare Bündel O, O'; wir wollen diejenigen Punkte X, X' einander zuordnen, welche, auf entsprechenden Strahlen von O, O' gelegen, in den Räumen $\mathfrak{S}$, $\mathfrak{S}'$ konjugiert sind. Läuft X in einer Ebene α, so wird der Bündel O zu ihr perspektiv, der Bündel O' also kollinear, während die Polarebene ξ' in $\mathfrak{S}'$ einen korrelativen Bündel A' beschreibt; diese beiden Bündel O' und A' erzeugen die Fläche 2. Grades, welche der Ebene α entspricht. 939

Den Punkten O und O' entsprechen die Ebenen κ', κ, welche ihnen in der gegebenen Korrelation polar sind.

Ein Punkt Z von κ führt zu zwei Elementen im Bündel O', dem Strahle, welcher dem OZ in der Kollineation, und der Ebene ξ', die dem Z selbst in der Korrelation entspricht. Dadurch wird der genannte Bündel in sich korrelativ und erhält einen Strahlen-Kernkegel; jede Kante z' desselben fällt in die Polarebene, in $\mathfrak{S}'$, des Punktes Z auf κ, der auf dem ihr entsprechenden Strahle von O liegt; also entspricht diese ganze Kante dem Z in der konstruierten Verwandtschaft und diese Punkte Z in κ bilden den Kegelschnitt, welchen der Kegel aus O einschneidet, der jenem Kegel in der Kollineation entspricht. Wir haben die Hauptkurve in Σ und finden ähnlich die in Σ', während O, O' schon als Hauptpunkte erkannt sind[1]). Es liegt unsere (2, 2) vor.

Die Konstruktion umfaßt die Mannigfaltigkeit $2 \cdot 3 + 8 + 15 = 29$; also müssen, wenn jede Cremonasche Verwandtschaft (2, 2) auf diese Weise herstellbar ist, da durch sie die Kollineation (O, O') festgelegt ist, für sie ∞^3 Korrelationen $(\mathfrak{S}, \mathfrak{S}')$ vorhanden sein, mit deren Hilfe sie konstruiert werden kann, denen allen dann die polaren Elemente O, κ'; κ, O' gemeinsam sind.

Wird durch die Verwandtschaft (2, 2) eine Fläche 2. Grades F^2 transformiert, welche durch O geht, so ergibt sich eine kubische Fläche, die O' zum Doppelpunkt hat und durch K' geht. Die sechs (binären) Geraden[2]) auf ihr, die durch den Doppelpunkt gehen, rühren her von den beiden durch O gehenden von F^2 und den Schnitten dieser Fläche mit K; von den 15 unären Geraden stammen acht von den durch diese vier Punkte gehenden Geraden der F^2, sechs weitere von den Kegelschnitten auf ihr, die durch O und zwei dieser Punkte gehen; die 15te endlich, die ergänzende Gerade des K', entsteht durch

1) Aschieri, Rendiconti dell'Istit. Lombardo, 2. Ser. Bd. 14, S. 21.

2) Flächen 3. Ordnung Nr. 112.

die Bilder der Nachbarpunkte des O und wird in κ' eingeschnitten durch die Ebene von O', die in der Kollineation der Tangentialebene der F^2 in O entspricht.

§ 135. Verwandtschaften, bei denen das eine Gebüsche aus allgemeinen kubischen Flächen besteht.

940 Es möge erst eine einleitende Betrachtung vorangeschickt werden, welche die wichtigsten Sätze der Krümmungstheorie der Flächen in geometrischer Ableitung und den Begriff der Oskulation von zwei Flächen bringen soll.

Die Kugeln, welche eine gegebene Fläche F in einem gegebenen Punkte P berühren, führen zu einer Projektivität zwischen der Punktreihe der Mittelpunkte M auf der Normale und einer gewissen gleichseitig-hyperbolischen Involution im Tangentenbüschel. Denn jede von ihnen schneidet F in einer Raumkurve, welche in P einen Doppelpunkt hat, weil jede Ebene durch P zwei sich in diesem Punkte berührende Kurven ausschneidet, also mit der Raumkurve zwei in dem Punkte vereinigte Schnitte hat. Die beiden Tangenten t', t'' der Raumkurve in ihrem Doppelpunkte, als Tangenten der Flächen in der gemeinsamen Berührungsebene gelegen, haben dann die Eigenschaft, daß jede Ebene durch eine von ihnen mit der Raumkurve noch den unendlich nahen Punkt gemein hat, so daß drei Schnitte sich vereinigt haben, und die ausgeschnittenen Kurven sich oskulieren, also die aus der Kugel ausgeschnittene der Krümmungskreis der andern ist. Für alle Ebenen durch eine solche Tangente liegen daher die Krümmungskreise ihrer Schnitte mit F auf derselben Kugel; für die durch die Normale gehende ist er ein größter Kreis, und ist R der Radius der Kugel und dieses Kreises, und r der Radius des Kreises in einer schiefen Ebene, welche mit dem Normalschnitte den Winkel Θ bildet, so ist:

$$r = R \cos \Theta.$$

Jeder Punkt M auf der Normale hat zu einem Paare von reellen oder imaginären Tangenten geführt, deren Normalschnitte ihn zum Krümmungs-Mittelpunkte haben. Umgekehrt entspricht jeder Tangente und ihrem Normalschnitt ein Krümmungs-Mittelpunkt M auf der Normale, und sie ist die eine Doppelpunkts-Tangente der Kurve, die von der berührenden Kugel um diesen Punkt ausgeschnitten wird. Also gilt für einen beliebigen Normalschnitt und einen schiefen Schnitt durch die nämliche Tangente die obige Beziehung zwischen den beiden Krümmungsradien; das ist der Satz von Meusnier.

Ferner haben wir zwischen der Punktreihe auf der Normale und dem Tangentenbüschel eine Korrespondenz [1, 2] erkannt, oder (Nr. 168) eine Projektivität zwischen jener und einer Involution in diesem. In dieser Projektivität entspricht dem Fußpunkt P, bei welchem die Kugel den Radius 0 hat und daher der isotrope Kegel aus P nach der absoluten Kurve ist, das Paar der Kanten, welches die Berührungsebene aus diesem Kegel ausschneidet, der isotropen Tangenten des P; denn die Nachbarpunkte dieser Kanten neben P sind noch auf F gelegen, demnach Nachbarpunkte des P auf der Schnittkurve, also die Kanten die Doppelpunkts-Tangenten derselben.

Weil nun die Involution das Paar der isotropen Strahlen enthält, ist sie gleichseitig-hyperbolisch, hat reelle und rechtwinklige Doppelstrahlen.

Jeder der Doppelstrahlen t_1, t_2 gehört zu einem M_1 bzw. M_2, dessen Kugel eine Kurve ausschneidet, die in P einen Rückkehrpunkt hat mit der Rückkehrtangente t_1 bzw. t_2. Weil durch M_1 oder M_2 der Übergang stattfindet von Punkten mit reellen entsprechenden Tangenten zu solchen, denen imaginäre entsprechen, so kennzeichnen sich die Krümmungsradien R_1, R_2 als solche mit extremen Werten; wie wir noch genauer erkennen werden.

Die Verwandtschafts-Gleichung der Korrespondenz [1, 2] zwischen M und t', t'' hat die Form:

$$\operatorname{tg}\varphi^2 + a \operatorname{tg}\varphi + b + R(c \operatorname{tg}\varphi^2 + d \operatorname{tg}\varphi + e) = 0,$$

worin als Parameter in der Punktreihe die (mit einem Vorzeichen behaftete) Entfernung $PM = R$ und im Tangentenbüschel $\operatorname{tg} t_1 t = \operatorname{tg}\varphi$ genommen ist. Zu $R = 0$ gehören $\operatorname{tg}\varphi = i$ und $\operatorname{tg}\varphi = -i$ (Nr. 76), so daß $a = 0$, $b = 1$ ist; zu $R = R_1$ gehören zwei Wurzeln 0 der quadratischen Gleichung:

$$(1 + cR) \operatorname{tg}\varphi^2 + d \operatorname{tg}\varphi + (1 + eR) = 0,$$

also ist $d = 0$, $1 + eR_1 = 0$; zu $R = R_2$ gehören zwei Wurzeln ∞, weil t_2 normal zu t_1 ist, demnach $d = 0$, $1 + cR_2 = 0$. Also hat die Beziehung die Gestalt:

$$\frac{1}{\cos\varphi^2} = R\left(\frac{\operatorname{tg}\varphi^2}{R_2} + \frac{1}{R_1}\right)$$

erhalten oder:

$$\frac{1}{R} = \frac{\cos\varphi^2}{R_1} + \frac{\sin\varphi^2}{R_2},$$

die Eulersche Formel für die Krümmungsradien der Normalschnitte.[1]) Schreiben wir sie in den Formen:

---

1) Der obige Beweis wurde von Em. Weyr gegeben: Math. Annalen Bd. 3 S. 228. — Man vergleiche auch Mannheims Beweis in seinen interessanten Principes et développements de Géométrie cinématique (1894), S. 146.

$$\frac{1}{R} = \frac{1}{R_1} + \sin\varphi^2\left(\frac{1}{R_2} - \frac{1}{R_1}\right) = \frac{1}{R_1} - \sin\varphi^2\left(\frac{1}{R_1} - \frac{1}{R_2}\right),$$

$$\frac{1}{R} = \frac{1}{R_2} - \cos\varphi^2\left(\frac{1}{R_2} - \frac{1}{R_1}\right) = \frac{1}{R_2} + \cos\varphi^2\left(\frac{1}{R_1} - \frac{1}{R_2}\right),$$

so folgt, wenn $R_1 > R_2 > 0$: $R_1 > R > R_2$, und wenn $R_1 > 0 > R_2$: $R > R_1$, bzw. $R < R_2$, je nachdem R positiv oder negativ ist.

φ sei nun mit einem beliebigen festen Strahle im Tangentenbüschel gebildet, R nach wie vor die Entfernung MP; den isotropen Strahlen gehört unverändert der Parameter $\operatorname{tg}\varphi = \pm i$ zu; so daß, wie vorhin, $a = 0$, $b = 1$ ist.

Die drei Konstanten c, d, e, die in der Relation:

$$\operatorname{tg}\varphi^2 + 1 + R(c \operatorname{tg}\varphi^2 + d \operatorname{tg}\varphi + e) = 0$$

bleiben, werden bestimmt, wenn für drei Werte φ die R gegeben sind, d. h. für drei Normalschnitte ihre Krümmungsradien.

Wenn also für zwei sich berührende Flächen drei Normalschnitte des Berührungspunktes die nämlichen Krümmungshalbmesser haben, so gilt dies in allen Normalschnitten.[1]) Der Meusniersche Satz sagt dann aber, daß auch die Schnitte der anderen Ebenen durch den Punkt die nämlichen Krümmungsradien haben. Die Flächen oskulieren sich in dem Punkte. Und aus der Übereinstimmung der Krümmungsradien in drei ebenen Schnitten durch den Punkt, welche durch drei verschiedene Tangenten desselben gehen, folgt die Übereinstimmung in allen Schnitten: die Oskulation in dem Punkte.

Diese durchgängige Oskulation der Schnitte durch den Punkt beweist dann, daß die Schnittkurve in dem Punkt einen dreifachen Punkt hat; und umgekehrt, aus der Dreifachheit folgt die Oskulation. Die drei Tangenten der Kurve führen dann zu ebenen Schnitten mit vierpunktiger Berührung.

Wenn auf einer Fläche durch einen Punkt P drei ebene Schnitte gelegt sind, mit den Nachbarpunkten $P_1', P_1''; P_2', P_2''; P_3', P_3''$, so bewirkt das Hindurchgehen einer zweiten Fläche durch P, P_1', P_2' Berührung in P mit jener und P_3' kommt von selbst auf die zweite; wird sie noch durch P_1'', P_2'', P_3'' geführt, so ist Oskulation erreicht.

Die Oskulation mit einer gegebenen Fläche in einem gegebenen Punkte ist mit sechs Punktbedingungen äquivalent, so daß es ein Gebüsche von oskulierenden Flächen 2. Grades gibt.[2])

1) Schon Dupin bekannt.

2) Liegt eine durch den Anfangspunkt O gehende Fläche vor:

$$U^1 + U^2 + U^3 + \cdots = 0,$$

wo U^1, U^2, $U^3, \ldots$ die Aggregate der verschiedenen Dimensionen in den Koordi-

941 Ermitteln wir nunmehr diejenigen Cremonaschen Verwandtschaften, bei denen den Ebenen des einen Raumes Σ' allgemeine kubische Flächen[1]) im anderen entsprechen. Diese Flächen sind, wie wir wissen, Homaloide; wir benutzen (Nr. 907, 908) die eindeutige Abbildung einer kubischen Fläche φ_0 auf die Ebene Π, bei welcher sechs Geraden eines Sextupels $l_1, \dots l_6$ in Punkte abgebildet werden: $L_1, \dots L_6$ (Abbildungs-Sextupel).

Es handelt sich hier um Verwandtschaften vom Geschlechte 1, dem der ebenen Schnitte einer allgemeinen Fläche 3. Ordnung. Man bestätige dies Geschlecht bei den ebenen Schnitten der Flächen des anderen Raumes.

a) Nehmen wir erstens an, daß die Flächen des Gebüsches G keine gemeinsame Kurve haben, so daß den Geraden a' von Σ' volle Durchschnittskurven 9. Ordnung entsprechen.

Weil bei jener Abbildung den Geraden der Π auf φ_0 kubische Raumkurven entsprechen, welche gegen $l_1, \dots l_6$ windschief sind, und eine kubische Kurve einem vollen Durchschnitte auf φ_0, d. h. irgend einer ihn einschneidenden kubischen Fläche neunmal begegnet, so sind die Bilder der vollen Schnitte Kurven 9. Ordnung, und weil jene die $l_1, \dots l_6$ dreimal schneiden, sind die $L_1, \dots L_6$ auf ihnen dreifach; und ähnlich bildet sich (Nr. 909) der Schnitt 6. Ordnung mit einer Fläche 2. Grades in eine Kurve 6. Ordnung ab, welche die $L_1, \dots L_6$ zu doppelten Punkten hat.

Wir müßten also ein homaloidisches Kurvennetz 9. Ordnung mit mindestens sechs dreifachen Hauptpunkten haben; ein solches gibt es nicht (vgl. die Tabelle in Nr. 787).

Folglich besteht keine Verwandtschaft (3, 9).[2])

b) Die kubischen Flächen φ mögen eine Gerade l_1 gemeinsam haben; die Abbildung der φ_0 in Π erfolge mit Hilfe eines Sextupels, zu welchem l_1 gehört; dann bleiben die Bilder der restierenden Schnittkurven 8. Ordnung auf φ_0 noch 9. Ordnung, weil sich l_1 in einen Punkt abbildet. Die Gerade l_1 wird bekanntlich von jeder restierenden Kurve 8. Ordnung in vier Punkten getroffen; den $l_2, \dots l_6$ begegnen die auf φ_0 gelegenen in drei Punkten. Wir brauchen also ein homaloidisches Kurvennetz 9. Ordnung mit (mindestens) einem vierfachen

---

naten sind, so ist $U^1 + U^2 = 0$ (welche bei einer Veränderung des Systems um O sich nicht ändert) eine ausgezeichnete unter den oskulierenden Flächen 2. Grades; sie geht durch den unendlich fernen Schnitt der vorletzten Polare des O.

1) Eine gewisse Kenntnis der Geometrie auf der kubischen Fläche wird im folgenden vorausgesetzt; ich verweise auf mein Buch Kap. II und V.

2) Sie wird möglich, wenn wir den kubischen Flächen einen Doppelpunkt gemeinsam sein lassen; vgl. Cremonas Note in den Rendiconti dell' Istituto Lombardo. II. Bd. 4.

und fünf dreifachen Hauptpunkten; ein solches ist auch nicht vorhanden. Also gibt es auch keine Cremonasche Verwandtschaft (3, 8).

c) Zwei feste windschiefe Geraden l_1, l_2 würden ein homaloidisches Kurvennetz 9. Ordnung mit zwei vierfachen, vier dreifachen Hauptpunkten fordern. Auch ein solches ist nicht vorhanden.

d) Nehmen wir an, daß den Flächen φ ein Kegelschnitt K gemeinsam sei. Es scheint am einfachsten, φ_0 so in Π abzubilden, daß die Ergänzungsgerade von K die Hauptgerade l_1 ist; den $l_2, \ldots l_6$ begegnet dann K. Weil ein voller ebener Schnitt sich in eine Kurve 3. Ordnung abbildet, so gilt dies auch noch für K; für diese Bildkurve hat man daher: $L_1^2 L_2, \ldots L_6$;[1]) und folglich ist das Bild einer auf φ_0 gelegenen restierenden Schnittkurve 7. Ordnung eine Kurve 6. Ordnung: $L_1 L_2^2 \ldots L_6^2$; auch ein solches homaloidisches Kurvennetz ist nicht vorhanden.

e) Die kubischen Flächen φ mögen sich längs einer festen Gerade l_1 berühren; dieselbe begegnet den restierenden Schnittkurven 7. Ordnung in fünf Punkten. Denn irgend eine Ebene durch l_1 schneidet zwei der Flächen noch in Kegelschnitten, welche, wegen der Berührung, durch dieselben zwei Punkte von l_1 gehen und ihre beiden weiteren Schnittpunkte sind die Schnitte der Ebene mit der Kurve 7. Ordnung, die nicht auf l_1 liegen. Das Bild einer solchen auf φ_0 gelegenen Kurve ist, da l_1 sich in einen Punkt abbildet, 9. Ordnung: $L_1^5 L_2^3 \ldots L_6^3$; aber ein entsprechendes homaloidisches Kurvennetz 9. Ordnung mit einem fünffachen und fünf dreifachen Hauptpunkten ist nicht vorhanden. Folglich gibt es auch keine Verwandtschaft (3, 7).

942 Der nächste Schritt aber, bei dem fünf Fälle zu untersuchen sind, wird bei dreien von Erfolg sein.

f) Den φ sei eine ebene Kurve 3. Ordnung gemeinsam; sie trifft alle sechs Geraden einmal, hat zum Bilde eine Kurve 3. Ordnung: $L_1 \ldots L_6$, also haben die auf φ_0 gelegenen restierenden Schnittkurven 6. Ordnung auch Bilder 6. Ordnung: $L_1^2 \ldots L_6^2$. Es gibt kein homaloidisches Kurvennetz 6. Ordnung mit mindestens sechs doppelten Hauptpunkten.

g) Jetzt sei eine kubische Raumkurve gemeinsam; wir benutzen das Sextupel $l_1 \ldots l_6$ auf φ_0, gegen das sie windschief ist, zur Abbildung. Dann ist ihr Bild eine Gerade und dasjenige einer auf φ_0 gelegenen Restschnittkurve f 6. Ordnung, welche die $l_1, \ldots$ dreimal trifft, ist 8. Ordnung: $L_1^3 \ldots L_6^3$. Es gibt ein homaloidisches Netz 8. Ordnung mit sieben dreifachen Hauptpunkten (vgl. Nr. 787 Tabelle $n = 8 : 4$)). Dieser siebente dreifache Punkt in Π gehöre als Bild zu einem Punkte O auf φ_0, durch den alle auf φ_0 gelegenen Kurven f

---

1) Wo durch L_i^h bezeichnet werde, daß die Kurve h mal durch L_i geht.

6. Ordnung dreimal gehen. Das bedeutet, daß alle Flächen φ des kubischen Gebüsches φ_0 in einer durch O dreimal gehenden Kurve schneiden. Die Flächen oskulieren φ_0 in O; denn jede Ebene durch diesen Punkt schneidet aus φ_0 und einer φ zwei Kurven, welche sich in O dreipunktig berühren. Die φ sind dadurch bestimmt, daß sie alle durch eine gegebene kubische Raumkurve gehen und eine gegebene Fläche (ω) in einem gegebenen Punkte oskulieren. Dadurch wird in der Tat ein homaloidisches Netz festgelegt. Die kubische Raumkurve ist für eine durchzulegende kubische Fläche mit zehn Punkten äquivalent[1]; die Oskulation aber involviert sechs Punktbedingungen.

Somit sind die Flächen 3. Ordnung φ, welche durch die kubische Raumkurve gehen und (ω) in O oskulieren, $10+6$ linearen Bedingungen unterworfen und bilden ein Gebüsche. Weil ferner die Schnittkurve 6. Ordnung zweier von ihnen in O einen dreifachen Punkt hat und mit allen drei Ästen desselben eine dritte Fläche oskuliert, was $3 \cdot 3 = 9$ Schnitte absorbiert, und ihr in den acht Punkten begegnet, welche den beiden Teilkurven des Schnitts gemeinsam sind[2], so bleibt bloß ein veränderlicher Schnittpunkt für drei Flächen des Gebüsches übrig; also ist es homaloidisch. So hat sich eine Verwandtschaft (3, 6) ergeben.

h) Wir nehmen jetzt an, daß den Flächen φ ein Kegelschnitt K und eine gegen ihn windschiefe Gerade l_1 gemeinsam sind. Es sei g die ergänzende Gerade von K auf φ_0, $l_1 l_2 l_3 l_4 l_5$ ein Quintupel[3] auf dieser Fläche, für welches g die einzige Treffgerade ist; die sechste Gerade l_6 des Sextupels trifft dann K; g bildet sich in den Kegelschnitt: $L_1 \ldots L_5$ ab, daher K in eine Gerade durch L_6, die Restschnittkurven 6. Ordnung auf φ_0, welche der l_1 viermal begegnen, in Kurven 8. Ordnung: $L_1{}^4 L_2{}^3 \ldots L_5{}^3 L_6{}^2$. Es gibt kein homaloidisches Netz mit solchen Hauptpunkten.

i) Wenn wir den Flächen φ drei windschiefe Geraden l_1, l_2, l_3 gemeinsam annehmen und diese, als Geraden von φ_0, dem Abbildungssextupel angehören lassen, so werden die auf φ_0 gelegenen Restschnittkurven 6. Ordnung sich in Kurven 9. Ordnung: $L_1{}^4 L_2{}^4 L_3{}^4 L_4{}^3 L_5{}^3 L_6{}^3$ abbilden.

---

1) Flächen 3. Ordnung Nr. 73. Die dort nach dem Range als unterem Zeiger bezeichneten Raumkurven:

R^3_4;	R^4_8,	R^4_6;	R^5_{12},	R^5_{10},	R^5_8;	R^6_{18},	R^6_{16},	R^6_{14},	R^6_{12}

haben das Geschlecht:

0	1	0	2	1	0	4	3	2	1

und sind mit:

10	12	13	14	15	16	15	16	17	18

Punkten für die Bestimmung einer kubischen Flächen äquivalent.

2) Flächen 3. Ordnung Nr. 64, oder in diesem Buche Nr. 383, 677.

3) Flächen 3. Ordnung, Nr. 21.

Es gibt ein entsprechendes homaloidisches Netz 9. Ordnung, welches außer diesen Hauptpunkten noch einen doppelten und einen einfachen hat (Tabelle Nr. 787 $n = 9$, von 7) das zweite Netz). Entsprechen dann O und O_1 diesen beiden Punkten auf φ_0, so sehen wir, daß es sich um die Flächen 3. Ordnung handelt, welche durch l_1, l_2, l_3 gehen, in O eine feste Ebene ω (die Tangentialebene von φ_0) berühren und durch O_1 gehen. Das sind $3 \cdot 4 + 3 + 1 = 16$ lineare Bedingungen. Die Schnittkurve 6. Ordnung zweier Flächen 3. Ordnung, die diesen Bedingungen genügen, trifft eine dritte in $3 \cdot 4$ Punkten auf l_1, l_2, l_3, in $2 \cdot 2$ Punkten in O, weil sie mit beiden Ästen ihres Doppelpunktes sie berührt, und in O_1; also bleibt ein veränderlicher Schnitt, und das Gebüsche ist homaloidisch. Es hat sich eine zweite Verwandtschaft (3, 6) ergeben.

k) Den kubischen Flächen φ seien gemeinsam zwei Geraden l_1, l_2, so jedoch, daß sie sich längs der ersteren berühren. Von den Restschnittkurven 6. Ordnung wird l_1 fünfmal, l_2 viermal getroffen, und die auf φ_0 gelegenen bilden sich ab in Kurven 9. Ordnung: $L_1^5 L_2^4 L_3^3 \dots L_6^3$, wenn l_1, l_2 wiederum zum Abbildungssextupel gehören.

Auch diesem Ergebnis entspricht ein homaloidisches Netz (in jener Tabelle $n = 9$, das zweite Netz von 6)). Es hat noch drei einfache Hauptpunkte.

Die Flächen 3. Ordnung φ sollen also die gegebene Fläche φ_0 längs l_1 berühren, längs l_2 schneiden und durch drei feste Punkte gehen. Jene Berührung ist äquivalent mit neun linearen Bedingungen[1]), zu denen noch $4 + 3$ kommen. Die Schnittkurve 6. Ordnung zweier von den Flächen trifft l_1 fünfmal, und berührt so oft eine dritte, schneidet sie viermal auf l_2 und dreimal in O_1, O_2, O_3; es bleibt ein veränderlicher Schnitt, und das Gebüsche ist homaloidisch. So haben wir eine dritte Verwandtschaft (3, 6) erhalten.

Die Restschnittkurven 6. Ordnung von kubischen Flächen, neben einer kubischen Raumkurve, drei windschiefen Geraden, einer „Berührungsgerade“ und einer Schnittgerade, haben das Geschlecht 3, 1, 0; in g), i) werden auch die beiden ersteren, durch den dreifachen bzw. doppelten Punkt, unikursal.

943 l) Lassen wir nunmehr die kubischen Flächen φ eine Raumkurve 4. Ordnung 1. Art R_1^4 gemeinsam haben; der untere Zeiger bezeichne das Geschlecht. Wir schneiden φ_0 mit einer durch sie gehenden Fläche 2. Grades noch in einem Kegelschnitte K und nehmen die Geraden $l_1, \dots l_6$ auf φ_0 in derselben Lage zu K wie in d). Das Bild von K ist dann eine Kurve 3. Ordnung: $L_1^2 L_2 \dots L_6$, daher das

1) Math. Annalen Bd. 21 S. 498.

von R_1^4 ebenfalls 3. Ordnung, aber: $L_2 \ldots L_6$; folglich bilden sich die auf φ_0 befindlichen Restschnittkurven 5. Ordnung in Kurven 6. Ordnung: $L_1^3 L_2^2 \ldots L_6^2$ ab. Es gibt kein entsprechendes homaloidisches Netz.

m) Jetzt sei gemeinsam eine Raumkurve 4. Ordnung 2. Art: R_0^4; wir benutzen die beiden auf φ_0 gelegenen dreifachen Sekanten l_1, l_2, in welchen die einzige durchgehende F^2 schneidet, zum Abbildungssextupel; $l_3 \ldots l_6$, windschief zu l_1, l_2, treffen R_0^4 zweimal; das Bild von R_0^4 ist daher 6. Ordnung: $L_1^3 L_2^3 L_3^2 \ldots L_6^2$. Folglich haben die auf φ_0 gelegenen Restschnittkurven 5. Ordnung Bilder 3. Ordnung: $L_3 \ldots L_6$.

Es gibt ein homaloidisches Netz 3. Ordnung, welches außer den vier einfachen noch einen doppelten Hauptpunkt hat.

Es handelt sich um die Flächen φ 3. Ordnung, welche durch R_0^4 gehen und eine gegebene Ebene ω in einem gegebenen Punkte O berühren.

Das Gehen durch R_0^4 ist äquivalent mit 13 linearen Bedingungen, und die genannte Berührung mit 3. Zwei sie erfüllende Flächen 3. Ordnung schneiden sich in einer Raumkurve 5. Ordnung R^5, welche im allgemeinen das Geschlecht 1 hat, der R_0^4 in 10 Punkten[1]) begegnet, durch O zweimal geht und dadurch das Geschlecht 0 erhält; sie begegnet einer dritten Fläche, welche sie in O mit beiden Ästen berührt, damit in $10 + 4$ Punkten, und es bleibt ein letzter Schnitt, außerhalb der Hauptelemente. Wir haben damit eine Verwandtschaft (3, 5) erhalten.

n) Gemeinsam sei den φ eine kubische Raumkurve R^3 und eine gegen sie windschiefe Gerade l_1; zum Abbildungssextupel nehmen wir das gegen R^3 windschiefe $l_1 \ldots l_6$. Das Bild von R^3 ist dann eine Gerade durch keinen der sechs Punkte L_i; daher bilden sich die auf φ_0 gelegenen Restschnittkurven 5. Ordnung, vom Range 8 und vom Geschlecht 0, in Kurven 8. Ordnung: $L_1^4 L_2^3 \ldots L_6^3$ ab. Es gibt ein entsprechendes homaloidisches Netz (in jener Tabelle $n = 8$ 7) das zweite Netz) mit noch zwei einfachen Hauptpunkten. Also handelt es sich um die kubischen Flächen durch eine kubische Raumkurve R_0^3, eine gegen die windschiefe Gerade l_1 und zwei Punkte O_1, O_2; das sind $10 + 4 + 2$ lineare Bedingungen. Zwei von ihnen begegnen sich noch in einer Raumkurve 5. Ordnung R_0^5, welche der R_0^3 in 8 und der l in vier Punkten begegnet[2]), durch O_1, O_2 geht und eine dritte Fläche noch in einem einzigen weiteren Punkt schneidet. Wir haben eine zweite Verwandtschaft (3, 5).

---

1) Flächen 3. Ordnung Nr. 67 (wo die Kurven mit R_1^4 und V_1^5 bezeichnet sind).

2) a. a. O. Nr. 66 β).

Ein Kegelschnitt und zwei windschiefe Geraden, zwei windschiefe Kegelschnitte und vier windschiefe Geraden bringen auf alle durchgehenden kubischen Flächen noch weitere gemeinsame Elemente: die Gerade in der Ebene des Kegelschnitts, welche die beiden Geraden trifft, die Schnittlinie der Ebenen der beiden Kegelschnitte, die beiden Treffgeraden der vier Geraden.

944 o) Wir lassen jetzt den kubischen Flächen eine Raumkurve 5. Ordnung gemeinsam sein, und zwar zunächst eine solche, die durch Raumkurven 4. Ordnung 1. Art zu vollen Schnitten ergänzt wird: R_2^5. Wir können die Abbildung von l) benutzen, bei welcher diese Kurven 4. Ordnung sich in Kurven 3. Ordnung: $L_2 \ldots L_6$ abbilden, aber ein homaloidisches Netz 3. Ordnung mit fünf einfachen Hauptpunkten gibt es nicht.

p) Wenn eine Raumkurve 5. Ordnung R_1^5 gemeinsam ist, die durch Raumkurven 4. Ordnung 2. Art R_0^4 zu vollen Schnitten ergänzt wird, so benutzen wir die Abbildung von m), bei der solchen Kurven 4. Ordnung Kurven 6. Ordnung: $L_1^3 L_2^3 L_3^2 \ldots L_6^2$ entsprechen. Da finden wir ein homaloidisches Kurvennetz ($n = 6$, 2)), das noch einen einfachen Hauptpunkt hat.

Die Flächen 3. Ordnung haben also eine Kurve R_1^5 und einen Punkt O gemein, das sind $15 + 1$ lineare Bedingungen. Die Restschnittkurven R_0^4 treffen R_1^5 in 10 Punkten (vgl. m)), haben O gemeinsam und treffen daher eine dritte Fläche des Gebüsches noch einmal. Wir haben eine Transformation (3, 4) erhalten.

Eine R_0^5 besitzt eine vierfache Sekante, die allen durchgehenden kubischen Flächen gemeinsam ist.

Die Raumkurve R_1^4 mit einer Gerade, die ihr zwei- oder einmal begegnet, bildet mit ihr eine Ausartung von R_2^5, R_1^5.

Ein bemerkenswerter Fall ist, wenn eine R_1^4 und eine gegen sie windschiefe Gerade l gegeben sind; der F^2-Büschel durch jene und der Ebenenbüschel durch diese geben, in projektiver Beziehung, ∞^3 kubische Flächen, welche ein Gebüsche bilden, denn drei Punkte bestimmen gerade die Projektivität. Zwei von diesen Flächen haben noch zwei Kegelschnitte gemeinsam in Ebenen durch l; denn die beiden Projektivitäten haben zwei Paare entsprechender Elemente gemein, und diese Kegelschnitte treffen eine dritte Fläche des Gebüsches nur auf R_1^4 und l; ein Punkt außerhalb dieser Linien bestimmt sofort in seiner Ebene nach l einen Kegelschnitt, durch den alle ihn enthaltenden Flächen des Gebüsches gehen, solcher Netze gibt es in demselben ∞^2.

Jedenfalls aber ist das Gebüsche nicht homaloidisch.

Eine R_0^4 setzt mit einer Gerade l, die ihr in 3, 2, 1 Punkten begegnet, eine Ausartung von R_2^5, R_1^5, R_0^5 zusammen.

R_0^4 und eine gegen sie windschiefe Gerade l sind äquivalent mit $13 + 4$ Bedingungen, bestimmen also nur ein Netz von kubischen Flächen, welche alle noch durch die beiden von l getroffenen dreifachen Sekanten von R_0^4 gehen.

Eine kubische Raumkurve und zwei gegen sie windschiefe Geraden sind mit 18 Bedingungen äquivalent und bestimmen einen Büschel; die Grundkurve wird vervollständigt durch die vier Doppelsekanten der Kurve, welche die beiden Geraden treffen.

q) Wir nehmen jetzt an, daß die kubischen Flächen eine Raumkurve 6. Ordnung gemeinsam haben, die mit ebenen Kurven 3. Ordnung volle Schnitte bildet: R_4^6. Weil die ebenen Kurven auf φ_0 sich in Kurven 3. Ordnung: $L_1 \ldots L_6$ abbilden, so müßten wir ein homaloidisches Netz 3. Ordnung haben, das sechs einfache Hauptpunkte hat; ein solches ist nicht vorhanden.

r) Jetzt sei eine Kurve R_3^6 gemeinsam, welche mit kubischen Raumkurven volle Schnitte bildet. Sei auf φ_0 das Sextupel $l_1\, l_2 \ldots l_6$ zur Abbildung benutzt, das gegen eine von ihnen windschief ist, so hat sie eine Gerade zum Bilde, R_3^6 also eine Kurve 8. Ordnung $L_1^3 \ldots L_6^3$, und daher wird jede der ergänzenden kubischen Raumkurven auf φ_0 in eine Gerade abgebildet. Wir haben das Geradenfeld in Π vor uns, das ja ein homaloidisches Netz ist, und die Verwandtschaft zwischen Π und α_0' ist Kollineation.

Die Flächen φ 3. Ordnung sind die durch R_3^6 gehenden, und diese bilden ein Gebüsche, weil R_3^6 mit 16 linearen Bedingungen äquivalent ist; und es ist homaloidisch, weil die kubische Raumkurve, in der je zwei Flächen aus ihm sich noch schneiden, der R_3^6 achtmal begegnet und daher mit einer dritten Fläche noch einen Schnitt hat.

Die weiteren Kurven 6. Ordnung und höherer Ordnung, die auf einer kubischen Fläche möglich sind, lassen keine Gebüsche durch sie zu, sondern nur ein Netz bzw. einen Büschel.

R_2^5 und eine zweimal treffende Gerade, R_1^5 und eine dreimal treffende Gerade liefern ein Gebüsche, sind aber nur Ausartungen von R_3^6.

Wir haben nun alle Fälle erschöpft und im ganzen sieben Cremonasche Verwandtschaften gefunden, bei denen das Gebüsche in dem einen Raume, dessen Flächen die Ebenen des anderen entsprechen, aus allgemeinen kubischen Flächen besteht.

§ 136. Fortsetzung.

Wir führen sie nun in umgekehrter Reihenfolge auf, in steigender Ordnung der Flächen des zweiten Gebüsches. Die zuletzt ge- 945 fundene einfachste, welche in beiderlei Sinne kubisch ist, ist längst bekannt.[1])

1. (3, 3). Die kubischen Flächen haben in beiden Räumen[2]) eine Raumkurve R_3^6 (16. Ranges) gemein, die mit kubischen Raumkurven volle Schnitte zweier F^3 bildet und ihnen achtmal begegnet.

2. (3, 4). Die kubischen Flächen des ersten Raumes haben eine Raumkurve R_1^5, die mit Raumkurven 4. Ordnung 2. Art R_0^4 solche volle Schnitte bildet und ihnen zehnmal begegnet, und einen Punkt O gemeinsam.

3. (3, 5)'. Die kubischen Flächen haben eine kubische Raumkurve R_0^3, eine gegen sie windschiefe Gerade und zwei Punkte O_1, O_2 gemein.

4. (3, 5)''. Die kubischen Flächen haben eine Raumkurve 4. Ordnung 2. Art R_0^4 gemeinsam und berühren eine gegebene Ebene ω in gegebenem Punkte O.

5. (3, 6)'. Die kubischen Flächen berühren längs l_1 eine gegebene Fläche 3. Ordnung — irgend eine aus dem Gebüsche, mit der man anfängt —, gehen durch eine zweite Gerade l_2 und haben drei feste Punkte O_1, O_2, O_3 gemeinsam.

6. (3, 6)''. Die kubischen Flächen haben drei windschiefe Geraden l_1, l_2, l_3 gemein, berühren eine Ebene ω in O und gehen durch O_1.

7. (3, 6)'''. Die kubischen Flächen haben eine kubische Raumkurve R_0^3 gemeinsam und oskulieren in O eine gegebene Fläche — etwa die Ausgangsfläche φ_0 des Gebüsches.

Wir haben jetzt für jede dieser Verwandtschaften die Art des Gebüsches im zweiten Raume und die Jacobischen Flächen beider Gebüsche zu untersuchen.

Die Jacobische Fläche J von G ist durchweg 8. Ordnung. Bei (3, 3) sind im ersten Raume Kurven z vorhanden, durch welche Netze des Gebüsches G gehen, die dreifachen Sekanten der Hauptkurve R_3^6, welche nun kurz h^6 heiße. Durch jeden Punkt derselben gehen

---

1) Magnus, Aufgaben und Lehrsätze aus der analyt. Geom. des Raumes S. 481; Cremona, ebenda Bd. 68 S. 1 Nr. 113; Nöther, Math. Annalen Bd. 3 S. 547; Cayley, Math. Papers Bd. 7 S. 236; Sturm, Math. Annalen Bd. 19 S. 480. Die andern, mit Ausnahme von (3, 6)'', finden sich in Cremonas in Nr. 935 erwähnten ersten Note aus den Rendiconti dell' Istituto Lombardo. Alle sieben Verwandtschaften hat, in etwas anderer Weise, Loria festgestellt: Atti dell' Accademia di Torino Bd. 26 (1890); nur läßt er bei (3, 6)''' die Flächen φ in O eine gegebene Ebene oskulieren; sich oskulierende Flächen oskulieren im allgemeinen nicht die gemeinsame Tangentialebene.

2) Weil nur eine (3, 3) gefunden wurde, müssen die Gebüsche in beiden Räumen gleichartig sein.

drei dreifache Sekanten[1]); ferner enthält jede durch h^6 gehende kubische Fläche sechs Geraden, welche die Kurve dreimal treffen[2]). Daraus folgt, daß die Regelfläche der dreifachen Sekanten der h^6 mit jeder solchen Fläche 3. Ordnung einen Schnitt von der Ordnung $3 \cdot 6 + 6$ gemein hat; also ist sie 8. Grades. Sie bildet die ganze Jacobische Fläche von G. Wir kennen sie auch aus Nr. 689 und 770. Von den korrespondierenden Punkten Z' dieser Geraden z liegen in jeder Ebene α' sechs, weil es auf jeder φ, wie eben bemerkt, sechs Geraden z gibt. Wir haben so die Kurve 6. Ordnung h'^6, welche den Flächen 3. Ordnung φ' in Σ' gemeinsam ist.

Wir werden auf diese vielbehandelte Verwandtschaft zurückkommen.

Die Hauptkurve $h^5 = R_1^5$ von (3, 4) hat eine Regelfläche 5. Grades der dreifachen Sekanten z. Denn durch jeden Punkt der Kurve gehen zwei und auf jeder durchgehenden F^3 liegen fünf. Daraus folgt, daß die korrespondierende Kurve der Z' 5. Ordnung ist: h'^5, einfach auf allen Flächen φ' 4. Ordnung, weil die z den α in je einem Punkte begegnen.

Außerhalb der h^5 können sich zwei dreifache Sekanten nicht treffen, also ist diese Kurve die einzige vielfache Kurve auf der Regelfläche; daher ist letztere vom Geschlechte 1 und die ihr eindeutig zugeordnete Kurve h'^5 ebenfalls, also auch eine R_1^5[3]).

Es gibt weiter Kurven z von der 2. Ordnung; diese z^2 sind Kegelschnitte, die durch O gehen und h^5 fünfmal treffen. Auf jeder φ gibt es zwei solche Kegelschnitte, sie liegen in den Ebenen, welche von den beiden gegen h^5 windschiefen Geraden auf φ[4]) nach O gehen. Daher bilden die entsprechenden Punkte Z' einen Kegelschnitt $h_2'^2$, worin, jedoch nur bei den Hauptkurven in Σ', der untere Zeiger 2 bedeutet, daß er auf allen φ' doppelt ist, weil ja die entsprechende α von jedem z^2 zweimal getroffen wird. Wir haben so schon die gemeinsame Kurve aller φ', von der Ordnung $5 + 2^2 \cdot 2 = 13$, die notwendig ist, damit als veränderlicher Schnitt, entsprechend einer Gerade von Σ, eine Kurve 3. Ordnung bleibt.

Im Gebüsche G gibt es eine Fläche φ_O, auf welcher der Punkt O Doppelpunkt ist; sie wird bestimmt durch drei Nachbarpunkte von O auf drei beliebigen Strahlen durch ihn. Auf dieser Fläche 3. Ord-

1) Diese Zahl v ist für die Kurven, mit denen wir hier zu tun haben, in der Tabelle auf S. 222 meiner Flächen 3. Ordnung angegeben; sie ist 3, 2, 1 bei R_3^6, R_1^5, R_0^4.

2) Vgl. die Tabelle in Mathem. Annalen Bd. 21 S. 494 $n = 6$ 5) g_3; dies g_3 ist 5, 2 bei R_1^5, R_0^4 $n = 5$ 2) und $n = 4$, 2); auch Flächen 3. Ordnung S. 202, 214, 216, 67.

3) Raumkurven 5. Ordnung sind immer auf kubischen Flächen gelegen; folglich können wir die Gleichartigkeit behaupten.

4) g_0 von $n = 5$ 2) in jener Tabelle.

nung liegen jene Kegelschnitte z^2. Von O kommen fünf Doppelsekanten an h^5 (deren Rang 10 ist); diese liegen auf φ_O und gehören dem Anschmiegungskegel an; derselbe enthält noch eine sechste Gerade der Fläche φ_O, welche gegen h^5 windschief ist, und durch sie gehen die Ebenen der z^2 [1]).

Die Regelfläche 5. Grades der dreifachen Sekanten von h^5, zugeordnet der h'^5, und diese Fläche φ_O 3. Ordnung, welche den O zum Doppelpunkt hat, zugeordnet der $h_2'^2$, bilden die Jacobische Fläche J von G.

Weil eine Gerade a diesen Flächen fünfmal, dreimal begegnet, so stützt sich die kubische Raumkurve f', die ihr entspricht, fünfmal auf h'^5 und dreimal auf $h_2'^2$.

Dem Hauptpunkt O, einfach auf allen Kurven 4. Ordnung f, welche den Geraden von Σ' entsprechen, korrespondiert eine Ebene, welche in der Jacobischen Fläche J' 12. Ordnung doppelt zu rechnen ist (Nr. 934); sie ist die Ebene von $h_2'^2$, weil jeder z^2 durch O geht.

Jede der fünf Doppelsekanten der h^5 aus O trifft die Regelfläche der dreifachen Sekanten, außerhalb h^5, noch einmal und bildet mit der dort getroffenen dreifachen Sekante z einen z^2; beiden entspricht derselbe Punkt Z'; wir haben daher fünf Begegnungspunkte von h'^5 und $h_2'^2$; wie auch daraus folgt, daß $h_2'^2$ für alle φ' ein voller ebener Schnitt ist.

Eine Gerade z', welche h'^5 zweimal, $h_2'^2$ einmal trifft, scheidet aus dem Gebüsche der φ' ein Netz aus, und jedem Punkte Z von h^5 ist eine solche Gerade z' zugeordnet, weil durch ihn zwei Geraden z und ein Kegelschnitt z^2 gehen, und zwar eine Gerade z', weil er einfach auf den φ ist.

Die Kongruenz der Doppelsekanten von h'^5 ist 5. Ordnung 10. Klasse, daher die Regelfläche derjenigen, welche eine Gerade treffen, vom Grade 15; auf ihr sind die Gerade fünffach und die Kurve vierfach. Die $2 \cdot 15 - 5 \cdot 4 = 10$ ferneren Schnitte mit $h_2'^2$ lehren, daß jene Geraden z' eine Regelfläche 10. Grades erzeugen. Auf ihr ist $h_2'^2$ fünffach, h'^5 aber hat die Vielfachheit $4 \cdot 2 - 5 = 3$, wie die Kegel beweisen, welche aus einem Punkte auf ihr beide Kurven projizieren. Dieser Grad 10 folgt auch daraus, daß die Kurven f, Raumkurven 4. Ordnung 2. Art, welche den Geraden a' korrespondieren, der h^5, mit der sie sich zu vollen Schnitten kubischer Flächen ergänzen, zehnmal begegnen [2]).

Es sind daher zugeordnet: dem Hauptpunkte O die

---

1) Auf jeder φ durch h^5 bilden die zwei gar nicht und die zehn zweimal treffenden Geraden — die g_0 und die g_2 — eine Doppelsechs; auf φ_O haben sich je zwei dieser zwölf Geraden in eine der sechs Geraden des Knotenpunktes vereinigt: Flächen 3. Ordnung Nr. 111.

2) Flächen 3. Ordnung Nr. 67.

doppelte Ebene von $h_2'^2$, der h^5 diese Regelfläche der Geraden, welche h'^5 zweimal, $h_2'^2$ einmal treffen und den einzelnen Punkten von h^5 korrespondieren. Sie bilden die Jacobische Fläche J' 12. Ordnung in Σ'.

Den zehn Schnitten einer Gerade a' mit der Regelfläche 10. Grades korrespondieren die zehn Inzidenzen der ihr entsprechenden Kurve 4. Ordnung f mit h^5 (Nr. 934).

Man bestätigt, daß h^5 dreifach, O zweifach auf J, h'^5 dreifach, $h_2'^2$ siebenfach auf J' ist, entsprechend den Ergebnissen der eben genannten Nummer.

946 Bei der Verwandtschaft (3, 5)' haben die kubischen Flächen φ in Σ eine kubische Raumkurve $h^3 = R_0^3$, eine gegen sie windschiefe Gerade h und zwei Punkte O_1, O_2 gemeinsam. Die Geraden, welche h^3 zweimal, h einmal treffen, erzeugen eine Regelfläche 4. Grades vom Geschlechte 0, auf welcher h^3 doppelt, h einfach ist; sie sind Geraden z; jede φ enthält ihrer fünf, denn die sechs Geraden auf ihr, welche h^3 zweimal treffen, bilden ein Sextupel, das durch die sechs gar nicht treffenden zur Doppelsechs vervollständigt wird (Nr. 377)[1]); zu diesen gehört h und wird durch fünf von jenen getroffen.

Folglich erzeugen die jenen Geraden z zugehörigen Punkte Z' eine Raumkurve 5. Ordnung h'^5, die auf den φ' einfach ist. Sie ist, weil eindeutig auf jene Regelfläche bezogen, wie sie, vom Geschlechte 0, also eine R_0^5.

Ferner bestimmen die Kurve h^3 und die beiden Punkte O_1, O_2 eine Fläche 2. Grades;[2]) auf dieser haben wir einen Büschel von kubischen Raumkurven durch O_1, O_2 und die beiden Schnitte von h, welche gegen die beiden Geradenscharen sich umgekehrt verhalten wie h^3; folglich treffen sie h^3 in fünf Punkten und haben mit allen φ $5 + 2 + 2$ Punkte gemeinsam. Durch jede von diesen Kurven z^3 geht daher ein Netz von φ. Auf jeder φ gibt es eine solche Kurve; denn jene Doppelsechs von h^3 zweimal und gar nicht treffenden Geraden liefert (Nr. 378, 379) zwei doppelt unendliche Systeme von kubischen Raumkurven auf der φ, von denen die einen sich ebenso, die andern umgekehrt wie die h^3 verhalten; aus dem letzteren Systeme, dessen Kurven die h^3 fünfmal, die h zweimal treffen, geht eine Kurve durch O_1, O_2.

Folglich ist der Ort der Punkte Z', die diesen z^3 korrespondieren, eine Gerade h_3', dreifach auf allen φ', weil jede z^3 je den entsprechenden α in drei Punkten begegnet.

In der Ebene O_1h besteht ein Büschel von Kegelschnitten durch O_1 und die drei Spuren von h^3; jeder ist, weil er h zweimal trifft,

1) Flächen 3. Ordnung Nr. 58.

2) Die beiden Flächen von G, welche O_1, bzw. O_2 zu Doppelpunkten haben, zerfallen in diese Fläche und die Ebene O_1h, bzw. O_2h.

eine Kurve z^2, durch die ein Netz von φ geht. Auf jeder φ liegt ein solcher Kegelschnitt, eingeschnitten durch die Ebene $O_1 h$. Also ist der Ort der zugehörigen Z' eine Gerade $h'_{1,2}$, doppelt auf allen φ', und die Ebene $O_2 h$ gibt eine zweite $h'_{2,2}$.

Die Jacobische Fläche J in Σ besteht aus der Regelfläche 4. Grades der Geraden, welche h^3 zweimal, h einmal treffen, zugeordnet der Kurve h'^5, der Fläche 2. Grades durch h^3, O_1, O_2, zugeordnet der h_3', und den Ebenen $h(O_1, O_2)$, zugeordnet den $h'_{1,2}$, $h'_{2,2}$. h^3, h sind auf ihr dreifach, O_1, O_2 zweifach.

Die Flächen 5. Ordnung φ' haben gemeinsam zwei doppelte Geraden $h'_{1,2}$, $h'_{2,2}$, eine dreifache h_3' und eine einfache Kurve 5. Ordnung h'^5, also einen Schnitt von der Ordnung $2 \cdot 4 + 1 \cdot 9 + 5 = 22$, so daß, wie notwendig, ein veränderlicher Schnitt 3. Ordnung bleibt.

Diese kubischen Raumkurven f', welche den Geraden a korrespondieren, treffen h'^5 viermal, h_3' zweimal, $h'_{1,2}$, $h'_{2,2}$ je einmal, weil die a so oft die zugeordneten Bestandteile der J schneiden.

Die Doppelsekante aus O_2 an h^3 trifft einen der Kegelschnitte z^2 in $O_1 h$ und setzt mit ihm eine Kurve z^3 zusammen. Also trifft $h'_{1,2}$ die h_3', und ebenso tut es $h'_{2,2}$.

Jedes der drei Geradenpaare des Büschels in $O_1 h$ enthält eine Gerade, welche h^3 zweimal und h einmal trifft, also eine z ist. Daraus folgt, daß h'^5 der $h'_{1,2}$ sowohl wie der $h'_{2,2}$ dreimal begegnet.

Alle Kegelschnitte, welche h^3 dreimal treffen und durch O_1, O_2 gehen, liegen auf der obigen Fläche 2. Grades (h^3, O_1, O_2); zwei von ihnen treffen h, und jeder von diesen trifft die Regelfläche 4. Grades, außer auf h^3 und h, noch einmal und damit eine Erzeugende z derselben, mit welcher er eine z^3 zusammensetzt.

Also begegnet sich h_3' mit h'^5 in zwei Punkten.

Jetzt haben wir noch die Jacobische J' 16. Ordnung in Σ' aufzubauen. Ihr gehören zunächst zwei doppelte Ebenen an, zugeordnet den Punkten O_1, O_2, und weil jede z^3 durch O_1, O_2, die einen z^2 durch O_1, die andern durch O_2 gehen, so folgt, daß diese Ebenen die Verbindungsebenen $h_3' h'_{1,2}$, $h_3' h'_{2,2}$ sind.

Ferner, durch jeden Punkt Z von h^3 gehen zwei Geraden z der Regelfläche 4. Grades und eine Kurve z^3 aus dem Büschel auf (h^3, O_1, O_2); weil er auf den φ einfach ist, so wird ihm eine Gerade z' korrespondieren, welche h'^5 zweimal, h_3' einmal trifft; und jede Gerade, die das tut, trifft die φ' 5. Ordnung damit schon fünfmal und scheidet aus ihrem Gebüsche ein Netz aus.

Weil h'^5 vom Geschlechte 0 ist, empfängt sie aus jedem Punkte sechs Doppelsekanten und die Fläche der Doppelsekanten, welche eine Gerade treffen, ist vom Grade $6 + 10$. Bei der Gerade h_3', welche

h'^5 zweimal trifft, sondern sich zwei Kegel 4. Ordnung ab, und es bleibt eine Regelfläche 8. Grades von Geraden z' übrig, die den Punkten Z von h^3 entsprechen. Auf ihr ist h_3' fünffache und h'^5 zweifache Leitlinie, die beiden Geraden $h'_{1,2}$ und $h'_{2,2}$ sind dreifache Erzeugenden.

Durch jeden Punkt Z der Gerade h geht eine Erzeugende z der Regelfläche 4. Grades und aus jedem der beiden Büschel ein Kegelschnitt z^2; folglich entspricht ihm eine Gerade z', welche h'^5 und $h'_{1,2}$, $h'_{2,2}$ trifft. Diese Geraden erzeugen eine Regelfläche 4. Grades, auf welcher h'^5 einfache, $h'_{1,2}$ und $h'_{2,2}$ doppelte Leitlinien und h_3' eine doppelte Erzeugende ist.

Die Regelfläche 8. Grades der Geraden, welche h'^5 zweimal, h_3' einmal treffen, zugeordnet der Hauptkurve h^3, die Regelfläche 4. Grades der Geraden, welche h'^5, $h'_{1,2}$, $h'_{2,2}$ treffen, zugeordnet der Hauptgerade h, und die doppelten Ebenen $h_3'(h'_{1,2}, h'_{2,2})$, zugeordnet den Hauptpunkten O_1, O_2, bilden die Jacobische Fläche 16. Ordnung J' in Σ'. Auf ihr sind h'^5 dreifach, $h'_{1,2}$, $h'_{2,2}$ siebenfach und h_3' elffach (Nr. 934).

Bei der Verwandtschaft (3, 5)'' haben die kubischen Flächen φ eine Raumkurve 4. Ordnung 2. Art $h^4 = R_0{}^4$ gemeinsam und berühren eine gegebene Ebene ω in einem gegebenen Punkte O. Die dreifachen Sekanten z von h^4, welche bekanntlich eine Regelschar bilden, bestimmen je ein Netz in G, jede φ von G enthält zwei dreifache Sekanten. Daher entsprechen den Geraden z Punkte Z', welche einen Kegelschnitt h'^2 erzeugen, der auf allen φ' 5. Ordnung einfach ist. 947

Es sind ferner ∞^1 Kegelschnitte z^2 möglich, welche h^4 viermal treffen und ω in O berühren; durch jeden geht ein Netz aus G, und jede Fläche φ aus G enthält fünf solche Kegelschnitte; die ergänzenden Geraden sind nämlich die fünf gegen h^4 windschiefen auf φ (welche die beiden dreifachen Sekanten treffen)[1]. Die diesen Kurven z^2 zugeordneten Punkte Z' bilden daher eine Kurve 5. Ordnung $h_2'^5$, doppelt auf allen φ'.

Und die feste den φ' gemeinsame Kurve 22. Ordnung ist in dem einfachen h'^2 und der doppelten $h_2'^5$ erhalten.

Diese Kurve $h_2'^5$ hat einen dreifachen Punkt. Im Gebüsche G gibt es nämlich ein Netz von Flächen φ, für welche O Doppelpunkt ist, wodurch die Berührung mit ω in ausgearteter Weise zustande kommt; irgend ein Punkt, unendlich nahe neben O, aber nicht in ω gelegen, bestimmt dieses Netz. Die drei Doppelsekanten aus O an h^4 liegen auf allen Flächen desselben und bilden, zu je zweien, einen Kegelschnitt z^2, welcher h^4 viermal trifft und ω in O, in aus-

1) Math. Annalen Bd. 21 S. 494 $n = 4$ 1), g_0 und g_3.

gearteter Weise, berührt. Folglich ist der diesem Netze entsprechende Punkt W' ein dreifacher Punkt von $h_2'^5$, sowie auch aller φ'; die φ' sind also Flächen 5. Ordnung mit einer Doppelkurve 5. Ordnung, die einen dreifachen Punkt hat [1]. Durch ihn bekommt die Kurve das Geschlecht 0.

Man beachte wohl, daß diesem Punkt nur eine Kurve entspricht, nicht eine Fläche. Es gehen auch die Kurven f', die den Geraden a korrespondieren, im allgemeinen nicht durch ihn. Er ist nicht einzelner Hauptpunkt, der für die φ' eine weitere Bedingung wäre. Indem die φ' die $h_2'^5$ zur Doppelkurve haben, haben sie von selbst den W' zum dreifachen Punkte.

In jenem Netze, dessen Flächen φ den O zum Doppelpunkte haben, gibt es eine Fläche, welche eine durch O gehende Gerade l ganz enthält. Dieselbe nimmt alle Kegelschnitte in sich auf, welche h^4 viermal treffen, durch O gehen und l nochmals begegnen. Die beiden Kanten, in denen ω den Anschmiegungskegel 2. Grades dieser Fläche in O schneidet, lehren, daß sich unter diesen Kegelschnitten zwei von jenen z^2 befinden, daß also die Ebenen der z^2 einen Kegel 2. Grades umhüllen. Lassen wir aber l die Kurve h^4 treffen, so ergibt sich, daß durch jeden Punkt von h^4 zwei von den Kegelschnitten z^2 gehen und h^4 auf der Fläche derselben doppelt ist. Da nun jede φ fünf Kurven z^2 enthält, so schließen wir, daß die Ordnung ihrer Fläche 6 ist.

Aus der Fläche 2. Grades der dreifachen Sekanten z der h^4, zugeordnet dem h'^2, und der eben gefundenen Fläche 6. Ordnung der Kegelschnitte z^2, zugeordnet der $h_2'^5$, setzt sich die Jacobische Fläche J von G zusammen.

O ist vierfach auf ihr, weil jede Gerade durch ihn zwei von den z^2 noch einmal trifft. Die Berührung der Flächen φ in O mit ω bringt diesen Punkt in höherer Vielfachheit auf J, als der Satz am Schlusse von Nr. 934 verlangt. Der Anschmiegungskegel 4. Ordnung der J (ihres zweiten Bestandteils) in O setzt sich aus ω und den drei Ebenen zusammen, welche die auf ihr zweifachen Doppelsekanten aus O an h^4 verbinden.

Von den kubischen Raumkurven f', die den a entsprechen, wird h'^2 zweimal, $h_2'^5$ sechsmal getroffen, entsprechend der Zahl der Begegnungspunkte der a mit den beiden Teilen von J.

Die vier Geraden von (O, ω), welche nach den Spuren von h^4 gehen, treffen je eine dreifache Sekante z dieser Kurve und bilden mit ihr einen Kegelschnitt z^2. Also begegnen sich h'^2 und $h_2'^5$ viermal.

Durch jeden Punkt Z von h^4 gehen eine Gerade z und zwei

---

1) Math. Annalen Bd. 4 S. 278

Kegelschnitte z^2; demnach entspricht ihm eine Gerade z', welche h'^2 einmal und $h_2'^5$ zweimal trifft und daher aus G' ein Netz ausscheidet.

Das Geschlecht 0 und der dreifache Punkt W' der $h_2'^5$ lehren, daß sie aus jedem Punkte drei Doppelsekanten erhält und die Fläche derjenigen, welche eine Gerade treffen, 13. Grades ist mit $h_2'^5$ als vierfacher Leitlinie; sie hat mit h'^2 $2 \cdot 13 - 4 \cdot 4 = 10$ weitere Punkte gemeinsam.

Folglich bilden die vorhin genannten Geraden z' eine Regelfläche 10. Grades: den der Hauptkurve h^4 korrespondierenden Teil von J'. Die Ordnung 10 folgt wiederum auch daraus, daß die Kurven 5. Ordnung f, welche den a' entsprechen und sich mit h^4 zu vollen Schnitten zweier φ ergänzen, der h^4 zehnmal begegnen. Auf dieser Regelfläche ist h'^2 dreifach und $h_2'^5$ $(2 \cdot 4 - 4) = 4$-fach.

Durch O gehen alle Kurven f, wegen der Berührung, doppelt; also entspricht ihm eine Fläche 2. Grades; da für die f zu der vierfachen Bedingung des zweimaligen Durchgangs durch O noch die Berührung der beiden Äste mit ω, zwei einfache Bedingungen treten, so daß den f durch ihr Verhalten in O sechs Bedingungen auferlegt sind, so ist diese Fläche 2. Grades in der Jacobischen Fläche J' $\frac{6}{2} = 3$-fach zu zählen (Nr. 934).

Weil ferner jeder z^2 durch O geht, so muß diese Fläche durch jeden Punkt von $h_2'^5$ gehen; sie ist die einzige durch diese Kurve gehende Fläche 2. Grades, nämlich der Kegel, der sie aus ihrem dreifachen Punkte projiziert.

Die Jacobische Fläche J' von G' setzt sich zusammen aus der Regelfläche 10. Grades der Geraden, welche $h_2'^5$ zweimal, h'^2 einmal treffen, zugeordnet der Hauptkurve h^4, und dem dreifachen Kegel 2. Grades, welcher $h_2'^5$ aus ihrem dreifachen Punkte projiziert, dem Hauptpunkte O zugeordnet. Die Hauptkurve h'^2 ist dreifach, allein auf dem ersten Bestandteil, $h_2'^5$ siebenfach, vierfach auf diesem, dreifach auf dem Kegel.

948 Bei $(3, 6)'$ berühren die kubischen Flächen φ von G eine gegebene — etwa φ_0 — längs einer gegebenen Gerade h_1, gehen durch eine zweite gegebene Gerade h_2 und durch drei gegebene Punkte O_1, O_2, O_3 (natürlich auf φ_0 gelegen).

Jede Gerade z, welche h_1, h_2 trifft und auf ersterer φ_0 und daher alle φ berührt, bestimmt ein Netz in G; auf jeder φ von G gibt es fünf solche Geraden; in Σ' ergibt sich also eine durch die zugehörigen Punkte Z' gebildete Kurve h'^5, welche auf allen Flächen 6. Ordnung φ' des G' einfach ist. In Nr. 911 haben wir die Regelfläche 3. Grades dieser Geraden z bestimmt; sie hat h_1 zur einfachen, h_2 zur doppelten Leitgerade; ihre Entstehung lehrt, daß alle φ sie längs h_1 tangieren. Die Kurve h'^5 steht zu ihr in eindeutiger Beziehung und ist daher vom Geschlechte 0.

In der Ebene $h_1 O_1$ besteht ein Büschel von Kegelschnitten z^2, welche durch O_1, die Spur von h_2 und die beiden Punkte von h_1 gehen, in denen φ_0 und alle φ von dieser Ebene berührt werden; so daß die z^2 in ihnen ebenfalls die φ tangieren. Jeder von diesen z^2 bestimmt ein Netz in G; auf jeder φ gibt es einen z^2.

Daher ergeben sich, entsprechend den Ebenen $h_1(O_1, O_2, O_3)$, durch die zugehörigen Z' drei Geraden $h'_{1,2}, h'_{2,2}, h'_{3,2}$, welche auf den Flächen φ' doppelt sind.

Damit haben wir von der Jacobischen Fläche J 8. Ordnung in Σ die obige der h'^5 zugeordnete Regelfläche 3. Grades und die drei Ebenen $h_1(O_1, O_2, O_3)$, welche zu den $h'_{i,2}$ gehören. Vervollständigt wird sie durch die Fläche 2. Grades λ^2, die durch h_1, h_2, O_1, O_2, O_3 geht. Dieselbe berührt auf h_1 dreimal die φ_0 und alle φ, denn es entsteht auf h_1 eine Korrespondenz [2, 1], in welcher die Berührungspunkte je derselben Ebene durch h_1 mit φ_0 und λ^2 zugeordnet sind. Nun wird aber auf λ^2 durch sieben Punkte eindeutig eine Raumkurve 4. Ordnung 2. Art, welche den Geraden einer bestimmten Regelschar dreimal und denen der andern einmal begegnet, festgelegt, weil diese sieben Punkte eindeutig die Korrespondenz [3, 1] zwischen den Regelscharen bestimmen (Nr. 156), in welcher solche Geraden aus ihnen entsprechend sind, die sich auf der Kurve begegnen; folglich ist auf λ^2 durch O_1, O_2, O_3 und die drei Berührungspunkte auf h_1 ein Büschel von solchen Raumkurven z^4 festgelegt. Jede trifft auch h_2 dreimal und hat daher mit jeder φ schon zwölf Punkte gemeinsam; und irgend ein 13ter Punkt auf ihr bestimmt[1]) ein Netz von φ, die sämtlich durch die ganze Kurve gehen.

Jede φ enthält eine solche Kurve, eingeschnitten durch unsere Fläche 2. Grades; die Punkte Z', welche diesen z^4 zugehören, bilden daher eine Gerade h_4', welche auf allen Flächen φ' vierfach ist, und welcher der Bestandteil λ^2 von J zugeordnet ist. Durch die einfache Kurve 5. Ordnung h'^5, die drei doppelten Geraden $h'_{1,2}, \dots$ und diese vierfache Gerade h_4' ist die feste Kurve 33. Ordnung $(5 + 3 \cdot 2^2 + 1 \cdot 4^2)$ erschöpft, welche den φ' gemeinsam sein muß.

Wir schließen wieder, daß die den Geraden a korrespondierenden kubischen Raumkurven f' dreimal die h'^5, je einmal die $h'_{i,2}$ und zweimal die h_4' treffen.

Jede der drei Geraden der Regelfläche 3. Grades der z, welche durch die Berührungspunkte auf h_1 zwischen φ_0 und λ^2 gehen, liegt, weil sie auch h_2 treffen, auf λ^2 und setzt mit der kubischen Raumkurve auf λ^2, welche durch O_1, O_2, O_3 und je die beiden andern Be-

1) Anmerkung in Nr. 942 mit der Tabelle über die Anzahl der Punktbedingungen.

rührungspunkte geht, eine Raumkurve z^4 zusammen. Daraus folgt, daß die vierfache Gerade h_4' sich dreimal auf die einfache Kurve 5. Ordnung h'^5 stützt.

Ferner, jede der beiden Geraden z der kubischen Regelfläche, die durch einen der Berührungspunkte der Ebene $h_1 O_1$ mit den φ geht, fällt, weil sie die φ berührt, in diese Ebene, trifft h_2 und setzt daher mit der Gerade aus O_1 nach dem andern Berührungspunkte einen Kegelschnitt z^2 zusammen. Demnach wird h'^5 von jeder der drei Doppelgeraden $h'_{1,2}, \ldots$ zweimal getroffen.

Im Gebüsche G gibt es ein ausgezeichnetes Netz, von dessen Flächen die Berührung längs h_1 dadurch erfüllt wird, daß h_1 auf ihnen doppelt ist, so daß die Flächen Regelflächen werden. In der Tat, eine kubische Regelfläche ist eindeutig bestimmt, wenn von ihr gegeben sind: die doppelte, die einfache Leitgerade und fünf Punkte oder, was dasselbe ist, fünf Erzeugenden, denn dadurch wird die Korrespondenz [1, 2] zwischen den Punktreihen auf den Leitgeraden festgelegt.

Es gibt daher in G ein Netz von Regelflächen 3. Grades, welche h_1 zur doppelten, h_2 zur einfachen Leitgerade haben und durch O_1, O_2, O_3 gehen. Alle diese Regelflächen enthalten die drei Geraden o_1, o_2, o_3 durch O_1, O_2, O_3, welche h_1 und h_2 treffen; und während sonst h_1 nur zweifach im gemeinsamen Schnitte zählt, zählt sie bei diesen Flächen vierfach, alle Flächen dieses Netzes haben für sich noch eine Kurve 5. Ordnung gemeinsam, bestehend aus o_1, o_2, o_3 und der doppelt gerechneten h_1. Daraus ergibt sich, daß der diesem Netze korrespondierende Bündelscheitel W' auf allen φ' fünffach ist.

Die drei Geraden o_1, o_2, o_3 bilden mit h_1 eine von den Raumkurven 4. Ordnung z^4; also geht die vierfache Gerade h_4' durch W'. Ferner die o_1 bildet mit h_1 einen Kegelschnitt z_1^2 des Büschels in $O_1 h_1$; folglich gehen $h'_{1,2}$, $h'_{2,2}$, $h'_{3,2}$ durch W'.

Zur Jacobischen Fläche J' 20. Ordnung in Σ' gehören drei doppelte Ebenen, welche den Hauptpunkten O_1, O_2, O_3 zugeordnet sind. Weil durch O_1 die z^4 und die z_1^2 gehen, so enthält die dem O_1 zugeordnete Ebene die Geraden h_4' und $h'_{1,2}$, ist also deren Verbindungsebene, und ebenso entsprechen den O_2, O_3 die Ebenen $h_4'(h'_{2,2}, h'_{3,2})$.

Die Hauptgerade h_2 wird von den Restschnitten 6. Ordnung der φ viermal getroffen, also wird der ihr entsprechende Teil der J' 4. Ordnung sein. Jedem Punkte von h_2, einfach auf den φ, muß in Σ' eine Gerade z' entsprechen; durch ihn gehen zwei Erzeugenden der Regelfläche 3. Grades der z und eine Kurve z^4 aus dem Büschel auf λ^2; demnach trifft jene Gerade z' zweimal die h'^5 und einmal die h_4'. Jene, als Kurve vom Geschlechte 0, erhält aus jedem Punkte sechs Doppelsekanten; von jedem Punkte auf h_4' kommen außer dieser selbst als dreifacher Sekante noch drei Doppelsekanten; sie wird dreifache Leitgerade der gesuchten Regelfläche, und in jeder Ebene durch sie liegt noch eine Doppelsekante, welche die beiden übrigen Schnitte von h'^5 verbindet. Die Regelfläche ist 4. Grades. Die h'^5 ist auf ihr einfach und die drei Geraden $h'_{1,2}, \ldots$ sind Erzeugenden.

Die Hauptgerade h_1 wird, wegen der Berührung, von dem Restschnitte zweier φ fünfmal getroffen (Nr. 941); also entspricht ihr eine Fläche 5. Ordnung. Durch jeden Punkt von ihr geht eine der Geraden z, denen die Punkte von h'^5 korrespondieren.

Durch einen beliebigen Punkt von h_1 geht von den Kegelschnitten z_i^2 nur der ausgeartete (h_1, o_i) und von den z^4 nur die ausgeartete (h_1, o_1, o_2, o_3); diese Kurven sind in der Kurve 5. Ordnung $(h_1, h_1, o_1, o_2, o_3)$ enthalten, die zu W' führt. Dem Punkte von h_1, einfach auf den φ, entspricht eine Gerade z'; diese geht also durch W' und trifft h'^5; also ist die Fläche 5. Ordnung der Kegel, welcher h'^5 aus W' projiziert; er hat h_4' zur dreifachen und die drei $h'_{i,2}$ zu doppelten Kanten.

Den Kurven f, den Restschnitten 6. Ordnung der φ, wird nicht bloß fünfmaliges Treffen mit h_1 auferlegt, sondern auch Berührung mit φ_0 in den Treffpunkten, also zehn Bedingungen; daher zählt die Fläche 5. Ordnung in der Jacobischen Fläche J' $\frac{10}{5} = 2$ mal (Nr. 934).

Demnach setzt sich diese Jacobische Fläche 20. Ordnung J' zusammen aus den drei doppelten Ebenen $h_4'(h'_{1,2}, h'_{2,2}, h'_{3,2})$, den O_1, O_2, O_3 zugeordnet, dem doppelten Kegel 5. Ordnung, welcher h'^5 aus W' projiziert, der Hauptkurve h_1 zugeordnet, und der Regelfläche 4. Grades der Geraden, welche h'^5 zweimal, h_4' einmal treffen, der h_2 zugeordnet.

Den fünf bzw. vier Punkten, in denen eine f über h_1, h_2 geht, korrespondieren die Schnitte der ihr entsprechenden a' mit den beiden letzten Bestandteilen.

Auf J ist h_2 $(2+1)$-fach, h_1 $(3+1+1)$-fach, O_i $(1+1)$-fach; auf J' ist die einfache Kurve h'^5 $(1+2)$-fach, die $h'_{1,2}$ siebenfach, nämlich auf der doppelten Ebene $h_5' h'_{1,2}$ $2 \cdot 1$-fach, auf der Regelfläche 4. Grades einfach, auf dem doppelten Kegel $2 \cdot 2$-fach.

Endlich, die dreifache h_3' ist auf den drei doppelten Ebenen $3 \cdot 2 \cdot 1$-fach, auf dem doppelten Kegel $2 \cdot 3$-fach, so daß ihr höhere Vielfachheit 12 zukommt als der allgemeine Satz fordert, nach welchem sie bloß 11 ist. Dasselbe gilt für h_1, und wird durch die Berührung bewirkt.

949 Bei der zweiten Verwandtschaft $(3, 6)''$ haben die kubischen Flächen drei Hauptgeraden h_1, h_2, h_3 gemeinsam, berühren in O die feste Ebene ω und gehen durch O_1. Kurven z 1. Ordnung sind ersichtlich die Geraden der Regelschar $[h_1, h_2, h_3]$. Auf jeder Fläche

φ des Gebüsches befinden sich drei. Dies führt zu einer einfachen Hauptkurve 3. Ordnung h'^3 in Σ'.

In der Ebene Oh_1 erhalten wir einen Büschel von Kegelschnitten z_1^2, welche in O die ω berühren und durch die Spuren von h_2, h_3 gehen. Auf jeder φ gibt es einen solchen Kegelschnitt; folglich erhalten wir in Σ' eine doppelte Hauptgerade $h'_{1,2}$ und, durch die Ebenen $O(h_2, h_3)$, noch zwei andere $h'_{2,2}$, $h'_{3,2}$.

Drittens gibt es ∞^1 kubische Raumkurven z^3, welche h_1, h_2, h_3 je zweimal treffen, ω in O berühren und durch O_1 gehen und damit elf Bedingungen erfüllen; sie sind auf der Fläche φ_{O_1} des Gebüsches gelegen, die in O_1 einen Doppelpunkt hat. Auf jeder φ gibt es zwei solche Kurven; denn aus dem Tripel $h_1\ h_2\ h_3$ lassen sich auf φ zwei Sextupel ableiten, zu denen es gehört,[1]) und zu jedem derselben gibt es auf der Fläche einen Bündel von kubischen Raumkurven, welche seine Geraden zweimal treffen, und darin eine Kurve durch O, O_1. Dadurch erhalten wir einen dreifachen Haupt-Kegelschnitt $h_3'^2$ in Σ'.

Durch die einfache Kurve h'^3, die drei doppelten Geraden $h'_{i,2}$, diesen dreifachen Kegelschnitt $h_3'^2$ ist die Kurve 33. Ordnung $(3 + 3 \cdot 2^2 + 2 \cdot 3^2)$, die allen φ' 6. Ordnung gemeinsam sein muß, erschöpft. Und auch die Jacobische Fläche J von G haben wir vollständig: sie besteht aus der Fläche 2. Grades $[h_1, h_2, h_3]$, zugeordnet der h'^3, den drei Ebenen Oh_i, zugeordnet den $h'_{i,2}$, und der Fläche φ_{O_1} des Gebüsches, die O_1 zum Doppelpunkte hat, zugeordnet dem $h_3'^2$.

Die h sind auf ihr dreifach, O_1 doppelt, aber O vierfach.

Die kubischen Raumkurven f' treffen also h'^3 zweimal, die $h'_{i,2}$ je einmal und $h_3'^2$ dreimal.

In dem Büschel der z_1^2 in Oh_1 gibt es ein Geradenpaar, dessen eine Gerade alle drei h_i schneidet; daraus folgt, daß h'^3 von $h'_{1,2}$ und ebenso von $h'_{2,2}$, $h'_{3,2}$ getroffen wird.

Die Gerade von O_1 nach h_2, h_3 trifft einen von den Kegelschnitten z_1^2 und setzt mit ihm eine Kurve z^3 zusammen. Daher stützt sich jede der drei doppelten Hauptgeraden auf den dreifachen Kegelschnitt $h_3'^2$.

Dies folgt auch daraus, daß der dreifache Kegelschnitt voller Schnitt aller φ' ist; aus demselben Grunde treffen sich $h_3'^2$ und h'^3 dreimal.

Dem Punkte O_1 entspricht eine doppelte Ebene, ersichtlich die Ebene von $h_3'^2$, weil die z^3 alle durch O_1 gehen.

Die Kurven 6. Ordnung f, welche den Geraden a' von Σ' korrespondieren, gehen doppelt durch O; daher entspricht diesem Punkte

---

1) Flächen 3. Ordnung, Nr. 22.

eine Fläche 2. Grades; aber weil jene f in O sechs Bedingungen zu erfüllen haben (vgl. Nr. 947), so ist diese Fläche dreifach in J' zu zählen. Sie geht durch die drei doppelten Geraden $h'_{i,2}$ und den dreifachen Kegelschnitt $h_3'^2$, weil sowohl alle z_i^2, als alle z^3 durch O gehen.

Irgendein Punkt, unendlich nahe neben O, aber nicht in ω, bestimmt ein Netz in G, dessen Flächen sämtlich den O zum Doppelpunkte haben; auf allen diesen Flächen liegen die drei Geraden l_1, l_2, l_3, welche von O nach h_2, h_3; h_3, h_1; h_1, h_2 gehen. Je zwei derselben bilden einen Kegelschnitt z_1^2, z_2^2, z_3^2. Daraus folgt, daß die drei doppelten Geraden $h'_{i,2}$ in den Punkt W' zusammenlaufen, welcher diesem Netze entspricht, und die obige Fläche 2. Grades, welche dem O zugeordnet ist, der Kegel ist, der aus W' den $h_3'^2$ projiziert und daher die $h'_{i,2}$ enthält.

Auf den φ' ist W', wegen der Kurve 3. Ordnung (l_1, l_2, l_3), die den Flächen jenes Netzes gemeinsam ist, und ihrer drei Schnittpunkte mit jeder α, dreifach.

Durch einen Punkt Z von h_1 geht eine z, eine z_1^2 und eine z^3. Nur letzteres ist noch zu beweisen. Die kubischen Raumkurven, welche durch O, O_1, Z gehen und h_2, h_3 zweimal treffen, liegen auf der Fläche 2. Grades durch jene Punkte und diese Geraden in doppelt unendlicher Mannigfaltigkeit; diejenigen von ihnen, welche ω in O berühren, d. h. die Schnittlinie von ω mit der Tangentialebene dieser Fläche in O, erhalten in dem Nachbarpunkte von O auf dieser einen vierten Grundpunkt, bilden einen Büschel, und eine von ihnen geht durch den zweiten Schnitt der h_1 mit der Fläche und wird dadurch eine z^3.

Folglich entspricht dem Punkte Z von h_1 eine Gerade z', welche h'^3, $h'_{1,2}$, $h_3'^2$ trifft. Aus den Ordnungen dieser Kurven und der Zahl der Begegnungspunkte schließt man, daß diese Geraden z' eine Regelfläche 4. Grades erzeugen, für welche $h'_{1,2}$ und $h_3'^2$ eine doppelte kubische Leitkurve bilden, während h'^3, $h'_{2,2}$, $h'_{3,2}$ auf ihr liegen, letztere als Erzeugenden.

Die Jacobische Fläche J' von G' besteht aus der doppelten Ebene des Haupt-Kegelschnitts $h_3'^2$, zugeordnet dem O_1, dem dreifachen Kegel 2. Grades, welcher $h_3'^2$ aus W' projiziert, zugeordnet dem O, und drei Regelflächen 4. Grades, zugeordnet den Geraden h_i und durch die Geraden gebildet, welche h'^3, $h_3'^2$, $h'_{i,2}$ treffen.

Die Vielfachheit der einfachen Hauptkurve h'^3 auf der J' ist $3 \cdot 1$, die der doppelten $h_{i,2}$ ist $3 \cdot 1 + 2 + 1 + 1 = 7$ und die der dreifachen $h_3'^2$ endlich $2 \cdot 1 + 3 \cdot 1 + 3 \cdot 2 = 11$, wie notwendig.

950 Wir kommen zur letzten Verwandtschaft (3, 6)''', bei welcher die Flächen φ durch eine feste kubische Raumkurve h^3 gehen und

eine gegebene Fläche — φ_0 aus dem Gebüsche — in einem gegebenen Punkte O oskulieren. Die (nicht oskulierte) Berührungsebene sei ω.

Es gibt ∞^1 Kegelschnitte z^2, welche φ_0 in O oskulieren und h^3 dreimal treffen; denn jene Bedingung besteht aus der doppelten des Hindurchgehens durch O und der ebenfalls doppelten des Oskulierens. Durch jeden von diesen z^2 geht ein Netz aus dem Gebüsche G; jede φ enthält 6: sie liegen in den Ebenen von O nach den sechs gegen h^3 windschiefen Geraden auf ihr. Die zugehörigen Punkte Z' bilden daher eine auf den φ' doppelte Kurve 6. Ordnung $h_2'^6$.

Die Ebenen dieser Kegelschnitte z^2 umhüllen einen Kegel 3. Klasse. Wir erkennen zunächst die Ebene ω als doppelte Berührungsebene desselben. Wegen der Oskulation sind den φ die beiden Haupttangenten in O gemeinsam; die beiden Kegelschnitte in ω, welche durch die Punkte (h^3, ω) gehen und in O die eine oder andere berühren, haben mit dem Schnitte $\omega\varphi_0$, für den diese Geraden die Doppelpunkts-Tangenten sind, drei vereinigte Schnitte gemeinsam: zwei von dem einem, den dritten vom andern Ast, sind also Kegelschnitte z^2. Ist nun l ein Strahl von (O, ω), so erzeugen die Kegelschnitte, welche h^3 dreimal treffen und l in O berühren, die Fläche 2. Grades, welche durch h^3 geht und l in O tangiert. Sie schneidet φ_0 in einer Kurve, welche ebenfalls von l in O berührt wird, und die Schnittkurve ihrer Schmiegungsebene in O mit jener Fläche ist ein Kegelschnitt, welcher φ_0 in O dreipunktig berührt. Es geht also durch l nur eine weitere Tangentialebene an den Kegel.

Die drei Tangentialebenen desselben, die durch einen Punkt auf h^3 gehen, beweisen, daß durch ihn drei Kegelschnitte z^2 gehen, die h^3 also auf dem Erzeugnisse der z^2 dreifach ist. Daher hat dasselbe mit einer beliebigen φ einen Schnitt von der Ordnung $3 \cdot 3 + 6.2 = 21$ gemeinsam, die h^3 dreifach und die sechs auf φ befindlichen z^2. Dies Erzeugnis der Kegelschnitte z^2 ist also 7. Ordnung. Wir wollen in ω, in welche zwei der erzeugenden Kegelschnitte fallen, den Restschnitt 3. Ordnung nachweisen; er kann nur aus Bestandteilen zerfallender z^2 bestehen. Es sind die drei Geraden o_1, o_2, o_3 aus O nach den Schnitten (h^3, ω); sie setzen mit der Doppelsekante s, die von O an h^3 kommt, solche Kegelschnitte zusammen, denn die in ω liegende Gerade tangiert φ_0 in O und s hat einen Punkt mit ihr dort gemein, so daß eine ausgeartete Oskulation eintritt. Die Doppelsekante s stellt sich als dreifache Gerade auf der Fläche 7. Ordnung heraus, und $s(o_1, o_2, o_3)$ sind die drei Tangentialebenen durch sie an den Kegel. Die drei zweiten Schnitte der z^2 in den Tangentialebenen durch eine beliebige Gerade aus O mit derselben lassen erkennen, daß sie nur diese Punkte als fernere Schnitte mit der Fläche hat, O also auf derselben vierfach ist; zu den drei Berührungsebenen, die ihm als Punkt der dreifachen Gerade s zukommen, tritt ω als vierte.

Die Kurve $h_2'^6$ hat das Geschlecht 0, ebenso wie der Kegel, zu dessen Ebenen ihre Punkte in eindeutiger Beziehung stehen.

Die Flächen φ schneiden in ω einen Büschel von Kurven 3. Ordnung z^3 ein, welche durch die Spurpunkte von h^3 gehen, O zum Doppelpunkte haben mit den beiden Haupttangenten als Tangenten; durch jede geht wiederum ein Netz aus G. Weil jede φ eine solche z^3 enthält, so ergibt sich, als Ort der zugehörigen Z', eine auf allen φ' dreifache Gerade h_3'. Die gemeinsame Kurve 33. Ordnung der φ' wird also durch die doppelte Kurve 6. Ordnung $h_2'^6$ und die dreifache Gerade h_3' gebildet.

Die Jacobische Fläche J von G besteht aus der Fläche 7. Ordnung der z^2, welche der $h_2'^6$ zugeordnet ist, und der Berührungsebene ω der φ in O, dem Träger der z^3, welche der h_3' zugeordnet ist.

O ist auf ihr $(4+1)$-fach, von höherer Vielfachheit als der Satz von Nr. 934 fordert; handelt es sich doch nicht um ein einfaches Durchgehen.

Von den kubischen Raumkurven f', welche den a korrespondieren, wird $h_2'^6$ siebenmal und h_3' einmal getroffen.

Unter den z^3 befinden sich zwei zerfallende: je aus einer Haupttangente von O und demjenigen der beiden z^2 in ω bestehend, welcher die andere Haupttangente berührt. Daraus ergeben sich zwei Begegnungspunkte von $h_2'^6$ und h_3'.

Das Gebüsche G enthält ein ausgezeichnetes Netz N, dessen Flächen alle O zum Doppelpunkte haben, also durch die vier Geraden s, o_1, o_2, o_3 gehen; es wird durch h^3, die vierfache Bedingung des Doppelpunktes und drei beliebige Punkte auf o_1, o_2, o_3 festgelegt.

Diese drei Geraden durch den Doppelpunkt in ω beweisen, daß er biplanar ist mit dieser Ebene als einem Teil des zerfallenden Anschmiegungs-Kegels. Jeder Strahl von (O, ω) hat also mit jeder φ des Netzes drei vereinigte Schnitte in O; in einer beliebigen Ebene ϵ durch O ist $\omega\epsilon$ Tangente des Schnitts mit φ_0 und die eine Tangente des Doppelpunktes des Schnittes mit der φ, daher haben sie drei vereinigte Schnitte in O, und die Oskulation wird, freilich in ausgearteter Weise, erfüllt.

Der Scheitel des dem Netz N korrespondierenden Bündels in Σ' sei W'. Für so_1, so_2, so_3 als zerfallende Kegelschnitte z^2 ist N das zugehörige Netz; daher ist W' dreifacher Punkt von $h_2'^6$; ebenso ist N das zu der aus o_1, o_2, o_3 bestehenden Kurve z^3 gehörige Netz; also liegt W' auf h_3'. Und $h_2'^6$ und h_3' haben fünf Punkte gemeinsam, den dreifachen Punkt W' der ersteren und die oben genannten. Die fünffache Sekante von $h_2'^6$ bestätigt das Geschlecht 0.

Weil ferner die Kurve 4. Ordnung (s, o_1, o_2, o_3), welche den Flächen von N, außer der Hauptkurve h^3, gemeinsam ist, einer Ebene viermal begegnet, ist W' auf allen Flächen φ' vierfach.

Den Strahlen a' von W', welche eine φ' nur noch zweimal schneiden, korrespondieren Kegelschnitte f, die nicht durch O gehen, weil es schon s, o_1, o_2, o_3 tun. Durch jeden a' geht eine φ' aus G', in der entsprechenden α liegt f.

Der Anschmiegungskegel 4. Ordnung hat drei doppelte Kanten, die Tangenten w_1', w_2', w_3' von $h_2'^6$, und eine dreifache h_3', muß also in vier Ebenen zerfallen, die Ebenen von dieser nach jenen, und die Ebene dieser drei Tangenten, so daß sich als Spezialität des dreifachen Punktes von $h_2'^6$ herausstellt, daß seine drei Tangenten in einer Ebene τ' liegen. Jede Ebene durch h_3' schneidet eine φ', außer in dieser dreifachen Gerade, in einer Kurve 3. Ordnung mit einem Doppelpunkte im sechsten Schnitte mit $h_2'^6$, der in einer der Ebenen nach den Tangenten w' in W' fällt (oder den Nachbarpunkt). Jeder Strahl durch W' in dieser Ebene hat also mit φ' in W' fünf vereinigte Schnitte, woraus erhellt, daß sie zum Anschmiegungskegel gehört.

Diesen Ebenen α' durch h_3' entsprechen ausgezeichnete Flächen des Netzes N; jede muß alle Kurven z^3 enthalten, sie zerfallen also in die Ebene ω und eine Fläche 2. Grades: durch h^3 und die Doppelsekante s, damit O als Doppelpunkt sich ergebe. Diese φ bilden in N einen Büschel B. Jede der Flächen 2. Grades trägt einen z^2: in der Schmiegungsebene des O an die Schnittkurve mit φ_0; er korrespondiert dem sechsten Punkt der $h_2'^6$ in der Ebene α' durch h_3'; und wenn die Fläche 2. Grades durch o_1, o_2 oder o_3 geht, so haben wir die besonderen Ebenen $h_3'\, w'$, in denen dieser Punkt nach W' gerückt ist.

Außerhalb B besitzt N noch eine ausgezeichnete Fläche, den Kegel 3. Ordnung, welcher h^3 aus O projiziert. Die drei Geradenpaare so_1, so_2, so_3 repräsentieren, binär, die sechs Kegelschnitte z^2 auf ihm; alle sechs Schnitte der entsprechenden Ebene α' mit $h_2'^6$ sind in W' gerückt, zu je zweien benachbart auf den w'; die Ebene ist also die Ebene τ' dieser Tangenten. Mit einer beliebigen φ von N hat der Kegel außer h^3, s, o_1, o_2, o_3 noch eine Gerade gemein; ihrem Schnitte mit α korrespondiert der einzige von W' verschiedene Schnitt der entsprechenden φ' mit der $\tau'\alpha'$; der Schnitt von φ' mit τ' hat also in W' einen fünffachen Punkt, wie das für τ' als Anschmiegungsebene auch notwendig ist.

Die Strahlen a' des Büschels (W', τ') korrespondieren eindeutig den Kanten des Kegels.

Auf die genauere Untersuchung dieses singulären Punktes, welcher in jeder Ebene durch ihn $6^2 - (3 \cdot 2^2 + 3) = 21$ Schnittpunkte der aus zwei φ' geschnittenen Kurven, in τ' sogar 33 repräsentiert, gehen wir nicht ein, weil sie uns zu weit führen würde.

Jede Kurve 6. Ordnung liegt auf einer Fläche 3. Ordnung; wenn $h_2'^6$ durch den dreifachen Punkt W' das Geschlecht 0 bekommt, so hat sie sieben scheinbare Doppelpunkte und ist eine Kurve 6. Ordnung, die mit einer kubischen Raumkurve den vollen Schnitt zweier Flächen 3. Ordnung bildet.[1]) Dann ist die Regelfläche der dreifachen Sekanten 8. Grades und die Kurve dreifach auf ihr.

Weil jede dieser dreifachen Sekanten eine beliebige φ' schon sechsmal auf dieser ihrer Doppelkurve $h_2'^6$ trifft, wird sie eine Gerade z', durch welche alle Flächen eines Netzes aus G' gehen; ihr entspricht ein Punkt Z auf h^3, den drei Treffpunkten die drei Kegelschnitte z^2, die durch ihn gehen. Dadurch wird diese Regelfläche 8. Grades ein Bestandteil der Jacobischen Fläche J'; und ihre acht Schnitte mit einer Gerade a' korrespondieren den acht Begegnungspunkten der entsprechenden 6. Ordnung f mit h^3, mit der sie auch den vollen Schnitt zweier φ bildet.

Die Vervollständigung der J' zur Ordnung 20 erfolgt durch die Fläche, welche dem Hauptpunkte O zugeordnet ist; weil jede der eben genannten Kurven f dreimal durch O geht, ist diese Fläche 3. Ordnung; weil sie aber in O zwölf Bedingungen zu erfüllen hat, nämlich die sechsfache Bedingung des dreimaligen Durchgangs, und die ebenfalls sechsfache Bedingung, daß sie mit allen drei Ästen φ_0 oskulieren soll, so zählt diese Fläche in der Jacobischen Fläche $\frac{12}{3} = 4$ fach (Nr. 934).

Demnach besteht die Jacobische Fläche J' des Gebüsches G' aus der h^3 zugeordneten Regelfläche 8. Grades der dreifachen Sekanten von $h_2'^6$ und der vierfachen Fläche 3. Ordnung, welche dem O zugeordnet ist.

Geraden, welche $h_2'^6$ zweimal und h_3' einmal treffen, gibt es nicht; h_3' stellt für jeden ihrer Punkte die sieben durchgehenden Doppelsekanten der $h_2'^6$ vor.

Die den Geraden a' durch W' korrespondierenden Kegelschnitte f gehen nicht durch O; folglich treffen jene nicht mehr die Fläche 3. Ordnung, außer in W', der also für sie dreifach ist. Diese Fläche $(O)'$ ist ein Kegel 3. Ordnung aus diesem Punkte W', und zwar derjenige, welcher $h_2'^6$ projiziert und daher h_3' zur Doppelkante hat; in der Tat liegen $h_2'^6$ und h_3' auf ihm einfach, bzw. doppelt, weil jeder z^2 einmal, jede z^3 zweimal durch O geht.

Eine Kante dieses Kegels trifft die φ' schon in sechs Punkten, in W' und dem zweiten Punkte der $h_2'^6$; also ist sie allen Flächen eines Netzes von G' gemeinsam. Das ist immer dasselbe, nämlich das dem Bündel O entsprechende Netz; seine Flächen bestehen aus dem festen Kegel dritter Ordnung $(O)'$ und je

1) Math. Annalen Bd. 21 S. 494 $n = 6$, 5), wo die Kurve ohne vielfachen Punkt vorausgesetzt ist und daher das Geschlecht 3 hat; sie ist für die Bestimmung einer kubischen Fläche mit 16 Punkten äquivalent (Nr. 941 Anm.), woran der dreifache Punkt nichts ändert.

einer Fläche 3. Ordnung, auf welcher $h_2'^6$ und h_3' einfach sind. Diese kubischen Flächen bilden ein Netz; durch $h_2'^6$ allein gehen ∞^3 Flächen 3. Ordnung, für welche W' nur einfach ist, weil die drei Tangenten w' in dieselbe Ebene fallen, so daß h_3' erst dreimal trifft, und es ∞^2 Flächen gibt, die noch durch sie gehen.

Den Geraden a durch O entsprechen ebenfalls Kegelschnitte f'; sie liegen in den Ebenen des Bündels W', weil jede a auf einer φ des Netzes N liegt. Wegen der drei weiteren Schnitte der a mit der Fläche 7. Ordnung trifft der f' die $h_2'^6$ dreimal, und weil die durch a gehende φ einem der Netze zugehört, welche durch die z^3 bestimmt sind, hat f' auch mit h_3' einen Punkt gemeinsam.

Auf der Regelfläche 8. Grades liegt $h_2'^6$ dreifach, wie wir schon wissen, aber auch für h_3' gilt das; denn einer Gerade, welche jene oder diese trifft, entspricht, nach Abspaltung einer z^2 oder z^3, welche beide der h^3 dreimal begegnen, eine Kurve f von der Ordnung 4, bzw. 3, welche die h^3 in $8 - 3$ Punkten trifft. Also hat a' fünf fernere Schnitte mit der Regelfläche, der Stützpunkt auf die Kurve zählt für drei; h_3' ist dreimal dreifache Sekante, je mit einem der im dreifachen Punkte sich deckenden Punkte und den beiden anderen Begegnungspunkten als Stützpunkten. Die Regelfläche wird dadurch vom Geschlechte 0. Nunmehr ist festgestellt, daß $h_2'^6$ und h_3' auf J' siebenfach, bzw. elffach sind.

Der Kegelschnitt f, der einer durch W' gehenden Gerade a' entspricht, hat mit h^3, da die sich abspaltenden s, o_1, o_2, o_3 ihr in fünf Punkten begegnen, noch drei Punkte gemein. Also ist W' auf der Regelfläche fünffach.[1])

§ 137. Weitere Betrachtungen über diese kubischen Verwandtschaften.

951 Die Transformationen (2, 2), (2, 3), (2, 4) (§ 134) liefern eindeutige Abbildungen der Fläche 2. Grades, irgendeiner $\overline{\varphi}$ aus dem Gebüsche G, auf eine Ebene, die der $\overline{\varphi}$ entsprechende $\overline{\alpha}'$; den ebenen Kurven $\overline{\varphi}\alpha$ entsprechen die Kurven $\overline{\alpha}'\varphi'$. Die Schnitte von $\overline{\alpha}'$ mit den Hauptkurven in Σ' sind die Hauptpunkte der Abbildung. Umgekehrt wird $\overline{\varphi}'$ — eine Fläche 2. Grades, eine kubische Regelfläche, eine Steinersche Fläche 4. Ordnung — auf die Ebene $\overline{\alpha}$ abgebildet. Die Bilder der ebenen Schnitte sind durchweg Kegelschnitte; wir kennen diese Abbildungen (§ 128); während vorhin das Gebüsche der Bildkurven der ebenen Schnitte durch die festen Punkte bestimmt ist, gilt das jetzt bei (2, 3) und (2, 4) nicht; und ähnliches gilt im folgenden. Ebenso geben uns die sieben Transformationen (3, 3), ...,

1) Meine Ergebnisse weichen etwas von denen ab, welche Loria in der in Nr. 945 erwähnten Abhandlung erhalten hat.

(3, 6)‴ sieben eindeutige Abbildungen einer kubischen Fläche, von denen die erste die Clebschsche, die zweite, bei der Kurven 4. Ordnung als Bilder der ebenen Schnitte sich ergeben, die in Nr. 911 gefundene ist.

Die Umkehrungen von (2, 4), ... (3, 6)‴ geben einfache eindeutige Abbildungen der mit steigender Ordnung immer spezielleren Flächen 4. bis 6. Ordnung, bei denen die ebenen Schnitte durchweg Kurven 3. Ordnung zu Bildern haben. Die bei (3, 4) haben wir in Nr. 919 erhalten; es war aber notwendig, der eindeutigen Abbildung der Fläche 4. Ordnung mit doppeltem Kegelschnitte, die sich unmittelbar auffinden ließ, die jedoch Bilder 6. Ordnung der ebenen Schnitte lieferte, eine quadratische Transformation folgen zu lassen.

Bei (3, 5)′ führen die Strahlen des Netzes, welche die doppelten Geraden der $\overline{\varphi}'$ zu Leitgeraden haben, auch zunächst zu Bildkurven 6. Ordnung, die durch denselben Prozeß auf die 3. Ordnung gebracht werden können. Bei (3, 6)′, wo die Projektion aus dem fünffachen Punkte W' zu Bildkurven 6. Ordnung führt, können diese durch eine Transformation 3. Grades auf die Ordnung 3 gebracht werden. Bei (3, 6)″ und (3, 6)‴ führt die Kongruenz 1. Ordnung 2. Klasse, deren Strahlen $h_3'^2$ und eine der Doppelgeraden, bzw. die Kongruenz 1. Ordnung 6. Klasse, deren Strahlen $h_2'^6$ und h_3' treffen, zu Abbildungen mit Bildkurven 8., 12. Ordnung.

Wir haben im vorangehenden bei den kubischen Flächen φ gemeinsame vielfache Punkte ausgeschlossen. Es sei ihnen ein Doppelpunkt O gemeinsam. Die Ausgangsfläche φ_0 kann dann aus ihm eindeutig in die Ebene Π abgebildet werden. Die Schnittkurven 9. Ordnung der φ_0 mit anderen φ aus G werden aus ihm in Kurven 5. Ordnung projiziert, die alle durch die Spuren der sechs binären Geraden der φ_0 gehen, welche O enthalten.[1]) Ein homaloidisches Kurvennetz 5. Ordnung mit sechs einfachen Hauptpunkten ist vorhanden; es hat noch zwei einfache und einen vierfachen (Nr. 787 $n=5$ 1)). Projizieren wir diese auf φ_0, so ergibt sich ein homaloidisches Gebüsche von Flächen 3. Ordnung, welche den gemeinsamen Doppelpunkt O, zwei einfache gemeinsame Punkte und mit der φ_0 in einem festen Punkte eine Berührung 3. Ordnung eingehen, und eine zugehörige Verwandtschaft (3, 9).[2])

Ein homaloidisches Gebüsche bilden alle Flächen 3. Ordnung, welche vier gegebene Punkte A, B, C, D zu Doppelpunkten haben und daher auch die sechs Verbindungslinien enthalten.

Wir fanden sie als die ersten Polaren der Punkte des Raumes in bezug auf die Fläche 4. Ordnung, welche aus den Ebenen des Tetra-

1) Flächen 3. Ordnung Nr. 112.
2) Cremona erwähnt diesen Spezialfall. Vgl. Anm. 2 S. 363.

eders $ABCD$ besteht, und dadurch das Gebüsche kollinear auf den Punktraum bezogen (Nr. 695). Weil die Grundkurven der Büschel des Gebüsches als veränderliche Bestandteile kubische Raumkurven haben, so führt die kollineare Beziehung des Gebüsches auf den Ebenenraum Σ' zu einer in beiderlei Sinn kubischen Verwandtschaft. Das Gebüsche in Σ' ist von derselben Art. Das gegebene Gebüsche in Σ enthält vier ausgezeichnete Netze $(A), \ldots (D)$. Die Flächen von (A) bestehen aus der festen Ebene $\alpha = BCD$ und den Kegeln 2. Grades durch $A(B, C, D)$. Ihm entspreche der Bündel A'. Einem Büschel in (A), dessen Kegel die vierte gemeinsame Kante a haben, entspricht ein Ebenenbüschel um den Strahl a' von A'. Und zwischen den beiden Strahlenbündeln A und A' besteht eine quadratische Verwandtschaft. Hauptstrahlen in A sind $A(B, C, D)$, homolog in A' sind $A'(B', C', D')$. Der Ebene $\beta' = A'C'D'$ entspricht nämlich die den drei Netzen (A), (C), (D) gemeinsamen Fläche $B(CD, DA, AC)$. Nun gibt es im Netze (A) einen Büschel, dessen Kegel längs AB eine bestimmte durchgehende Ebene tangieren; zu ihm gehört die eben genannte aus drei Ebenen bestehende Fläche; folglich liegt die entsprechende Axe aus A' in der Ebene β'; so daß diese Ebene dem Hauptstrahle AB zugeordnet ist.

Für die Flächen φ' in Σ' sind $A', \ldots$ Doppelpunkte; denn ein Strahl a' von A' trifft eine φ', außer in A', nur in dem Punkte, der dem Schnitt $a\alpha$ korrespondiert. Folglich liegen auch die sechs Verbindungslinien auf diesen kubischen Flächen, und die einen und anderen Verbindungslinien sind außerordentliche Hauptkurven (Nr. 933), von denen AB und $C'D', \ldots$ einander zugeordnet sind.

Jede der kubischen Flächen in Σ hat, außer den sechs quaternären Geraden, noch drei unäre, welche je zwei Gegenkanten des Tetraeders treffen; diejenige, welche AB, CD trifft, ist mit ihnen durch Ebenen verbunden, welche längs dieser Kanten die Fläche berühren[1]); und in unserem Gebüsche berühren je ∞^2 Flächen dieselbe Ebene durch eine der Kanten, etwa AB, und bilden ein Netz, bestimmt durch irgendeinen Nachbarpunkt neben AB in der Ebene. Zu diesem Netze gehört aus den Netzen (A), (B) je ein Büschel von Flächen, deren Kegel die Ebene längs AB tangieren. Die diesen Büscheln zugehörigen Axen in Σ' befinden sich in (A', β'), (B', α'), der Scheitel des dem Netze korrespondierenden Bündels also im Schnittpunkte, der auf $\alpha'\beta' = C'D'$ liegt.

Die Flächen des Netzes haben, außer den Kanten, eine in der Ebene unendlich nahe neben AB verlaufende Gerade gemein. Dieser auf der Grenze mit AB sich vereinigenden Gerade und ihren Punkten

1) Flächen 3. Ordnung Nr. 123.

entspricht, so lange die Ebene festgehalten wird, jener Punkt auf $C'D'$; er durchläuft diese Gerade, wenn die Ebene um AB sich dreht; so daß in der Tat allen Punkten von AB alle Punkte von $C'D'$ zugeordnet sind.

Die Jacobische Fläche besteht je aus den vier doppelt gerechneten Tetraederebenen.

Im Anschluß hieran möge noch folgende reziproke im beiderlei Sinne kubische Verwandtschaft erwähnt werden. Ein räumliches Koordinatensystem liegt vor; jeder Ebene wird der Punkt zugeordnet, welcher ihre Axenabschnitte zu Koordinaten hat.

Eine in beiderlei Sinne kubische zentrale Verwandtschaft (vgl. Nr. 938) ergibt sich folgendermaßen.[1])

Eine Fläche 2. Grades γ^2, ein Punkt O und zwei Ebenen κ, κ' sind gegeben; auf jedem Strahle durch O wird die Projektivität hergestellt, in welcher die Schnitte mit γ^2 sich selbst und die mit κ, κ' einander entsprechen.

Es sei a' eine Gerade von Σ'; in der Ebene π von O nach ihr werde, mit $\pi\gamma^2$ und O,a', die ebene Verwandtschaft von Nr. 807 hergestellt; weil der in ihr der $\pi\kappa$ entsprechende Kegelschnitt der $\pi\kappa'$ zweimal begegnet, so geht die in der jetzigen Verwandtschaft der a' korrespondierende Kurve zweimal durch O und ist 3. Ordnung wegen des einzigen weiteren Punktes auf jedem Strahle von (O, π). Daraus folgt, daß die kubische Fläche, die einer Ebene α' oder α entspricht, in O ebenfalls einen Doppelpunkt hat. Die Kegel von O nach $\gamma^2\kappa$ und $\gamma^2\kappa'$ schneiden aus γ^2 noch zweite Kegelschnitte aus: in den Ebenen λ',λ. Auf ihren Kanten artet die Projektivität aus, derartig, daß die Punkte von $\gamma^2\kappa$ und $\gamma^2\lambda'$ bzw. diejenigen von $\gamma^2\lambda$, $\gamma^2\kappa'$ singuläre Punkte sind. Diese Kegelschnitte werden also Hauptkurven, $\gamma^2\kappa$, $\gamma^2\lambda$ in Σ, $\gamma^2\kappa'$, $\gamma^2\lambda'$ in Σ', und ihren Punkten entspricht je die durchgehende Kegelkante. Die Kegel werden damit, in beiden Räumen, Bestandteile der Jacobischen Fläche. Auf den Geraden, die von O nach den beiden Punkten $\gamma^2(\kappa, \kappa')$ und zugleich nach den $\gamma^2(\lambda, \lambda')$ gehen, wird die Projektivität unbestimmt; jedem Punkt einer von diesen Geraden entspricht jeder andere. Wir haben in ihnen zwei sich selbst zugeordnete außerordentliche Hauptgeraden. Den Flächen φ, welche den Ebenen α' entsprechen, sind daher $\gamma^2\kappa$, $\gamma^2\lambda$ und diese beiden Geraden gemeinsam; der veränderliche Restschnitt zweier ist die ebene Kurve 3. Ordnung, welche der Schnittlinie der beiden α' entspricht. Weil sie zweimal durch O geht, so ist diesem Hauptpunkt von Σ eine als Bestandteil

1) Diese zentralen Verwandtschaften hat W. Vogt konstruiert und in ähnlicher Weise auch „windschiefe“ hergestellt, bei denen die Verbindungslinien entsprechender Punkte zwei feste Geraden treffen. Jahresber. der Schles. Ges. für vaterländ. Kultur 1906, V S. 8.

von J' zweifach zu rechnende Fläche 2. Grades zugeordnet. Sie geht durch O, der ja auch Hauptpunkt von Σ' ist, $\gamma^3\kappa'$, $\gamma^2\lambda'$ und die beiden außerordentlichen Hauptgeraden, und diese Hauptelemente haben die notwendige Vielfachheit 2, 3, 4 auf J' (Nr. 934).

952 Drei Korrelationen und das durch sie konstituierte Netz von Korrelationen haben uns in Nr. 729—731 zu (3,3) geführt; entsprechende Punkte X, X' sind solche, welche in den drei Korrelationen und daher in allen des Netzes konjugiert sind. Die Hauptkurve h^6 bzw. h'^6 entsteht durch die Punkte, deren Polarebenen in eine Gerade zusammenlaufen; diese Geraden erzeugen im andern Raume die Jacobische Fläche, die Regelfläche 8. Grades der dreifachen Sekanten der Hauptkurve desselben, von denen je drei durch jeden Punkt dieser Kurve gehen. Für alle Punkte einer solchen Gerade laufen dann die Polarebenen im ersten Raume durch den Punkt der Hauptkurve, dem sie zugeordnet ist.

Für das Netz der Korrelationen haben die Hauptkurven noch eine andere Bedeutung: sie entstehen durch die Zentren der zentralen Korrelationen, welche in ihm enthalten sind.

Sich selbst entsprechende Punkte sind die Grundpunkte des Netzes der Punkt-Kernflächen.

Sind die Korrelationen Polarräume und daher involutorisch, so wird auch die Verwandtschaft (3, 3) involutorisch; es decken sich die beiden Hauptkurven und zwar in der Kurve der Kegelspitzen des Netzes der Basisflächen, und die beiden Jacobischen Flächen. Es liegt dann die eineindeutig gewordene Verwandtschaft von Nr. 689 für $n_1 = n_2 = n_3 = 2$ vor oder die von Nr. 735.

Mit diesen Ergebnissen für drei Korrelationen können wir auch, wenn drei kollineare Räume Σ, Σ', Σ'' gegeben sind, die Frage nach den Geraden beantworten, durch welche drei entsprechende Ebenen gehen, oder auf denen drei entsprechende Punkte liegen.

Wir haben nur die drei Räume korrelativ auf einen vierten $\mathfrak{S}_1$ zu beziehen, so daß drei Korrelationen zwischen $\mathfrak{S}$ und $\mathfrak{S}_1$ vorliegen. Die Jacobische Fläche in $\mathfrak{S}$ ist die Fläche der Geraden, durch welche drei entsprechende Ebenen gehen.

Drei kollineare Räume führen zu zwei Regelflächen 8. Grades: die eine ist das Erzeugnis der Geraden, durch welche drei entsprechende Ebenen ξ, ξ', ξ'' gehen, die andere entsteht durch diejenigen Geraden, auf welchen drei entsprechende Punkte X, X', X'' liegen.

Wir wollen die zweite noch auf eine andere Weise ableiten. Jede Ebene $\xi \equiv \eta' \equiv \zeta''$ enthält ein Tripel homologer Punkte aus den drei Räumen, nämlich die Punkte $\xi\eta\zeta$, $\xi'\eta'\zeta'$, $\xi''\eta''\zeta''$. Drehen wir die Ebene um eine Gerade $l \equiv m' \equiv n''$, so beschreiben diese Punkte kubische Raumkurven, denen die Gerade als Doppelsekante gemeinsam ist, so daß die drei Punkte je die dritten Schnitte X, X', X'' sind. XX' beschreibt eine Regelfläche 6. Grades, für welche die Gerade fünffache Leitgerade ist, ebenso XX''. Gemeinsam ist diesen beiden Regelflächen, außer der Leitgerade und der kubischen Raumkurve der X, noch eine Kurve 8. Ordnung, welche jedoch in acht gemeinsame Erzeugenden zerfällt: die acht Geraden $XX'X''$, welche die gegebene Gerade treffen.

Die beiden Regelflächen 8. Grades sind vom Geschlechte 3, die der Geraden $\mathfrak{x}\mathfrak{x}'\mathfrak{x}''$ wegen der eindeutigen Beziehung auf die Hauptkurve in $\mathfrak{S}_1$, welche dies Geschlecht hat.

Die Ebenen $\mathfrak{x}, \mathfrak{x}', \mathfrak{x}''$ in den drei Räumen, welche zu Geraden $\mathfrak{x}\mathfrak{x}'\mathfrak{x}''$ führen, umhüllen je einen Torsus 6. Klasse: weil in drei entsprechenden Bündeln P, P', P'' sechs Tripel homologer Ebenen vorhanden sind mit einer gemeinsamen Gerade. Sie haben wegen der eindeutigen Beziehung zur Regelfläche ebenfalls das Geschlecht 3.

Und dual erzeugen die geradlinigen Punkte X, X', X'' drei Kurven 6. Ordnung vom Geschlechte 3 (also vom Range 16), welche auf der zweiten Regelfläche 8. Grades verlaufen, jede Erzeugende einmal überschreitend.

953 Cremona hat eine größere Anzahl von Verwandtschaften (3, 3) mit zerfallenden Hauptkurven erörtert[1]). Wir wollen sein erstes Beispiel behandeln, das zu denjenigen gehört, bei denen dies Zerfallen in den beiden Räumen verschiedenartig ist. Er läßt die Hauptkurve h^6 in Σ in eine Raumkurve 5. Ordnung h^5 vom Range 10 und dem Geschlechte 1, die mit einer Raumkurve 4. Ordnung 2. Art einen vollen Schnitt bildet,[2]) und eine Gerade h zerfallen, die ihr dreimal begegnet. Aus dem Range von h^5 folgt, daß durch jeden Punkt von ihr zwei dreifache Sekanten gehen. Auf jeder durch h^5 gehenden kubischen Fläche, etwa einer Fläche φ des Gebüsches, liegen fünf Geraden, die sie dreimal treffen; ist nämlich k^4 eine sie ergänzende Kurve auf φ mit zwei sie dreimal treffenden Geraden l_1, l_2, in denen φ noch von der (einzigen) durch k^4 gehenden Fläche 2. Grades geschnitten wird, so sind die fünf Geraden auf φ, welche diese beiden treffen, jene Geraden; daher hat die Regelfläche der dreifachen Sekanten der h^5, auf welcher diese Kurve doppelt ist, mit φ einen Schnitt von der Ordnung $2 \cdot 5 + 5 = 15$, ist also 5. Grades. Die h, welche h^5 schon dreimal trifft, trifft k^4 nicht, also beide Geraden l_1, l_2. Die volle Kurve (h^5, h) hat noch dreifache Sekanten, welche h^5 zweimal, h einmal treffen; ihr Erzeugnis ist eine kubische Regelfläche mit h als doppelter Leitgerade; denn von jedem Punkte von h gehen,

1) Göttinger Nachrichten 1871 S. 129; Math. Annalen Bd. 4 S. 213.
2) Flächen 3. Ordnung Nr. 67; Math. Annalen Bd. 21 S. 494 $n = 5$ 2).

außer der dreifachen h, noch zwei Doppelsekanten von h^5, in jeder Ebene durch h liegt eine.

Zu den fünf Trisekanten von h^5 auf einer Fläche φ des Gebüsches G gehört immer h; die vier übrigen beweisen, daß den dreifachen Sekanten von h^5 und ihrer Regelfläche 5. Grades, vom Geschlechte 1, eine den φ' gemeinsame Raumkurve 4. Ordnung h'^4 von diesem Geschlechte, also erster Art entspricht. Die beiden dritten Geraden auf φ in den Ebenen hl_1, hl_2 sind die einzigen, welche h^5 zweimal, h einmal treffen. Sie führen zu einem den φ' gemeinsamen Kegelschnitt h'^2, welcher der kubischen Regelfläche zugeordnet ist. Die zweiten Doppelsekanten der h^5 aus den Begegnungspunkten mit h gehören zu beiden Regelflächen; sie weisen auf drei Schnittpunkte von h'^4 und h'^2 hin. In Σ' zerfällt also die Hauptkurve in eine Raumkurve 4. Ordnung erster Art und einen ihr dreimal begegnenden Kegelschnitt.

Aus jenen beiden Regelflächen 5. und 3. Grades besteht die Jacobische Fläche J. Da h'^4 selbst keine dreifachen Sekanten hat, so handelt es sich nur um solche, welche die eine Kurve zweimal, die andere einmal treffen. Die einen sind die Strahlen in der Ebene von h'^2 um den vierten Schnittpunkt von h'^4. Der Regelfläche 8. Grades der Doppelsekanten von h'^4, welche eine Gerade treffen, begegnet h'^2, außer auf der dreifachen h'^4, noch siebenmal; und so ergibt sich die Regelfläche 7. Grades der dreifachen Sekanten der zweiten Art, welche h'^4 zweimal, h'^2 einmal treffen. Sie setzt mit jener Ebene die Jacobische Fläche J' zusammen.

Durch jeden Punkt von h^5 gehen zwei Erzeugenden der Regelfläche 5. Grades und eine der vom 3. Grade; also entspricht ihm in Σ' eine Gerade, welche h'^4 zweimal, h'^2 einmal begegnet; der Hauptkurve h^5 ist also die Regelfläche 7. Grades zugeordnet. Durch jeden Punkt von h geht eine Erzeugende der Regelfläche 5. Grades, nämlich immer die h, und zwei derjenigen 3. Grades. Dieser Hauptgerade h ist also der Strahlenbüschel in der Ebene von h'^2 zugeordnet.

Und einer Gerade a' in dieser Ebene entspricht eine kubische Raumkurve f, die aus h und zwei Erzeugenden der kubischen Regelfläche besteht.

Cremona hat diese speziellen Transformationen konstruiert, um interessante eindeutige Abbildungen von Flächen in einander zu gewinnen. Er legt z. B. in Σ durch die Gerade h eine Fläche 2. Grades F^2; von der Fläche 6. Ordnung, in die sie übergeführt wird, löst sich die Ebene des eben genannten Strahlenbüschels ab, und es bleibt eine Fläche 5. Ordnung F'^5, welche eindeutig in jene abgebildet ist. Weil F^2 jede Erzeugende der Regelfläche 5. Grades zweimal und jede derjenigen vom 3. Grade, außer auf h, noch einmal trifft, so ist h'^4 doppelt, h'^2 einfach auf F'^5; so daß wir es mit einer Fläche 5. Ordnung zu tun haben, welche eine doppelte Raumkurve 4. Ordnung erster Art besitzt; ihre Abbildung in die Ebene ist in § 132 besprochen.

F^2 trifft h^5, außer in den Stützpunkten von h, noch in sieben Punkten P_i. Ihnen entsprechen sieben Geraden a_i' auf F'^5. Durch diese sieben Punkte P_i gehen sieben Geraden auf F^2, welche h treffen; von den entsprechenden kubischen Raumkurven lösen sich die dem P_i und die dem Schnittpunkte mit h entsprechende Gerade ab; es bleibt eine die a_i' treffende Gerade b_i' auf F'^5, und wir haben deren sieben Geradenpaare.

Wird durch h'^4 eine kubische Fläche F'^3 gelegt, so löst sich von der korrespondierenden Fläche 9. Ordnung die jener Kurve zugeordnete Regelfläche 5. Grades ab; es bleibt eine Fläche 4. Ordnung F^4, auf welcher h doppelt ist; weil jeder Strahl des ihr zugeordneten Strahlenbüschels der F'^3, außer in dem auf h'^4 gelegenen Scheitel, noch zweimal begegnet.

Die 16 Geraden der Fläche 4. Ordnung mit einer doppelten Gerade (§ 131) ergeben sich auf verschiedene Weisen. Auf F'^3 gibt es zehn Geraden, welche h'^4 zweimal treffen; von der entsprechenden kubischen Raumkurve lösen sich je die den Treffpunkten korrespondierenden Geraden ab; wir haben dadurch zehn Geraden auf F^4. Jene zehn Geraden bilden fünf Paare, weil sie alle die Gegengerade k' der h'^4 auf F'^3 treffen, in welcher die Ebenen der Kegelschnitte zusammenlaufen, welche von den Flächen des Büschels 2. Ordnung durch h'^4 ausgeschnitten werden. Also gilt dies auch für die zehn Geraden auf F^4. Den drei weiteren Schnitten P_i' der F'^3 mit h'^2 korrespondieren drei Geraden auf F^4; durch jeden dieser Punkte geht einer der eben genannten Kegelschnitte; von der ihm entsprechenden Kurve 6. Ordnung spalten sich die fünf Geraden ab, die dem P_i' und den vier Begegnungspunkten mit h'^4 entsprechen; die übrig bleibende Gerade begegnet der, welche von P_i' herrührt; und so ergeben sich drei weitere Geradenpaare auf F^4. Weil die 16 Geraden von Punkten auf h'^2, von Geraden oder Kegelschnitten herrühren, welche h'^2 treffen, so treffen alle die Doppelgerade h.

Besitzt man nun für die eine zweier so eindeutig in einander abbildbaren Flächen eine Abbildung in der Ebene, so hat man sie auch für die andere.

954 Drei Paare projektiver Ebenenbüschel u_1 und u_1', u_2 und u_2', u_3 und u_3' führen zu einer Verwandtschaft (3, 3) mit zerfallenden Hauptkurven, wenn Punkte X, X' einander zugeordnet werden, in denen drei Ebenen von u_1, u_2, u_3 und die drei homologen in u_1', u_2', u_3' sich schneiden. Die kubischen

Raumkurven und Flächen, welche je den Geraden, Ebenen des andern Raums korrespondieren, entstehen durch projektive, bzw. trilineare Ebenenbüschel. Zur Hauptkurve in Σ gehören ersichtlich u_1, u_2, u_3; den einzelnen Punkten von u_1 z. B. entsprechen die Geraden der Regelschar ρ_1', in denen die Ebenen von u_2', u_3' sich schneiden, welche den auf u_1 sich treffenden Ebenen von u_2, u_3 entsprechen. Die Hauptkurve wird vervollständigt durch die kubische Raumkurve h^3, deren Punkten Z die Geraden z' der Regelschar $[u_1'u_2'u_3']$ entsprechen; ρ_1', ρ_2', ρ_3' gehen durch die analog sich ergebende h'^3. Die Jacobi-sche Fläche J' besteht aus ρ_1', ρ_2', ρ_3' und $[u_1'u_2'u_3']$.

Die durch u_1, u_1'; u_2, u_2'; u_3, u_3' erzeugten Hyperboloide schneiden sich in den acht sich selbst entsprechenden Punkten.

Liegen u_1, u_2, u_3 in einer Ebene υ, so liefern die drei entsprechenden Ebenen in u_1', u_2', u_3' einen Punkt H', und aus ihren drei Schnittlinien besteht h'^3. Jede kubische Raumkurve f', die einer Gerade a entspricht, geht, wegen des Punktes υa, durch H', jede kubische Fläche φ', die einer Ebene α korrespondiert, durch jene drei Geraden und hat daher H' zum Doppelpunkt; in der Tat, eine durch H' gehende Gerade a' führt zu drei projektiven Büscheln um u_1, u_2, u_3, in denen υ sich selbst entspricht; Erzeugnis ist daher eine Gerade, und ihrem Schnitte mit α entspricht der einzige von H' verschiedene Schnittpunkt der a' mit φ'[1]).

Es seien zweimal drei Geraden gegeben:

$$a_1,\ a_2,\ a_3;\quad b_1,\ b_2,\ b_3.$$

Einem Punkte X sei die Ebene ξ' zugeordnet, welche die drei Punkte (Xa_1, b_1), (Xa_2, b_2), (Xa_3, b_3) verbindet, und daher der ξ' der Schnittpunkt der Ebenen $(\xi'b_1, a_1)$, $(\xi'b_2, a_2)$, $(\xi'b_3, a_3)$. Es ergibt sich ohne Weiteres, daß einer Gerade in Σ ein Torsus 3. Klasse und einem Ebenenbüschel in Σ' eine kubische Raumkurve entspricht; woraus folgt, daß einer Ebene in Σ eine Fläche 3. Klasse, einem Bündel in Σ' eine Fläche 3. Ordnung korrespondiert.

Sie werden durch trilineare Punktreihen auf b_1, b_2, b_3 bzw. trilineare Ebenenbüschel um a_1, a_2, a_3 erzeugt.

Die Hauptkurve 6. Ordnung in Σ besteht aus den drei Geraden a_1, a_2, a_3 und einer kubischen Raumkurve. Einem Punkte z. B. von a_1 entspricht in Σ' ein Ebenenbüschel, und die Axe erzeugt, wenn a_1 durchlaufen wird, eine Regelschar. Ferner, allen Ebenen einer Gerade, welche b_1, b_2, b_3 trifft, zu Σ' gerechnet, entspricht derselbe Punkt in Σ, und durchläuft die Gerade die Regelschar $[b_1, b_2, b_3]$, so beschreibt der Punkt eine kubische Raumkurve. Die Trägerflächen der vier genannten Regelscharen bilden in Σ' die Jacobische Fläche 8. Klasse.

1) von Krieg, Zeitschr. f. Math. und Phys. Bd. 29, S. 38; Döhlemann, Sitzungsber. der bayr. Akademie Bd. 24, S. 41.

Und dual ergibt sich der Haupttorsus 6. Klasse in Σ' und die ihm zugehörige Jacobische Fläche 8. Ordnung in Σ.

Hier, wo ungleichartige Elemente einander zugeordnet sind, haben wir noch zwei Flächen zu untersuchen: der Punkte X und der entsprechenden Ebenen ξ', welche inzidieren.

Von einer geraden Punktreihe in Σ und dem projektiv korrespondierenden Torsus 3. Klasse sind viermal entsprechende Elemente inzident; in jedem der beiden Gebilde entsteht eine Korrespondenz [3, 1], in der einem Elemente die mit dem entsprechenden im andern Gebilde inzidenten Elemente zugeordnet sind.

Daher ist die Fläche der Punkte X, welche je mit ihrer entsprechenden Ebene ξ' inzidieren, 4. Ordnung und die dieser Ebenen 4. Klasse.

Eine Ausartung tritt ein, wenn die drei Geraden b_1, b_2, b_3 in derselben Ebene β liegen.

Es korrespondiert dann einem beliebigen Punkt X, weil die drei Punkte $(Xa_1, b_1), \ldots$ nicht geradlinig sind, immer die Ebene β; auf jeder Gerade von Σ gibt es aber drei Punkte, für welche jene drei Punkte, entsprechend in drei projektiven Punktreihen, in gerader Linie liegen, so daß sofort ein ganzer Ebenenbüschel entspricht. Diese Punkte erfüllen also eine Fläche 3. Ordnung. Einer Gerade in Σ entspricht daher ein in drei Ebenenbüschel (um Axen in β) zerfallender Torsus 3. Klasse, und einer Ebene eine Fläche 3. Klasse, welche in eine ebene Kurve 3. Klasse (in β) ausgeartet ist, weil bei drei trilinearen Punktreihen derselben Ebene diejenigen Geraden, welche durch drei zugeordnete Punkte gehen, eine solche Kurve umhüllen.

Die Fläche 4. Ordnung der je mit den entsprechenden Ebenen ξ' inzidenten Punkte zerfällt in die Ebene β und die eben besprochene Fläche 3. Ordnung der Punkte, denen ein Ebenenbüschel korrespondiert.

Jede Gerade in β ist Axe eines solchen Ebenenbüschels; denn durch die Geraden von β werden die Punktreihen auf b_1, b_2, b_3 trilinear und damit auch die Ebenenbüschel um a_1, a_2, a_3, und diese erzeugen die Fläche 3. Ordnung. Die Fläche der ξ', die mit diesen X inzidieren, bleibt 4. Klasse; denn einer beliebigen Ebene in Σ' entspricht noch eindeutig ein Punkt und einem Ebenenbüschel eine kubische Raumkurve (immer auf der Fläche 3. Ordnung). Die eben besprochenen Ebenenbüschel um die Geraden von β haben, außer β, je eine Ebene ξ', die durch den entsprechenden Punkt X geht; also stellt sich β als dreifache Berührungsebene der Fläche 4. Klasse heraus.

Ein Spezialfall hiervon ist, wenn die b_1, b_2, b_3 die unendlich fernen Geraden der zu a_1, a_2, a_3 normalen Ebenen sind. Der Ort der Punkte, aus denen Lote auf a_1, a_2, a_3 gefällt sind, die in einer Ebene liegen, ist 3. Ordnung, während diese Ebene eine Fläche 4. Klasse umhüllt, für welche die unendlich ferne Ebene dreifache Tangentialebene ist.

Laufen b_1, b_2, b_3 in einen Punkt B zusammen, so entspricht diesem als Punkte von Σ der ganze Ebenenbündel um ihn in Σ'; was mancherlei Modifikationen hervorbringt, z. B. daß einer Gerade durch ihn nur noch ein Ebenenbüschel korrespondiert und auf den kubischen Flächen, die den Ebenenbündeln von Σ' entsprechen, B Doppelpunkt ist.

955 Zu eindeutigen Verwandtschaften ziemlich hohen Grades, nämlich in beiderlei Sinne 11. Grades, sind wir bei der Untersuchung korrelativer Bündel gelangt (§ 69, insb. Nr. 465). Es liege, nach der dortigen Bezeichnung, die Signatur $(\alpha\beta\gamma 0)_{11}$ vor; d. h. es sind im Raume A α Punkte A_i, β Geraden a_i, γ Punkte $\mathfrak{A}_i$ gegeben, wobei

$$2\alpha + 2\beta + \gamma = 11$$

ist, und ihnen zugeordnet in B α Geraden b_i, β Punkte B_i, γ Punkte $\mathfrak{B}_i$; es sollen korrespondierende Punkte A, B ermittelt werden, deren Bündel so korrelativ sind, daß entsprechende Elemente nach A_i und b_i, nach a_i und B_i gehen und konjugierte Strahlen nach $\mathfrak{A}_i$ und $\mathfrak{B}_i$. Die Punkte A und B sind eindeutig einander zugeordnet, und die dadurch entstehende Cremonasche Verwandtschaft ist 11. Grades, mit Ausnahme der Signatur (3210) oder (2310), wo sie 9. Grades ist. Von ihr sehen wir im Folgenden ab.

Ordentliche Hauptkurven sind in A die β Geraden a_i und eine Kurve $a_0^{10-\beta}$ $(10-\beta)^{\text{ter}}$ Ordnung, in B die α Geraden b_i und eine Kurve $b_0^{10-\alpha}$. Jedem Punkte einer dieser Kurven entspricht im andern Raume eine kubische Raumkurve, und diese Kurven erzeugen bei den a_i oder b_i je eine Fläche 7. Ordnung, bei $a_0^{10-\beta}$, $b_0^{10-\alpha}$ eine Fläche von der Ordnung $40-(6\alpha+7\beta)$, bzw. $40-(7\alpha+6\beta)$.

Hauptpunkte sind die A_i, B_i; ihnen sind doppelte kubische Flächen zugeordnet; so daß die Jacobische Fläche z. B. in A aus α Flächen 7. Ordnung, β doppelten kubischen Flächen und der Fläche von der Ordnung $40-(7\alpha+6\beta)$ besteht, also, wie notwendig, von der Ordnung $4(11-1)$ ist.

Hier gibt es auch außerordentliche Hauptkurven: es existieren 20 Paare Geraden a', b', von denen jedem Punkte der einen jeder der andern entspricht. Sie sind Axen axialer Korrelationen, bei denen ja die Scheitel unbestimmte Punkte der Axen sind. Sie sind einfach auf den Flächen 11. Ordnung, die den Ebenen des andern Raums korrespondieren, und daher vierfach auf der Jacobischen Fläche (Nr. 934). Zu den a' gehören die Verbindungslinien zweier Punkte A_i oder eine Gerade aus einem A_i nach zwei Geraden a_i oder die Treffgeraden von vier a_i; die b' liegt dann auf den beiden doppelten kubischen Flächen, auf einer und zwei Flächen 7. Ordnung oder auf vier solchen Flächen. Inzidiert a' mit keinem A_i und keiner a_i, so muß sie $a_0^{10-\beta}$ viermal treffen; die zugeordnete b' kommt dann vierfach auf die Fläche von der Ordnung $40 - (6\alpha + 7\beta)$.

Am einfachsten sind die Verhältnisse, wenn $\alpha = \beta = 0$, $\gamma = 11$, wenn also elf Paare von Punkten $\mathfrak{A}_i$, $\mathfrak{B}_i$ gegeben sind, nach denen konjugierte Strahlen der korrelativen Bündel A, B gehen sollen.

§ 138. Verwandtschaften, bei denen das eine Gebüsche aus kubischen Regelflächen besteht.

956 Aus kubischen Regelflächen mit gemeinsamer Doppelgerade d lassen sich auch leicht homaloidische Gebüsche und zugehörige räumliche eindeutige Transformationen, vom Geschlechte 0, konstruieren. Die weitere Durchschnittskurve 5. Ordnung zweier solchen Regelflächen trifft jede Erzeugende der einen oder andern einmal und daher die gemeinsame Doppelgerade viermal; in der Tat, die beiden Involutionen der Paare der Berührungsebenen je desselben Punktes von d sind projektiv und erzeugen eine Korrespondenz [2, 2]; die vier Koinzidenzen berühren beide Flächen je in den nämlichen Punkten, in denen dann d von der Rest-Schnittkurve überschritten wird.

Als Abbildung der Regelfläche φ_0, von der wir ausgehen, benutzen wir diejenige (Nr. 914), welche durch die Projektion aus einem Punkte $\mathfrak{O}$ von d sich ergibt. Sie hat den Spurpunkt D^* von d zum doppelten und die Spurpunkte $\mathfrak{G}_1^*$, $\mathfrak{G}_2^*$ der beiden von $\mathfrak{O}$ ausgehenden Erzeugenden $\mathfrak{g}_1$, $\mathfrak{g}_2$ zu einfachen Hauptpunkten für die Bilder 3. Ordnung der ebenen Schnitte. Jene Kurven 5. Ordnung auf φ_0 werden Kurven ebenfalls 5. Ordnung, die viermal durch D^*, je einmal durch $\mathfrak{G}_1^*$, $\mathfrak{G}_2^*$ gehen. Die Jonquièressche Transformation 5. Grades mit einem vierfachen und acht einfachen Hauptpunkten liefert ein geeignetes homaloidisches Kurvennetz. Die sechs weiteren einfachen Hauptpunkte geben sechs Punkte $O_1, \dots O_6$ auf φ_0, durch welche alle die Kurven 5. Ordnung f auf φ_0 und daher alle Flächen des Gebüsches G laufen. Es handelt sich also um die kubischen Regelflächen mit gemeinsamer Doppelgerade d und sechs festen Punkten $O_1, \dots O_6$. Diese bilden in der Tat ein homaloidisches Gebüsche, da die Doppelgerade mit zehn Punkten äquivalent ist (Nr. 921), und die Schnittkurve 5. Ordnung von zweien einer dritten außer viermal auf d und in $O_1, \dots O_6$ noch einmal begegnet.

Kurven z^i sind die Geraden z der sechs Büschel von den Punkten $O_1, \dots$ nach d und die Kurven 4. Ordnung zweiter Art z^4 auf der Fläche 2. Grades $\lambda^2 = (d, O_1, \dots O_6)$, welche durch $O_1, \dots O_6$ gehen und d dreimal treffen und einen Büschel bilden, weil erst durch sieben Punkte eine solche Kurve auf dieser Fläche bestimmt ist (Nr. 165).

Aus jedem jener Büschel liegt ein Strahl auf λ^2 und gehört zu einer zerfallenden Kurve z^4. Daraus ergibt sich, daß die Flächen 5. Ordnung φ' des andern Gebüsches G' eine vierfache Gerade d' und sechs sie treffende einfache Geraden $g_1', \ldots g_6'$ gemeinsam haben, also auch Regelflächen sind. Es bleibt als Schnitt von zweien eine Kurve 3. Ordnung, wie notwendig. Der volle Schnitt 9. Ordnung, außer der vierfachen Gerade d', muß jeder Erzeugenden einmal, also dieser Gerade achtmal begegnen, folglich tut es die kubische Raumkurve zweimal und trifft eine dritte Fläche außer in diesen beiden Punkten und auf den sechs Geraden g_i' noch in $3 \cdot 5 - 2 \cdot 4 - 6 = 1$ Punkte. Ferner ist für eine Fläche 5. Ordnung eine vierfache Gerade d' mit 40 Punkten äquivalent, die sechs Erzeugenden g_i' mit noch je zwei Punkten; also bleibt, weil 55 Punkte eine Fläche 5. Ordnung bestimmen, eine lineare Mannigfaltigkeit 3. Stufe, ein Gebüsche, und dies ist nach obigem homaloidisch.

Die Jacobische Fläche von G besteht aus den sechs Ebenen $d(O_1, \ldots O_6)$ und der Fläche 2. Grades λ^2, bzw. zugeordnet den g_i' und der d'.

Die von G' (16. Ordnung) setzt sich zusammen aus den sechs doppelten Ebenen $(d'g_i')$, den Hauptpunkten O_i zugehörig, und einer der d zugeordneten Fläche 4. Ordnung, erzeugt durch die Kegelschnitte, welche d' und die sechs g_i' treffen, nämlich der Regelfläche 4. Grades mit jener als dreifacher Leitgerade und diesen als Erzeugenden. Durch diese $22 + 2 \cdot 6 = 34$ Bedingungen ist sie bestimmt.

Nehmen wir weiter an, daß die kubischen Regelflächen des Gebüsches G, außer d, eine Erzeugende g_1 gemeinsam haben. Die Rest-Schnittkurve 4. Ordnung f überschreitet dann d dreimal und jede Erzeugende einmal. Die Bilder der auf φ_0 gelegenen f sind Kurven 4. Ordnung mit einem dreifachen Punkte D^* und zwei einfachen $\mathfrak{G}_1^*$, $\mathfrak{G}_2^*$. Jonquières' Transformation 4. Grades mit einem dreifachen und sechs einfachen Hauptpunkten führt zum Gebüsche der kubischen Regelflächen durch d, g_1 und vier Punkte $O_1, \ldots O_4$, welches leicht als homaloidisch nachzuweisen ist. Die vier Büschel von $O_1, \ldots O_4$ nach d, die Fläche $\lambda^2 = (d, g_1, O_1, \ldots O_4)$ mit den durch $O_1, \ldots O_4$ gehenden kubischen Raumkurven, welche d zweimal treffen, lehren, daß die Flächen 4. Ordnung φ' von G' eine dreifache Gerade d' und vier Geraden $g_1', \ldots g_4'$ gemeinsam haben und wiederum Regelflächen sind.

Ferner, das Gebüsche G enthält ein Netz, dessen Flächen in die Ebene dg_1 und je eine Fläche des Netzes 2. Ordnung $(d, O_1, \ldots O_4)$ zerfallen. Der korrespondierende Bündelscheitel O_1' liegt auf allen φ'. Die dreifache Gerade d', die vier Geraden g' und der Punkt O_1', mit $22 + 2 \cdot 4 + 1 = 31$ Punktbedingungen äquivalent, bestimmen ein Gebüsche. Die Rest-Schnittkurve 3. Ordnung f' von zwei Flächen φ' trifft eine dritte, außer auf d', der sie zweimal begegnet, auf den vier g_i' und in O_1', noch einmal.

Die Jacobische Fläche in G besteht aus den vier Ebenen dO_i, der Fläche λ^2 und der doppelten Ebene dg_1, bzw. zugeordnet den g_i', der d' und dem O_1'; diejenige in G' (12. Ordnung) aus den vier doppelten Ebenen $(d'g_i')$, den O_i zugeordnet, der der d zugeordneten kubischen Regelfläche $(d'^2 g_1' g_2' g_3' g_4' O_1')$, welche die Kegelschnitte trägt, die auf $d', g_1', \ldots g_4'$ sich stützen und durch O_1' gehen, und der Ebene des Büschels der Strahlen von O_1' nach d', die den Punkten von g_1 korrespondieren.

Die beiden nächsten Fälle sind zu einfach, um noch ausführlich besprochen zu werden.

Der eine führt zu einer Verwandtschaft (3, 3), in der beide Gebüsche aus kubischen Regelflächen bestehen, welche die Doppelgerade, zwei Erzeugenden und zwei Punkte gemeinsam haben. Den Bestandteilen der Jacobischen Fläche von G, den zwei Ebenen $d(O_1, O_2)$, der Fläche $\lambda^2 = (d, g_1, g_2, O_1, O_2)$ und den doppelten Ebenen $d(g_1, g_2)$ sind zugeordnet in Σ' die Geraden g_1', g_2', die Doppelgerade d', die beiden Punkte O_1', O_2'.

Und der andere Fall führt uns zu (3, 2), die als (2, 3) schon in Nr. 936 behandelt worden ist[1]).

Untersuchen wir noch, ob den kubischen Regelflächen φ eines homaloidischen Gebüsches außer d ein Kegelschnitt K gemeinsam sein kann. Er trifft d einmal; und der Restschnitt zweier Flächen begegnet deshalb der d dreimal und jeder Erzeugenden einmal, dem K dreimal: er besteht aus drei Erzeugenden (wie die Projektion aus $\mathfrak{O}$ zeigt) und hat mit einer dritten Fläche keinen veränderlichen Schnitt.

957 Betrachten wir bei der jetzigen Verwandtschaft (3, 4) die Abbildung der Regelfläche 4. Grades $\overline{\varphi}'$ mit der dreifachen Gerade d' in die entsprechende Ebene $\overline{\alpha}$. Die ebenen Schnitte bilden sich in Kurven 3. Ordnung ab, welche durch $d\overline{\alpha} = D$ zweimal und durch die Spur G_1 von g_1 einmal gehen, die dreifache Gerade d' in die Spur $\lambda^2\overline{\alpha} = L^2$ und jeder Punkt von d' in die drei Spuren der entsprechenden kubischen Raumkurve auf λ^2; diese drei Bilder der Punkte von d' bilden auf L^2 eine kubische Involution, und das Bild jedes ebenen Schnitts schneidet ein Tripel dieser Involution ein. Die vier Doppelpunkte derselben weisen auf vier Kuspidalpunkte auf d'. Die Bilder der Erzeugenden vervollständigen L^2 zu Kurven 3. Ordnung und sind die Strahlen durch D, und die drei aus einem Punkte von d' kommenden bilden sich ab in die Strahlen aus

1) Vgl. zu diesen Transformationen Cremona, Annali di Matematica, Ser. II, Bd. 5 S. 156ff.

D nach der zugehörigen Gruppe der Involution. Eine beliebige Gerade durch G_1 ist Bild des Kegelschnitts auf der Fläche in der Ebene von zwei Erzeugenden aus einem Punkte von d.

Die Kurven 3. Ordnung in den Berührungsebenen τ haben Kegelschnitte zu Bildern, die je durch D, G_1 und zwei Punkte eines Tripels gehen.

Dem Punkte D entspricht der Kegelschnitt, in dem $\bar{\varphi}'$ von der Regelfläche 3. Grades $(d'^2 g_1' \ldots g_4' O_1')$ geschnitten wird, dem Punkte G_1 die Erzeugende durch O_1', während diesem Punkte die ganze Gerade $DG_1 = (dg_1, \bar{\alpha})$ korrespondiert. Daraus folgt, daß den Schnitten der Ebenen durch O_1' nur noch Kegelschnitte entsprechen: durch D und die Tripel der Involution. Sie bilden, wie die Ebenen, ein Netz. Die Geradenpaare desselben kommen her von den Berührungsebenen durch O_1'; je eine Gerade, das Bild der Erzeugenden in τ, geht durch D, die andere, das Bild der Kurve 3. Ordnung, verbindet zwei Punkte eines Tripels der Involution. Die Cayleysche Kurve des Netzes zerfällt in den Büschel um D und einen Kegelschnitt P^2, eingehüllt von den andern Geraden, also die Direktionskurve der von L^2 getragenen kubischen Involution. Zusammengehörige Geraden machen den Büschel um D und diesen Kegelschnitt projektiv; Erzeugnis ist eine Kurve 3. Ordnung, die zweimal durch D geht, die Jacobische Kurve des Netzes und Bild der Berührungskurve 5. Ordnung des Tangentialkegels 4. Ordnung aus O_1' an $\bar{\varphi}'$.

Ähnliche Betrachtungen lassen sich bei (3, 5) machen hinsichtlich der Abbildung einer Regelfläche 5. Grades mit einer vierfachen Gerade. Bild dieser Gerade ist der Kegelschnitt L^2, in dem $\bar{\alpha}$ von der Fläche 2. Grades $(d, O_1, \ldots O_6)$ getroffen wird; er trägt diesmal eine Involution 4. Grades, usw.[1])

Die ebenen Schnitte einer kubischen Regelfläche $\bar{\varphi}$ in Σ bilden sich bei diesen Transformationen ab: in Kurven 5. Ordnung mit einem vierfachen, sechs einfachen festen Punkten, in Kurven 4. Ordnung mit einem dreifachen, vier einfachen, in Kurven 3. Ordnung mit einem doppelten und zwei einfachen, endlich in Kegelschnitte mit einem einfachen festen Punkte. Jedesmal wird durch die festen Punkte noch nicht eine dreifache Unendlichkeit festgelegt.

§ 139. Involutorische Verwandtschaften.

Bei ihnen haben wir es mit einem Flächengebüsche, einer Gradzahl und einem System von Hauptelementen zu tun. 958

Zu den beiden ebenen involutorischen quadratischen Verwandtschaften I_{I} und I_{II} sind analog eine quadratische und eine kubische.

1) Vgl. Cremona a. a. O.

Die räumliche Inversion entsteht, genau ebenso wie I_I, durch die Punkte $X, \overline{X}$, welche, in gerader Linie mit dem Zentrum O, in bezug auf eine Fläche 2. Grades Φ^2, die Basis, konjugiert sind, die kubische Verwandtschaft durch die in bezug auf ein Flächennetz 2. Ordnung konjugierten Punkte.

Bei jener wird die Schnittkurve von Φ^2 mit der Polarebene ω von O Hauptkurve h^2, und jedem Punkte auf ihr entspricht der Verbindungsstrahl mit O. Dieser Punkt wird Hauptpunkt und ω ihm zugeordnet. Jede Ebene durch O schneidet eine I_I aus. Diese Verwandtschaft wurde schon in Nr. 938 erwähnt.

Einer Gerade a entspricht in der Ebene Oa ein Kegelschnitt $\bar{f}$, der sich zweimal auf h^2 stützt und durch O geht, einer Ebene α daher einer Fläche 2. Grades $\overline{\varphi}$, welche durch h^2 und O geht. Sie entsteht, wenn X die α durchläuft, durch den Bündel OX und den zu ihm korrelativen Bündel der Polarebenen der X nach Φ^2.

Die Jacobische Fläche dieses $\overline{\varphi}$-Gebüsches setzt sich aus dem Kegel Oh^2 und der doppelten Ebene ω zusammen (Nr. 934). Einem beliebigen Kegelschnitte, der sich zweimal auf h^2 stützt, einer Fläche 2. Grades, welche durch h^2 geht, korrespondiert eine Kurve bzw. Fläche 2. Grades, welche dasselbe tut.

Φ^2 entspricht wiederum Punkt für Punkt sich selbst, und daher auch jede Kurve auf ihr.

Wir richten unsere Aufmerksamkeit auf andere (nicht Punkt für Punkt) sich selbst entsprechende Kurven und Flächen 2. Grades f^2, F^2.

Ein sich selbst entsprechender Kegelschnitt muß in einer Ebene durch O liegen; die I_I in jeder liefert je ein Netz von sich selbst entsprechenden Kegelschnitten f^2 mit zwei Grundpunkten auf h^2; durch jede zwei Paare entsprechender Punkte geht einer. Nehmen wir daher auf drei Strahlen durch O, die nicht derselben Ebene angehören, drei Paare korrespondierender Punkte, so bestimmen die drei Kegelschnitte eindeutig eine Fläche 2. Grades, auf der sie und h^2 liegen; sie entspricht sich selbst, weil die Kegelschnitte es tun. Zwei solche Flächen legen dann einen Büschel fest, in dem jede Fläche sich selbst entspricht; denn die Involution entsprechender Punkte auf irgend einem Strahle durch O ist mit der Schnittinvolution identisch. Benutzt man zwei solche Büschel und verbindet die Flächen des einen mit denen des andern durch Büschel, so erhält man ein Gebüsch von lauter sich selbst entsprechenden Flächen 2. Grades, und damit alle; denn durch drei Punkte X, Y, Z (die nicht in einer Ebene durch O liegen) geht eine Fläche des Gebüsches, sie enthält, als sich selbst entsprechend, die X', Y', Z'; durch drei Paare XX', YY', ZZ' aber bestimmten wir oben eindeutig eine sich selbst entsprechende Fläche.

Jede dieser ∞^3 Flächen F^2 steht zu Φ^2 in der Beziehung, daß ihre Schnitte mit einem Strahl durch O in bezug auf Φ^2 konjugiert sind und daß alle Strahlen durch O sie und Φ^2 harmonisch schneiden.[1]) Darin verhalten sich die beiden Flächen gleichartig. Es entspricht also auch Φ^2 sich selbst in der Inversion (O, F^2).

Zu diesem Gebüsche der sich selbst entsprechenden Flächen F^2, die alle durch h^2 gehen und die ∞^4 Kegelschnitte f^2 zu veränderlichen Bestandteilen der Büschel-Grundkurven haben, gehört Φ^2, welche mit Paaren in bezug auf die F^2 konjugierter Punkte erfüllt ist, je in gerader Linie mit O, als ein Teil der Jacobischen Fläche. Sie enthält die Spitzen der eigentlichen Kegel des Gebüsches. Jeder Büschel des Gebüsches desselben mit der Grundkurve (h^2, f^2) enthält zwei eigentliche Kegel und ein Ebenenpaar, dessen zweite Ebene durch O geht, und in dem die beiden weiteren Kegel sich vereinigt haben; die Doppellinien dieser Ebenenpaare machen ω, doppelt gerechnet, zum weiteren Bestandteil der Jacobischen Fläche, so daß dieselbe Jacobische Fläche $(\Phi^2, 2\omega)$ zu beiden Gebüschen, der $\overline{\varphi}$ und der F^2, gehört.

Auf einer beliebigen F^2 entsteht durch einen Strahlenbündel O eine involutorische Korrespondenz. Jede der sich selbst entsprechenden Flächen Φ^2 der Inversion (O, F^2) kann als Basis einer Inversion (mit dem Zentrum O) genommen werden, welche auf F^2 jene Korrespondenz hervorruft. Daß sie auch durch die zu O und seiner Polarebene nach F^2 gehörige involutorische Homologie entsteht, wissen wir längst.

Wir gehen jetzt umgekehrt von einem Gebüsche $\mathfrak{G}$ 2. Ordnung aus, dessen Flächen alle durch einen Kegelschnitt h^2 gehen (wodurch es noch nicht festgelegt ist). Jedes Netz dieses Gebüsches hat, neben h^2, zwei Grundpunkte; denn der Kegelschnitt, in welchem zwei seiner Flächen sich weiterhin schneiden, begegnet, außerhalb h^2, einer dritten noch zweimal. Durch jeden dieser assoziierten Punkte $X, \overline{X}$ wird das Netz und der andere eindeutig und involutorisch bestimmt. Das Gebüsche $\mathfrak{G}$ enthält ein ausgezeichnetes Netz N_0, das aus lauter Ebenenpaaren besteht; wir erhalten es, wenn wir den netzbestimmenden Punkt in die Ebene ω von h^2 legen, jedoch nicht auf h^2. Dadurch wird diese Ebene ein Bestandteil aller Flächen von N_0; der gemeinsame Punkt O der zweiten Ebenen von dreien der Ebenenpaare liegt dann auf allen zweiten Ebenen, und diese erfüllen den Bündel um ihn. Jeder Punkt von ω bildet mit O ein zu diesem Netze N_0 gehöriges Paar assoziierter Punkte, deren es also ∞^2 besitzt.

1) Diese Lage kann also entstehen, ohne daß die beiden Flächen harmonisch zugeordnet sind mit konischer Berührung. Die Berührungskurve des Tangentialkegels aus O an die eine Fläche liegt je auf der andern.

Ein Büschel von 𝔊 hat mit N_0 ein Ebenenpaar gemeinsam; in der zweiten durch O gehenden Ebene desselben liegt der veränderliche Grund-Kegelschnitt des Büschels; jede Ebene durch O enthält ∞^2 solche Grundkurven, welche ein Netz bilden: den Schnitt mit irgend einem Netze von 𝔊, in welchem das Ebenenpaar, dem sie angehört, sich nicht befindet.

Zwei assoziierte Punkte X, $\overline{X}$ liegen immer in gerader Linie mit O; denn das zugehörige Netz hat mit N_0 einen Büschel von Ebenenpaaren gemeinsam, deren zweite Ebenen einen Büschel bilden; auf seiner Axe liegen O, X, $\overline{X}$.

Jeder Strahl durch O trägt eine Involution von Punkten X, $\overline{X}$, in welcher auch O und der Schnitt mit ω gepaart sind.

Wir wollen jetzt die Jacobische Fläche des Gebüsches etwas anders ableiten: zunächst als Ort der Punkte, deren Polarebenen in bezug auf vier konstituierende Flächen konkurrent sind. Dazu nehmen wir drei Ebenenpaare aus N_0 und eine beliebige Fläche von 𝔊. Die Polarebenen eines Punktes S in bezug auf jene haben den Punkt 𝔖 gemeinsam, welcher von S durch O und ω harmonisch getrennt ist, oder ihm in der involutorischen Homologie (O, ω) entspricht. Durchläuft S eine Gerade, so durchläuft 𝔖 projektiv eine andere (die entsprechende in der Homologie oder das Erzeugnis von drei projektiven Ebenenbüscheln mit einer sich selbst entsprechenden Ebene) und die Polarebene nach der vierten Fläche projektiv einen Büschel; sie geht also zweimal durch den entsprechenden Punkt. Danach ergibt sich, als zur Jacobischen Fläche gehörig, eine Fläche 2. Grades Φ^2; sie geht durch h^2, weil jeder Punkt dieser Kurve sich selbst konjugiert in bezug auf 𝔊 ist.

Vervollständigt wird die 4. Ordnung durch die doppelte Ebene ω, deren Punkte sogar in eine Gerade konkurrente Polarebenen haben; sie genügen also der Bedingung, daß ihre Polarebenen in einen Punkt zusammenlaufen, derartig, daß diese in zwei Punkte, d. h. in eine Gerade zusammenlaufen. Auf Φ^2 haben wir die involutorische Verwandtschaft der in bezug auf 𝔊 konjugierten Punkte.

Jede Kegelspitze S, als X, vereinigt sich mit dem assoziierten $\overline{X}$; denn der Kegelschnitt, in dem sich zwei beliebige Flächen des durch X bestimmten Netzes schneiden, geht durch diesen Grundpunkt und hat mit dem Kegel (S) als der dritten Konstituente zwei vereinigte Schnitte.

Somit ist die Jacobische Fläche Φ^2 die Koinzidenzfläche der Verwandtschaft der X und $\overline{X}$. Ihre Schnitte mit einem Strahle durch O sind immer die Doppelpunkte der auf ihm befindlichen Involution, also sind X und $\overline{X}$ konjugiert in bezug auf Φ^2. Es liegt daher die quadratische Inversion mit Φ^2 als Basis und O als Zentrum vor.

Jede Fläche, jeder Grund-Kegelschnitt eines Büschels von 𝔖 ist sich selbst entsprechend, weil immer zwei assoziierte Punkte zugleich enthaltend.

Einem Punkte X der Hauptkurve $h^2 = \Phi^2\omega$ korrespondiert in der Inversion jeder Punkt der Gerade von ihm nach O, aber es sind verschiedene Netze in 𝔖, für welche die verschiedenen Punkte dieser Gerade jenem Punkte assoziiert sind. Jede Ebene durch die Tangente von h^2 in ihm ist Tangentialebene für die Flächen eines Netzes in 𝔖, von dessen Grundpunkten der eine in X liegt, weil die Schnittkurve zweier Flächen eine dritte in ihm berührt, während der andere ein bestimmter Punkt ist, gelegen auf der Gerade durch O, in welcher die Ebenen zweier solchen Schnittkurven sich begegnen.

Den Spezialfall der Kugelinversion oder Transformation durch reziproke Radien brauchen wir nicht zu verfolgen, weil ja in Nr. 938 die allgemeine Kugelverwandtschaft erörtert worden ist.

Bei der quadratischen Inversion in der Ebene fanden wir (Nr. 812, 853), daß sie ∞^4 Kurven 3. Ordnung in sich überführt, und für eine gegebene Kurve 3. Ordnung und einen Punkt O auf ihr, als Zentrum einer zentralen Involution, daß es ∞^1 quadratische Inversionen gibt, welche sie in sich transformieren und auf ihr diese Involution hervorrufen. Der Büschel der Kegelschnitte durch die Berührungspunkte der vier Tangenten aus O lieferte die Basen.

Auf einer kubischen Fläche F^3 entsteht durch den Strahlenbündel um einen Punkt O auf ihr zweifellos eine involutorische Korrespondenz[1],) und in jeder Ebene durch O werden wir für die darin befindlichen Paare ebene quadratische Inversionen herstellen können; sie können aber, im allgemeinen, nicht zu räumlichen Inversionen vereinigt werden, weil die jeweiligen vier Grundpunkte nicht eine Raumkurve 4. Ordnung, sondern eine Raumkurve 6. Ordnung, mit O als Doppelpunkt, erfüllen, die Berührungskurve des Tangentialkegels an F^3 aus O, oder die Schnittkurve der ersten Polare von O.

Liegt aber O in dem Schnittpunkte zweier Geraden b, c der Fläche F^3, so spaltet sich dieses Geradenpaar bc von der Kurve ab, es bleibt, als eigentliche Berührungskurve, eine Raumkurve 4. Ordnung 1. Art, und der Flächenbüschel 2. Ordnung, der sie zur Grundkurve hat, liefert die Basen für die gesuchten Inversionen.[2]) Zu ihm gehört die genannte erste Polare und schneidet das Geradenpaar bc aus; ist also a die dritte Gerade der F^3 in dessen Ebene, so schneiden die übrigen Flächen durch R^4

1) Wir sind ihr in Nr. 825 begegnet.

2) Montesano, Su alcuni gruppi chiusi etc. Atti dell' Istituto Veneto Ser. II Bd. 6.

Kegelschnitte aus, deren Ebenen durch a gehen, und diese Kegelschnitte sind die Berührungskurven der Tangentialkegel aus O an die Flächen des Büschels. In der Tat, F^3 ist der Ort dieser Berührungskurven, Steiners Pampolare[1]), da auch diese Fläche von allen Kanten des Kegels 4. Ordnung von O nach R^4 in den Punkten von R^4 berührt wird (Nr. 853), und außer dieser Berührungskurve 4. Ordnung haben beide Flächen noch das Geradenpaar bc gemein, woraus die Identität folgt. Die weiteren Schlüsse sind wie in Nr. 853; der sich selbst entsprechende Kegelschnitt, in der Polarebene von O, ist der jeweilige Restschnitt der betreffenden Basis mit F^3.

Die Gerade a ist dem O in bezug auf den Büschel konjugiert. Die vier andern Geradenpaare auf F^3 in Ebenen durch a rühren von den Kegeln des Büschels her, und ihre Doppelpunkte O_1, O_2, O_3, O_4, die Spitzen der Kegel, bilden das gemeinsame Polartetraeder.

Sei K^2 ein Kegelschnitt von F^3 in einer Ebene κ durch a, F^2 die durchgehende Fläche des Büschels, also κ die Polarebene von O nach ihr, so sind $(O_2 O_3 O_4, \kappa)$ und $O O_1$ polar in bezug auf F^2, also jene und $(O O_1, \kappa)$ polar in bezug auf K^2; d. h. die fünf Punkte O bilden in bezug auf K^2, als ausgeartete Fläche 2. Grades, ein Polfünfeck.[2])

Anschließend an Nr. 812 untersuchen wir das Verhalten in einem Koinzidenzpunkte $\mathfrak{C}$, also einem Punkte der Basisfläche Φ^2. Jeder ebene Schnitt durch $O\mathfrak{C}$ zeigt, daß die im Bündel $\mathfrak{C}$ entstehende Kollineation der Strahlen a und der Tangenten a' je an den entsprechenden Kegelschnitt so beschaffen ist, daß der Strahl nach O und die in der Ebene liegende Tangente von Φ^2 sich selbst entsprechend sind, nach den beiden Schnitten mit h^2 aber entsprechende Strahlen gehen. Es entsteht involutorische Homologie.

Bei der quadratischen Inversion sind, im Bündel um einen Punkt der Basisfläche, ein Strahl und die Tangente an den entsprechenden Kegelschnitt, eine Ebene und die Berührungsebene an die entsprechende Fläche 2. Grades oder allgemeiner Tangenten an entsprechende Kurven, Berührungsebenen an entsprechende Flächen in der involutorischen Homologie einander zugeordnet, welche zu dem Strahle nach dem Zentrum und der Tangentialebene der Basis gehört. Die Berührungsebenen einer sich selbst entsprechenden Fläche in den Punkten ihres Schnitts mit Φ^2 gehen nach dem Zentrum O.

959 Die kubische Verwandtschaft der konjugierten Punkte in bezug auf ein Flächennetz N 2. Ordnung (Nr. 735) besitzt

1) Die dritte Steinersche Erzeugungsart, Flächen 3. Ordnung, Nr. 9.
2) Journal f. Math. Bd. 88, S. 216.

nur eine endliche Anzahl von Koinzidenzpunkten: die acht Grundpunkte des Netzes.

In ihr entspricht einer Gerade a eine kubische Raumkurve $\bar{f}$, das Erzeugnis des Netzes projektiver Büschel der Polarebenen der Punkte von a je in bezug auf die einzelnen Flächen des Netzes, oder der sich darauf stützenden Reihe kollinearer Bündel der Polarebenen, in bezug auf die Flächen des Netzes, gehörig zu den einzelnen Punkten von a. Und die einer Ebene α entsprechende kubische Fläche $\bar{\varphi}$ ist das Erzeugnis der beiden sich stützenden Netze der kollinearen Bündel der Polarebenen, von denen die einen den einzelnen Punkten von α, die andern den einzelnen Flächen des Netzes zugehören (Nr. 694). Wir wissen aber, daß $\bar{\varphi}$ auch der Ort der Pole der Ebene α ist; und so erweist sich die Kegelspitzen-Kurve oder Jacobische Kurve 6. Ordnung h^6 als auf allen $\bar{\varphi}$ gelegen, weil diese Spitzen immer Pole in bezug auf den betreffenden Kegel sind. Jeder Punkt dieser Kurve hat die Eigenschaft, daß ihm nicht bloß ein Punkt, sondern eine Gerade konjugiert ist, je eine dreifache Sekante der Kurve. Diese Trisekanten bilden eine Regelfläche 8. Grades, auf der die Kurve dreifach ist (Nr. 692): wir haben die Hauptkurve 6. Ordnung h^6 und die zugehörige Jacobische Fläche 8. Ordnung.

Es sei $\mathfrak{C}$ einer von den acht Koinzidenzpunkten der Verwandtschaft Jedem Strahle a durch ihn entspricht eine ebenfalls durch ihn gehende kubische Raumkurve $\bar{f}$; a' sei ihre Tangente in $\mathfrak{C}$. Bewegt sich a in der Ebene α, so durchstreicht a' die Berührungsebene der der α entsprechenden Fläche $\bar{\varphi}$. Daher stehen a und a' in Kollineation. Ist nun $\mathfrak{C}_1$ ein zweiter Koinzidenzpunkt, so trifft die Verbindungslinie $\mathfrak{C}\mathfrak{C}_1$ zweimal die Kegelspitzen-Kurve h^6. Denn sie scheidet aus dem Netz einen Büschel aus, dessen Grundkurve aus ihr und der kubischen Raumkurve durch die sechs andern Grundpunkte besteht; die beiden Begegnungspunkte sind die Spitzen der (binären) Kegel dieses Büschels. Folglich spalten sich von der kubischen Raumkurve $\bar{f}$, die der $\mathfrak{C}\mathfrak{C}_1$ in der Verwandtschaft entspricht, die beiden diesen Punkten der h^6 zugeordneten Geraden ab; es bleibt als eigentlich entsprechend eine Gerade, die aber auch durch $\mathfrak{C}$ und $\mathfrak{C}_1$ geht. Die Kollineation im Bündel $\mathfrak{C}$ bekommt auf diese Weise sieben sich selbst entsprechende Geraden, die nicht in eine Ebene fallen, also wird sie Identität.

Jeder Strahl oder jede Ebene durch einen der acht Koinzidenzpunkte unserer kubischen Verwandtschaft berührt die korrespondierende kubische Raumkurve oder Fläche, oder allgemeiner, jede Kurve oder Fläche durch ihn berührt sich in ihm mit der entsprechenden.

Ein Beispiel dieser kubischen Verwandtschaft ergibt sich in der Korrespondenz der Punkte O, O', welche in bezug auf eine gegebene Fläche 3. Ordnung eine gegebene Ebene E zur gemischten zweiten Polare haben (Nr. 693). Von einem Punkt O sei O^2 die erste Polare und in bezug auf sie O' der Pol von E; dann ist E die gemischte zweite Polare von O, O'. Man findet leicht, daß O' sich auf einer kubischen Raumkurve oder kubischen Fläche bewegt, wenn O eine Gerade oder Ebene durchläuft; und die Hauptkurve 6. Ordnung ist der Ort der Punkte O, deren erste Polaren Kegel sind, die ihre Spitze auf E haben; sie entspricht dem Schnitt der Ebene E mit der Kernfläche.[1])

Ist X ein beliebiger Punkt der Ebene E, so geht seine Polarebene nach O^2 durch O'; also liegt O' auf der Polarebene des O nach der ersten Polare X^2 des X; d. h. O und O' sind in bezug auf diese und die erste Polare eines jeden Punktes von E konjugiert; diese ersten Polaren bilden aber ein Netz.

Ein anderes Beispiel mit interessanten Spezialitäten ist die Verwandtschaft 3. Grades der Punkte X und $\overline{X}$, welche in bezug auf eine gegebene kubische Raumkurve R^3 konjugiert sind,[2]) d. h. auf einer Doppelsekante der Kurve harmonisch zu deren Stützpunkten liegen. Es handelt sich hier um das Netz 2. Ordnung, dessen Flächen durch sieben Punkte der R^3 und daher durch die ganze Kurve gehen; der achte assoziierte Punkt ist ein beliebiger Punkt der R^3.

Einem Punkte auf einer Tangente von R^3 ist immer der Berührungspunkt konjugiert; und die Punkte der kubischen Raumkurve stellen sich so als Hauptpunkte heraus, denen je eine Gerade entspricht, die zugehörige Tangente.

Daraus folgt, daß die kubische Raumkurve $\bar{f}$, welche einer Gerade a korrespondiert, der R^3 in den vier Punkten begegnet, deren Tangenten von a getroffen werden. Ferner, die einer Ebene α entsprechende Fläche $\bar{\varphi}$ 3. Ordnung geht durch R^3.

Auf jeder Doppelsekante von R^3 sind die Schnitte mit $\bar{\varphi}$ die beiden Stützpunkte und der Punkt, welcher dem Schnitte mit α konjugiert ist. Auf einer Tangente von R^3 vereinigen sich also alle drei in den Berührungspunkt. Für jede der Flächen $\bar{\varphi}$ sind daher die Tangenten von R^3 Haupttangenten, und R^3 ist Haupttangenten-Kurve. Dann ist die Schmiegungsebene von R^3 die Tangentialebene von $\bar{\varphi}$. Folglich sind alle Flächen $\bar{\varphi}$ der abwickelbaren Fläche D^4 der Tangenten von R^3 längs dieser Kurve eingeschrieben, und R^3 repräsentiert, doppelt gerechnet, die Hauptkurve 6. Ordnung des allgemeinen Falles, und D^4, doppelt gerechnet, die Regelfläche 8. Grades.

Weil jede der kubischen Raumkurven $\bar{f}$ auf den Flächen $\bar{\varphi}$ eines

1) Flächen 3. Ordnung Nr. 48.
2) Vgl. Journal f. Math. Bd. 70 S. 212 Nr. 49.

Büschels liegt, so muß sie in den vier Punkten, in denen sie R^3 trifft, ebenfalls jene Tangentenfläche berühren und damit alle andern $\bar{\varphi}$, so daß, außerhalb R^3, nur ein gemeinsamer Punkt einer $\bar{f}$ und einer $\bar{\varphi}$ bleibt, wie notwendig: derjenige, welcher dem $a\alpha$ korrespondiert.

Wenn eine Gerade a die R^3 in Q trifft, so löst sich von $\bar{f}$ die Tangente von R^3 in Q ab; der verbleibende Kegelschnitt $\bar{f}_2$ ergibt sich als Schnitt der Trägerfläche der Regelschar der a treffenden Doppelsekanten mit der Polarebene von a in bezug auf den Kegel (Q) des Netzes, der seine Spitze in Q hat. Beide gehen durch Q und so kommt Q auf $\bar{f}_2$. Dieser Kegelschnitt geht durch die Berührungspunkte der beiden Tangenten der R^3, welche von a noch getroffen werden.

Ist a Doppelsekante von R^3, so zerfällt $\bar{f}$ in die beiden Tangenten der Stützpunkte und a, die ja ersichtlich sich selbst entspricht.

Wenn aber a Schmiegungsstrahl der R^3 ist, d. h. durch einen Punkt Q derselben in der zugehörigen Schmiegungsebene geht, so gehört die Tangente q nicht bloß zur Regelschar der a treffenden Doppelsekanten, sondern liegt auch in der Polarebene der a in bezug auf (Q), denn die Schmiegungsebene berührt (Q) längs q; also spaltet sich q nochmals ab, und es bleibt als eigentlich entsprechende Kurve nur eine Gerade $\bar{f}_1$. Diese, mit q einen Kegelschnitt bildend, muß q begegnen, und der Begegnungspunkt stellt, im Kontinuum der Punkte von $\bar{f}_1$, den dem Q konjugierten Punkt dar. Ferner trifft der Schmiegungsstrahl a noch eine Tangente von R^3, und daher geht $\bar{f}_1$ durch deren Berührungspunkt. Nun liegt $\bar{f}_1$ auf der $\bar{\varphi}$, die zu irgend einer Ebene α durch a gehört, also in der Berührungsebene des eben genannten Punktes, d. h. in seiner Schmiegungsebene an R^3; daher ist $\bar{f}_1$ ebenfalls Schmiegungsstrahl.

Also ist in dieser Verwandtschaft jedem Schmiegungsstrahle der R^3 ein anderer (eindeutig und involutorisch) zugeordnet, der sich folgendermaßen ergibt: Die beiden Tangenten, die zu jenem gehören, die in seinem Stützpunkte berührende und die zweite von ihm getroffene, verhalten sich gerade umgekehrt zum zweiten Schmiegungsstrahle.

Wir haben so zugeordnete Schmiegungsstrahlen in Nr. 520 konjugierte Schmiegungsstrahlen genannt, welcher Name jetzt noch mehr gerechtfertigt wird.

Betrachten wir die Fläche $\bar{\varphi}$, die zu einer Ebene α gehört, noch genauer. Der Kegelschnitt $\bar{f}_2$, der einer R^3 in Q treffenden Gerade a entspricht, trifft α zweimal; diesen Punkten entsprechen die weiteren Schnitte von a mit $\bar{\varphi}$, außer Q. Ist a aber Schmiegungsstrahl, so verteilen sich jene Schnitte mit α auf q und den Schmiegungsstrahl $\bar{f}_1$; dem auf q entspricht Q, dem auf $\bar{f}_1$ ein von Q verschiedener Punkt; folglich fällt noch ein Schnitt der a in Q; also sind alle

Schmiegungsstrahlen Tangenten der $\overline{\varphi}$ in Q, die Schmiegungsebene ist Tangentialebene; so daß wir dies Ergebnis auch unabhängig von dem oben benutzten Satze über eine Haupttangenten-Kurve auf einer Fläche erhalten haben.

Es sei nunmehr Q einer der drei Schnitte von α mit R^3; der zu einer durchgehenden a gehörige $\bar{f}_2$ trifft α, außer in Q, nur noch einmal, a also $\overline{\varphi}$, außer in Q, nur einmal.

Die Fläche $\overline{\varphi}$ hat die Schnitte der zugehörigen Ebene α mit R^3 zu Doppelpunkten.

Daß die drei Verbindungslinien, als in α gelegene Doppelsekanten der R^3, sowie die Tangenten der R^3 in den drei Punkten der $\overline{\varphi}$ angehören, ist unmittelbar zu erkennen; woraus auch die Zweifachheit der drei Punkte folgt. Ferner gehören die drei Polaren der Ebene α in bezug auf die drei Kegel (Q) der $\overline{\varphi}$ an; denn die zugehörigen Kegelschnitte $\bar{f}_2$ liegen in α, eben der Polarebene. Erinnert man sich, daß $\overline{\varphi}$ auch Ort der Pole der Ebene α in bezug auf die Flächen des Netzes (R^3) ist, so erkennt man von neuem, daß diese Geraden auf sie kommen müssen.

Endlich liegen in α drei Schmiegungsstrahlen, von jedem der Punkte Q einer; die ihnen konjugierten Schmiegungsstrahlen $\bar{f}_1$ befinden sich daher auf $\overline{\varphi}$. Und wir haben so die zwölf Geraden, welche eine kubische Fläche mit drei Doppelpunkten haben muß: die drei quaternären Verbindungslinien derselben, durch jeden noch zwei binäre und drei unäre.[1])

Eine Schmiegungsebene α enthält ∞^1 Schmiegungsstrahlen; die zugehörige $\overline{\varphi}$ wird durch die konjugierten Schmiegungsstrahlen erzeugt und ist Regelfläche 3. Grades. Die Tangente, die jenen gemeinsam zugehörig ist, wird von allen konjugierten getroffen und ist Leitgerade; da aber zu den Schmiegungsstrahlen in α auch diese Tangente gehört und sich selbst entspricht, so ist sie auch Erzeugende; also handelt es sich um eine Cayleysche Regelfläche 3. Grades mit zwei vereinigten Leitgeraden.[2])

Ist α unendlich fern, so ist die zugehörige Fläche $\overline{\varphi}$ der Ort der Mitten der Doppelsekanten von R^3.[3]) Die drei unären Geraden sind die Durchmesser der R^3 (nach Schröters[4]) Definition). Wird die unendlich ferne Ebene Schmiegungsebene (kubische Parabel), so gibt es ∞^1 Durchmesser, deren Erzeugnis eine Cayleysche Regelfläche 3. Grades ist — der Ort der Mitten der Doppelsekanten.

1) Flächen 3. Ordnung Nr. 120.

2) Z. B. Liniengeometrie Bd. I Nr. 39.

3) Der Ort der Mitten der Doppelsekanten einer Raumkurve von der Ordnung n und dem Range r ist von der Ordnung $\frac{1}{2}n(n-1)$ und der Klasse $\frac{1}{2}r(r-1)$: Journal f. Math. Bd. 105, S. 108.

4) Oberflächen 2. Ordnung § 39.

In Nr. 736 wurde die involutorische kubische Verwandtschaft der Punktepaare erwähnt, nach welchen gepaarte Ebenen von drei gegebenen Ebeneninvolutionen gehen; sie gehört zu dem Flächennetz 2. Ordnung, das durch die drei Paare der Doppelebenen konstituiert wird. Diese Spezialität des Netzes bewirkt, daß die Hauptkurve 6. Ordnung und die ihr zugeordnete Jacobische Fläche zerfallen. In der Tat müssen alle Punkte der Axen a_1, a_2, a_3 als der Doppellinien der Ebenenpaare an der Kegelspitzen-Kurve teilnehmen. Es ist z. B. einem Punkte von a_1 die Schnittlinie der beiden Ebenen zugeordnet, die den nach ihm gehenden Ebenen von a_2, a_3 gepaart sind; sie erzeugt eine Regelschar ρ_1, wenn er die a_1 durchläuft; ρ_2, ρ_3 ergeben sich ebenso bei a_2, a_3. Die Regelschar $[a_1, a_2, a_3]$ macht die Büschel um $a_1, \ldots$ projektiv und führt zu projektiven Büscheln der gepaarten Ebenen. Dadurch entsteht eine kubische Raumkurve r^3, deren Punkten die Geraden von $[a_1, a_2, a_3]$ zugeordnet sind. Also sind a_1, a_2, a_3, r^3 die Bestandteile der Hauptkurve h^6 und, ihnen zugeordnet, ρ_1, ρ_2, ρ_3, $[a_1, a_2, a_3]$ diejenigen der Jacobischen Fläche. Die Gerade a_1 liegt auf ρ_2, ρ_3, $[a_1, a_2, a_3]$, r^3 auf ρ_1, ρ_2, ρ_3.

960 Die Verwandtschaft erniedrigt sich auf den 2. Grad, wenn die Flächen des Netzes N einen Kegelschnitt K^2 in der Ebene $\varkappa$ und zwei Punkte U, U_1, deren Verbindungslinie u sei, gemeinsam haben. Einem Punkte von $\varkappa$ sind, in bezug auf N, alle Punkte seiner Polare nach K^2 konjugiert; infolgedessen zweigt sich für eine durch jenen Punkt gehende Gerade a diese Polare von der kubischen Raumkurve ab und es bleibt ein Kegelschnitt $\bar{f}$; und ebenso zerfällt die einer Ebene α korrespondierende kubische Fläche in $\varkappa$ und die eigentlich entsprechende Fläche 2. Grades $\bar{\varphi}$.

Der Punkt $O = \varkappa u$ hat für alle Flächen von N dieselbe Polarebene ω: die Verbindungsebene der Polare o von O nach K^2 mit dem vierten harmonischen Punkte $\mathfrak{O}$ nach U, U_1; dem O entspricht also jeder Punkt von ω.

Das Netz enthält einen Büschel von Ebenenpaaren $(\varkappa, \lambda)$, wo λ eine Ebene von u ist. Konjugiert zu einem Punkte X und allen Punkten des Strahls $x_1 = OX$ in bezug auf diesen Büschel ist der Strahl x durch O, welcher dem x_1 in der involutorischen Bündelhomologie $(u, \varkappa)$ entspricht.

Schneidet man also x mit der Polarebene ξ des X in bezug auf irgend eine Fläche F^2 von N, so hat man den konjugierten Punkt $\bar{X}$ von X. Durchläuft X eine Gerade a, so bewegen sich x und ξ projektiv in Büscheln und erzeugen den korrespondierenden Kegelschnitt $\bar{f}$, der also immer durch O geht. Durchläuft X eine Ebene α, so bewegen sich x und ξ korrelativ in Bündeln; es entsteht die α entsprechende Fläche 2. Grades $\overline{\varphi}$, die ebenfalls immer durch O geht.

Bewegt sich X in der Polarebene ω von O, so werden die beiden Bündel der x und ξ konzentrisch: in O; wir haben als Erzeugnis den Kernkegel s^2 der Strahlen x, welche in die entsprechenden Ebenen ξ fallen und s heißen mögen. Die zugehörigen Pole S in ω beschreiben einen Kegelschnitt h^2 und haben die s zu konjugierten Geraden in bezug auf N; h^2 wird Hauptkurve, der dieser Kegel s^2 zugeordnet ist. Nun sind s und $s_1 = OS$ involutorisch einander zugeordnet; ihre Spurpunkte S_1 und S in ω, als konjugiert in bezug auf $F^2\omega$, ebenfalls; folglich liegt auch S_1 auf h^2, und S, S_1 erzeugen eine Involution auf dieser Kurve mit $\mathfrak{O} = u\omega$ als Zentrum; Axe ist jene Polare o, denn in jedem ihrer Schnitte mit K^2 vereinigen sich S und S_1, weil in der Tangente s_1 und s zusammenfallen und die Polarebene ξ durch diese Gerade geht. Also sind o und $\mathfrak{O}$ polar nach h^2, h^2 und K^2 begegnen sich zweimal, und der Kegel s^2 geht durch h^2.

Die Kurve h^2 ist Kegelspitzen-Kurve von N; denn weil ein Punkt S auf ihr eine konjugierte Gerade s hat, so werden alle Flächen des durch S gehenden Büschels von N in S von der Ebene Ss berührt, also, weil diese, als Ebene ss_1, durch u geht, in dem Geradenpaare $S(U, U_1)$ geschnitten; so ergibt sich h^2 als zweiter Schnitt der beiden Kegel UK^2, U_1K^2 und jeder Punkt S von h^2 ist Spitze eines Kegels durch K^2, U, U_1, also aus dem Netze.

Durch die Punkte $s\alpha$ kommt h^2 auf alle Flächen $\overline{\varphi}$ und wird von allen $\overline{f}$, den Restschnitten zweier $\overline{\varphi}$, zweimal getroffen. Die Systeme der $\overline{\varphi}$ und $\overline{f}$ sind nun hinreichend bestimmt.

Die Jacobische Fläche 4. Ordnung der $\overline{\varphi}$ besteht aus dem Kegel s^2, der Hauptkurve h^2 zugeordnet, und der doppelten Ebene ω, dem Hauptpunkte O zugeordnet.

Der wesentliche Unterschied dieser zweiten Art involutorischer quadratischer Verwandtschaft von der quadratischen Inversion ist, daß bei dieser entsprechende Punkte X und $\overline{X}$ auf derselben Gerade durch den Hauptpunkt O, bei ihr aber auf verschiedenen in der involutorischen Bündelhomologie (u, κ) entsprechenden Strahlen liegen.

Die Kollineation der Bündel O, O' des allgemeinen Falles (Nr. 936) ist Identität bzw. eine solche Bündelhomologie geworden.

Zwei entsprechende Punkte X und $\overline{X}$, auf x_1 und x gelegen, befinden sich stets in derselben Ebene durch u; also muß jede Ebene υ durch u eine involutorische quadratische Verwandtschaft tragen: die der konjugierten Punkte in bezug auf den aus N geschnittenen Kegelschnitt-Büschel, mit U, U_1 und zwei Punkten K, K_1 von K^2 als Grundpunkten; die obige Figur, durch welche h^2 sich als Schnitt der beiden Kegel UK^2, U_1K^2 ergab, zeigt, daß die beiden Punkte H, H_1 von h^2 in der Ebene $\mathfrak{v}$ die beiden von O verschiedenen Diagonalpunkte des Vierecks UU_1KK_1 sind; folglich führt diese ebene Verwandtschaft jeden Kegelschnitt durch K, K_1, H, H_1 in sich selbst über (Nr. 812); diese Kegelschnitte werden aber von v ausgeschnitten aus den Flächen 2. Grades durch K^2 und h^2. Daher gehen die Flächen des Büschels (K^2, h^2) durch die räumliche Verwandtschaft in sich selbst über.

Beim Kugelnetze ist h^2 der Orthogonalkreis des von der Zentralebene ausgeschnittenen Kreisnetzes, der Grundkreis des Büschels der orthogonalen Kugeln, und diese Kugeln sind die in sich übergehenden.

Vom 3. Grade bleibt die Verwandtschaft, wenn die Flächen des Netzes eine Gerade k und vier Punkte U_1, U_2, U_3, U_4 gemeinsam haben. Hier wird vor allem die Gerade k eine außerordentliche Hauptkurve (Nr. 933); beliebige zwei Punkte auf ihr sind konjugiert, und sie kommt dadurch auf alle kubischen Flächen $\overline{\varphi}$. Das Netz enthält vier Ebenenpaare $(kU_1, U_2U_3U_4), \ldots$; die Doppellinien seien $d_1, d_2, \ldots$. Wir konstituieren es durch die drei ersten. Dann wird zu jedem Punkte von d_1 eine Gerade konjugiert, welche, als Schnittlinie der Polarebenen in bezug auf die andern beiden Ebenenpaare, deren Doppellinien d_2, d_3, aber auch d_4 trifft; der Hauptgerade d_1 wird die Regelschar $\mathfrak{d}_1 = [d_2, d_3, d_4]$ zugeordnet. Diese vier Regelscharen $\mathfrak{d}_1, \mathfrak{d}_2, \mathfrak{d}_3, \mathfrak{d}_4$ setzen die Jacobische Fläche der $\overline{\varphi}$ zusammen; und durch die vier Hauptgeraden $d_1, \ldots, d_4$ gehen alle $\overline{\varphi}$; das Gebüsche ist dadurch bestimmt. Von den kubischen Raumkurven $\overline{f}$, welche den Geraden a entsprechen, werden die d zweimal getroffen, weil die a jenen Regelscharen $\mathfrak{d}$ zweimal begegnen. Dadurch ist das System der $\overline{f}$ festgelegt.

Die vier Geraden d gehören nicht derselben Regelschar an; wie das für vier windschiefe Geraden einer (nicht zerfallenden) kubischen Fläche erforderlich ist.[1])

Die Gerade k kommt als Treffgerade von $d_1, \ldots, d_4$ von selbst auf alle $\overline{\varphi}$. Sie ist die einzige Treffgerade dieser vier Geraden. Denn bezeichnen wir die Ebenen des Tetraeders der U_i mit $\mathfrak{u}_i$, so sind, nach bekanntem Tetraedersatze (Nr 237), der Punktwurf $k(d_1, d_2, d_3, d_4) \equiv k(\mathfrak{u}_1, \mathfrak{u}_2, \mathfrak{u}_3, \mathfrak{u}_4)$ und der Ebenenwurf $k(d_1, d_2, d_3, d_4)$ $\equiv k(U_1, U_2, U_3, U_4)$ projektiv; wäre eine zweite Treffgerade l vorhanden, so würde dieser Ebenenwurf zum Punktwurf $l(d_1, d_2, d_3, d_4)$

---

1) Flächen 3. Ordnung S. 49. — Man kann drei von ihnen, d_1, d_2, d_3, geben und die Tetraederebenen, in denen sie liegen, also auch die Ecke U_4; es läßt sich dann zeigen, daß, während k die Regelschar $[d_1 d_2 d_3]$ durchläuft, d_4 eine Regelfläche 3. Grades beschreibt.

perspektiv sein, aus der Projektivität der beiden Punktwürfe aber folgen, daß $d_1, \ldots, d_4$ zur nämlichen Regelschar gehören.

Damit ist den Flächen $\overline{\varphi}$ eine Spezialität gegeben, daß sie ein Geradenquadrupel mit nur einer Treffgerade besitzen. Alle Flächen $\overline{\varphi}$ berühren sich also längs dieser Gerade k.

Die gemeinsamen Geraden $d_1, \ldots$ und die Berührungsgerade k setzen eine Raumkurve 6. Ordnung 16. Ranges zusammen (Nr. 944), die zu einer (3,3) führt.

961 Sechs Grundpunkte $A, B, \ldots F$ bestimmen ein spezielles Gebüsche von Flächen 2. Grades $\mathfrak{G}$. Der siebente und achte Grundpunkt X, $\overline{X}$ eines jeden seiner Netze führen zu einer involutorischen eindeutigen Verwandtschaft.[1])

Jede Verbindungslinie zweier der acht Grundpunkte eines F^2-Netzes bestimmt einen Büschel im Netze, dessen Grundkurve aus ihr und der ihr zweimal begegnenden kubischen Raumkurve durch die sechs andern Grundpunkte besteht. Daraus folgt, daß zwei assoziierte Punkte X und $\overline{X}$ stets auf einer Doppelsekante der kubischen Raumkurve r^3 liegen, welche durch die sechs Grundpunkte $A, \ldots F$ geht.

Jede Verbindungslinie zweier dieser Grundpunkte scheidet aus $\mathfrak{G}$ ein Netz aus, dessen Flächen sie ganz enthalten, und wir haben so 15 ausgezeichnete Netze, die wir mit $(AB), \ldots (EF)$ bezeichnen wollen.

Und ein beliebig auf r^3 gelegter Punkt führt zu einem ebenfalls ausgezeichneten Netze (r^3) des Gebüsches, dessen Flächen sämtlich die r^3 enthalten.

Eine Gerade a (oder drei Punkte auf ihr) legt eine Fläche F_a^2 aus $\mathfrak{G}$ fest, welche sie ganz enthält. Die den Punkten X von a zugehörigen $\overline{X}$ müssen ebenfalls auf F_a^2 liegen, andererseits aber je auf der von X ausgehenden Doppelsekante von r^3; diese Doppelsekanten erzeugen eine Regelfläche 4. Grades, auf welcher r^3 doppelt, a einfach ist (Nr. 203); und der fernere Schnitt 7. Ordnung derselben mit F_a^2, außer a, ist die von den $\overline{X}$ erfüllte Kurve $\overline{f}$, welche der a in der Verwandtschaft korrespondiert. Eine durch a gehende Ebene schneidet die beiden Flächen noch in einer Gerade und einer Kurve 3. Ordnung, so daß die drei Begegnungspunkte außerhalb a befindliche Punkte der $\overline{f}$ sind. Daher begegnet $\overline{f}$ der zugehörigen Gerade a viermal. So oft nun $\overline{f}$ eine Ebene α trifft, so oft trifft a die zugehörige Fläche $\overline{\varphi}$.

In unserer Verwandtschaft ist demnach einer Gerade a

1) Geiser, Journal f. Mathematik, Bd. 67 S. 78; Sturm, Math. Annalen, Bd. 1 S. 564; Eberhardt, Über eine räumliche involutorische Verwandtschaft 7. Grades, Diss. Breslau 1885.

eine Kurve 7. Ordnung $\bar{f}$, einer Ebene α eine Fläche 7. Ordnung $\bar{\varphi}$ zugeordnet.

Daraus folgt, daß einer Kurve bzw. Fläche n^{ter} Ordnung eine Kurve, Fläche von der Ordnung $7n$ korrespondiert.

Weil r^3 auf der obigen Regelfläche 4. Grades doppelt ist, so gehören die sechs Grundpunkte $A, \ldots F$ dem Schnitte $\bar{f}$ derselben mit F_a^2 doppelt an.

Auf den Kurven $\bar{f}$ sind die sechs Grundpunkte doppelt. Also entspricht jedem von ihnen eine Fläche 2. Grades, welche zur Jacobischen Fläche des Gebüsches der $\bar{\varphi}$ doppelt zu rechnen ist, sodaß durch die 6 derartigen Flächen schon diese Fläche 24. Ordnung erschöpft ist.

Diese Flächen sind die zum gegebenen Gebüsche $\mathfrak{G}$ gehörigen Kegel 2. Grades, welche die Punkte $A, \ldots F$ zu Spitzen haben, je durch die übrigen Grundpunkte gehen und daher auch durch r^3. Legen wir z. B. X auf den Kegel (A), der seine Spitze in A hat, so ist die von ihm ausgehende Doppelsekante der r^3 die Kante des Kegels und sie trifft jede Fläche des durch X bestimmten Netzes von $\mathfrak{G}$ zum zweiten Male in A, der also der zugehörige $\bar{X}$ wird. Dem Punkte A ist daher jeder Punkt des Kegels (A) zugeordnet.

Jeder von diesen den Hauptpunkten $A, \ldots F$ zugeordneten Kegeln gehört zum Netze (r^3) und zu 5 der andern ausgezeichneten Netze von $\mathfrak{G}$.

Die 16 ausgezeichneten Netze von $\mathfrak{G}$ liefern uns Hauptkurven, welche sämtlich außerordentlich[1]) und sich selbst zugeordnet sind (Nr. 933), nämlich r^3 und die 15 Geraden $AB, \ldots$ Denn jede zwei Punkte einer dieser 16 Linien sind einander assoziiert; jedem Punkt X derselben entspricht die ganze Linie.

Weil nun eine Ebene α der r^3 dreimal, den $AB, \ldots$ einmal begegnet, so sind auf jeder $\bar{\varphi}$ die r^3 dreifach und die Geraden $AB, \ldots$ einfach. Sie geben uns schon die Kurve von der Ordnung $42 = 3 \cdot 3^2 + 15$, die den $\bar{\varphi}$ gemeinsam sein muß, damit als Rest-Schnittkurve zweier die Kurve 7. Ordnung bleibt, welche der Schnittlinie der beiden Ebenen α korrespondiert. Also sind weitere Hauptkurven nicht vorhanden.

Man bestätigt auch, daß, wie notwendig, die Geraden $AB, \ldots$ auf der Jacobischen Fläche der $\bar{\varphi}$ vierfach und die r^3 12fach ist (Nr. 934).

Auf den $\bar{\varphi}$ sind ferner die Punkte $A, \ldots$ vierfach.

---

1) Ich glaube, in dieser eindeutigen Transformation, mit welcher ich mich im Jahre 1868, gleichzeitig mit Cremonas allgemeineren Untersuchungen, beschäftigt habe, das erste Beispiel einer Transformation mit solchen Hauptkurven geliefert zu haben. In den siebziger Jahren fand ich dann die in Nr. 955 erwähnten Transformationen 11. Grades mit außerordentlichen Hauptkurven.

In der Tat, die Punkte $A, \ldots F, X, \overline{X}$ sind Grundpunkte eines Netzes, also wird AX von der kubischen Raumkurve $(BC \ldots F\overline{X})$ zweimal geschnitten. Andererseits ist durch 5 Punkte und eine Doppelsekante eine kubische Raumkurve eindeutig bestimmt. Wenn also X auf einer Gerade sich bewegt, die durch A geht, so beschreibt $\overline{X}$ die kubische Raumkurve, die durch $B, \ldots F$ geht und jene Gerade zweimal trifft. Weil sie α dreimal trifft, so hat die Gerade mit der entsprechenden $\overline{\varphi}$ 3 von A verschiedene Punkte gemein; d. h. A ist vierfach auf $\overline{\varphi}$. Die Grundpunkte repräsentieren 6. 4. 2 Schnittpunkte einer $\overline{\varphi}$ nnd einer $\overline{f}$; es bleibt ein veränderlicher.

Die Punkte $A, \ldots$ müssen daher auf der Jacobischen Fläche der $\overline{\varphi}$ 14-fach sein (Nr. 934): auf fünf der doppelten Kegel einfach, auf dem sechsten zweifach.

In jeder Kegelspitze des Gebüsches 2. Ordnung $\mathfrak{G}$ vereinigen sich (Nr. 958) zwei assoziierte Punkte X und $\overline{X}$, mit bestimmter Verbindungslinie: der Doppelsekante aus X an r^3. Daher wird die Jacobische Fläche S^4 von $\mathfrak{G}$ eine Koinzidenzfläche unserer Verwandtschaft. Auf ihr liegen die Kurve r^3 und die 15 Geraden $AB, \ldots$; denn jeder Punkt auf einer dieser 16 Linien ist Spitze eines Kegels aus $\mathfrak{G}$; ferner auch die Doppellinien der 10 Ebenenpaare $(ABC, DEF), \ldots$

Ein Kegel aus $\mathfrak{G}$, dessen Spitze auf einer Gerade a durch A liegt, hat mit der kubischen Raumkurve durch $B, \ldots F$, welche a zweimal trifft, 7 Punkte gemeinsam und enthält sie ganz, kann also nur einer der beiden Kegel sein, welche diese Raumkurve aus den beiden Schnitten mit a projizieren; folglich hat a mit S^4 nur zwei fernere Schnitte.

Die 6 Punkte $A, \ldots F$ sind auf S^4 doppelt (Nr. 235).

Der Anschmiegungskegel von A enthält die 5 Geraden $A(B, \ldots F)$ und die Tangente an r^3 in A, daher ist er mit dem Kegel (A) identisch.

Durch die 4 Punkte, in denen die Koinzidenzfläche S^4 von einer Gerade a geschnitten wird, muß auch die korrespondierende Kurve $\overline{f}$ gehen; sie haben, wie oben gefunden wurde, nur 4 Schnitte. Also gibt es auf einer beliebigen Gerade a keine assoziierten Punkte $X, \overline{X}$. Nur die Doppelsekanten von r^3 tragen assoziierte Punkte, und zwar sofort eine ganze Involution, in welcher die beiden Stützpunkte auf r^3 auch gepaart sind, während die beiden übrigen Schnitte mit S^4 die Doppelpunkte sind; so daß S^4 von jeder Doppelsekante von r^3 harmonisch geschnitten wird.

Die beiden nicht auf r^3 gelegenen Schnitte sind konjugiert in bezug auf die Flächen des Netzes (r^3), also, wegen der Eigenschaft der Jacobischen Fläche, in bezug auf alle Flächen von $\mathfrak{G}$.

Der Schnitt einer Ebene α mit S^4 liegt auch auf $\overline{\varphi}$, der fernere Schnitt $\alpha\overline{\varphi}$ besteht aus den drei Doppelsekanten von r^3. Der Schnitt einer $\overline{\varphi}$ mit S^4 setzt sich zusammen aus r^3 dreifach, den 15 Geraden $AB, \ldots$ und der Kurve αS^4.

Einer Gerade a, welche sich auf r^3 stützt, entspricht, nach Absonderung von r^3[1]), eine Raumkurve 4. Ordnung, welche durch $A, \ldots F$ geht und der a in den drei ferneren Schnitten mit S^4 begegnet, also zweiter Art ist; wie das Geschlecht 0 auch verlangt.

Trifft a die r^3 zweimal, so entspricht sie sich selbst, denn sie enthält ja zu jedem ihrer Punkte den assoziierten.

Geht α durch einen der Grundpunkte F, so bleibt, nach Absonderung von (F), als entsprechend eine Fläche 5. Ordnung, auf welcher $A, \ldots E$ dreifach, F und r^3 doppelt sind, und wenn α durch E und F geht, eine Fläche 3. Ordnung, auf welcher $A, \ldots D$ doppelt und E, F, r^3 einfach sind. Auf dieser sind die 6 Verbindungslinien der Knotenpunkte quaternär; außerdem hat sie noch 3 unäre Geraden q, welche je zwei gegenüberliegende jener Linien treffen. Diejenige, welche AB, CD schneidet, ergibt sich aus dem Kegelschnitt in α, der durch E, F, die Spuren von AB, CD und die dritte von r^3 geht. Je zwei dieser Kegelschnitte haben noch einen Punkt gemeinsam, also liegen die drei Geraden q in einer Ebene. Einer Gerade a in α entspricht, weil sie der EF begegnet, eine Kurve 6. Ordnung, welche durch A, B, C, D zweimal, durch E, F einmal geht; dem Schnitte der Ebene α_1 mit der kubischen Fläche der fernere Schnitt 6. Ordnung, außer EF, der Ebene α mit der α_1 entsprechenden $\overline{\varphi}_1$.

Der Ebene DEF korrespondiert die Gegenebene ABC.

962 Sich selbst entsprechend sind, weil sie immer zugleich X und $\overline{X}$ enthalten, die Flächen F^2 des Gebüsches $\mathfrak{G}$ und die Grundkurven 4. Ordnung R^4 seiner Büschel.

Auf einer R^4 entsteht durch die X und $\overline{X}$ eine Involution mit 4 Doppelpunkten, den ferneren Schnitten der R^4 mit der Koinzidenzfläche S^4. Die Verbindungslinien gepaarter Punkte bilden eine Regelschar, die eine auf derjenigen Fläche von $\mathfrak{G}$, welche dem Büschel durch R^4 und dem Netz (r^3) gemeinsam ist. Es handelt sich um die axiale Involution von § 121.

Eine Fläche F^2 wird zur vollen korrespondierenden Fläche 14. Ordnung durch die 6 Kegel $(A), \ldots$ ergänzt.

Auf F^2 bilden die X und $\overline{X}$, eingeschnitten durch die Doppelsekanten von r^3, eine involutorische Verwandtschaft, in welcher die Schnittkurve 8. Ordnung mit S^4 und die auf F^2 gelegenen R^4 sich selbst entsprechen, jene Punkt für Punkt. Einem

1) Bei einer durch A gehenden a kann man im allgemeinen nicht die Kurve angeben, durch deren Absonderung die Erniedrigung der $\overline{f}$ von der 7. auf die 3. Ordnung eintritt. Faßt man a aber als auf einer Fläche des Gebüsches gelegen auf, so hat man in deren Schnitt 4. Ordnung mit (A) die sich absondernde Kurve.

ebenen Schnitt αF^2 korrespondiert die Kurve 14. Ordnung $\overline{\varphi} F^2$, welche durch die Punkte $A, \ldots F$ 4 mal geht.

Aus dem Grundpunkte F auf eine Ebene projiziert, geht diese Verwandtschaft über in die Geisersche Verwandtschaft (Nr. 824), die zu einem Netz von Kurven 3. Ordnung mit 7 festen Grundpunkten gehört, nämlich den Projektionen von $A, \ldots E$ und den Spuren der durch F gehenden Geraden von F^2. Die Kurve 14. Ordnung, die auf F^2 einem ebenen Schnitte entspricht, wird in eine Kurve 10. Ordnung projiziert; ebenso beschaffen ist die Kurve, in welche durch die Geisersche Verwandtschaft ein Kegelschnitt, der durch zwei Grundpunkte geht, transformiert wird.

Die Verwandtschaft auf F^2 hat die Punkte $A, \ldots F$ zu Hauptpunkten, jedem entspricht eine Kurve 4. Ordnung, dem A z. B. diejenige, welche durch den Kegel (A) eingeschnitten wird und durch A zweimal, durch $B, \ldots F$ einmal geht.

Man kann die involutorische Verwandtschaft auf F^2 selbständig herstellen. Es sind auf ihr 6 Punkte $A, \ldots F$ gegeben; durch sie gehen auf F^2 ∞^2 Büschel-Grundkurven 4. Ordnung R^4, durch jeden Punkt X von F^2 ∞^1. Diese haben dann den achten assoziierten $\overline{X}$ gemeinsam. Alle Verbindungslinien $X\overline{X}$ sind Doppelsekanten der durch $A \ldots F$ gehenden kubischen Raumkurve.

Die Fläche 14. Ordnung $\overline{\varphi}^{14}$, die einer beliebigen Fläche 2. Grades α^2 korrespondiert, hat die Grundpunkte $A, \ldots F$ zu achtfachen Punkten, denn die einer Gerade a durch A entsprechende kubische Raumkurve trifft α^2 sechsmal, folglich trifft a die $\overline{\varphi}^{14}$ so oft, außer in A. Infolge dessen entspricht z. B. einem Kegel 2. Grades, der seine Spitze in A hat und durch C, D, E, F geht, nach Absonderung des doppelten Kegels (A) und der einfachen $(C), \ldots (F)$, eine Fläche 2. Grades, auf der B doppelt, C, D, E, F einfach sind und A gar nicht liegt, also ein Kegel mit der Spitze B und durch C, D, E, F. Daher sind durch unsere Verwandtschaft die beiden Kegelbüschel $A(C, D, E, F)$ und $B(C, D, E, F)$ einander projektiv zugeordnet; die Punkte X eines Kegels des einen Büschels haben ihre $\overline{X}$ auf dem entsprechenden des andern.

Hinsichtlich der auf der Fläche S^4 gelegenen Koinzidenzpunkte gilt analoges wie bei der quadratischen Inversion. Im Bündel um einen solchen Punkt $\mathfrak{C}$ entsteht eine involutorische Kollineation, also Homologie, in welcher einem Strahle a oder einer Ebene α die Tangente a' an die entsprechende Kurve $\overline{f}$ oder die Berührungsebene α' an die entsprechende Fläche $\overline{\varphi}$ zugeordnet ist, oder allgemeiner, die Tangenten, Tangentialebenen an zwei durch $\mathfrak{C}$ gehende entsprechenden Kurven oder Flächen einander zugeordnet sind. Die Axe dieser Homologie im Bündel ist die Doppelsekante c von r^3, die Ebene die Tangentialebene σ von S^4. Weil a und $\overline{f}$ auf der Regelfläche 4. Grades

(a, r^3) liegen, so ist die Ebene aa' die Berührungsebene dieser Fläche in $\mathfrak{C}$ und geht durch die von $\mathfrak{C}$ kommende Erzeugende c.

Die Tangenten in $\mathfrak{C}$ an S^4 entsprechen sich selbst.

Wir wollen einen interessanten Spezialfall hervorheben. Die sechs Grundpunkte seien dreimal zwei entsprechende Punkte A, B; C, D; E, F einer windschiefen Involution (u, v). Durch sie geht die kubische Raumkurve $r^3 = (A, \ldots F)$ in sich selbst über, so daß u, v zwei konjugierte Schmiegungsstrahlen sind und alle Geraden der im Strahlennetze $[u, v]$ enthaltenen Regelschar (AB, CD, EF) entsprechende Punkte der r^3 verbinden (Nr. 522). In bezug auf das Netz (r^3) des Gebüsches hat jeder Punkt von u seinen konjugierten auf v, je auf derselben Gerade dieser Regelschar. Die beiden Geraden u, v, als polare Geraden, und die drei Punkte A, C, E bestimmen ein Netz, dessen Flächen dann auch B, D, F gemeinsam sind, so daß es zum Gebüsche $\mathfrak{G}$ gehört. Konstituieren wir $\mathfrak{G}$ durch jenes Netz (r^3) und eine Fläche aus diesem, so zeigt sich, daß die genannten Punkte von u und v, je auf einer Gerade von (AB, CD, EF), in bezug auf alle Flächen von $\mathfrak{G}$ konjugiert sind. Also befinden sich u, v auf der Jacobischen Fläche S^4 von $\mathfrak{G}$. Auf jeder Gerade von (AB, CD, EF) liegen die Doppelpunkte der Involution assoziierter Punkte auf u, v; diese assoziierten Punkte sind daher auch in der windschiefen Involution entsprechend.

Die Korrespondenz der assoziierten Punkte auf der zu $\mathfrak{G}$ gehörigen Fläche 2. Grades (AB, CD, EF) ist die durch die windschiefe Involution (u, v) hervorgerufene; und in der Tat, die einem ebenen Schnitte korrespondierende Kurve 14. Ordnung reduziert sich auf die zweite Ordnung; indem die r^3 dreimal und die drei Geraden AB, CD, EF sich abzweigen.

Verschieden von diesen ∞^2 Paaren zu $A, \ldots F$ assoziierten Punkten, welche auch in der windschiefen Involution (u, v) entsprechend sind wie $A, B; \ldots$, ist das vierte Paar, von welchem in Nr. 630 gesprochen wurde; es liegt nicht auf (AB, CD, EF).[1])

1) In bezug auf weitere involutorische Verwandtschaften vgl. die Anmerkung am Schlusse von § 133; ferner: Montesano, über involutorische Verwandtschaften, bei denen den Ebenen Flächen n^{ter} Ordnung mit einer $(n-2)$-fachen Gerade — deren Abbildung in § 131 besprochen wurde — korrespondieren: Rendiconti dell' Accademia dei Lincei Bd. 5. 2. Sem.

Mit den Komplexen der Verbindungslinien entsprechender Punkte hat sich Montesano auch beschäftigt; er untersucht involutorische Verwandtschaften, welche einen linearen, bzw. einen tetraedralen Komplex bestimmen, a. a. O. Bd. 4, 1. Sem., Bd. 5, 1. Sem., und Transformationen, welche quadratische Komplexe erzeugen: Rendiconti dell' Istituto Lombardo Ser. II, Bd. 25. Ich mußte verzichten, auf alle diese Untersuchungen einzugehen.

Zwölfter Teil.

Mehrdeutige Verwandtschaften im Raume.

§ 140. Die Korrespondenzprinzipe im Punktraume und im Strahlenraume.

963 Ehe wir zu nicht mehr in beiderlei Sinne eindeutigen Verwandtschaften übergehen, wollen wir das Korrespondenzprinzip im Punktraume beweisen, den Satz, welcher die Anzahl der Koinzidenzpunkte einer räumlichen Verwandtschaft angibt, wofern diese Zahl endlich ist. Wir wissen schon, daß wir bei einer Verwandtschaft im Raume zwei Gradzahlen haben: die Ordnung n der Kurven, die den Geraden von Σ, und der Flächen, welche den Ebenen von Σ' entsprechen, und die Ordnung n_1 der Kurven, welche den Geraden von Σ', und der Flächen, welche den Ebenen von Σ korrespondieren; ist die Korrespondenz (m, m')-deutig, so daß einem Punkte von Σ m' Punkte in Σ' und einem Punkte von Σ' m Punkte von Σ entsprechen, so läßt uns das Korrespondenzprinzip in der Ebene (§ 117) vermuten, daß die Anzahl der Koinzidenzpunkte

$$m + m' + n + n_1$$

sein wird.

Bei der Kollineation sind diese vier Zahlen 1 und die Anzahl der Koinzidenzpunkte 4.

Die Koinzidenzpunkte der Cremonaschen Verwandtschaft (2, 2) (Nr. 936) lassen sich leicht ermitteln. Entsprechende Punkte liegen auf homologen Strahlen der beiden kollinearen Bündel um die Hauptpunkte O, O'; also haben wir die Koinzidenzen auf der durch diese erzeugten kubischen Raumkurve R^3 zu suchen. Wir rechnen sie zu Σ; die ihr entsprechende Kurve ist 5. Ordnung, weil jene der Fläche φ 2. Ordnung, die einer α' korrespondiert, außer in O noch fünfmal begegnet, und wegen der drei Begegnungspunkte von R^3 mit der O' zugeordneten Ebene $\varkappa$ geht sie dreimal durch O'. Der Kegel 2. Grades, welcher R^3 aus O' projiziert, projiziert auch diese Kurve. Aus einem Punkte P auf ihm werden die beiden Kurven durch Kegel projiziert, welche PO' zur vierfachen bzw. doppelten Kante haben und zwar so, daß eine Tangentialebene gemeinsam ist; es bleiben noch sechs Schnittkanten, welche nach gemeinsamen Punkten der beiden Kurven gehen, in denen sich je entsprechende Punkte vereinigen.

Es wurde schon erwähnt (Nr. 952), daß, wenn die in beiderlei Sinne kubische Verwandtschaft durch drei Korrelationen entsteht, Koinzidenzen die acht gemeinsamen Punkte der Punkt-Kernflächen sind.

Der Beweis des Korrespondenzprinzips im Raume verläuft ähnlich wie der in der Ebene (Nr. 839).

Der Punkt X in Σ bewege sich in einer Ebene α, die m' entsprechenden Punkte X' beschreiben eine Fläche φ' von der Ordnung n_1; von ihnen hat jeder, im allgemeinen, nur einen der m entsprechenden Punkte in α. Verbinden wir X und die entsprechenden X' mit einem festen Punkte O, so ergibt sich im Bündel um denselben eine Korrespondenz, in welcher einem Strahle $x = OX$ die m' Strahlen $x' = OX'$ zugeordnet sind; jeder Strahl x' von O trifft φ' in n_1 Punkten X', denen ebenso viele X auf α und Strahlen x in O korrespondieren. Bewegt sich x in einem Strahlenbüschel des Bündels O, also X in α auf einer Gerade a, so beschreibt x' den Kegel n^{ter} Ordnung, welcher aus O die der a entsprechende Kurve f' von dieser Ordnung projiziert. Danach hat diese Korrespondenz im Bündel $m' + n + n_1$ Koinzidenzstrahlen. Es gibt in α so viele Punkte X, welche mit einem ihrer entsprechenden Punkte X' auf einer Gerade durch O liegen.

Die Punkte X von Σ, welche mit einem ihrer korrespondierenden Punkte auf einer Gerade durch einen festen Punkt O liegen, erzeugen eine Kurve K von der Ordnung $m' + n + n_1$, und diese entsprechenden Punkte eine Kurve K' von der Ordnung $m + n + n_1$. Die erste geht m'-mal, die zweite m-mal durch O. Diese Kurven befinden sich in eindeutiger Beziehung und rufen in einem festen Ebenenbüschel u eine Korrespondenz $[m + n + n_1,\ m' + n + n_1]$ hervor. Die Ebene $\omega = uO$ enthält zu den $n + n_1$ weiteren Schnitten, welche sie, außer O, mit K hat, die entsprechenden auf K', mit jenen in geraden Linien durch O gelegen, und ist vermutlich $(n + n_1)$-fache Koinzidenz.

Es sei η im Büschel u unendlich nahe an ω gelegt; sie trifft K in m' dem m'-fachen Punkte O unendlich nahen Punkten; die von O nach ihnen gehenden Strahlen bilden endliche Winkel mit ω und ebenso die Ebenen, welche u mit den ihnen entsprechenden Punkten auf K' verbinden. Es sei Z einer von den $n + n_1$ übrigen Schnitten der η mit K; er befindet sich unendlich nahe an ω, aber in endlicher Entfernung von O und u, Z', der ihm entsprechende auf K', in ebenfalls endlicher Entfernung von Z und von u. Wir bezeichnen den Strahl OZZ' mit z und die Ebene uZ' mit η'; ζ sei eine beliebige Ebene durch z (eine zu u rechtwinklige ist im allgemeinen nicht vorhanden) und U, o, y, y' ihre Schnitte mit u, ω, η, η', so ergibt sich wie in Nr. 839:

$$\frac{\sin yy'}{\sin oy} = \frac{ZZ'}{U\Xi'} \cdot \frac{UO}{O\Xi},$$

ein endlicher Wert. Ist nun σ noch eine beliebige Ebene des Büschels u und s ihr Schnitt mit ζ, so ist:

$$(y'oys) = (\eta'\omega\eta\sigma);$$

woraus folgt, daß auch $\frac{\sin \eta\eta'}{\sin \omega\eta}$ einen endlichen Wert hat, weil dies für die anderen in diesen Doppelverhältnissen auftretenden Verhältnisse gilt. Dasselbe finden wir für jeden der $n + n_1$ Punkte Z in η und seinen entsprechenden Z'. Also ist, nach der Regel in Nr. 160, in der Tat die Ebene ω eine $(n + n_1)$-fache Koinzidenz der Korrespondenz im Büschel u. Von den übrigen $m + m' + n + n_1$ Koinzidenzebenen geht jede nach einem Punkte Z von K und zugleich nach dem entsprechenden Z' auf K', der andererseits mit Z auf einer Gerade durch O liegt, ohne daß jedoch diese Gerade in jene Ebene fällt. Folglich müssen sich Z und Z' vereinigen.[1])

Eine (m, m')-deutige Verwandtschaft zweier Räume mit den Gradzahlen n, n_1 besitzt im allgemeinen

$$m + m' + n + n_1$$

Koinzidenzpunkte.[2])

964 Wir geben einige Anwendungen, mit denen wir frühere Ergebnisse bestätigen.

Läßt man, in bezug auf zwei Flächen F_1, F_2 von den Ordnungen n_1, n_2, die Pole derselben Ebene einander entsprechen, so entsteht eine Verwandtschaft: $m = (n_1 - 1)^3$, $m' = (n_2 - 1)^3$. Durch die Polarebenen der Punkte einer Gerade in bezug auf F_1 ergibt sich ein Torsus von der Klasse $n_1 - 1$, während diejenigen der Punkte einer Ebene in bezug auf F_2 eine Fläche $(n_2 - 1)^{2\text{ter}}$ Klasse umhüllen (Nr. 684). Die Zahl der gemeinsamen Tangentialebenen, $(n_1 - 1)(n_2 - 1)^2$, ist die eine Gradzahl der Verwandtschaft, und $(n_1 - 1)^2(n_2 - 1)$ die andere. Die Summe der vier Zahlen ist:

$$(n_1 + n_2 - 2)[(n_1 - 1)^2 + (n_2 - 1)^2],$$

die Anzahl der Punkte, welche in bezug auf beide Flächen die nämliche Polarebene haben (Nr. 685).

Zwei kollineare Flächengebüsche G_1, G_2 von den Ordnungen n_1, n_2 führen zu einer (n_1^3, n_2^3)-deutigen Verwandtschaft zwischen den Grundpunkten entsprechender Netze. Durchläuft ein Punkt, der als Grundpunkt ein Netz in G_1 bestimmt, eine Gerade, so beschreiben die entsprechenden Grundpunkte in G_2 eine Kurve von der Ordnung

1) Zeuthen, Comptes rendus, Bd. 78, S. 1553.

2) Eine Übertragung dieses Prinzips in das Strahlengewinde findet sich: Liniengeometrie I, Nr. 206.

$n_1 n_2^2$; denn sie hat mit einer beliebigen Fläche von G_2 die n_1 Gruppen von n_2^3 Grundpunkten gemeinsam, welche den Schnitten der korrespondierenden Fläche in G_1 mit der Gerade entsprechen. Die andere Gradzahl ist $n_1^2 n_2$. Die Summe der vier Zahlen ist $(n_1 + n_2)(n_1^2 + n_2^2)$, die Anzahl der Punkte, welche zugleich Grundpunkte von entsprechenden Netzen der Gebüsche sind (Nr. 674).

Sind sechs kollineare Gebüsche $G_1, \ldots, G_6$ gegeben, welche die Ordnungen $n_1, \ldots, n_6$ haben, so ergibt sich eine $(n_1 n_2 n_3, n_4 n_5 n_6)$-deutige Verwandtschaft, wenn in X drei entsprechende Flächen aus G_1, G_2, G_3 sich schneiden und in X' die ihnen entsprechenden aus G_4, G_5, G_6. In jedem Punkte X treffen sich drei homologe Flächen aus G_1, G_2, G_3. Drei entsprechende Netze aus diesen Gebüschen erzeugen eine Fläche von der Ordnung $n_1 + n_2 + n_3$ (Nr. 672). Die Schnittpunkte derselben mit einer Gerade l zeigen, daß in jedem der drei Gebüsche die Flächen, welche mit ihren entsprechenden in den anderen sich auf l schneiden, eine einfach unendliche Mannigfaltigkeit bilden, von welcher zu jedem Netze des Gebüsches $n_1 + n_2 + n_3$ gehören. Die in G_1 befindliche sei $\mathfrak{S}_1$.

Drei entsprechende Büschel aus G_4, G_5, G_6 erzeugen eine Kurve von der Ordnung $n_5 n_6 + n_6 n_4 + n_4 n_5$; aus ihren Schnitten mit einer Ebene E' folgt, daß in jedem der drei Gebüsche eine doppelt unendliche Mannigfaltigkeit von Flächen existiert, die mit den entsprechenden in den anderen sich auf E' schneiden; sie sendet in jeden Büschel des betreffenden Gebüsches $n_5 n_6 + n_6 n_4 + n_4 n_5$ Flächen. Ihr entspricht in G_1 eine ebenso beschaffene Mannigfaltigkeit $\mathfrak{T}_1$. Beziehen wir G_1 kollinear auf den Ebenenraum, so gehen diese Mannigfaltigkeiten $\mathfrak{S}_1$ und $\mathfrak{T}_1$ über in einen Torsus und eine Fläche von den Klassen $n_1 + n_2 + n_3$, $n_5 n_6 + \ldots$ Die gemeinsamen Ebenen beweisen, daß von den Punkten X', welche den Punkten X von l entsprechen,

$$(n_1 + n_2 + n_3)(n_5 n_6 + n_6 n_4 + n_4 n_5)$$

sich in E' befinden; dies ist die eine Gradzahl der Verwandtschaft, und $(n_4 + n_5 + n_6)(n_2 n_3 + n_3 n_1 + n_1 n_2)$ ist die andere. Die Summe führt zu $s_{6,3}$, der Anzahl der Punkte, in welche aus allen sechs Gebüschen homologe Flächen zusammenkommen (Nr. 676).

Die drei Gebüsche G_1, G_2, G_3 führen zu einer Kurve T von der Ordnung $n_1^2 + n_2^2 + n_3^2 + n_2 n_3 + n_3 n_1 + n_1 n_2$, deren Punkte nicht bloß drei entsprechenden Flächen, sondern drei entsprechenden Büscheln gemeinsam sind (Nr. 674). Sie wird für die Verwandtschaft Hauptkurve in Σ; jedem ihrer Punkte entspricht eine Kurve von der Ordnung $n_5 n_6 + n_6 n_4 + n_4 n_5$, das Erzeugnis der drei entsprechenden Büschel in G_4, G_5, G_6.

Wenn alle Gebüsche Ebenenräume sind, so wird die Verwandtschaft eindeutig und in beiderlei Sinne vom 9. Grade. Die Hauptkurven T und T' sind 6. Ordnung und, weil jedem Punkte auf ihnen eine kubische Raumkurve entspricht, dreifach auf den Flächen 9. Ordnung, die den Ebenen des anderen Raums korrespondieren. Aus Nr. 952 wissen wir, daß zu den kollinearen Räumen G_1, G_2, G_3 eine Regelfläche 8. Grades gehört, in deren Geraden homologe Ebenen sich schneiden, und daß in jedem der Räume diese Ebenen einen Torsus 6. Klasse umhüllen. Die drei entsprechenden Torsen in G_4, G_5, G_6 erzeugen dann eine Kurve 18. Ordnung (Nr. 177), deren Punkten je eine Erzeugende jener Regelfläche zugeordnet ist. Durch diese einfache Hauptkurve 18. Ordnung wird jene dreifache 6. Ordnung T' zur Kurve 72. Ordnung vervollständigt, welche allen Flächen 9. Ordnung von Σ' gemeinsam sein muß.

In Nr. 689 lernten wir eine ein-mehrdeutige Verwandtschaft kennen, welche zu drei Flächen F_1, F_2, F_3 von den Ordnungen n_1, n_2, n_3 gehört. Einem Punkte O wird der Schnittpunkt O' seiner drei Polarebenen zugeordnet, so daß einem O' die $(n_1-1)(n_2-1)(n_3-1)$ Schnittpunkte O seiner ersten Polaren entsprechen. Die Gradzahlen waren:

$$\mathfrak{N}^* = n_1 + n_2 + n_3 - 3,$$
$$\mathfrak{N} = n_2 n_3 + n_3 n_1 + n_1 n_2 - 2(n_1 + n_2 + n_3) + 3.$$

Die Summe der vier Zahlen ist $n_1 n_2 n_3$; Koinzidenzen sind die gemeinsamen Punkte der drei Flächen.

Dies läßt sich verallgemeinern, indem wir mit den i^{ten} und den $(n_h - i)^{\text{ten}}$ Polaren arbeiten.

Einem Punkte O sind die i^3 Schnittpunkte O' der $(n_1-i)^{\text{ten}}$, $(n_2-i)^{\text{ten}}$, $(n_3-i)^{\text{ten}}$ Polaren, dem O' also die $(n_1-i)(n_2-i)(n_3-i)$ Schnittpunkte O der i^{ten} Polaren zugeordnet.

Wir betrachten zunächst bloß zwei Flächen F_1, F_2; wenn zwei Geraden l, l' gegeben sind, so suchen wir, wie viele i^{ten} Polaren von Punkten der l' sich auf l schneiden. Durch einen Punkt Y_1 von l gehen i i^{te} Polaren von Punkten auf l' in bezug auf F_1; zu den i Polen konstruieren wir die i^{ten} Polaren in bezug auf F_2 und schneiden sie mit l in $i(n_2-i)$ Punkten Y_2, welche dem Y_1 zugeordnet werden; ebenso entsprechen jedem Y_2 $i(n_1-i)$ Punkte Y_1. Koinzidenzen sind daher $i(n_1+n_2-2i)$. So oft schneiden sich also i^{te} Polaren von Punkten von l' in bezug auf F_1, F_2 auf l, oder $(n_1-i)^{\text{te}}$, $(n_2-i)^{\text{te}}$ Polaren von Punkten von l auf l'; also ist $i(n_1+n_2-2i)$ sowohl die Ordnung der Fläche der Schnittkurven der i^{ten} Polaren der Punkte von l', als die der Fläche der Schnittkurven der $(n_1-i)^{\text{ten}}$ und $(n_2-i)^{\text{ten}}$ Polaren der Punkte von l in bezug auf F_1, F_2.

Jetzt sei E in Σ gelegt. Die Pole der $(n_1-i)^{\text{ten}}$ Polaren in bezug auf F_1, die durch einen Punkt X'_{12} von l' gehen, erfüllen dessen

i^{te} Polare, analog die der $(n_2-i)^{\text{ten}}$ Polaren in bezug auf F_2; die Kurve, welche diesen i^{ten} Polaren von X'_{12} gemeinsam ist, schneidet E in $(n_1-i)(n_2-i)$ Punkten; die $(n_3-i)^{\text{ten}}$ Polaren dieser Punkte in bezug auf F_3 schneiden l' in $i(n_1-i)(n_2-i)$ Punkten X_3', die wir dem X'_{12} zuordnen.

Die $(n_3-i)^{\text{ten}}$ Polaren in bezug auf F_3, welche durch einen Punkt X_3' der l' gehen, haben ihre Pole auf der i^{ten} Polare desselben, welche E in einer Kurve von der Ordnung n_3-i schneidet. Diese schneiden wir mit der Fläche von der Ordnung $i(n_1+n_2-2i)$ der Schnittkurven der i^{ten} Polaren der Punkte von l' in bezug auf F_1, F_2. Es ergeben sich damit auf ihr $i(n_1+n_2-2i)(n_3-i)$ Pole, deren $(n_1-i)^{\text{te}}, (n_2-i)^{\text{te}}$ Polaren in bezug auf F_1, F_2 sich auf l' schneiden; und diese Punkte auf l' sind die dem X_3' zugeordneten Punkte X'_{12}.

Wir erhalten eine Korrespondenz

$$[i(n_1+n_2-2i)(n_3-i),\ i(n_1-i)(n_2-i)],$$

und die Zahl der Koinzidenzen sagt aus, wie oft entsprechende Punkte O, O' auf E, l' fallen. Die eine Gradzahl der Verwandtschaft ist also:

$$i(n_2 n_3+n_3 n_1+n_1 n_2-2i(n_1+n_2+n_3)+3i^2).$$

Um die andere zu gewinnen, stellen wir, wenn E$'$ in Σ' liegt, auf l eine Korrespondenz

$$[i^2(n_1+n_2-2i),\ i^2(n_3-i)]$$

her; die zweite Gradzahl ist $i^2(n_1+n_2+n_3-3i)$.

Die Summe der vier Zahlen ist wiederum $n_1 n_2 n_3$; auch hier können Koinzidenzen nur die gemeinsamen Punkte der drei Flächen sein.

965 Wir schließen das Korrespondenzprinzip im Strahlenraume an. Zwischen zwei Strahlenräumen $\mathfrak{S}$ und $\mathfrak{S}'$ bestehe folgende Korrespondenz:

Einem Strahle x von $\mathfrak{S}$ entsprechen m' Strahlen x' von $\mathfrak{S}'$, einem x' aber m Strahlen x. Es gebe n Paare entsprechender Strahlen, bei denen x einem gegebenen Strahlenbüschel angehört und x' eine gegebene Gerade trifft, so daß einem Büschel in $\mathfrak{S}$ eine Regelfläche vom Grade n in $\mathfrak{S}'$ korrespondiert und einem Strahlengebüsche in $\mathfrak{S}'$ ein Komplex n^{ten} Grades in $\mathfrak{S}$; umgekehrt sei n_1 die Anzahl der Paare, bei denen x eine Gerade trifft und x' einem Büschel angehört. Ferner seien p, q, r, s die Anzahlen der Paare, bei denen x und x' je mit einem gegebenen Punkte, oder mit einer gegebenen Ebene, x mit einem Punkte, x' mit einer Ebene oder x mit einer Ebene, x' mit einem Punkte inzidieren, so daß einem Bündel in $\mathfrak{S}$ oder $\mathfrak{S}'$ eine Kongruenz (p, r), (p, s), einem Felde in $\mathfrak{S}$ oder $\mathfrak{S}'$ eine Kongruenz (s, q), (r, q) entspricht.

Jeder Punkt ist Schnittpunkt von p Schneidepaaren; weil von dem Bündel des einen Raumes, der von ihm ausgeht, p Strahlen der entsprechenden Kongruenz im anderen angehören. Wir lassen den Punkt auf einer Gerade l laufen; $\mathfrak{E}$ sei eine Ebene durch l. Jeder Punkt X auf l bestimmt einen Büschel $(X, \mathfrak{E})$ von Strahlen x, von der entsprechenden Regelfläche treffen n Geraden die l in Punkten X'. Der Bündel von Strahlen x' aus einem Punkt X' auf l führt zu einer Kongruenz (p, s) mit s Strahlen x in $\mathfrak{E}$, welche l in den ihm entsprechenden Punkten X schneiden. Die $n + s$ Koinzidenzen lehren, daß von den Strahlen x der ∞^1 Paare mit Schnittpunkt auf l $n + s$ in eine Ebene durch l fallen; von den x' tun es $n_1 + r$. Der Ebene $\mathfrak{E}$ ordnet man dann die Ebenen $\mathfrak{E}'$ durch l zu, welche die zugehörigen Geraden x' enthalten. Wir bekommen also im Büschel l eine Korrespondenz $[n_1 + r, n + s]$ und $n + n_1 + r + s$ Koinzidenzen. Demnach sind $t = n + n_1 + r + s$ Paare sich schneidender entsprechender Geraden x, x' vorhanden, bei denen Schnittpunkt und Verbindungsebene zugleich mit derselben gegebenen Gerade l inzidieren.

Während der Schnittpunkt X eines der obigen Paare xx' auf l sich bewegt, umhüllt die Verbindungsebene einen Torsus von der Klasse v; von den v Ebenen, die durch einen Punkt X_0 auf l gehen, kommen p her von den Paaren, für welche er Schnittpunkt ist, die weiteren von solchen, bei denen auch die Ebene durch l geht; deren sind t; also ist $v = p + t$. Dual ergibt sich, daß die Paare in den Ebenen durch l ihre Schnittpunkte auf einer Kurve von der Ordnung $w = q + t$ haben.

Jetzt nehmen wir aus den ∞^4 Paaren entsprechender und im allgemeinen windschiefer Geraden x, x' die ∞^1 heraus, bei denen x und x' sich derartig schneiden, daß der Schnittpunkt D in eine gegebene Ebene E fällt und die Verbindungsebene $\mathfrak{d}$ durch einen gegebenen Punkt E geht: Schneidepaare $S_{\mathsf{E}, E}$.

Lassen wir die vorhinige Gerade l in die Ebene E fallen, so erkennen wir, daß die Schnittpunkte D in ihr eine Kurve (D) von der Ordnung $v = p + t$ erzeugen, und wenn l durch E geht, ergibt sich der von den Ebenen $\mathfrak{d}$ umhüllte Kegel $(\mathfrak{d})$ von der Klasse $w = q + t$.

Wir bestimmen den Grad der Regelfläche der Geraden x jener Paare. Auf einer festen Gerade a sei X ein beliebiger Punkt. Ein Punkt Y in E führt, mit X verbunden, zu einem Strahle x, dem m' Strahlen x' korrespondieren mit ebenso vielen Spuren Y' in E. Durch einen Y' gehen p Strahlen x' aus der Kongruenz, die dem Bündel X entspricht, und führen durch die entsprechenden Strahlen im Bündel zu p Punkten Y Wenn Y in E eine Gerade durchläuft, so beschreibt x einen Büschel im Bündel X und die x' eine Regelfläche vom Grade n, welche dann in E eine Kurve derselben Ordnung einschneidet. Die so entstandene Korrespondenz der Punkte Y und Y' in E hat daher, nach dem Korrespondenzprinzip in der Ebene (Nr. 839), $m' + p + n$ Koinzidenzen, welche dartun, daß der Bündel X so viele Strahlen x besitzt, die zu einem Schneidepaar mit Schnittpunkt in E gehören. Die Strahlen x' dieser Paare verbinden wir mit E durch Ebenen, welche a in $m' + p + n$ Punkten X' schneiden, die wir dem X in einer Korrespondenz auf a zuordnen.

Gehen wir nun von einem X' auf a aus, der mit E durch die Gerade b' verbunden werde; wir wollen jetzt entsprechende x und x' haben, welche a und b' bzw. treffen und sich auf E schneiden. Wir stellen wiederum in E eine Korrespondenz her. Ein Punkt Z dieser Ebene führt zu einem Büschel von ihm ausgehender und a schneidender Strahlen x; von den entsprechenden Geraden x' treffen n die b', ihre Spuren Z' ordnen wir dem Z zu; einem Z' sind n_1 Punkte Z zugeordnet. Wenn Z in E auf einer Gerade c läuft, so ergibt sich das Strahlennetz $[a, c]$, dem eine Kongruenz entspricht.

Einem Bündel oder Felde in $\mathfrak{G}'$ korrespondiert eine Kongruenz (p, s) bzw. (r, q), welche mit dem Strahlennetz $p + s$ Strahlen resp. $r + q$ gemein hat[1]; also entspricht dem Netze $[a, c]$ von $\mathfrak{G}$ eine Kongruenz $(p + s, r + q)$, aus welcher die Gerade b' eine Regelfläche vom Grade $p + q + r + s$ ausscheidet, mit einer Kurve dieser Ordnung von Punkten Z' in E. Wir kommen zu $n + n_1 + p + q + r + s = p + q + t$ Koinzidenzpunkten. Dieselben führen zu den gesuchten Paaren und ordnen in den Schnitten ihrer x mit a dem X' die entsprechenden Punkte X zu, so daß auf a eine Korrespondenz $[p + q + t, m' + p + n]$ entstanden ist. Zu ihren Koinzidenzen gehört der Punkt aE und zwar p-fach wegen der p Schneidepaare, für welche er Schnittpunkt ist[2]), bei ihnen geht die Verbindungsebene nicht durch E. Bei den anderen fällt x', weil sie $XE \equiv X'E$ trifft, in die Ebene (x, XE); xx' geht durch E. Ihre Anzahl ist: $m' + n + p + q + t$. Das ist der Grad der Regelfläche der Geraden x der Schneidepaare $S_{\mathsf{E},E}$, und $m + n_1 + p + q + t$ der Grad der Regelfläche der x'.

Auf beiden ist die Kurve (D) einfach, da im allgemeinen einer Gerade der einen Regelfläche nur eine von der anderen zugehört. Untersuchen wir, wie viele Erzeugenden der ersteren in die Ebene E fallen, also die Klasse der Kongruenz der Strahlen x der Schneidepaare, deren Verbindungsebene durch E geht. Da es sich hier nur um eine Bestätigung handelt, benutzen wir eine Ebene η durch E;

1) Weil die eine Leitgerade des Netzes eine Regelfläche vom Grad $p + s$, bzw. $r + q$ ausscheidet; vgl. die Anmerkung in Nr. 247.

2) Den exakten Beweis dieser Vielfachheit unterdrücke ich hier.

sie enthält q Paare, von denen beide Geraden in sie fallen. Der Büschel (E, η) enthält aber noch Strahlen x_1 mit schneidenden entsprechenden x', die nicht in η liegen. Ihm korrespondiert eine Regelfläche vom Grade n; wir ordnen einem Strahle x von (E, η) die m' Strahlen x_1' dieses Büschels zu, welche von den m' entsprechenden Strahlen x' getroffen werden; ein Strahl x_1' trifft n Geraden jener Regelfläche und hat also so viele entsprechenden x; daher ist $m' + n$ die Zahl jener Geraden x in (E, η); und η enthält $q + m' + n$ Geraden der Kongruenz, was dann auch für E gilt. Die Summe dieser Zahl und der Ordnung der Kurve (D) ist gleich dem Grade der ersteren der obigen Regelflächen, womit die genannte Ordnung bestätigt ist.[1])

Nunmehr rufen wir durch die beiden zueinander gehörigen Regelflächen der Geraden x, x' der Schneidepaare $S_{\mathsf{E}, E}$ in einem Strahlenbüschel (O, ω) eine Korrespondenz hervor, in der von entsprechenden x, x' getroffene Strahlen zugeordnet sind; sie ist eine

$$[m + n_1 + p + q + t, \; m' + n + p + q + t].$$

Von ihren Koinzidenzen rühren $p + t$ her von den Schnitten der Kurve (D) mit der Ebene ω und $q + t$ von den Tangentialebenen des Kegels $(\mathfrak{d})$, die durch O gehen. Es bleiben

$$m + m' + n + n_1 + p + q.$$

Jede von ihnen weist auf zwei entsprechende Geraden der beiden Regelflächen hin, welche den nämlichen Strahl von (O, ω) treffen, ohne daß ihre Ebene durch O geht oder ihr Schnittpunkt in ω liegt. Das ist ohne Vereinigung nicht möglich; und umgekehrt, durch vereinigte entsprechende Strahlen wird eine Koinzidenz bewirkt.

Zwei in der oben beschriebenen Weise in Verwandtschaft stehende Strahlenräume haben, im allgemeinen,

$$m + m' + n + n_1 + p + q$$

Koinzidenzstrahlen.[2])

Die Zahlen r, s kommen also in der Formel nicht vor.

Geben wir auch davon einige Anwendungen.

Kommt die Korrespondenz durch eine Kollineation zustande, so sind alle sechs Zahlen 1; die sechs Koinzidenzstrahlen sind die Kanten des Koinzidenztetraeders. Wird sie durch eine Korrelation hervor-

---

1) In einem früheren Beweise (Liniengeometrie Bd. I Nr. 37) habe ich mich begnügt, nach dem Prinzip der speziellen Lage den Grad der Regelfläche durch ihren Schnitt mit E zu bestimmen.

Natürlich wird der Beweis dadurch kürzer und einfacher; und die Ansichten, was das Bessere ist, sind geteilt.

2) Eine allgemeinere Formel, welche auch die speziellen Fälle von höheren in unendlicher Zahl vorhandenen Koinzidenzen berücksichtigt, gibt Schubert für beide Prinzipe: Kalkül der abzählenden Geometrie 3. Abschnitt.

gebracht, so ist $p = q = 0$; Koinzidenzstrahlen sind die Seiten des Durchschnitts-Vierseits der Kernflächen.

Das Problem der räumlichen Projektivität (§ 36) ordnete, wenn in dem einen Raume $k+3$ Punkte A_i, $l+3$ Ebenen α_i, im anderen je ebenso viele Punkte und Ebenen B_i, β_i gegeben sind — Signatur (k, l) —, zwei Geraden a, b einander, bei denen zugleich:

$$a(A_1, A_2, \ldots, A_{k+3}) \barwedge b(B_1, B_2, \ldots, B_{k+3}),$$
$$a(\alpha_1, \alpha_2, \ldots, \alpha_{l+3}) \barwedge b(\beta_1, \beta_2, \ldots, \beta_{l+3}).$$

Ist $k + l = 4$, so entspricht einer Gerade des einen Raums eine endliche Zahl von Geraden im anderen und zwar gleich viele in beiden Fällen: 1, 4, 6 bei den Signaturen (4, 0), (3, 1), (2, 2), auf die wir uns beschränken können. Einem Büschel entspricht eine Regelfläche vom Grade 7, 28, 40, einem Bündel eine Kongruenz von der Ordnung 3, 12, 31 und einem Felde eine Kongruenz von der Klasse 19, 36, 31 (Nr. 250).

Folglich beträgt die Anzahl der Koinzidenzstrahlen:

$$2 \cdot 1 + 2 \cdot 7 + 3 + 19 = 38, \quad 2 \cdot 4 + 2 \cdot 28 + 12 + 36 = 112,$$
$$2(6 + 40 + 31) = 154;$$

vgl. Nr. 252.

Ferner, in Nr. 842 sind die notwendigen Zahlen ermittelt worden, um nun die Anzahl der Koinzidenzstrahlen der dort besprochenen Korrespondenz zwischen zwei Strahlenräumen mit Hilfe des Korrespondenzprinzips zu bestimmen. Sie waren:

$$m = m' = 4, \quad n = n_1 = 64, \quad p = q = 72;$$

die Anzahl der Koinzidenzen ist also $2(4 + 64 + 72) = 280$.

Danach sind, wie schon a. a. O. gefunden, bei acht kollinearen Räumen 280 Geraden vorhanden, welche je zugleich acht entsprechende Geraden treffen.

§ 141. Zweieindeutige Verwandtschaften[1]).

966 Wir unterscheiden, ähnlich wie in § 124, den einfachen Raum Σ, dessen Punkten je ein Punkt im andern Raum Σ', entspricht, und den doppelten Raum Σ', von welchem jeder Punkt zwei entsprechende Punkte im andern hat. Sind in dieser Weise X und $\overline{X}$ in Σ und X' in Σ' entsprechend, so muß für jede Ebene α', welche durch X' geht, die entsprechende Fläche φ durch X und $\overline{X}$ gehen; diese Flächen φ müssen also ein solches dreifach unendliches System bilden, daß drei beliebige zwei veränderliche Schnittpunkte X, $\overline{X}$ haben, welche dann dem Schnittpunkte X' der drei zugeordneten Ebenen entsprechen;

1) De Paolis, Rendiconti dell' Accademia dei Lincei Ser. IV Bd. 1 S. 528.

und den übrigen Ebenen durch X' korrespondieren Flächen, die ebenfalls durch X, $\overline{X}$ gehen. Läuft X' auf einer Gerade a', so beschreiben X, $\overline{X}$ eine Kurve f, welche allen den Flächen gemeinsam ist, die den durch a' gehenden Ebenen entsprechen. Durch jeden Punkt X (oder $\overline{X}$) geht eine von diesen Flächen, weil durch den entsprechenden X' eine Ebene des Büschels a'; sie bilden also einen Büschel. Wie nun der Bündel X' von Ebenen in Σ' sich fächerförmig aus Büscheln aufbaut, so entsteht in Σ das entsprechende System von Flächen φ fächerförmig aus Büscheln und ist ein Netz: mit X, $\overline{X}$ als den einzigen veränderlichen Grundpunkten. Und wie der Ebenenraum fächerförmig durch die Ebenenbüschel entsteht, welche je von einer festen Ebene und einer einem Bündel angehörigen beweglichen Ebene bestimmt werden, so entsteht das ganze System der Flächen φ fächerförmig durch die Büschel von einer festen Fläche nach denen eines Netzes, ist also ein Gebüsche. Das den Ebenen α' von Σ' entsprechende System von Flächen φ ist ein Gebüsche, dessen spezielle Eigenschaft ist, daß neben festen allen Flächen gemeinsamen Elementen jedes Netz zwei veränderliche Grundpunkte hat.

Die Beziehung zwischen diesem φ-Gebüsche $\mathfrak{G}$ und dem Ebenenraume Σ' ist, weil entsprechende Elemente gleichzeitig sich linear bewegen, Kollineation.

Dagegen erzeugen die Flächen φ', die den Ebenen α von Σ korrespondieren, kein Gebüsche.

Jeder zweieindeutigen Verwandtschaft $\mathfrak{T}_{2,1}$ ist eine im einfachen Raume befindliche involutorische eindeutige Verwandtschaft $\mathfrak{T}_{1,1}$ zugeordnet, in welcher die beiden Punkte X, $\overline{X}$ entsprechend sind, die demselben X' entsprechen; sie mögen wiederum verbunden genannt werden.

Wir haben in Nr. 958 und 961 zwei Weisen kennen gelernt, aus Flächen 2. Grades Gebüsche von der jetzigen Eigenschaft zu bilden. Das eine Gebüsche hat einen festen Kegelschnitt K, der allen seinen Flächen gemeinsam ist, das andere sechs Grundpunkte; während diese das Gebüsche vollständig festlegen, legt K zunächst ein lineares System 4. Stufe fest, aus dem dann erst ein Gebüsche zu nehmen ist.

Es gibt noch ein drittes derartiges Gebüsche, dessen Flächen eine Gerade und zwei Punkte gemeinsam sind; wodurch zunächst ebenfalls ein lineares System 4. Stufe bestimmt ist.

Ist nun $\mathfrak{G}$ ein Gebüsche 2. Ordnung mit festem Kegelschnitt K, so ist die $\mathfrak{T}_{1,1}$ die quadratische Inversion, für welche die Kegelspitzen-Fläche Φ^2 des $\mathfrak{G}$ die Basis- oder Koinzidenzfläche ist und das Zentrum O der gemeinsame Punkt aller der Ebenen, welche mit der Ebene κ von K ein

Ebenenpaar des Gebüsches bilden.[1]) Φ^2 geht durch K und O ist Pol von κ in bezug auf sie. Zwei verbundene Punkte X und $\overline{X}$ sind konjugiert in bezug auf Φ^2 und in gerader Linie mit O gelegen.

Jene Ebenenpaare bilden ein ausgezeichnetes Netz N_0 im Gebüsche: mit ∞^1 Paaren veränderlicher Grundpunkte, bestehend aus O und einem beliebigen Punkte von K. Ist daher O' der Scheitel des diesem Netze korrespondierenden Ebenenbündels, so wird er ein Hauptpunkt der Verwandtschaft $\mathfrak{T}_{2,1}$, dem alle diese Paare entsprechen.

Den Ebenen α' korrespondieren also in $\mathfrak{T}_{2,1}$ kollinear die Flächen φ von $\mathfrak{G}$, den Geraden a' die Kegelschnitte f, welche bewegliche Bestandteile der Grundkurven der Büschel von $\mathfrak{G}$ sind und dem festen Bestandteile K zweimal begegnen.

Daraus folgt, daß auch den Geraden a und den Ebenen α Kurven und Flächen 2. Grades f' und φ' entsprechen, die Verwandtschaft also in beiderlei Sinne vom 2. Grade ist.

Es gibt ∞^6 Kegelschnitte, welche K zweimal treffen; jeder bestimmt mit K einen Büschel im linearen System 4. Stufe, aber, im allgemeinen, nur eine Fläche in $\mathfrak{G}$.

Die Fläche Φ^2 wird für $\mathfrak{T}_{2,1}$ Doppelfläche Ω, in deren Punkten sich zwei Punkte $X, \overline{X}$ vereinigt haben, welche demselben Punkte X' entsprechen; diese Punkte X' erzeugen in Σ' die Grenz- oder Übergangsfläche Ω'. Sie ist ebenfalls 2. Grades; denn eine Gerade a' trifft sie so oft, als der entsprechende Kegelschnitt f der Ω, außerhalb K, begegnet.

Neben Ω denken wir uns unendlich nahe $\overline{\Omega}$, die auf der Grenze sich mit Ω vereinigt, also zwei koinzidierende verbundene Punkte als unendlich nahe auf Ω und $\overline{\Omega}$, und zwar mit bestimmter Verbindungslinie, dem Strahle durch O.

Eine beliebige Gerade a trifft Ω und $\overline{\Omega}$ in zweimal zwei unendlich nahen Punkten, welche nicht verbunden sind; ihnen entsprechen also zweimal zwei unendlich nahe Punkte auf Ω' und f'.

Der Kegelschnitt f', der einer Gerade a korrespondiert, berührt die Grenzfläche Ω' zweimal.

Die beiden Flächen Ω und Ω' befinden sich in eindeutiger Beziehung ihrer Punkte; einem ebenen Schnitte $\alpha'\Omega'$ korrespondiert der weitere Kegelschnitt, in dem Ω von der α' entsprechenden Fläche φ, außer in K, geschnitten wird; daher entspricht auch einem ebenen Schnitte $\alpha\Omega$ ein ebener Schnitt von Ω'. Längs dieses Kegel-

1) Ein einfaches Beispiel (mit dualisiertem Doppelraum) ergibt sich, wenn der Potenzebene einer festen Kugel (A, r) und einer beweglichen um X, aber mit festem Radius ρ der Mittelpunkt X der letzteren zugeordnet wird. Den Ebenenbündeln entsprechen Kugeln, je um den Scheitel, und $\mathfrak{T}_{1,1}$ ist die Transformation durch reziproke Radien für A als Zentrum und $r^2 - \rho^2$ als Potenz.

schnitts berührt die der α entsprechende Fläche φ' die Grenzfläche Ω'.

Die Beziehung zwischen Ω und Ω' ist damit als Kollineation erkannt.

Jede φ' geht durch O', der ja allen Punkten der Gerade $\alpha\kappa$ entspricht.

Eine Ebene $\mathfrak{d}$ durch O gehört zu einem Ebenenpaare von N_0, dem eine Ebene $\mathfrak{d}'$ durch O' korrespondiert; Ebenen eines Büschels im Bündel O gehören zu Ebenenpaaren, welche in N_0 einen Büschel bilden, was dann auch für die entsprechenden Ebenen $\mathfrak{d}'$ gilt. Dadurch werden die Bündel O und O' kollinear, und auch jeder Gerade des einen entspricht eine des andern.

Einem Punkte von K wollen wir, behufs größerer Anschaulichkeit, den dem O' unendlich nahen Punkt auf demjenigen Strahle zuordnen, der in dieser Kollineation dem Strahle aus O nach ihm entspricht. Danach berührt die einer Ebene α korrespondierende φ' in O' die Ebene $\mathfrak{d}'$, die der nach $\alpha\kappa$ gehenden Ebene $\mathfrak{d}$ entspricht.

Weil jede Ebene $\mathfrak{d}$ und jeder Strahl d durch O immer zwei verbundene Punkte zugleich enthält, so entsprechen ihnen $\mathfrak{d}'$, d', doppelt gerechnet, und sind so die vollen korrespondierenden Gebilde.

Der Involution der X, $\overline{X}$ auf d korrespondiert eine projektive Punktreihe auf d', wobei den Doppelpunkten $d\Omega$ die Schnitte mit Ω' entsprechen, dem Paare $(O, d\kappa)$ der Punkt O'.

Jeder Kegelschnitt f trägt eine Involution verbundener Punkte, welche der Punktreihe auf a' projektiv ist; O ist immer Zentrum, und die Doppelpunkte liegen auf Ω, in den nicht auf K gelegenen Schnitten. Jede Fläche φ trägt eine involutorische eindeutige Verwandtschaft verbundener Punkte, eingeschnitten durch den Strahlenbündel O.

Einem Punkte in Σ' entspricht ein Punktepaar, einer Gerade ein Kegelschnitt, einer Ebene eine Fläche 2. Grades; alle drei Gebilde können wir als Flächen 2. Klasse auffassen; stellen wir drei von ihnen zusammen, gleichartige oder ungleichartige; sie haben acht gemeinsame Berührungsebenen. Das bedeutet, daß alle zehn Charakteristiken des Systems der Flächen φ' gleich 8 sind; z. B. für die Charakteristik $\mu\nu\rho$ ist ein Punkt, eine Gerade, eine Ebene in Σ' gegeben; die acht gemeinsamen Tangentialebenen des Punktepaars, des Kegelschnitts und der Fläche 2. Grades, die ihnen entsprechen, korrespondieren acht Flächen φ', die durch den Punkt gehen, die Gerade und die Ebene berühren.

Wir fanden, die φ' gehen alle durch O' und berühren die Grenzfläche Ω' längs eines Kegelschnitts; sie erschöpfen die dreifach unendliche Mannigfaltigkeit der Flächen 2. Grades, die das tun. Denn längs jedes Kegelschnitts von Ω' berührt nur eine durch O' gehende Fläche 2. Grades.

Der Kegelschnitt f', der einer Gerade a entspricht, tangiert Ω' zweimal und geht durch O', dort die Gerade d' berührend, welche dem nach $a\kappa$ gehenden Strahle d entspricht. Damit sind vier Bedingungen für die in vierfacher Unendlichkeit vorhandenen f' gegeben. In zwei Punkten von Ω' tangiert ein Kegelschnitt, der durch O' geht; es ist derjenige, welcher der Verbindungslinie der beiden entsprechenden Punkte auf Ω korrespondiert.

Wegen der beiden Begegnungspunkte eines f mit K gibt es auf a' zwei Punkte, welche Punkten von K entsprechen. Das bedeutet, daß der Hauptkurve K eine Fläche 2. Grades K'^2 entspricht; sie ist zugleich die der Ebene κ entsprechende und daher der Ω' umgeschrieben. Weil jeder Punkt von K auf jeder φ einfach liegt, muß er in der entsprechenden α' einen korrespondierenden Punkt haben; also entsteht K'^2 durch die Geraden, welche den einzelnen Punkten von K entsprechen und durch den allen Punkten von κ entsprechenden O' gehen. K'^2 ist der Tangentialkegel aus O' an Ω'. Er berührt Ω' längs des Kegelschnitts, der in der Kollineation zwischen Ω und Ω' dem K korrespondiert; und in der Kollineation der Bündel O und O' entspricht er dem längs K berührenden Tangentialkegel aus O an Ω.

Die vier gemeinsamen Punkte einer φ' und eines f' sind: der Punkt O', der Punkt, welcher dem αa korrespondiert, und die beiden Punkte X', von deren entsprechenden der eine auf a, der andere auf α liegt: in einem der Schnitte der α mit dem Kegelschnitte $\bar{f}$, der in $\mathfrak{T}_{1,1}$ der a verbunden ist.

Die acht gemeinsamen Punkte von drei Flächen φ', φ_1', φ_2' sind: der Punkt O', der Punkt, welcher dem $\alpha\alpha_1\alpha_2$ korrespondiert, und je zwei Punkte X', für welche X auf $\alpha_1\alpha_2$, $\alpha_2\alpha$ oder $\alpha\alpha_1$ liegt und $\overline{X}$ auf α, α_1, α_2.

Die volle entsprechende Fläche einer φ' ist 4. Ordnung und besteht aus α, κ und der der α in $\mathfrak{T}_{1,1}$ entsprechenden Fläche $\bar{\varphi}$ 2. Ordnung.

Jeder der ∞^8 Kegelschnitte des Raums führt zu einem linearen System 4. Stufe von Flächen 2. Grades, welches ∞^4 Gebüsche enthält; so daß ∞^{12} Gebüsche mit einem Grund-Kegelschnitte vorhanden sind. Weil jedes auf ∞^{15} Weisen auf den Ebenenraum kollinear bezogen werden kann, so ergeben sich ∞^{27} Verwandtschaften von der im vorangehenden erörterten Art. Es ist aber nicht möglich, neunmal die dreifache Bedingung aufzuerlegen, daß zwei gegebene Punkte: $A, A'; \ldots I, I'$ entsprechend sind. Denn dann müßten sich, in endlicher Anzahl, Paare von Punkten O, O' bestimmen lassen, so daß die Bündel $O(A, \ldots I)$ und $O'(A', \ldots I')$ kollinear sind. Wir haben aber in Nr. 458 gefunden, daß schon bei sieben gegebenen Paaren von Punkten die endliche Anzahl eintritt, und zwar gibt es vier Punktepaare. Ist also O, O' eines der vier zu $\frac{A\ldots G}{A'\ldots G'}$ gehörigen Bündelpaare, so müssen weitere entsprechende Punkte auf homologe Strahlen gelegt werden.

Nach dem Korrespondenzprinzip müssen $2+1+2+2=7$ Koinzidenzpunkte vorhanden sein; wir erhalten sie durch eine ähnliche Betrachtung wie für die Cremonasche Verwandtschaft (2,2) (Nr. 963).

Sie müssen, wie dort, auf der kubischen Raumkurve sich befinden, welche durch die beiden kollinearen Bündel O und O' erzeugt wird, deren entsprechende Strahlen ja auch in $\mathfrak{T}_{2,1}$ einander zugeordnet sind. Als Kurve von Σ korrespondiert ihr in Σ' eine Raumkurve 6. Ordnung, welche viermal durch O' geht, weil sie selbst durch O geht und dreimal die Ebene κ trifft. Beide Kurven liegen auf demselben Kegel 2. Grades aus O', entsprechende Punkte je auf derselben Kante. Projizieren wir sie aus einem beliebigen Punkte dieses Kegels, so ergeben sich, weil die durch ihn gehende Kante sie nochmals trifft und ihre Berührungsebene beide tangiert, Kegel 3. und 6. Ordnung, welche diese Kante zur doppelten, bzw. fünffachen haben mit einer gemeinsamen Berührungsebene; es bleiben daher $3\cdot 6-(2\cdot 5+1)=7$ weitere gemeinsame Kanten, welche nach gemeinsamen Punkten der beiden Kurven gehen. Das sind sich selbst entsprechende.

967 Wir wollen einen speziellen Fall dieser Verwandtschaft noch kurz besprechen, weil er uns später von Wert sein wird. Die Fläche Φ^2 des Gebüsches $\mathfrak{G}$ zerfalle in ein Ebenenpaar, bestehend aus der Ebene κ von K und einer andern Ebene; dies tritt z. B. ein bei einem Kugelgebüsche, dessen Orthogonalkugel in eine Ebene abgeflacht ist, in der dann die Mittelpunkte liegen und in bezug auf welche die ganze Figur symmetrisch ist. Wir bleiben bei diesem interessanten Falle. Die Ebene der Symmetrie sei Ω, K ist die absolute Kurve. Wir haben im Gebüsche $\mathfrak{G}$ zweierlei Büschel. Die allgemeinen haben eine in Ω gelegene Zentrale und einen endlichen Grundkreis $\mathfrak{K}$. Die andern bestehen aus konzentrischen Kugeln, je um einen Punkt von Ω. Diese Büschel laufen in die ausgeartete Kugel des $\mathfrak{G}$ zusammen, welche aus der doppelten unendlich fernen Ebene κ besteht. Wir wollen diese Kugel des Gebüsches mit φ_0 bezeichnen. Ein Netz aus $\mathfrak{G}$, zu welchem φ_0 gehört, hat die Gerade in Ω, welche die Mittelpunkte der beiden andern Konstituenten verbindet, zur gemeinsamen Zentrale aller seiner Büschel von allgemeiner Art; durch seine Büschel konzentrischer Kugeln können wir es fächerförmig erzeugt denken.

Die Verwandtschaft $\mathfrak{T}_{1,1}$ der verbundenen Netz-Grundpunkte ist hier einfacher: ersichtlich die Symmetrie in bezug auf Ω.

Die Ebenenpaare des Gebüsches bestehen aus der festen Ebene κ

und den auf Ω senkrechten Ebenen; O ist also der unendlich ferne Punkt in senkrechter Richtung zu Ω.

Wird nun dies Kugelgebüsche $\mathfrak{G}$ in Σ kollinear auf den Ebenenraum Σ' bezogen, so sei wieder O' der Scheitel des Bündels, welcher dem Netze N_0 der Ebenenpaare korrespondiert; und α_0' sei die Ebene in ihm, welche der φ_0 entspricht, oder in der Kollineation der Bündel O und O', in welcher den Ebenen von O' die zweiten Ebenen der entsprechenden Ebenenenpaare zugeordnet sind, der unendlich fernen Ebene κ.

Jede einer Ebene α entsprechende φ' geht durch O'; also gilt dies auch für die der Ω entsprechende Fläche 2. Grades. Aber die Ebene Ω ist in unserm Falle die Doppelfläche von Σ und folglich diese entsprechende Fläche 2. Grades die Grenzfläche Ω'. Von den beiden Berührungen des einer Gerade a entsprechenden Kegelschnitts f' mit Ω' erfolgt die eine in dem Punkte, welcher dem $a\Omega$ entspricht.

Eine beliebige φ', der Ebene α zugehörig, berührt Ω' längs des Kegelschnitts f', welcher der Gerade $\alpha\Omega$ korrespondiert; also berühren alle Flächen φ' die Ω' und einander in O'.

Die gemeinsame Tangentialebene ist die Ebene α_0'.

Die Korrespondenz der Punkte X, $\overline{X}$ und X' in den entsprechenden Ebenen κ und α_0' ist eine ausgeartete. Ein beliebiger Punkt in κ, außerhalb K, bestimmt immer das ausgezeichnete Netz N_0 in $\mathfrak{G}$; und ihm entspricht der O'.

Ein beliebiger Punkt X' in α_0' bestimmt einen Bündel, zu dem α_0' gehört; das entsprechende Netz, in welchem φ_0 enthalten ist, ist also ein solches, dessen Mittelpunkte auf einer Gerade in Ω angereiht sind. Die beiden Ebenen, welche durch sie tangential an die absolute Kurve K gehen, berühren alle Flächen des Netzes auf dieser. Diese beiden Punkte haben wir als die Grundpunkte des Netzes anzusehen, als die jenem Punkte X' in α_0' entsprechenden. Der Pol ihrer Verbindungslinie liegt auf $\kappa\Omega$; daher geht sie durch O.

Dies Punktepaar auf K bleibt fest, wenn X' sich auf einem Strahle d' des Büschels (O', α_0') bewegt. Zu allen Bündeln gehört dann der Büschel um d'; ihm entspricht ein allen Netzen gemeinsamer Büschel von Ebenenpaaren mit gemeinsamer Doppellinie, dem Strahle d von (O, κ), der dem d' in der Kollineation der O und O' entspricht; so daß die zweiten Ebenen parallel sind. Sie sind die Potenzebenen der Büschel in den Netzen; also sind die Zentralen derselben parallel, und die Tangentialebenen aus ihnen an die absolute Kurve haben dieselben Berührungspunkte. Bei zwei solchen entsprechenden Strahlen d und d' in (O, κ) und (O', α_0') sind die Involution auf d und die Punktreihe auf d' in ausgearteter Projektivität, derartig, daß dort das Paar der absoluten Punkte das singuläre Element ist, hier der Punkt O'.

Einer Gerade a in $\varkappa$ entspricht daher ein Geradenpaar, bestehend aus den beiden Geraden d', welche den auf ihr gelegenen absoluten Punkten korrespondieren, während ihren übrigen Punkten immer O' entspricht.

Folglich wird jede Fläche φ' von α_0' in einem Geradenpaare mit dem Doppelpunkte O' geschnitten, und zwar in einem imaginären. Alle Flächen φ' sind also elliptisch. Das gilt auch für die Grenzfläche Ω'.

Weil nun jeder f' auf ∞^1 Flächen φ' liegt, so berühren auch die Kegelschnitte f' die Ebene α_0' und die Ω' in O', so daß der zweite Berührungspunkt der f' mit Ω' ein fester Punkt ist.

Daraus folgt, daß einem Kegelschnitte, der in O' die Ebene α_0' berührt, ein Kegelschnitt entspricht; denn gemeinsam mit einer Ebene α sind die Punkte, welche seinen beiden weiteren Schnitten mit der ihr korrespondierenden und α_0' in O' tangierenden Fläche φ' entsprechen. Und ebenso erkennt man, daß einer Fläche 2. Grades, welche α_0' in O' tangiert, eine Fläche 2. Grades korrespondiert.

968 Das in Nr. 966 erwähnte dritte Gebüsche 2. Ordnung, dessen Netze zwei veränderliche Grundpunkte haben, führt zu einer involutorischen Verwandtschaft dieser Grundpunkte, welche vom 3. Grade ist und, wenn es kollinear auf einen Ebenenraum bezogen wird, zu einer Verwandtschaft $\mathfrak{T}_{2,1}$, bei welcher die den Ebenen α entsprechenden Flächen φ' 3. Ordnung sind.

Wir unterlassen jedoch die Besprechung dieser Verwandtschaften, um uns etwas eingehender mit dem interessanteren Falle beschäftigen zu können, in welchem das φ-Gebüsche 2. Ordnung $\mathfrak{G}$ durch sechs Grundpunkte $A, \ldots F$ festgelegt ist. Nunmehr sind die ganzen Grundkurven der Büschel von $\mathfrak{G}$ veränderlich und die den Geraden a' von Σ' entsprechenden Kurven f. Daher entsprechen den Ebenen α von Σ Flächen 4. Ordnung φ'.

Die Anzahl der Koinzidenzpunkte $2 + 1 + 2 + 4 = 9$ läßt sich leicht bestätigen. Nach Nr. 674 und 964 ist die Zahl der sich deckenden Grundpunkte entsprechender Netze aus den beiden kollinearen Gebüschen 2. und 1. Ordnung $\mathfrak{G}$ und Σ' $(2+1)(2^2+1^2) = 15$. Zu ihnen gehören die sechs Grundpunkte von $\mathfrak{G}$; die neun übrigen sind die Koinzidenzpunkte.

Die verbundene involutorische Verwandtschaft $\mathfrak{T}_{1,1}$ ist die in Nr. 961[1]) besprochene vom 7. Grade.

Der Ebene α korrespondiert, wie eben bemerkt, eine Fläche 4. Ordnung; die volle Fläche 8. Ordnung, die ihr in Σ korrespondiert,

---

1) Die jetzt φ und f genannten Flächen und Kurven hießen dort: F^2 und R^4.

besteht aus α und der Fläche $\overline{\varphi}$ 7. Ordnung, welche der α in $\mathfrak{T}_{1,1}$ verbunden ist; und ebenso wird a zur vollen Kurve 8. Ordnung, die dem f' korrespondieren muß, durch die Kurve 7. Ordnung $\bar{f}$ ergänzt, welche ihr in $\mathfrak{T}_{1,1}$ entspricht.

Die Koinzidenzfläche von $\mathfrak{T}_{1,1}$, d. i. die Fläche S^4 der Kegelspitzen von $\mathfrak{G}$, wird für $\mathfrak{T}_{2,1}$ die Doppelfläche Ω. Jede der Grundkurven f begegnet ihr, außer in den sechs Doppelpunkten $A, \ldots F$, noch viermal. Somit gibt es auf der entsprechenden a' vier Punkte, deren korrespondierende sich vereinigen.

Die Grenz- oder Übergangsfläche Ω' ist daher 4. Ordnung.

Zwei verbundene Punkte $X, \overline{X}$, demselben X' entsprechend, liegen auf einer Doppelsekante der kubischen Raumkurve r^3, welche durch die Grundpunkte $A, \ldots F$ geht; also haben auch zwei in einem Punkte von Ω koinzidierende verbundenen Punkte die durchgehende Doppelsekante zur bestimmten Verbindungslinie. Wir schließen wie oben, daß die Kegelschnitte f', welche den Geraden a korrespondieren, die Grenzfläche Ω' viermal berühren. Damit sind für diese ∞^4 Kegelschnitte f' die notwendigen $8 - 4$ Bedingungen gewonnen; aber ihr System ist nur ein Teilsystem des Systems aller Kegelschnitte, welche Ω' viermal berühren.

Ebenso ist die einer Ebene α entsprechende Fläche 4. Ordnung φ' der Ω' längs der Kurve umgeschrieben, welche in der eindeutigen Korrespondenz der Flächen Ω und Ω' dem ebenen Schnitte $\alpha\Omega$ entspricht, einer Kurve 8. Ordnung.

Einem ebenen Schnitte $\alpha'\Omega'$ korrespondiert nämlich der Schnitt 8. Ordnung der Ω mit der Fläche φ, welche der α' entspricht. Jene Korrespondenz ist also so beschaffen, daß achtmal entsprechende Punkte auf gegebene ebene Schnitte der Flächen fallen. Demnach entspricht auch dem $\alpha\Omega$ eine Kurve 8. Ordnung auf Ω'; neben ihr verläuft unendlich nahe die Kurve, welche dem Schnitte $\alpha\overline{\Omega}$ korrespondiert, wo wiederum $\overline{\Omega}$ die der Vereinigung mit Ω zustrebende unendliche nahe Fläche ist. Längs jener Kurve 8. Ordnung wird also Ω' von φ' berührt, und sie bildet den vollen Schnitt beider Flächen.

Die Kegel von $\mathfrak{G}$ erfüllen mit ihren Spitzen die Doppelfläche $\Omega \equiv S^4$, jeder schneidet daher diese Fläche in einer Kurve, welche in der Spitze S einen Doppelpunkt hat; folglich hat der Schnitt der entsprechenden Ebene α' mit Ω' im entsprechenden Punkte S' einen Doppelpunkt, berührt also in ihm.

Die Kegel des Gebüsches $\mathfrak{G}$ und die Tangentialebenen der Fläche Ω' sind in der Kollineation von $\mathfrak{G}$ und Σ' einander zugeordnet, und zwar so, daß die Spitze S eines Kegels und der Berührungspunkt S' der zugeordneten Tangentialebene Punkte auf Ω und Ω' sind, welche in $\mathfrak{T}_{2,1}$ einander entsprechen.

Den vier Kegeln eines Büschels aus 𝔊 korrespondieren die Berührungsebenen von Ω' im entsprechenden Ebenenbüschel; die Fläche Ω' ist auch 4. Klasse.

Die Scheitel der Ebenenbündel in Σ', welche den 16 ausgezeichneten Netzen (r^3), (AB), ... entsprechen, seien R', Q'_{AB}, ... Also entspricht in $\mathfrak{T}_{2,1}$ der Punkt R' allen Punkten von r^3, Q'_{AB} allen Punkten von AB, ... Die Kurve r^3 und die Geraden AB, ... liegen auf $S^4 \equiv \Omega$. Weil α und daher $\Omega\alpha$ die r^3 dreimal, AB, ... je einmal trifft, so ist R' dreifach und die Q'_{AB}, ... sind einfach auf allen Flächen φ'; und die Berührungskurve mit Ω' geht dreimal durch R' und je einmal durch Q'_{AB}, ...

Jede Doppelsekante b von r^3 trägt eine Involution von verbundenen Punkten X, $\overline{X}$; also ist entsprechend nicht ein Kegelschnitt, sondern eine Gerade b'; denn auf einer Ebene α' liegt nur der Punkt X', der dem von der entsprechenden φ in b eingeschnittenen Paare $X\overline{X}$ entspricht; aber diese Gerade b', von welcher jeder Punkt zwei Punkten von b korrespondiert, ist doppelt zu rechnen. Weil ferner auf b die Schnittpunkte mit r^3 in jener Involution gepaart sind, so geht b' durch R'; und damit kommt der Strahlenbündel R' in eindeutige Beziehung zur Kongruenz der Doppelsekanten der r^3.

Jede Ebene α enthält drei Doppelsekanten b von r^3; also enthält die entsprechende Fläche φ' drei solche Doppelgeraden b', die durch den dreifachen Punkt R' gehen.

Die Flächen φ' sind daher Steinersche Flächen (§ 128) mit gemeinsamem dreifachen Punkt, also mit unikursalen ebenen Schnitten $\varphi'\alpha'$: Kurven 4. Ordnung mit drei Doppelpunkten, deren Punkte eindeutig denen der Kegelschnitte $\alpha\varphi$ entsprechen.

Eine Ebene α und die ihr entsprechende Steinersche Fläche φ' sind eindeutig aufeinander bezogen; den Geraden a von α entsprechen Kegelschnitte f' auf φ'. Die durch a gehende Fläche φ von 𝔊 schneidet α noch in einer Gerade a_1, und der dieser entsprechende Kegelschnitt f_1' liegt mit f' in der Ebene α', welche der φ korrespondiert. Diese Ebene berührt φ' im vierten Schnittpunkte von f' und f_1', der in aa_1 sich abbildet. Wir haben die in Nr. 913 nach Anwendung der quadratischen Transformation erzielte Abbildung.

Es entsprechen sich die Flächen φ, welche α tangieren, und die Ebenen α', welche φ' berühren.

969 Durch A, ... F geht jede der Kurven f einmal; folglich enthält jede Gerade a' einen dem A, ... oder F entsprechenden Punkt.

Den Hauptpunkten A, .. F sind also Ebenen $\mathfrak{a}'$, ... $\mathfrak{f}'$ zugeordnet. Sie unterscheiden sich demnach wesentlich von den Hauptpunkten R', $Q'_{AB}, \ldots$ des andern Raums, denen nur Kurven zugeordnet sind.

Weil r^3 durch alle sechs Hauptpunkte $A, \ldots F$ geht, die $AB, \ldots$ nur durch je zwei von ihnen, so liegt R' in allen sechs Ebenen $\mathfrak{a}', \ldots \mathfrak{f}'$, Q'_{AB} nur in $\mathfrak{a}'$, $\mathfrak{b}'$; ... Folglich sind $R'(Q'_{AB}, \ldots)$ die Kanten des Bündel-Sechsflachs der Ebenen $\mathfrak{a}', \ldots \mathfrak{f}'$.

Diesen Ebenen $\mathfrak{a}', \ldots$ entsprechen jedoch nicht bloß die Punkte $A, \ldots$, sondern die Kegel $(A), \ldots$, welche jenen Punkten bzw. verbunden sind (Nr. 961).

Weil r^3, $AB, \ldots$ auf Ω liegen, befinden sich R', $Q'_{AB}, \ldots$ auf Ω'.

Einer b' durch R' korrespondiert eine Doppelsekante b von r^3, welche mit r^3 die volle f 4. Ordnung bildet, wobei aber r^3 nur dem R' entspricht; b schneidet Ω, außer auf r^3, zweimal; also schneidet b' die Ω' noch zweimal. Demnach ist R' Doppelpunkt auf Ω'.

Einer Gerade a' durch Q'_{AB} entspricht eine f, welche aus AB und einer kubischen Raumkurve besteht, die AB zweimal trifft und durch $C, \ldots F$ geht; sie hat mit Ω noch zwei Punkte gemein, also auch a' mit Ω'. Folglich sind auch die 15 Punkte $Q'_{AB}, \ldots$ Doppelpunkte von Ω'.

Die Grenzfläche Ω' ist also eine Fläche 4. Ordnung mit 16 Doppelpunkten R', $Q'_{AB}, \ldots$, mithin eine Kummersche Fläche; aber einer jener Punkte ist ausgezeichnet[1]).

Jetzt kommt es darauf an, die 16 Doppel-Berührungsebenen von Ω' aufzufinden. Es sei a' in die Ebene $\mathfrak{a}'$ gelegt; ihr entspricht eine Raumkurve 4. Ordnung f auf dem Kegel (A), welche, weil alle Flächen des zugehörigen Büschels durch dessen Spitze gehen, diesen Punkt zum Doppelpunkt hat; damit sind zwei der vier weiteren Schnitte mit Ω in A gerückt. Da aber (A) Anschmiegungskegel von Ω in A ist (Nr. 961), so liegen auf den Tangenten der f in A auch noch die Nachbarpunkte auf Ω, also sind alle vier Schnitte in A gefallen: zwei unendlich nahe auf der einen und zwei auf der andern Tangente. Die Involution der $X, \overline{X}$ auf der unikursalen Kurve f hat ihre beiden Doppelpunkte in A. Die Gerade a' in $\mathfrak{a}'$ hat also mit Ω' zweimal zwei unendlich nahe Punkte gemein, berührt sie doppelt, und so jede Gerade in $\mathfrak{a}'$.

Die sechs Ebenen $\mathfrak{a}', \ldots \mathfrak{f}'$ sind die sechs durch den Doppelpunkt R' gehenden Doppel-Berührungsebenen der Ω'; jede enthält noch fünf Punkte Q', die $\mathfrak{a}'$ z. B. die Punkte $Q'_{AB}, \ldots Q'_{AF}$.

Die Punkte des Berührungs-Kegelschnitts von $\mathfrak{a}'$ entsprechen den

1) Diese Bevorzugung (vgl. auch Liniengeom. Bd. II Nr. 360, 385) bestätigt, daß das System der Kegelschnitte f' nicht das volle System der Ω' viermal berührenden Kegelschnitte ist. — Übrigens berühren auch die Komplex-Kegelschnitte eines jeden der ∞^1 Komplexe 2. Grades, zu denen eine Kummersche Fläche als singuläre Fläche gehört, dieselbe viermal (a. a. O. Bd. III Nr. 548).

dem A unendlich nahen Punkten auf den verschiedenen Kanten des Anschmiegungskegels (A), der ja mit Ω nur r^3 und die fünf Kanten $A(B, \ldots F)$ gemein hat.

Der Ebene ABC entspricht eine φ', die in $\mathfrak{a}'$, $\mathfrak{b}'$, $\mathfrak{c}'$ und eine vierte Ebene zerfällt, dieser eine φ, welche in ABC und eine zweite Ebene, also DEF zerfällt; also können wir jene Ebene, welche dem Ebenenpaare (ABC, DEF) aus dem Gebüsche $\mathfrak{G}$ entspricht, mit $\sigma'_{ABC, DEF}$, eventuell einfacher mit σ'_{ABC} oder σ'_{DEF} bezeichnen. Der Doppellinie (ABC, DEF) des Ebenenpaars, welche auf $S^4 \equiv \Omega$ liegt, als der zu einer Gerade erweiterten Kegelspitze, korrespondiert ein in $\sigma'_{ABC, DEF}$ und auf Ω' gelegener Kegelschnitt s'^2, der durch Q'_{AB}, Q'_{AC}, Q'_{BC}, Q'_{DE}, Q'_{DF}, Q'_{EF} geht, weil jene Gerade die $AB, \ldots EF$ trifft. Einer Gerade a' von $\sigma'_{ABC, DEF}$, etwa eingeschnitten durch α', entspricht eine f, welche in die Kegelschnitte zerfällt, in denen ABC, DEF von der φ geschnitten werden, welche der α' korrespondiert. Ihre Schnitte mit Ω sind ihre beiden Begegnungspunkte auf (ABC, DEF), von denen also jeder zweifach zählt; daher gilt dies auch für die ihnen entsprechenden Schnitte der a' mit dem Kegelschnitte s'^2 in $\sigma'_{ABC, DEF}$, als Schnitte mit Ω'. Diese Ebene berührt also Ω' längs des Kegelschnitts s'^2; und wir haben in den zehn Ebenen σ' die übrigen Doppel-Berührungsebenen der Ω'.

Die 16 doppelten Tangentialebenen der Ω' entsprechen also den Kegeln $(A), \ldots (F)$ und den zehn Ebenenpaaren von $\mathfrak{G}$. Durch jeden der Doppelpunkte gehen sechs, durch R' die Ebenen $\mathfrak{a}', \mathfrak{b}', \ldots \mathfrak{f}'$, durch Q'_{AB}:

$$\mathfrak{a}', \mathfrak{b}', \sigma'_{ABC}, \sigma'_{ABD}, \sigma_{ABE}, \sigma'_{ABF}.$$

Eine Fläche φ' 4. Ordnung und ein Kegelschnitt f' haben acht Punkte gemeinsam: den Punkt, welcher dem Schnittpunkte αa korrespondiert, und sieben Punkte X', von denen der eine entsprechende X auf a, der andere $\overline{X}$ auf α liegt in einem der Punkte, in denen sie von der der a verbundenen Kurve $\bar{f}$ geschnitten wird. Ebenso setzen sich die 64 Punkte, welche drei Flächen φ', φ_1', φ_2' gemeinsam sind, zusammen aus dem, welcher dem Punkte $\alpha\alpha_1\alpha_2$ korrespondiert, dem R' 27-fach, den 15 Punkten Q' und dreimal sieben Punkten X', welche den X auf $\alpha_1\alpha_2$, $\alpha_1\alpha$ oder $\alpha\alpha_1$ haben und den $\overline{X}$ auf α, α_1, α_2.

Zwei Flächen φ', φ_1' haben, außer dem Kegelschnitte f', welcher der Schnittlinie $\alpha\alpha_1$ entspricht, eine Kurve 14. Ordnung q' gemeinsam, auf welcher R' neunfach und die Q' einfach sind. Irgend einem Punkte X' auf ihr korrespondieren Punkte X und $\overline{X}$, von den der eine in α, der andere in α_1 liegt. Die beiden Kurven, welche so in diesen Ebenen entstehen, werden eingeschnitten: in α_1 durch die Fläche $\overline{\varphi}$ 7. Ordnung, welche der α verbunden ist, in α durch die der α_1 verbundene $\overline{\varphi}_1$. Dies sind zwei eindeutig aufeinander und auf q'

bezogene Kurven 7. Ordnung. Sie begegnen einander in den vier Schnittpunkten der $\alpha\alpha_1$ mit Ω; woraus folgt, daß q' die Ω' in denselben vier Punkten berührt, in denen f' es tut.

Wenn φ_1' in φ' übergeht, so geht $\alpha\overline{\varphi}_1$ in $\alpha\overline{\varphi}$ über; wir wissen (Nr. 961), diese Kurve besteht aus $\alpha\Omega(\equiv \alpha S^4)$ und den drei Doppelsekanten von r^3 in α; die q' zerfällt in die entsprechenden Kurven, nämlich die Kurve 8. Ordnung, längs deren φ' der Ω' umgeschrieben ist, und die drei Doppelgeraden von φ'.

Einem Strahle a durch A entspricht in Σ' eine Gerade a'; denn auf einer Ebene α' finden wir nur den Punkt, der dem zweiten Schnitte von a mit der entsprechenden φ korrespondiert. Dem Punkt A an und für sich entspricht jeder Punkt von $\mathfrak{a}'$; im Kontinuum der Punkte von a hat er auf a' den Punkt $a'\mathfrak{a}'$ zum entsprechenden. Im allgemeinen kann man die sich absondernde Gerade nicht angeben; nehmen wir aber a auf einer bestimmten φ gelegen an, so erhalten wir, neben a', die Gerade $\alpha'\mathfrak{a}'$, die durch jenen Punkt $a'\mathfrak{a}'$ geht, weil α' durch a'.

Die vier Schnitte einer beliebigen Fläche 2. Grades in Σ' mit einem f' und die zwei mit einer dieser Geraden a' beweisen, daß ihr eine Fläche 4. Ordnung korrespondiert, auf welcher die sechs Punkte $A, \ldots, F$ doppelt sind.

Ferner, einer durch A gehenden Ebene α korrespondiert, nach Absonderung von $\mathfrak{a}'$, eine Fläche 3. Ordnung, auf der die den Strahlen von (A, α) entsprechenden Geraden a' liegen, also eine Regelfläche 3. Grades; Doppelgerade ist die b', welche der nicht durch A gehenden Doppelsekante b von r^3 in α entspricht. Die einfache Leitgerade ergibt sich in eigentümlicher Weise. Die beiden Erzeugenden, welche von einem Punkte X' der doppelten Leitgerade ausgehen, entsprechen den Strahlen AX, $A\overline{X}$, wo X und $\overline{X}$ die dem X' entsprechenden Punkte auf b sind. Ihre Ebene entspricht also einer Fläche φ, welche diese beiden Geraden a enthält und daher α in A berührt. Alle diese Flächen φ bilden einen Büschel, dessen Grundkurve f in A einen Doppelpunkt hat und zu welchem der Kegel (A) gehört; die der f entsprechende Gerade a', in $\mathfrak{a}'$ gelegen, ist die einfache Leitgerade. Ihre Punkte entsprechen den Nachbarpunkten von A auf den Strahlen des Büschels (A, α).

Die Flächen φ, die durch einen festen Strahl a dieses Büschels gehen, bilden einen Büschel; die zweite Gerade in der Ebene α geht durch den Punkt von b, der dem ba verbunden ist; der ihr entsprechende Kegelschnitt auf der Regelfläche liegt in einer Ebene durch die Erzeugende a', die dem a korrespondiert, und geht durch den Punkt auf b', der jenen verbundenen Punkten entspricht. Wir erhalten die Abbildung der kubischen Regelfläche auf eine Ebene, die in Nr. 914, ebenfalls nach Anwendung einer quadratischen Transformation, erhalten wurde.

970 Aber betrachten wir nunmehr den ganzen Strahlenbündel A und die ihm entsprechende Kongruenz der a'. Sie ist 2. Ordnung und 2. Klasse. Denn durch jeden Punkt X' gehen die beiden a', welche den Strahlen AX, $A\overline{X}$ korrespondieren, und in einer Ebene α' liegen die beiden, welche den durch A gehenden Geraden der entsprechenden φ entsprechen.

Für einen Punkt auf Ω' haben sich X und $\overline{X}$ vereinigt; also tun es auch die beiden durchgehenden Kongruenzstrahlen. Ferner, einer Tangentialebene von Ω' korrespondiert ein Kegel im φ-Gebüsche; folglich haben sich die beiden durch A gehenden Geraden in der Kegelkante vereinigt.

Die Punkte und Berührungsebenen der Fläche Ω' sind also die Brennpunkte und Brennebenen der Kongruenzstrahlen, und Ω' ist die Brennfläche der Kongruenz. Indem jeder Strahl a, außer in A, die Ω noch zweimal trifft: in S, S_1, berührt der entsprechende Strahl a' der Kongruenz die Ω' zweimal in den entsprechenden Punkten S', S_1', seinen Brennpunkten. In den Punkten S, S_1 wird a von der kubischen Raumkurve $\bar{f}$ getroffen, deren Punkte denen von a verbunden sind. S und S_1 sind sich selbst oder ihren Nachbarn auf $\bar{f}$ verbunden; der von S sei $\overline{S}$. Mit $\bar{f}$ bildet a die Grundkurve eines Büschels von φ, denen die Ebenen α' durch a' korrespondieren. Dem a' und dem zweiten Kongruenzstrahle in einer α' durch a' entspricht a und die zweite Gerade aus A auf der entsprechenden φ; diese zweiten Geraden projizieren die Punkte von $\bar{f}$. Diejenige, welche nach $\overline{S}$ geht, muß einem der Kegel des Büschels angehören, aber nicht dem aus S, denn aus diesem schneidet die Ebene $AS\overline{S}$ die Tangente $S\overline{S}$ von $\bar{f}$ aus als zweite Kante neben a; also gehört sie dem anderen Kegel aus S_1 an, den jene Ebene längs ASS_1 tangiert. Diesen beiden unendlich nahen Geraden AS, $A\overline{S}$ entsprechen a' und der unendlich nahe Kongruenzstrahl, also die sie verbindende Brennebene von a' dem Kegel aus S_1 und berührt Ω' in S_1'; weil aber AS, $A\overline{S}$ durch die verbundenen Punkte S, $\overline{S}$ gehen, so schneiden sich die ihnen entsprechenden und in der Ebene gelegenen Kongruenzstrahlen in S', also in dem anderen Brennpunkt; so daß die bekannte Fokaleigenschaft einer Kongruenz sich bestätigt.[1])

Die zu den sechs Bündeln gehörigen Kongruenzen haben also Ω' zur Brennfläche und sind konfokal.

Jede muß 16 Strahlenbüschel haben; ihre Scheitel sind die 16 Doppelpunkte der Brennfläche und die Ebenen je die durchgehenden Doppel-Berührungsebenen.[2])

Bei der aus A sich ergebenden Kongruenz gehört zum Punkte K'

1) Liniengeometrie Bd. II Nr. 291.
2) Ebenda Nr. 384.

die Ebene $\mathfrak{a}'$; denn die Strahlen des Büschels $(R', \mathfrak{a}')$ entsprechen den Kanten des Kegels (A), welche ja alle die r^3 noch einmal treffen.

Zum Punkte Q'_{AB} gehört die Ebene $\mathfrak{b}'$; denn den Strahlen von $(Q'_{AB}, \mathfrak{b}')$ korrespondieren Kurven f, welche in AB und auf (B) gelegene kubische Raumkurven zerfallen. Der zu ∞^1 Kurven f gehörige Bestandteil AB, als Strahl von A, führt zu jenen Strahlen. Analoges gilt für $AC, \ldots, AF$.

Ferner dem Punkte Q'_{BC} gehört die Ebene σ'_{ABC} zu; denn die Strahlen dieses Büschels rühren von den Strahlen des Bündels A, welche BC treffen und daher in ABC liegen.

Die 6 Ebenen, welche in bezug auf die 6 Kongruenzen zu R' gehören, sind also $\mathfrak{a}', \mathfrak{b}', \ldots, \mathfrak{f}'$;

zu Q'_{AB} gehören: $\mathfrak{b}', \mathfrak{a}', \sigma'_{ABC}, \sigma'_{ABD}, \sigma'_{ABE}, \sigma'_{ABF}$,
„ Q'_{AC} „ $\mathfrak{c}', \sigma'_{ABC}, \mathfrak{a}', \sigma'_{ACD}, \sigma'_{ACE}, \sigma'_{ACF}$,
„ Q'_{CD} „ $\sigma'_{ACD}, \sigma'_{BCD}, \mathfrak{d}', \mathfrak{c}', \sigma'_{CDE}, \sigma'_{CDF}$.

Die Kongruenz 2. Grades hat fünf Paare verknüpfter Regelschar-Reihen.[1]) Sie ergeben sich folgendermaßen bei der ersten Kongruenz. Die einen Reihen aus jedem Paare liefern die Ebenenbüschel um AB, AC, AD, AE, AF, die verknüpften Reihen ergeben sich aus den Kegelbüscheln $A(C, D, E, F)$, $A(B, D, E, F)$, $A(B, C, E, F)$, $A(B, C, D, F)$, $A(B, C, D, E)$.

Einer Ebene des Büschels AB entspricht, außer $\mathfrak{a}'$ und $\mathfrak{b}'$, eine Fläche 2. Grades und den Strahlen des Büschels aus A in ihr eine Regelschar von Geraden. Die Ebene wird von r^3 noch einmal getroffen, ebenso von jeder der 6 Geraden $CD, \ldots, EF$ außerhalb AB; also gehen alle Trägerflächen durch R', $Q'_{CD}, \ldots, Q'_{EF}$ und natürlich durch Q'_{AB}. Der Gerade AB entspricht im Kontinuum auch eine Gerade der Regelschar, die immer durch den Punkt Q'_{AB} geht und von Regelschar zu Regelschar sich ändert, den Strahlenbüschel $(Q'_{AB}, \mathfrak{b}')$ beschreibend. Da alle Strahlenbüschel den Bündel A ausfüllen, so erschöpfen die Regelscharen die Kongruenz, und die Ordnung und Klasse 2 derselben bedeutet, daß durch jeden Punkt zwei von jenen Flächen gehen und jede Ebene von zweien berührt wird; so daß kein Büschel vorliegt. Also sind die acht gemeinsamen Punkte R', $Q'_{AB}, Q'_{CD}, \ldots, Q'_{EF}$ assoziierte Punkte. Es gehen vier Ebenenpaare durch sie: $(\mathfrak{c}', \sigma'_{ABC})$, $(\mathfrak{d}', \sigma'_{ABD})$, $(\mathfrak{e}', \sigma'_{ABE})$, $(\mathfrak{f}', \sigma'_{ABF})$.

Die acht übrigen ausgezeichneten Ebenen sind gemeinsame Tangentialebenen der Trägerflächen und daher auch assoziiert; denn jeder von den erzeugenden Strahlenbüscheln enthält eine zweite Kante von (A), je einen Strahl, der $CD, \ldots, EF$ trifft, und den AB, daher die

---

1) Ebenda Nr. 369.

entsprechende Regelschar einen Strahl in $\mathfrak{a}'$, $\sigma'_{ACD}, \ldots, \sigma'_{AEF}$, $\mathfrak{b}'$; d. h. die Trägerfläche berührt diese Ebenen.

Einem Kegel aus dem Büschel $A(C, D, E, F)$ entspricht, nach Absonderung der Ebenen $\mathfrak{a}'$ (doppelt), $\mathfrak{c}', \ldots, \mathfrak{f}'$ eine Fläche 2. Grades, den Kanten also eine Regelschar auf derselben; und zwar den festen Kanten $AC, \ldots$ von Regelschar zu Regelschar sich ändernde Geraden, welche die Büschel $(Q'_{AC}, \mathfrak{c}'), \ldots, (Q'_{AF}, \mathfrak{f}')$ erfüllen. Die Trägerflächen dieser Regelscharen gehen durch die acht Punkte: Q'_{AC}, Q'_{AD}, Q'_{AE}, Q'_{AF}, Q'_{BC}, Q'_{BD}, Q'_{BE}, Q'_{BF}; durch Q'_{BC} deshalb, weil BC jeden der Kegel, außer in C, nochmals trifft. Dies sind die acht Doppelpunkte von Ω', welche die obigen ergänzen; sie sind ebenfalls assoziiert; durch sie gehen die vier Ebenenpaare $(\mathfrak{a}', \mathfrak{b}')$, $(\sigma'_{ACD}, \sigma'_{AEF})$, $(\sigma'_{ACE}, \sigma'_{ADF})$, $(\sigma'_{ACF}, \sigma'_{ADE})$, deren acht Ebenen die Trägerflächen der obigen Regelscharen tangieren. Und diejenigen der vier obigen Ebenenpaare tangieren die jetzigen; für $\mathfrak{c}', \ldots, \mathfrak{f}'$ ist es schon erkannt; weil $BC, \ldots, BF$ je noch eine zweite Kante von jedem der Kegel treffen, die dann in $ABC, \ldots$ fällt, so kommt in jede der Ebenen $\sigma'_{ABC}, \ldots$ eine Gerade aus jeder der Regelscharen zu liegen.

Zwei Büschel aus A in verschiedenen Ebenen durch AB oder zwei verschiedene Kegel aus $A(C, D, E, F)$ haben außer den gemeinsamen Geraden AB bzw. $AC, \ldots$, denen aber in den verschiedenen Regelscharen verschiedene Geraden entsprechen, keinen Strahl gemein. Also haben zwei Regelscharen derselben Reihe keine Gerade gemeinsam.

Dagegen hat jeder von jenen Büscheln mit jedem von diesen Kegeln zwei Kanten gemeinsam. Zwei Regelscharen aus verknüpften (oder gepaarten) Reihen haben zwei Geraden gemeinsam.

Endlich zwei Büschel aus A bzw. in einer Ebene durch AB und einer Ebene durch AC, oder zwei Kegel aus $A(C, D, E, F)$ und $A(B, D, E, F)$ oder ein Büschel aus A in einer Ebene durch AB und ein Kegel aus $A(B, D, E, F)$ haben, außer festen Strahlen, immer noch einen Strahl gemeinsam. Zwei Regelscharen aus nicht verknüpften Reihen haben eine Gerade gemeinsam.

Ziehen wir eine zweite von den konfokalen Kongruenzen heran, etwa die aus dem Bündel B sich ergebende, so können wir leicht bestätigen, daß ein gewisses Paar verknüpfter Regelschar-Reihen von $[B]'$ mit einem von $[A]'$ in der Beziehung steht, daß die einen Regelscharen den anderen verbunden sind, d. h. je die nämliche Trägerfläche haben.[1])

In der Tat, die Strahlenbüschel aus A und B je in derselben

1) Liniengeometrie Bd. II Nr. 370.

Ebene durch AB haben ja die Eigenschaft, daß jeder Strahl des einen jeden des andern trifft; folglich gilt dies auch für die entsprechenden Regelscharen von $[A]'$ und $[B]'$, sie sind verbunden.

Ferner haben wir in Nr. 962 erkannt, daß jedem Kegel von $A(C, D, E, F)$ einer von $B(C, D, E, F)$ verbunden ist, d. h. daß der Punkt $\overline{X}$, der einem Punkt X jenes Kegels verbunden ist, auf diesem liegt; daraus folgt, daß die kubische Raumkurve $\overline{f}$, welche einer Kante des einen Kegels verbunden ist, auf dem anderen liegt und von von jeder Kante desselben (nochmals) getroffen wird. Jede beliebige zwei Kanten der beiden Kegel tragen ein Paar verbundener Punkte X und $\overline{X}$; folglich haben die ihnen entsprechenden Geraden der Regelscharen aus den beiden Kongruenzen den Punkt X' gemein, welchem X und $\overline{X}$ korrespondieren; jede Gerade der einen trifft jede der anderen.

Und die fünf Paare von verknüpften Regelschar-Reihen einer der sechs Kongruenzen sind den fünf anderen so zugeordnet, daß die ihren Regelscharen verbundenen Regelscharen ein Paar verknüpfter Regelschar-Reihen je in einer konfokalen Kongruenz bilden.

Die gemeinsame Trägerfläche zweier so verbundener Regelscharen ist der Ω' längs einer Raumkurve 4. Ordnung erster Art umgeschrieben, welche den einen und anderen Geraden je in den beiden Brennpunkten begegnet.

Die beiden von X' ausgehenden Strahlen der Kongruenz $[A]'$, deren Ebene α' sei, entstehen aus den Strahlen AX, $A\overline{X}$, wo X und $\overline{X}$ die dem X' korrespondierenden Punkte sind; diese liegen auf der der α' entsprechenden Fläche φ und gehören zu den beiden auf ihr gelegenen und durch die Gruppe von acht assoziierten Punkten $A, ., .,$ $F, X, \overline{X}$ gehenden Kurven f, wobei AX eine durch $B, \ldots, F, \overline{X}$ und $A\overline{X}$ eine durch $B, \ldots, F, X$ gehende kubische Raumkurve zur Ergänzung hat. Den übrigen Strahlen des Büschels (X', α'), der zu dem durch $[A]'$ gehenden Gewinde gehört, entsprechen die weiteren Kurven f auf φ durch jene Punkte. 971

Es tragen die beiden durch A gehenden Geraden einer Fläche φ ein Paar verbundener Punkte $X, \overline{X}$; jeder ist eine kubische Raumkurve $\overline{f}$ verbunden, mit der sie eine f bildet, und welche von der anderen Gerade einmal getroffen wird; diese beiden Punkte sind die gesuchten $X, \overline{X}$.

Auf jeder Fläche φ des Gebüsches seien diese Punkte $X, \overline{X}$ ermittelt und der Büschel der f konstruiert, die durch die acht assoziierten Punkte $A, \ldots, F, X, \overline{X}$ gehen; die entsprechenden Strahlen in Σ' bilden dann den Strahlenbüschel (X', α'), wo X' den $X, \overline{X}$ und α' der φ entspricht, und diese Strahlenbüschel, für alle φ hergestellt, geben das Gewinde $(A)'$. Weisen wir den Strahl desselben nach, der einem beliebigen Strahlenbüschel (Y', α') angehört; da Y' auf α'

liegt, so liegen die entsprechenden Punkte $Y, \overline{Y}$ auf der entsprechenden Fläche φ; auf ihren durch A gehenden Geraden suchen wir $X, \overline{X}$. Durch $A, \ldots, F, X, Y$ geht auf φ eine einzige f, die dann auch die verbundenen Punkte $\overline{X}, \overline{Y}$ enthält. Die dieser f korrespondierende Gerade ist der einzige Strahl des Gewindes in (Y', α').

Beweisen wir an unserer Figur die interessante Eigenschaft der sechs konfokalen Kongruenzen, daß nämlich alle Tangentenbüschel der Brennfläche Ω' derartig projektiv sind, daß immer die sechs Doppeltangenten, welche zu jenen Kongruenzen gehören, einander entsprechen. Einer beliebigen Tangente der Fläche Ω' im Punkte S' entspricht eine Kurve f, welche im entsprechenden Punkte S der Ω einen Doppelpunkt hat; weil der durchgehende Kegel (S) des Gebüsches, welcher der Tangentialebene von S' korrespondiert, seine Spitze S auf ihr hat. Für jene sechs Doppeltangenten zerfällt diese f in die Geraden $SA, SB, \ldots, SF$ und je eine kubische Raumkurve. Alle diese den verschiedenen Tangenten von S' entsprechenden Kurven f liegen auf dem genannten Kegel. Der Flächenbüschel durch jede hat mit dem Netze (r^3) eine Fläche gemein, und diese Flächen bilden wiederum den Büschel, der aus (r^3) durch den Punkt S ausgeschieden wird. Dieser Büschel, als der, welcher jenen Büschel der f in (S) einschneidet, ist zu ihm und zum Tangentenbüschel von S' projektiv. Seine Grundkurve besteht aus r^3 und der aus S kommenden Doppelsekante dieser Kurve; die Berührungsebenen in S an seine Flächen gehen durch dieselbe und diejenigen an die Flächen, welche die sechs zerfallenden Kurven f einschneiden und den sechs Doppeltangenten korrespondieren, durch $SA, \ldots, SF$. Da sie von einer Doppelsekante der Kurve r^3 nach sechs festen Punkten $A, \ldots, F$ auf ihr gehen, so bleibt ihr Büschel zu sich projektiv, und demnach auch der der sechs Doppeltangenten.

Demnach sind alle Tangentenbüschel von Ω' so projektiv zur Punktreihe auf der Kurve r^3, daß den sechs Doppeltangenten, welche zu den Kongruenzen gehören, die sechs Punkte $A, \ldots, F$ entsprechen.

Jedes System homologer Strahlen aus den projektiven Tangentenbüscheln liefert einen Komplex 2. Grades, für den Ω' singuläre Fläche ist.[1])

Das entsprechende Gebilde in Σ ist wesentlich komplizierter, ein Komplex von Raumkurven 4. Ordnung.

972 Wenn zwei Ebenenräume $\mathfrak{E}$, $\mathfrak{E}_1$ und ein Gebüsche $\mathfrak{G}_2$ von Flächen 2. Grades korrelativ auf den Punktraum Σ' bezogen sind, so entsteht zwischen diesem und dem Raume Σ, in dem jene enthalten sind, eine einzweideutige Verwandtschaft, in der jedem Punkte von Σ' die beiden Punkte zugeordnet sind,

1) Liniengeometrie Bd. III Nr. 536.

in denen die Ebenen aus $\mathfrak{E}$, $\mathfrak{E}_1$ und die Fläche aus $\mathfrak{G}_2$, welche ihm entsprechen, einander schneiden.[1]) Wir begnügen uns mit den Haupteigenschaften dieser Verwandtschaft. Läuft X' auf einer Gerade a', so erhalten wir in Σ zwei Ebenenbüschel und einen Flächenbüschel 2. Ordnung, welche projektiv sind; sie erzeugen eine Raumkurve 5. Ordnung f (Nr. 671), den Restschnitt zweier kubischen Flächen neben einer Raumkurve 4. Ordnung erster Art, der Grundkurve des Büschels 2. Ordnung. Sie entspricht der Gerade a' und daher einer Ebene α in Σ eine Fläche 5. Ordnung φ' in Σ'.

Eine Ebene α' in Σ' hingegen führt zu zwei Ebenenbündeln und einem Flächennetze 2. Ordnung, welche kollinear sind; Erzeugnis ist eine Fläche 4. Ordnung φ (Nr. 672), welche in unserer Verwandtschaft der Ebene α' korrespondiert, so daß einer Gerade a von Σ eine unikursale Kurve 4. Ordnung f' entspricht.

Jene Raumkurve f ist vom Range 12[2]); sie trifft die Geraden der Regelschar, welche durch die beiden projektiven Ebenenbüschel entsteht, zweimal, also die der verbundenen Regelschar dreimal; daher schneidet jede Gerade aus dieser Schar noch $12 - 2 \cdot 3 = 6$ von ihren Tangenten; also hat die Involution, welche auf der Kurve durch die Geraden der ersteren Regelschar hervorgerufen und durch den Ebenenbüschel um irgend eine Gerade der andern eingeschnitten wird, sechs Doppelpunkte.

Es gibt daher auf a' sechs Punkte, deren beide entsprechenden Punkte sich vereinigt haben. Die Grenzfläche Ω' in Σ' ist 6. Ordnung, also die Doppelfläche Ω in Σ, welche, doppelt gerechnet, ihr entspricht, von der Ordnung $\frac{6 \cdot 4}{2} = 12$.

Die involutorische Verwandtschaft $\mathfrak{T}_{1,1}$ ist vom Grade 19; denn einer Gerade a entspricht eine Kurve 4. Ordnung f', und die volle Kurve 20. Ordnung, welche dieser in Σ korrespondiert, zerfällt in a und die ihr in $\mathfrak{T}_{1,1}$ entsprechende Kurve 19. Ordnung.

§ 142. Die mit der Jacobischen Erzeugung der Flächen 2. Grades zusammenhängende zweizweideutige Verwandtschaft.

973 Zwei solche Flächengebüsche, deren Netze nur zwei veränderliche Grundpunkte haben, führen, wenn kollinear aufeinander bezogen, zu einer zweizweideutigen Verwandtschaft, aber mit der speziellen Eigenschaft, daß dieselben Punkte X, $\overline{X}$ des einen Raums Σ, die einem Punkte X' des andern Σ' korrespon-

1) B. Wimmer, Über eine allgemeine Klasse von einzweideutigen Raumtransformationen. Dissertation von Erlangen 1891.

2) Flächen 3. Ordnung Nr. 65.

dieren, auch einem zweiten $\overline{X}'$ entsprechen, so daß Punktepaare einander zugeordnet sind.

Von Flächengebüschen 2. Ordnung mit der obigen Eigenschaft haben wir drei Arten (Nr. 966) kennen gelernt, und indem wir gleichartige sowohl wie ungleichartige zusammenstellen und kollinear beziehen können, erhalten wir sechs Verwandtschaften.

Die einfachste Verwandtschaft, in beiderlei Sinne vom 4. Grade, ergibt sich, wenn beide Gebüsche einen Grund-Kegelschnitt haben; wir wollen aber zuerst den besonderen Fall ins Auge fassen, in welchem sie Kugelgebüsche sind und überdies solche, deren Orthogonalkugeln in Ebenen abgeflacht sind, in denen dann alle Mittelpunkte liegen. Bei ihnen erniedrigt sich der Grad noch weiter. Mit der dabei sich ergebenden zweizweideutigen Verwandtschaft hängt die Jacobische Erzeugung der Flächen 2. Grades zusammen.

Wir wollen von dieser ausgehen. In einer Ebene seien zwei Büschel konzentrischer Kreise um A und A_1 gegeben; die Quadrate der Radien seien als Funktionen 2. Grades eines Parameters l dargestellt, in denen beiden l^2 denselben Koeffizienten hat:

$$r^2 = a + 2bl + cl^2, \quad r_1^{\,2} = a_1 + 2b_1 l + cl^2.$$

Kreise aus den Büscheln, welche zu demselben Werte von l gehören, ordnen wir einander zu und suchen das Erzeugnis der Schnittpunkte. Die Korrespondenz der Büschel ist ersichtlich eine [2, 2]. Wir vereinfachen die Konstruktion, wenn wir den Kreisbüschel (A_1) durch den Parallelstrahlen-Büschel der Potenzlinien zugeordneter Kreise ersetzen. Ist q eine solche Potenzlinie und Q ihr Fußpunkt auf der Zentrale, dann ist:

$$AQ - A_1Q = AA_1, \quad AQ^2 - A_1Q^2 = r^2 - r_1^{\,2} = a - a_1 + 2(b - b_1)l,$$

und AQ ergibt sich als Funktion 1. Grades von l:

$$AQ = \alpha + \beta l.$$

Demnach besteht zwischen dem Kreisbüschel (A) und dem Büschel der q eine Korrespondenz [1, 2]; jedem Kreis entsprechen zwei Potenzlinien, welche sich involutorisch bewegen (Nr. 168). Von dem Erzeugnis 4. Ordnung löst sich die unendlich ferne Gerade doppelt ab. Sie gehört doppelt gerechnet zum Kreisbüschel, als Berührungssehne der sich zweimal berührenden Kreise, dem Werte $l = \infty$ entsprechend, und beide entsprechenden Potenzlinien fallen in sie, so daß sie in der Involution der Potenzlinien der eine Doppelstrahl ist. Danach sind in der Korrespondenz [2, 2], welche auf einer beliebigen Gerade entsteht, — einer Projektivität zweier Involutionen — die beiden sich deckenden unendlich fernen Doppelpunkte einander entsprechend; was bedeutet, daß dieser Punkt eine doppelte Koinzidenz der [2, 2] ist (Nr. 171).

Folglich ist das Erzeugnis ein Kegelschnitt und AA_1 offenbar die eine Axe.[1])

Jetzt seien im zweiten Raume Σ' zwei Punkte B, B_1 gegeben, und auf einer Gerade g' bewege sich X'; F' sei ein fester Punkt auf g' und $F'B'$ die Orthogonalprojektion von $F'B$ auf g'; so ist:

$$BX'^2 = BF'^2 - 2F'B' \cdot F'X' + F'X'^2 = a + 2bl + l^2,$$

worin $F'X' = l$ die einzige mit X' veränderliche Größe ist. Ebenso ist:

$$B_1X'^2 = a_1 + 2b_1 l + l^2;$$

demnach sind BX' und B_1X' so beschaffen wie oben r und r_1. Wenn also in jeder Ebene durch AA_1 Kreise um A, A_1 geschlagen werden mit den Radien BX', B_1X', so entsteht durch die Schnittpunkte der je zu demselben X' gehörigen Kreise ein Kegelschnitt mit AA_1 als Axe, und die Kugeln um A und A_1 mit diesen Radien schneiden sich in den Parallelkreisen einer Rotationsfläche 2. Grades um jene Axe.

Werden nun A_2 und B_2 in Σ und Σ' hinzugefügt, so liefern A, A_2; B, B_2 und dieselbe Gerade g' eine zweite Rotationsfläche.

Die Büschel der Ebenen der Parallelkreise der beiden Flächen sind projektiv; denn sie sind die Potenzebenen der sich durchschneidenden Kugeln, und jede Ebene des einen Büschels bestimmt als Potenzebene eindeutig den Parameter l, den Punkt X' auf g' und die andere Potenzebene; in der unendlich fernen Ebene, die zu $l = \infty$ gehört, vereinigen sich entsprechende Ebenen, und das Erzeugnis der so perspektiv gewordenen Ebenenbüschel ist ein Strahlenbüschel. Seine Ebene schneidet aus den beiden Rotationsflächen den Kegelschnitt aus, welcher durch die Schnittpunkte-Paare der Kugeln um A, A_1, A_2 mit den Radien BX', B_1X', B_2X' entsteht, wenn X' die Gerade g' durchläuft.

Auf diese Weise ergibt sich eine zweizweideutige Verwandtschaft $\mathfrak{T}_{2,2}$, für deren entsprechende Punkte X und X' gilt:

$$AX = BX', \quad A_1X = B_1X', \quad A_2X = B_2X'.$$

Ihre beiden Gradzahlen sind 2. Wenn X' oder X eine Gerade durchläuft, so beschreiben die beiden korrespondierenden Punkte X und $\overline{X}$, X' und $\overline{X}'$ einen Kegelschnitt. Er ist ersichtlich in bezug auf die Ebene $\Omega = AA_1A_2$, bzw. $\Phi' = BB_1B_2$ symmetrisch: eine Axe liegt in ihr und seine Ebene ist senkrecht zu ihr.

Infolgedessen beschreiben, wenn X' oder X eine Ebene durchläuft, die entsprechenden Punkte eine Fläche 2. Grades,

---

1) Ähnlich läßt sich der Beweis für Steiners Satz: Gesammelte Werke Bd. II S. 447 I führen.

für welche Ω, bzw. Φ' Hauptebene ist. Das ist Jacobis Erzeugung der Flächen 2. Grades.[1])

Es mögen alle Linien und Flächen, welche in sich symmetrisch sind in bezug auf Ω oder Φ', schlechthin symmetrisch genannt werden.

Einer symmetrischen Gerade n' oder n, auf der immer zwei verbundene Punkte zugleich liegen, muß eine doppelte ebenfalls symmetrische Gerade n oder n' entsprechen. Ist F' der Fußpunkt von n' in Φ' und X' ein Punkt auf ihr, so liegen die ihm (und seinem verbundenen Punkte $\overline{X}'$) korrespondierenden Punkte X, $\overline{X}$ auf der Potenzlinie der drei Kugeln um A, A_1, A_2 mit den Radien BX', B_1X', B_2X'; man hat:

$$BX'^2 = BF'^2 + l^2, \quad B_1X'^2 = B_1F'^2 + l^2, \quad B_2X'^2 = B_2F'^2 + l^2,$$

wo $l = F'X'$ ist. Für den Fußpunkt F jener Potenzlinie n in Ω gilt aber:

$$AF^2 - A_1F^2 = BX'^2 - B_1X'^2 = BF'^2 - B_1F'^2,$$
$$AF^2 - A_2F^2 = BF'^2 - B_2F'^2;$$

oder:

$$AF^2 - BF'^2 = A_1F^2 - B_1F'^2 = A_2F^2 - B_2F'^2;$$

also hängt F' nur von F, nicht von l ab.

Hat man ein Paar entsprechender Punkte X, X' auf n und n', so gelangt man durch:

$$FY^2 - F'Y'^2 = FX^2 - F'X'^2$$

zu weiteren entsprechenden Y, Y'.

Die obigen Relationen bewirken ein eindeutiges Entsprechen der Punkte F und F' in Ω und Φ'. Bewegt sich n' in einer symmetrischen Ebene ν', an einer Gerade g' derselben hingleitend, so beschreibt n', am entsprechenden Kegelschnitt hingleitend, eine symmetrische Ebene ν.

Daher bewegen sich F und F' linear, und jene Korrespondenz ist Kollineation und zwar, da nur endliche Punkte in $\mathfrak{T}_{2,2}$ einander korrespondieren oder unendlich ferne, Affinität. Also entsprechen parallelen Ebenen ν' ebenfalls parallele Ebenen ν.

In dieser Affinität der Felder Ω und Φ' sind die gegebenen Punkte A und B nicht einander entsprechend.

Einem symmetrischen Kreise $\mathfrak{K}'$ korrespondiert ein symmetrischer Kreis $\mathfrak{K}$; wir haben nur zu beweisen, daß ein Kreis entsteht. Der gegebene Kreis $\mathfrak{K}'$ habe den Halbmesser ρ', sein Mittelpunkt und sein

---

1) Gesammelte Werke Bd. 7 S. 7, 42; vgl. auch O. Hermes, Journal für Mathem. Bd. 73 S. 179, 209. — In seiner Theorie der Oberflächen 2. Ordnung § 67 erwähnt Schröter diese Erzeugung, begnügt sich aber damit, den Punkt X' oder X die Symmetrieebene, nicht eine beliebige Ebene durchlaufen zu lassen. — Wegen der obigen Ableitung sehe man Journal f. Mathem. Bd. 122 S. 263.

in Φ' liegender Durchmesser seien M' und d'; mit dessen positiver Seite bilde $M'B$ den Winkel θ; endlich sei x die Abszisse des Punktes X' auf $\mathfrak{K}'$ auf d' als x-Axe, so hat man, weil $M'X'$ und x dieselbe Projektion auf $M'B$ haben:

$$BX'^2 = BM'^2 + \rho'^2 - 2BM' \cos\theta \cdot x = a + bx;$$

ebenso:

$$B_1X'^2 = a_1 + b_1x, \quad B_2X'^2 = a_2 + b_2x,$$

so daß die Quadrate der Radien r, r_1, r_2 der um A, A_1, A_2 zu schlagenden Kugeln lineare Funktionen von x sind. Infolgedessen ergeben sich projektive Kugelbüschel um diese Punkte. Erzeugnis der beiden Büschel (A), (A_1) ist eine Fläche 4. Ordnung. Auf ihr ist die absolute Kurve dreifach; denn in irgend einer Ebene sind für die entstehenden projektiven Kreisbüschel die beiden absoluten Punkte gemeinsame Grundpunkte und überdies solche, in denen zwei entsprechende Kreise, die unendlich großen, sich berühren (Nr. 171). Von der Fläche 4. Ordnung löst sich aber, aus ähnlichen Gründen wie oben von der Kurve 4. Ordnung die unendlich ferne Gerade, hier die unendlich ferne Ebene doppelt ab. Auf dem eigentlichen Erzeugnisse 2. Ordnung bleibt die absolute Kurve noch einfach, es ist eine Kugel. Die ebenso zu A und A_2 gehörige Kugel schneidet sich mit ihr in dem Kreise $\mathfrak{K}$, welcher dem $\mathfrak{K}'$ (doppelt gerechnet) entspricht.

Jeder symmetrischen Kurve oder Fläche entspricht (doppelt gerechnet) eine ebensolche Kurve oder Fläche.

974 Die beiden Symmetrieebenen Ω, Φ' führen zu zwei Kugelgebüschen $\mathfrak{G}, \mathfrak{G}'$, bestehend aus den Kugeln, die ihre Mittelpunkte in ihnen haben (Nr. 967).

In $\mathfrak{G}, \mathfrak{G}'$ ordnen wir solche Netze einander zu, deren Grundpunkte einander in $\mathfrak{T}_{2,2}$ entsprechen, also von A, A_1, A_2 und B, B_1, B_2 gleiche Entfernungen haben. Diese Zuordnung ist Kollineation. Dazu genügt es zu erkennen, daß den Netzen des einen Gebüsches, welche durch einen Büschel desselben gehen, ebenso beschaffene im andern entsprechen. Nun wurde aber gefunden, daß, wenn $X', \overline{X}'$ einen Kreis $\mathfrak{K}'$ durchlaufen, die korrespondierenden Punkte $X, \overline{X}$ einen $\mathfrak{K}$ beschreiben; diese in bezug auf Φ', bzw. Ω symmetrischen Kreise $\mathfrak{K}, \mathfrak{K}'$ sind aber die Grundkreise der Büschel der Gebüsche; wenn z. B. $X, \overline{X}$ auf $\mathfrak{K}$ liegen, so befindet sich der Büschel $(\mathfrak{K})$ im Netze $(X, \overline{X})$.

Es durchlaufen also korrespondierende Paare $X, \overline{X}$ und $X', \overline{X}'$ gleichzeitig entsprechende Kugeln S und S' aus $\mathfrak{G}$ und $\mathfrak{G}'$.

Ein Kugelgebüsche mit einer Symmetrieebene enthält (Nr. 967) zweierlei Büschel.

Weil einem endlichen Kreise $\mathfrak{K}$ ein endlicher $\mathfrak{K}'$ entspricht, so sind in der Kollineation Büschel gleicher Art zugeordnet, und in ihnen wieder eigentliche Kugeln und ausgeartete, die symmetrischen Ebenen. Die Punkte der Ebenen Ω, Φ', als Mittelpunkte der Büschel konzentrischer Kugeln, werden eindeutig einander zugeordnet; einem Netze, welches eine Zentrale besitzt, aus dem einen Gebüsche korrespondiert ein eben solches in dem andern. Diese eindeutige Zuordnung ist also Kollineation und zwar Affinität; denn einem unendlich fernen Punkt von Ω, dem gemeinsamen Mittelpunkte von in parallele Ebenen ν ausgearteten Kugeln, denen parallele Ebenen ν' entsprechen, korrespondiert also ein ebenfalls unendlich ferner Punkt.

Ersichtlich ist dies die Affinität $\begin{vmatrix} A & A_1 & A_2 \\ B & B_1 & B_2 \end{vmatrix}$, verschieden von der obigen, in welcher die Fußpunkte entsprechender Geraden n, n' zugeordnet sind.

Geht man von den beiden Dreiecken AA_1A_2, BB_1B_2 aus, so ergibt sich die Mannigfaltigkeit $6 \cdot 3 = 18$ der Konstruktion. Geht man von zwei Kugelgebüschen mit Symmetrieebenen aus, so hat man, weil diese sie vollständig bestimmen, zunächst die Mannigfaltigkeit $2 \cdot 3$, zu der die Mannigfaltigkeit 15 der Kollineation kommt. Setzt man aber fest, daß die beiden Gebüschen angehörige doppelte unendlich ferne Ebene sich selbst entspricht, was die eben genannte Mannigfaltigkeit um 3 verringert, so wird bewirkt, daß jedem Büschel konzentrischer Kugeln ein ebensolcher entspricht und in ihm die endlichen Kugeln den endlichen Kugeln. Das ist dann auch in den allgemeinen Büscheln richtig, und in ihnen sind die in Ebenen ausgearteten Kugeln entsprechend. Wir haben damit die Spezialität unserer Verwandtschaft erhalten; und weil wir auch zur Mannigfaltigkeit $2 \cdot 3 + 15 - 3 = 18$ gelangt sind, so liegt die Vermutung nahe, daß es in den Symmetrieebenen Dreiecke AA_1A_2, BB_1B_2 gibt, von deren entsprechenden Ecken die korrespondierenden Punkte gleiche Entfernungen haben; doch wollen wir auf diese Frage nicht eingehen.

Wie in Nr. 966 ergibt sich, daß die Charakteristiken des Systems der Flächen 2. Grades, welche den Ebenen des andern Raums entsprechen, sämtlich 8 sind.

Es seien diese kollinearen Kugelgebüsche, in denen die allgemeinen und die ausgearteten Kugeln entsprechend sind, auf einen Ebenenraum Σ_1 kollinear bezogen, so daß die Verwandtschaft $\mathfrak{T}_{2,2} = (\Sigma\Sigma')$ sich als Produkt zweier zweieindeutigen Verwandtschaften ergibt:

$$(\Sigma\Sigma') = (\Sigma\Sigma_1) \cdot (\Sigma_1\Sigma').$$

Die beiden Netze N_0, N_0' sind entsprechend und die doppelte unendlich ferne Ebene sich selbst entsprechend: $\varphi_0 \equiv \varphi_0'$; also hat man in Σ_1 denselben ausgezeichneten Bündel O_1 und dieselbe ausgezeichnete Ebene $\alpha_{1,0}$ (Nr. 967). Einer Gerade a in Σ entspricht ein Kegelschnitt f_1 in Σ_1, der in O_1 die Ebene $\alpha_{1,0}$ berührt; ihm entspricht daher, wie a. a. O. sich ergab, ein Kegelschnitt in Σ', der dann der a in $(\Sigma\Sigma')$ zugeordnet ist; und ebenso ergibt sich, daß einer Ebene α aus Σ eine Fläche 2. Grades in Σ' entspricht.

Doppelflächen dieser $\mathfrak{T}_{2,2}$ sind die Symmetrieebenen Ω, Φ' und Grenzflächen die Flächen 2. Grades Ω', Φ, welche ihnen entsprechen. Wiederum gilt, daß z. B. Ω' von jedem Kegelschnitte f', der einer Gerade a entspricht, in zwei verbundenen Punkten und von jeder Fläche φ', der einer Ebene α entspricht, längs eines Kegelschnitts berührt wird.

§ 143. Andere zweizweideutige Verwandtschaften.

Es seien zwei F^2-Gebüsche $\mathfrak{G}$, $\mathfrak{G}'$ mit Grund-Kegelschnitten K in $\varkappa$, L$'$ in λ' kollinear bezogen und die veränderlichen Grundpunkte X, $\overline{X}$; X', $\overline{X}'$ entsprechender Netze in Beziehung gebracht; Ω und Φ' seien die Bestandteile 2. Grades der Jacobischen Flächen, O der Pol von $\varkappa$ in bezug auf Ω, V' der von λ' in bezug auf Φ', die Konkurrenzpunkte der zweiten Ebenen, neben $\varkappa$, λ', der Ebenenpaare von $\mathfrak{G}$, $\mathfrak{G}'$ und der Verbindungslinien verbundenen Punkte $X, \overline{X}$, bzw. X', $\overline{X}'$. Die verbundenen eindeutigen involutorischen Verwandtschaften $\mathfrak{T}_{1,1}$, $\mathfrak{T}'_{1,1}$ sind die zu O und Ω, V' und Φ' gehörigen quadratischen Inversionen. 975

Und Ω, Φ' sind die Doppelflächen der $\mathfrak{T}_{2,2}$ zwischen Σ, Σ', also 2. Ordnung.

Eine beliebige Gerade a liegt in einer Fläche $\mathfrak{F}_a$ von $\mathfrak{G}$, ersichtlich dem Ebenenpaare, zu welchem Oa gehört; die ihr entsprechende Kurve f', von den Paaren $X'\overline{X}'$ durchlaufen, die den Punkten X von a entsprechen, liegt dann auf der entsprechenden Fläche $\mathfrak{F}_a'$ von $\mathfrak{G}'$. Weil ein Büschel und ein Netz von $\mathfrak{G}$ ein Element gemeinsam haben, so können wir die Netze, von denen der eine Grundpunkt X die a durchläuft, durch $\mathfrak{F}_a$ und zwei Flächen aus zwei gegebenen Büscheln $\mathfrak{B}_1$, $\mathfrak{B}_2$ von $\mathfrak{G}$ konstituieren; die Schnittkurven 2. Ordnung (außer L$'$) der entsprechenden Flächen aus $\mathfrak{B}_1'$, $\mathfrak{B}_2'$ schneiden die X', $\overline{X}'$ in $\mathfrak{F}_a'$ ein. Werden in $\mathfrak{B}_1$, $\mathfrak{B}_2$ diejenigen Flächen einander zugeordnet, die sich auf a schneiden, so entsteht zwischen diesen Büscheln eine Korrespondenz [2, 2], welche durch die Kollineation auf die Büschel $\mathfrak{B}_1'$, $\mathfrak{B}_2'$ übergeht; diese zweite Korrespondenz bewirkt auf einer beliebigen Gerade eine Korrespondenz [4, 4], auf einer Gerade, welche L$'$ trifft (ev. durch einen einzelnen Grundpunkt geht), wenn von diesem Treffpunkte abgesehen wird, eine [2, 2]. Daraus folgt, daß durch die genannten Schnittkurven eine Fläche 8. Ordnung entsteht, auf welcher L' vierfach ist. Nun enthalten aber $\mathfrak{B}_1$, $\mathfrak{B}_2$ zwei Flächen $\mathfrak{F}_1$, $\mathfrak{F}_2$, welche mit $\mathfrak{F}_a$ zum nämlichen Büschel gehören und daher mit $\mathfrak{F}_a$ zur Konstituierung eines Netzes ungeeignet sind. Ihre Schnittkurve, die auch auf $\mathfrak{F}_\alpha$ liegt und zwar auf dem Bestandteile *Oa*, trifft *a* zweimal, wodurch die Schnittkurve von $\mathfrak{F}_1'$ und $\mathfrak{F}_2'$ doppelt auf die Fläche 8. Ordnung kommt. Außer diesem doppelten Kegelschnitte und dem vierfachen L′ hat sie mit $\mathfrak{F}_a'$ noch eine Kurve 4. Ordnung; das ist die der *a* entsprechende Kurve f'; und den mit ihr auf $\mathfrak{F}_a'$ liegenden L' trifft sie viermal.

Einer Gerade *a* korrespondiert also eine Raumkurve 4. Ordnung f', welche dem L' viermal begegnet, und einer Gerade a' eine f 4. Ordnung, die sich ebenso zu K verhält. Die Verwandtschaft ist in beiderlei Sinne vom 4. Grade, und den Ebenen α, α' entsprechen Flächen 4. Ordnung φ', φ.

Die Involution verbundener Punkte X', $\overline{X}'$ auf f' hat Verbindungslinien, die nach V' laufen; damit ergibt sich ein durch f' gehender Kegel 2. Grades; als Schnittkurve desselben und der $\mathfrak{F}_a'$ erweist sie sich als erster Art; und die Involution, von der sich selbst verbundenen Kantenschar herrührend, ist zu sich selbst residual (Nr. 873).

Eine Gerade *a*, die sich auf K stützt, gehört einem Büschel aus $\mathfrak{G}$ an; ihr und der verbundenen Gerade $\bar{a}$, mit der sie den Grund-Kegelschnitt bildet, ist daher der Grund-Kegelschnitt des entsprechenden Büschels zugeordnet, der in einer Ebene durch V' liegt und eine Involution trägt, von welcher dieser Punkt das Zentrum ist. Die beiden Begegnungspunkte dieses Kegelschnitts mit einer Ebene α' korrespondieren den weiteren Schnitten der *a* mit der φ, welche der α' korrespondiert; also ist der Stützpunkt auf K doppelt auf φ.

Die den Ebenen α', α korrespondierenden Flächen φ, φ' haben K, L′ zur Doppelkurve.

Folglich muß jeder Punkt von K in α' zwei entsprechende Punkte haben; es entspricht ihm also ein Kegelschnitt, welcher die Kurve 4. Ordnung, die zu einer durch ihn gehenden *a* gehört, vervollständigt.

Jedem Punkte von K, bzw. L′ ist ein Kegelschnitt zugeordnet, welcher L′, K zweimal trifft.

Diese Kegelschnitte erzeugen eine Fläche 4. Ordnung; denn z. B. von den zu K gehörigen treffen soviele eine Gerade a', als deren entsprechende f mit K Punkte gemein hat. Sie ist offenbar die der Ebene κ, bzw. λ' zugehörige φ', φ und hat L′, K zur Doppelkurve. Damit haben sich die Kurven K, L′ als Hauptkurven herausgestellt.

Dem Netze der Ebenenpaare in $\mathfrak{G}$ entspricht in $\mathfrak{G}'$ ein beliebiges Netz mit den Grundpunkten O', $\overline{O}'$, in gerader Linie mit V' gelegen. Ihnen sind dieselben ∞^2 Punktepaare entsprechend, bestehend aus O und einem beliebigen Punkte von κ.

O', $\overline{O}'$ sind also zwei verbundene Hauptpunkte, denen die Ebene κ und der einzelne Punkt O, jedem Punkte von κ verbunden, zugehören.

Analog sind $V, \overline{V}$ beschaffen, die Grundpunkte des Netzes von $\mathfrak{G}$, das dem Ebenenpaar-Netze von $\mathfrak{G}'$ entspricht.

Weil a der κ einmal begegnet, sind $O', \overline{O}'$ einfache Punkte aller f', und damit kommen sie auch auf die φ'. Eine durch O' gehende Gerade a' gehört zu einer Fläche des Netzes $(O', \overline{O}')$, ihr entspricht ein Ebenenpaar; die den Punkten X' von a' entsprechenden Punkte $X, \overline{X}$ liegen in dessen durch O gehender Ebene, je auf Strahlen durch O, und für den in O' fallenden Punkt X' rückt der eine in O, so daß durch diese Punkte eine Kurve 3. Ordnung entsteht; ihre drei Schnitte mit α entsprechen den von O' verschiedenen Schnitten der φ' mit a'. Also sind die $O', \overline{O}'$ auf den Flächen φ' einfach, und ebenso die $V, \overline{V}$ auf den φ.

Von den drei Begegnungspunkten jener Kurve mit κ liegen zwei auf K; der dem dritten Schnitt korrespondierende Punkt ist nach O' gerückt. Auf der K zugeordneten Fläche sind $O', \overline{O}'$ doppelt.

Die vier Begegnungspunkte einer f mit Ω, außerhalb K, die Doppelpunkte ihrer Involution, beweisen, daß der Doppelfläche Ω eine Grenzfläche Ω' 4. Ordnung entspricht.

Mit der Fläche 4. Ordnung, welche dem K entspricht, setzt sie die volle der Ω entsprechende Fläche 8. Ordnung zusammen. Jedes Paar aus zwei vereinigten Punkten auf Ω, immer mit bestimmter Verbindungslinie nach O, entspricht zwei verbundenen Punkten auf Ω'.

Der einem Punkte von L$'$ entsprechende Kegelschnitt trägt ebenfalls eine Involution von verbundenen Punkten; die beiden Doppelpunkte, auf Ω gelegen, beweisen, daß der Punkt der Ω' doppelt angehört.

Auch auf den Grenzflächen Ω', Φ liegen L$'$, bzw. K doppelt.

Dagegen liegen die Hauptpunkte $O', \overline{O}'$, bzw. $V, \overline{V}$ nicht auf ihnen, weil O und V' mit keinem der ∞^2 ihnen verbundenen Punkte zusammenfallen.

Die volle Fläche 16. Ordnung, welche der Ω' als Fläche 4. Ordnung entsprechen muß, besteht aus der Fläche 4. Ordnung, welche der L$'$ zugehört, doppelt gerechnet, und der Doppelfläche Ω, vierfach gerechnet, weil sie Doppelfläche ist und jedes sie erzeugende Paar bei zwei verbundenen Punkten auf Ω' sich ergibt.

Aus den Schnitten einer Gerade a mit Ω und der unendlich nahen Fläche $\overline{\Omega}$ folgern wir wieder, wie in Nr. 966, daß jede Kurve f' die Grenzfläche Ω' in vier Punkten berührt, zwei Paaren verbundener, und ebenso ist eine Fläche φ' der Ω' längs der Kurve 4. Ordnung umgeschrieben, welche dem Schnitte der entsprechenden Ebene α mit Ω entspricht. Auf diese Ordnung reduziert sie sich von der 8. Ordnung wegen der zwei Begegnungspunkte des ebenen Schnitts mit K.

Es gibt ∞^{16} Raumkurven 4. Ordnung; wir haben nun die zwölf Bedingungen für die in vierfach unendlicher Anzahl vorhandenen f': die beiden Doppelbedingungen des Gehens durch O' und $\overline{O}'$, die viermalige Begegnung mit L′ und die viermalige Berührung mit Ω'.

Der Umstand, daß verbundene Punkte in Σ, Σ' immer mit O, bzw. V' in gerader Linie liegen, führt zu einer Korrelation dieser beiden Bündel O, V'. Ein Strahl d von O ist Grundkurve eines Büschels im Ebenenpaar-Netze von 𝔊, gemeinsam den zweiten Ebenen; daher entspricht ihm der Grund-Kegelschnitt d'^2 des korrespondierenden Büschels in 𝔊′, in einer Ebene durch V', und der Involution verbundener Punkte auf jenem die Involution auf diesem. Ordnen wir also dem d die Ebene 𝔡′ des d'^2 zu. Dreht sie sich um einen Strahl d' von V', so durchläuft d die Ebene 𝔡, welche ebenso dem d' zugeordnet ist.

Zwei entsprechende Punktepaare $X, \overline{X}$; $X', \overline{X}'$ liegen also stets auf konjugierten Strahlen dieser Korrelation. Die erzeugte Fläche 2. Grades ist der Ort der Punkte sowohl in Σ als in Σ', die je mit den beiden entsprechenden Punkten in gerader Linie liegen.

Die d'^2 bilden das doppelt unendliche System der Kegelschnitte, welche durch O', $\overline{O}'$ gehen und L' zweimal treffen. Jeder schneidet Ω' noch in zwei Paaren verbundener Punkte, die den Schnitten von d mit Ω korrespondieren; weil d aber Ω und $\overline{\Omega}$ in unendlich nahen verbundenen Punkten trifft, handelt es sich um Schnitt, nicht Berührung.

Beziehen wir die Gebüsche 𝔊 und 𝔊′ kollinear auf den Ebenenraum Σ_1, so zerlegen wir die zweizweideutige Transformation $(\Sigma\Sigma')$ in die zweieindeutige $(\Sigma\Sigma_1)$ und die einzweideutige $(\Sigma_1\Sigma')$ und können die Ergebnisse bestätigen. $(\Sigma\Sigma_1)$ z. B. führt eine beliebige Gerade a in einen Kegelschnitt, und $(\Sigma_1\Sigma')$ diesen in eine Raumkurve 4. Ordnung über, jene einen Punkt auf K in eine Gerade, welche durch $(\Sigma_1\Sigma')$ in einen Kegelschnitt transformiert wird. Die beiden Punkte, in denen die Gerade in Σ_1, die einem Punkte von L' korrespondiert, dem Kegel 2. Grades in Σ_1 begegnet, welcher dem K entspricht, zeigen, daß L′ auf der Fläche 4. Ordnung, die dem K zugeordnet ist, doppelt liegt; usw. In Σ_1 haben wir es mit zwei verschiedenen Bündeln zu tun, welche den Ebenenpaar-Netzen von 𝔊 und 𝔊′ entsprechen. In § 142 sind sie identisch.

976 Lassen wir 𝔊 einen Grund-Kegelschnitt, 𝔊′ aber sechs Grundpunkte haben, so ergeben sich zwei Gradzahlen 4 und 8. Einer Ge-

rade a in Σ entspricht eine Raumkurve 8. Ordnung, einer Gerade a' in Σ' eine von der 4. Ordnung.

Wir wollen lieber den Fall betrachten, daß beide Gebüsche $\mathfrak{G}$ und $\mathfrak{G}'$ sechs Grundpunkte haben: $A, \ldots F$; $A', \ldots F'$.[1]) Nun sind die vollen Grundkurven 4. Ordnung der Büschel veränderlich; die Fläche 8. Ordnung von Σ' im obigen Beweise für die Gradzahl — auf der nun die Grundpunkte (statt der L') vierfach sind — wird durch solche erzeugt und enthält die Schnittkurve der Flächen $\mathfrak{F}_1'$, $\mathfrak{F}_2'$ doppelt, weil die Schnittkurve $\mathfrak{F}_1\mathfrak{F}_2$, welche auf der diesmal allgemeinen Fläche $\mathfrak{F}_a$ liegt, der a zweimal begegnet; ihr fernerer Schnitt mit $\mathfrak{F}_a'$ ist die Raumkurve 8. Ordnung, welche der a entspricht.

Läßt man die beiden Büschel $\mathfrak{B}_1$, $\mathfrak{B}_2$ demselben Netze angehören, was dann auch für $\mathfrak{B}_1'$, $\mathfrak{B}_2'$ gilt, dann sind Flächen $\mathfrak{F}_1$, $\mathfrak{F}_2$, die mit der in diesem Netze nicht befindlichen $\mathfrak{F}_a$ zu demselben Büschel gehören, nicht vorhanden; ferner löst sich die gemeinsame Fläche von $\mathfrak{B}_1'$, $\mathfrak{B}_2'$, wegen der zwei Schnittpunkte der entsprechenden Fläche mit a, doppelt von der Fläche 8. Ordnung ab, und unsere Raumkurve 8. Ordnung f' stellt sich als voller Schnitt der $\mathfrak{F}_a'$ mit der verbleibenden Fläche 4. Ordnung heraus.

Die Grundpunkte $A', \ldots$ sind auf dieser und auf der Kurve f' doppelt.

Weil beide Gradzahlen 8 sind, so müssen wir $2+2+8+8=20$ Koinzidenzpunkte haben; sie und die zwölf Grundpunkte sind die $(2+2)(2^2+2^2)=32$ Punkte, welche zugleich Grundpunkte entsprechender Netze der kollinearen Gebüsche sind (Nr. 674).

Die beiden entsprechenden Punkte, die jeder der Grundpunkte $A', \ldots$ auf einer beliebigen Gerade a hat, beweisen, daß die Punkte $A', \ldots$ Hauptpunkte sind, denen Flächen 2. Grades $\mathfrak{a}^2, \ldots$ entsprechen, ersichtlich diejenigen Flächen von $\mathfrak{G}$, welche in der Kollineation den Kegeln mit den Spitzen $A', \ldots$ homolog sind; denn alle Punkte eines solchen Kegels sind ja der Spitze in der zugehörigen eindeutigen involutorischen Verwandtschaft $\mathfrak{T}'_{1,1}$ 7. Grades, die in Nr. 961 besprochen wurde, verbunden.

Auf den Flächen φ' 8. Ordnung, welche den Ebenen α von Σ korrespondieren, sind diese Punkte $A', \ldots$ vierfach. Denn eine Gerade a' durch A' scheidet aus $\mathfrak{G}'$ einen Büschel aus, zu dessen Grundkurve sie gehört; die entsprechende Grundkurve in $\mathfrak{G}$ korrespondiert ihr, und ihre vier Schnitte mit α führen zu den von A' verschiedenen Schnitten der a' mit φ'.

Zu diesen sechs Hauptpunkten eines jeden der beiden Räume, denen Flächen zugeordnet sind, treten noch 32 Hauptpunkte, denen Kurven zugeordnet sind. In $\mathfrak{G}$ bestehen die 16 ausgezeich-

---

1) Vgl. die in Nr. 905 erwähnte Dissertation von Wiesing.

neten Netze (r^3), (AB), ..., die Grundpunkte der in der Kollineation entsprechenden Netze seien R', $\overline{R}'$; Q'_{AB}, $\overline{Q}'_{AB}$; ... Dies sind die Hauptpunkte in Σ'; den R', $\overline{R}'$ ist die r^3, den Q'_{AB}, $\overline{Q}'_{AB}$ die Gerade AB, ... zugeordnet.

Infolgedessen sind R', $\overline{R}'$ auf den φ' dreifach, die Q', $\overline{Q}'$ einfach.

Die zu r^3, $A(B, \ldots F)$ gehörigen zwölf Punkte befinden sich alle auf der Fläche $\mathfrak{a}'^2$, die dem A zugeordnet ist, also alle sechs derartigen Flächen in dem Netze $(R', \overline{R}')$.

Doppelfläche Ω in Σ ist die sich selbst entsprechende Fläche der $\mathfrak{T}_{1,1}$, also die Fläche 4. Ordnung der Kegelspitzen von $\mathfrak{G}$, auf welcher die A, ... Doppelpunkte sind und welche r^3 und die 15 Verbindungslinien AB, ... enthält (Nr. 961).

Verbundene Punkte liegen immer auf einer Doppelsekante von r^3; so erhalten auch zwei in einem Punkte von Ω sich vereinigende Punkte X, $\overline{X}$ eine bestimmte Verbindungslinie in der durchgehenden Doppelsekante.

Die Doppelfläche 4. Ordnung in Σ' sei wiederum Φ'.

Die einer beliebigen a' korrespondierende Kurve 8. Ordnung f trifft Ω, außer in den Grundpunkten, in $8 \cdot 4 - 6 \cdot 2 \cdot 2 = 8$ Punkten, die den Schnitten von a' mit der Grenzfläche entsprechen.

Die Grenzflächen Ω', Φ sind 8. Ordnung.

Einer durch A' gehenden a' entspricht, wie wir oben fanden, eine Büschel-Grundkurve in $\mathfrak{G}$, die der Ω noch in $4 \cdot 4 - 6 \cdot 2 \cdot 1 = 4$ Punkten begegnet, denen die ferneren Schnitte der a' mit Ω' entsprechen.

Geht a' durch R', so zerfällt f in die r^3 und eine Kurve 5. Ordnung, welche durch A, ... noch einmal geht und mit r^3 außerdem die beiden Punkte gemein hat, die, im Kontinuum der Punkte von a', dem $\overline{R}'$ entsprechen; es bleiben $5 \cdot 4 - 6 \cdot 2 \cdot 1 - 2 = 6$ mit Ω gemeinsame Punkte. Wird aber a' durch Q'_{AB} gelegt, so löst sich AB ab; die verbleibende Kurve 7. Ordnung geht durch $C, \ldots F$ zweimal, durch A, B einmal, trifft AB noch zweimal und daher Ω weiterhin in $7 \cdot 4 - 4 \cdot 2 \cdot 2 - 2 \cdot 2 - 2 = 6$ Punkten. Also sind auf Ω' die sechs Hauptpunkte der ersten Art vierfach, die 32 der zweiten Art doppelt. Die Kurven f' berühren die Grenzfläche in viermal zwei verbundenen Punkten, und eine φ' ist ihr längs der Kurve 32. Ordnung umgeschrieben, welche dem ebenen Schnitt $\alpha\Omega$ entspricht. Diese Kurve geht durch R', $\overline{R}'$ dreimal, durch jeden der Q', $\overline{Q}'$ einmal. Die acht Begegnungspunkte des $\alpha\Omega$ mit der Fläche $\mathfrak{a}^2$ führen zu acht Durchgängen der Kurve durch A'.

Der Ebene ABC entspricht, nach Absonderung von drei Flächen, eine Fläche 2. Grades; sie entspricht auch der Ebene DEF, und ist die dem Ebenenpaare (ABC, DEF) von $\mathfrak{G}$ entsprechende Fläche $\mathfrak{F}'_{ABC} \equiv \mathfrak{F}'_{DEF}$ von $\mathfrak{G}'$. Jede der beiden Ebenen hat, außer drei Verbindungslinien von Grundpunkten, zum Restschnitte mit Ω die Doppellinie (ABC, DEF), von der ja jeder Punkt als Spitze des ausgearteten Kegels angesehen werden kann. Ihr entspricht die Kurve 8. Ordnung, längs deren unsere Fläche der Ω' umgeschrieben ist und welche durch die den sechs Verbindungslinien zugehörigen zwölf Punkte Q' geht. Die $A', \dots$ sind auf ihr doppelt. Auch die Flächen $\mathfrak{a}'^2, \dots$ sind der Ω' umgeschrieben und zwar längs einer Kurve 8. Ordnung. Bei $\mathfrak{a}'^2$ entsprechen ihre Punkte den Nachbarpunkten des A auf den Kanten des Kegels (A) aus dem Gebüsche $\mathfrak{G}$, der ja für die Kegelspitzen-Fläche Ω Anschmiegungskegel ist; sie geht durch die zwölf Punkte, welche r^3 und den $A(B, \dots F)$ zugehören, einmal, durch die $A', \dots$, die auf Ω' vierfach sind, wegen der Berührung zweimal. Die acht Punkte dieser Kurve, welche in eine Ebene α' fallen, entsprechen den Nachbarpunkten von A auf der Schnittkurve der zugehörigen φ mit (A), für welche A achtfach ist.

977 Wir haben es bisher immer mit einer $\mathfrak{T}_{2,2}$ zu tun gehabt, bei welcher Punktepaare einander zugeordnet sind; versuchen wir eine zu konstruieren, bei welcher das nicht mehr der Fall ist, sondern, wenn $X', \overline{X}'$ dem X entsprechen, die zweiten Punkte, welche ihnen, außer X, korrespondieren, verschieden sind. Wir gelangen zu einer solchen allgemeineren, wenn wir in denselben Raum Σ_1 zwei Gebüsche $\mathfrak{G}_1$, $\mathfrak{G}_1'$ der im vorangehenden betrachteten Arten legen und sie auf die Ebenenräume Σ, Σ' kollinear beziehen; wodurch $\mathfrak{T}_{2,2}$ sich als Produkt von $\mathfrak{T}_{1,2} = (\Sigma\Sigma_1)$ und $\mathfrak{T}'_{2,1} = (\Sigma_1\Sigma')$ ergibt (Nr. 966, 968).

Einem Punkt X von Σ entsprechen durch $\mathfrak{T}_{1,2}$ zwei Punkte X_1, $\overline{X}_1$ und diesen durch $\mathfrak{T}'_{2,1}$ die Punkte X', $\overline{X}'$. Diesen beiden Punkten entsprechen durch die Umkehrung $\mathfrak{T}'_{1,2}\mathfrak{T}_{2,1}$ [1]) zwei Paare, zu denen beiden X gehört, während die zweiten Punkte verschieden sind. Nehmen wir, um auch einmal diesen Fall etwas zu berücksichtigen, an, $\mathfrak{G}_1$ habe einen Grund-Kegelschnitt K_1, $\mathfrak{G}_1'$ aber sechs Grundpunkte $A_1, \dots F_1$, so geht a in Σ durch $\mathfrak{T}_{1,2}$ in einen Kegelschnitt über, dieser durch $\mathfrak{T}'_{2,1}$ in eine Raumkurve 4. Ordnung f' in Σ'; eine Gerade a' in Σ' wird durch $\mathfrak{T}'_{1,2}$ eine Raumkurve 4. Ordnung, diese durch $\mathfrak{T}_{2,1}$ eine Raumkurve 8. Ordnung f in Σ. Daher sind Flächen φ' 8. Ordnung und φ 4. Ordnung den Ebenen α, α' entsprechend. Die Grenzfläche 2. Ordnung der $\mathfrak{T}_{1,2}$ in Σ und die Grenzfläche 4. Ordnung der $\mathfrak{T}'_{2,1}$ in Σ' sind auch Grenzflächen Φ, Ω' für die $\mathfrak{T}_{2,2}$; denn z. B. für einen Punkt X der ersteren vereinigen sich X_1, $\overline{X}_1$, also müssen es auch die ihnen eindeutig entsprechenden X', $\overline{X}'$ tun. Die Doppelfläche 2. Ordnung der $\mathfrak{T}_{1,2}$ in Σ_1 geht durch $\mathfrak{T}'_{2,1}$ in eine Fläche 8. Ordnung über, welche Doppelfläche Φ' der

1) $\mathfrak{T}_{2,1} = \mathfrak{T}_{1,2}^{-1}$, $\mathfrak{T}'_{1,2} = \mathfrak{T}'^{-1}_{2,1}$.

$\mathfrak{T}_{2,2}$ wird. Die Doppelfläche 4. Ordnung der $\mathfrak{T}_{2,1}'$ in Σ_1 geht durch $\mathfrak{T}_{2,1}$ in eine Fläche 8. Ordnung über, welche die Doppelfläche Ω der $\mathfrak{T}_{2,2}$ wird.

Es gibt nur ein Paar von Punkten $U_1, \overline{U}_1$ in Σ_1, die zugleich in $\mathfrak{G}_1$ und in $\mathfrak{G}_1'$ verbunden sind. Die einen Verbindungslinien bilden einen Bündel, die anderen sind die Doppelsekanten einer kubischen Raumkurve; eine Gerade gehört also zu beiden Systemen, und die auf ihr gelegenen Involutionen verbundener Punkte haben ein Paar gemeinsam. Wenn diesem Paare $U_1\overline{U}_1$ der Punkt U in Σ, der Punkt U' in Σ' entspricht, so haben für jeden der Punkte U, U', die beiden entsprechenden im anderen sich vereinigt, ohne daß sie den Grenz- und Doppelflächen angehören.

Zu Hauptpunkten gelangen wir auf folgende Weise.

In Σ haben wir den Punkt O, welchem in $\mathfrak{T}_{1,2}$ alle Punkte der Ebene κ_1 des K_1 entsprechen; ihr entspricht in $\mathfrak{T}_{2,1}'$ ein Fläche 4. Ordnung, O wird also für $\mathfrak{T}_{2,2}$ Hauptpunkt in Σ mit dieser Fläche als der zugeordneten in Σ'. Aber O hat noch einen einzelnen entsprechenden O_1, dem alle Punkte von κ_1 verbunden sind; wenn O' der ihm durch $\mathfrak{T}_{2,1}'$ entsprechende ist, so sind also dem O dieser einzelne Punkt und alle Punkte jener Fläche zugeordnet.

In Σ' gibt es 16 Punkte R', $Q'_{A_1B_1}, \ldots$, denen alle Punkte von r_1^3, $A_1B_1, \ldots$ durch $\mathfrak{T}_{1,2}'$ zugeordnet sind, und dieser gehen durch $\mathfrak{T}_{2,1}$ in eine Raumkurve 6. Ordnung und 15 Kegelschnitte in Σ über.

Durch O gehen alle Kurven 8. Ordnung f viermal; die Flächen 8. Ordnung φ' haben R' zum sechsfachen und die 15 Punkte Q' zu doppelten Punkten.

Die Verwandtschaft $\mathfrak{T}_{2,1}'$ hat in Σ_1 die sechs Punkte $A_1, \ldots, F_1$, denen in Σ' Flächen 2. Grades entsprechen; sie führen durch $\mathfrak{T}_{2,1}$ zu sechs Punkten $A, \ldots, F$, denen dann in $\mathfrak{T}_{2,2}$ dieselben Flächen 2. Grades zugeordnet sind; wodurch sie auf die Kurven f als doppelte Punkte kommen.

Dem Kegelschnitte K_1 korrespondiert durch $\mathfrak{T}_{2,1}'$ in Σ' eine Raumkurve 4. Ordnung. Jedem Punkte derselben entspricht ein Punkt auf K_1, und dieselbe Gerade, welche diesem in $\mathfrak{T}_{2,1}$ entspricht, korrespondiert jenem durch $\mathfrak{T}_{2,2}$ in Σ. Dadurch kommt die Raumkurve 4. Ordnung einfach auf die Flächen φ'. —

Das Problem der Korrelation von Bündeln (§ 69) hat zu verschiedenen zweizweideutigen Verwandtschaften geführt. Alle Signaturen $(\alpha\beta\gamma\delta)_{11}$, bei denen $\delta = 1$, mit Ausnahme von einer, führen zu solchen Verwandtschaften, aber von ziemlich hohem Grade, nämlich 22 in beiderlei Sinne bei den meisten von ihnen; nur bei (4101), (3121), (1221) ist er etwas niedriger: 14, 20, 18. Die eine Ausnahme-Signatur (3201) führt zu einer einzweideutigen Verwandtschaft, so daß einem Punkte B ein Punkt A, einem A zwei Punkte B entsprechen und einer Gerade von Punkten B oder A eine Kurve 12. bzw. 15. Ordnung zugeordnet ist (Nr. 465).

Es scheint nicht leicht, Verwandtschaften mit niedrigen Korrespondenzzahlen m, m' und auch nicht zu hohen Gradzahlen n, n_1 aufzufinden, insbesondere solche, bei denen nicht einer Gruppe von m Punkten eine Gruppe von m' Punkten entspricht.

§ 144. Nullverwandtschaften.

978 Besonders interessant unter den im allgemeinen mehrdeutigen Verwandtschaften sind die Nullverwandtschaften (Nullsysteme), Verallgemeinerungen des Nullraums. Sie sind reziproke Verwandtschaften mit entsprechenden Elementen, im Raume Punkten X und Ebenen $\mathfrak{x}$, welche durchweg inzidieren; wodurch immer ein Strahlenbüschel $(X, \mathfrak{x})$ bestimmt wird. Natürlich bestehen derartige Verwandtschaften schon in der Ebene und im Bündel. Wir begnügen uns hinsichtlich dieser einfacheren Fälle mit der Besprechung des schon in Nr. 780 erwähnten Beispiels.

Es wird in ihm, wenn ein Dreieck $ABC \equiv abc$ vorliegt, einem Punkte X der Ebene die durch ihn gehende Gerade x zugeordnet, für welche das Doppelverhältnis $X(A, B, C, x)$ einen gegebenen Wert hat; $x(a, b, c, X)$ hat daher denselben Wert (Nr. 255).

Die Zuordnung ist also in beiderlei Sinne eindeutig. Läuft X auf einer Gerade, so umhüllt x einen Kegelschnitt, welcher die drei Seiten tangiert, und einem Strahlenbüschel von x entspricht ein durch die Ecken gehender Kegelschnitt. Es handelt sich also um eine quadratische Verwandtschaft: einer Ecke des Dreiecks entspricht jede Gerade durch sie, einer Seite jeder Punkt auf ihr; es ist Hauptdreieck für beide Felder. Es wurde schon in Nr. 780 erwähnt, daß diese Nullverwandtschaft (und perspektiv zu ihr eine im Bündel) beim tetraedralen Komplexe auftritt: von jedem Punkte einer Ebene des Tetraeders geht ein Strahlenbüschel zum Komplexe, dessen Ebene durch die Gegenecke geht; ihre Spur in jener Ebene ist die dem Punkte zugeordnete Gerade.

Diese Nullverwandtschaft ergibt sich auch, wenn bei einer ebenen Kollineation einem Punkte des einen Feldes die Gerade zugeordnet wird, die ihn mit dem entsprechenden im anderen verbindet (Nr. 809).

Eine in beiderlei Sinne eindeutige ebene Nullverwandtschaft muß quadratisch sein. Denn die den Punkten einer Gerade l zugeordneten Geraden sind so verteilt, daß durch jeden Punkt auf l zwei gehen, nämlich die ihm zugeordnete und die Gerade l selbst, einem Punkte auf ihr zugehörig; also umhüllen sie einen Kegelschnitt; woraus folgt, daß die den Strahlen eines Büschels zugeordneten Punkte einen Kegelschnitt erzeugen.

Bei einer räumlichen Nullverwandtschaft haben wir es (Nr. 963) mit vier Zahlen zu tun, den beiden Korrespondenzzahlen oder Charakteristiken und den beiden Gradzahlen. Jene, a. a. O. m', m genannt, mögen hier α, β heißen: α die Anzahl der Ebenen ξ, die einem Punkte X, β die Anzahl der Punkte X, die einer Ebene ξ zugeordnet sind. Die Gradzahlen sind: n, die Anzahl, wie oft X mit einer gegebenen Gerade und zugleich eine der zugeordneten ξ mit einem gegebenen Punkte inzidieren, n_1 die Anzahl, wie oft X mit einer gegebenen Ebene und zugleich eine der ξ mit einer gegebenen Gerade inzidieren. Es bedeutet also n die Klasse des Torsus der Ebenen, welche den Punkten einer Gerade, und die Ordnung der Fläche der Punkte, welche den Ebenen eines Bündels entsprechen, n_1 die Ordnung der Kurve der Punkte, welche den Ebenen eines Büschels, und die Klasse der Fläche der Ebenen, welche den Punkten eines Feldes zugeordnet sind.

Die vier Zahlen stehen in einer Beziehung. Die eben genannte Kurve n_1^{ter} Ordnung wird von einer Ebene des Büschels, außer auf der Axe, nur in den β Punkten geschnitten, die ihr entsprechen; denn solche Punkte in ihr, die einer anderen Ebene des Büschels zugeordnet sind, müssen auf die Axe fallen; also liegen $n_1 - \beta$ Punkte der Kurve auf dieser. Damit haben wir $n_1 - \beta$ Fälle, wo ein Punkt und eine der zugehörigen Ebenen zugleich mit derselben gegebenen Gerade inzidieren oder der von ihnen bestimmte Strahlenbüschel diese Gerade enthält. Dual führt der Torsus n^{ter} Klasse, der einer Punktreihe entspricht, zu $n - \alpha$ zugeordneten Elementen X, ξ, welche dieselbe Eigenschaft haben. Es muß also:

$$n_1 - \beta = n - \alpha$$

sein; wir wollen die Anzahl γ, wie oft ein Strahlenbüschel der Nullverwandtschaft durch eine gegebene Gerade geht, als dritte Charakteristik einführen. Wir haben daher:

$$n = \alpha + \gamma, \quad n_1 = \beta + \gamma.$$

Wenn $\alpha = \beta$, so ist $n = n_1$. Insbesondere haben in beiderlei Sinne eindeutige Nullverwandtschaften nur einen Grad. Er ist aber nicht, wie in der Ebene, auf eine Zahl beschränkt. Wir werden z. B. im folgenden quadratische und kubische eindeutige Nullverwandtschaften kennen lernen. Beim Nullraume ist $\alpha = \beta = 1$, $n = n_1 = 1$, $\gamma = 0$. Die Strahlenbüschel erfüllen nur das zugehörige Gewinde, und eine beliebige Gerade gehört zu keinem.[1])

1) Jede Cremonasche Verwandtschaft, bei der die Verbindungslinien entsprechender Punkte einen linearen Komplex Γ erzeugen, führte, mit dem Nullraum desselben multipliziert, zu einer in beiderlei Sinne eindeutigen Null-

Im allgemeinen ist $\gamma > 0$ und der Strahlenraum wird durch die Strahlenbüschel γ-fach erfüllt.

Die räumliche Korrelation hat in Nr. 559 zu einer in beiderlei Sinne kubischen Nullverwandtschaft geführt, in welcher der Punkt und die Ebene, zu denen der nämliche Wechselstrahl gehört, zugeordnet sind.

Bei ihr ist

$$\alpha = \beta = 1, \quad n = n_1 = 3;$$

daher $\gamma = 2$. Dies ist a. a. O. direkt bewiesen.

In dieser Verwandtschaft, in welcher einem Punkte die Ebene zugeordnet ist, welche die beiden (in ihm sich schneidenden) Polaren seines Wechselstrahls verbindet, und einer Ebene der Schnittpunkt der Polaren ihres Wechselstrahls, entspricht jeder der Ecken des Kernvierseits jede Ebene durch sie, weil die beiden Polarebenen der Ecke sich in der zugehörigen Winkelebene vereinigen, eine beliebige Ebene ξ durch sie ihre Pole X', Y in dieser Winkelebene hat und als Verbindungsebene der beiden Polaren der Verbindungslinie $X'Y$ der Ecke zugeordnet wird. Ebenso ist jeder der vier Ebenen des Kernvierseits jeder Punkt in ihr zugeordnet.

Jedem Punkte auf einer Seite, sowie auf einer Diagonale desselben ist jede Ebene durch diese Seite oder Diagonale zugeordnet; denn z. B. im letzteren Falle ist Wechselstrahl die andere Diagonale, deren beide Polaren sich in der ersteren vereinigen, so daß die verbindende Ebene unbestimmt jede Ebene durch diese wird.

Daraus folgt, daß die einem Ebenenbündel entsprechende kubische Fläche durch diese sechs Geraden geht und in den Ecken Doppelpunkte hat, und die einem Ebenenbüschel entsprechende kubische Raumkurve durch die vier Ecken geht, und duales für das einem Punktfelde oder einer Punktreihe entsprechende Gebilde gilt.

Wir erhalten also im Punktraume das in Nr. 951 besprochene homaloidische Gebüsche von kubischen Flächen mit vier gemeinsamen Doppelpunkten und erkennen, wie dort schon bemerkt wurde, die sechs Verbindungslinien als außerordentliche Hauptkurven.

Zum ersten Male hat wohl Cremona, bei der Behandlung der abwickelbaren Fläche 4. Klasse 5. Ordnung[1]), auf eine höhere Nullverwandtschaft hingewiesen.

Die Fokaleigenschaften der räumlichen Kollineation haben uns ein Beispiel geliefert; in jedem von zwei kollinearen Räumen

---

verwandtschaft: Montesano, Rendiconti dell' Accademia dei Lincei Bd. 4, 1. Sem. 1888.

1) Comptes rendus Bd. 54 (1862) S. 604.

bilden die Scheitel und Ebenen derjenigen Strahlenbüschel, welche ihren entsprechenden im anderen Raume gleich sind, eine Nullverwandtschaft. Wir fanden (Nr. 579, 580).

$$\alpha = 6,\ \beta = 2,\ \gamma = 4;\quad n = 10,\ n_1 = 6.$$

979 Wenn eine Fläche 2. Grades F^2 gegeben ist, so können wir jeder Ebene den Mittelpunkt ihres Schnitts mit F^2 (oder allgemeiner, den Pol der Spurlinie einer festen Ebene) zuordnen. Also ist

$$\beta = 1.$$

Die Parallelebene, durch einen Punkt X, zu der dem Durchmesser MX konjugierten Durchmesserebene ist die einzige dem X zugeordnete Ebene ξ; mithin ist auch

$$\alpha = 1.$$

Wenn ξ einen Büschel beschreibt, so entsteht durch X ein Kegelschnitt, der den Mittelpunkt M enthält und die Axe des Büschels trifft; zwei projektive Büschel in der Durchmesserebene, die dem zur Axe parallelen Durchmesser konjugiert ist, erzeugen ihn. Daher ist

$$n = 2 \text{ und } \gamma = 1.$$

Diese eindeutige Verwandtschaft ist in beiderlei Sinne quadratisch. Einer Gerade korrespondiert ein Zylinder, der sie berührt und aus dem Pole der Ebene kommt, welche sie mit M verbindet.

Jener Kegelschnitt zerfällt, wenn die Axe des Büschels eine Gerade der F^2 ist, in diese und die Berührungskante des Asymptotenkegels mit der durch die Axe gehenden Tangentialebene.

Einem Ebenenbündel P korrespondiert eine Fläche 2. Grades, erzeugt durch korrelative Bündel um P und M. Fällt P in die unendlich ferne Ebene, so zerspaltet sie sich in diese Ebene, welcher alle ihre Punkte zugehören, und die Polarebene von P nach F^2. Für M ist der Asymptotenkegel die zugehörige Fläche, derartig, daß einer beliebigen Ebene durch M immer dieser Punkt zugehört, einer Berührungsebene des Kegels jeder Punkt der Berührungskante.

Die Fläche 2. Grades, die einem Punktfelde Π zugehört, entsteht durch korrelative Felder in Π und der unendlich fernen Ebene, wobei einem Punkte X von Π die Polare des Durchmessers MX entspricht. Sie zerfällt, wenn Π durch M geht, in die Bündel um M und um ihren Pol. Der unendlich fernen Ebene entspricht der Inbegriff der Ebenen, welche Parabeln ausschneiden und den Kegelschnitt von F^2 in jener Ebene umhüllen.[1]) Man kann die gegebene

1) Vgl. Timerding, Annali di Matematica Ser. III Bd. 2 S. 239.

Fläche durch eine andere mit demselben Asymptotenkegel ersetzen, ohne daß die Verwandtschaft sich ändert.

Wenn drei kollineare Räume $\Sigma, \Sigma', \Sigma''$ gegeben sind, so kann man jedem Punkte X des einen Raums Σ die Ebene ξ zuordnen, die ihn mit den entsprechenden X', X'' in den andern verbindet. Daß 980

$$\alpha = 1$$

ist, ist unmittelbar ersichtlich. Wenn der Punkt X die Ebene Π durchläuft, so beschreiben X, X', X'' kollineare Felder in Π, Π', Π'', und die Ebene ξ umhüllt die Fläche 3. Klasse, welche durch diese Felder entsteht, $X'X''$ erzeugt die Kongruenz 3. Ordnung 1. Klasse der Schmiegungsaxen einer kubischen Raumkurve, und einmal fällt eine solche Axe in Π. Daraus folgt, daß der Ebene Π als ξ der Punkt X zugehört, der den durch diese Axe verbundenen X', X'' entspricht; daher ist

$$\beta = 1, n = n_1 = 3 \text{ und } \gamma = 2.$$

Diese eindeutige Verwandtschaft ist kubisch.

Sind Σ', Σ'' korrelativ zu Σ, so ordnen wir dem Punkte X die Ebene ξ zu, die ihn mit der Schnittlinie der beiden Polarebenen ξ', ξ'' verbindet; so daß

$$\alpha = 1$$

ist. Zu einer Ebene ξ finden wir die zugehörigen Punkte X folgendermaßen. Die Ebenen ξ' von Σ', welche mit den entsprechenden ξ'' aus Σ'' sich auf ξ schneiden, umhüllen einen Torsus 3. Klasse, weil von den Doppelsekanten der kubischen Raumkurve, welche durch zwei entsprechende Bündel aus Σ' und Σ'' entsteht, 3 in ξ fallen. Diese Schnittlinien $\xi'\xi''$ in ξ umhüllen die Komplexkurve des zu Σ', Σ'' gehörigen tetraedralen Komplexes. Jenem Torsus aus Σ' (oder Σ'') korrespondiert in Σ eine kubische Raumkurve, und ihre Schnitte mit ξ sind die ihr entsprechenden Punkte; also ist

$$\beta = 3.$$

Durchläuft X eine Gerade g, so beschreibt $\xi'\xi''$ eine zu ihrer Punktreihe projektive Regelschar; die verbindende Ebene ξ umhüllt einen Torsus 3. Klasse, von dem zwei Ebenen durch g gehen, weil diese zwei Geraden der Schar trifft. Daher ist

$$\gamma = 2.$$

Einem Bündel P von Ebenen ξ korrespondieren die Punkte einer Fläche 3. Ordnung. Jeder Ebene des Bündels gehört in Σ' ein Torsus 3. Klasse zu, wie er eben beschrieben wurde. Diese Torsen haben alle die vier Ebenen des Koinzidenztetraeders von Σ', Σ'' gemein, sowie auch eine Schnittlinie zweier Ebenen

(Schmiegungsaxe der zugehörigen kubischen Raumkurve). Denn der Kegel, welcher aus P an den genannten Komplex kommt, wird durch die projektiven Ebenenbüschel um die beiden in P sich schneidenden homologen Geraden g', g'' aus Σ', Σ'' erzeugt; sie schicken in jede Ebene durch P zwei Schnittlinien, die Tangenten aus P an die Komplexkurve. Folglich sendet die Gerade g' an jeden der Torsen aus Σ' zwei Ebenen und ist jene gemeinsame Schnittlinie.

Eine beliebige Ebene ξ' berührt einen dieser Torsen; denn ihre Schnittlinie mit ξ'' bestimmt die Ebene von P, welcher der Torsus zugehört.

Die korrespondierenden kubischen Raumkurven in Σ haben daher vier Punkte und eine Doppelsekante gemein, und durch jeden Punkt geht eine. Dieser Bündel kubischer Raumkurven ist eindeutig auf den Ebenenbündel P bezogen und erzeugt mit ihm die dem letzteren zugehörige kubische Fläche. Die Kurven sind die veränderlichen Bestandteile der Grundkurven der Büschel des Netzes von Flächen 2. Grades, welche durch die vier Punkte und die Doppelsekante gehen. Dasselbe ist korrelativ auf den Ebenenbündel bezogen, und die Fläche ist sowohl Erzeugnis entsprechender Strahlen und Flächen, als entsprechender Ebenen und Grundkurven.[1])

981 Ich will hier kurz eine mit dem Komplexe 2. Grades zusammenhängende Nullverwandtschaft besprechen, die ich im Bd. I meiner Liniengeometrie S. 79 unter 8) erwähnt habe, mit der Absicht, im Bd. III auf sie zurückzukommen, was ich aber vergessen habe. In ihr wird jeder Ebene ξ der Pol X der Schnittlinie einer festen Ebene E in bezug auf die Komplexkurve in ξ zugeordnet, speziell der Mittelpunkt, wenn E die unendlich ferne Ebene ist. Die Erörterung gehört in den Abschnitt: Die Polare einer Gerade usw. Bd. III S. 76.

Es ist

$$\beta = 1.$$

In jenem Abschnitte wird bewiesen, daß die Polaren von P in bezug auf die Komplexkurven der Ebenen des Bündels P eine Kongruenz 2. Ordnung 3. Klasse erzeugen; also fallen 3 in E und

$$\alpha = 3.$$

Aus Nr. 513 a. a. O. folgt durch Dualität, daß die Ebenen der Komplexkurven, in bezug auf welche zwei gegebene Ebenen E und Π (oder ihre Spurlinien) konjugiert sind, eine Fläche 2. Grades umhüllen. Die beiden durch eine Gerade g gehenden beweisen, daß die Punkte X, welche zu den Ebenen ξ des Büschels g gehören, einen Kegelschnitt erzeugen, weil zwei von ihnen in Π fallen. Also ist

1) Flächen 3. Ordnung, Nr. 110.

$$n_1 = 2, \gamma = 1, n = 4.$$

Die obige Fläche 2. Grades ist die dem Punktfelde Π zugehörige.

Einer geraden Punktreihe korrespondiert ein Torsus 4. Klasse, von dem eine Ebene durch den Träger geht, und einem Ebenenbündel P eine Fläche 4. Ordnung mit dem Punkte P als dreifachem Punkte. Dies und die ∞^2 Kegelschnitte, welche den Büscheln des Bündels zugehören, lassen schon vermuten, daß es sich um eine Steinersche Fläche (§ 128) handelt.

Ein Punkt dieser Fläche 4. Ordnung sendet im allgemeinen nur eine der drei zugehörigen Ebenen durch P; daher ist ihr Schnitt mit einer Ebene Π eindeutig dem Kegel 2. Grades, der von P an die dem Punktfelde Π zugehörige Fläche 2. Grades kommt, zugeordnet und unikursal wie dieser, also mit drei Doppelpunkten behaftet. Dreht sich Π um eine Gerade l, so haben die Kegel 2. Grades die vier Ebenen gemeinsam, die den Schnitten von l mit der Fläche entsprechen; den drei Ebenenbüschel-Paaren dieser Schar entsprechen drei Ebenen Π durch l, welche in den den Büscheln zugeordneten Kegelschnitten schneiden und im vierten Doppelpunkte die Fläche 4. Ordnung berühren; wodurch wir zur Klasse 3 derselben kommen.

Es seien Π', Π'', Π''' die drei zu P gehörigen Ebenen; so sind $\Pi'\Pi''$, $\Pi'\Pi'''$, $\Pi''\Pi'''$ die drei Doppelgeraden. Denn für den Kegelschnitt, der zum Büschel $\Pi'\Pi''$ gehört, ist P Doppelpunkt; und das Zerfallen kann nur so stattfinden, daß die Gerade $\Pi'\Pi''$ doppelt gerechnet den Kegelschnitt darstellt. Denn sonst würden die beiden Geraden in zwei Ebenen des Büschels fallen, diese ∞^1 zugehörige Punkte haben und die übrigen keine.

Jedes einfach unendliche System von Flächen (gleicher Ordnung oder Klasse) mit den Charakteristiken μ, ρ, ν, d. h. von welchem μ Flächen durch einen Punkt gehen, ρ eine Ebene und ν eine Gerade tangieren, führt, wenn jedem Punkte die Berührungsebenen der durch ihn gehenden Flächen des Systems zugeordnet werden, zu einer Nullverwandtschaft, in welcher: 982

$$\alpha = \mu, \ \beta = \rho, \ \gamma = \nu.$$

Z. B. beim Flächenbüschel 2. Ordnung ist

$$\alpha = 1, \ \beta = 3, \ \gamma = 2.$$

Die Tangentialebenen, die zu den Punkten einer Gerade g gehören, umhüllen also einen Torsus 3. Klasse, von dem zwei Ebenen durch g gehen; dagegen erzeugen die Punkte, in denen die Ebenen eines Büschels berühren, eine Kurve 5. Ordnung, welche die Axe zweimal trifft und durch die vier Kegelspitzen geht.

Die Berührungspunkte der Ebenen eines Bündels P erzeugen eine Fläche 3. Ordnung, den Ort der Kegelschnitte, in denen die Flächen des Büschels von ihren zu P gehörigen Polarebenen geschnitten werden (Steiners Pampolare, Nr. 958). Und die Tangentialebenen, welche die Flächen auf der Ebene Π berühren, umhüllen eine Fläche 5. Klasse, für welche Π dreifache Ebene ist.

Wenn die Flächen des Büschels sich längs eines Kegelschnitts tangieren, so werden auch β und γ gleich 1. Wird dieser Kegelschnitt unendlich fern, so wird der Berührungspunkt einer Ebene mit einer Fläche der Büschel-Schar Mittelpunkt der Schnitte mit den übrigen, und man hat das oben betrachtete Beispiel.

983 Jedes doppelt unendliche System von Raumkurven gibt eine Nullverwandtschaft, in der Punkte und zugehörige Schmiegungsebenen einander entsprechen.

Die einfachsten derartigen Systeme sind folgende Bündel kubischer Raumkurven:

1. Der in sich duale Bündel der kubischen Raumkurven, welche ein Tetraeder in bestimmter Weise zum Schmiegungstetraeder haben (Nr. 520);

2. der Bündel der kubischen Raumkurven durch fünf feste Punkte;

3. der Bündel derjenigen, welche durch vier feste Punkte gehen und eine feste Doppelsekante haben.

Weil durch jeden Punkt eine Kurve geht, nennen wir sie Bündel. Im ersten Bündel wird auch jede Ebene von einer Kurve oskuliert; also:

$$\alpha = \beta = 1.$$

Es seien A, C die gegebenen Punkte, AB, CD die Tangenten und $\gamma = ABD$, $\alpha = CDB$ die Schmiegungsebenen und $(A - AB,\ C - CD)$ die in Nr. 520 eingeführte Bezeichnung des Bündels. Die Kurve desselben, welche durch den Punkt X geht, ist, neben AC, der Schnitt der beiden Kegel 2. Grades (A) und (C), von denen der eine, aus A, durch $A(B, C, X)$ geht und längs der beiden ersteren Kanten die Ebenen ABD und ACD tangiert, der andere, aus C, durch $C(D, A, X)$ geht und längs der ersteren CDB und CAB berührt.

Der Kegel (A) schneidet in α einen Kegelschnitt (α) ein, der durch B, C und die Spur X_α von AX geht und in jenen Punkten BD, CD tangiert; seine Tangente x_α in X_α, die Spur der Tangentialebene des Kegels längs AX, schneide BD in D_1. Nach den Ergebnissen von Nr. 600 ist, wenn $E = (ACX, BD)$, D_1 der vierte harmonische Punkt zu D in bezug auf B und E, und wenn ebenso B_1 der vierte harmonische Punkt zu B in bezug auf D und E ist, so ist $Y_\alpha = (x_\alpha, B_1C)$ die α-Spur der Tangente in X an die durchgehende

Kurve des Bündels. Der Punkt E ist der Konkurrenzpunkt der Schmiegungsebenen γ, α, ξ von A, C, X.

Wenn nun X auf einer Gerade g läuft,[1]) so bewegen sich E und die Punkte D_1, B_1 projektiv zu X, und ebenso X_α auf der Gerade g_α, in welche sich g aus A projiziert; demnach umhüllt $x_\alpha = X_\alpha D_1$ projektiv einen Kegelschnitt. Von dem vollen Erzeugnis 3. Ordnung dieses Tangentenbüschels und des zu ihm projektiven von CB_1 beschriebenen Strahlenbüschels lösen sich die beiden sich selbst entsprechenden Geraden CD, CB ab; denn kommt X_α in (g_α, CD), so ist (α) das Geradenpaar $D(C, B)$, und x_α ist CD, E fällt in D, daher auch B_1 und CB_1 in CD; zweitens wenn X_α in (g_α, CB) zu liegen kommt, so ist (α) die Doppelgerade CB und x_α vereinigt sich auch mit ihr; E fällt in B, daher auch B_1 und also CB_1 in CB. Also ist der Ort von Y_α eine Gerade, die er projektiv zu X und E durchläuft. Die Schmiegungsebene ξ verbindet die entsprechenden Punkte X, Y_α, E von drei projektiven Punktreihen und umhüllt daher einen kubischen Torsus.

Demnach ist

$$n = 3,$$

woraus folgt, daß

$$\gamma = 2 \text{ und } n_1 = 3$$

ist. Eine beliebige Gerade ist daher für zwei Kurven des Bündels Schmiegungsstrahl.

In der unserm Kurvenbündel zugehörigen Nullverwandtschaft ist der einer Gerade zugeordnete Torsus von der 3. Klasse, mit 2 durch die Gerade gehenden Ebenen, und die einem Ebenenbüschel zugeordnete Kurve 3. Ordnung mit der Axe des Büschels als Doppelsekante.

Einem Ebenenbündel korrespondiert eine kubische Fläche, für welche sich beweisen läßt, daß sie die Ecken des Schmiegungstetraeders zu Doppelpunkten hat, und einem Punktfelde eine Fläche 3. Klasse mit den Ebenen des Tetraeders als doppelten Berührungsebenen.[2])

Bei dem Bündel der kubischen Raumkurven r^3 durch fünf feste Punkte $P_1, \ldots P_5$ ist nur 984

$$\alpha = 1.$$

Dagegen ist

$$\beta = 6;$$

sechs Kurven des Bündels oskulieren eine gegebene Ebene.

---

1) In Nr. 600 wurden die Spezialfälle behandelt, wo g durch A (oder C) geht oder AC trifft.

2) Sturm, Math. Annalen Bd. 26 S. 495; Bd. 28 S. 283; insbesondere aber E. Heinrichs, Über den Bündel derjenigen kubischen Raumkurven, welche ein gegebenes Tetraeder in derselben Art zum gemeinsamen Schmiegungstetraeder haben. Dissertation von Münster 1887.

Um diese Zahl 6 zu erhalten, ziehen wir Ergebnisse von Nr. 453 heran. Als Ort der Punkte, in denen eine Ebene Π von Kurven des Bündels berührt wird, ergab sich ein Kegelschnitt $\mathfrak{K}^2$, die Basis des Polarfeldes, das durch den Bündel in Π hervorgerufen wird, zugleich der Kegelschnitt, der auf dem Kegelschnitt-System 4. Stufe ruht, in dem die Flächen 2. Grades durch $P_1, \ldots P_5$ die Ebene Π schneiden.

Sodann fanden wir dort, daß die Kurven r^3, welche eine Gerade treffen, eine Fläche 5. Ordnung erzeugen; weil diese dem Kegelschnitte $\mathfrak{K}^2$ in zehn Punkten begegnet, so ergibt sich weiter:

Die Kurven des Bündels, welche eine gegebene Ebene Π berühren, erzeugen eine Fläche 10. Ordnung.

Die Kurve 6. Ordnung, welche sie mit Π, außer der Berührungskurve $\mathfrak{K}^2$, gemeinsam hat, ist der Ort der dritten Schnittpunkte der die Ebene Π berührenden Kurven des Bündels. Durch einen Punkt, den diese Kurve mit $\mathfrak{K}^2$ gemeinsam hat, geht nur eine r^3, die in ihm berührende, für die er daher auch dritter Schnitt ist; folglich findet Oskulation statt. An jeder Oskulationsstelle sind die beiden äußern von den drei unendlich nahen Punkten dritte Schnitte, mithin gemeinsame Punkte der beiden Kurven; also ist jeder Oskulationspunkt einer r^3 mit Π Berührungspunkt der Kurve 6. Ordnung mit $\mathfrak{K}^2$. Und wir erhalten sechs Punkte, in denen Π von Kurven des Bündels oskuliert wird.[1])

Der Kurvenbündel und ein beliebiger Strahlenbündel O stehen in eindeutiger Beziehung: an jede Kurve des ersteren Bündels kommt eine Doppelsekante von O, und jeder Strahl dieses Bündels ist Doppelsekante für eine Kurve aus jenem (Nr. 206). Zwei so zusammengehörige Elemente der beiden Bündel bilden eine zerfallende Grundkurve eines Büschels aus dem Flächengebüsche 2. Ordnung durch die sechs Grundpunkte, von denen jeder an die Stelle von O treten kann. Die beiden Begegnungspunkte der Bestandteile sind die Spitzen der Kegel in dem Büschel und liegen daher auf der Kegelspitzen-Fläche (Jacobischen Fläche) 4. Ordnung des Gebüsches, für welche die sechs Grundpunkte Doppelpunkte sind (Nr. 235, 961). Von jedem derselben kommt ein Kegel 6. Ordnung anderwärts berührender Tangenten an diese Fläche, weil sechs Tangenten an die Schnittkurve einer Ebene durch den Punkt aus diesem, einem Doppelpunkte desselben, kommen, die nicht in diesem selbst berühren; für O besteht dieser Kegel aus den Tangenten an die Kurven des Bündels.

Die Tangenten der Kurven unseres Bündels bilden also einen Komplex 6. Grades.

---

1) Sturm, Journal f. Math. Bd. 79 S. 99 I; Reye, Geometrie der Lage. 3. Aufl. II 23. Vortr.

Die in die Ebene Π fallende Komplexkurve 6. Klasse wird von den Tangenten der Kurven des Bündels umhüllt, welche Π berühren. Die sechs Oskulationspunkte sind Berührungspunkte auch dieser Kurve mit dem Taktions-Kegelschnitte $\mathfrak{K}^2$.

Die beiden Treffpunkte einer Gerade l von Π mit der Kurve r^3, für die sie Doppelsekante ist, sind, als Ecken eines Polardreiecks von $\mathfrak{K}^2$, konjugiert in bezug auf diesen Kegelschnitt. Wird also Π um l gedreht, so entsteht auf l durch die Schnittpunkte mit den verschiedenen $\mathfrak{K}^2$ eine Involution. Jedes Paar liefert zwei Kurven des Bündels, deren Tangenten in diesen ihren Stützpunkten auf l in die betreffende Ebene Π fallen. Durch jeden Punkt von l geht eine Kurve aus dem Bündel und die zugehörige Tangente.

Daraus schließen wir:

Die Tangenten der Kurven des Bündels, welche die Gerade l treffen, in diesen ihren Treffpunkten erzeugen eine Regelfläche 3. Grades, auf welcher die Gerade l einfache Leitgerade ist.

Für einen beliebigen Punkt X auf l sei x die zugehörige Tangente; Schmiegungsebene Ξ ist die Berührungsebene des Kegels 2. Grades aus X nach den $P_1, \ldots P_5$ längs der Kante x.

Wir konstruieren sie nach dem Pascalschen Satze aus den Kanten $X(P_1, \ldots P_4)$ und x, schneiden also die Ebenen XP_1P_2 und xP_4 in p, XP_3P_4 und xP_1 in r, sodann pr mit XP_2P_3 in q; die Ebene qx ist Ξ.

Die XP_1P_2 beschreibt einen Büschel, xP_4 den Tangentialkegel 3. Klasse aus P_4 an jene kubische Regelfläche der Tangenten x; beide sind projektiv bezogen und $P_1P_2P_4$ entspricht sich selbst; denn fällt X in diese Ebene, so tut es auch x, wobei die zugehörige kubische Raumkurve zerfällt. Daher ist das Erzeugnis der Gerade p eine kubische Regelfläche mit l als einfacher Leitgerade. Ebenso erzeugt r eine solche Regelfläche. Diese Regelflächen stehen in projektiver Beziehung ihrer Erzeugenden: entsprechende treffen sich immer auf der gemeinsamen Leitgerade l. In einer Schnittebene ergeben sich also projektiv bezogene Kurven 3. Ordnung mit der Spur von l als sich selbst entsprechendem Punkte; die Kurve von der Klasse $3 + 3 - 1 = 5$, welche von den Verbindungslinien entsprechender Punkte umhüllt wird, ist die Spur des Torsus 5. Klasse, den die Verbindungsebenen entsprechender Erzeugenden einhüllen. Dieser ist wiederum projektiv zum Ebenenbüschel XP_2P_3 und da jetzt die Ebenen $P_2P_3P_1$, $P_2P_3P_4$ sich selbst entsprechend sind, so ist das Erzeugnis der Schnittlinien q eine Regelfläche 4. Grades, und deren projektive Beziehung zur Regelfläche der Tangenten x, bei welcher wiederum homologe Erzeugenden sich auf l schneiden, führt zu einem Torsus von der Klasse $4 + 3 - 1 = 6$.

Bewegt sich also X auf einer Gerade, so beschreibt die zugehörige Schmiegungsebene $\mathfrak{E}$ einen Torsus 6. Klasse. Die zehn Verbindungsebenen der P_i berühren ihn, und die je sechs, welche durch einen der P_i gehen, sind eben seine sechs Tangentialebenen aus ihm.

Aus $n = 6$ folgt:

$$\gamma = 5.$$

Jede Gerade ist somit Schmiegungsstrahl für fünf Kurven des Bündels[1]).

Daraus folgt nun wieder:

Einem Ebenenbündel korrespondiert eine Fläche 6. Ordnung mit dem Scheitel als einfachem Punkte.

Einem Ebenenbüschel entspricht eine Kurve 11. Ordnung, welche der Axe fünfmal begegnet, und einem Punktfelde eine Fläche 11. Klasse, für welche die Ebene desselben sechsfach ist.

Beim dritten Bündel der kubischen Raumkurven, welche durch vier gegebene Punkte gehen und eine gegebene Doppelsekante haben, ist (Nr. 206):

$$\alpha = 1.$$

Dasselbe gilt auch für den Bündel der Grundkurven 4. Ordnung eines Flächennetzes 2. Ordnung. An anderer Stelle[2]) ist für diese beiden Bündel bewiesen, daß es in ihnen drei, bzw. neun Kurven gibt, welche eine gegebene Ebene oskulieren. Also ist für die zugehörigen Nullverwandtschaften:

$$\beta = 3, \text{ bzw. } 9.$$

985 Jede Strahlenkongruenz, deren Ordnung m und Klasse n größer als 1 sind, führt zu einer Nullverwandtschaft, in welcher jedem Punkte die $\alpha = \frac{1}{2}n(n-1)$ Verbindungsebenen $\mathfrak{E}$ der durch ihn gehenden, jeder Ebene $\mathfrak{E}$ die $\beta = \frac{1}{2}n(n-1)$ Schnittpunkte der in ihr liegenden Kongruenzstrahlen zugeordnet sind; γ ist die Anzahl, wie oft zwei Strahlen der Kongruenz mit einer gegebenen Gerade zu einem Strahlenbüschel gehören: der Rang r der Kongruenz.[3])

Kongruenzen, welche in einem allgemeinen Gewinde enthalten sind, haben gleiche Ordnung und Klasse m; denn beide sind die Anzahl der Strahlen der Kongruenz, die in einem Strahlenbüschel des Gewindes sich befinden. Der Rang ist 0; denn ein Strahl, der mit

1) Schubert, Kalkül der abzählenden Geometrie § 25; γ ist dort $\widehat{pc}$.
2) Journal f. Mathem. Bd. 79 S. 99, Bd. 70 S. 217.
3) Liniengeometrie Bd. II Nr. 189.

zwei Strahlen einer solchen Kongruenz zu demselben Büschel gehört, gehört eben damit zu einem Büschel des Gewindes; was für eine beliebige Gerade nicht gilt. Bei einer derartigen Kongruenz m^{ter} Ordnung und m^{ter} Klasse vereinigen sich die einem Punkte zugehörigen Ebenen in seiner Nullebene bezüglich des Gewindes und die einer Ebene zugeordneten Punkte in ihrem Nullpunkte. Die Nullverwandtschaft ist der Nullraum des Gewindes, aber derartig, daß die Nullebene, der Nullpunkt $\frac{1}{2}m(m-1)$-fach zu rechnen ist.

Die zu den allgemeinen Kongruenzen 2. Ordnung und 3. bis 7. Klasse zugehörigen Nullverwandtschaften sind in der Liniengeometrie Bd. II Nr. 433, 442, 448, 451, 452, 465 besprochen worden; zur Kongruenz 2. Ordnung 2. Klasse gehört der einfache Nullraum des Gewindes, in dem sie enthalten ist.

Anhang.

I.

In Nr. 46 ist bewiesen, daß, wenn von zwei vollständigen Vierecken je zweimal zwei Gegenseiten und eine fünfte durch fünf Punkte einer Gerade s gehen, auch die beiden sechsten Seiten durch denselben Punkt von s gehen. Dabei ist Gleichartigkeit der Vierecke vorausgesetzt; d. h. durch dieselben drei Punkte auf s gehen drei Seiten des einen und des andern Vierecks, welche in beiden durch eine Ecke gehen oder in beiden ein Dreieck bilden.

Nachher ist, unter Benutzung nur eines der beiden Vierecke, gezeigt worden, daß es sich um drei Punktepaare in Involution handelt. Nun mußte noch hervorgehoben werden, daß der obige Satz auch bestehen bleibt, wenn jene Gleichartigkeit aufhört, d. h. wenn die durch drei Punkte von s gehenden Seiten in dem einen Vierecke durch eine Ecke gehen, im andern ein Dreieck bilden.

Im ersten Vierecke $KLMN$ mögen wie a. a. O. KM, LN; KN, LM; KL durch A, A', B, B', C gehen und die sechste Seite MN durch den sechsten Punkt in Involution C'; im zweiten Vierecke gehe wieder $K'L'$ durch C, aber M' sei $(K'A, L'B)$, $N' = (K'B', L'A')$; während vorhin KM, KN, KL durch A, B, C gehen, tun es jetzt $K'M'$, $L'M'$, $K'L'$. Die Involution bleibt dieselbe, die sechste Seite $M'N'$ geht also auch durch C'.

Lassen wir s ins Unendliche sich entfernen, so haben wir: Wenn von zwei vollständigen Vierecken zweimal zwei Gegenseiten und eine fünfte Seite des einen zu eben solchen Seiten des andern parallel sind, so sind, mag es sich um Gleichartigkeit oder Ungleichartigkeit handeln, auch die sechsten Seiten parallel.[1])

II.

Der Beweis in Nr. 141, daß zwei zyklisch-projektive Gebilde ($n > 2$) imaginäre Koinzidenzelemente haben, erfordert, daß vorher festgestellt wird, daß diese Elemente nicht zusammenfallen können.

---

1) In Steiner-Schröters Vorlesungen 3. Aufl. Nr. 53 ist der zweite in der graphischen Statik wichtige Fall durch elementar-geometrische Überlegungen bewiesen. Vgl. auch Nr. 434.

Wir setzen ineinander liegende projektive Gebilde mit einem einzigen Koinzidenzelemente voraus, und zwar in der Punktreihe eines Kegelschnitts K. Die Projektivitätsaxe s berührt ihn dann im Koinzidenzpunkte M. Da A_1 und A_2, A_2 und A_3 entsprechend sind, so schneiden sich (Nr. 106) A_1A_3 und die Tangente in A_2 auf s, ebenso A_2A_4 und die Tangente in A_3, usw. Weil dadurch A_1A_3 zu A_2M konjugiert wird, sind (Nr. 111) A_1, A_3 zu A_2, M harmonisch, usw. Und die Reihe der Punkte $A_1A_2A_3A_4\ldots$, von denen jeder folgende dem vorhergehenden in demselben Sinne entspricht, wird durch fortgesetztes Konstruieren vierter harmonischer Punkte erhalten. Projizieren wir auf eine Gerade, und zwar so, daß M unendlich fern wird, so ergibt sich:

$$A_1A_2 = A_2A_3 = A_3A_4 = \cdots.$$

Nun ist unmittelbar klar, daß der Prozeß unbegrenzt fortgeht: mit dem unendlich fernen Koinzidenzpunkt als Konvergenzpunkte, also eine Rückkehr zum Ausgangspunkte nach einer endlichen Anzahl von Schritten, d. h. zyklische Projektivität nicht möglich ist.

Und der in Nr. 147 für reelle und getrennte Koinzidenzelemente bewiesene Konvergenzsatz ist auch für vereinigte Koinzidenzelemente bewiesen. Wenn in jenem allgemeineren die Gebilde gleichlaufend sind, d. h. A_1, A_2 hyperbolische Lage zu M, N haben, so gibt sich beim Arbeiten auf einem Kegelschnitte die Konvergenz nach einem Punkte M, N leicht zu erkennen.

Ferner hat sich gezeigt, daß der Fall vereinigter Koinzidenzelemente immer durch projektive Operationen aus dem zweier ineinander liegender gleichlaufenden und gleichen Punktreihen, die ja den unendlich fernen Punkt zum einzigen Koinzidenzpunkt haben, abgeleitet werden kann.

Die repräsentierende Involution (Nr. 75) muß eine parabolische sein, zwei Z und dann alle Z müssen zu demselben Z_1 führen. Man erhält daher für unsern Spezialfall drei Paare entsprechender Elemente folgendermaßen. Y, Y' seien beliebig gegeben, mit ihnen seien W' und X identisch; das entsprechende X' zu X sei wiederum beliebig. Ist dann $\mathfrak{Z}$ harmonisch zu $X \equiv Y'$ in bezug auf X', Y, so sei das dem W' entsprechende Element W so konstruiert, daß YY', $\mathfrak{Z}\mathfrak{Z}$, $X'W$ in Involution sind; dann ist auch $\mathfrak{Z}$ harmonisch zu $Y \equiv W'$ in bezug auf Y' und W. Denn aus jener Involution folgt: $(Y\mathfrak{Z}WY') = (Y'\mathfrak{Z}X'Y) = -1$. Die Projektivität ist also: $XYW \barwedge X'Y'W'$.

Damit hat dieser meistens vernachlässigte Spezialfall etwas Berücksichtigung gefunden.

III.

Der Satz in Nr. 178 über die Bedingung, wann eine Korrespondenz [2, 2] Projektivität zweier Involutionen wird, kann einen mehr geometrischen Beweis in folgender Weise erhalten.

Eine Korrespondenz [2, 2] zwischen zwei verbundenen Regelscharen der g und der l führt nach Nr. 165 zu einer Raumkurve 4. Ordnung erster Art, welche den g und den l zweimal begegnet (der Grundkurve eines Flächenbüschels 2. Ordnung, wie in Nr. 174 Anm. erkannt wurde), als Ort der Schnittpunkte entsprechender Geraden g und l. Nach Nr. 164 haben alle Korrespondenzen [2, 2], für welche sieben Paare entsprechender Elemente gegeben sind, ein festes achtes Paar gemeinsam, die Raumkurven 4. Ordnung also durch sieben Punkte auf der Trägerfläche noch einen achten Punkt, der dann später in Nr. 235 der achte assoziierte zu den sieben Punkten genannt wurde.

Die Ecken von zwei Vierseiten $g_1 l_1 g_2 l_2$, $g_3 l_3 g_4 l_4$ auf der Trägerfläche sind acht assoziierte Punkte; denn durch sie gehen zwei in Vierseite zerfallende Raumkurven 4. Ordnung erster Art: $g_1 l_3 g_2 l_4$, $l_1 g_3 l_2 g_4$.[1])

Nun liege eine Korrespondenz [2, 2] vor mit der speziellen Eigenschaft der Voraussetzung von Nr. 178: einmal entsprechen zwei Elementen des einen Gebildes dieselben zwei im andern. Wir übertragen sie in zwei verbundene Regelscharen. Der g_1 sowohl wie der g_2 sind l_1 und l_2 entsprechend; wenn weiter der g_3 die l_3 und l_4 entsprechen und g_4 die zweite entsprechende von l_3 ist, so geht die erzeugte Raumkurve durch alle Ecken von $g_1 l_1 g_2 l_2$ und durch die drei Ecken $g_3 l_3$, $g_3 l_4$, $g_4 l_3$ von $g_3 l_3 g_4 l_4$, also auch durch $g_4 l_4$, den achten assoziierten Punkt. Es haben daher auch g_3, g_4 dieselben entsprechenden Geraden l_3, l_4. Was einmal geschieht, geschieht durchweg.

Ebenso kann in Nr. 194, nachdem für eine von einem Kegelschnitte K^2 getragene involutorische Korrespondenz [2] der Direktions-Kegelschnitt C_2 erkannt ist, für den Satz von Nr. 191 über die kubische Involution, als Spezialfall von [2], ein mehr geometrischer Beweis geliefert werden. Wenn dem Punkte A die Punkte B, C entsprechen, die auch einander entsprechen, und dem X die Punkte Y, Z, so berühren AB, AC, BC, XY, XZ die Direktionskurve C_2; aber nach Nr. 118 sind die sechs Seiten der beiden dem K^2 eingeschriebenen Dreiecke ABC, XYZ einem zweiten Kegelschnitte umgeschrieben, also dem C_2, welcher fünf von ihnen berührt; und indem YZ ihn auch berührt, sind auch Y und Z, die dem X entsprechen, einander entsprechend.

---

1) Die ein Vierseit erzeugende Korrespondenz ist ausgeartet; die linke Seite der Korrespondenzgleichung besteht aus zwei Faktoren, welche je nur von x, bzw. x_1 abhängen und quadratisch in ihnen sind.

IV.

Es hat sich herausgestellt, daß die Formel für Ponceletsche Achtecke zweiter Art bei Kreisen, welche ich in Nr. 199 nach Steiner, der leider nur die Formeln mitgeteilt hat, angegeben habe, nicht richtig ist. Schon Nicolaus Fuß hat am Ende des 18. Jahrhunderts[1]) die richtige, jedoch in irrationaler Form gefunden. Er kannte ja den Ponceletschen Satz noch nicht und, indem er sich zur Vereinfachung des Problems genötigt sah, mit speziellen, „symmetrisch irregulären“ Polygonen zu arbeiten, glaubte er, ein unvollkommenes Resultat erhalten zu haben. Jacobi aber erkannte die Allgemeinheit, verglich die Formeln von Fuß und Steiner und sah, **daß sie nicht übereinstimmten.**

Die richtige Fußsche Formel ist, rational gemacht:

$$(R^2 - a^2)^8 - 8(R^2 - a^2)^6 r^2 (R^2 + a^2 + 2r^2) + 8(R^2 - a^2)^4 r^4 \cdot \{3(R^2 + a^2)^2 + 4(R^2 + a^2)r^2 - 2r^4\} - 32(R^2 - a^2)^2 r^6 (R^2 + a^2)^3 + 16 r^8 (R^2 + a^2)^4 = 0$$

oder, nach r angeordnet:

$$(R^2 - a^2)^8 - 8(R^2 - a^2)^6 r^2 (R^2 + a^2) + 8(R^2 - a^2)^4 r^4 (R^4 + a^4 + 10R^2a^2) - 128(R^2 - a^2)^2 r^6 R^2 a^2 (R^2 + a^2) + 128 r^8 R^2 a^2 (R^4 + a^4) = 0.$$ [2])

V.

In Nr. 682 ist der Beweis für die Ordnung $n - i$ der i^{ten} Polare eines Punktes O in bezug auf eine Kurve oder Fläche n^{ter} Ordnung in der üblichen Weise durch spezielle Lage geführt worden. Für wirklich unvollkommen kann ich diesen Beweis nicht ansehen; aber es ist vielleicht nicht überflüssig, durch einige weitere Betrachtungen den Satz zu bestätigen; wobei es genügt, die erste Polare zu behandeln, weil die weiteren wiederholte erste Polaren sind.

Wir konstruieren, wenn eine ebene Kurve n^{ter} Ordnung C^n vorliegt, vermittelst des Punktes O, um dessen Polare es sich handelt, eine zentrale $(n-1, 1)$-deutige Verwandtschaft $\mathfrak{T}_{n-1,1}$, indem auf jedem Strahle o durch O Punkte P und P' zugeordnet werden, welche durch die Relation der ersten Polare:

$$\sum\nolimits_{n-1,1} PA_k \cdot P'A_{k'} = 0$$

verbunden sind, wo wieder die A_k, $A_{k'}$ die n Schnitte mit C^n sind und die Summe wie in Nr. 677 Formel II und II′ zu verstehen ist.

---

1) Nova Acta Academiae Petropolitanae, Bd. 13 (1802).

2) Frieda Goldmann, Ponceletsche Polygone bei Kreisen, Dissertation **von Breslau 1909.**

Auf jedem Strahle o entsteht dann eine Projektivität zwischen der Involution $(n-1)^{\text{ten}}$ Grades der Gruppen der Punkte P und der einfachen Punktreihe der P', also eine Korrespondenz $[n-1, 1]$. Ohne Kenntnis der Polaren ergab sich schon in Nr. 162, daß an eine allgemeine C^n[1]) von O $n(n-1)$ Tangenten kommen; ihre Berührungspunkte gehören der ersten Polare von O an, weil, wenn in einer Grundgruppe sich zwei Punkte vereinigen, dieser Punkt der ersten Polargruppe jedes Pols der Gerade angehört (Nr. 681); und da weiter die Polargruppe mit der Grundgruppe nur dann einen Punkt gemein hat, wenn in diesem sich zwei Punkte der letzteren vereinigt haben, so sind die Berührungspunkte der von O kommenden Tangenten die einzigen Schnitte der Polare mit der C^n. Schon dies fordert die Ordnung $n-1$ der Polare.

Auf jeder dieser $n(n-1)$ Tangenten t, je mit dem Berührungspunkte T, gehört dann T zu jeder Involutionsgruppe, so daß, abgesehen von T, die Involution auf den Grad $n-2$ herabsinkt; T entspricht als P jedem Punkte P' des Strahls. Die $n(n-1)$ Punkte T werden also einfache Hauptpunkte der Verwandtschaft im P-Felde, je mit der zugehörigen t als Hauptgerade.

Vereinigen können P und P' sich nur auf C^n, denn der Pol gehört nur dann zur Polargruppe, wenn er in der Grundgruppe sich befindet (Nr. 681). Die n Schnitte mit C^n sind also auf jedem Strahle o die n Koinzidenzen der $[n-1, 1]$; und wir haben eine Koinzidenzkurve n^{ter} Ordnung in der Grundkurve C^n.

Diese Koinzidenzkurve und der Umstand, daß entsprechende Punkte immer auf einer Gerade o liegen, auf einer beliebigen Gerade also kein Paar getrennter entsprechender Punkte vorhanden ist (Klasse 0 der Verwandtschaft), weisen darauf hin, daß die Anzahl der Paare entsprechender Punkte P, P', welche auf zwei gegebenen Geraden g und l' bzw. liegen, — der Grad der Verwandtschaft — n sein muß. Denn, wenn den g, l' die Kurven G', L entsprechen, welche beide den Grad zur Ordnung haben, so sind die Begegnungspunkte von G' mit g (oder von L mit l') die n Punkte gC^n (oder die Punkte $l'C^n$) und sie allein; weitere Punkte von G' auf g würden einen entsprechenden, und zwar einen verschiedenen auf g haben; aber die nicht durch O gehende g enthält keine solchen entsprechenden Punkte.

Aber nehmen wir den Grad der Verwandtschaft und diese Kurvenordnungen noch als unbekannt an: m, so lehren auf jedem Strahl o durch O die $n-1$ dem Schnitte mit l' entsprechenden Punkte P und der eine dem Schnitte mit g entsprechende Punkt P', daß O auf L

1) Es genügt, diese zu betrachten; welche Modifikationen im andern Falle eintreten, ist bekannt.

$(m - (n - 1))$-fach, auf G' $(m - 1)$-fach ist. Die zu l', l_1' gehörigen Kurven L, L_1 haben m^2 Punkte gemeinsam; davon fallen $(m - n + 1)^2$ in O, in jeden der Punkte T, der sowohl dem tl' als dem tl_1' entspricht, einer; erschöpft werden sie durch die $n - 1$ Punkte, die dem Punkte $l'l_1'$ korrespondieren; aus:

$$m^2 = (m - n + 1)^2 + n(n - 1) + n - 1$$

folgt:

$$m = n.$$

Nun haben wir auch die n^2 Schnittpunkte irgendeiner L mit C^n, nämlich die n Punkte $l'C^n$ und die $n(n - 1)$ Punkte T.

Der Pol O ist also auf jeder L^n einfach und auf jeder G'^n $(n - 1)$-fach. Letzteres bedeutet, daß O als P' $n - 1$ zugeordnete Punkte P auf g hat; d. h. daß die erste Polare von O, die ja von den diesem Punkte als P' zugeordneten Punkten P gebildet wird, von g in $n - 1$ Punkten geschnitten wird.

Wir hätten auch, weil ja die $(m - 1)$-Fachheit von O auf G' zu $m - 1$ als Ordnung der ersten Polare von O führt, die Anzahl der Punkte T gleich $n(m - 1)$ annehmen können. Die Formel:

$$m^2 = (m - n + 1)^2 + n(m - 1) + n - 1$$

führt zu:

$$(n - 2)(n - m) = 0$$

oder, da wir ja $n > 2$ voraussetzen dürfen:

$$m = n.$$

Die $n(n - 1)$ Schnitte irgendeiner L^n mit der ersten Polare von O sind die Punkte T.

Im P-Felde haben wir die involutorische Verwandtschaft $\mathfrak{V}$ der verbundenen Punkte P, $\overline{P}$, welche demselben Punkte P' zugeordnet sind. Es seien G' und $\overline{G}'$ die zu g und $\overline{g}$ gehörigen Kurven; sie haben den je $(n - 1)$-fachen Punkt O und den Punkt P' gemeinsam, welcher dem Schnitte $g\overline{g}$ korrespondiert; jeder von den $2(n - 1)$ weiteren gemeinsamen Punkten hat einen entsprechenden auf g und einen davon verschiedenen auf $\overline{g}$. Daher ist $2(n - 1)$ der Grad dieser Verwandtschaft, in ihr entspricht einer Gerade eine Kurve von der Ordnung $2(n - 1)$, auf welcher O n-fach ist, wie die weiteren Schnitte eines Strahles o zeigen, und einer Kurve von der Ordnung q entspricht eine Kurve von der Ordnung $2(n - 1) \cdot q$.

Jeder Punkt der ersten Polare von O hat seine $n - 2$ verbundenen Punkte auf ihr; sie entspricht in $\mathfrak{V}$ sich selbst; ihre volle entsprechende Kurve von der Ordnung $2(n - 1)^2$ besteht aus ihr selbst $(n - 2)$-fach gerechnet, und den $n(n - 1)$ Tangenten t; denn jeder Punkt einer t gehört zu einer Gruppe der Involution $(n - 2)^{\text{ten}}$ Grades, welche mit T eine der Involution $(n-1)^{\text{ten}}$ Grades bildet, und ist daher dem T verbunden.

Die Punkte T werden auch einfache Hauptpunkte der Verwandtschaft $\mathfrak{V}$, ebenfalls mit der zugehörigen t als Hauptgerade.

Auch jeder Punkt einer Kurve L^n hat die übrigen $n-1$ Schnitte des Strahls o durch ihn zu verbundenen, alle wie er dem Schnittpunkte dieses Strahl mit l' in $\mathfrak{T}_{n-1,1}$ entsprechend. Die volle entsprechende Kurve $2n(n-1)^{\text{ter}}$ Ordnung besteht aus ihr selbst, $(n-1)$-fach gerechnet, und wiederum den $n(n-1)$ Geraden t.

Der Punkt O, der n-fach auf jeder in $\mathfrak{V}$ einer Gerade entsprechenden Kurve liegt, wird n-facher Hauptpunkt und hat eine zugeordnete Hauptkurve n^{ter} Ordnung mit O als Doppelpunkt, weil auf jedem Strahle o $n-2$ ihm verbundene Punkte liegen. Sie entsteht durch den Büschel O und den zu ihm projektiven Büschel der ersten Polaren der Punkte der letzten Polare von O, für welchen O auch ein Grundpunkt ist.

Die den Punkten von C^n verbundenen Punkte bilden eine Kurve von der Ordnung $n(n-1)$, auf der O n-fach ist; sie wird zur Ordnung $2n(n-1)$ ebenfalls durch die t vervollständigt.

Die Verwandtschaft $\mathfrak{T}_{n-1,1}$ der Punkte P und P' besitzt ∞^1 involutorische Paare. Die einer Gerade k in beiderlei Sinne korrespondierenden Kurven G' und L haben O $(n-1)$-fach, ferner die n Schnitte kC^n gemein, daher noch $(n-1)^2$ Punkte, welche den Punkten auf k, mit ihnen je auf einem Strahle o gelegen, involutorisch entsprechen.

Die involutorischen Paare erzeugen also eine Kurve von der Ordnung $(n-1)^2$; auf ihr ist O $(n-1)$-fach, weil ihm die $n-1$ Schnitte seiner ersten und seiner letzten Polare involutorisch entsprechen. Die übrigen $(n-1)(n-2)$ Punkte auf jedem Strahle von O bilden die $\frac{1}{2}(n-1)(n-2)$ involutorischen Paare, welche nach Nr. 181 der Korrespondenz $[n-1, 1]$ auf ihm zukommen.

Bei $n=2$, wo die zu derselben Gerade gehörigen Kegelschnitte G' und L sich decken, ist sowohl die Korrespondenz $[1, 1]$ auf jedem Strahle von O, als die ganze Verwandtschaft $\mathfrak{T}$ involutorisch.

Die Voraussetzung eines anderen Grades der $\mathfrak{T}$ als n, also einer anderen Ordnung der ersten Polare als $n-1$ würde zu nicht in Übereinstimmung zu bringenden Ergebnissen führen.

VI.

Ich lasse noch einige Überlegungen folgen, welche dazu dienen sollen, Mittel anzugeben, wie zu einem einfacheren Beweise des Satzes von der gemischten Polare zu gelangen sei (Nr. 693).

Für die Polare in bezug auf eine geradlinige Grundgruppe ist er von Cremona bewiesen.[1]) Sind $A_1, A_2, \ldots A_n$ die Punkte dieser Gruppe, O, O' die beiden Pole und J ein beliebiger Punkt der Gerade, so hat Cremona für irgend einen Punkt P der ersten Polare von O', genommen nach der von O in bezug auf die Grundgruppe, folgende Relation erhalten:

$$\begin{aligned} JO \cdot JO' \{ & n(n-1)JP^{n-2} - (n-1)(n-2)JP^{n-3}\Sigma_1 JA_h \\ & + (n-2)(n-3)JP^{n-4}\Sigma_2 JA_h - \cdots\} \\ - (JO + JO')\{ & 1 \cdot (n-1)JP^{n-2}\Sigma_1 JA_h - 2 \cdot (n-2)JP^{n-3}\Sigma_2 JA_2 \\ & + 3 \cdot (n-3)JP^{n-4}\Sigma_3 JA_h - \cdots\} \\ + \{ & 1 \cdot 2JP^{n-2}\Sigma_2 JA_h - 2 \cdot 3JP^{n-3}\Sigma_3 JA_2 + 3 \cdot 4JP^{n-4}\Sigma_4 JA_h - \cdots\} = 0. \end{aligned}$$

Die Symmetrie dieser Formel nach O und O' zeigt, daß die Reihenfolge der Pole umgekehrt werden kann. Cremona hat wohl gewünscht, dies Ergebnis für die Polarentheorie der Kurven und Flächen zu verwerten.

Es sei eine Fläche n^{ter} Ordnung F^n zugrunde gelegt; wenn wir im folgenden nur Pole betrachten, welche auf einer gegebenen Gerade l liegen, so sind doch zwei Punkte X, Y auf ihr zwei beliebige Punkte im Raume. Wir bezeichnen mit (X, Y) die erste Polare von Y, genommen nach der von X, und mit (Y, X) die in umgekehrter Reihenfolge konstruierte, die also vorläufig von ihr als verschieden anzusehen ist.

Auf l ergibt sich eine Projektivität der ersten und zweiten Pole X, Y, wenn wir solche (X, Y) ins Auge fassen, die durch einen gegebenen Punkt Z gehen. Denn die ersten Polaren X^{n-1} der Punkte X bilden einen Büschel, der zur Polreihe projektiv ist, und wenn (X, Y) durch Z gehen soll, so muß die letzte Polare von Z in bezug auf X^{n-1} durch Y gehen (Nr. 683); diese letzten Polaren des festen Z in bezug auf die X^{n-1} bilden wiederum einen zum Büschel der X^{n-1} und zur Polreihe der X projektiven Büschel (Nr. 682) und schneiden in l die Reihe der Y ein, die daher zu der der X projektiv ist.

Es kommt darauf an, nachzuweisen, daß diese Projektivität immer involutorisch ist.

Ist dies geschehen, so schließen wir weiter. Sind X, Y beliebige Punkte auf l, so sei Z ein beliebiger Punkt auf der Polare (X, Y); von der ihm zugehörigen Involution ist XY ein Paar, und weil es eben ein involutorisches Paar ist, so geht auch (Y, X) durch Z; d. h. (Y, X) ist mit (X, Y) identisch.

Es sei p_X die Polarkurve, $(n-2)^{\text{ter}}$ Ordnung, der Gerade l in

1) Einleitung in eine geometrische Theorie der ebenen Kurven, Nr. 14.

bezug auf die erste Polare X^{n-1} des Punktes X auf l, die gemeinsame Kurve der ersten Polaren der Punkte von l in bezug auf X^{n-1}, g_Y die „konjugierte" Kurve, ebenfalls $(n-2)^{\text{ter}}$ Ordnung, des Punktes Y auf l in bezug auf den Büschel der X^{n-1}, d. h. die Grundkurve des Büschels der ersten Polaren von Y in bezug auf die verschiedenen X^{n-1}; (X, Y) verbindet p_X mit g_Y, (Y, X) hingegen p_Y mit g_X. Hält man X fest, während Y sich ändert, so bilden die (X, Y) den Büschel durch p_X, und die (Y, X) den durch g_X. Wenn $(Y, X) \equiv (X, Y)$, so ist auch $p_X \equiv g_X$; und umgekehrt aus dieser (durchgängigen) Identität $p_X \equiv g_X$ folgt die Identität der verbindenden Flächen (p_X, g_Y) und (g_X, p_Y) oder (X, Y) und (Y, X).

Lassen wir die Pole Y zunächst auf einer zweiten Gerade m liegen und p_X die Polarkurve von m in bezug auf X^{n-1} sein, so erfüllen (Nr. 691) die Kurven p_X und g_Y eine und dieselbe Fläche von der Ordnung $2(n-2)$; und jene sind untereinander windschief und ebenso diese, während die einen den anderen in $(n-2)^3$ Punkten begegnen, analog zu zwei verbundenen Regelscharen, die sich ja auch ergeben, wenn $n = 3$ ist.

Die ∞^2 Polaren (X, Y) befinden sich innerhalb eines Gebüsches.

Die Schar der p_X ist projektiv dem X^{n-1}-Büschel und damit der Punktreihe der X auf l, die Schar der g_Y ist projektiv der Punktreihe der Y auf m.

Die Kurven p_X sind Schnittkurven entsprechender Flächen projektiver Büschel um irgend zwei Kurven g_Y, etwa g_{Y_1}, g_{Y_2}; und ähnlich entstehen die g_Y.

Wenn wieder m mit l sich vereinigt, so müssen diese beiden „verbundenen" Scharen sich decken, und zwar g_X mit p_X.

Für $n = 3$ läßt sich das leicht beweisen. Ich habe im Journal für Math. Bd. 88, S. 324 bewiesen,[1]) daß, wenn A, B zwei Punkte auf F^3, A^2, B^2 ihre ersten Polaren sind, a, b (a. a. O. a'', b'') die Polaren der Gerade $l = AB$ in bezug auf sie, diese Geraden a, b mit dem dritten Schnitte C von l und F^3 in einer Ebene liegen; und weil die Polarebene (A, B) durch a und C, (B, A) durch b und C gehen muß,[2]) so ist damit die Identität dieser beiden Polaren bewiesen. Diese a, b sind nach der jetzigen Bezeichnung p_A, p_B, zugleich aber auch g_A und g_B; denn weil (B, A) auch durch a geht

1) Vgl. auch Reye, Geometrie der Lage, 3. Aufl., 3. Abt., 7. Vortrag.

2) Nach Cremonas obigem Satze treffen beide Polaren (X, Y), (Y, X) die Gerade l in denselben $n-2$ Punkten. Bei $n = 3$ ist dies ein Punkt, und für (A, B) und (B, A) ist es gerade der dritte Schnitt C; was für den Beweis ein günstiger Umstand ist.

und (A, A), die Polarebene von A nach A^2, ebenfalls, so ist a die Schnittlinie der Polarebenen von A nach B^2 und A^2, also g_A und b die g_B. Ebenso ist c, die Polare von l nach C^2, sowohl p_C als g_C.

Daher sind die Regelscharen der p und g, wegen dieser ihnen gemeinsamen Geraden a, b, c, identisch. Die Vereinigung in die Tangentenschar eines Kegelschnitts ist ausgeschlossen; dann lägen a, b, c in einer Ebene, in der ab, ac, bc sich vereinigen, so würden, da ab durch $C, \ldots$ geht, auch C, B, A in sie fallen und l; diese, welche A^2, B^2, C^2 nicht berührt, ist aber windschief zu ihren Polaren a, b, c. Es findet also Vereinigung in der Kantenschar eines Kegels 2. Grades statt. Diese Kantenschar wird in sich projektiv mit p_X und g_X als entsprechenden Kanten; da aber $p_A \equiv g_A$, $p_B \equiv g_B$, $p_C \equiv g_C$, so deckt sich durchweg p_X mit g_X; und wir haben, was wir wollen.

Nunmehr ergibt sich, daß alle (X, Y) für Pole X, Y auf l, als Verbindungsebenen zweier Kanten $p_X \equiv g_X$ und $p_Y \equiv g_Y$, durch die Spitze gehen, also einen Bündel bilden; und die reinen Polaren (X, X) unter ihnen sind die Berührungsebenen dieses Kegels 2. Grades, der, als Enveloppe dieser Ebenen, die zweite Polare von l in bezug auf F^3 genannt wird. Seine Spitze ist der Punkt, dessen erste Polare durch l (oder drei Punkte auf ihr) geht, woraus dann folgt, daß alle reinen Polaren durch ihn gehen.

Es wäre also der Versuch zu machen, ob man für eine beliebige Ordnungszahl n analog vorgehen kann.

Deckt sich, für alle Punkte von l, g_X mit p_X, was aus $(Y, X) \equiv (X, Y)$ folgt und dazu führt, so haben die beiden Grundkurven g_{Y_1}, g_{Y_2}, mit deren Büscheln wir oben die p_X erzeugten, weil wir die eine als p ansehen können, $(n-2)^3$ Punkte gemein, die dann allen Flächen des einen und andern Büschels gemeinsam sind, mithin auch allen $p_X (\equiv g_X)$. Diese Punkte, als gemeinsame Punkte der Grundkurven der erzeugenden Büschel, werden (Nr. 171) Doppelpunkte der erzeugten Fläche, der reinen Polarfläche $2(n-2)^{\text{ter}}$ Ordnung der Gerade l; und durch sie gehen alle (X, Y) für Pole auf l, so daß sie einem Netze angehören.

Die $(n-2)^3$ Grundpunkte ergeben sich dann als Schnitte der reinen zweiten Polaren von irgend drei Punkten X_1, X_2, X_3 auf l. Die vorletzte Polare eines jeden dieser Punkte Q geht durch X_1, X_2, X_3, und durch l, also wiederum die reine zweite Polare eines weiteren Punktes X auf l durch jeden der Q, so daß von den reinen zweiten Polaren der Punkte einer Gerade sich leicht erkennen läßt, daß sie einem Netze angehören.

Es handelt sich darum, zu beweisen, daß auch die gemischten Polaren jener Punkte durch diese Q gehen.

Das ist der Fall, wenn die Polarebenen eines jeden Q in bezug auf die X^{n-1} der Punkte X von l durch l gehen, l also dem Q in bezug auf den X^{n-1}-Büschel konjugiert ist; denn dann enthalten sie die zweiten Pole Y Man kann also auch dies zu beweisen streben.

Daß die reinen und gemischten zweiten Polaren der Punkte einer Gerade l ein Netz bilden, kann man folgern, wenn man für ein Paar getrennter Punkte U, V auf l weiß, daß $(V, U) \equiv (U, V)$.

Die beiden Büschel der ersten Polaren von U und V in bezug auf den Büschel der Polaren X^{n-1} der Punkte X von l haben jene Fläche gemeinsam. Der Büschel, welcher (X, U) mit (X, V) verbindet, enthält alle (X, Y), bei denen Y beliebig auf l und X fest ist, und wird dieser auf l verändert, so ergeben sich durch diese verbindenden Büschel alle (X, Y); diese Büschel und mit ihnen die (X, Y) fallen aber in das Netz, das durch die sich schneidenden Büschel, von denen wir ausgingen, bestimmt ist.[1])

Ist das erreicht, so folgt, daß auf der Fläche $2(n-2)^{\text{ter}}$ Ordnung, auf der im allgemeinen durch jeden Punkt eine p und eine g geht, diese beiden Kurvenscharen identisch werden; sie sind jetzt die Büschel-Grundkurven des Netzes und durch jeden Punkt geht nur eine, in welcher sich p und g vereinigen. Jede (X, Y) geht durch p_X und g_Y und nur durch sie, welche ja ihren vollen Schnitt mit der Fläche bilden. Wäre $p_X \equiv g_Y$ mit verschiedenen X und Y, so würde (X, X) durch g_X und $g_Y \equiv p_X$ gehen, also durch zwei verschiedene g. Also ist $p_X \equiv g_X$, und daraus folgt: $(X, Y) \equiv (Y, X)$.

Wenn also einmal für zwei getrennte Punkte von l die beiden Polaren zusammenfallen, dann geschieht es durchweg.

Vielleicht gelingt es, wie bei der F^3, für zwei Punkte A, B der F^n die Identität $(A, B) \equiv (B, A)$ nachzuweisen.

Die ∞^2 Büschel des Netzes der reinen und gemischten zweiten Polaren der Punkte von l sind den Involutionen auf l so zugeordnet, daß zu allen Punkten Z der Grundkurve eines Büschels dieselbe Involution gehört. Das gemeinsame Paar XY der zu Z_1, Z_2 gehörigen Involutionen liefert in der zugehörigen $(X, Y) \equiv (Y, X)$ die einzige durch Z_1, Z_2 gehende Fläche des Netzes. —

Aber, wenn wir zunächst nur die einem Punkte Z zugeordnete Projektivität Π als gesichert annehmen, so können wir nach solchen Punkten Z fragen, bei denen sie involutorisch ist. Nach dem Cremonaschen Satze gehören alle Punkte von l zu ihnen, weil für

---

1) Ist das Netz nachgewiesen, so haben (X, Y) und (Y, X) auf l die zu X, Y gehörigen $n-2$ Cremonaschen Punkte gemeinsam, woraus, wenn $n > 3$ ist, vielleicht auf das Zusammenfallen geschlossen werden kann.

jeden Punkt P auf ihr die Formel auf S. 477 eine Involution der O, O' liefert.

Es sei

$$\lambda xy + \mu x + \mu' y + \nu = 0$$

die bilineare Relation der Π in den Parametern x, y der Punkte X, Y auf l. Durchläuft dann Z eine Gerade g, so werden die Koeffizienten λ, μ, ... Funktionen des Parameters z von Z und zwar vom Grade $n-2$; denn werden bestimmte Werte x, y eingesetzt, so muß sich eine Gleichung von diesem Grade in z ergeben: ihre Wurzeln gehören zu den $n-2$ Schnitten von g mit der Polare (X, Y). Die Bedingung $\mu = \mu'$ für involutorische Projektivität führt daher ebenfalls zu einer Gleichung $(n-2)^{\text{ten}}$ Grades in z. Diese muß in Wirklichkeit eine Identität sein; aber so lange man das noch nicht erkannt hat, weist sie auf eine Fläche $(n-2)^{\text{ter}}$ Ordnung für die gesuchten Punkte hin, welche dann die Gerade l ganz enthalten muß.

Zu ihr führen auch, wenn wieder X fest und Y beweglich auf l genommen wird, die beiden zur Punktreihe der Y und untereinander projektiven Büschel der (X, Y) und der — von ihnen verschieden gedachten — (Y, X); von der erzeugten Fläche $2(n-2)^{\text{ter}}$ Ordnung löst sich die reine Polare (X, X) ab, als sich selbst entsprechend, und es bleibt eine Fläche $(n-2)^{\text{ter}}$ Ordnung, von der jeder Punkt Z, weil zugleich auf (X, Y) und (Y, X) gelegen, zu einer involutorischen Projektivität Π führt, von der das Paar, zu dem der feste X gehört, nun auch durch ein anderes Paar ersetzt werden kann.

Auf dieser Fläche würde dann eine doppelte Unendlichkeit von Schnittkurven [(X, Y), (Y, X)] liegen, durch jeden Punkt ginge ein Büschel mit $(n-2)^3$ Grundpunkten, zu denen allen die nämliche Involution gehörte.

In welcher Weise läßt sich zeigen, daß eine derartige Fläche — bei F^3 z. B. eine durch l gehende Ebene — nicht möglich ist, daß vielmehr die Eigenschaft, welche wir ihren Punkten zuschreiben, allen Punkten des Raumes zukommt?

Beim ebenen Probleme zerfiele die entsprechende Kurve durchweg in die Gerade l und eine Kurve $(n-3)^{\text{ter}}$ Ordnung; diese Ungleichartigkeit ist schon wenig wahrscheinlich.

Nach diesen vergeblichen Bemühungen schätze ich nun doch den Beweis von Cremona-Hirst höher als ich in Nr. 693 getan habe.

Vielleicht geht aber doch aus meinen Anregungen der gewünschte andere Beweis hervor.

Andernfalls sind, wenn der Satz von der gemischten Polare vorausgesetzt wird, im vorangehenden verschiedene wohl weniger bekannte Eigenschaften des doppelt unendlichen Systems der reinen und gemischten Polaren, welche zu Punkten und Punktepaaren einer Gerade gehören, zu Tage getreten.

Thieme[1]) geht den umgekehrten Weg. Er baut ein Polarensystem n^{ter} Ordnung auf, in dem für die weiteren Polaren der Satz von der gemischten Polare gilt, und definiert dadurch die Grundfläche $(n+1)^{\text{ter}}$ Ordnung; während wir bei meinen Erwägungen wie üblich die Grundfläche vorausgesetzt haben.

Es ist aber möglich, daß Thiemes Überlegungen auch für unseren Zweck verwertbar sind. Ich durfte nicht unterlassen, auf sie hinzuweisen.

Im Anschluß an diese Probleme von V und VI möchte ich noch an die Vervollkommnung des Beweises des allgemeinen Satzes erinnern, daß durch die Strahlen einer Kongruenz m^{ter} Ordnung n^{ter} Klasse, welche eine Gerade treffen, eine Regelfläche vom Grade $m+n$ entsteht (Nr. 247 Anm.).

1) Zeitschrift für Mathem. und Phys., Jahrg. 24, S. 221, 276.

Druckfehler-Verzeichnis.

Band I.

Seite 3 Z. 8 v. o. l. $OA + OB$.
„ 15 „ 11 v. u. l. $(X_1\, Y_1\, X_2\, X_3)$.
„ 27 „ 10 v. u. l. Zentralstrahl einer elliptischen Involution.
„ 30 „ 7 v. u. l. $+$ statt $-$.
„ 87 „ 20 v. o. l. X, X'.
„ 92 „ 5 v. o. l. $OZ-d$. st. $OY-d$.
„ 108 „ 8 v. u. fehlt: andern.
„ 113 „ 10 v. o. l. F und E'.
„ 187 „ 10 v. u. $n+1$ st. n.
„ 187 „ 12 v. u. l. $n+1 \geqq p > q > 1$.
„ 252 „ 10 v. o. l. $r + r_1$ st. $r + r$.
„ 263 „ 7 v. u. l. zählen je.
„ 277 „ 4 v. o. l. von (1,3) st. als (1,3).
„ 330 „ 6 v. u. l. enthalten.
„ 340 in der Formel für $-\rho_{l+1}$ l. $\alpha_{l+1}^{(h)}$
„ 366 Z. 7 v. u l. zweimal drei Paare.

Band II.

Seite 71 Z. 1 v. o. l. derselben.
„ 118 „ 11 v. u. l. oder nur.
„ 135 „ 18 v. o. l. $-a^2$ st. $-b^2$.
„ 137 „ 2 v. o. l. dreirechtwinklige.
„ 200 „ 21 v. o. l. $\equiv$ st. $=$.
„ 225 „ 15 v. u. l. einer beliebigen Gerade x.
„ 255 „ 10 v. o. l. $x^5{}_7, y_7{}^5$.
„ 264 „ 5 v. u. l. die eine.
„ 289 „ 10 u. 6 v. u. l. Γ_0.
„ 292 „ 7 v. o. l. $C_0, C_1, \ldots C_i$.
„ 295 „ 4 v. o. l. Γ.
„ 303 „ 5 v. o. l. $C_1\, C_2$.
Seite 323 Z. 3 v. u. l. $G^5_{(i)}$.
„ 343 „ 14, 15 v. o. ist „Daß ... Dualität“ zu streichen.

Band III.

Seite 21 Z. 9 v. u l. $(AB\, A'B')$.
„ 51 „ 15 v. o. fehlt: werden.
„ 107 Kopf l.: Die G^p, G^e, der Kernkomplex.
„ 183 Kopf: Die ausgezeichneten Dreikante. Pernormalität.
„ 289 Z. 9 v. o. fehlt: fest.
„ 314 „ 18 v. u. l. werden.
„ 374 „ 11 v. u. l. $A_1 A_2$ st. A_1, A_2.
„ 450 „ 1 v. u. l. zweimal $(m\, l\, n)$.
„ 458 „ 11 v. u. l. $\psi\mu = \psi\rho = \psi\nu$.
„ 469 „ 2 v. u. fehlt α' unter A.
„ 476 Kopf ist: „Zwei Korrelationen, ihre Büschel“ zu streichen.
„ 502 Z. 14 l. diesen st. dieser.

Band IV.

Seite 1 Z. 9 v. u. fehlt: 2. Grades.
„ 25 „ 12 v. o. l. im st. in.
„ 32 „ 22 v. u. l. Koinzidenzpunkten.
„ 48 „ 3 v. u. l. den Büschel.
„ 103 Kopf l. 8 st. 6.
„ 151 Anm. l. 843, 844.
„ 254 Z. 15 v. o. l. § 123.
„ 264 „ 16 v. o. l. $\overline{\Phi}$ st. $\overline{\Phi}'$.
„ 297 „ 23 v. o. l. auf st. von.
„ 367 Kopf (3,5) st. (3,9).
„ 375 Kopf l. (3,5)′ und (3,5)″.
„ 440 Z. 22 v. o. l. diese.

Wiener, Chr., Lehrbuch der darstellenden Geometrie. In 2 Bänden. gr. 8. Geh.

I. Band Geschichte der darstellenden Geometrie, ebenflächige Gebilde, krumme Linien (I. Teil), projektive Geometrie. Mit Figuren im Text. Unveränderter anastatischer Abdruck. 1906. [XX u. 478 S.] 1884. n. ℳ 12.—

II. „ Krumme Linien (II. Teil) und krumme Flächen. Beleuchtungslehre, Perspektive. Mit Textfiguren. [XXX u. 649 S.] 1887. n. ℳ 18.—

Zondervan, H., allgemeine Kartenkunde. Ein Abriß ihrer Geschichte und ihrer Methoden. Mit 32 Textfiguren und auf 5 Tafeln. [X u. 210 S.] gr. 8. 1901. Geh. n. ℳ 4.60, geb. n. ℳ 5.20.

Zöppritz, K., Leitfaden der Kartenentwurfslehre. Für Studierende der Erdkunde uud deren Lehrer. In 2. neubearbeiteter und erweiterter Auflage von A. Bludau. In 2 Teilen. Mit vielen Textfiguren, Tabellen und Tafeln. gr. 8.

Teil I: Die Projektionslehre. [X u. 178 S.] 1899. Geh. n. ℳ 4.80, geb. n. ℳ 5.80.

„ II: Kartographie und Kartometrie. [VIII u. 109 S.] Geh. n. ℳ 3.60, geb. n. ℳ 4.40.

Bobek, K., Einleitung in die projektivische Geometrie der Ebene. Ein Lehrbuch für höhere Lehranstalten und für den Selbstunterricht. Nach den Vorträgen des Herrn C. Küpper. Mit 96 Textfiguren. 2. wohlf. Ausgabe. [VI u. 210 S.] gr. 8. 1897. Geh. n. ℳ 2.—

Darstellungen, graphische, aus der reinen und angewandten Mathematik Hrsgegeb. vom Mathematischen Institut der Kgl. Technischen Hochschule zu München.

I. Heft: 12 Tafeln in Quer-Folio und erläuternder Text. 27 S. gr. 8. 1893. n. ℳ 8.—

Inhalt:

1. Rationale Kurven vierter Ordnung. Nach Angabe von A. Brill konstruiert von Chr. Wolff. 1880. 5 Tafeln.
2. Kurven vierter Ordnung mit zwei Doppelpunkten. Nach Angabe von H. Wiener konstruiert von Ch. Wolff. 1880. 3 Tafeln.
3. Auflösung von singulären Punkten ebener Kurven in die äquivalenten elementaren Singularitäten. Nach Angabe von A. Brill berechnet und gezeichnet von Ch. Schultheiß. 1883. 4 Tafeln.

Disteli, M., die Steinerschen Schließungsprobleme nach darstellend geometrischer Methode. Mit 10 lithographischen Tafeln. [XII u. 124 S.] gr. 8. 1888. Geh. n. ℳ 4.—

Enriques, F., Vorlesungen über projektive Geometrie. Autorisierte deutsche Ausgabe von H. Fleischer. Mit Einführungswort von F. Klein. Mit 187 Textfiguren. [XIV u. 374 S.] gr. 8. 1903. Geh. n. ℳ 8.—, geb. n. ℳ 9.—

Kötter, E., die Entwickelung der synthetischen Geometrie. [XXVIII u. 484 S.] gr. 8. 1901. Geh. n. ℳ 18.80.

Schafheitlin, P., synthetische Geometrie der Kegelschnitte. Für die Prima höherer Lehranstalten. Mit 62 Figuren im Text. [VI u. 96 S.] gr. 8. 1907. Geb. n. ℳ 1.80.

Burmester, L., Theorie und Darstellung der Beleuchtung gesetzmäßig gestalteter Flächen, mit besonderer Rücksicht auf die Bedürfnisse technischer Hochschulen. [XVI u. 368 S.] gr. 8. Mit einem Atlas von 14 lithographischen Tafeln [in qu. Fol. in Mappe]. 2. Ausg. 1875. Geh. n. *M.* 8.—

——— Grundzüge der Reliefperspektive nebst Anwendung zur Herstellung reliefperspektivischer Modelle. Als Ergänzung zum Perspektivunterricht an Kunstakademien, Kunstgewerbeschulen und technischen Lehranstalten bearbeitet. Mit 3 lithographischen und 1 Lichtdrucktafel. [IV u. 30 S.] gr. 8. 1883. Geb. n. *M.* 2.—

v. Dalwigk, F., Vorlesungen über darstellende Geometrie. 2 Bände. Mit zahlreichen Figuren im Text und auf Tafeln. gr. 8. 1909. Geb. [Band I erscheint im Oktober 1909.]

Disteli, M., die Steinerschen Schließungsprobleme nach darstellend geometrischer Methode. Mit 10 lithographischen Tafeln. [XII u. 124 S.] gr. 8. 1888. Geh. n. *M.* 4.—

Fiedler, W., die darstellende Geometrie in organischer Verbindung mit der Geometrie der Lage. Für Vorlesungen und zum Selbststudium. 3 Teile. gr. 8.

I. Teil. Die Methoden der darstellenden Geometrie und die Elemente der projektivischen Geometrie. 4. Auflage. Mit zahlreichen Textfiguren und 2 lithographischen Tafeln. [XXIV u. 431 S.] 1904. Geh. n. *M.* 10.—, geb. n. *M.* 11.—

II. „ Die darstellende Geometrie der krummen Linien und Flächen. 3. Auflage. Mit zahlreichen Textfiguren und 16 lithographischen Tafeln. [XXXIII u. 560 S.] 1885. Geh. n. *M.* 14.—, geb. n. *M.* 15.40.

III. „ Die konstruierende und analytische Geometrie der Lage. 3. Auflage. Mit zahlreichen Textfiguren und 1 lithographischen Tafel. [XXX u. 660 S.] 1888. Geh. n. *M.* 16.—, geb. n. *M.* 17.40.

Haentzschel, E., das Erdsphäroid und seine Abbildung. Mit 16 Textabbildungen. [VIII u. 139 S.] gr. 8. 1903. Geb. n. *M.* 3.40.

Hauck, A., Vorlesungen über darstellende Geometrie. 2 Bände zu je etwa 20 Bogen. gr. 8. Geb. [In Vorbereitung.]

Hessenberg, G., Lehrbuch der darstellenden Geometrie für die speziellen Bedürfnisse der Techniker. gr. 8. Geb. [In Vorbereitung.]

Holzmüller, G., Einführung in das stereometrische Zeichnen. Mit Berücksichtigung der Kristallographie und Kartographie. Mit 16 lithographischen Tafeln. [VIII u. 102 S.] 1886. gr. 8. Kart. n. *M.* 4.40.

Lazzeri, G., u. **A. Bassani**, Elemente der Geometrie (und zwar Geometrie der Ebene und des Raumes verwebt). Mit Genehmigung der Verfasser aus dem Italienischen übersetzt von P. Treutlein. [ca. 400 S.] gr. 8. Geb. [Erscheint Ostern 1910.]

Lightning Source UK Ltd.
Milton Keynes UK
UKHW010640221118
332785UK00010B/920/P

9 780243 465255